电力电子新技术系列图书

碳化硅功率器件：
特性、测试和应用技术

第 2 版

高 远 张 岩 编著

机械工业出版社

本书综合了近几年工业界的最新进展和学术界的最新研究成果，详细介绍并讨论了碳化硅功率器件的基本原理、发展现状与趋势、特性及测试方法、应用技术和各应用领域的方案。本书共分为 12 章，内容涵盖功率半导体器件基础，SiC 二极管的主要特性，SiC MOSFET 的主要特性，SiC 器件与 Si 器件特性对比，双脉冲测试技术，SiC 器件的测试、分析和评估技术，高 $\mathrm{d}i/\mathrm{d}t$ 影响与应对——关断电压过冲，高 $\mathrm{d}v/\mathrm{d}t$ 的影响与应对——串扰，高 $\mathrm{d}v/\mathrm{d}t$ 影响与应对——共模电流，共源极电感影响与应对，驱动电路，SiC 器件的主要应用。

本书面向电力电子、新能源技术、功率半导体芯片和封装等领域的广大工程技术人员和科研工作者，可满足从事功率半导体器件设计、封装、测试、应用、生产的专业人士的知识和技术要求。

图书在版编目（CIP）数据

碳化硅功率器件：特性、测试和应用技术／高远，张岩编著. -- 2 版. -- 北京：机械工业出版社，2025.
3（2025.6 重印）. --（电力电子新技术系列图书）. -- ISBN 978 - 7 - 111 - 77893 - 6

Ⅰ. TN303

中国国家版本馆 CIP 数据核字第 20255GS441 号

机械工业出版社（北京市百万庄大街 22 号　邮政编码 100037）

策划编辑：罗　莉　　　　　　　　责任编辑：罗　莉
责任校对：潘　蕊　王　延　李　杉　　封面设计：马精明
责任印制：常天培

河北虎彩印刷有限公司印刷

2025 年 6 月第 2 版第 2 次印刷

169mm×239mm・34.75 印张・717 千字

标准书号：ISBN 978-7-111-77893-6

定价：149.00 元

电话服务　　　　　　　　　　网络服务

客服电话：010-88361066　　机　工　官　网：www.cmpbook.com
　　　　　010-88379833　　机　工　官　博：weibo.com/cmp1952
　　　　　010-68326294　　金　书　网：www.golden-book.com
封底无防伪标均为盗版　　机工教育服务网：www.cmpedu.com

第4届
电力电子新技术系列图书
编辑委员会

电力电子新技术系列图书

序言

1974 年美国学者 W. Newell 提出了电力电子技术学科的定义，电力电子技术是由电气工程、电子科学与技术和控制理论三个学科交叉而形成的。电力电子技术是依靠电力半导体器件实现电能的高效率利用，以及对电机运动进行控制的一门学科。电力电子技术是现代社会的支撑科学技术，几乎应用于科技、生产、生活各个领域：电气化、汽车、飞机、自来水供水系统、电子技术、无线电与电视、农业机械化、计算机、电话、空调与制冷、高速公路、航天、互联网、成像技术、家电、保健科技、石化、激光与光纤、核能利用、新材料制造等。电力电子技术在推动科学技术和经济的发展中发挥着越来越重要的作用。进入 21 世纪，电力电子技术在节能减排方面发挥着重要的作用，它在新能源和智能电网、直流输电、电动汽车、高速铁路中发挥核心的作用。电力电子技术的应用从用电，已扩展至发电、输电、配电等领域。电力电子技术诞生近半个世纪以来，也给人们的生活带来了巨大的影响。

目前，电力电子技术仍以迅猛的速度发展着，电力半导体器件性能不断提高，并出现了碳化硅、氮化镓等宽禁带电力半导体器件，新的技术和应用不断涌现，其应用范围也在不断扩展。不论在全世界还是在我国，电力电子技术都已造就了一个很大的产业群。与之相应，从事电力电子技术领域的工程技术和科研人员的数量与日俱增。因此，组织出版有关电力电子新技术及其应用的系列图书，以供广大从事电力电子技术的工程师和高等学校教师和研究生在工程实践中使用和参考，促进电力电子技术及应用知识的普及。

在 20 世纪 80 年代，中国电工技术学会电力电子专业委员会曾和机械工业出版社合作，出版过一套"电力电子技术丛书"，那套丛书对推动电力电子技术的发展起过积极的作用。最近，电力电子专业委员会经过认真考虑，认为有必要以"电力电子新技术系列图书"的名义出版一系列著作。为此，成立了专门的编辑委员会，负责确定书目、组稿和审稿，向机械工业出版社推荐，仍由机械工业出版社出版。

本系列图书有如下特色：

本系列图书属专题论著性质，选题新颖，力求反映电力电子技术的新成就和新经验，以适应我国经济迅速发展的需要。

理论联系实际，以应用技术为主。

本系列图书组稿和评审过程严格，作者都是在电力电子技术第一线工作的专家，且有丰富的写作经验。内容力求深入浅出，条理清晰，语言通俗，文笔流畅，便于阅读学习。

本系列图书编辑委员会中，既有一大批国内资深的电力电子专家，也有不少已崭露头角的青年学者，其组成人员在国内具有较强的代表性。

希望广大读者对本系列图书的编辑、出版和发行给予支持和帮助，并欢迎对其中的问题和错误给予批评指正。

电力电子新技术系列图书
编辑委员会

第2版前言

PREFACE

本书第 1 版出版以来，受到了广大科研工作者和半导体从业人员的广泛关注，并收到了很多对本书内容的讨论和建议，在此对广大读者表示衷心的感谢。

距离本书第 1 版出版已有 4 年，在此期间，SiC 功率器件的技术、应用和市场发生了长足的发展和巨大的变化。为了继续为广大科研工作者和半导体从业人员提供最新的信息，并根据读者反馈对第 1 版中未涉及和未充分讨论的内容进行补充和扩展，同时对第 1 版中出现的错误和笔误进行修正，故与西安交通大学张岩副教授共同策划编写第 2 版。

第 2 版全书共有 12 章，主要内容如下：

● 第 1 章为功率半导体器件基础，首先介绍了功率半导体器件与电力电子技术之间相互促进发展的历程和不同类别 Si 功率器件的发展过程、特性及不足，接着介绍了 SiC 半导体材料的物理特性及带来器件特性的优势，随后介绍了 SiC 产业链各个环节的发展概况，最后分别介绍了 SiC 二极管、SiC MOSFET 和 SiC 功率模块的技术及产品发展情况。

● 第 2 章为 SiC 二极管的主要特性，介绍了 SiC 二极管的最大值、静态特性和极限参数。

● 第 3 章为 SiC MOSFET 的主要特性，首先介绍了 SiC MOSFET 的最大值、静态特性、动态特性和极限参数，随后介绍了品质因数和损耗计算，最后介绍了基于参数测量的 SiC MOSFET 建模方法。

● 第 4 章为 SiC 器件与 Si 器件特性对比，包含 SiC MOSFET 与 Si SJ-MOSFET 的对比，SiC MOSFET 与 Si IGBT 的对比，SiC 二极管、SiC MOSFET 体二极管、Si FRD 和 Si SJ-MOSFET 体二极管的对比。

● 第 5 章为双脉冲测试技术，首先介绍了双脉冲测试的基本原理、参数设定、测试平台、测量仪器和测试设备，其次介绍了电压测量点间寄生参数的影响及应对方法，最后针对不同测试场景给出了动态特性测试结果的评判标准和动态特性测试设备选型要点。

● 第 6 章为 SiC 器件测试、分析和评估技术，首先介绍 SiC 器件各项参数测试的原理、挑战和注意事项，随后对 SiC 器件各项量产测试、系统应用测试、可靠性测试和失效分析的测试项目、原理和设备进行了介绍，最后介绍了 SiC 器件失效分析技术。

● 第 7 章为关断电压过冲的影响与应对，详细介绍了关断电压尖峰的影响因素及三种应对措施，包括回路电感控制、使用去耦电容和降低关断速度。

● 第 8 章为串扰的影响与应对，详细介绍了串扰的基本原理和关键影响因素，以及两种应对措施，包括米勒钳位和回路电感控制。

● 第 9 章为共模电流的影响与应对，详细介绍了信号通路共模电流的基本原理和特性，以及三种应对措施，包括高 CMTI 驱动芯片、高共模阻抗和共模电流疏导，此外还介绍了差模干扰的测量技术。

● 第 10 章为共源极电感的影响与应对，详细介绍了共源极电感对器件开关特性和串扰的影响，以及开尔文源极封装的优势，并提出了创新的测试评估方法。

● 第 11 章为驱动电路，首先为读者搭建了驱动电路总体架构，详细介绍了驱动电阻取值、驱动电压、驱动级特性的影响和信号隔离传输，其次介绍了各类短路检测方式，并以实测结果详细介绍了 DESAT 短路保护电路的设计和效果，最后给出了基于三款常用驱动芯片的驱动电路参考设计。

● 第 12 章为 SiC 器件的主要应用，介绍了 SiC 器件在多个领域的性能优势、技术方案和商用产品，包括主驱逆变器、车载充电机、车载 DC-DC、充电桩、光伏、储能、UPS、电源和电机驱动等。

除对语言和表述的修正外，第 2 版在第 1 版的基础上修订的内容如下：

● 第 1 章：新增 1.1 节功率半导体器件与电力电子；1.2 节、1.3 节、1.4 节对应第 1 版 1.1 节；1.5 节对应第 1 版 1.2.1 节，对 SiC 材料的物理特性的介绍更加详细；新增 1.6 节 SiC 产业链概况；1.7 节、1.8 节对应第 1 版 1.2.2 节，对章节结构进行了调整，并根据产业最新进展进行了内容更新和扩充。

● 第 2 章：全章均为新增。

● 第 3 章：3.1 节、3.2 节、3.3 节、3.5 节、3.6 节分别对应第 1 版 2.1 节、2.2 节、2.3 节、2.5 节、2.7 节；新增 3.4 节极限特性；3.7 节对应第 1 版 2.6 节，内容改为 SiC MOSFET 建模方法研究成果的综述。

● 第 4 章：对应第 1 版第 4 章，器件开关和反向恢复特性参数数值增加以表格形式展示。

● 第 5 章：5.1 节、5.2 节对应第 1 版 3.1 节、3.2 节；5.3 节对应第 1 版 3.3.1～3.3.4 节，第 1 版中对探头的选型和使用的介绍是按测试电压和电流进行分类的，第 2 版改为按被测量进行分类，同时增加对串扰和驱动电流进行测量的内容；5.4 节对应第 1 版 3.3.5 节，扩充了对电压测量点引入测量偏差的理论分析，新增了对偏差的补偿方法及验证结果；新增 5.5 节动态过程测试结果评判；新增 5.6 节动态特性测试设备。

● 第 6 章：全章均为新增。

● 第 7 章：对应第 1 版第 5 章。

● 第 8 章：对应第 1 版第 6 章：第 1 版中实测波形基于焊接在 PCB 上的 SiC

MOSFET 芯片，第 2 版中改为基于 TO-247-4 封装的 SiC MOSFET 分立器件的测试结果，更加贴近实际应用，同时增加对电压测量点引入测量偏差进行补偿后的测试结果。

- 第 9 章：对应第 1 版第 7 章。

- 第 10 章：对应第 1 版第 8 章；第 1 版中 11.3 节和 11.4 节的实测波形基于焊接在 PCB 上的 SiC MOSFET 芯片，第 2 版中改为 TO-247-4 封装的 SiC MOSFET 分立器件，更加贴近实际应用，同时增加对电压测量点引入测量偏差进行补偿后的测试结果。

- 第 11 章：对应第 1 版第 9 章；11.6 节新增 DESAT 短路保护的设计方法和实测波形；新增 11.7 节驱动电路设计参考。

- 第 12 章：全章均为新增。

业内多位专家参与了本书的素材提供，他们是 Soitec 公司 Hong Lin、刘宁一和晶丰芯驰（上海）半导体科技有限公司费磊、左万胜（1.6 节），广东芯聚能半导体有限公司周晓阳、李博强、朱贤龙（1.8 节），北京交通大学邵天骢、胡佩（3.7节），西安交通大学李阳（5.4 节），Tektronix 公司孙川、王芳芳（5.6.1 节、5.6.2 节），杭州飞仕得科技股份有限公司刘伟、陈磊、江世超（5.6.2 节，5.6.3节）北京华峰测控技术股份有限公司刘惠鹏、闫肃（6.1 节、6.2.1 节、6.2.8节），杭州长川科技股份有限公司钟锋浩、孙海洋、郭剑飞、邹晨欢（6.2.2 节、6.2.7 节），苏州联讯仪器股份有限公司纪铭（6.2.3 节、6.2.4 节），杭州中安电子有限公司卜建明、胡世松、吴柳杰（6.2.5 节、6.3.2 节），深圳市愿力创科技有限公司任春茂、王伟群、谢冬坡（6.2.6 节），安徽凌光红外科技有限公司沈金辉、刘迪、林豪彬（6.4.1 节 ~6.4.4 节）Thermo Fisher Scientific 公司曹潇潇、杨维新、储晓磊、章春阳、蔡琳玲（6.4.1 节，6.4.5 节 ~6.4.7 节），Tektronix 公司黄正峰、陈鑫磊（6.5 节）、肖一帆（12.1 节）、张坤华（12.2 节、12.3 节），深圳市盛弘电气股份有限公司方兴、袁野（12.4 节），深圳古瑞瓦特新能源有限公司吴良材、于加兴（12.5 节），伊顿电气集团郑大为（12.6 节），英诺赛科（深圳）半导体有限公司谢文斌、黄佳鑫（12.7 节）。

在本版编写过程中，西安交通大学楼梓楠、郭睿曦负责了部分插图的绘制，西安交通大学李阳、薛少鹏、舒佳负责了稿件校对，北京华峰测控技术股份有限公司高飞负责完成了部分实验。同时，西安电子科技大学冷晓峰、王涛、何艳静、王舶男、黄亭、史威、王郁恒、谢毅聪、周斌、张宇探、陈俐宏提出了宝贵的意见和建议，在此对以上各领域的专家表示衷心的感谢。

SiC 器件处于高速发展阶段，本书内容涉及面较宽，由于作者水平有限，书中难免有错误和不当之处，恳请广大读者批评指正。

高远

2025 年 3 月

第1版前言

PREFACE

功率变换器是电能利用的重要装置，在生产和生活中发挥着重要的作用。功率变换器的核心是功率半导体器件，很大程度上决定了变换器的性能。经过几十年的发展，功率半导体器件已经形成了覆盖几伏到几千伏、几安到几千安的庞大家族，常用的功率半导体器件类型包括 MOSFET、IGBT、二极管、GTO 晶闸管及普通晶闸管等。

大部分功率器件是基于 Si 半导体材料的，其特性已接近理论极限，成为功率变换器发展的瓶颈。为了获得具有更加优异特性的器件，第三代半导体材料 SiC、GaN 受到了越来越多的关注。与 Si 功率器件相比，SiC 功率器件具有更高的开关速度、能够工作在更高的结温下、可以同时实现高电压和大电流。这些特性能够显著提升功率变换器的性能，获得更高的电能转换效率、实现更高的功率密度、降低系统成本。SiC 功率器件适合应用于汽车牵引逆变器、电动汽车车载充电、电动汽车充电桩、光伏、不间断电源系统、能源储存以及工业电源等领域。目前，国内外 SiC 产业链逐渐成熟，主流功率半导体器件厂商都已经推出了 SiC 功率器件产品，成本也不断下降，SiC 功率器件的应用正处于爆发式增长中。

作者致力于功率半导体器件测试、评估与应用技术的研究和推广工作，特别对 SiC 功率器件有深入研究和深刻认知，精通器件测试设备和测量方法。在多年的研究工作中，作者深深地体会到掌握功率器件原理、测量原理与设备、相关应用技术对更好地开展相关研究和提升变换器性能具有重要意义，同时还了解到广大科研人员和工程师对了解和掌握 SiC 器件相关知识和技术的迫切需求。本书正是在这种背景下编写的，旨在帮助读者深入了解 SiC 器件的特性和测试方法，明确可能存在的应用技术挑战并掌握应对措施。这样既可以帮助科研工作者快速掌握本领域的最新重要成果，为科研工作提供坚实的基础，还能够帮助广大工程师更好地应用 SiC 器件，推进行业的发展。

全书共分为 9 章：

● 第 1 章为功率半导体器件基础，首先介绍 Si 功率器件的发展过程、特性及不足，基于材料特性解释了 SiC 功率器件相比 Si 功率器件的优势，还介绍了商用 SiC 功率器件和封装的发展现状。

● 第 2 章为 SiC MOSFET 参数的解读、测试及应用，首先详细介绍了 SiC

MOSFET 的最大值、静态参数、动态参数三大类参数的定义，并深入器件原理解释相关特性，给出了各项参数的测量方法。另外，还详细介绍了器件参数的实际应用，包括 FOM 值、建模与仿真、器件损耗计算。

● 第 3 章为双脉冲测试技术，首先以典型功率变换拓扑的换流过程为例说明采用双脉冲测试评估器件开关特性的合理性，接着详细介绍了双脉冲测试的基本原理、参数设定、测试平台、测量仪器和测量挑战。

● 第 4 章为 SiC 器件与 Si 器件特性对比，包含 SiC MOSFET 与 Si SJ-MOSFET 的对比，SiC MOSFET 与 Si IGBT 的对比，SiC SBD、SiC MOSFET 体二极管、Si FRD、Si SJ-MOSFET 体二极管的对比。

● 第 5 章为关断电压尖峰的影响与应对，详细介绍了关断电压尖峰的影响因素及三种应对措施，包括回路电感控制、去耦电容和降低关断速度。

● 第 6 章为 Crosstalk 的影响与应对，详细介绍了 Crosstalk 基本原理和关键影响因素及两种应对措施，包括 Miller Clamping 和回路电感控制。

● 第 7 章为共模电流的影响与应对，详细介绍了信号通路共模电流的基本原理和特性以及三种应对措施，包括高 CMTI 驱动芯片、高共模阻抗和共模电流疏导，此外还介绍了差模干扰的测量技术。

● 第 8 章为共源极电感的影响与应对，详细介绍了共源极电感对器件开关特性和 Crosstalk 的影响及开尔文源极封装的优势，并提出了创新的测试评估方法。

● 第 9 章为驱动电路设计，为读者搭建了驱动电路总体架构，详细介绍了驱动电阻取值、驱动电压、驱动级特性的影响、信号隔离传输和短路保护等技术要点。

作者在章节设置、内容选择、表述方式、波形展示等方面做了大量的工作，力求内容条例清晰、通俗易懂，能够切实帮助读者的学习和工作。首先，在进行知识讲解时，注重为读者搭建系统的知识框架，避免"只见树木不见森林"。其次，在 SiC 器件应用挑战的应对措施的讲解中，不一味追求最新学术研究成果，而是选择能够实际应用的技术，切实解决 SiC 器件的应用问题。另外，书中使用了大量篇幅对测试设备、测试方法进行了详细的讲解，帮助功率器件和电力电子研究者和工程师弥补测试技术这一短板。同时，书中绝大多数波形采用实验实测结果，对应的分析和结论更加贴近实际应用，可直接指导应用设计，避免理论理想波形与实际测试波形之间的偏差所带给读者的困惑。最后，在每一章结尾给出了丰富的参考文献和有价值的延伸阅读资料，多为工业界应用手册和具备工程应用前景的学术论文，兼顾前沿性与实用价值。

业内多位专家参与了本书的素材提供，他们是西安电子科技大学袁昊助理研究员（1.2.2.1 节），西安交通大学赵成博士（1.2.2.3 节），西安交通大学李阳博士（2.1 节、2.2 节和 2.3 节），Keysight Technologies, Inc. 查海辉（2.4 节），Keysight Technologies, Inc. 马龙博士（2.6 节），Teledyne LeCroy Inc. 李惠民（3.3.1 节），

Keysight Technologies，Inc. 朱华朋（3.4 节）。

在本书编写过程中，王郁恒、谢毅聪、王华、丛武龙、王涛、刘杰、张坤华、童自翔、罗岷、Dominic Li 提出了很多宝贵的意见和建议，在此对以上各领域的专家表示衷心的感谢。在本书出版过程中，得到了西安交通大学杨旭教授、浙江大学盛况教授的关心和帮助，在此深表感谢。同时，还得到了王增胜，王舶男，郝世强，董洁，张金水，童安平，李国文，Teledyne LeCroy Inc. 郭子豪，西安交通大学张岩，Keysight Technologies，Inc. 薛原、李军、陈杰，Tektronix Inc. 陈鑫磊、董琦、孙阳、孙川、王芳芳、黄正峰的支持和帮助，在此也一并表示感谢。

此外，还要感谢西安交通大学王兆安教授，是他带领我进入了电力电子领域；感谢李明博士，是他让我与功率半导体器件结缘；感谢西安交通大学杨建国教授，是他让我认识到测量测试的重要性和乐趣。

最后，要特别感谢父母对我的养育，他们在本书编写过程中给予我巨大的理解和支持。

由于作者水平有限，书中难免有错误和不当之处，恳请广大读者批评指正。

高远
2020 年 12 月

目　录

CONTENTS

第1章

功率半导体器件基础

电能是人类社会最重要的能源形式之一，想要利用电能就离不开电力电子技术对电能形式进行转换，包括对电压、电流、频率的控制。电力电子是使用功率半导体器件对电能进行变换和控制的技术，故其是由电力学、电子学和控制理论三个学科交叉而形成的。其中功率半导体器件是电力电子技术的核心，于是就有了"一代器件、一代拓扑、一代技术"的说法，只有掌握功率半导体器件的核心技术，才能从根本上引领电力电子的发展。

基于 Si 半导体材料的功率器件已经发展了 60 多年，出现了各种类型的器件，其性能也得到了不断的优化。如今，Si 功率器件的特性已经接近其理论极限，限制了功率变换器性能的进一步提升。为了获得性能更加优异的功率器件，研究人员将目光投向了 SiC 半导体材料并推出了功率器件产品，再一次为电力电子的发展注入了新的活力。

在本章中，将首先回顾主要的 Si 功率器件技术的发展历程，从而了解为了突破 Si 器件的瓶颈而做出的器件类型创新和结构优化，为 SiC 器件的出场做好铺垫。随后将对比 Si 和 SiC 材料各项物理特性的区别，从材料层面了解 SiC 器件优异特性的来源。

SiC 产业经过多年的发展已经逐渐走向成熟，本章将介绍 SiC 产业链各个环节的发展现状和相关技术，包含衬底、外延、器件、封装等环节。此外还将进一步对 SiC 二极管、SiC MOSFET 和 SiC 功率模块进行详细讨论，包括技术发展、产业化问题和相关产品现状等方面。

1.1 功率半导体器件与电力电子

电力电子技术是指利用功率半导体器件来实现电能的高效转换和控制的技术，它涉及电力、电子、控制、计算机等多个学科领域。功率半导体器件是电力电子技术的核心和基础，它的发展不断推动着电力电子技术的创新和应用。

1

20 世纪 40 年代，晶体管的发明和发展催生了功率半导体器件的诞生。最早的功率半导体器件包括晶体管和二极管，如功率晶体三极管和功率二极管。这些器件应用于通信、电视、广播等领域，开启了功率半导体器件的发展之路。

20 世纪 60 ~ 70 年代，晶闸管等功率半导体器件快速发展。晶闸管是一种可控型的功率半导体器件，可以通过栅极信号控制其导通和关断，广泛应用于交流电力调节、直流电机控制、逆变器等电力电子装置中。晶闸管的诞生使得电力电子技术进入了相控技术时代。

20 世纪 70 年代末，平面型功率 MOSFET 发展起来。功率 MOSFET 是一种电压控制型的单极型器件，通过栅极电压来控制漏极电流。因而它的显著特点就是驱动电路简单、驱动功率小、开关速度快、高频特性好，最高工作频率可达 1MHz 以上，适用于开关电源和高频感应加热等高频场合，且安全工作区广，没有二次击穿问题，耐破坏性强。功率 MOSFET 的问世打开了高频应用的大门，使得电力电子技术进入了高频技术时代。

20 世纪 80 年代后期，沟槽型功率 MOSFET 和 IGBT 逐步面世，功率半导体器件正式进入电子应用时代。沟槽型功率 MOSFET 是一种改进的平面型功率 MOS-FET，通过在栅极区域形成沟槽结构，增加了栅极电容，降低了栅极电阻，从而提高了开关速度和电流容量。IGBT 是一种综合了 MOSFET 和双极型晶体管优势的复合型器件，有输入阻抗高、开关速度快、驱动电路简单等优点，又有输出电流密度大、通态压降低、电压耐压高的优势，电压一般从 600V 到 6.5kV。IGBT 通过施加正向门极电压形成沟道，提供晶体管基极电流使 IGBT 导通，反之，若提供反向门极电压则可消除沟道，使 IGBT 因流过反向门极电流而关断。由于 IGBT 的综合优良性能，成为逆变器、UPS、变频器、电机驱动、大功率开关电源，尤其是现在炙手可热的电动汽车、高铁等电力电子装置中主流的器件。这些新成就为发展高频电力电子技术提供了条件，推动电力电子装置朝着智能化、高频化的方向发展。

20 世纪 90 年代，超结 MOSFET 逐步出现，打破传统"硅限"以满足大功率和高频化的应用需求。超结 MOSFET 是一种在漏极区域形成超结结构的功率 MOS-FET，通过周期性地改变掺杂浓度，降低了漏极区域的电场强度，从而提高了器件的耐压能力，同时保持了较低的通态压降和开关损耗，适用于高压、高频、高效的电力电子装置。超结 MOSFET 的出现使得电力电子技术进入了超结技术时代，实现了电能的高效转换和控制。

21 世纪初，宽禁带半导体器件如碳化硅（SiC）和氮化镓（GaN）等新型材料功率半导体器件，受到时间、技术成熟度和成本的制约，尚处于市场开拓初期。相对于 Si 材料，使用宽禁带半导体材料制造新一代的功率半导体器件，可以变得更小、更快、更可靠和更高效。这将减少电力电子元件的质量、体积以及生命周期成本，允许设备在更高的温度、电压和频率下工作，实现更高的性能。基于这些优势，宽禁带半导体在家用电器、电力电子设备、新能源汽车、工业生产设备、高压直流输电设备、移动基站等系统中都具有广泛的应用前景。宽禁带半导体器件的出现使得电力电子技术进入了新材料技术时代，进一步提高了电能转换的效率。

1.2　Si 功率二极管

1.2.1　pn 结

pn 结是构成半导体器件的基本结构，是通过对 p 型半导体材料掺杂形成 n 区或者对 n 型半导体材料掺杂形成 p 区形成的，包含 p 区、n 区和空间电荷区（耗尽层）三个部分，其结构如图 1-1 所示。

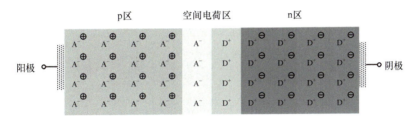

图 1-1　pn 结的结构

以对 p 型半导体材料通过掺杂形成 n 区为例，由于存在较大的浓度差，p 区的空穴（多子）会向 n 区扩散，n 区的电子（多子）会向 p 区扩散。则在 n 区和 p 区的交界面附近，n 区内掺杂的施主元素（通常为磷）由于失去电子而成为电离施主（Donor），带正电荷；p 区内掺杂的受主元素（通常为硼）得到电子而成为电离受主（Acceptor），带负电荷。存在电离施主和电离受主的区域形成空间电荷区，进而形成内建电场，电场方向由电离施主指向电离受主，即由 n 区指向 p 区。

空穴和电子会在内建电场的作用下进行漂移运动，漂移的方向与扩散的方向相反，空穴朝 p 区漂移，电子朝 n 区漂移。当电子和空穴的扩散和漂移达到动态平衡时，空间电荷区宽度固定。当对 pn 结施加外加电场时，空间电荷区的宽度会发生变化：当在 p 区加正电压时，外加电场与内建电场方向相反，空穴漂移减弱，扩散相对加强，空间电荷区会变窄；同理，当在 p 区加负电压时，外加电场与内建电场方向相同，空穴漂移加强，扩散相对减弱，空间电荷区会变宽。

二极管最基本的结构就是上文所介绍的 pn 结，p 区端为阳极、n 区端为阴极。当在二极管两端施加反向电压时，pn 结反向偏置，空间电荷区变宽并承担反向电压，扩散运动被大大削弱，漂移运动占主导地位从而形成反向漏电流，二极管处于阻断状态。当在二极管两端施加正向电压时，pn 结正向偏置，p 区电势升高；当所加正向电压大于空间电荷区内建电场产生的势垒电压后，扩散运动将占主导从而形成正向电流，此时二极管导通。

1.2.2 pin 二极管

pn 结二极管能够承受的反向电压较小，不适合作为功率二极管使用。为了提高其耐压值，在重掺杂的 p^+ 区和 n^+ 区之间增加一层较厚的低掺杂 n^- 型高阻区作为耐压层，成为 pin 二极管，如图 1-2 所示。由于耐压层掺杂浓度较低，相比高掺杂可看作是本征（intrinsic）状态，pin 二极管因此得名。

当其承受反压时，p^+-n^- 结势垒升高，空间电荷区变宽且主要向低掺杂的 n^- 区展宽，由于掺杂浓度低、厚度宽，n^- 区可以承受较高的反向电压。当对其施加正向电压时，p^+-n^- 结势垒降低，空间电荷区变窄，p^+ 区向 n^- 区注入空穴，n^+ 区向 n^- 区注入电子，在 n^- 区发生电导调制效应，从而在导通大电流时能够获得较小的导通压降。结合以上两点可知，pin 二极管在关断时漏电流较小，能够在承受高反向电压的同时，具有良好的导通特性。

图 1-2　pin 二极管的结构

当对正向导通的 pin 二极管突然加反压时，pin 二极管不会立刻关断，而是会经过反向恢复过程，如图 1-3 所示。pin 二极管正向导通时，其正向电流是多子的扩散电流，n^- 区充满电子和空穴。要将 pin 二极管关断就需要将 n^- 区的电子抽取回到 n^+ 区、空穴抽取回到 p^+ 区，这就使得在电流降至零后仍然有反向恢复电流存在。随着多子浓度不断降低，空间电荷区形成并不断展宽，反向恢复电流逐渐减小至零并承受反向电压，pin 二极管关断完成。

由于 pin 二极管是双极型器件，导通时载流子浓度较高，不容易从较厚的 n^- 区中抽走，故其反向恢复时间较长。因此，pin 二极管适用于中高压、对二极管反向恢复损耗不敏感的应用中，如用作整流二极管。

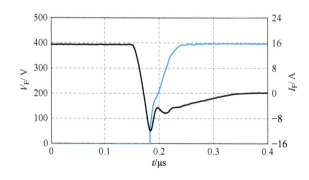

图 1-3　pin 二极管的反向恢复过程

1.2.3　快恢复二极管

为了改善 pin 二极管的反向恢复特性，可以改变其阳极结构，从而控制阳极空穴注入效率、降低导通期间的少子注入，成为快恢复二极管，即 FRD（Fast Recovery Diode）。常见的快恢复二极管的结构有弱阳极结构和 SPEED（Self- adjustable p^+ Emitter Efficiency Diode）结构，如图 1-4 所示。

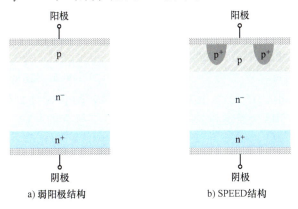

a) 弱阳极结构　　　　　　　　b) SPEED 结构

图 1-4　快恢复二极管的结构

弱阳极结构通过降低 p 区掺杂浓度来降低阳极注入效率，从而提高反向恢复速度。SPEED 结构是将阳极改为在低掺杂 p 区中嵌入高掺杂 p^+ 区，在导通电流较小时，由 p 区注入空穴，注入效率低，有利于提高反向恢复速度；在导通电流较大时，p^+ 区开始注入空穴，空穴注入效率高，有利于提高器件抗浪涌电流的能力。除了改变阳极结构之外，还可以通过质子辐照在阳极 p^+ 区引入局部的复合中心来控制载流子寿命，以提高反向恢复速度，但这样做会显著增大漏电流。

由于 FRD 的反向恢复时间短，具有较好的反向恢复特性，因此往往用作续流二极管。在实际应用中，除了要求反向恢复速度快，还需要反向恢复特性"软"，即反向恢复电流衰减平滑，不出现突然的、快速的跌落。这就需要改进二极管的阴极结构，来调整反向恢复末期的载流子浓度。

1.2.4　肖特基二极管

与传统基于 pn 结的二极管不同，肖特基二极管是通过金属-半导体结的势垒实现的，以其发明人 Walter Schottky 命名为 SBD（Schottky Barrier Diode）。功率肖特基二极管包括普通功率肖特基二极管、结势垒控制的肖特基二极管、肖特基-pin 复合二极管、超结-肖特基二极管。

1. 普通功率肖特基二极管

普通功率肖特基二极管是将 pin 二极管的 p^+ 区换为金属作为阳极形成的，其结构如图1-5所示。肖特基二极管是单极型器件，只由电子实现导电，故开关速度更快、反向恢复特性更优。

此外，肖特基结（金属-半导体结）的势垒高度比pn结的低，因此肖特基二极管的开启电压只有0.3V左右，比pin二极管的0.7V更低，故能大幅降低导通损耗。但这也导致其击穿电压低、漏电流大，因此更适用于中低压应用场合。需要注意的是，尽管肖特基结的势垒高度低，但肖特基二极管是单极型器件，不存在电导调制效应，在导通电流较大时，漂移区正向压降仍会很高，这也限制了其在大电流场合的应用。

2. 结势垒控制的肖特基二极管

结势垒控制的肖特基二极管，即JBS Diode（Junction Barrier Schottky Diode），是在形成肖特基结前，在n^-区上方间隔形成p区，则p区与下方的n^-和n^+区形成pin二极管，故JBS为普通肖特基二极管与pin二极管的并联，如图1-6所示。

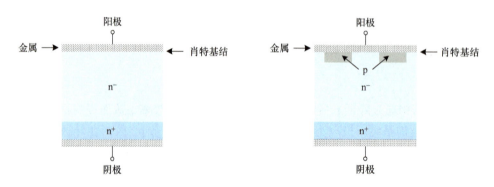

图1-5　普通功率肖特基二极管的结构　　图1-6　结势垒控制的肖特基二极管的结构

正向导通时，肖特基结势垒低，导通压降小。反向阻断时，间隔的p区与阳极金属组成JFET结构，在反向电压下，p区与n^-区形成的空间电荷区展宽，进而连在一起将肖特基结屏蔽起来，此时主要由pin二极管起作用，有利于提高阻断电压。

3. 肖特基-pin复合二极管

普通肖特基二极管和pin二极管分别具有快反向恢复和大功率、高耐压的特点，将两者结合发展出的肖特基-pin复合二极管兼顾两方面的优点，常见结构有MPS结构、TOPS结构和SFD结构，如图1-7所示。

MPS（Merged PiN Schottky）结构与JBS二极管类似，通过在普通SBD的n^-区生长若干p^+区，产生纵向的pin结构。MPS二极管的p区结深相对JBS较深，导通电流较小时，pin二极管不导通，导通电流较大时，p^+区会向n^-区注入空穴，产生电导调制效应使得导通压降小。承受反向电压时，p^+-n^-结空间电荷区会扩展，通过JFET效应将肖特基结屏蔽起来，从而提高击穿电压。

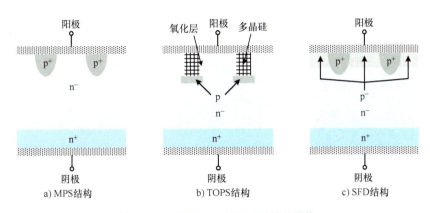

a) MPS结构　　　　b) TOPS结构　　　　c) SFD结构

图 1-7　肖特基-pin 复合二极管的结构

TOPS（Trench Oxide PiN Schottky）二极管通过先挖槽，离子注入形成 p 区，再依次填入多晶硅和二氧化硅的方式，使靠近阳极侧的空穴浓度进一步降低。

SFD（Stereotactic Field Diode）通过使用 Al-Si 代替 MPS 二极管的金属阳极，在 p⁺ 区之间形成一层薄薄的 p⁻ 区，以控制阳极注入效率。这样做在优化反向恢复特性的同时，提高通过器件耐压能力。

4. 超结-肖特基二极管

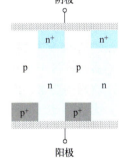

图 1-8　超结-肖特基二极管

超结-肖特基二极管，即 SJ-SBD（Super Junction Schottky Barrier Diode），其阳极和阴极均为金属电极，两极之间为相互平行间隔的 p 区和 n 区，对阳极附近 p 区和阴极附近 n 区进行重掺杂，与极板形成欧姆接触，轻掺杂区与极板形成肖特基结，如图 1-8 所示。在导通时通过纵向的肖特基结降低了正向压降；在关断时通过超结结构形成横向电场，提高击穿电压、降低漏电流。

1.3　Si 功率 MOSFET

1.3.1　MOSFET 的结构和工作原理

MOSFET 是 Metal-Oxide-Semiconductor Field-Effect Transistor 的缩写，中文名为金属-氧化物-半导体场效应晶体管，是一种常用的单极型开关管。n 沟道 MOSFET 的基本结构如图 1-9 所示，具有源极（Source）、漏极（Drain）和栅极（Gate）三端，并由栅极金属层（Metal）、作为绝缘材料的 SiO_2 氧化物层（Oxide）和 p 型衬底半导体层（Semiconductor）形成了 M-O-S 结构。

如图 1-10 所示，当栅-源电压 V_{GS} 为正时，栅极带正电荷，会在栅极下端的 p

7

区感应出带负电荷的反型层。当 V_{GS} 超过其阈值电压 $V_{GS(th)}$ 时，反型层将源极和漏极的 n^+ 区连通，形成沟道，此时施加正向漏-源电压 V_{DS}，电子通过沟道流通，MOSFET 导通。而当 V_{GS} 没有超过 $V_{GS(th)}$ 时，无法形成沟道，MOSFET 关断，此时由反向偏置的 pn 结承受外加电压。

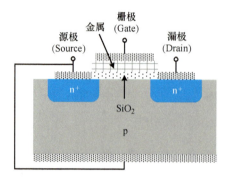

图 1-9　n 沟道 MOSFET 的结构

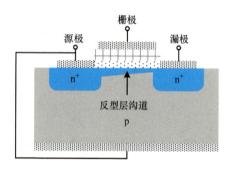

图 1-10　n 沟道 MOSFET 的工作原理

1.3.2　横向双扩散 MOSFET

　　n 沟道 MOSFET 的导通依赖于栅极下方 p 区在反型后形成的沟道，关断时主要由漏极侧的 pn 结展宽承受电压。当将图 1-9 所示结构的 MOSFET 用作功率器件时存在矛盾：栅极下方 p 区长度不够时，MOSFET 无法承受较高的反向电压，无法满足高压应用的要求；而当栅极下方 p 区长度过大时，沟道导通电阻过大，导致损耗增加，无法满足大电流应用的要求。

　　为了调和上述矛盾，在 p 区和漏极 n^+ 区增加一个低掺杂的 n^- 区作为漂移区，成为横向双扩散 MOSFET，即 LDMOS（Laterally Double-Diffused Metal-Oxide Semiconductor），如图 1-11 所示。当 LDMOS 承受反向电压时，由于 p 区掺杂浓度远高于漂移区，因此耗尽区主要在漂移区扩展，阻断电压主要由漂移区的长度和掺杂浓度决定。此外，漂移区的电阻率低于沟道。则对于 LD-

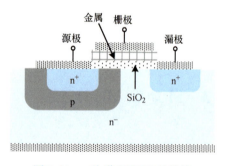

图 1-11　n 沟道 LDMOS 的结构

MOS，只需要增大漂移区的长度，就可以在提升阻断电压的同时使导通电阻相对增加得更少，实现了对阻断电压和导通电阻的折中。

　　为了提高耐压能力，就需要不断增大 LDMOS 漂移区的长度，从而导致漂移区导通电阻增大。同时，电流在 LDMOS 表面是从漏极到源极横向流动的，而大部分衬底材料没有得到有效利用，导致芯片面积较大，不利于 MOSFET 的小型化。

1.3.3　垂直双扩散 MOSFET

为了改善上述 LDMOS 的问题,将漏极移动到芯片的背面、与源极和栅极相对,成为垂直双扩散 MOSFET,即 VDMOS (Vertical Double-Diffused Metal-Oxide Semiconductor),如图 1-12 所示。

在 VDMOS 中,电流垂直穿过 MOSFET,最大限度地利用了漂移区,使其横截面积最大、沟道宽度最宽,显著降低了漂移区的导通电阻。VDMOS 的阻断电压主要由漂移区的厚度决定,增大漂移区厚度就可以提高阻断电压,不会影响芯片面积。另外,源极和漏极分别位于芯片的两面,轻松解决了高电压器件的绝缘问题。

按照电子流过 VDMOS 的顺序,其导通电阻 $R_{DS(on)}$ 依次包括:源极电阻 R_{Source}、沟道电阻 R_{ch}、电子离开 VDMOS 元胞时 JFET 效应使元胞间电流通路变窄带来的电阻 R_{JFET}、漂移区电阻 R_{drift} 和漏极电阻 R_{Drain},如图 1-13 所示。

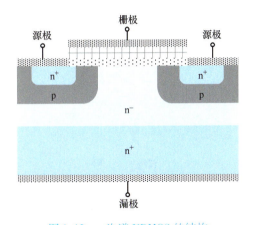

图 1-12　n 沟道 VDMOS 的结构　　　图 1-13　n 沟道 VDMOS 导通电阻的构成

不同电压等级的 VDMOS,其各部分导通电阻占总 $R_{DS(on)}$ 的比例如表 1-1 所示。在低压 VDMOS 中,R_{ch} 和 R_{JFET} 占比较大;在高压 VDMOS 中,R_{drift} 占总 $R_{DS(on)}$ 中的绝大部分。为了降低 $R_{DS(on)}$,针对低压和高压器件,分别开发了沟槽技术和超级结技术,将在下文中详细介绍。

表 1-1　VDMOS 各部分导通电阻占比[1]

	30V	600V
R_{Source}	6%	0.5%
R_{ch}	30%	1.5%
R_{JFET}	25%	0.5%
R_{drift}	31%	97%
R_{Drain}	8%	0.5%

1.3.4　沟槽栅 MOSFET

提高 VDMOS 的元胞密度可以降低 R_{ch}，但会使 R_{JFET} 增大，两者存在矛盾。通过使用沟槽栅技术，将栅极结构从贴在芯片表面变为分隔在元胞间的沟槽，从而使沟道从水平方向转变为竖直方向，成为沟槽栅 MOSFET，即 Trench MOSFET，如图 1-14 所示，常见的沟槽栅有 V 形和 U 形。

VDMOS 的 JFET 效应主要是由于元胞的 pnp 结构产生两个反偏的耗散层，同时 n^- 区浓度较低，因此耗散层较宽，限制了元胞间电流通路的截面积。沟槽栅结构避免了 pnp 结构的产生，竖直沟道的出口直接连接了开放的漂移区，JFET 效应被完全消除。此外，相比水平方向，垂直方向沟道占用芯片面积很少，元胞密度可以进一步提高。则在相同的器件尺寸下，更多的元胞并联也会使 R_{drift} 减小。

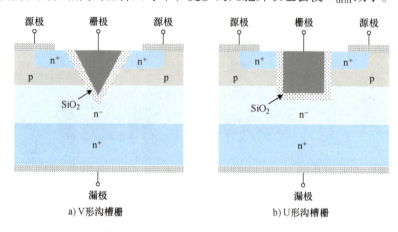

a) V 形沟槽栅　　　　　　　　　　b) U 形沟槽栅

图 1-14　n 沟道沟槽栅 MOSFET 的结构

1.3.5　屏蔽栅 MOSFET

当采用沟槽栅后，单个元胞的栅极与漂移区接触面积变大，同时元胞密度更高，这使得栅-漏电容 C_{GD} 也随之变大，导致栅电荷 Q_G 变大、驱动损耗增加、开关速度变慢。为了降低 C_{GD}，在沟槽栅中增加一层屏蔽栅，将下半部分的屏蔽栅与源极相连，成为屏蔽栅 MOSFET，即 SGT（Shielded Gate Trench）MOSFET，如图 1-15 所示。这就使得原本的 C_{GD} 转换为栅-源电容 C_{GS} 和漏-源电容 C_{DS}，C_{GD} 显著降低。

1.3.6　超结 MOSFET

高压 VDMOS 的 $R_{DS(on)}$ 主要由 R_{drift} 决定，同时漂移区厚度决定了阻断电压，其单位面积导通电阻 $R_{DS(on),sp}$ 与阻断电压的 2.5 次方成正比。$R_{DS(on),sp}$ 随着阻断电压的升高而迅速增大，使得 VDMOS 无法同时满足高阻断电压和大电流，限制了其应用领域。采用超级结技术，在 VDMOS 的基础上将 p 区向下垂直延伸，成为超结 MOSFET，即 SJ-MOS（Super Junction MOSFET），如图 1-16 所示。

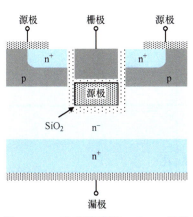
图 1-15　n 沟道屏蔽栅 MOSFET 结构

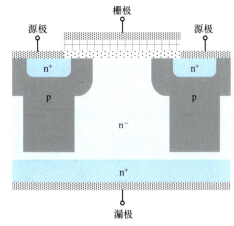
图 1-16　n 沟道超结 MOSFET 结构

在截止状态下，p 柱和 n^- 柱形成横向 pn 结，产生横向耗尽，只要满足 pn 柱区的电荷平衡，就可以使空间电荷区横向展宽，将 n^- 区全部耗尽，形成一个近似矩形的电场，耐压能力得以提升。而在导通状态下，载流子从源极通过沟道进入超级结的 n^- 区，然后进入 n^+ 衬底到达漏极。从上面的分析可以看出，在不影响耐压能力的前提下，提高 n^- 柱区的掺杂浓度即可显著降低漂移区电阻，进而显著降低导通电阻，使得其 $R_{DS(on),sp}$ 与阻断电压的 1.4 次方成正比。

1.4　Si IGBT

1.4.1　IGBT 的结构和工作原理

MOSFET 是单极型器件，通流能力相对较差，即使采用超结技术，为了获得更大的通流能力，只能不断增大芯片面积，导致结电容过大，器件特性变差且通流能力有限。例如商用 650V SJ-MOSFET 其最低 $R_{DS(on)}$ 在 17mΩ 左右，电流等级在 130A 左右；800V SJ-MOSFET 其最低 $R_{DS(on)}$ 在 85mΩ 左右，电流等级在 50A 左右。而 IGBT 为双极型器件，具有电导调制效应，能大幅度提升器件的通流能力。

IGBT 的全称为绝缘栅双极型场效应晶体管，即 Insulated Gate Bipolar Transistor，是将 VDMOS 中漏极的 n^+ 层替换为 p^+ 层构成的，如图 1-17a 所示，具有发射极（Emitter）、门极（Gate）和集电极（Collector）三极。IGBT 拥有三个 pn 结：集电极 p^+ 区与 n^- 区的 pn 结 J_1、n^- 区与 p 基区 pn 结 J_2、p 基区与发射极 n^+ 区的 pn 结 J_3。故 IGBT 具有寄生 pnp 晶体管 T_1 和 npn 晶体管 T_2，同时还具有 MOSFET 结构，其等效电路如图 1-17b 所示。

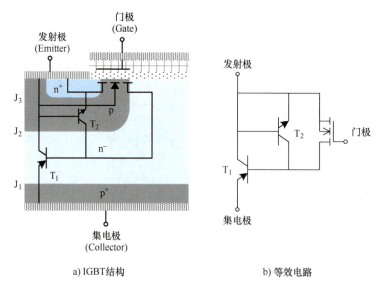

a) IGBT结构　　　　　　　　　　　　b) 等效电路

图 1-17　IGBT 的结构和等效电路

IGBT 的工作原理如图 1-18 所示。当 $V_{CE} > 0V$ 时，J_1 正偏、J_2 反偏。当 $V_{GE} > 0V$ 时，感应出电子沟道，电子由射极 n^+ 区流入 n^- 区，降低了 n^- 区电位，使得 J_1 进一步正偏，p 基区向 n^- 区注入大量空穴，其中一部分与射极 n^+ 区流入的电子复合形成连续的沟道电子电流，另一部分由反偏的 J_2 的电场扫入射极 n^+ 区。而当 $V_{GE} \leqslant 0V$ 时，由于没有电子流入 n^- 区，无法为 T_1 提供基极电流，IGBT 处于正向阻断状态，由反向偏置的 J_2 承担电压。故 IGBT 可以看作是由 MOSFET 控制的晶体管。

由于 IGBT 在导通期间 n^- 区积累了大量非平衡载流子，只有当它们完全复合消失后才会进入阻断状态，在关断过程中形成拖尾电流，导致其

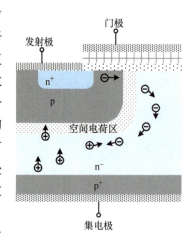

图 1-18　IGBT 的工作原理

关断时间比 MOSFET 要长得多，限制了其开关频率一般在 100kHz 以下。此外，与 VDMOS 不同，当 $V_{CE} < 0V$ 时，寄生的 pnp 三极管的发射结处于反偏，无法流过电流，故 IGBT 无法实现反向导通，在使用中需要额外使用反并联二极管。

1.4.2　PT-IGBT

最早的 IGBT 的纵向耐压结构是穿通型 IGBT（PT-IGBT），其结构如图 1-19 所示。当 $V_{CE} > 0V$，J_2 结反偏，耗尽层向 n^- 区扩展，穿通 n^- 区到 n 缓冲区，从而形成近似梯形的电场强度分布。由于 p^+ 区较厚，且掺杂浓度较高，PT-IGBT 的 J_1 注

入效率高、导通压降低，但是导通时在 n⁻ 区存有大量非平衡载流子，从而使得关断拖尾电流时间较长。一种比较直接的方法是引入载流子寿命控制技术，通过对器件关键区域进行高能电子辐照、重金属掺杂等方式，对材料的复合中心进行改善，控制载流子的寿命。尽管改进后关断特性有所改善，往往会引入器件参数漂移、特性退化、稳定性差等问题。

除了上述导通压降和开关特性之间的矛盾，PT-IGBT 还存在着通态压降在纵向分布不均的固有缺陷，且载流子寿命随温度升高而变长，器件呈负温度系数，不利于器件的并联使用。此外，这种 IGBT 是在较厚的 p⁺ 衬底上运用外延工艺制作上面的 n⁻ 区和 MOS 结构，成本较高。

1.4.3　NPT-IGBT

随着透明集电区技术的发展，非穿通型 IGBT（NPT-IGBT）直接在低掺杂 N 型区熔硅单晶片上加工，集电极侧用离子注入形成 p⁺ 区，如图 1-20 所示。

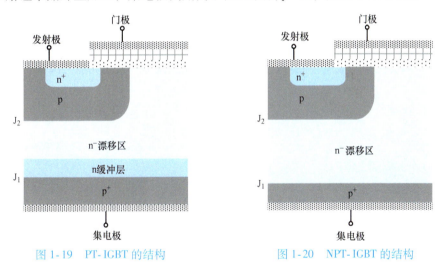

图 1-19　PT-IGBT 的结构　　　图 1-20　NPT-IGBT 的结构

在 J₂ 反偏时耗尽层向 n⁻ 区扩展，由于 n⁻ 区较厚，当 J₂ 的峰值电场达到临界击穿电场时依然不会穿通 n⁻ 区，这就使得其电场分布为三角形，使通态压降在纵向分布更加均匀。用离子注入的方式生成 p⁺ 区，能降低 J₁ 结的空穴注入效率，减少拖尾时间。此外，NPT-IGBT 的载流子寿命受温度影响小，而载流子迁移率的降低和接触电阻的增加明显，器件呈正温度系数，抗短路能力和抗动态雪崩能力很强，利于并联使用。但是 NPT-IGBT 有一个明显的缺陷，就是漂移区太厚，导致关断损耗较大。

1.4.4　FS-IGBT

随着减薄工艺的发展，漂移区可以做得很薄，从而改善了导通压降的问题。但随之而来的另一个问题是，如何能在满足阻断耐压的同时，尽可能减小导通压降呢？场阻止型 IGBT（FS-IGBT）能对此矛盾进行折中，其结构如图 1-21 所示。

FS-IGBT 在减薄技术、高能离子注入技术发展成熟的前提下，在晶圆背面通过离子注入形成一层几微米厚的场阻止层，其掺杂浓度相对 PT-IGBT 的缓冲层的浓度低一些，只对电场进行压缩，不阻碍空穴注入。这样，就可以形成类似 PT-IGBT 的梯形电场分布。集电极 p⁺ 区也采用透明集电极技术，即电子空穴注入效率相对较低，器件关断拖尾时间短。FS-IGBT 温度特性和稳定性都与 NPT-IGBT 基本相同。此外，FS-IGBT 的 n⁻ 区比 NPT-IGBT 更薄，导通压降更小，关断需要收取的载流子更少，关断损耗更小。在 FS-IGBT 的基础上，又出现了弱穿通（LPT）、软穿通（SPT）等 IGBT。

1.4.5 沟槽栅 IGBT

除了在纵向耐压结构上对 IGBT 进行改良，在横向方面，也将平面栅改成沟槽栅，如图 1-22 所示。与沟槽栅 MOSFET 相似，相比平面栅，沟槽栅使 IGBT 的沟道密度更大，表面利用效率更高，同时避免了 JFET 效应减小了导通压降，增大了器件通流能力。但是沟槽栅结构也存在一些缺陷，会导致栅极-集电极电容增加，影响其频率特性，限制高频的应用；同时，使 IGBT 的抗雪崩能力和抗短路能力降低。

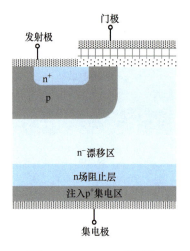

图 1-21　FS-IGBT 的结构

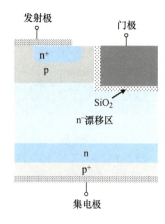

图 1-22　沟槽栅 IGBT 结构

1.5　SiC 材料的物理特性

1.5.1　晶体结构

在原子中，电子在原子核的势能和其他电子的作用下位于特定的、分立的轨道上运动，各个轨道上的电子具有分立的能量，这些能量值被称为能级。Si 原子和 C

原子的基态电子结构分别为式（1-1）和式（1-2），其中，数字为层序号，也被称为主要量子数，字母为子层数，上标数字为该子层上具有的电子数。可以看到，Si 原子和 C 原子的最外层都有 4 个价电子，即 $3s^2 3p^2$ 和 $2s^2 2p^2$。

$$Si:1s^2 2s^2 2p^6 3s^2 3p^2 \tag{1-1}$$

$$C:1s^2 2s^2 2p^2 \tag{1-2}$$

SiC 是由 Si 原子和 C 原子以 1:1 的比例构成的化合物半导体材料，通过 sp^3 杂化共用电子对形成共价键。sp^3 的特点是四面体键合，则每个 Si 原子周围有 4 个 C 原子，每个 C 原子周围也都有 4 个 Si 原子，图 1-23 所示为构成 SiC 晶体的基本单元。

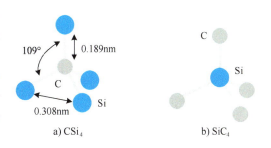

a) CSi$_4$　　　　b) SiC$_4$

图 1-23　SiC 晶体的基本单元

虽然 SiC 晶体的基本单元都是一样的，但当由基本单元相互连接、堆叠构成时，可以产生丰富的晶体结构。由于 SiC 具有中等离子性键，且层错形成能量较低，导致 SiC 堆垛顺序非常丰富，形成了 200 余种多型体。在 Ramsdell 符号体系中，字母表示晶系（"C" 表示立方晶系，"H" 表示六方晶系、"R" 表示斜方六面晶系）、数字表示单位晶胞沿着（001）方向的 Si-C 双原子层的层数。常见的 SiC 多型体有 3C-SiC、4H-SiC、6H-SiC，其堆垛球模型结构和（1120）面连接示意图分别如图 1-24 和图 1-25 所示。在众多晶体结构中，4H-SiC 以其优异的特性成为如今 SiC 功率器件广泛采用的晶体结构。

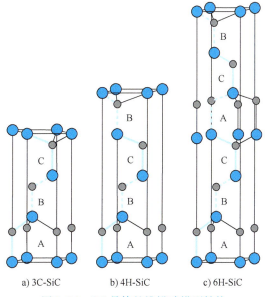

a) 3C-SiC　　　b) 4H-SiC　　　c) 6H-SiC

图 1-24　SiC 晶体的堆垛球模型结构

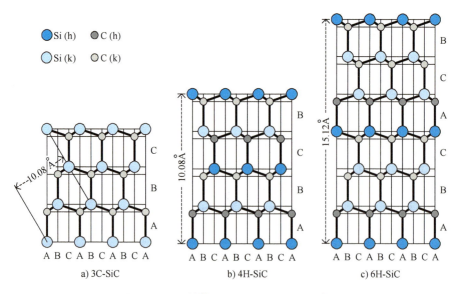

图 1-25　SiC 晶体的（1120）面连接示意图

1.5.2　能带和禁带宽度

　　如上文所述，当原子处于孤立状态的情况，电子位于离散的能级上。而晶体是由大量原子紧密排列构成的，原子之间的距离非常近，使得它们的电子轨道相互重叠影响。同时，泡利不相容原理指出，在同一条原子轨道中不能有两个或两个以上的粒子处于完全相同的量子态（主量子数、角量子数、磁量子数以及自旋量子数）。这就使得各原子中原本能量相同的能级被分化为处于一定能量范围的一系列能级，以保证每个电子占据独立的量子态。由于晶体中原子数量众多，分裂出的能级之间的能量差距很小，密集的能级就形成了能带，如图 1-26 所示。

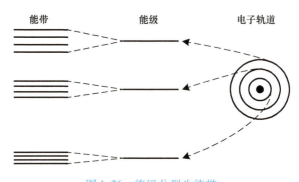

图 1-26　能级分裂为能带

　　以 Si 为例，随着原子间距离不断减小，3s 和 3p 态能级分裂为能带的过程如图 1-27 所示。相距较远的 Si 原子，其 3s 态被 2 个电子占满，能容纳 6 个电子的 3p

态上仅有 2 个电子。随着原子间距离不断减小，原本相互独立的能级开始交叠，并在 Si 的晶格常数处自动分成两个能带，其中 4 个量子态处于较低的能带，另外 4 个量子态则处于较高的能带。

如图 1-28 所示，在绝对零度时，4 个电子都位于较低的能带，由于此时能带处于被

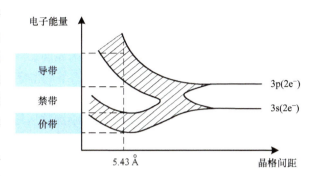

图 1-27　Si 原子 3s 和 3p 态能级分裂为能带[1]

电子占满的状态，故无法导电，将能量较低的能带称为价带。当受到激发时，价带中的电子将跃迁到能量更高且所有量子态为空的能带，由于电子填充数量少，在外电场的作用下，电子可以进行漂移运动而形成电流，则将能量较高的能带称为导带。导带中的电子和由于缺少电子而在价带中产生的空穴被称为载流子。价带和导带之间没有能级，即没有电子能存在其中，被称为禁带。禁带宽度越大，将电子由价带激发至导带所需要的能量就越大，材料的绝缘性能越好。

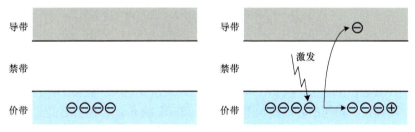

图 1-28　价带、导带、禁带和激发

在 SiC 晶体中，Si 原子的 3s 和 3p 态与 C 原子的 2s 和 2p 态发生 sp^3 杂化的过程与上述 Si 的情况类似，但其能带结构相对更加复杂，这里就不再深入探讨了。

由于 Si-C 共价键极性强，对价电子的束缚紧，需要更多的能量才能将价电子从价带激发到导带。故 SiC 的禁带宽度比 Si 要大，SiC 禁带宽度是 3.26eV，为 Si 的 3 倍左右。正因如此，SiC 被称为宽禁带半导体材料。

1.5.3　击穿电场强度

在强外电场的作用下，半导体材料中价带电子会被激发到导带中。当外电场强到一定程度时，半导体材料将丧失电绝缘能力，即被击穿，此时的外电场强度被称为击穿电场强度。

如前所述，高压垂直型 MOSFET 主要靠漂移区承受电压，漂移区越厚，能够承受的击穿电压也越高，但这也导致导通电阻 $R_{DS(on)}$ 中占比最大的漂移区电阻 R_{drift} 和器件单位面积导通电阻 $R_{DS(on),sp}$ 也越大。同时，虽然掺杂浓度越高电阻率越

低，但掺杂浓度越高电场斜率越大，反而需要更厚的漂移区，这就使得不能简单地通过增加掺杂浓度有效降低 Si 器件的 $R_{DS(on),sp}$。以上正是 Si MOSFET 无法在合理的芯片面积下同时实现高电压和大电流的原因。

SiC 为宽禁带半导体材料，其在 25℃ 下的击穿电场强度为 2.5MV/cm，为 Si 的 10 倍。因此，在相同击穿电压条件下，SiC MOSFET 的漂移区可以采取更高的掺杂浓度以降低电阻率，同时还能够大幅减小漂移区厚度，显著降低器件的 $R_{DS(on),sp}$。图 1-29 所示为 Si 和 SiC 耐压值与 $R_{DS(on),sp}$ 的理论值。

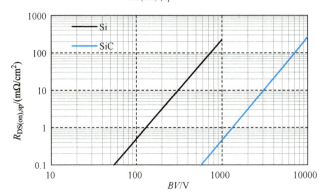

图 1-29　Si 和 SiC 耐压值与 $R_{DS(on),sp}$ 的理论值

故在相同的 $R_{DS(on)}$ 下，SiC MOSFET 的芯片面积更小。例如在 900V 电压等级下，SiC MOSFET 可以仅用 Si MOSFET 1/30 的芯片面积实现同等的 $R_{DS(on)}$。芯片面积越小，其结电容也越小，故 SiC MOSFET 的开关速度更快，能够工作在更高的开关频率下。同理，在相同的芯片面积下，SiC MOSFET 的 $R_{DS(on)}$ 也会更低。故 SiC MOS-FET 能够同时实现高压和大电流。现在商用 1200V 电压等级 SiC MOSFET 单颗芯片的 $R_{DS(on)}$ 已经达到 5mΩ 的水平。相比于 Si 二极管，SiC 二极管也具有类似的优势。

1.5.4　杂质掺杂和本征载流子浓度

没有掺杂外来原子的半导体叫做本征半导体，当温度 $T > 0$ K 时，就会有电子从价带激发到导带，这就是本征激发，所产生的载流子称为本征载流子。为了改善半导体材料的特性，会对本征半导体进行掺杂。Si 中通常掺杂 P 和 B，SiC 中通常掺杂 Al 和 N。

本征载流子是通过本征激发而产生的，与禁带宽度有关，本征载流子浓度 n_i 随着禁带宽度的增加呈指数式减少。由于 SiC 的禁带宽度更大，其 n_i 远远小于 Si。在 25℃ 下，SiC 的 n_i 为 5×10^{-9}/cm³，仅为 Si 的 $1/10^{19}$。

热激发是本征激发的主要途径，n_i 与温度有关，随着温度的升高而呈指数式增大。当温度足够高时，n_i 过大，半导体材料变为导体，此时的温度称为本征温度。图 1-30 所示为 Si 和 SiC 本征载流子浓度与温度的关系，可以看到即使在高温下，

SiC 的本征载流子浓度也远远小于 Si。这使得 SiC 器件可以工作在更高的温度下，Si 器件的最高工作温度不超过 200℃，而 SiC 器件在 600℃ 下也可以正常工作。

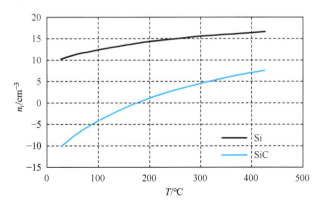

图 1-30　Si 和 SiC 本征载流子浓度 n_i 与温度的关系

1.5.5　载流子迁移率和饱和漂移速度

载流子在外电场的作用下进行漂移运动形成电流，漂移速度与电场强度成正比，比例系数被称为迁移率。Si 的迁移率为 $1350cm^2/V \cdot s$，SiC 的迁移率为 $720cm^2/V \cdot s$，如何解决较低迁移率带来的问题是 SiC 器件研究的重点方向。

同时，受晶格的阻挡，其漂移速度是有上限的，即饱和漂移速度。SiC 的载流子饱和漂移速度为 $2 \times 10^7 cm/s$，为 Si 的 2 倍。较高的载流子饱和漂移速度有利于提高器件的频率特性和开关速度，但这一优势主要对射频（RF）器件更有帮助，对功率器件的性能提升有限。

1.5.6　热导率

SiC 材料的导热系数为 $390W/(m \cdot K)$，是 Si 的 2.6 倍，与导热性能最好的银 $[419W/(m \cdot K)]$ 和铜 $[381W/(m \cdot K)]$ 相当。如此高的热导率，使很多人认为 SiC 器件的散热会更加容易处理。然而在相同规格下，SiC 器件芯片面积较 Si 器件大大缩小，这就使得 SiC 芯片到器件外壳的热阻要比 Si 的大很多，反而增加了散热的难度。

1.6　SiC 产业链概况

1.6.1　衬底

根据掺杂类型和浓度的不同，SiC 衬底可分为 n 型或半绝缘型，n 型 SiC 衬底掺杂了含额外自由电子的杂质，因此具有导电性，是生产 SiC 功率器件的基础材料。

SiC 衬底的制造涉及多个流程，包括 SiC 晶体生长和加工，其中加工环节有切割、研磨、抛光、清洁和检验等工序。晶体生长需要很高的温度，一般会超过 2200℃。同时，其生长速率比 Si 慢得多，每小时仅能生长零点几毫米。此外，SiC 有多种堆叠配置或多型体，已知理论上可行的排列方式超 200 种，多型体之间可以轻易地共存、相互转化，或在生长过程中完成多型体之间转换，故 SiC 晶体生长过程十分复杂。目前，SiC 衬底的生长主要采用物理气相传输法（Physical Vapor Transport，PVT），已被 SiC 衬底供应商普遍采用。其他生长方法如高温化学气相沉积法（High Temperature Chemical Vapor Deposition Method，HTCVD）和液相法（Liquid Phase Method，LPE）仍在开发中。

在晶料合成方面，SiC 晶料大规模合成使用的传统 Acheson 工艺无法合成高纯度的 SiC 晶粒，无法满足单晶生长的需要。现有的 SiC 晶粒合成技术普遍是采用高温（改进自蔓延）合成方法，在高温合成炉里小批量、多批次进行合成。由于合成炉普遍采用小炉腔及感应方式进行加热合成，批次合成量低，如普遍在 30 ~ 60kg/炉，而且由于反应条件的限制，晶体尺寸不够大，一般小于 4mm。根据现有长晶研究表明，大尺寸 SiC 单晶生长（8in 及以上）如果采用大颗粒的 SiC 长晶料，能够更好地控制长晶速度，并在长时间的长晶过程中保持气相挥发速度的稳定性，从而控制长晶缺陷，提高良率，降低成本。国外超大颗粒的 SiC 长晶料（0 ~ 12mm）往往通过 CVD 工艺获得，但该工艺成本非常昂贵，很难满足当前终端市场和客户端的大量需求。通过对传统 Acheson 工艺的基础研究，了解 SiC 晶体生长机理及影响 SiC 纯度和粒径的关键因素，并开发全新的 SiC 合成设备和合成工艺，以合成满足长晶需求的超大尺寸 SiC 晶粒。采用硅粉，碳粉为原料，通过配加适当的长晶助剂，经过混料，装入封闭炉体中，优化炉体加热方式，产生高温均匀的热场，通过 Si、C 反应以及气相反应等一系列反应合成高纯和大颗粒 SiC。由于在高温下含 Si 蒸汽、Si_2C、SiC_2 等蒸汽的存在，通过控制炉内气氛和压力，促使晶体向超大晶粒尺寸进行生长，从而达到 4 ~ 8mm 及以上的超大晶粒的生长。合成完成以后，对生长的结晶颗粒进行分级及后续处理。通过该工艺，能够大批量、低成本地合成大尺寸 SiC 晶粒，从而满足 8in 及以上衬底的长晶工艺。

除了晶体生长慢问题，由于 SiC 的硬度与金刚石接近，使其切割和抛光变得具有挑战性，导致后续加工难度大，成为限制碳化硅器件市场发展的另外一个重要因素。传统的金刚线切割无法切薄片，晶圆（Wafer）厚度需要大于 $350\mu m$，切口损伤在 $200\mu m$ 以上，材料耗损大，切割效率慢，晶锭尺寸限制。而激光切割具有超薄片切割（厚度低至 $100\mu m$）、切口损伤小、材料耗损小、材料利用高、切割效率快、晶锭大尺寸切割等优势。Disco 公司的 KABRA 技术和 2018 年 Infineon 公司收购的 SILTECTRA 公司的冷切割技术等激光切割方法正在兴起。激光切割技术将成为未来碳化硅切割的重要趋势，可以明显提高得片率，进一步降低成本。

SiC 衬底的生产存在成本和质量两大挑战。尽管过去 10 年中 SiC 晶圆的成本逐渐降低，但仍远高于 Si 衬底（2024 年末，150mm SiC 衬底的价格约为 280～550 美元，而 300mm Si 衬底约为 100 美元），SiC 衬底在 SiC 器件的成本中占据了相当大的比重。此外，与 Si 衬底相比，SiC 晶体生长或晶圆加工过程中存在更高密度的缺陷，直接影响器件性能、可靠性和产量。因此，各个生产环节都在不断努力与创新，以提高 SiC 衬底的生产质量。除研究单晶 SiC 衬底外，一些企业还在探索通过将单晶 SiC 衬底与载体晶圆结合来实现复合 SiC 衬底。这种方法旨在降低晶圆成本或提高晶圆质量，正在研究这一方向的公司包括 Soitec 公司、Sicoxs 公司和青禾晶圆公司。

　　截至 2023 年底，全球主要的 SiC 衬底供应商为 Wolfspeed 公司、Coherent 公司和 SiCrystal 公司。根据 Yole 的数据，2022 年，上述三家企业占据了 SiC 功率器件衬底市场的 70% 以上。SiC 功率器件市场的迅速增长促使许多新企业涉足 SiC 衬底业务，无论是通过内部开发还是外部收购。例如，SK Siltron 公司在 2020 年收购了 DuPont 公司的 SiC 晶圆部门。全球五大 Si 衬底供应商之一的 Globalwafers 公司也开始制造 SiC 衬底。值得注意的是，中国企业在 SiC 衬底市场上变得越来越活跃，2023 年有超过 50 家企业尝试生产 SiC 晶圆，其中山东天岳先进科技股份公司和北京天科合达半导体股份有限公司已成功打入全球 SiC 功率器件供应链。2024 年，中国碳化硅衬底厂商在全球市场的排名进一步上升，不仅巩固了其竞争力，也加速了全球碳化硅衬底价格的下行趋势。

　　值得注意的是，在认识到衬底在 SiC 功率器件中的关键作用后，主要的 SiC 功率器件制造商已尝试在这方面进行垂直整合。例如，ROHM 公司于 2009 年收购了 SiCrystal 公司，ST 公司于 2019 年收购了 Norstel AB 公司，而 ON 公司则于 2021 年收购了 GT Advanced Technologies 公司。截至 2023 年底，在五大 SiC 功率器件供应商中，ST 公司、ON 公司、Wolfspeed 公司和 ROHM 公司具有部分内部 SiC 衬底供应，而 Infineon 公司虽然没有内部供应，但在 2018 年收购了 SILTECTRA 公司，该公司正在开发先进的晶圆加工技术。其他二线 SiC 器件供应商也在通过其他方式寻求保证未来衬底的供应，例如，Renesas 公司于 2023 年 7 月与 Wolfspeed 公司签署了一项价值 20 亿美元的供应协议，确保未来 10 年的 150mm 和 200mm SiC 晶圆供应。就在此之前的两个月，其他两家日本公司 Denso 公司和 Mitsubishi 公司同意投资 10 亿美元，以换取 Coherent 公司四分之一的碳化硅业务。

　　8in 衬底为未来 SiC 行业重点发展趋势。由于 SiC 衬底制备难度大且良率较低，造成 SiC 器件成本明显高于 Si 产品，随着衬底尺寸增大，可集成的芯片单位总数就越大。根据 Wolfspeed 公司数据，8in SiC 衬底相较于 6in 可制备 $32mm^2$ 芯片的总数将提升 89%，边缘浪费将由 14% 降低至 7%。同时，根据 GTAT 公司预测，相较于 6in 平台，8in 衬底的引入将使 SiC 器件成本降低 20%～35%。目前，许多公司正处于 6in n 型 SiC 衬底批量化生产，并逐步向 8in 转产的阶段。国内外企业和机构最新的 n 型 SiC 晶体生长研究方向主要包括：扩大晶体直径、增加晶体厚度、晶体缺陷控制、提升良率以及优化电阻率等。在扩大晶体直径方面，截至 2024 年底，全球共有 31 家企业实现 8in 扩径研发突破，中国企业占 20 家，8in SiC 衬底在未来几年内将是主流产品。展望未来，随着 8in SiC 生产工艺优化改良以及生产设备配套更新，叠加相关产能的不断提升，未来 SiC 衬底价格将逐步下探。最后，值得关注的是，12in 碳化硅晶圆于 2024 年底首次发布。尽管距离大规模量产仍有一段时间，但这一突破为未来碳化硅产业的进一步发展开辟了新的可能性，推动行业向更高效、更低成本的方向演进。2024 年 9 月，两家 AR 眼镜公司发布采用 SiC 镜片的增强现实眼镜，将 SiC 带入"元宇宙"领域和消费电子产品市场；一片 6in 衬底可供 2 副眼镜，一片 8in 衬底可以做出 3 ~ 4 副眼镜，而一片 12in 衬底大约可以做出 8 ~ 9 副眼镜，AR 眼镜推动 SiC 往更大尺寸方向发展。

1.6.2　外延

过去几年中，SiC 衬底在尺寸和质量方面都有所提高，但其质量仍然不足以支撑直接在其上加工器件。这就需要在衬底上沉积单晶 SiC 薄层，以产生适用于功率器件的所需厚度的外延。如上一节所述，衬底缺陷会显著影响器件的性能和可靠性，而高质量的 SiC 外延也可以限制衬底缺陷传播到外延层中，或者允许衬底中的"性能降级"缺陷作为良性缺陷传播。

SiC 外延需要通过优化生长参数来进行精确控制，如温度、压力和气流等参数可以通过计算机进行精确、可重复地调整。然而，某些参数不容易调整，如反应器壁上的寄生生长、反应器组件的清洁以及备件更换。为了将这些因素的影响最小化，必须克服学习曲线。

SiC 外延工艺通常包含原位刻蚀和主外延生长。原位刻蚀通常基于 H_2 或者 HCl/H_2 在非常高的温度下进行，典型的工艺温度与主外延生长温度相同。原位刻蚀的目的是去除衬底的亚表面损伤并获得规则的表面台阶结构。在紧接刻蚀工艺之后开始进行主外延生长工艺。

化学气相沉积法（Chemical Vapor Deposition，CVD）和液相外延（Liquid Phase Epitaxy，LPE）法均可用于 SiC 外延的制造。CVD 法在工业应用中被广泛采用，因为它能够在生长过程中有效地控制气体源的流速、温度和压力，同时允许改变层形成环境，并以良好的可重复性精确控制外延生长参数，但有多型体混合的严重问题。因此，在 1987 年由 Matsunami 等人提出的台阶流生长模型，对外延的发展、对外延的质量都起到了非常重要的作用。它的出现首先是生长温度，可以在相对低的温度下实现生长，同时对于更适合功率器件的 4H 晶型来说，可以实现非常稳定的控制，解决了多型体混合的问题，引发了 4H-SiC 在功率器件应用领域独有的发展。其次，通过引入三氯硅烷，实现生长速率的提升，可以实现生长速率达到传统的生长速率 10 倍以上，不光是生产速率得到提升，同时也是质量得到大大的控制，尤其是对于硅滴的控制，所以说对于厚膜外延生长来说是非常有利的。

碳化硅外延中的缺陷有很多，其缺陷与其他材料的晶体也不太一样。碳化硅外延的缺陷主要包括微管、三角形缺陷、表面的"胡萝卜"缺陷，还有一些特有的如台阶聚集。基本上很多缺陷都是从衬底中直接复制过来的，所以说衬底的质量、加工的水平对于外延的生长来说，尤其是缺陷的控制是非常重要的。

碳化硅外延缺陷一般分为致命性和非致命性：致命性缺陷像三角形缺陷、滴落物，对所有的器件类型都有影响，包括二极管、MOSFET、双极型器件，影响最大的就是击穿电压，它可以使击穿电压减少 20%，甚至 90%。非致命性的缺陷比如TSD（穿透螺位错）和 TED（穿透刃位错），对二极管可能就没有影响，对 MOSFET、双极器件可能就有寿命的影响，或者有一些漏电的影响，最终会使器件的加工合格率受到影响。

在中、低压应用领域，碳化硅外延的技术相对是比较成熟的，基本上可以满足低中压的 SBD、MPS、MOSFET 等器件的需求，在高压领域外延的技术发展相对比较滞后。目前，高压器件需要的厚膜上的缺陷还是比较多的，尤其是三角形缺陷，主要影响大电流的器件制备。同时高压器件趋向于采用双极器件，对少子寿命要求比较高，要达到一个理想的正向电流，少子寿命至少要达到 $5\mu s$ 以上，但目前的外延片的少子寿命的参数大概在 $1 \sim 2\mu s$，故现阶段还无法满足对高压器件的需求，还需要等待相关技术的提升。

SiC 外延片关键参数主要取决于器件的设计，例如根据器件的电压等级不同，外延的厚度也不同。低压 600V 的器件，需要的外延的厚度在 $6\mu m$ 左右；中压 $1200 \sim 1700V$ 的器件，需要的厚度为 $10 \sim 15\mu m$；高压 10kV 及以上的器件，需要的厚度在 $100\mu m$ 以上。故随着电压等级的升高，外延的厚度也随之增加，使得高质量外延片的制备更加困难，对高压高质量外延片进行缺陷控制是非常大的挑战。

经过几十年的发展，SiC 外延技术已经实现了精确控制，为制造功率器件提供了可靠的基础。截至 2023 年，提供商用外延的主要公司包括 Resonac 公司、Wolfspeed 公司、Coherent 公司、瀚天天成电子科技（厦门）股份有限公司和广东天域半导体股份有限公司。与此同时，越来越多的 SiC 衬底公司正在将 SiC 外延作为增值产品纳入其产品范围。鉴于外延层质量对器件性能有重要影响，且外延成本占器件成本的相当大一部分，很多 SiC 器件公司也选择将一部分 SiC 外延工艺内部化。

2024 年以来，碳化硅已经出现红海竞争，碳化硅外延厂商未来生存方式是向低成本和深度绑定客户方向发展。

低成本是 SiC 外延一直追求的目标。8in SiC 相比 6in SiC，在晶圆厂的生产效率、成本效益和技术应用等方面带来了显著的优势。但由于存在 SiC 外延设备资产投入大、6/8in 设备不能兼容等问题，导致一些 6in 外延厂在转型上遇到诸多的问题。一些新兴公司，更容易轻装上阵。另外一个降成本的方式是电阻加热式长晶炉替代传统感应炉，可以大幅度提高晶锭厚度，向大尺寸碳化硅衬底低成本量产迈出了坚实一步，推动衬底成本持续降低方面的巨大潜力。

碳化硅外延设备分为单片式和多片式。多片式碳化硅外延设备基本上被 Aixtron 公司垄断，但其设备价格高、交期长，通过推动国产多片式外延设备是降本增效的迫切需求。而且，通过自主研发外延炉里面的石墨、石英等关键材料，同时具有零部件加工能力，能为 8in SiC 的研发提供关键材料支持，材料一致性可控，提升良率，进一步降低生产成本。

此外，外延生长完做成 MOSFET 器件，需要 2 个月时间，然后裂片和封装，最后可靠性实验，总的验证周期基本上 6 个月左右。因此，外延工厂需要与 FAB 厂深度合作，建立各关键环节深入技术合作关系，为产品提供下游快速验证渠道，实现产品及时反馈与快速迭代。

1.6.3　芯片制造

由于 Si 和 SiC 不同的物理特性，许多传统的 Si 器件加工技术不能直接应用于 SiC 器件的制造。

SiC 外延到达生产线时，来料检验是必不可少的。由于 SiC 外延半透明的特性，设计用于 Si 器件的常规设备可能会无意中捕捉到晶圆内部的信号，导致误差。因此，需要专门为 SiC 外延定制新的设备。

在 Si 器件加工中，根据特定要求，可以利用热扩散和离子注入进行掺杂。然而，对于 SiC 器件，常见掺杂剂的低扩散系数使得在1800℃以下热扩散可以忽略不计。因此，离子注入成为首选方法。然而在室温下进行离子注入会导致高密度的缺陷，故需要采用热离子注入，即在高温 400～1000℃下进行离子注入掺杂。

此外，用以激活掺杂剂注入的后激活过程变得至关重要。在 SiC 中实现掺杂剂的激活需要非常高的温度，通常 n 型需要 1400～1500℃，而 p 型则需要超过 1600℃。这样的温度接近或超过外延层的生长温度，可能会导致严重的表面退化，从而不利于界面特征如肖特基接触和场效应晶体管沟道。为了减轻不利影响，通常会采用一层保护性覆盖层，但是该方式成本较高，且可能存在潜在缺点，如降低 MOSFET 沟道的迁移率。

在 MOSFET 的源极和漏极区域以及二极管的阳极和阴极区域之间建立金属和半导体的欧姆接触，对于优化 SiC 器件的效率和可靠性至关重要。然而，在 SiC 上形成欧姆接触面临独特的挑战，因为其宽禁带特性提升了加工工艺的复杂程度。实现 SiC 器件上的欧姆接触的研究主要集中在两种主要技术上。一种方法涉及高剂量离子注入，将掺杂剂引入半导体材料中，以促进欧姆接触的形成。这种方法的缺点是在离子注入过程中的晶格缺陷或非晶化倾向，这些缺陷可能是稳定的，且需要高温退火来修复。另一种方法是在欧姆接触和 SiC 之间的界面上创建一个带隙较窄或载流子密度较高的中间半导体层，这可以通过金属沉积和退火来实现。

SiC/SiO$_2$ 界面的质量和稳定性对于决定 MOSFET 栅氧化物结构的性能和长期可靠性至关重要。与 Si/SiO$_2$ 界面相比，SiC/SiO$_2$ 需要额外的处理来提高其质量和稳定性。

SiC 器件和 Si 器件芯片制造工艺的差异总结见表 1-2。

表 1-2　SiC 器件和 Si 器件芯片制造工艺的差异

流程	Si	SiC	流程中的问题
外延	不透明	半透明	半光学制程聚焦，特殊缺陷检测，机器人需要适应
掺杂	扩散或注入	只有注入	掺杂区域平坦，需要注入后激活
退火	800 ~ 1200℃	>1700℃	潜在的表面退化，无法使用常规石英管，需要高温炉
欧姆接触	形成温度 400℃	形成温度 1000℃	高剂量注入特殊成分金属退火
MOS 界面	Si/SiO$_2$ 界面	SiC/SiO$_2$ 界面	替代沉积和氧化后退火、沟道反掺杂或高温氧化

学术机构和企业在 SiC 器件芯片制造的各个相关主题上进行了广泛研究，为 SiC 器件的进步和最终量产做出了重大贡献。第一批 SiC 二极管的商业化始于 2001 年，由 Infineon 公司率先推出，随后是 Cree 公司（现为 Wolfspeed 公司）。在随后的几年里，Infineon 公司和 Cree 公司仍然是 SiC 二极管的主要商业化生产商。关于基于 SiC 的 BJT、JFET 和 MOSFET 的讨论发生在 2010 年之前。随着 ROHM 公司于 2010 年推出 SiC MOSFET，以及 Cree 公司和众多其他器件制造商进入市场，SiC 器件行业才经历了显著加速。

如今，市场上有广泛的 SiC 功率器件可供选择，涵盖了从 600 ~ 3300V 的各种电压等级，并含有分立器件和功率模块两类产品。目前，SiC 功率器件行业的主要的发展重点是提升 SiC MOSFET 的耐用性、推进沟槽栅技术，并完善封装技术以充分发挥 SiC 的高温性能。

由于其卓越的性能和广阔的市场前景，SiC 器件已成为功率半导体行业的核心关注点。几乎所有主要供应商都在提供 SiC 器件，包括全球超过 20 家供应商和中国超过 30 家公司。其中排名前五的是 ST 公司、Infineon 公司、ON 公司、Wolfspeed 公司和 ROHM 公司，都属于集成器件制造商（IDM, Integrated Device Manufacturer），这是功率半导体行业中常见的业务模式。ST 公司通过成功地在特斯拉的供应链中获得了一席之地，成为市场领导者之一。2024 年以来，不同参与者之间的竞争激烈，行业格局正不断变化。同时，中国碳化硅器件厂商的加速入局，正在对全球碳化硅市场格局产生深远影响，并增加了行业发展的不确定性。除了 IDM 之外，还有像 X-fab 公司、芯联集成电路制造股份有限公司、上海积塔半导体有限公司等代工厂，为无晶圆厂的设计公司提供 SiC 制造服务。

1.6.4　封装测试

目前，市面上提供了多种 SiC 器件产品，包括分立器件和功率模块两种形式。然而，受到兼容性、成本和产能等因素的影响，其中大部分都是继承自 Si 器件的传统封装技术。要想充分发挥 SiC 的优势，就需要优化封装技术，具体存在的技术挑战见表 1-3。

表 1-3　SiC 器件封装技术的挑战

SiC 对比 Si	传统封装面临的挑战	封装要求
高开关速度	高 di/dt：设备上更高的电压过冲和振铃 高 dv/dt：更高的共模噪声 器件并联变得复杂	低寄生电感参数控制
高工作温度	能够可靠地承受高温工作的封装材料，传统封装材料最高承受 175℃，SiC 器件可以工作在 200℃ 以上	新封装材料
高功率密度	由于热循环，键合线的故障率更高，芯片与基板焊点的疲劳故障增加	消除键合线，延缓或消除芯片接触故障

目前，行业专家正在寻求优化封装设计和布局、采用新材料并采用各种策略，包括但不限于：高温环氧树脂或硅胶封装、用于芯片贴装的银烧结技术、夹式或带式键合、将封装烧结到散热器上、具有更好导热性的模块基板（例如 AlN AMB、Si_3N_4 AMB 和带有 TPG 插入件的 IMS，而不是传统的 Al_2O_3 DBC）以及集成散热器等。

在测试方面，许多用于验证 Si 器件长期稳定性的流程可以转移到 SiC 器件上。但是，由于其材料特性和工作模式，SiC 器件还需要进行额外和不同的可靠性测试。影响可靠性的关键因素包括材料的缺陷结构、较大带隙对界面陷阱的影响、在运行过程中产生的更高电场，以及结合了高电压和快速开关的新工作模式。工业界已经在 JEDEC 内启动了一个专注于 SiC 的分委员会（JC-70.2），以制定关于 SiC 器件的鉴定指南和标准。

就供应链而言，在汽车行业中，一些新封装可能直接源自汽车制造商（OEM）或一级供应商。一个典型的例子是 Tesla 公司，该公司已经为其 TPAK 模块设计申请了知识产权。此外，Toyota 公司和 Denso 公司拥有大量的功率模块技术专利组合，截至 2022 年 3 月，其中超过 150 个专利系列明确适用于 SiC。与此同时，一些器件公司也向专门从事功率模块开发的封装企业供应 SiC 晶圆。这些模块制造商包括 Semikron Danfoss 公司、Vincotech 公司、广东芯聚能半导体有限公司等。

1.6.5　系统应用

SiC 器件相比 Si 器件具有更高的开关频率、更低的损耗以及更高的工作温度。这些优势有助于其在各种应用中提高效率、提高功率密度、降低系统成本，包括电动汽车、充电基础设施、太阳能逆变器、电池储能系统、工业和家用电机驱动等。

到 2023 年底，SiC 器件的市场规模估计介于 30 亿~35 亿美元之间，具体数字取决于不同的市场和金融分析师。预测显示，未来 5 年该市场的复合年增长率将达到两位数，几家顶级供应商预测市场规模将超过 100 亿美元。

汽车应用，特别是电动汽车中的主驱逆变器、车载充电机和 DC-DC 转换器，推动了 SiC 器件的应用。市场分析师估计，汽车行业占据了 SiC 器件市场的 50%~70%。Toyota 公司自 2010 年代初就在电动汽车用 SiC 器件的研发方面处于领先地位，吸引了对 SiC 在汽车领域应用的重大关注。然而，可靠性和成本等挑战限制了 SiC 器件的广泛应用。

转折点出现在 2017 年，Tesla 公司开始大规模生产其热门轿车 Model 3。随后，包括比亚迪公司、Ford 公司、Volkswagen 公司、Mercedes-Benz 公司、Land Rover 公司、Volvo 公司、General Motors 公司、蔚来公司以及 BMW 公司在内的许多汽车制造商和一级供应商或采用了 SiC 器件用于电动汽车，或宣布了相关计划。Tesla 公司在 2023 年 3 月的投资者日上宣称已经开发了一种能够将碳化硅用量减少 75% 的方法，引发了行业讨论。潜在的解决方案可能包括使用较少的 SiC 器件、缩小 SiC 芯片尺寸或者修改拓扑结构以实现混合 Si-SiC 解决方案。尽管有此提议，市场分析师和器件制造商认为这对 SiC 功率器件市场的预测影响将很小。

另一个值得一提的应用是光伏领域，SiC 器件在各种类型的光伏逆变器中都具有优势。SiC 二极管被 ABB 公司、台达电子公司、SMA 公司、阳光电源公司、华为公司、Fronius 公司、KACO 公司等广泛应用于住宅、商业和公用事业规模的太阳能逆变器中。由于诸如较低的导通电阻等优势，SiC MOSFET 的采用率也在增长，突显了 SiC 技术在可再生能源领域的日益重要性。

其他 SiC 器件的应用领域将在第 12 章中详细讨论。

围绕 SiC 器件产业形成了一个完整的生态系统，包括 SiC 衬底供应商、外延供应商、芯片制造商、封测厂商以及电子设备和汽车公司。此外，许多设备供应商提供专门的机械设备用于衬底生产、芯片制造和测试。

1.7　SiC 二极管和 SiC MOSFET 的发展概况

1.7.1　商用 SiC 二极管的结构

最初，SiC SBD 以更优异的反向恢复特性在中压应用领域代替了 Si FRD；随后，为了同时获取较低的正向压降、较小的反向漏电和较快的开关速度，将 SBD 和 pin 二极管结合在一起，开发出了 SiC JBS 二极管；接着，为了应对大功率应用中的浪涌等极端工况，改进了 JBS 二极管中的 p^+ 区设计，开发出 MPS 二极管，其 p^+ 区可以在一定条件下开启，提高了双极导通能力。

1. JBS 二极管

第一代商用 SiC 二极管是 SBD 结构，但其漏电流大、反向耐压低，严重限制了其在高压领域的应用。为了解决这一问题，各厂商推出了 SiC JBS 二极管，其结构是在 SBD 二极管的漂移区集成多个 pn 结，通过在肖特基接触和其周围设置紧密相间 p$^+$ 区形成势垒，屏蔽肖特基接触处半导体一侧的高电场，其结构如图 1-31 所示。

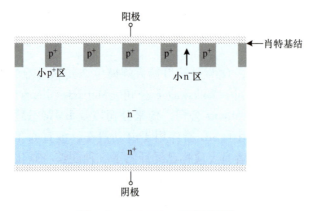

图 1-31　SiC JBS 二极管的结构

当对 SiC JBS 二极管施加反向电压时，pn 结形成的耗尽区向沟道区扩展并交叠在一起，并随着反向电压的增加而向下扩展。这样就能够抑制肖特基势垒降低效应，大大减小反向漏电流，使其能够适用于高压应用领域。

当 SiC JBS 二极管的正向电压较小时，由 JBS 结构中的 SBD 部分负责导通电流。当正向电压较大时，JBS 结构中的 pin 二极管部分开始导通，有源区的少数载流子注入到漂移区，产生的电导调制效应进一步降低其正向导通压降。需要注意的是，虽然电导调制效应增强了 SiC JBS 二极管流通大电流的能力，但在实际应用中，正常工况下仅由 SBD 部分导通，只有发生浪涌电流时 pin 部分才会投入工作。

在正常工况下，当 SiC JBS 二极管由导通状态变为关断状态时，由于同 SBD 一样为单极性载流子导通，故其继承了 SBD 优异的反向恢复特性。

2. MPS 二极管

在二极管的工作过程中，时常会面临大电流的冲击。大电流导致的发热会使二极管的结温在短时间内迅速上升，当温度过高时会导致器件失效。故需要关注二极管承受大电流冲击的能力，一般用浪涌电流表征。

为了提升扛浪涌电流的能力，基于 JBS 二极管开发出 MPS 二极管，结构如图 1-32 所示。MPS 二极管与 JBS 二极管的结构没有本质的不同，区别是 MPS 二极管中同时存在小尺寸 p$^+$ 区和大尺寸 p$^+$ 区。其中，大尺寸 p$^+$ 用于提升二极管流通大电流的能力。在大电流下，大尺寸 p$^+$ 区对应的 pn 结将会开启，并向器件的漂移区注入少数载流子，由此产生的电导调制效应将会极大地降低器件的电阻。

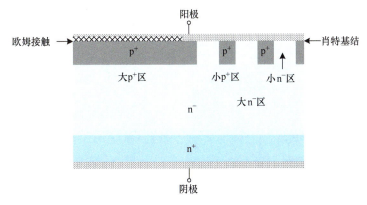

图 1-32　SiC MPS 二极管的结构

　　相比 SBD，MPS 二极管的正向压降更小；相比于 pin 二极管，其外延层中存储的电荷量更少，开关速度更快。同时，SiC 二极管的反向恢复能够表现出几乎恒定的行为，几乎不会有 Si FRD 的非线性性能，在进行电路设计时无需考虑温度和负载条件的变化。如今，MPS 二极管已经成为 SiC 二极管的主流结构方案。

1.7.2　商用 SiC MOSFET 的结构

1. ROHM 公司双沟槽结构 SiC MOSFET

2010 年，ROHM 公司成功量产平面结构的 SiC MOSFET。2015 年，ROHM 公司开发并量产了世界上首个双沟槽结构的 SiC MOSFET，如图 1-33 所示[3]。为解决单沟槽结构中电场集中在栅极沟槽底部从而降低可靠性的问题，双沟槽结构在源区和栅区都设置沟槽，缓和单沟槽结构中栅极底部的电场集中，改善了沟槽 MOSFET 栅氧层可靠性问题，提升可靠性的同时保证了量产的基础。

2. Infineon 公司半包沟槽结构 SiC MOSFET

Infineon 公司采用的半包沟槽结构如图 1-34 所示[4]，每个沟槽的一侧有一个通道，另一侧被深 p+ 注入覆盖，形成了独特的非对称沟槽结构。在沟槽侧壁的左侧，包含与平面对齐的 MOS 通道，以优化通道的移动性。在沟槽侧壁右侧，沟槽底部的很大一部分嵌入到了 p+ 中，p+ 延伸到沟槽底部以下，从而减小了离态临界电场，起到了体二极管的作用。该结构可保护沟槽拐角不受电场峰值影响，提高器件可靠性，同时能进一步提升器件耐压和开关特性。通过这种半包式设计提高了器件的可靠性，使系统获得更高的效率、开关频率和功率密度。

3. DENSO 公司 U 形沟槽结构 SiC MOSFET

2023 年 3 月，DENSO 公司宣布已开发出首款采用 SiC 半导体的逆变器。其独特的沟槽型 SiC MOSFET 结构采用其专利电场缓和技术，提高了每个芯片的输出能力，实现了高电压和低导通电阻，如图 1-35 所示。

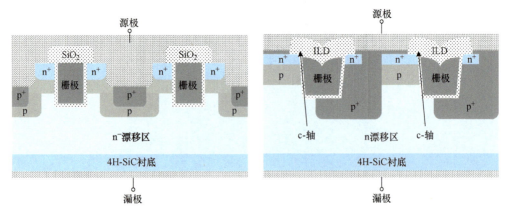

图 1-33　ROHM 公司双沟槽结构
SiC MOSFET

图 1-34　Infineon 公司半包沟槽
结构 SiC MOSFET

4. Sumitomo 公司 V 形沟槽结构 SiC MOSFET

Sumitomo 公司利用独特的晶面新开发了 V 形槽 SiC MOSFET，如图 1-36 所示，具有高效率、高阻断电压、恶环境下的高稳定性等优越特性，实现了大电流（单芯片 200A），适用于电动汽车（EV）和混合动力汽车（HEV）。

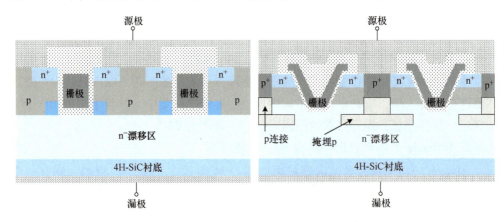

图 1-35　DENSO 公司 U 形沟槽 SiC MOSFET　图 1-36　Sumitomo 公司 V 形沟槽 SiC MOSFET

5. Mitsubishi 公司沟槽 SiC MOSFET

为了解决沟槽型栅极绝缘膜在高电压下的断裂问题，Mitsubishi 公司开发了一种独特的电场限制结构，将应用于栅绝缘薄膜的电场减小到常规平面型水平，使绝缘薄膜在高电压下获得更高的可靠性，如图 1-37 所示[5]。在栅沟槽区域，通过三次离子注入分别形成电场限制结构、侧接地电场限制层及高浓度掺杂导电区域。该结构的优势在于通过电场限制结构将施加到栅极绝缘膜上的电场强度降低到传统平

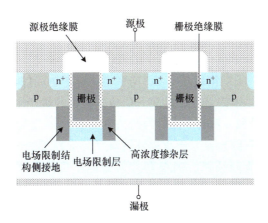

图 1-37　Mitsubishi 公司沟槽 SiC MOSFET

板型功率半导体器件的水平，确保器件的可靠性；通过侧接地电场限制层形成连接电场限制层和源极的侧接地，实现高速开关动作；通过将氮元素斜向注入，在局部形成更容易通电的高浓度掺杂层，从而降低电流通路的电阻。

1.8　SiC 功率模块的发展概况

一代器件，一代封装。SiC 器件具备更为优异的特性，同时也对功率模块封装提出新的期望。产业界结合具体应用需求，推出了一系列针对 SiC 器件的功率模块工艺和产品方案。

1.8.1　SiC 功率模块的制造流程

与分立器件不同，SiC 功率模块是将多颗 SiC 芯片按照拓扑集成到同一封装内得到的，其关键制造流程工艺如图 1-38 所示。由于 SiC 功率模块产品的类型非常丰富，例如硅凝胶灌封固化的壳封模块、注塑后切筋成型的塑封模块，其对应的制造方案也不尽相同。同时，特定功能制造环节也存在不同的实现方案，例如将 SiC 芯片预固化在陶瓷基板上，既有芯片蘸取银膜后热压预固化的工艺方案，也存在传

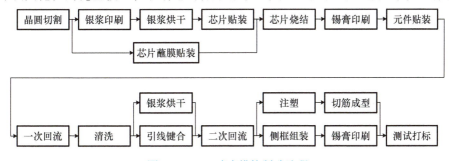

图 1-38　SiC 功率模块制造流程

统的先印刷银浆再烘干固晶的传统方案，后者虽然工序较多，但产量较大，更适合量产制造流程。故工艺路线的选择不仅取决于产品类型，还取决于产品的状态和成熟度等因素，则图 1-38 给出的制造流程仅作为一般性参考。

相较于传统 Si IGBT 功率模块，SiC 功率模块具有更高的功率密度和工作结温，及更低的杂散电感和热阻等特性，这对 SiC 功率模块的量产生产线提出了非常高的技术要求。以 ST 公司和 Infineon 公司为代表的海外厂商发力较早，已形成较好的规模经济，同时国内厂商也在奋起直追并取得了非常显著的成果，其中较为突出的为广东芯聚能半导体有限公司。2022 年，芯聚能半导体公司的 SiC 功率模块制造基地正式通线运行，这是国内第一条汽车级 SiC 功率模块专用产线，具备全自动化的生产系统和行业领先的制造工艺。总的看来，国内厂商在制造能力方面与国际厂商的差距在迅速变小。

虽然 SiC 功率模块的工艺路线繁多且组合灵活，但其中的关键工序相对固定，需要特别关注。

首先是芯片烧结工艺，当前主流的看法是 SiC MOSFET 芯片的最佳搭配是银烧结工艺与 Si_3N_4 陶瓷基板，这种组合可以最大程度地发挥 SiC 芯片优势的同时兼顾成本需求。银烧结剂主要由以下组分构成：银颗粒，作为主材，形成连接层（纳米，微米）；黏结剂，作为辅材，抑制烧结裂纹；稀释剂，用于调节黏性，降低印刷难度；分散剂，用于分隔银颗粒，防止团聚；改性填料，包括树脂，贱金属等（非必选）。

相较于传统的回流焊接工艺，银烧结工艺有较大优势。首先，其服役温度高，烧结后形成的银层再次破坏需要达 961℃，而普通的无铅锡膏通常超过 220℃ 就会重熔。其次，银烧结工艺的散热效果更好，如图 1-39 所示。银烧结层导热系数理论可达 200W/（m·K），是普通锡膏的 50W/（m·K）的 4 倍左右，采用银烧结工艺可以显著降低模块的热阻，在同等芯片规格和数量的前提下，模块可以输出更大的电流，提升效率。最后，在工艺制程方面，锡膏工艺容易产生空洞和芯片漂移等工艺缺陷，而银烧结工艺对制程能力提升更加友好。

其次是引线键合工艺，引线键合工艺是功率半导体器件的传统核心工序。在功率器件领域，引线键合主要指的是楔形冷焊工艺，其主要作用是在超声波振动的作用下实现键合线与焊接区域（通常是芯片表面或者陶瓷基板铜表面）连接，如图 1-40 所示，引线键合最主要的功能是实现器件内部的电气连接。

引线键合工艺的质量受到材料和工艺参数的限制，其中工艺参数主要是焊接的能量、压力和时间。引线键合工艺的一致性一般表现较好，具有较好的进行 DOE（Design of Experiments，实验设计）确定工艺窗口的基础。正常情况下，铝线选取适当、工艺窗口设置合理的 SiC 灌封功率模块，其秒级功率循环在 6 万 ~ 10 万次之间。

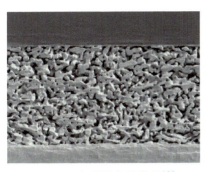 

图 1-39　银烧结焊接效果[6]　　　　图 1-40　SiC 功率模块铝线引线键合

近年来，为了追求更高可靠性的功率器件电气互联工艺，市面上陆续出现了铜线引线键合（Copper Bonding）和条带键合（Clip Bonding）技术，如图 1-41 所示。相比于铝线键合，这些新技术普遍可以实现 3 ~ 7 倍的功率循环寿命的提升，受限于良率和配套成本，这些技术尚未取代铝线键合成为主流解决方案。

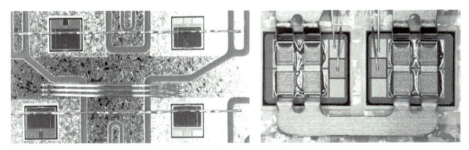

图 1-41　铜线引线键合和条带键合技术

以芯聚能半导体公司在 2022 年推出了 ACCO DRIVE PACK E 系列 SiC 功率模块为例，采用了全新 Clip 结构作为功率器件电气连接，使模块具备三维空间结构，让模块具有更优异的动静态均流能力和更低的杂散电感。同时，得益于多种先进材料的配合应用，该系列功率模块能够通过 15 万 ~ 20 万次循环的秒级功率循环测试，其寿命相比于行业同平台产品寿命在 3 倍以上。未来，在下一代产品中将采用更先进的双层叠层 Clip 结构和全烧结工艺技术，保证模块具备极低的杂散电感（3nH）和极高的功率循环寿命（30 万次循环以上）。

1.8.2　SiC 功率模块的技术发展

自从 2018 年 ST 半导体公司依托 Tesla Model 3 车型推出 STPAK 以来，SiC 功率模块的技术发展开始进入快车道，各种新的产品方案和技术纷纷涌现。图 1-42 所示为 SiC 功率模块的结构。

1. 散热性能

在芯片规格不变的情况下，想要最大程度地提升功率模块的出流能力，降低其热阻是最直接有效的方式，这也是近10年以来SiC功率模块技术发展中的最为重要的赛道，具体实现方式有以下三个维度。

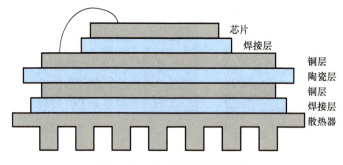

图 1-42 SiC 功率模块的结构

第一是平面上芯片散热效率的最大化，即每个芯片占用的面积最大，这样可以降低芯片间的热耦合，防止出现局部过热造成结温高点，造成模块整体性能的浪费。然而，芯片尽可能地散布对热阻减低有利，但对于并联均流不利，因为散布的芯片布局很难实现各个芯片之间功率回路和控制回路的一致性，此时就需要有针对性地优化各个芯片功率回路和控制回路的寄生参数，确保静态和动态均流符合要求。

第二是纵向传热方向上的优化，主要包括结构优化和材料优化化。结构优化方面，可以调整铜层、陶瓷层和焊接层的厚度来实现更低的热阻，但来自于工艺过程的最佳实践和来自于非标定制的额外成本限制了结构优化方案的实施。材料优化方面，主要是采用导热系数更高的材料，例如，使用导热系数可达 200W/（m·K）的银烧结层来代替传统导热系数 50W/（m·K）的锡膏层，使用导热系数可达 120W/（m·K）的 Si_3N_4 基板代替当前主流的 80W/（m·K）Si_3N_4 基板。

第三是散热器的针翅（Pin-Fin）结构优化，散热 Pin-Fin 是直接与冷却液接触的部件，其结构对功率模块的换热效率和水道的压降有直接影响。整体来看，换热效率和水道压降相矛盾，越密的 Pin-Fin 散热效果越好，结到冷却液的热阻越低，但水道压降越大。但局部来看，通过 Pin-Fin 结构的特殊设计可以实现一定范围内的热阻降低，同时水道压降不发生明显提升，类似的方案较为典型的有异形 Pin-Fin 代替圆柱形 Pin-Fin。

在此方向上，芯聚能半导体公司等国内厂商开发出了独特的水滴形 Pin-Fin 设计方案，水滴形的流线可使得冷却液流体平顺地流过，降低流阻。同时，通过巧妙地设置间距尺寸比例，可使得冷却液经过 Pin-Fin 的截面积不发生明显变化，降低压力损失以降低流阻，大幅降低了对散热系统的要求。

2. 回路电感

在驱动电路参数不变的情况下，功率模块回路电感的大小直接决定了关断时的电压尖峰。随着新能源汽车高压化发展的趋势，母线电压在不断攀升，从最开始的 400V，到当下流行的 800V，所使用的 SiC 功率模块的标称额定电压为 1200V，这无疑给功率模块的回路电感提出了更高的要求。

降低模块的杂散电感主要可以通过减小功率回路包裹的面积来实现。然而，汽车客户处于供应链安全的考虑，对定制化封装往往持保守态度，在引脚定于趋于互相兼容的要求前提下，降低杂散电感的主要途径是增大功率回路的层叠面积。目前市场上较为领先的方案为 Semikron 公司推出的 EMPACK 模块，如图 1-43 所示，通过类似于柔性电路板的方案，实现了功率回路的大面积高效率层叠，显著降低了模块的杂散电感[7]。

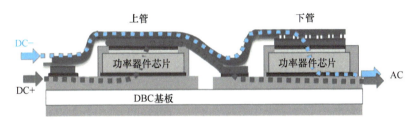

图 1-43　Semikron 公司的 EMPACK 模块

3. 模块可靠性

模块可靠性主要体现在模块可靠性实现和可靠性评价两个方面。可靠性实现方面，为了实现更好的可靠性寿命，银烧结陆续取代了锡膏在芯片连接中的应用，铜线键合和条带键合技术逐渐在取代铝线键合的应用，塑封或者环氧树脂的灌封工艺逐渐取代了硅凝胶灌封工艺。在可靠性评价方面，最主要的变化是评价方法越加贴近客户应用工况，比如在线老化（HTRB，HTGB，无功台架）的流行，以及动态反偏（DRB）和动态栅偏（DGS）测试方法逐渐被 SiC 模块上下游所推崇。

1.8.3　SiC 功率模块的方案

目前，SiC 功率模块的应用主要集中在新能源汽车主驱逆变器上，从应用技术方案和产品拓扑的角度，主流量产方案包括单管并联方案、全桥方案和半桥方案。

1. 单管并联方案

单管并联方案的原理是采用多只规格相同的单管器件进行并联组合形成桥臂，桥臂串联形成半桥，半桥并联形成全桥拓扑实现逆变功能。这种技术路线最具代表性的产品为 ST 公司的 STPAK 器件，如图 1-44 所示。该器件内置 2 颗 SiC MOSFET 芯片，芯片与 Si_3N_4 陶瓷基板的连接采用了银烧结的技术来降低热阻和提升可靠性，陶瓷基板裸露侧镀银，同样采用银烧结的方案实现器件与散热水道的连接，母排和器件的连接依靠激光焊接的方式完成。

单管并联方案的主要优势在设计灵活和成本较低。应用方案设计方面，只需要

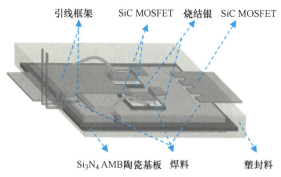

引线框架　SiC MOSFET　烧结银　SiC MOSFET

Si_3N_4 AMB陶瓷基板　焊料　塑封料

图 1-44　ST 公司的 STPAK 器件

增加或者减少并联器件的数量即可调整逆变器的输出功率，而不需要改变器件的设计或者规格，大大缩短了设计周期。应用方案现实方面，单管并联的方案非常容易实现不同输出功率的逆变器复用同种器件，SiC 的成本与良率强相关，而器件良率与器件的产量息息相关，单管并联的模式具有较好的成本优势。

　　单管并联方案的主要缺点在于设计难度大，单管的并联均流问题比较复杂，需要考虑常温和高温下静态和动态的均流。均流的效果一方面与器件的一致性有关，如阈值电压、导通电阻和热阻等，另外一方面与回路的设计有关，如主回路寄生和驱动回路的杂散电感等。单管并联的方案母排设计通常是由器件使用方完成，受对器件的了解和资源体量的限制，这是制约单管并联方案流行的一个重要因素。

2. 全桥方案

　　全桥方案是功率模块厂商完成三相全桥拓扑功率模块的设计和制造，应用方仅完成外围电路的设计和组装，该方案的主要代表产品为 Infineon 公司的 Hybrid-PACK Drive 系列产品[8]，如图 1-45 所示。全桥方案通常在一个功率模块内部集成三个半桥，每个半桥各附带一个温度传感电阻，每个半桥的上下桥臂视输出功率需要集成 6~8 颗 SiC MOSFET 芯片，模块的直流端子和交流端子分别位于模块的上下两侧，模块底部有可以用于直接水冷散热的 Pin-Fin 结构，模块正面是各类信号 Pin 针，该模块内部通常采用硅凝胶灌封的技术路线。

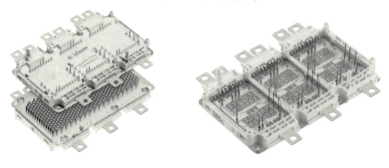

图 1-45　Infineon 公司的 HybridPACK Drive 功率模块

全桥方案的优势在于对应用端非常友好，不需要考虑并联均流等问题，装配工艺也较简单，而且信号采样的端口丰富，容易实现对模块的工作状态的监控。截至 2024 年，全桥方案是新能源汽车主驱逆变器采用最多的方案。预计在未来 5~10 年，全桥方案仍旧具有旺盛的生命力。

全桥方案的缺点在于设计调整不够灵活，在输出功率不大、并联芯片数量较少的情况下存在较多性能冗余和浪费，另外整个模块的尺寸较大、端子位置固定，不利于实现较小的杂散电感设计。

3. 半桥方案

半桥方案功率模块厂商完成半桥拓扑功率模块的设计和制造，再由应用方实现全桥拓扑。该方案的主要代表产品有 Danfoss 公司的 DCM1000 系列产品[9-10]，如图 1-46 所示。该类半桥模块内部包含一个完整的半桥和温度传感电阻，半桥的每个桥臂按照需求并联 6~8 颗 SiC MOSFET 芯片，直流端子和交流输出端子分置两侧，器件自身含有液冷底板，整个器件采用塑封工艺实现。

半桥方案是介于单管并联方案和全桥模块方案之间的折中方案。半桥功率模块实现了不同设计方案对功率器件的较好复用，同时完成了并联均流的设计并预留了各类采样接口。但相较于全桥模块其装配系统比较复杂，相较于单管并联方案，其对功率器件提量降本的效果并不明显，且设计调整也不够灵活。

图 1-46　Danfoss 公司的 DCM1000 功率模块[11]

不同技术路线的 SiC 功率模块产品在封装设计、应用以及量产成本这三个方面的对比见表 1-4。三种类型产品各有优缺点，用户需要根据本身的实际情况进行选择，目前来看，无论哪种产品类型预计都会有较长的生命周期。

表 1-4　SiC 功率模块技术路线对比

产品类型	封装设计难度	应用难度	量产成本优势
单管	低	高	低
半桥	中	中	中
全桥	高	低	高

目前新能源汽车主驱逆变器搭载 SiC 功率模块已经成为主流应用方案。以广东芯聚能半导体有限公司为例，其为新能源电动车主驱逆变器应用开发的三相桥结构

车规级碳化硅功率模块，采用了业界领先的 SiC MOSFET 芯片和先进的银烧结封装工艺，充分满足新能源电动车主驱应用对高功率密度、高可靠性的需求。经过耐久和路测的考验，从 2022 年量产上市，突破国内空白，是目前国内整车定点、量产出货数量最多的碳化硅模块产品，截至 2024 年 12 月已搭载近 40 万台新能源汽车，充分得到了产业化验证。

参 考 文 献

［1］ LINDER STEFAN. Power Semiconductors［M］. Lausanne：EPFL Press，2006.

［2］ CASADY J，PALA V，BRUNT E V，et al. Ultra-low（1.25mΩ）On-Resistance 900V SiC 62mm Half-Bridge Power Modules Using New 10mΩ SiC MOSFETs［C］. PCIM Europe 2016 International Exhibition and Conference for Power Electronics，Intelligent Motion，Renewable Energy and Energy Management，2016：34-41.

［3］ NAKAMURA T，NAKANO Y，AKETA M，et al. High Performance SiC Trench Devices with Ultra-Low Ron［C］. 2011 International Electron Devices Meeting，2011：26.5.1-26.5.3.

［4］ PETERS D，BASLER T，ZIPPELIUS B，et al. The New CoolSiC™ Trench MOSFET Technology for Low Gate Oxide Stress and High Performance［C］. PCIM Europe 2017，International Exhibition and Conference for Power Electronics，Intelligent Motion，Renewable Energy and Energy Management，2017：168-174.

［5］ MITSUBISHI ELECTRIC CORPORATION. Mitsubishi Electric Develops Trench-type SiC-MOSFET with Unique Electric-field-limiting Structure［Z/OL］. News，［2019-09-30］. https：//us.mitsubishielectric.com/en/news/releases/global/2019/0930-a/index.html.

［6］ HERAEUS. Magic DA295A Non-Pressure Sinter Paste［C］. Factsheet，2017.

［7］ BERBERICH S E，KASKO I，GROSS M，et al. High Efficient Approach to Utilize SiC MOSFET Potential in Power Modules［C］. 29th International Symposium on Power Semiconductor Devices and ICŝ（ISPSD），2017：258-262.

［8］ JAKOBI W，UHLEMANN A，SCHWEIKERT C，et al. Benefits of New CoolSiC™ MOSFET in Hy-bridPACK™ Drive Package for Electrical Drive Train Applications［C］. 10th International Conference on Integrated Power Electronics Systems，2018：585-593.

［9］ SHAJARATI OMID，STREIBEL ALEXANDER，APFEL NORBERT. DCM 1000X-Designed to Meet the Future SiC Demand of Electric Vehicle Drive Trains［J］. Danfoss Silicon Power GmbH，Bodos Power Magazine，2018（06）：80-83.

［10］ STREIBEL ALEXANDER. Danfoss Silicon Power Introduces DCM 1000X（Full-SiC）Next Gen Automotive Traction Inverter Power Modules［R］. WBG Power Conference，2018.

［11］ DCM™ 1000 Power Module Technology Platform［Z/O］.［2019-09-01］. https：//www.danfoss.com/en/about-danfoss/our-businesses/silicon-power/danfoss-dcm-1000-power-module-technology-platform.

延 伸 阅 读

［1］ NEAMEN D A. Semiconductor Physics and Devices：Basic Principles［M］. New York：McGraw-

Hill, 2011.

[2] BALIGA B J. Fundamentals of Power Semiconductor Devices [M]. 2nd ed. New York: Springer, 2018.

[3] VAN WYK J D, LEE F C. On a Future for Power Electronics [Z]. IEEE Journal of Emerging and Selected Topics in Power Electronics, 2013, 1 (2): 59-72.

[4] SZE S M, NG K K. Physics of Semiconductor Devices [M]. 3rd ed. Hoboken: Wiley-Interscience, 2006.

[5] LUTZ JOSEF, SCHLANGENOTTO HEINRICH, SCHEUERMANN UWE. Semiconductor Power Devices: Physics, Characteristics, Reliability [M]. 2nd ed. New York: Springer, 2018.

[6] DEBOY G, KAINDL W, KIRCHNER U, et al. Advanced Silicon Devices-Applications and Technology Trends [R]. Proceedings of IEEE Applied Power Electronics Conference (APEC), 2015.

[7] TSIVIDIS YANNIS, MCANDREW COLIN. Operation and Modeling of the MOS Transistor [M]. 3rd ed. Oxford: Oxford University Press, 2010.

[8] BALIGA B J. Advanced High Voltage Power Device Concepts [M]. New York: Springer, 2011.

[9] BALIGA B J. Advanced Power MOSFET Concepts [M]. New York: Springer, 2010.

[10] KOREC JACEK. Low Voltage Power MOSFETs: Design, Performance and Applications [M]. New York: Springer, 2011.

[11] WILLIAMS R K, DARWISH M N, BLANCHARD R A, et al. The Trench Power MOSFET: Part I-History, Technology, and Prospects [J]. IEEE Transactions on Electron Devices, 2017, 64 (3): 674-691.

[12] WILLIAMS R K, DARWISH M N, BLANCHARD R A, et al. The Trench Power MOSFET——Part II: Application Specific VDMOS, LDMOS, Packaging, and Reliability [J]. IEEE Transactions on Electron Devices, 2017, 64 (3): 692-712.

[13] BALIGA B J. The IGBT Device: Physics, Design and Applications of the Insulated Gate Bipolar Transistor [M]. New York: William Andrew, 2015.

[14] IWAMURO N, LASKA T. IGBT History, State-of-the-Art, and Future Prospects [J]. IEEE Transactions on Electron Devices, 2017, 64 (3): 741-752.

[15] SHENAI KRISHNA. The Invention and Demonstration of the IGBT [J]. IEEE Power Electronics Magazine, 2015, 2 (2): 12-16.

[16] BALIGA B J. IGBT: The GE Story [J]. IEEE Power Electronics Magazine, 2015, 2 (2): 16-23.

[17] BALIGA B J. Advanced Power Rectifier Concepts [M]. New York: Springer, 2009.

第 2 章

SiC 二极管的主要特性

当前 SiC 功率半导体器件包括 SiC 二极管和 SiC MOSFET 两种类型，其中 SiC 二极管更先得到工业应用，是推进 SiC 器件应用市场的基石。

SiC 二极管是不控型器件，其参数的数量较作为全控型器件的 SiC MOSFET 要少，可以分为最大值和静态特性两类。最大值包括反向电流、击穿电压、热阻抗、耗散功率、连续正向导通电流和正向浪涌电流。静态特性包括导通电压、结电容、结电荷和结电容能量。

接下来在对 SiC 二极管各项参数进行介绍的过程中，所展示的数据来源于实测或数据手册，不作特别的区分说明。

2.1 最大值

2.1.1 反向电流和击穿电压

当 SiC 二极管承受反向电压 V_R 时，即阴极为高电压，会存在从阴极到阳极的微小电流，称为反向电流 I_R。I_R 受反向电压 V_R 和芯片结温 T_J 的影响，如图 2-1 所示。当 V_R 较低时，I_R 仅有几百 pA 到几十 nA，此时 SiC 二极管处于可靠关断状态。随着 V_R 的升高，I_R 也逐渐缓慢增大。当 V_R 大于 880V 左右后，I_R 迅速增大并几乎垂直上升，此时 SiC 二极管进入雪崩状态，已无法继续有效阻断电压，则此时的 880V 是 SiC 二极管具有明确物理意义的击穿电压 V_{BR}。另外，在有效关断时，I_R 随着 T_J 的升高而增大；在雪崩击穿的临界点，I_R 的转折电压随着 T_J 的升高而升高。

根据图 2-1 可知，标称耐压 650V 的 SiC 二极管实际的 V_{BR} 为 880V 左右，这是在考虑了器件制造离散性和实际应用要求后留出的裕量。这也解释了为什么当 SiC 二极管承受短时略微超过数据手册标称 V_{BR} 的关断电压尖峰后不会立刻损坏。但即便如此，在使用时也需要避免其端电压超过数据手册中的标称 V_{BR}。

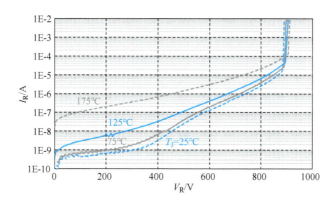

图 2-1　SiC 二极管的 I_R-V_R 特性曲线

根据图 2-1 和 V_{BR} 的定义可知，V_{BR} 同样受结温 T_J 的影响，V_{BR} 随 T_J 升高而升高，如图 2-2 所示。这是因为随着 T_J 上升，载流子的迁移率会随着晶格散射和杂质散射增加而下降，从而使击穿难度增加，击穿电压就会升高。

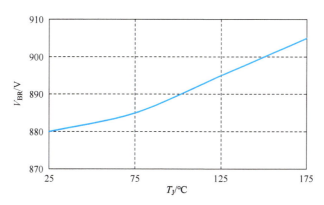

图 2-2　SiC 二极管的 V_{BR}-T_J 特性曲线

要得到明确的雪崩电压需要测量完整的 I_R-V_R 曲线，在量产或应用时并不容易获得或影响效率。故也会定义使 SiC 二极管的 I_R 达到指定的反向电流 I_{BR} 时的反向电压为其耐压值 V_{BR}。I_{BR} 取值一般在 $100\mu A \sim 5mA$ 之间，由各厂商自行定义，部分厂商遵循器件电流等级越大 I_{BR} 越大的规律，部分厂商取 I_{BR} 为恒定值。

2.1.2　热阻抗

热阻抗包括热容和热阻两部分，热阻代表材料阻碍热量传递的能力，是传热系数的倒数，热容代表材料对热能储存的能力。虽然半导体和电力电子从业者对热学并不熟悉，但好在热域物理量与电域物理量具有类比关系能够帮助理解和记忆。

在电域中电流和电势为核心物理量，电流 I 表示载流子从电势为 V_a 的 a 点移动

到电势为 V_b 的 b 点，经过以电阻 R 为特征的路径时可测量的通量，它们之间符合欧姆定律：

$$\Delta V_{ab} = V_a - V_b = IR \tag{2-1}$$

在热域中热流量和温度为核心物理量，P 表示从温度为 T_a 的地方移动到温度为 T_b 的另一个地方的热通量，阻碍热流的阻力表示为 R_{ab}。热域受傅里叶定律调节，但考虑到与电域的对偶性，可总结出类似欧姆定律的形式：

$$\Delta T_{ab} = T_a - T_b = PR_{ab} \tag{2-2}$$

则电域和热域物理量具有对称关系，如表 2-1 所示。

表 2-1 电域和热域物理量的对称关系

	电域	热域
阻	电阻 R	热阻 R_{th}
阻抗	阻抗 Z	热阻抗 Z_{th}
势	电压 V	温度 T
能量流动	电流 I	热流量 P
容	电容 C	热容 C_{th}

SiC 二极管在工作时产生损耗，热量从芯片依次传递到封装外壳、散热器、环境，基于此可以建立 Cauer 热阻抗模型，其中各层材料热阻依次连接，热容全部连接到环境参考温度，如图 2-3 所示。因此，Cauer 模型的节点能表示各层材料的温度，具有明确的物理意义。

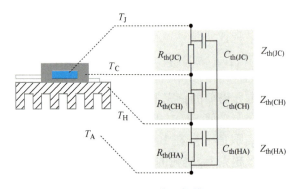

图 2-3 Cauer 热阻抗模型

但是由于各层材料的热容和热阻难以获得，数据手册给出单脉冲和连续方波热激励下测量得到的热阻抗曲线，如图 2-4 所示，其横轴为脉冲宽度 t_p，纵轴为热阻抗值 $Z_{th(JC)}$。在脉冲加热阶段，各层材料吸收热量温度升高；在脉冲间歇阶段，材料向环境散热冷却。$Z_{th(JC)}$ 是以升温阶段结束时材料的最高温度定义。

单脉冲下的热阻抗曲线位于最下端，t_p 越短，材料加热时间较短，温升较少，则 $Z_{th(JC)}$ 越小。$Z_{th(JC)}$ 随着 t_p 增大而增大，最终趋于稳定，此时的热阻抗就是热阻值。其余曲线为脉宽为 t_p 的连续方波热激励下热阻抗曲线，为一簇不同占空比 D 下的阻抗曲线。在相同的 t_p 下，D 越高，加热时间所占比例越高，材料温升越高，则 $Z_{th(JC)}$ 越高。同时随着 t_p 的增加，不同 D 下的 $Z_{th(JC)}$ 曲线也逐渐收敛至热阻值。

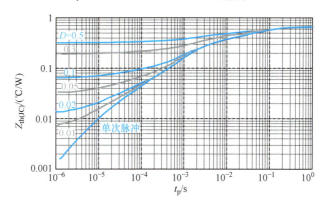

图 2-4　热阻抗曲线

部分厂商的数据手册还会基于热阻抗曲线提供 Foster 模型参数，如图 2-5 所示。

Foster 模型的表达式为式（2-3），可以利用其进行热仿真分析。

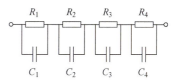

图 2-5　Foster 热阻抗模型

$$Z_{th} = \sum_{i=1}^{4} R_i(1 - e^{-\frac{t}{\tau_i}}), \tau_i = R_i C_i \qquad (2-3)$$

需要注意的是，Foster 模型是对热阻抗曲线的数值拟合，尽管仍由热阻热容网络表示，但是定义在两个节点温度之间的热容并不具备实际意义。

2.1.3　耗散功率和正向导通电流

SiC 二极管工作时会产生损耗，当损耗和散热条件一定时，结温升高并达到稳态 $T_{J(steady)}$，遵循式（2-4），其中 T_C 为管壳温度，$R_{th(JC)}$ 为结-壳热阻。

$$T_J - T_C = P_{tot}(T_C)R_{th(JC)} \qquad (2-4)$$

当 $T_{J(steady)}$ 为器件最高允许工作结温 $T_{J(max)}$，此时的损耗为对应管壳温度下的最大耗散功率 $P_{tot}(T_C)$。由式（2-4）可知，$P_{tot}(T_C)$ 受 T_C 的影响，数据手册提供两者关系如图 2-6 所示，$P_{tot}(T_C)$ 按照式（2-4）线性下降。

在实际应用中，器件通过散热器将热量传递到环境中，遵循式（2-5），其中 T_A 为环境温度，$R_{th(JA)}$ 为结-环境热阻，$R_{th(CH)}$ 为壳-散热器热阻，$R_{th(HA)}$ 为散热器-环境热阻。当 T_J 为最高允许工作结温 $T_{J(max)}$ 时，此时的损耗 P_D 为对应环境温

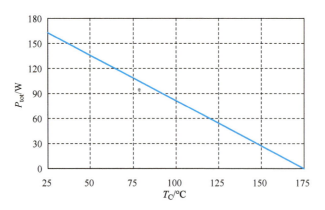

图 2-6　SiC 二极管的 $P_{tot}（T_C）$ - T_C 特性曲线

度下的最大耗散功率 $P_{tot}（T_A）$。数据手册一般不会提供 $P_{tot}（T_A）$ 数据，这是因为 $R_{th(CH)}$ 和 $R_{th(HA)}$ 需要基于具体的散热设计得到。

$$T_J - T_A = P_{tot}（T_A）\cdot R_{th(JA)} = P_{tot}（T_A）\cdot（R_{th(JC)} + R_{th(CH)} + R_{th(HA)}）\qquad (2-5)$$

正向导通电流 I_F 受到最大损耗功率 $P_{tot}（T_C）$ 和电流占空比 D 的限制，由式（2-6）计算，其中 $V_F（T_{J(max)}, I_F）$ 为最高允许工作结温和 I_F 下对应的导通压降

$$I_F = \frac{P_{tot}（T_C）/D}{V_F（T_{J(max)}, I_F）}\qquad (2-6)$$

数据手册都会提供 I_F-T_C 特性曲线，如图 2-7 所示，I_F 按照式（2-6）随 T_C 升高而下降，随 D 降低而升高。

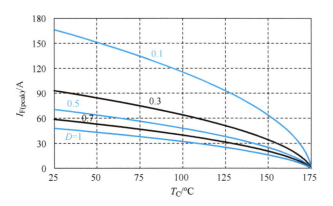

图 2-7　SiC 二极管的 I_F-T_C 特性曲线

2.1.4　正向浪涌电流和 i^2t

SiC 二极管能够安全地承受的最大峰值正向正弦半波电流的称为正向浪涌电流，此正弦波的频率为 50Hz 或 60Hz。在流过浪涌电流期间，SiC 二极管会发热升

温，当结温超过上限值时，就会导致器件失效。

当浪涌电流为单次的半正弦波电流时，称为非重复正向浪涌电流 I_{FSM}。当浪涌电流为重复多次的半正弦波电流时，称为重复正向浪涌电流 I_{FRM}。需要注意的是，各厂商规格书中给出的 I_{FRM} 对应的测试条件中的浪涌次数和占空比并不相同，故不能直接进行对比。

i^2t 也表示 SiC 二极管承受浪涌电流的能力，由 I_{FSM} 对时间进行积分得到

$$i^2t = \int_0^{10\text{ms}} (I_{FSM}\sin t)^2 \mathrm{d}t = 0.005 I_{FSM}^2 \tag{2-7}$$

2.2　静态特性

2.2.1　导通电压

当 SiC 二极管承受正向电压 V_F 时，即阳极为高电压，会产生从阳极到阴极的电流，称为正向导通电流 I_F。SiC 二极管的正向导通特性用 I_F-V_F 曲线表示，如图 2-8 所示。当 V_F 较低时，I_F 非常小，曲线贴近零线，此时认为 SiC 二极管还未导通。当 V_F 超过某一值后，曲线发生弯折并呈斜线上升，I_F 开始随 V_F 的增加而线性上升。曲线发生转折处对应的电压为 SiC 二极管的开启电压，紧随开启电压的区域为其正常工作区域。随着 V_F 继续增加，曲线再次发生弯折并以更高的斜率上升，此时 SiC 二极管的正向导通特性由 MPS 结构中 pin 二极管主导，一般只有发生浪涌或短路时才会工作在这一区域。

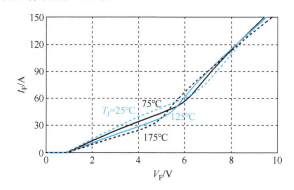

图 2-8　SiC 二极管的 I_F-V_F 特性曲线

由图 2-8 可知，SiC 二极管的正向导通特性受到 T_J 的影响。首先，开启电压随 T_J 的升高而降低。其次，各温度下 I_F-V_F 曲线在靠近开启电压的位置交叉在一点，这一点就是零温度系数点。在该点左侧，I_F 呈正温度系数；在该点右侧，I_F 呈负温度系数。由于零温度系数点非常靠近开启电压，对应的 I_F 也远小于 SiC 二极管

的电流等级，故 SiC 二极管可以安全地进行并联使用。同时，随着 T_J 的升高，SiC 二极管进入 pin 区越早，随着电流继续增大，曲线再次交叉在一点，形成第二个零温度系数点。

2.2.2　结电容、结电荷和结电容能量

当 SiC 二极管承受反向电压 V_R 时，p 区和 n 区之间存在耗尽区，在该区域的电荷不发生移动。则可以将耗尽区看作一种电介质，其两侧为导电 p 区和 n 区。这样的结构就是平板电容，该电容的容值与耗尽区的宽度成反比，而耗尽区的宽度会随着 V_R 的增加而增加。SiC 二极管的规格书会给出其结电容 C 与反向电压 V_R 的关系的曲线，如图 2-9 所示，C 随着 V_R 的升高而减小，且在低压区域的变化速度更快，在高压区域逐渐稳定。

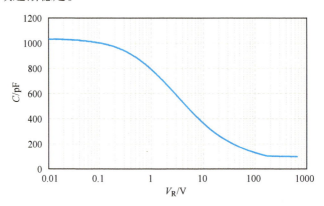

图 2-9　SiC 二极管的 $C\text{-}V_R$ 特性曲线

基于 SiC 二极的 $C\text{-}V_R$ 曲线，按照式（2-8）将 C 按照 V_R 积分，就得到了对应的结电荷 Q_C 曲线，如图 2-10 所示。

$$Q_C = \int_0^{V_R} C(V_R)\,dV_R \tag{2-8}$$

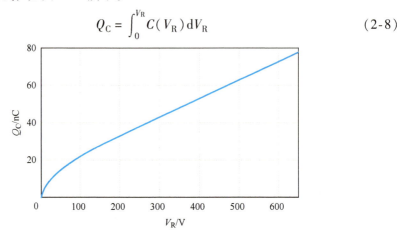

图 2-10　SiC 二极管的 $Q_C\text{-}V_R$ 特性曲线

基于 SiC 二极的 C-V_R 曲线，按照式（2-9）将 C 和 V_R 的乘积按照 V_R 积分，就得到了对应的结电容能量 E_C 曲线，如图 2-11 所示。

$$E_C = \int_0^{V_R} C(V_R) \cdot V_R \mathrm{d}V_R \tag{2-9}$$

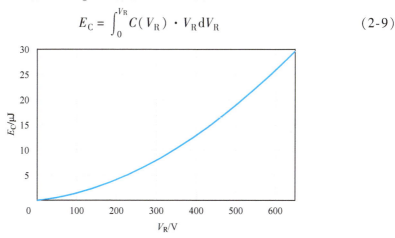

图 2-11　SiC 二极管的 E_C-V_R 特性曲线

延 伸 阅 读

［1］AJAY POONJAL PAI, CoolSiC™ Automotive Discrete Schottky Diodes Explanation of Datasheet No-menclature［Z］. Application Note, Rev 1. 1, Infineon Technologies AG, 2018.

［2］Infineon Technologies AG. CoolSiC™ Automotive Discrete Schottky Diodes Understanding the Bene-fits of SiC Diodes Compared to Silicon Diodes［Z］. Application Note, AN2019-02_CoolSiC_Auto-motive_Diode, Rev. 1. 0, 2019.

［3］HARMON OMAR, SCARPA VLADIMIR. 1200V CoolSiC™ Schottky Diode Generation 5［Z］. Ap-plication Note, Rev. 1. 1, Infineon Technologies AG, 2016.

［4］Infineon Technologies AG. Improving PFC Efficiency Using the CoolSiC™ Schottky diode 650V G6［Z］. Application Note, AN_201704_PL52_020, Rev 1. 0, 2017.

［5］ST Microelectronics. New Generation of 650V SiC Diodes［Z］. Application Note, AN4242, Rev 2, 2018.

［6］ROHM Co. , Ltd. SiC Power Devices and Modules［Z］. Application Note, 14103EBY01, 2014.

第 3 章

SiC MOSFET 的主要特性

SiC MOSFET 具有几十种参数来表征其特性，这些参数不仅是器件选型的参考，还可以帮助工程师更精细地完成变换器设计，如根据品质因数（FOM）值进行器件评估和对比、完成器件建模和仿真、进行器件损耗计算。

各厂商对 SiC MOSFET 参数的分类并不相同，在本章中将其主要参数按照最大值、静态特性、动态特性和极限特性四大类进行划分。最大值是与 SiC MOSFET 极限工作点相关的参数，包含击穿电压、热阻抗、最大耗散功率、最大漏极电流和安全工作域。静态特性表征了 SiC MOSFET 工作点的电压和电流关系，可以统称为 I-V 参数，包含传递特性、阈值电压、输出特性、导通电阻、二极管导通特性和第三象限导通特性。动态特性指 SiC MOSFET 的开关过程和体二极管反向恢复过程。由于结电容、栅电荷与开关过程关系密切，故将其归到动态特性部分进行讲解，与部分厂商的分类方法不同。需要注意的是，虽然划分为动态特性，但开关过程实际仍然受到静态参数的影响，两者之间并不是完全独立。极限特性包括短路和雪崩，为 SiC MOSFET 的异常工况。

接下来在对 SiC MOSFET 各项参数进行介绍的过程中，所展示的数据来源于实测或数据手册，不作特别的区分说明。

3.1 最大值

3.1.1 漏电流和击穿电压

当 $V_{GS} = 0V$，SiC MOSFET 处于关断状态并承受外加电压 V_{DS} 时，会存在从源极到漏极的微小电流，称为漏电流 I_{DSS}。I_{DSS} 受外加电压 V_{DS} 和芯片结温 T_J 的影响，如图 3-1 所示。当 V_{DS} 较低时，I_{DSS} 仅有几百 pA 到几十 nA，此时 SiC MOSFET 处于可靠关断状态。随着 V_{DS} 的升高，I_{DSS} 也逐渐缓慢增大。当 V_{DS} 大于 1650V 左右后，I_{DSS} 迅速增大并几乎垂直上升，此时 SiC MOSFET 进入雪崩状态，已无法继续有效阻断电压，则此时的 1650V 是 SiC MOSFET 具有明确物理意义的击穿电压 $V_{(BR)DSS}$。另外，在有效关断时，I_{DSS} 随着 T_J 的升高而增大；在雪崩击穿的临界点，I_{DSS} 的转折电压随着 T_J 的升高而升高。

　　根据图 3-1 可知，标称耐压 1200V 的 SiC MOSFET 的实际 $V_{(BR)DSS}$ 为 1650V 左右，这是在考虑了器件制造离散性和实际应用要求后留出的裕量。这也解释了为什么当 SiC MOSFET 承受短时略微超过数据手册标称 $V_{(BR)DSS}$ 的关断电压尖峰后不会立刻损坏。但即便如此，在使用时也需要避免其端电压超过数据手册中的标称 $V_{(BR)DSS}$。

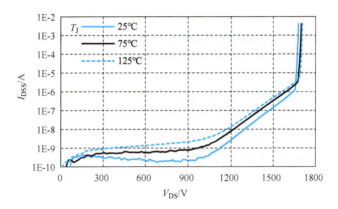

图 3-1　SiC MOSFET 的 I_{DSS}-V_{DS} 特性曲线

　　根据图 3-1 和 $V_{(BR)DSS}$ 的定义可知，$V_{(BR)DSS}$ 同样受结温 T_J 的影响，$V_{(BR)DSS}$ 随 T_J 升高而升高，如图 3-2 所示。这是因为随着 T_J 上升，载流子的迁移率会随着晶格散射和杂质散射增加而下降，从而使击穿难度增加，击穿电压就会升高。

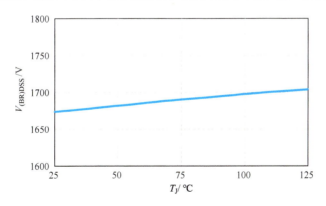

图 3-2　SiC MOSFET 的 $V_{(BR)DSS}$-T_J 特性曲线

　　要得到明确的雪崩电压需要测量完整的 I_{DSS}-V_{DS} 曲线，在量产或应用时并不容易获得或影响效率。故也会定义在 $V_{GS}=0V$ 下，使 SiC MOSFET 的 I_{DSS} 达到指定的漏电流 $I_{(BR)DSS}$ 时的反向电压为其耐压值 $V_{(BR)DSS}$。$I_{(BR)DSS}$ 取值一般在 100μA ～

5mA 之间，由各厂商自行定义，部分厂商遵循器件电流等级越大 $I_{(BR)DSS}$ 越大的规律，部分厂商取 $I_{(BR)DSS}$ 为恒定值。

3.1.2　耗散功率和漏极电流

SiC MOSFET 工作时会产生损耗，当损耗和散热条件一定时，结温升高并达到稳态 $T_{J(steady)}$，遵循式（3-1），其中 T_C 为管壳温度，$R_{th(JC)}$ 为结-壳热阻。

$$T_J - T_C = P_{tot}(T_C) \cdot R_{th(JC)} \tag{3-1}$$

当 $T_{J(steady)}$ 为器件最高允许工作结温 $T_{J(max)}$，此时的损耗为对应管壳温度下的最大耗散功率 $P_{tot}(T_C)$。由式（3-1）可知，$P_{tot}(T_C)$ 受 T_C 的影响，数据手册提供两者关系如图 3-3 所示。当 T_C 低于 25℃时，$P_{tot}(T_C)$ 保持不变。当 T_C 高于 25℃时，$P_{tot}(T_C)$ 按照式（3-1）线性下降。

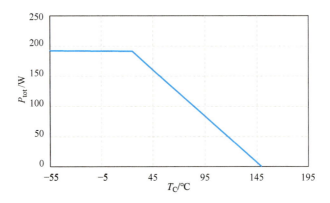

图 3-3　SiC MOSFET 的 $P_{tot}(T_C)$-T_C 特性曲线

在实际应用中，器件通过散热器将热量传递到环境中，遵循式（3-2），其中 T_A 为环境温度，$R_{th(JA)}$ 为结-环境热阻，$R_{th(CH)}$ 为壳-散热器热阻，$R_{th(HA)}$ 为散热器-环境热阻。当 T_J 为最高允许工作结温 $T_{J(max)}$ 时，此时的损耗 P_D 为对应环境温度下的最大耗散功率 $P_{tot}(T_A)$。数据手册一般不会提供 $P_{tot}(T_A)$ 数据，这是因为 $R_{th(CH)}$ 和 $R_{th(HA)}$ 需要基于具体的散热设计得到。

$$T_J - T_A = P_{tot}(T_A) \cdot R_{th(JA)} = P_{tot}(T_A) \cdot (R_{th(JC)} + R_{th(CH)} + R_{th(HA)}) \tag{3-2}$$

最大漏极电流分为最大连续漏极电流 I_D 和最大脉冲漏极电流 $I_{D(pulse)}$，都受到最大损耗功率的限制，一般是基于 $P_{tot}(T_C)$ 定义的。

器件电流等级一般由特定 T_C 下的 I_D 定义，由式（3-3）计算，其中 $R_{DS(on)}$ $(T_{J(max)})$ 为最高允许工作结温下的导通电阻

$$I_D = \sqrt{\frac{P_{tot}(T_C)}{R_{DS(on)}(T_{J(max)})}} \tag{3-3}$$

数据手册都会提供 I_D-T_C 特性曲线，如图 3-4 所示。当 T_C 低于 25℃时，I_D 保

持不变；当 T_C 高于 25℃ 时，I_D 按照式（3-3）呈曲线下降。

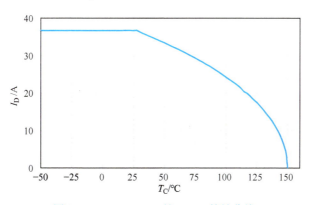

图 3-4　SiC MOSFET 的 I_D-T_C 特性曲线

由于是单次脉冲电流，$I_{D(pulse)}$ 往往是 I_D 的 2 ~ 4 倍。$I_{D(pulse)}$ 不仅受 $P_{tot}(T_C)$ 限制，还与脉冲电流的脉宽 t_p 和 V_{DS} 有关，由式（3-4）计算

$$I_{D(pulse)}(V_{DS}, t_p) = \frac{P_{tot}(T_C)}{V_{DS}} = \frac{T_{J(max)} - T_C}{V_{DS} \cdot Z_{th(JC)}(t_p)} \tag{3-4}$$

需要注意的是，$I_{D(pulse)}$ 不会随着 t_p 和 V_{DS} 的减小而无限制地增大，而是在任何情况下都受限于键合线的通流能力。

3.1.3　安全工作域

安全工作域即 SOA（Safe Operating Area），SiC MOSFET 可在其区域内安全工作，其边界是 SiC MOSFET 在工作时能够承受漏-源电流 I_{DS} 和漏-源电压 V_{DS} 的上限，具体由上文中介绍的 $V_{(BR)DSS}$、I_D 和 $I_{D(pulse)}$ 加以限制。SiC MOSFET 必须工作在安全工作域内，否则会导致寿命缩短或直接损坏。数据手册一般提供 T_C 为 25℃ 时的安全工作域，以双对数坐标图呈现，如图 3-5 所示。

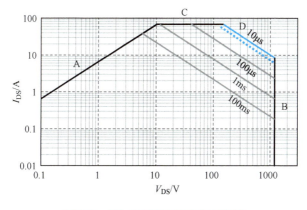

图 3-5　SiC MOSFET 的安全工作域

安全工作域的边界由四条线段组成，分为 A、B、C、D。

1. A——$R_{DS(on)}$ 限制

A 代表 $R_{DS(on)}$ 的限制，高于 A 的区域无法成为 SiC MOSFET 的工作点，利用 $T_{J(max)}$ 下的 $R_{DS(on)}$ 得到，在双对数坐标中表示为

$$\log(I_{DS}) = \log(V_{DS}) - \log\left[R_{DS(on)}(V_{DS}, T_{J(max)})\right] \tag{3-5}$$

2. B——$V_{(BR)DSS}$ 限制

B 代表 $V_{(BR)DSS}$ 的限制，即耐压限制。

3. C——$I_{D(pulse)}$ 限制

C 代表由键合线通流能力所确定的 $I_{D(pulse)}$ 的限制。

4. D——$P_{tot}(T_C)$ 限制

D 代表 $P_{tot}(T_C)$ 的限制，根据式（3-4）得到的不同 t_p 下的一簇 $I_{D(pulse)}(V_{DS}, t_p)$ 线段表示，在双对数坐标中表示为

$$\log(I_{DS}) = -\log(V_{DS}) + \log(T_{J(max)} - T_C) - \log(Z_{th(JC)}(t_p)) \tag{3-6}$$

在实际工作中，SiC MOSFET 的 T_C 远高于 25℃，图 3-5 中的安全工作域不再适用，需要进行换算后再用于设计。T_C 对 A、B、C 这三个限制条件没有影响，仅需要对 D 进行换算，接下来以将 $t_p = 10\mu s$ 从 $T_C = 25℃$ 换算至 $T_C = 100℃$ 为例。

由图 3-5 可知，$P_{tot}(25℃) = 8.5A \times 1200V = 10.2kW$。当 t_p 固定时，$Z_{th(JC)}(t_p)$ 不受 T_C 的影响，则

$$P_{tot}(100℃) = P_{tot}(25℃)\frac{150℃ - 100℃}{150℃ - 25℃} = 6.8kW \tag{3-7}$$

进而由式（3-4）得到在 $T_C = 100℃$ 时，$t_p = 10\mu s$ 限制条件与 B 和 C 的交点分别为（97V，70A）和（1200V，5.67A），将两点连接即为换算后的 D 限制条件，在图 3-5 中用虚线表示。

3.2 静态特性

3.2.1 传递特性和阈值电压

传递特性表示 V_{GS} 对 SiC MOSFET 能够输出的最大 I_{DS} 的影响，用 I_{DS}-V_{GS} 曲线表示，如图 3-6 所示。I_{DS} 随着 V_{GS} 的升高而增大，这是因为 V_{GS} 越高，SiC MOSFET 的沟道开通得越充分，电子更容易通过。当 V_{GS} 小于 11V 左右时，I_{DS} 呈正温度系数；当 V_{GS} 大于 11V 左右时，I_{DS} 呈负温度系数。这就要求在并联使用时，开通驱动电压 $V_{GS(on)}$ 要足够高，使 SiC MOSFET 工作在负温度系数区域。

在图 3-6 中，当 V_{GS} 大于某一电压后才有电流输出，此电压就是 SiC MOSFET 的阈值电压 $V_{GS(th)}$。一般将 I_{DS} 大于某一给定的阈值电流 $I_{DS(th)}$ 时对应的 V_{GS} 定义为

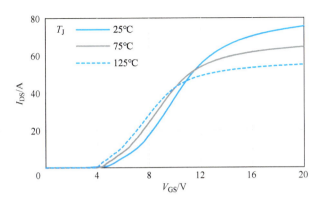

图 3-6　SiC MOSFET 的传递特性曲线

$V_{GS(th)}$。与 $I_{(BR)DSS}$ 类似，具体标准也由各厂商给出，往往遵循器件电流等级越大 $I_{DS(th)}$ 越大的规律。$V_{GS(th)}$ 的温度特性如图 3-7 所示，T_J 越高 $V_{GS(th)}$ 越低。

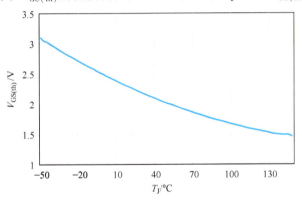

图 3-7　SiC MOSFET 的 $V_{GS(th)}$ - T_J 特性曲线

　　SiC MOSFET 具有显著的漏致势垒降低（Drain Induced Barrier Lowering，DIBL）效应，导致 $V_{GS(th)}$ 随着 V_{DS} 的下降而升高，如图 3-8 所示。$T_J = 25℃$ 时，在 V_{DS} 为 20V 下，$V_{GS(th)}$ 为 2.04V；而在 V_{DS} 为 800V 下，$V_{GS(th)}$ 降低至 1.74V；$T_J = 175℃$ 时，在 V_{DS} 为 20V 下，$V_{GS(th)}$ 为 1.72V；而在 V_{DS} 为 800V 下，$V_{GS(th)}$ 降低至 1.42V。SiC MOSFET 的开关速度快，加之结温升高和 V_{DS} 升高都导致 $V_{GS(th)}$ 进一步降低，非常容易误导通而发生桥臂短路，故在进行变换器设计时一定要特别注意。

　　除过温度和 DIBL 的影响以外，SiC MOSFET 还存在阈值电压回滞问题，是指在其开启和关闭过程中，阈值电压并不是固定值，而是存在一定的历史依赖性和非线性特性，I_{DS} - V_{GS} 曲线的形态如同磁滞回线。

　　SiC MOSFET 阈值电压回滞的原因主要与 SiC/SiO₂ 界面处的高界面态密度有关。这些界面态与半导体发生电荷交换，导致阈值电压漂移。负栅极偏置应力会增加正电性氧化层陷阱的数量，导致器件阈值电压的负向漂移，而正栅极偏置应力则

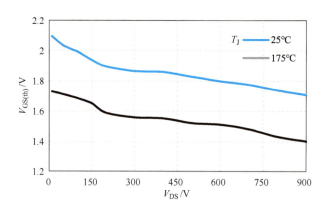

图 3-8 SiC MOSFET 的 $V_{GS(th)}$-V_{DS} 特性曲线

会使得电子被氧化层陷阱俘获、界面陷阱密度增加，从而导致器件阈值电压的正向漂移。

阈值电压回滞对 $V_{GS(th)}$ 的测量和 SiC MOSFET 的应用都产生了影响。不同的测试时序、测试脉宽和预应力都会导致 $V_{GS(th)}$ 测试结果的偏差。同时，阈值电压回滞会影响 SiC MOSFET 的开关特性、短路特性、栅电荷曲线、串扰导致的误开通风险评估等。对此已有很多学者进行了相关研究，在本书中就不再做进一步讨论。

3.2.2　输出特性和导通电阻

不同 V_{GS} 下的一簇 I_{DS}-V_{DS} 曲线描述了 SiC MOSFET 的输出特性，如图 3-9 所示。可以看到在相同的 V_{DS} 下，V_{GS} 越高则 I_{DS} 越大，与传递特性一致。这就要求驱动电路提供的开通驱动电压 $V_{GS(on)}$ 要足够高，充分利用芯片面积、降低导通损耗。

当 V_{GS} 小于 11V 左右时，结温 150℃ 下 I_{DS}-V_{DS} 曲线比 25℃ 下高，I_{DS} 呈负温度系数；当 V_{GS} 大于 11V 时，结温 150℃ 下 I_{DS}-V_{DS} 曲线比 25℃ 下低，I_{DS} 呈正温度系数，这一特征也与传递特性一致。

V_{DS} 除以 I_{DS} 就是导通电阻 $R_{DS(on)}$，则利用图 3-9 中的数据可以得到 $R_{DS(on)}$ 的特性。在相同的 V_{GS} 和 T_J 下，I_{DS} 越大则 $R_{DS(on)}$ 越高。在相同的 I_{DS} 和 T_J 下，V_{GS} 越高则 $R_{DS(on)}$ 越低。

在相同的 I_{DS} 下，$R_{DS(on)}$ 的温度特性呈 U 形曲线，如图 3-10 所示。在低温下 $R_{DS(on)}$ 为负温度特性，在高温下 $R_{DS(on)}$ 为正温度特性。这是因为构成 $R_{DS(on)}$ 的各个部分具有不同的温度特性：R_{ch} 为负温度系数，温度升高导致 $V_{GS(th)}$ 降低、沟道迁移率升高；R_{JFET} 和 R_{drift} 为正温度系数，温度升高导致晶格振动加剧，对电子的阻碍作用更加明显。在低温时，随着温度的升高，R_{ch} 减小的速度比 R_{JFET} 和 R_{drift} 增加的速度快，总体体现为 $R_{DS(on)}$ 降低；在高温时，随着温度的升高，R_{JFET} 和 R_{drift}

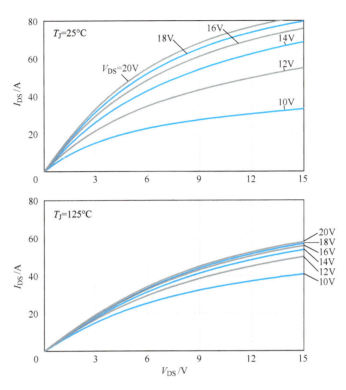

图 3-9   SiC MOSFET 的输出特性曲线

增加的速度比 R_{ch} 减小的速度快，总体体现为 $R_{DS(on)}$ 增加。另外，R_{ch} 还受 V_{GS} 的影响，故 $R_{DS(on)}$ 的形态随着 V_{GS} 而变化。V_{GS} 越小，$R_{DS(on)}$ 中 R_{ch} 的占比越大，能在更大温度范围内影响 $R_{DS(on)}$，故 $R_{DS(on)}$ 谷底对应的 T_J 也更高；V_{GS} 越小，R_{ch} 受温度的影响越大，故在低温时 $R_{DS(on)}$ 随 T_J 降低而增加得更明显。

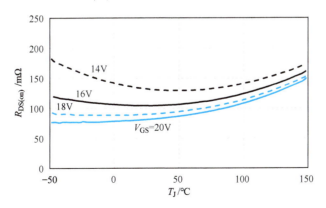

图 3-10   SiC MOSFET 的 $R_{DS(on)}$ - T_J 特性曲线（I_{DS} = 20A）

3.2.3　体二极管和第三象限导通特性

与 Si MOSFET 相同，SiC MOSFET 也具有体二极管，属于 pn 结二极管。当 V_{GS} 小于 0V 时，SiC MOSFET 处于关断状态，对其施加反向 V_{DS}，其体二极管导通。如图 3-11 所示为体二极管导通特性，由不同 V_{GS} 下的一簇 I_{DS}-V_{DS} 曲线表示。当反向 V_{DS} 大于某一电压时，体二极管才导通，此电压即为开启电压 $V_{th(Diode)}$。V_{GS} 越负，$V_{th(Diode)}$ 越大，导通压降越高，同时 $V_{th(Diode)}$ 和导通压降具有负温度特性。

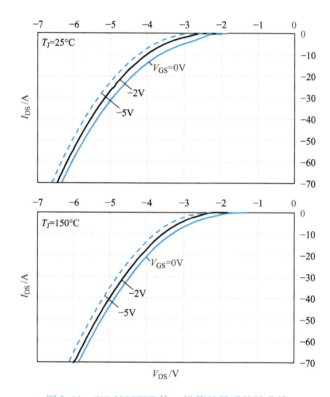

图 3-11　SiC MOSFET 体二极管的导通特性曲线

当 V_{GS} 高于 $V_{GS(th)}$ 时，对其施加反向 V_{DS}，SiC MOSFET 工作在第三象限导通状态，导通特性由沟道特性和体二极管特性共同决定，如图 3-12 所示。当 V_{DS} 小于 $V_{th(Diode)}$ 时，体二极管未导通，电流完全通过沟道导通；当 V_{DS} 大于 $V_{th(Diode)}$ 时，体二极管和沟道共同导通，电流按照导通电阻进行分流。

通过图 3-11 和图 3-12 可见，SiC MOSFET 第三象限导通压降明显小于体二极管导通压降，特别是小电流下更具优势。故可以利用同步整流技术使 SiC MOSFET 工作在第三象限，避免由于体二极管导通压降过大而导致损耗偏高。

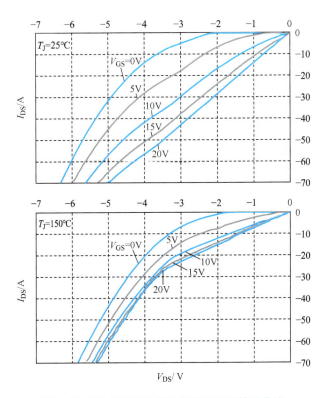

图 3-12　SiC MOSFET 第三象限的导通特性曲线

3.3　动态特性

3.3.1　结电容

　　SiC MOSFET 的结构如图 3-13 所示，在其栅极、漏极和源极之间存在寄生电容。

1. 栅-源电容 C_{GS}

　　由沟道-栅极氧化物电容 $C_{channel}$ 和栅极-源极平行结构电容 C_{pp} 并联构成。C_{pp} 受栅-源极间绝缘材料、距离、交叠面积的影响，为典型平行板电容，不受端电压的影响。$C_{channel}$ 受 V_{DS}、沟道长度的影响，为非线性电容。沟道耗散区随着 V_{DS} 的升高而扩展，$C_{channel}$ 也随之减小，但变化非常微小。

2. 栅-漏电容 C_{GD}

　　由氧化层静电电容 $C_{field\text{-}oxide}$ 和 MOS 分界面耗散电容 $C_{depletion}$ 串联构成。$C_{field\text{-}oxide}$ 为恒定值，$C_{depletion}$ 受 V_{DS} 影响，随着 V_{DS} 升高而降低。

57

3. 漏-源电容 C_{DS}

主要为漏-源 pn 结耗散层电容，随着 V_{DS} 升高而降低。

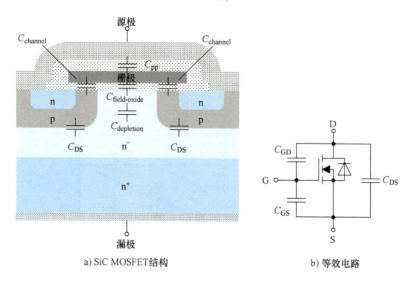

a) SiC MOSFET结构　　　　　　　b) 等效电路

图 3-13　SiC MOSFET 的结电容

在数据手册中结电容以输入电容 C_{iss}、输出电容 C_{oss} 和反向输出电容 C_{rss}（也称为米勒电容）给出，其定义分别为式（3-8）、式（3-9）和式（3-10）

$$C_{iss} = C_{GS} + C_{GD} \tag{3-8}$$

$$C_{oss} = C_{DS} + C_{GD} \tag{3-9}$$

$$C_{rss} = C_{GD} \tag{3-10}$$

由于 C_{iss}、C_{oss} 和 C_{rss} 都具有受 V_{DS} 的影响的成分，呈现出非线性电容的特征，如图 3-14 所示。当 V_{DS} 较低时，结电容随着 V_{DS} 升高而减小，其中 C_{oss} 和 C_{rss} 减小得更加明显；当 V_{DS} 较高时，结电容基本保持不变，耗散区在 V_{DS} 达到一定值后不再变化。同时 $C_{GS} \gg C_{GD}$，C_{iss} 由 C_{GS} 主导；$C_{DS} \gg C_{GD}$，C_{oss} 由 C_{DS} 主导。

需要注意的是，在数据手册中给出的结电容数据和 C-V 特性曲线都是在 $V_{GS}=$ 0V 时测得的，即 SiC MOSFET 在关断状态下且关断驱动电压 V_{GS} 为 0V 时的 C-V 特性。然而当 SiC MOSFET 处于关断状态时，C_{GS} 和 C_{GD} 都受到 V_{GS} 的影响，数据手册中给出的 C-V 特性曲线并不能体现这一特征。进一步，数据手册中给出的 C-V 特性曲线更无法表征 SiC MOSFET 处于导通状态时的 C-V 特性，且其还会受到 V_{GS} 的影响，可以采用 S 参数测量获得。在开关过程中，SiC MOSFET 的开关状态和 V_{GS} 都发生了变化，这就说明如果仅利用数据手册给出的 C-V 曲线无法对 SiC MOSFET 的开关过程进行准确描述。对此问题，已有一些研究成果[1-2]。

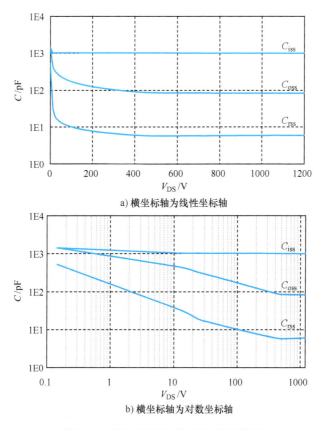

a) 横坐标轴为线性坐标轴

b) 横坐标轴为对数坐标轴

图 3-14　SiC MOSFET 的 C-V 特性曲线

3.3.2　开关特性

在大部分功率变换器中，SiC MOSFET 的开关换流过程都可以基于电感负载电路进行描述，如图 3-15 所示。L 为负载电感，C_{Bus} 为母线电容，R_G 为驱动电阻，L_{Loop} 为主功率换流回路电感，L_{DRV} 为驱动回路电感，Q_H 和 Q_L 均为 TO-247-4PIN 封装形式的 SiC MOSFET，D_H 和 D_L 为 Q_H 和 Q_L 的体二极管。为了简化对开关过程的分析，需要将 L_{DRV} 忽略，但为了获得更有意义的波形，通过仿真获取波形时将 L_{DRV} 考虑在内。

3.3.2.1　开通过程和体二极管反向恢复过程

SiC MOSFET 开通过程电压电流的定义如图 3-16 所示，SiC MOSFET 的开通过程和体二极管反向恢复过程的仿真波形如图 3-17 所示。

（1）　~t_0

Q_L 的 V_{GS} 为关断驱动电压 $V_{DRV(off)}$，处于关断状态，I_{DS} 为零，V_{DS} 承受母线电压 V_{Bus}；Q_H 的 V_{GS_H} 为 $V_{DRV(off)}$，负载电流 I_L 通过 D_H 和 L 进行续流，压降为 V_F。

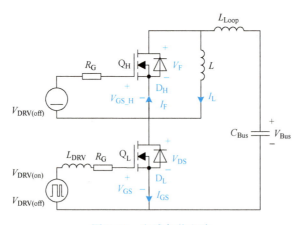

图 3-15 电感负载电路

（2） $t_0 \sim t_1$

t_0 时刻 V_{GS} 由 $V_{DRV(off)}$ 迅速变为开通驱动电压 $V_{DRV(on)}$ ，驱动电路通过驱动电流 I_G 向 C_{iss} 充电，可细分为 $I_{C_{GS}}$ 向 C_{GS} 充电和 $I_{C_{GD}}$ 向 C_{GD} 充电

$$V_{DRV(on)} = V_{GS} + I_G R_G \qquad (3\text{-}11)$$

$$I_G = I_{C_{GS}} + I_{C_{GD}} = C_{GS} \cdot dV_{GS}/dt + C_{GD} \cdot dV_{GD}/dt \qquad (3\text{-}12)$$

由于此时 SiC MOSFET 仍然处于关断状态， V_{DS} 保持 V_{Bus} 不变，故 C_{GS} 和 C_{GD} 保持恒定，且 dV_{GS}/dt 和 dV_{GD}/dt 相等，联立式（3-11）和式（3-12）可得

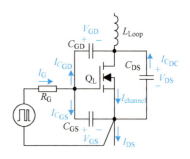

图 3-16 SiC MOSFET 开通过程的电压和电流定义

$$V_{DRV(on)} = V_{GS} + C_{iss} \cdot dV_{GS}/dt \cdot R_G \qquad (3\text{-}13)$$

解得

$$V_{GS}(t) = V_{DRV(on)} - (V_{DRV(on)} - V_{DRV(off)}) e^{-\frac{t-t_0}{R_G C_{iss}}} \qquad (3\text{-}14)$$

t_1 时刻 V_{GS} 达到 SiC MOSFET 的阈值电压 $V_{GS(th)}$ ， $t_0 \sim t_1$ 称为开通延时 $t_{d(on)}$ 。

（3） $t_1 \sim t_2$

V_{GS} 超过 $V_{GS(th)}$ ，SiC MOSFET 开始导通，由于处于饱和状态， $I_{channel}$ 受 V_{GS} 控制并由式（3-15）得到，其中 K 为由器件半导体参数决定的系数

$$I_{channel} = K(V_{GS} - V_{GS(th)})^2 \qquad (3\text{-}15)$$

需要注意的是 $I_{channel}$ 由 I_{DS} 、 $I_{C_{GD}}$ 和 $I_{C_{GS}}$ 三个部分构成。由于此时 V_{DS} 仍然较高，故 C_{GS} 和 C_{GD} 较小，同时 dV_{DS}/dt 较低，故在 $I_{channel}$ 中 I_{DS} 占主导

$$I_{DS} \approx I_{channel} \qquad (3\text{-}16)$$

随着 I_L 不断换流至 Q_L ， I_{DS} 迅速上升， dI_{DS}/dt 在主功率换流回路电感 L_{Loop} 上

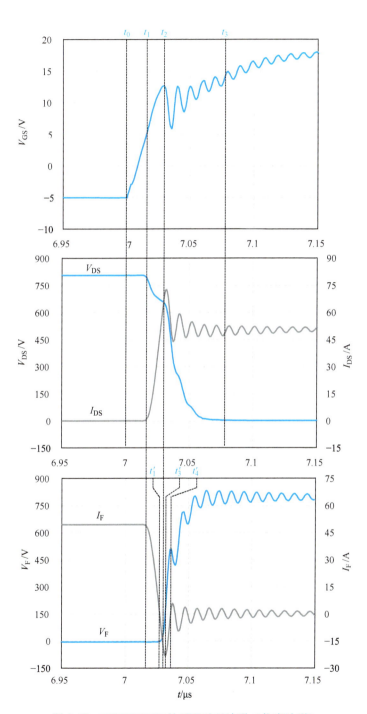

图 3-17　SiC MOSFET 的开通过程波形（仿真波形）

产生压降，导致 V_{DS} 下跌

$$\Delta V_{DS} = L_{Loop} \cdot dI_{DS}/dt \qquad (3\text{-}17)$$

由于 $C_{GD} \ll C_{GS}$，故 ΔV_{DS} 对 V_{GS} 的影响很小，V_{GS} 仍然基本遵循式（3-13）

$$V_{GS}(t) = (V_{DRV(on)} - V_{GS(th)})(1 - e^{-\frac{t-t_1}{\tau}}) + V_{GS(th)} \qquad (3\text{-}18)$$

结合式（3-15）、式（3-16）、式（3-17）、式（3-18）可知 dI_{DS}/dt 越来越大，ΔV_{DS} 也随之增大。

当 I_{DS} 超过负载电流后，D_H 进入反向恢复，使得 I_{DS} 出现过冲，V_{GS} 也持续升高。

（4）$t_2 \sim t_3$

t_2 时刻，I_{DS} 达到峰值附近，D_H 开始关断，V_{DS} 快速下降，$I_{channel}$ 仍然由 I_{DS}、$I_{C_{GD}}$ 和 $I_{C_{DS}}$ 三个部分构成。由于 dV_{DS}/dt 较高，同时当 V_{DS} 较低时，C_{GS} 和 C_{GD} 显著增大，导致 $I_{C_{GD}}$ 和 $I_{C_{DS}}$ 接近甚至超过 I_{DS}，此时测试得到的 I_{DS} 明显小于实际的 $I_{channel}$

$$I_{channel} = I_{DS} + C_{GD} \cdot dV_{GD}/dt + C_{DS}/|dV_{DS}/dt| \qquad (3\text{-}19)$$

由于 SiC MOSFET 具有显著的 DIBL，导致 $V_{GS(th)}$ 随着 V_{DS} 的下降而升高。同时 SiC MOSFET 的沟道迁移率较低，根据式（3-15），为了确保流过 $I_{channel}$，就需要对 C_{GS} 进行充电，抬高 V_{GS}。这一点与 Si SJ-MOSFET 明显不同，在此阶段，其 V_{GS} 保持恒定，I_G 仅对 C_{GD} 充电，称为米勒平台（Miller Plateau）。由于 SiC MOSFET 的 V_{GS} 缓慢上升，故称为米勒斜坡（Miller Ramp）。

由于 $|dV_{DS}/dt| \gg |dV_{GS}/dt|$，则

$$I_{C_{GD}} = C_{GD} \cdot dV_{GD}/dt = C_{GD} \cdot d(V_{GS} - V_{DS})/dt \approx C_{GD} \cdot |dV_{DS}/dt| \qquad (3\text{-}20)$$

这说明 dV_{DS}/dt 受 $I_{C_{GD}}$ 对 C_{GD} 充电速度的控制。当 V_{DS} 较高时，C_{GD} 基本不变，当 V_{DS} 较低时，C_{GD} 随着 V_{DS} 的降低显著迅速增大，特别是 $V_{GD} < 0V$ 时。这就导致 dV_{DS}/dt 在 V_{DS} 较高时基本不变，在 V_{DS} 较低时显著变缓。

同时，I_{DS} 进行衰减振荡，在 V_{DS} 产生对应的波动，进而通过 C_{GD} 的耦合作用使得 V_{GS} 发生振荡，三者振荡频率相同。

（5）$t_3 \sim$

t_3 时刻，V_{DS} 下降至导通压降 $V_{DS(on)}$，开通过程结束。V_{GS} 在驱动电路的作用下达到 $V_{DRV(on)}$。

在 Q_L 开通的过程中，D_H 由正向导通切换为反向阻断时，由于需要复位载流子以恢复空间电荷区，二极管的导通电流会先降至零，随后产生反向电流再衰减为零，即 SiC MOSFET 二极管反向恢复过程，具体如下：

（1）$\sim t_1$

D_H 正向导通，导通电流 I_F 为 I_L，端电压 V_F 为 D_H 的导通压降。

（2）$t_1 \sim t_1'$

t_1 时刻 Q_L 开通，I_F 以 di/dt 的速度从 I_L 下降至零，V_F 随着 I_F 的降低而升高，

此时体二极管中仍有大量载流子。

（3）$t_1' \sim t_2$

I_F 反向并增大，起到扫除电荷的作用，载流子浓度开始降低。由于载流子浓度依旧很高，体二极管保持导通状态。

（4）$t_2 \sim t_3'$

载流子浓度继续降低，二极管不足以维持导通状态，开始承受反向电压，I_F 变化率逐渐减小。

（5）t_3'

I_F 达到反向峰值 I_{rrm}。

（6）$t_3' \sim t_4'$

由于载流子浓度不足以维持反向电流，I_F 由 I_{rrm} 逐渐降低至零。在此过程中，V_F 发生振荡。

$t_1 \sim t_3'$ 时长为 t_d，$t_3' \sim t_4'$ 时长为 t_f，反向恢复时间为 t_{rr}，反向恢复电荷为 Q_{rr}。

$$t_{rr} = t_d + t_f \tag{3-21}$$

$$Q_{rr} = -\int_{t_1}^{t_4'} |I_F| \, dt \tag{3-22}$$

3.3.2.2　关断过程

SiC MOSFET 关断过程电压电流的定义和关断过程的仿真波形分别如图 3-18 和图 3-19 所示。

（1）$\sim t_0$

Q_L 的 V_{GS} 为 $V_{DRV(on)}$，处于导通状态，I_{DS} 为负载电流 I_L，V_{DS} 为导通压降 $V_{DS(on)}$；D_H 处于关断状态，承受母线电压 V_{Bus}。

（2）$t_0 \sim t_1$

t_0 时刻 V_{GS} 由 $V_{DRV(on)}$ 迅速变为 $V_{DRV(off)}$，驱动电路通过驱动电流 I_G 对 C_{iss} 放电，可细分为 $I_{C_{GS}}$ 对 C_{GS} 放电和 $I_{C_{GD}}$ 对 C_{GD} 放电。

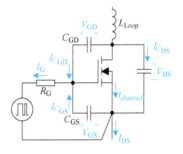

图 3-18　SiC MOSFET 关断过程的电压和电流定义

$$V_{DRV(off)} = V_{GS} - I_G R_G \tag{3-23}$$

$$I_G = I_{C_{GS}} + I_{C_{GD}} = C_{GS} |dV_{GS}/dt| + C_{GD} |dV_{GD}/dt| \tag{3-24}$$

由于此时 Q_L 仍然处于导通状态，I_{DS} 保持 I_L 不变，V_{GS} 下降导致 $R_{DS(on)}$ 增加，使得 $V_{DS(on)}$ 有所上升。由于 $V_{DS(on)}$ 变化很小，故 C_{GS} 和 C_{GD} 保持恒定，且 dV_{GS}/dt 和 dV_{GD}/dt 相等，可得

$$V_{GS}(t) = V_{DRV(off)} - (V_{DRV(off)} - V_{DRV(on)}) e^{-\frac{t-t_0}{R_G C_{iss}}} \tag{3-25}$$

t_1 时刻之前，V_{DS} 和 I_{DS} 没有明显变化，$t_0 \sim t_1$ 称为开通延时 $t_{d(on)}$。

这里需要注意的是，尽管式（3-25）和式（3-14）形式相同，但由于 Q_L 处于

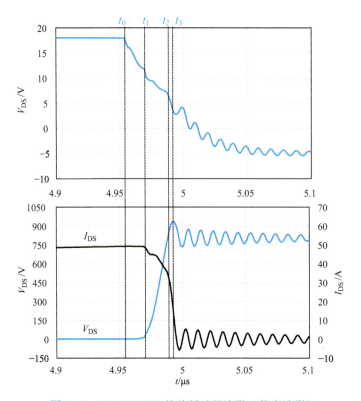

图 3-19　SiC MOSFET 的关断过程波形（仿真波形）

导通状态，$t_{d(off)}$ 阶段的 C_{GD} 显著大于 $t_{d(on)}$ 阶段的 C_{GD}。同时 $t_{d(off)}$ 阶段 V_{GS} 下降幅度往往接近或大于 $t_{d(on)}$ 阶段 V_{GS} 上升幅度，故 $t_{d(off)}$ 比 $t_{d(on)}$ 时长更长一些。

（3）$t_1 \sim t_2$

t_1 时刻，Q_L 进入饱和，V_{DS} 开始升高。则 D_H 端电压下降，I_L 中的一部分换流至 D_H，对其结电容放电。与开通过程 $t_2 \sim t_3$ 阶段 V_{DS} 下降类似，此时 V_{DS} 上升速度同样受 $I_{C_{GD}}$ 的控制。随着 V_{DS} 的升高，C_{GD} 显著降低，故 $\mathrm{d}V_{DS}/\mathrm{d}t$ 不断增大，故 I_{DS} 也不断降低。在此期间，$I_{channel}$ 遵循式（3-15），在 I_{DS} 下降和 DIBL 效应的共同作用下，V_{GS} 缓慢下降，成为米勒斜坡。

需要注意的是 I_{DS} 由 $I_{channel}$、$I_{C_{GD}}$ 和 $I_{C_{DS}}$ 三个部分构成，由于 V_{DS} 上升，$I_{C_{GD}}$ 对 C_{GD} 放电、$I_{C_{DS}}$ 对 C_{DS} 充电，此时测试得到的 I_{DS} 大于实际的 $I_{channel}$。

$$I_{channel} = I_{DS} - C_{GD}\,|\mathrm{d}V_{GD}/\mathrm{d}t| - C_{DS} \cdot \mathrm{d}V_{DS}/\mathrm{d}t \qquad (3\text{-}26)$$

（4）$t_2 \sim t_3$

t_2 时刻，V_{DS} 达到 V_{Bus}，D_H 开始导通。I_L 快速向 D_H 换流，I_{DS} 快速下降，依然由 $I_{channel}$、$I_{C_{GD}}$ 和 $I_{C_{DS}}$ 三个部分构成。$I_{channel}$ 遵循式（3-15），到 t_3 时刻，V_{GS} 降低至 $V_{GS(th)}$，$I_{channel}$ 降低至零。同开通过程 $t_1 \sim t_2$ 阶段 I_{DS} 上升类似，此时 I_{DS} 下降速度同样受 $I_{C_{GS}}$ 的控制。

同时，基于式（3-17），快速下降的 I_{DS} 在 L_{Loop} 上的压降使得 V_{DS} 出现电压过冲。

（5）$t_3 \sim$

Q_L 完全关断，V_{GS} 在驱动电路的作用下达到 $V_{DRV(off)}$。I_{DS} 衰减振荡至零，在 V_{DS} 产生对应的波动，进而通过 C_{GD} 的耦合作用使得 V_{GS} 发生振荡，故三者振荡频率相同。

3.3.2.3　开关能量

一般认为开关能量是 SiC MOSFET 在开关过程中 I_{DS} 和 V_{DS} 的交叠产生的，通过对两者乘积进行积分计算得到。然而在开关过程中，只有沟道电流 $I_{channel}$ 才会产生损耗。根据之前对开关过程的讲解，I_{DS} 和 $I_{channel}$ 并不是相等的，在开通和关断过程中分别为式（3-27）和式（3-28），其中 $I_{C_{oss}}$ 为 C_{oss} 的充放电电流。

$$I_{channel} = I_{DS} + I_{C_{oss}} \tag{3-27}$$

$$I_{channel} = I_{DS} - I_{C_{oss}} \tag{3-28}$$

这说明利用 I_{DS} 计算开关能量会使开通能量 E_{on} 偏小，而使关断能量 E_{off} 偏大。由于 $I_{channel}$ 和 I_{DS} 的偏差电流 $I_{C_{oss}}$ 用于对 C_{oss} 充放电，对应能量 E_{oss} 即为开关能量计算偏差[1]。则开关能量可由以下公式计算

$$E_{oss}(V_{Bus}) = \int_0^{V_{Bus}} C_{oss}(V) \cdot V_{DS}(V) \, dV \tag{3-29}$$

$$E_{on} = \int_{t_{E_{on,start}}}^{t_{E_{on,end}}} I_{DS}(t) \cdot V_{DS}(t) \, dt + E_{oss}(V_{Bus}) \tag{3-30}$$

$$E_{off} = \int_{t_{E_{off,start}}}^{t_{E_{off,end}}} I_{DS}(t) \cdot V_{DS}(t) \, dt - E_{oss}(V_{Bus}) \tag{3-31}$$

$t_{E_{on,start}}$ 和 $t_{E_{on,end}}$、$t_{E_{off,start}}$ 和 $t_{E_{off,end}}$ 分别为开通能量和关断能量积分起始点，各厂商使用的起始点并不统一。E_{on} 的积分边界有 $0.1V_{GS} \sim 0.03V_{DS}$ 和 $0.1I_{DS} \sim 0.1V_{DS}$，E_{off} 的积分边界有 $0.9V_{GS} \sim 0.01I_{DS}$ 和 $0.1V_{DS} \sim 0.1I_{DS}$，两者的主要区别在于是否把开通延时和关断延时阶段的能量看作开关损耗的一部分。由于在此阶段能量很小，故两种边界的计算结果相差很小。另外需要注意，各厂商数据手册中提供的开关能量并未利用 E_{oss} 进行修正。

3.3.3　栅电荷

对 SiC MOSFET 进行开关控制时驱动电路需要对其 C_{iss} 充放电，充放电的电荷量为栅电荷 Q_G，可通过对开关过程中的栅极驱动电流 I_G 积分得到。Q_G 代表对驱动能量的需求，Q_G 越小，驱动损耗越小。

为了提高测试精度、简化积分计算，通常使用恒流源 I_{con} 对被测试管进行驱动。由于是恒流源驱动，将 V_{GS} 波形横轴时间 t 乘以 I_{con}，就得到了 V_{GS}-Q_G 曲线。如图 3-20 所示，采用恒流源驱动时，SiC MOSFET 的 Q_G 测试波形和对应的 V_{GS}-Q_G 曲线。

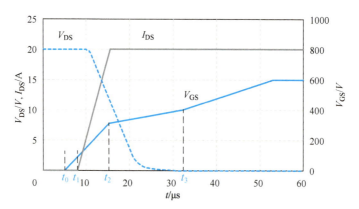

图 3-20 SiC MOSFET 恒流源驱动的 Q_G 测试波形

（1） $t_0 \sim t_1$

I_G 对 C_{iss} 恒流充电，由于 V_{DS} 不变，C_{iss} 保持恒定，V_{GS} 由 0V 线性上升至 $V_{GS(th)}$。

（2） $t_1 \sim t_2$

V_{GS} 超过 $V_{GS(th)}$，I_{DS} 由 0A 增大，V_{DS} 下降，C_{iss} 保持不变，V_{GS} 保持线性上升。

（3） $t_2 \sim t_3$

当 I_{DS} 达到 I_{set} 后，V_{DS} 下降至较低值，由于 DIBL 效应和沟道迁移率较低的共同影响，SiC MOSFET 进入米勒斜坡，V_{GS} 缓慢上升。故在此阶段 I_G 不仅需要对 C_{rss} 充电，还需要同时对 C_{GS} 充电。

（4） $t_3 \sim$

SiC MOSFET 处于开通状态，V_{GS} 线性上升至 $V_{GS(on)}$。此阶段 V_{GS} 上升的斜率小于 $t_0 \sim t_2$ 阶段，这是由于 SiC MOSFET 在开通状态下 C_{GS} 和 C_{GD} 随着 V_{GS} 的升高显著增加导致的。

3.4 极限特性

3.4.1 短路

功率变换器的运行工况和现场环境都很复杂，很可能由于采样或驱动信号受到干扰、超出正常工况范围、元器件失效等各种情况造成功率开关管短路和过电流。发生短路和过电流时，功率开关管将流过远超正常工况的电流且承受高电压，短时间内产生巨大的热量，这有可能导致其失效，进而引发功率变换器的故障或损毁。

SiC MOSFET 的主要应用是在高压大功率场合中替换 IGBT，对此类应用一直很关注 IGBT 的短路和过电流能力。而 SiC MOSFET 的芯片面积相较 Si IGBT 更小，故电流密度更大，发生短路时热量更集中，从热管理的角度导致 SiC MOSFET 短路能力较弱。故需要对 SiC MOSFET 的短路和过电流给予更多的重视。

由于 SiC MOSFET 的主要应用都采用桥式拓扑，故以半桥拓扑为例介绍其短路特性，如图 3-21 所示。当上下桥臂 SiC MOSFET 与母线电容形成回路发生短路时，称为桥臂直通，按照工况还可将其细分为硬开关故障和带载故障短路两种情况。当下桥臂器件、发生故障的负载与母线电容形成回路发生短路时，称为负载故障短路。此外，当上管被导线旁路或在单颗开关管的拓扑中发生硬开关故障短路时，称为单颗开关故障短路。

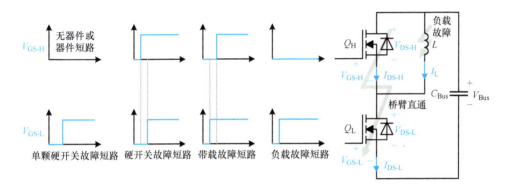

图 3-21　半桥拓扑中 SiC MOSFET 的短路模式

1. 硬开关故障短路

硬开关故障短路是指在发生短路前器件处于关断状态，当其被驱动信号控制导通时立刻发生短路。时序如图 3-21 所示，初始状态 Q_H 的 V_{GS-H} 为高，Q_L 的 V_{GS-L} 为低；随后 V_{GS-L} 变为高，Q_L、Q_H 和母线电容 C_{Bus} 形成回路发生短路。SiC MOSFET 硬开关故障短路的波形如图 3-22 所示。

（1）～t_0

Q_L 的 V_{GS-L} 为关断驱动电压 $V_{DRV(off)}$，处于关断状态，I_{DS-L} 为零，V_{DS-L} 承受母线电压 V_{Bus}。Q_H 的 V_{GS-H} 为开通驱动电压 $V_{DRV(on)}$，处于导通状态，V_{DS-H} 为零。

（2）t_0～t_1

t_0 时刻，V_{GS-L} 由 $V_{DRV(off)}$ 迅速变为 $V_{DRV(on)}$。Q_L 变为导通状态，并与 Q_H、C_{Bus} 形成短路回路。I_{DS-L} 迅速上升，V_{DS-L} 迅速下降，V_{DS-H} 迅速上升。快速上升的 V_{DS-H} 通过米勒电容在 V_{GS-H} 上产生向上的尖峰。

（3）t_1～t_2

t_1 时刻，I_{DS-L} 达到峰值并逐渐回落，这是因为高压大电流产生的能量让 SiC MOSFET 结温升高而降低了其通流能力导致的。V_{DS-L} 持续缓慢下降靠近零，但仍然远高于正常的导通压降，V_{DS-H} 持续缓慢上升靠近 V_{Bus}。

（4）$t_2 \sim$

t_2 时刻，$V_{\text{GS-L}}$ 由 $V_{\text{DRV(on)}}$ 迅速变为 $V_{\text{DRV(off)}}$。Q_L 进行关断，$I_{\text{DS-L}}$ 迅速下降至零，$V_{\text{DS-L}}$ 迅速上升、产生关断电压尖峰并发生振荡，$V_{\text{DS-H}}$ 迅速下降并发生振荡。快速下降的 $V_{\text{DS-H}}$ 通过米勒电容在 $V_{\text{GS-H}}$ 上产生向下的尖峰并发生振荡。

125℃下 SiC MOSFET 硬开关故障短路的波形如图 3-23 所示，相比图 3-22 中 25℃时的波形，在高温下 SiC MOSFET 的短路电流和关断电压尖峰都有所下降，短路期间的 $V_{\text{DS-L}}$ 也更高一些。

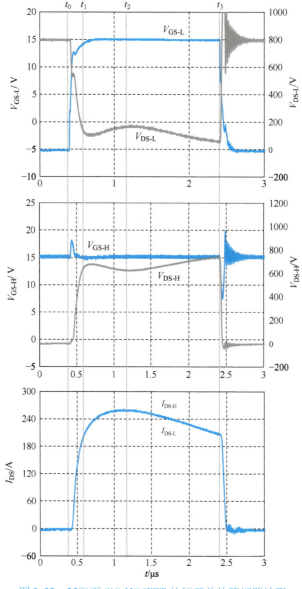

图 3-22　25℃下 SiC MOSFET 的硬开关故障短路波形

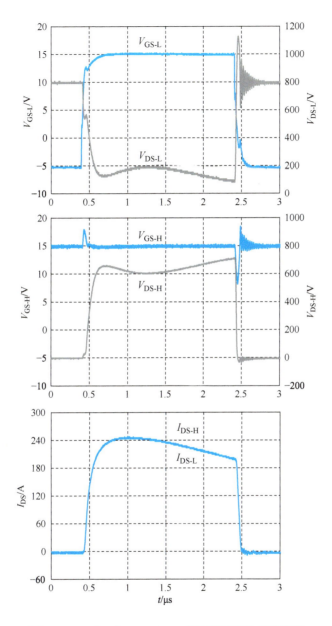

图 3-23　125℃ 下 SiC MOSFET 的硬开关故障短路波形

2. 单颗硬开关故障短路

当上管被导线旁路或在单颗开关管的拓扑中发生硬开关故障短路时，仅一颗 SiC MOSFET 和母线电容形成短路回路，短路波形如图 3-24 所示。

（1）　$\sim t_0$

Q_L 的 V_{GS-L} 为 $V_{DRV(off)}$，处于关断状态，I_{DS-L} 为零，V_{DS-L} 承受母线电压 V_{Bus}。

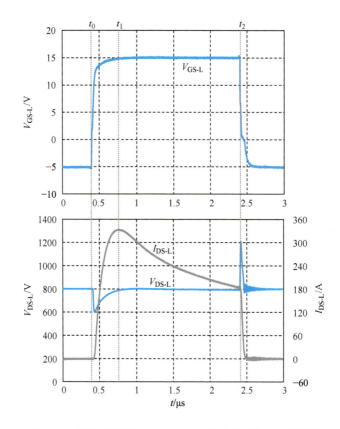

图 3-24　25℃下单颗 SiC MOSFET 的硬开关故障短路波形

（2）$t_0 \sim t_1$

t_0 时刻，$V_{GS\text{-}L}$ 由 $V_{DRV(off)}$ 迅速变为开通驱动电压 $V_{DRV(on)}$。Q_L 变为导通状态，并与母线电容形成短路回路。$I_{DS\text{-}L}$ 从零迅速上升，其在主功率回路电感上产生的压降使得 $V_{DS\text{-}L}$ 有所下降。随着 $I_{DS\text{-}L}$ 上升的速度减缓，$V_{DS\text{-}L}$ 向 V_{Bus} 回升。

（3）$t_1 \sim t_2$

t_1 时刻，$I_{DS\text{-}L}$ 达到峰值并逐渐回落，这是因为高压大电流产生的能量让 SiC MOSFET 结温升高而降低了其通流能力导致的。$I_{DS\text{-}L}$ 的变化速率较低，$V_{DS\text{-}L}$ 保持接近 V_{Bus} 不变。

（4）$t_2 \sim$

t_2 时刻，$V_{GS\text{-}L}$ 由 $V_{DRV(on)}$ 迅速变为 $V_{DRV(off)}$。Q_L 关断，$I_{DS\text{-}L}$ 迅速下降至零，并在 $V_{DS\text{-}L}$ 上产生关断电压尖峰和振荡。

125℃下单颗 SiC MOSFET 硬开关故障短路的波形如图 3-25 所示，相比图 3-24 中 25℃时的波形，在高温下 SiC MOSFET 的短路电流和关断电压尖峰都有所下降。

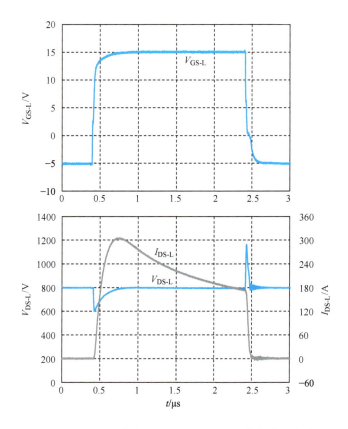

图 3-25　125℃ 下单颗 SiC MOSFET 的硬开关故障短路波形

3. 带载故障短路

带载障短路是指在发生短路前器件已经处于导通状态并有负载电流流过。时序如图 3-21 所示，初始状态 Q_H 的 $V_{GS\text{-}H}$ 为低，Q_L 的 $V_{GS\text{-}L}$ 为高，负载电流流过 Q_L；随后 $V_{GS\text{-}H}$ 变为高，Q_L、Q_H 和母线电容形成回路发生短路。SiC MOSFET 带载故障障短路的波形如图 3-26 所示。

（1）$\sim t_0$

Q_L 的 $V_{GS\text{-}L}$ 为关断驱动电压 $V_{DRV(off)}$，处于关断状态，$I_{DS\text{-}L}$ 为零，$V_{DS\text{-}L}$ 承受母线电压 V_{Bus}。Q_H 的 $V_{GS\text{-}H}$ 为关断驱动电压 $V_{DRV(off)}$，处于关断状态，$V_{DS\text{-}H}$ 为零。

（2）$t_0 \sim t_1$

t_0 时刻，$V_{GS\text{-}L}$ 由 $V_{DRV(off)}$ 迅速变为 $V_{DRV(on)}$。Q_L 变为导通状态，并与负载电感 L、C_{Bus} 形成回路，$V_{DS\text{-}L}$ 迅速下降至导通电压，$V_{DS\text{-}H}$ 迅速上升至 V_{Bus} 并发生振荡，$I_{DS\text{-}L}$ 线性上升。

（3）$t_1 \sim t_2$

t_1 时刻，$V_{GS\text{-}H}$ 由 $V_{DRV(off)}$ 迅速变为 $V_{DRV(on)}$。Q_H 变为导通状态，并与 Q_L、

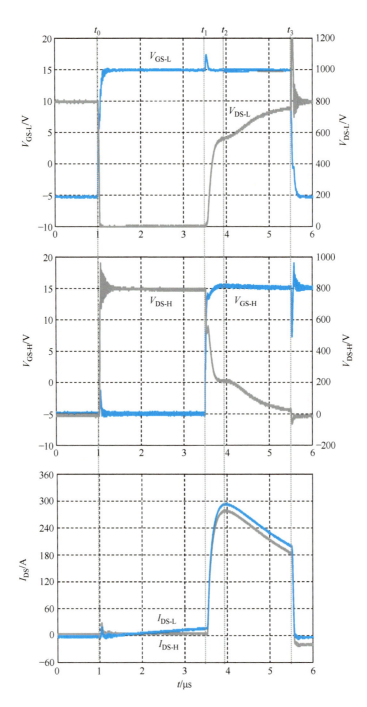

图 3-26　25℃下 SiC MOSFET 的带载故障短路波形

C_{Bus} 形成短路回路，I_{DS-L} 迅速上升，V_{DS-L} 迅速上升，V_{DS-H} 迅速下降。快速上升的 V_{DS-L} 通过米勒电容在 V_{GS-L} 上产生向上的尖峰。

（4）$t_2 \sim t_3$

t_2 时刻，I_{DS-L} 达到峰值并逐渐回落，这是因为高压大电流产生的能量让 SiC MOSFET 结温升高而降低了其通流能力导致的。V_{DS-L} 持续缓慢上升靠近 V_{Bus}，V_{DS-H} 持续缓慢下降向零靠近，但仍然远高于正常的导通压降。需要注意的是，短路期间 I_{DS-L} 为 I_{DS-H} 和负载电感电流之和。

（5）$t_3 \sim$

t_3 时刻，V_{GS-L} 由 $V_{DRV(on)}$ 迅速变为 $V_{DRV(off)}$。Q_L 进行关断，I_{DS-L} 迅速下降至零，负载电感电流通过 Q_H 的第三象限续流，V_{DS-L} 迅速上升、产生关断电压尖峰并发生振荡，V_{DS-H} 迅速下降至导通压降。快速下降的 V_{DS-H} 通过米勒电容在 V_{GS-H} 上产生向下的尖峰并发生振荡。

125℃ 下 SiC MOSFET 硬开关故障的短路波形如图 3-27 所示，相比图 3-26 中 25℃ 时的波形，在高温下 SiC MOSFET 的短路电流和关断电压尖峰都有所下降，短路期间 V_{DS-L} 更高、V_{DS-H} 更低一些。

4. 负载故障短路

由于不正确的接线、负载的介质击穿、电机绕组的短路以及接地故障等，此时可以将负载看作是感值较小的电感，在导通时间相同的情况下会达到极大的电流，此时发生的就是负载故障短路，见图 3-21。SiC MOSFET 负载故障短路的波形如图 3-28 所示。

（1）$\sim t_0$

Q_L 的 V_{GS-L} 为关断驱动电压 $V_{DRV(off)}$，处于关断状态，I_{DS-L} 为零，V_{DS-L} 承受母线电压 V_{Bus}。Q_H 的关断驱动电压 $V_{DRV(off)}$，处于关断状态。

（2）$t_0 \sim t_1$

t_0 时刻，V_{GS-L} 由 $V_{DRV(off)}$ 迅速变为 $V_{DRV(on)}$。Q_L 变为导通状态，并与负载电感 L、C_{Bus} 形成回路，V_{DS-L} 迅速下降至导通电压，I_{DS-L} 线性上升。

（3）$t_1 \sim t_2$

I_{DS-L} 持续上升，V_{DS-L} 不断升高，SiC MOSFET 进入饱和状态，发生过电流。

（4）$t_2 \sim$

t_2 时刻，V_{GS-L} 由 $V_{DRV(on)}$ 迅速变为 $V_{DRV(off)}$。Q_L 关断，I_{DS-L} 迅速下降至零，V_{DS-L} 迅速上升、产生关断电压尖峰并发生振荡。

在 125℃ 下 SiC MOSFET 负载故障短路波形如图 3-29 所示，相比图 3-28 中 25℃ 时的波形，在高温下 SiC MOSFET 的短路电流和关断电压尖峰都有所下降，短路期间 V_{DS-L} 更高。

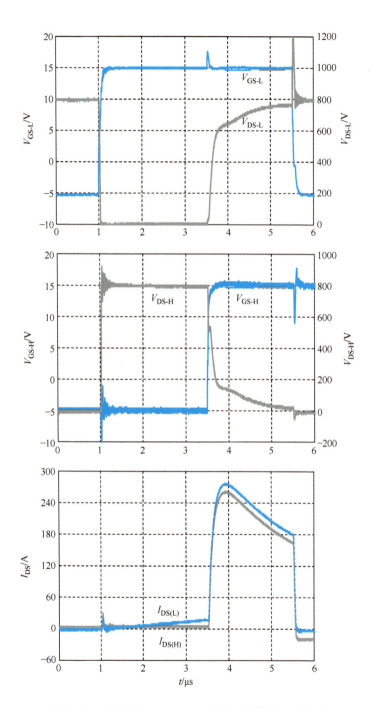

图 3-27　125℃下 SiC MOSFET 的硬开关故障短路波形

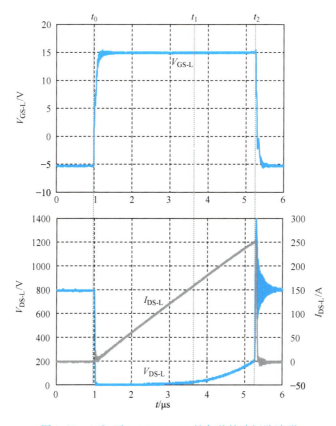

图 3-28   25℃下 SiC MOSFET 的负载故障短路波形

3.4.2   雪崩

SiC MOSFET 的体二极管是 pn 结二极管，同样存在雪崩问题。在关断过程中，当电感负载关断时产生的反激电压或漏极负载的寄生电感引起的尖峰电压超过击穿电压时，SiC MOSFET 就会发生雪崩。SiC MOSFET 体二极管的 pn 结反向偏置，耗尽层产生强电场，自由电子在强电场中被加速，获得较高的动能。当自由电子与构成晶格的原子碰撞时，它们会将其他束缚电子撞出原子，并产生电子-空穴对。这种击出过程持续进行，增加了自由电子的数量，导致雪崩击穿。

发生雪崩时，SiC MOSFET 体二极管两端将承受高电压且流过大电流。当电流过大，导致寄生的晶体管导通并进入二次击穿，将导致 SiC MOSFET 造成永久性损坏，这就是雪崩电流击穿。当由于高电压和大电流产生的热量使 SiC MOSFET 超过芯片的温度极限时，则会损坏器件，这就是雪崩能量击穿。在 SiC MOSFET 关断过程中 V_{DS} 急剧上升，因此而产生的电流将使寄生的晶体管导通，从而导致其耐压能力下降，这就是 dv/dt 退化。

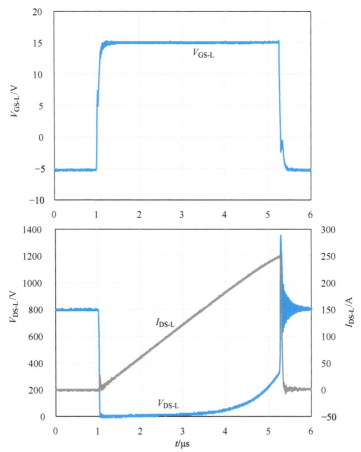

图 3-29 125℃下 SiC MOSFET 的负载故障短路波形

SiC MOSFET 雪崩波形如图 3-30 所示。

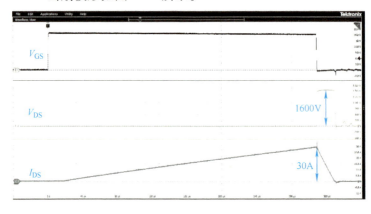

图 3-30 SiC MOSFET 的雪崩波形

3.5　品质因数

工程师通过器件参数能够对器件特性有基本了解，基于此可以进行器件对比，辅助进行变换器设计阶段的器件选型。在器件选型中需要考虑器件的极限值、驱动电压、导通电阻、结电容、体二极管特性等参数。降低损耗、提高效率是功率半导体器件和电力电子技术发展追求的永恒目标，故器件损耗是器件选型中的核心关注点之一，是多个器件参数的综合体现。为了快速、简单地对器件损耗特性进行评估，品质因数（Figure of Merit，FOM）值被提出并广泛应用。

1. BHFFOM[4]

J. Baliga 认为器件的导通损耗受导通电阻 $R_{\mathrm{DS(on)}}$ 影响，开关损耗是由于对输入电容 C_{iss} 充放电产生的，则器件的总损耗 P_{loss} 由式（3-32）表示

$$P_{\mathrm{loss}} = I_{\mathrm{rms}}^2 \frac{R_{\mathrm{DS(on),sp}}}{A} + C_{\mathrm{iss,sp}} \cdot A \cdot V_{\mathrm{DRV}}^2 \cdot f_{\mathrm{s}} \qquad (3\text{-}32)$$

式中，I_{rms} 为流过器件的电流有效值；$R_{\mathrm{DS(on),sp}}$ 为单位面积导通电阻；$C_{\mathrm{iss,sp}}$ 为单位面积输入电容；A 为器件的面积；V_{DRV} 为驱动电压；f_{s} 为开关频率。基于式（3-32），J. Baliga 提出 BHFFOM

$$\mathrm{BHFFOM} = \frac{1}{R_{\mathrm{DS(on),sp}} C_{\mathrm{iss,sp}}} \qquad (3\text{-}33)$$

由于工程师不能轻易获得 $R_{\mathrm{DS(on),sp}}$ 和 $C_{\mathrm{iss,sp}}$ 数值，故 BHFFOM 并不实用。但 $R_{\mathrm{DS(on),sp}}$ 与 $R_{\mathrm{DS(on)}}$、$C_{\mathrm{iss,sp}}$ 与 C_{iss} 同器件面积 A 刚好具有相反的关系

$$R_{\mathrm{DS(on)}} = R_{\mathrm{DS(on),sp}}/A \qquad (3\text{-}34)$$

$$C_{\mathrm{iss}} = C_{\mathrm{iss,sp}}A \qquad (3\text{-}35)$$

同时 Q_{G} 又来源于 C_{iss}，故将 BHFFOM 引申为最为熟知的 FOM

$$\mathrm{FOM} = R_{\mathrm{DS(on)}} Q_{\mathrm{G}} \qquad (3\text{-}36)$$

2. NHFFOM[5]

Il-Jung Kim 认为除过 C_{iss} 外还应该考虑由输出电容 C_{oss} 而导致的开关损耗，则器件的总损耗由式（3-37）表示

$$P_{\mathrm{loss}} = I_{\mathrm{rms}}^2 R_{\mathrm{DS(on)}} + C_{\mathrm{iss,sp}}A\, V_{\mathrm{DRV}}^2 f_{\mathrm{s}} + N C_{\mathrm{oss}} V_{\mathrm{in}}^2 f_{\mathrm{s}} \qquad (3\text{-}37)$$

式中，V_{in} 为变换器的输入电压；N 为与变换器拓扑相关的系数。同时研究表明，C_{oss} 对损耗的影响更大。基于式（3-37），Il-Jung Kim 提出 NHFFOM

$$\mathrm{NHFFOM} = \frac{1}{R_{\mathrm{DS(on),sp}} C_{\mathrm{oss,sp}}} \qquad (3\text{-}38)$$

其中，$C_{\mathrm{oss,sp}}$ 为器件单位面积输出电容。同样由于无法轻易获得 $R_{\mathrm{DS(on),sp}}$ 和 $C_{\mathrm{oss,sp}}$ 的数值，NHFFOM 也不实用。利用 $C_{\mathrm{oss,sp}}$ 与 C_{oss} 的关系，并引入等效输出电容 $C_{\mathrm{oss,eq}}$

$$C_{oss} = C_{oss,sp}A \tag{3-39}$$

$$\frac{1}{2}C_{oss,eq}V^2 = \int_0^V C_{oss}(V_{DS})\,dV_{DS} \tag{3-40}$$

2009 年 J. W. Kolar 提出 KFOM[6]

$$KFOM = \frac{1}{R_{DS(on)}C_{oss,eq}} \tag{3-41}$$

3. HDFOM[7]

Alex Q. Huang 将 MOSFET 的开通过程分成若干阶段进行讨论，如图 3-31 所示。

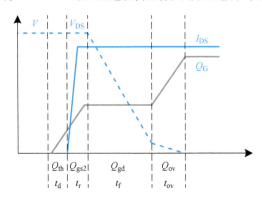

图 3-31　MOSFET 的理想化开通过程波形

（1）t_d

驱动电流向 C_{iss} 充电，V_{GS} 由 0V 上升至阈值电压 $V_{GS(th)}$，V_{DS} 和 I_{DS} 保持不变。定义这一段的时长为 t_d、栅电荷为 Q_{th}。

（2）t_r

驱动电流继续向 C_{iss} 充电，V_{GS} 由 $V_{GS(th)}$ 上升至米勒平台电压 V_{plt}，V_{DS} 保持不变，I_{DS} 由 0A 上升至 I_L。定义这一段的时长为 t_r、栅电荷为 Q_{gs2}。

（3）t_f

V_{DS} 由 V 下降，驱动电流向米勒电容 C_{GD} 充电，V_{GS} 维持在 V_{plt}。定义这一段的时长为 t_f、栅电荷为 Q_{gd}。

（4）t_{ov}

驱动电流向 C_{iss} 充电，V_{GS} 上升至 V_{DRV}，V_{DS} 下降至导通状态。定义这一段的时长为 t_{ov}、栅电荷为 Q_{ov}。则器件的总损耗由式（3-42）表示

$$P_{loss} = I_{rms}^2 R_{DS(on)} + VI_L(t_r + t_f)f_s \tag{3-42}$$

对于高压器件，t_f 远大于 t_r，即 t_f 对开通损耗起主导作用。基于式（3-42），Alex Q. Huang 提出 HDFOM

$$HDFOM = \sqrt{R_{DS(on)}Q_{gd}} \tag{3-43}$$

4. YFOM[8]

HDFOM 中认为 t_f 对开关损耗起主导作用，忽略了 t_r 这一段的损耗。这就导致损耗评估不够准确，特别是对于低压器件和速度越来越快的高压器件，t_r 这部分损耗占比已经不能忽略。

Yucheng Ying 对器件的开关过程进行了更为详细的分析，如图 3-32 所示。

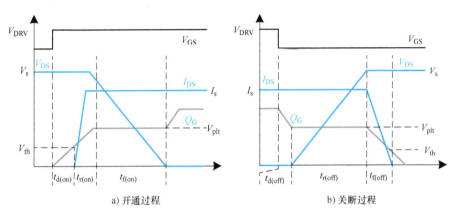

a) 开通过程　　　　　　　　　　b) 关断过程

图 3-32　MOSFET 的理想化开关过程波形

开通过程的 $t_{r(on)}$ 和 $t_{f(on)}$ 分别为式（3-44）和式（3-45），关断过程的 $t_{r(off)}$ 和 $t_{f(off)}$ 分别为式（3-46）和式（3-47），其中 V_s 和 I_s 分别为开关时的 V_{DS} 和 I_{DS}。

$$t_{r(on)} = \frac{Q_{gs2}R_G}{V_{DRV} - V_{plt}} \tag{3-44}$$

$$t_{f(on)} = \frac{Q_{gd}R_G}{V_{DRV} - V_{plt}} \tag{3-45}$$

$$t_{r(off)} = \frac{Q_{gd}R_G}{V_{plt}} \tag{3-46}$$

$$t_{f(off)} = \frac{Q_{gs2}R_G}{V_{plt}} \tag{3-47}$$

这样就可以得到器件的总损耗为式（3-48），多项式的第一～四项分别为开通损耗、关断损耗、导通损耗和驱动损耗。

$$P_{loss} = \frac{V_s I_s}{2}\frac{(Q_{gd} + Q_{gs2})R_g}{V_{DRV} - V_{plt}}f_s + \frac{V_s I_s}{2}\frac{(Q_{gd} + Q_{gs2})R_g}{V_{plt}}f_s + I_{rms}^2 R_{DS(on)} + Q_G V_{DRV}f_s \tag{3-48}$$

基于式（3-48），Yucheng Ying 提出了 YFOM

$$YFOM = (Q_{gd} + K_{gs2}Q_{gs2})R_{DS(on)} \tag{3-49}$$

其中 K_{gs2} 为

$$K_{gs2} = 1 + \frac{V_{DRV}}{V_{plt} - V_{th}}\frac{2V_{plt}(V_{DRV} - V_{plt})}{V_s I_s R_g} \tag{3-50}$$

5. FFOM[9]

YFOM 是针对硬开关工况，而在 ZVS 下器件的开通损耗被忽略，则器件的总损耗为式（3-51），多项式的第一～三项分别为关断损耗、导通损耗、驱动损耗。

$$P_{loss} = \frac{V_s I_s}{2} \frac{(Q_{gd} + Q_{gs2})R_g}{V_{plt}} f_s + I_{rms}^2 R_{DS(on)} + Q_G V_{DRV} f_s \tag{3-51}$$

基于此，Dianbo Fu 提出了针对 ZVS 的 FFOM

$$FFOM = (Q_{gd} + K_{loss} Q_{gs2}) R_{DS(on)} \tag{3-52}$$

其中 K_{loss} 为

$$K_{loss} = 1 + \frac{V_{DRV}}{V_{plt} - V_{th}} \cdot \frac{2V_{plt} V_{DRV}}{V_s I_s R_g} \tag{3-53}$$

基于上述各种形式的 FOM 值可知，FOM 值是对器件损耗的表征，其具体表达式来自于损耗模型，受器件工况的影响。故在进行器件对比、选型时，需要选择合适的 FOM。必要时工程师还可以针对特定的拓扑建立损耗模型并推导对应的 FOM 表达式，从而使 FOM 更有针对性，获得更加符合实际应用的结果。

3.6　功率器件损耗计算

利用 FOM 值可以非常方便、简单地对比不同器件损耗的大小关系，但这样的对比结果准确度低，还不能得到对变换器效率影响的具体数值。如果需要更精准的结果，就需要进行器件损耗计算。

在变换器的设计阶段就进行损耗分析可以帮我们很合理地进行拓扑选择、器件选型、变换器参数设计和热设计，提高工作效率和开发速度。随着功率变换器设计向着越来越精细的方向不断前进，特别是 ETH 的 J. W. Kolar 教授提出了多目标优化的变换器设计方法，损耗分析越来越被大家重视。变换器的损耗主要包括功率器件损耗、驱动损耗、磁性器件损耗和控制电路损耗，在这里我们只讨论功率器件的损耗。

3.6.1　损耗计算方法

器件损耗包含导通损耗、开关损耗和反向恢复损耗三部分，以损耗功率的形式表示。

1. 导通损耗

器件导通时的导通电流乘以对应的导通压降就是器件的瞬时导通损耗功率，由于变换器一般为周期性运行的，故以一个稳态周期内的瞬时导通损耗功率的平均值代表器件的导通损耗。其中导通电流是由变换器的工况决定的，导通压降是导通电流、器件结温和栅极驱动电压的函数，变换器工作周期为 T_s。接下来给出各类器件导通损耗的计算方法。

SiC MOSFET 正向导通损耗 $P_\mathrm{C}^\mathrm{MOS}$ 由式（3-54）给出，I_DS 为导通电流，T_J 为结温，$V_\mathrm{DRV(on)}$ 为开通驱动电压，V_DS 为导通压降，是以上三者的函数。

$$P_\mathrm{C}^\mathrm{MOS}(I_\mathrm{DS}(t),T_\mathrm{J},V_\mathrm{DRV(on)}) = \frac{1}{T_\mathrm{s}}\int_0^{T_\mathrm{s}}V_\mathrm{DS}(I_\mathrm{DS}(t),T_\mathrm{J},V_\mathrm{DRV(on)})\cdot I_\mathrm{DS}(t)\,\mathrm{d}t$$

$$(3\text{-}54)$$

由于 SiC MOSFET 导通时可以看作一个电阻，故 $P_\mathrm{C}^\mathrm{MOS}$ 还可通过式（3-55）计算，导通电阻 $R_\mathrm{DS(on)}$ 同样为 I_DS、T_J 和 $V_\mathrm{DRV(on)}$ 的函数。

$$P_\mathrm{C}^\mathrm{MOS}(I_\mathrm{DS}(t),T_\mathrm{J},V_\mathrm{DRV(on)}) = \frac{1}{T_\mathrm{s}}\int_0^{T_\mathrm{s}}R_\mathrm{DS(on)}(I_\mathrm{DS}(t),T_\mathrm{J},V_\mathrm{DRV(on)})\cdot I_\mathrm{DS}(t)^2\,\mathrm{d}t$$

$$(3\text{-}55)$$

SiC MOSFET 体二极管导通损耗 $P_\mathrm{C}^\mathrm{MOS,BD}$ 由式（3-56）给出，I_F 为导通电流，T_J 为结温，$V_\mathrm{DRV(off)}$ 为关断栅极驱动电压，V_F 为导通压降，是以上三者的函数。

$$P_\mathrm{C}^\mathrm{MOS,BD}(I_\mathrm{F}(t),T_\mathrm{J},V_\mathrm{DRV(off)}) = \frac{1}{T_\mathrm{s}}\int_0^{T_\mathrm{s}}V_\mathrm{F}(I_\mathrm{F}(t),T_\mathrm{J},V_\mathrm{DRV(off)})I_\mathrm{F}(t)\,\mathrm{d}t \quad (3\text{-}56)$$

SiC MOSFET 第三象限导通损耗 $P_\mathrm{C}^\mathrm{MOS,3rd}$ 由式（3-57）给出，I_SD 为导通电流，T_J 为结温，$V_\mathrm{DRV(on)}$ 为开通栅极驱动电压，V_SD 为导通压降，是以上三者的函数。由于第三象限特性由 SiC MOSFET 沟道和体二极管共同决定，仅能通过 V_SD 计算 $P_\mathrm{C}^\mathrm{MOS,3rd}$。

$$P_\mathrm{C}^\mathrm{MOS,3rd}(I_\mathrm{SD}(t),T_\mathrm{J},V_\mathrm{DRV(on)}) = \frac{1}{T_\mathrm{s}}\int_0^{T_\mathrm{s}}V_\mathrm{SD}(I_\mathrm{SD}(t),T_\mathrm{J},V_\mathrm{DRV(on)})I_\mathrm{F}(t)\,\mathrm{d}t$$

$$(3\text{-}57)$$

二极管导通损耗 $P_\mathrm{C}^\mathrm{Diode}$ 由式（3-58）给出，导通压降 V_F 为 I_F 和 T_J 的函数

$$P_\mathrm{C}^\mathrm{Diode}(I_\mathrm{F}(t),T_\mathrm{J}) = \frac{1}{T_\mathrm{s}}\int_0^{T_\mathrm{s}}V_\mathrm{F}(I_\mathrm{F}(t),T_\mathrm{J})\cdot I_\mathrm{F}(t)\,\mathrm{d}t \quad (3\text{-}58)$$

2. 开关损耗

开关损耗由电压和电流的交叠产生，单次开通能量和单次关断能量分别为 E_on 和 E_off，其大小由开关过程中电压和电流波形决定。以一个稳态周期内所有单次开通能量和单次关断能量的平均值分别代表器件的开通损耗 P_on 和关断损耗 P_off，计算公式分别为式（3-59）和式（3-60），其中 $\sum_{i=1}^{N_\mathrm{on}}E_\mathrm{on}$、$\sum_{i=1}^{N_\mathrm{off}}E_\mathrm{off}$ 对一个稳态周期内产生的所有单次开关能量叠加

$$P_\mathrm{on}(I_\mathrm{on},V_\mathrm{on},T_\mathrm{J},V_\mathrm{DRV(on)},V_\mathrm{DRV(off)},R_\mathrm{G(on)},L_\mathrm{DRV},L_\mathrm{Loop}) =$$

$$\frac{1}{T_\mathrm{s}}\left[\sum_{i=1}^{N_\mathrm{on}}E_\mathrm{on}(I_\mathrm{on,i},V_\mathrm{on,i},T_\mathrm{J},V_\mathrm{DRV(on)},V_\mathrm{DRV(off)},R_\mathrm{G(on)},L_\mathrm{DRV},L_\mathrm{Loop})\right] \quad (3\text{-}59)$$

$$P_\mathrm{off}(I_\mathrm{off},V_\mathrm{off},T_\mathrm{J},V_\mathrm{DRV(on)},V_\mathrm{DRV(off)},R_\mathrm{G(off)},L_\mathrm{DRV},L_\mathrm{Loop}) =$$

$$\frac{1}{T_\mathrm{s}}\left[\sum_{i=1}^{N_\mathrm{off}}E_\mathrm{off}(I_\mathrm{off,i},V_\mathrm{off,i},T_\mathrm{J},V_\mathrm{DRV(on)},V_\mathrm{DRV(off)},R_\mathrm{G(off)},L_\mathrm{DRV},L_\mathrm{Loop})\right] \quad (3\text{-}60)$$

E_{on} 和 E_{off} 受很多参数的影响，包括开通电流 I_{on}、开通电压 V_{on}、关断电流 I_{off}、关断电压 V_{off}、T_J、$V_{DRV(on)}$、$V_{DRV(off)}$、$R_{G(on)}$、$R_{G(off)}$、L_{DRV}、L_{Loop}。

3. 反向恢复损耗

与开关损耗类似，以一个稳态周期内所有单次反向恢复能量 E_{rr} 的平均值代表二极管的反向恢复损耗 P_{rr}，通过式（3-61）计算，其中 $\sum_{i=1}^{N_{rr}} E_{rr}$ 表示对一个稳态周期内产生的所有单次反向恢复能量叠加

$$P_{rr}(I_F, V_R, T_J, di_F/dt) = \frac{1}{T_s}\Big[\sum_{i=1}^{N_{rr}} E_{rr}(I_{F,i}, V_{R,i}, T_J, di_F/dt_i)\Big] \quad (3\text{-}61)$$

E_{rr} 受工况影响很大，包括 I_F、反向耐压 V_R、T_J、换流速度 di_F/dt。当二极管与开关管组成开关对时，di_F/dt 就取决于开关管的开通速度，则 P_{rr} 还可通过式（3-62）计算。

$$P_{rr}(I_{on}, V_{on}, T_j, V_{DRV(on)}, V_{DRV(off)}, R_{G(on)}, L_{DRV}, L_{Loop})$$
$$= \frac{1}{T_s}\Big[\sum_{i=1}^{N_{rr}} E_{rr}(I_{on,i}, V_{on,i}, T_J, V_{DRV(on)}, V_{DRV(off)}, R_{G(on)}, L_{DRV}, L_{Loop})\Big]$$
$$(3\text{-}62)$$

SiC MOSFET 体二极管反向恢复损耗 $P_{rr}^{MOS,BD}$ 和 SiC 二极管反向恢复损耗 P_{rr}^{Diode} 均按照上述公式计算。

4. 损耗计算

将器件实际发生的损耗叠加起来就是器件的总损耗

$$P_{MOS} = P_C^{MOS} + P_C^{MOS,BD} + P_C^{MOS,3rd} + P_{on} + P_{off} + P_{rr}^{MOS,BD} \quad (3\text{-}63)$$

$$P_{Diode} = P_C^{Diode} + P_{rr}^{Diode} \quad (3\text{-}64)$$

通常需要关注的是变换器在热稳定下稳态运行时的器件损耗，故确定热稳定下的器件结温就十分重要。基本方法是利用前一时间段内产生的损耗，通过热阻抗计算此刻新的结温，并使用更新后的结温来计算下一时间段内产生的损耗。如此往复循环，结温逐渐收敛至热稳定。达到热稳定后，对一个稳态周期内的能量取平均就完成了损耗计算。

以 Buck 电路为例，图 3-33 所示为 MOSFET 的 V_{DS} 和 I_{DS} 波形，将时间等间隔划分。

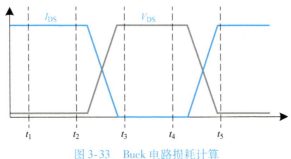

图 3-33　Buck 电路损耗计算

（1）t_1

MOSFET 结温为 $T_{J,1}$。

（2）$t_1 \sim t_2$

MOSFET 导通，以 $T_{J,1}$ 计算 $t_1 \sim t_2$ 内 MOSFET 的导通损耗，并通过热阻计算出 t_2 时刻结温 $T_{J,2}$。

（3）$t_2 \sim t_3$

MOSFET 由导通变为关断，以结温 $T_{J,2}$ 计算期间的导通损耗和关断损耗，计算出 t_3 时刻结温为 $T_{J,3}$。

（4）$t_3 \sim t_4$

MOSFET 关断，不产生损耗，计算出 t_4 时刻结温为 $T_{J,4}$。

（5）$t_4 \sim t_5$

MOSFET 由关断变为开通，以结温 $T_{J,4}$ 计算期间的开通损耗和导通损耗，计算出 t_5 时刻结温为 $T_{J,5}$。

器件损耗受器件自身特性、结温和外电路的共同影响，故损耗计算对完成变换器设计很有帮助，例如提供损耗数据、对比散热方案的差异以辅助热设计、对比不同器件的差异作为器件选型的依据、对比外电路参数的影响，从而确定合适的驱动电压、驱动电路和线路电感。

显然，进行器件损耗计算必须要有大量基础损耗数据作为支撑，包括导通压降-导通电流数据或导通电阻数据、开关能量数据以及反向恢复能量数据。数据越密集、覆盖工作点越多，则损耗计算精度越高。一般可以通过厂商提供的数据手册或实验测试的方式获得所需的基础数据。

利用数据手册获得基础损耗数据成本低、方法简单、速度快。同时，数据手册的数据是基于大量测试样本的典型值，故基于此的计算结果也更具有统计意义。已经有很多资料讲解了利用数据手册进行损耗计算的方法，这里就不再复述了。美中不足的是数据手册提供的数据涵盖的工作点有限，需要进行插值和拟合对数据进行补充，带来了一定的偏差。另外数据手册提供的开关能量和反向恢复能量是基于厂商的测试电路获得的，但这部分损耗又受外电路影响很大，进一步扩大了偏差。

通过实验测试的方式能够获得更多工作点的损耗数据，开关能量和反向恢复能量也是基于实际电路参数的，这就提升了损耗计算的精度。导通压降-导通电流数据或导通电阻数据通过器件分析仪测量，开关能量和反向恢复能量通过双脉冲测试获得，这就要求相应设备匹配。为了获得典型值，则需要足够的测试样本，带来了大量的测试工作量，成本高、速度慢。

综合两种方式的优缺点，通常可以利用数据手册获得导通压降-导通电流数据或导通电阻数据，通过实验测试获得开关能量和反向恢复能量。

此外，还可以利用热损耗测量方法获得损耗数据。

3.6.2　仿真软件

损耗计算的方法是根据器件的工作状态，利用事先准备好的基础损耗数据，不断计算损耗并更新器件结温，这正是计算机程序擅长的工作。Plexim 公司的 PLECS 是系统级电力电子仿真软件，集成的器件热模型可以帮助我们快速完成损耗计算。

在 PLECS 中，功率器件、磁性元件、电容、电阻、控制模块构成了电回路；器件热阻、散热器热阻、热等效网络、环境构成了热回路；用户在热损耗编辑器录入器件的基本损耗数据将热与电连接起来。在仿真时 PLECS 对电回路和热回路同时进行求解，记录下开关时刻之前和之后的工况并从三维数据表中读出开关损耗和反向恢复能量值，通过器件的电流和结温获得导通损耗，将损耗注入热回路模型用于计算器件的结温。PLECS 的这种电路-热损耗耦合仿真算法可以用图 3-34 表示。PLECS 热仿真既可以独立运行，也可以无缝嵌入 MATLAB/Simulink 环境。

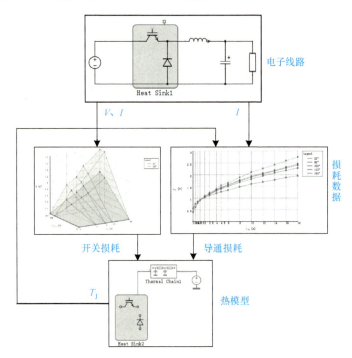

图 3-34　PLECS 电路-热损耗耦合仿真

PLECS 以其优异的性能得到了业界知名功率半导体企业的认可，ABB、Dynex、GaN System、Infineon、ROHM 和 Wolfspeed 都在其网站上提供其产品的 PLECS 器件热模型，可免费下载后直接用于变换器设计。为了让广大工程师更方便地享受到 PLECS 的热仿真功能，一些功率半导体厂商还免费提供基于 PLECS 的网页版仿真工具。

1. Infineon——IPOSIM

针对 Infineon IGBT 功率模块，实现对多达十几种常见拓扑完成损耗分析，同时支持设置驱动电阻。器件模型已包含 Infineon 的 SiC MOSFET 功率模块，并提供针对充电桩应用的单相逆变器和针对光伏和储能应用的三相 ANPC 示例。

2. Fuji——Web Simulation Tool

针对 Fuji IGBT 功率模块，实现对两电平和 T 型三电平逆变的损耗分析。

3. GaN System——Circuit Simulation Tool

针对 GaN System 的 GaN HEMT 器件，实现对近十种广泛使用 GaN 器件的拓扑的损耗分析。

4. Wolfspeed——SpeedFit Design Simulator

针对 Wolfspeed SiC 器件单管和功率模块，实现对多达十几种广泛使用 SiC 器件的拓扑的损耗分析，特别包含 LLC、Totem-Pole PFC、DNPC 电路，同样支持设置驱动电阻。以 Totem-Pole PFC 为例，SpeedFit Design Simulator 界面如图 3-35 所示，仿真结果给出运行波形、器件损耗、效率和结温。

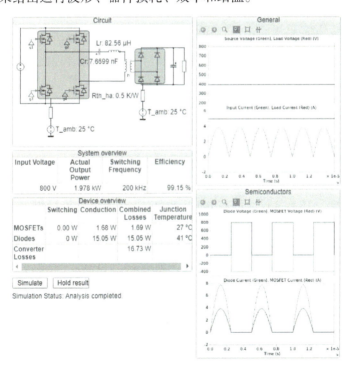

图 3-35　Wolfspeed SpeedFit Design Simulator[11]

需要注意的是，在使用各厂商提供的 PLECS 器件热模型或网页版仿真工具时，开关损耗数据只对各厂商的损耗测试平台负责，分析结果可以作为我们选择器件和变换器设计时的参考，但不能要求其预测的准确度。这是由于器件开关损耗受电路参数影响很大，厂商提供的损耗数据与我们自己设计出的变换器上器件开关损耗是不同的，往往差别还非常大。

除过 PLECS 外，Powersim 的仿真软件 PSIM[12] 也具有相同功能的器件热模型，其原理与功能与 PLECS 相近。

MathWorks 的 MATLAB/Simulink 同样是电力电子领域重要的仿真工具，但是并没有集成器件热模型。不过这并不意味着 MATLAB/Simulink 就无法实现器件损耗评估的功能。由于损耗计算的方法是明确的，并且 MATLAB/Simulink 又有着无限的用户开发的潜力，故用户只需要利用基本模块就可以搭建出器件热模型。这样虽然需要投入开发成本，但免去了更换仿真平台带来的更大的时间和资金成本，且其对损耗的计算和分析也更加灵活。MATLAB/Simulink 提供了以三电平逆变器为例的损耗计算的示例[13]，用户可以直接使用其中的损耗计算模块，更可以根据需求做进一步开发。

3.7　SiC MOSFET 建模

在传统的变换器设计流程中，使用的是较为简单的电路仿真器，搭配简化的器件模型。这就要求工程师必须具有丰富的设计经验，才能合理使用简化模型获得准确的仿真结果。而大多数的情况，工程师倾向于直接制作样机，测试后再进行优化设计。这样就会花费较多的时间，在多次迭代后才能得到最终的设计，同时样机电路板失效还会导致工程师花费更多的时间进行排查和修正。

虽然精准的器件模型没有被广泛使用来指导变换器设计，但工程师也都能够按照指标要求完成产品设计。这是因为传统功率器件的开关速度对设计的要求并不严苛，工程师利用经验就能够解决绝大多数问题。相比于传统器件，SiC MOSFET 具有更快的开关速度，开关过程中的高 $\mathrm{d}v/\mathrm{d}t$ 和高 $\mathrm{d}i/\mathrm{d}t$ 对电路设计提出了严苛的要求，同时导致了更为突出的电磁兼容问题。如果依旧采用"试错"的方法，很可能花费大量资源后也无法完成设计。这迫切需要引入更加准确的模型和先进的仿真技术来预测器件在实际电路的开关瞬态特性，从而实现缩短设计周期、缩减成本的目标。

器件模型有物理模型和数学模型两类，其中数学模型是利用一系列公式对器件参数进行描述，可以看作是器件参数的一种应用。同时，数学模型不需要已知一些工艺相关的参数，如栅氧厚度等，故电力电子工程师主要使用的是器件数学模型。为了使器件模型发挥预想的作用，必须要满足两个前提：模型精度高和建模速度快。模型精度不高，则仿真结果反而会误导设计；建模速度太慢，严重影响设计进度。

3.7.1　SPICE 模型基础

SPICE（Simulation Program with Integrated Circuit Emphasis）是由美国加州大学伯克利分校的电子研究实验室于 1975 年开发出来的一种功能非常强大的通用模拟

电路仿真器。主要用来验证集成电路中的电路设计、预测电路性能，基于 SPICE 的仿真计算对于电力电子电路的设计是极其重要的，也是 SiC MOSFET 模型的主要载体。

3.7.1.1　SPICE 模型的类型

根据建模方法，现有的 SPICE 模型大致可以分为 4 类，分别是数值模型、物理模型、半数值模型和等效电路模型。

1. 数值模型

数值模型是基于器件的工艺特性建立的，常用于功率器件及模拟电路的仿真，主要基于 Sentaurus TCAD、SILVACO、MEDICI 等仿真软件建立。其主要优势是可以得到较高精度的仿真结果，其劣势是模型复杂而不适合用于电力电子电路仿真。这是由于数值模型的建立过程中，需要获得具体的材料特性和器件结构的几何特征，对于电力电子知识背景的设计者来讲较难理解和准确使用。因此，数值模型通常用于功率器件设计，较少用于电力电子电路设计。

2. 物理模型

物理模型基于半导体物理学建立，能够精准地反映其内部载流子的变化过程，高度还原器件的各项参数指标，建模精度高。然而，由于考虑了半导体内部材料的物理原理，导致建模过程中要对器件机理有深刻的理解。同时，模型中包含的参数较多，参数提取过程繁琐，且应用该类模型时的仿真耗时往往较长。以上这些特点都在一定程度上限制了物理模型在电力电子电路仿真中的应用。

3. 半数值模型

半数值模型介于数值模型和物理模型之间，是根据器件的物理原理以及工艺参数建立的模型。物理模型的参数和方程需要采用数值方法确定，如需要使用傅里叶级数、拉普拉斯变换等数值方法获得双极扩散方程的解，从而确定不同区域的载流子分布。但是一般而言，半数值模型仍然包含较多的参数较为复杂，在电力电子电路仿真中应用也比较少。

4. 等效电路模型

等效电路模型主要基于器件表现出的外特性建立。如果完全根据器件外部行为表现使用数学拟合的方法建立、不考虑器件内部物理特征的模型，也称行为模型。如果部分根据器件外部行为表现使用数学拟合的方法建立、也考虑半导体物理特征建立的模型，也被称作半物理模型。等效电路模型根据测试数据结果构造相应的等效电路，表征器件外特性。这种模型不涉及（或很少涉及）器件内部的材料参数和半导体物理知识，一般可以根据器件数据手册的数据建立。等效电路模型结构简单易于理解，且往往具有仿真耗时短、更易收敛的优点，更加符合电力电子电路设计的要求，因此备受电力电子界青睐，故大部分 SPICE 模型采用等效电路模型的形式。

3.7.1.2　等效电路模型的等级

器件等效电路模型的建立往往需要权衡建模精度及复杂性，从而达到结果准确性与仿真收敛性的平衡。模型等级的出现，让电力电子工程师可以根据预期用途和精度进行快速选取，SPICE 模型的等级可分为 LEVEL 1 ~ LEVEL 4。

LEVEL 1 模型就是最经典的 Shichman-Hodoges 模型，如图 3-36 所示。它是 MOSFET 的一阶模型，描述了 MOSFET 电流-电压特性，考虑了衬底调制效应和沟道长度调制效应，适用于精度要求不高的长沟道 MOS 晶体管。一般来说，当 MOS 器件的栅长和栅宽大于 $10\mu m$、衬底掺杂低，而我们又需要一个简单的模型的时候，该模型是最适合的。

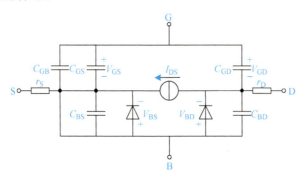

图 3-36　Shichman-Hodoges 模型

LEVEL 2 模型便是在 LEVEL 1 模型的基础上考虑了一些二阶效应，从而提出的短沟道或者窄沟道 MOS 管模型，也被称之为二维解析模型。由于模型参数的增加，会使得其仿真速度大量降低，甚至会出现仿真不收敛的情形。

LEVEL 3 模型是根据实验所得到的实际数据与已有理论模型之间的经验关系所推导出来的，模型当中的阈值电压、饱和电流、沟道调制效应和漏源电流表达式等都属于半经验公式，此外，还在 LEVEL 2 模型的基础上引入了三个新的模型参数：模拟静电反馈效应的经验模型参数（EAT），迁移率调制系数（THETA）和饱和电场系数（KAPPA），属于改进型 Shichman-Hodoges 模型，相比而言，该模型的精度更高，计算时间更短。

LEVEL 4 模型又称为 BSIM（Berkeley Short-channel IGFET Model）模型，该模型是在物理基础上建立的，模型的参数由工艺文件经模型参数提取程序自动生成，适用于数字电路和模型电路，主要针对于 $1\mu m$ 及以上工艺的器件而开发，可以精确地模拟器件的电学行为。当然，随着后续工艺的不断发展，BSIM 模型也衍生出了许多个版本，比如：BSIM1、BSIM2、BSIM3、BSIM4、BSIM6、BSIM-CMG、BSIM-IMG 等，每个版本都针对特定的器件制造工艺和应用场景进行了优化，并具有不同的精度、计算速度和使用范围，以便能更好地满足不同的应用需求。

以上便是 PSpice 中最常用到的四类基本模型。除此以外，TOM、Curtice Cubic、EKV、Angelov 和 EESOF 等模型也被广泛用于器件和电路设计当中，这些模型的设计都并非针对于 SiC 材料而建立的，需要在此基础上进行模型的修正和改进，以适应 SiC MOSFET 器件的特点。

3.7.2　建模方法

随着对 SiC MOSFET 研究的深入，越来越多的厂家推出了不同类型的功率器件，其应用也越来越广泛。而器件模型是工程师仿真设计时，用来沟通系统应用与单个器件的桥梁。在器件应用设计过程当中，建立一个高精度的器件模型是至关重要的，最常见的两种建模方法是曲线描点建模法和子电路建模法。

3.7.2.1　曲线描点建模法

曲线描点建模法是根据应用器件的数据手册或者实际测量所得到的特性曲线来进行数据描点建模的一种方法，该方法可以通过 PSpice 自带的模型编辑器 Model Editor 实现的。

利用 Model Editor 创建好场效应晶体管基本模型后，系统会自动生成 8 个不同电性能的数据输入界面，分别为：Transconductance、Transfer Curve、Rds（on）Resistance、Zero-bias Leakage、Turn-on Charge、Output Capacitance、Switching Time、Rev-Drain Current。将器件数据手册上曲线的数据填到相应的界面当中去，Model Editor 便可以根据所输入的数据来拟合出不同的电特性曲线，不同的曲线同时对应了模型当中不同的模型参数，将所有模型曲线都拟合完毕就可以得到建立该模型所需要的参数值。

完成模型参数提取后，将 Model Editor 中的模型参数值以 ".lib" 的文件格式进行输出，从而建立了一个相应的 MOSFET 的 PSpice 库文件，将输出的库文件添加到电路仿真库文件当中去，并且再为该模型选择一个合适的封装，以 ".olb" 文件进行输出，就可以在电路仿真中使用该器件模型了。

但是，由于在该建模过程当中只利用了部分特性曲线的数据，虽然简化了建模的步骤，降低了模型建立的难度，但所建立的模型精确度不够高。Model Editor 内部的逻辑算法所生成的特性曲线跟器件数据手册上的特性曲线总存在一定的差异，因此该方法只适用于简单的电路仿真应用。

3.7.2.2　子电路建模法

以射频功率 MOSFET 晶体管 DE150-201N09A 为例，如图 3-37 所示子电路原理图中，内核为一个简单的 MOS 管，用于实现器件的开通和关断功能，当器件导通的时候，漏极处的电阻 R_D 则被形象地描述为器件的导通电阻。此外，晶体管的输出电容 C_{oss} 和反向传输电容 C_{rss} 则通过反向偏置二极管来表示，并用 R_{ON} 和 R_{OFF} 来调节晶体管的开通和关断延时。通过在搭建以上电路拓扑和调整相应的元器件参数，就可以表征该器件的基本工作特性，完成对该 MOSFET 的建模。当然，这需要研发人员对电路、模电以及半导体的相关知识掌握的比较透彻。

当然，采用绘制子电路原理图的方法去建立模型，能更加直观地去理解器件的相关特性。但如果构建出来的子电路所使用的元器件数量过多，电路的连接较为复

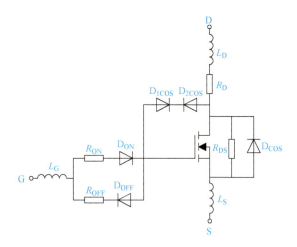

图 3-37　DE150-201N09A 子电路原理图

杂的时候，这样会大大增加开发者的研究难度。因此，不少厂商会选择通过撰写 SPICE 程序语句的方式去建立子电路模型。

通过编程的方式，可以巧妙地用 SPICE 程序语言的形式去描绘其中复杂的电路连接关系，很大程度上能提高模型设计的效率。下面则主要介绍 SPICE 程序语句相应的列写规则，以方便大家能快速看懂不同厂商所提供的库文件，能在此基础上进行相应的改进。

（1）子电路、模型的建立以及调用

在电力电子电路仿真过程中，可以把器件模型理解成一个子电路模型。用 SPICE 语言来描述，首先则需要借助 .subckt 函数来定义子电路，并且需要用 .ends 来结尾，在二者中间，可以根据器件的相关特性来完成对子电路构建的程序撰写。一般来说，定义子电路的 SPICE 程序语句顺序为：子电路命令语句（.subckt）、子电路名称、子电路对外所连接的节点、子电路具体连接内容、子电路结束命令语句（.ends）来进行描述。

```
.subckt GMOS 1 2 3
.ends GMOS
X1 d1 g1 s1 GMOS
```

以上代码定义了一个 OPAMP 的子电路，其外部有三个引脚，分别为1、2、3，然后在 .subckt 函数和 .ends 函数之间则可以描述具体的子电路拓扑结构，当然我们也可以使用"＊"来对子电路进行补充说明，仅仅起到了注释的作用，不影响电路的拓扑结构。

当然，如果需要在别处调用该子电路，那么便需要用到子电路调用的命令语句"x"，相应的列些规则如上面程序最后一行所示：调用命令语句（x）+名称、子电路的引脚、调用的子电路的名字。这样就减少了很多重复建模工作。

除此以外，在建模过程中还会用到一些常基本的器件模型，比如：二极管、场效应晶体管等，这类模型往往会涉及比较多的参数，不同的参数代表着不同的含义和电性能，这里就不进行相关赘述。而这类模型有别于子电路模型，它需要借助 .model 函数来进行定义，SPICE 程序语句的描述顺序为：模型定义命令语句（.model）、模型名称、模型类型、模型的相关参数。模型的类型也有许多，SPICE 中常用的模型类型有以下几种，如表 3-1 所示。

表 3-1　器件模型对应关系

器件名称	表示符号	器件名称	表示符号
二极管	D	MOS 场效应晶体管	M
结型场效应晶体管	J	双极性晶体管	Q
砷化镓场效应晶体管	B		

一般来说，由于该器件模型所涉及到的参数较多，通常会使用"（ ）"整合到一起，如果需要另起一行，则使用" + "来完成程序的续写，无其他任何含义。以下就是一个典型的 NMOS 器件模型的描述语句：

```
.MODEL M233 NMOS (LEVEL = 3 TOX = 0.08U L = 2.0U LD = .4U
+   W = 1.0 WD = 0.5 XJ = 1.2U NSUB = 4E14 IS = 2.1E-14 RB = 0
+   RD = 0.10 R3 = 0.03 RDS = 1E6 VTO = 3.25 UO = 450 THETA = 0.1
+   ETA = 0 VMAX = 1.5E6 CBS = 1P CBD = 3240P PB = 0.6 MJ = 0.5
+   RG = 10 CGSO = 2340P CGDO = 467P CGBO = 0.5P)
```

以上语句定义了一个简单的 MOSFET 模型，模型名字叫做 M233，模型类型为 NMOS，括号里边的内容则是模型的一些相关参数。当然，如果需要在其他的地方再次用到该模型，也跟子电路的调用规则一样，使用"X"命令语句来进行描述即可。

（2）电路元件的 SPICE 描述语句

在描述具体的子电路结构过程当中，不可避免地需要用到一些基本的电路元件，比如：电阻、电感、电容等，此外，对于一些复杂的、非线性元件，常常会将其进行等效处理，常见的等效是作为受控电压源或者是受控电流源处理，这里我们便需要弄清楚其相应的元器件的 SPICE 语句的列写规则。

一般来说，元器件的 SPICE 描述语句顺序为：电路元件符号 + 名称、电路元件所连接的节点、电路元件参数值进行列写。不同的元器件所对应的符号均不相同，表 3-2 是 SPICE 程序语句中常用的几种元件的表示符号。

表 3-2　器件模型对应关系

电路元件名称	表示符号	电路元件名称	表示符号
电阻	R	电压控制电压源	E
电容	C	电流控制电流源	F
电感	L	电压控制电流源	G
互感	K	电流控制电压源	H
独立电流源	I	独立电压源	V
电流开关	W	电压开关	S

需要注意的是，描述电路元件时的电路元件所连接的节点是有相应列写规则的，一般采用"正节点在前、负节点在后"的列写原则，而电路元件的参数值可以为具体的常数，常数值后面如果没有特殊说明的话则一般对应其相应的基本单位。以下便是一个电阻元件的 SPICE 描述语句示例：

```
Rdson 12 12 100
```

以上语句命名了一个叫做 Rdson 的电阻元件，电路连接的节点是 12 和 13，并且电流是由 12 节点流向 13 节点，电阻的大小为 100Ω。

但是在实际的 SPICE 建模应用当中，为了提高仿真速度、实现高精度的 SPICE 建模，我们往往会采用半物理模型的建模思路，利用数学方程去描述一些复杂的物理机制，简化建模的过程。而这些数学表达式通常会以受控电源的形式出现在 SPICE 程序语句当中，与上述电路元件的描述规则类似，也是按照：电路元件符号 + 名称、电路元件所连接的节点、电路元件参数值进行列写，只不过后面的参数值被替换成了表达式，所以后面也改成了"value = | |"的形式，括号内填写相应的表达式，为了方便后续的改进，一些复杂的模型表达式中的参数往往会借助 . param 函数在前面进行给定，这样写出来的程序会显得更加的美观、有条理。对于一些非线性方程而言，则需要借助 IF 函数来进行描述，我们将通过以下示例来进行说明：

```
.param p1 1
.param p2 2
.param p3 3
.param p4 4
Gm d s value {
+   if(V(g,s) <4.5,0,p1 +p2* V(g,s))/(1 +p4* V(g,s))
+ }
```

这里代表的含义是，在 d 节点与 s 节点之间有一个 Gm 的压控电流源，该电流的大小受电压 Vgs 和 V（Tj）控制，电流流向是由 d 节点流向 s 节点，其具体数值是：当电压 Vgs 小于 4.5V 的时候，压控电流源大小为 0A，大于 4.5V 的时候则是程序中花括号内的表达式，表达式中的一些相关参数 p1、p2、p3、p4 则借助 . param 函数在上面给出，其具体值分别为 1、2、3、4。

以上就是 SPICE 程序语句的一些基本的语法知识，需要注意的是，在程序撰写的过程当中，SPICE 语句不区分英文大小写，"D"和"d"所表示的含义是一模一样的。其次，要注意空格的位置以及括号的对应数量，写程序时要严格按照相应的语法规则去撰写，不能出现空格以及多出来的括号一定要删除，否则的话仿真会报错。当然，以上仅仅只是 SPICE 程序语句的一部分内容，更多的需要大家花时间和精力去体会，在研究过程中如果碰到读不懂的语句或者函数，可以借助相关软件中的 help 文档来帮助理解。

以 Wolfspeed 公司的 C3M0016120D 的 SPICE 模型为例，其子电路原理图可以参考下节中的 C3M 系列模型，其实现主要是通过撰写 SPICE 程序语句来实现的，具体如下。

```
*************************************************************************
**** Parasitics Included
**** Tj = Junction Temperature
**** Tc = Case Temperature
**** D = Drain
**** G = Gate
**** S = Source
*********************************************************

.subckt C3M0016120D d g s Tj Tc        //建立 C3M0016120D 的子电路模型，该模
                                         型对外的引脚有 d、g、s、Tc 和 Tj
.param Rgint = 2.6                      //内部栅极电阻2.6Ω

R1022    Tjc     0     1E6
E1022    Tjc     0     value {limit(v(Tj), -40,260)}  //结温范围为 -40 ~260℃

R100gk   0     1E6
E100gk   0     value {limit(v(g1,s1), -8,19)}  //Vgs 范围为 -8 ~19V

e3       NET3   0     Value {Limit ( - 93.938n* V (Tjc) ** 3 +27.548u* V
                      (Tjc)** 2 -
                      5.5921m* V(Tjc) +2.6741,0.8,3.5)}
R_c      NET3   0     1E6

xgmos    d3 d1 gk s1 Tjc NET3 gmos_C3M0016120D   //引用 gmos 子电路模型

Ls       s      s1    6.5n  Rser =1.180m    //S 引脚电感，等效串联电阻
R_Ls1    s      s1    100                   //S 引脚等效并联电阻

R_g g1   g2     {Rgint}
Lg       g      g2    6.76n Rser =12.38m    //G 引脚电感，等效串联电阻
R_Lg     g      g2    100                   //G 引脚等效并联电阻

Ld       d      d3    3.84n Rser =0.0649m   //D 引脚电感，等效串联电阻
R_Ld d   d3     5                           //D 引脚等效并联电阻
```

```
vdrain_s d3    d1    0
Gheat   0 Tj   value{abs((V(d1,s1) * I(Vdrain_s))) + abs((V(g1,g2) **
2/Rgint))}

xCGD      d3    g1    cgdmos_C3M0016120D      //引用 Cgd 子电路模型
CGS       g1    s1    6120p                   //Cgs 为固定值 6120pF
xCds      d3    s1    cds_C3M0016120D         //引用 Cds 子电路模型

R_CGS     g1    s1    10E6                    //元件连接
R_GD      g1    d3    10E6
R_DS      d3    s1    10E6

R15 dd12 d1    1E6
e15 dd12 d1    value {
+              if (V(gk) >V(NET3),
+                Limit((
+                (881.9u* V(Tjc)** 2 +89.38m* V(Tjc) -34.9)* (V(gk)** 3) +
+                (-25.75m* V(Tjc)** 2 -2.58* V(Tjc) +993.99)* (v(gk)** 2) +
+                (0.16317* V(Tjc)** 2 +21.0784* V(Tjc) -6210.944)* v(gk) +
+                (-0.181* V(Tjc)** 2 -45.93* V(Tjc) +7848))/1000, -4,20)
+                ,
+                Limit((
+                (328u* V(Tjc)** 2 +0.1011* V(Tjc) -33.982)* (V(gk)** 2) +
+                (1.729m* V(Tjc)** 2 +0.98748* V(Tjc) -413.27)* v(gk) +
+                (15.27m* V(Tjc)** 2 -4.386* V(Tjc) -949.88))/1000, -4,5)
+                )
+                }
vdiode1   dd12 dd14 0

Esn1 net1 0    value {I(vdiode1)}
Rsn1 net1 0    1E6

D1        s1   dd14 bodydiode_C3M0016120D temp =25

CDS1    d3   s1   0.1p
CGD1    g1   d3   0.01p
R_DS1   d3   s1   0.5G

.model bodydiode_C3M0016120D d(is =0.88p bv =1590 n =4.80
```

```
+      rs = 0.015 Tnom = 25 tt = 2n ibv = 500u level = 1)      //体二极管特性


R0 N1 Tj 41.15m         //热阻抗 RC 网络
R1 N2 N1 90.58m
R2 N3 N2 47.43m
R3 Tc N3 91.1m

C0 Tj 0 2.803m
C1 N1 0 16.49m
C2 N2 0 42.52m
C3 N3 0 129.6m
.ends C3M0016120D


*****************************************

.subckt gmos_C3M0016120D d3 d1 gk s1 Tjc NET3      //建立 gmos 子电路模型

e1      NET1 0    value {0.2}
R_A     NET1 0    1E6

e2      NET2 0    Value {Limit((
+              (-139.1u* V(Tjc)** 2 +10.05m* V(Tjc) +4.896)* v(gk)** 2 +
+              (4.183m* V(Tjc)** 2 -0.4445* V(Tjc) -55.01)* v(gk) +
+              (-30.04m* V(Tjc)** 2 +4.052* V(Tjc) +450.7))/
+              1000,0.01,2)
+              }
R_B     NET2 0    1E6

e4      NET4 0    Value {Limit((
+              (968.4u* V(Tjc) ** 2 +32.99m* V(Tjc) - 6.2299)* (V
               (gr)** 2) +
+              (-22.807m* V(Tjc)** 2 -0.8652* V(Tjc) +111.88)* v(gr) +
+              (0.12453 * V(Tjc) ** 2 + 5.5603 * V(Tjc) - 276.84))/
               1000,0,5)
+              }
R_d     NET4 0    1E6
```

```
* e99  P99 0     value {0.02}
e9     P9  0     value {Limit((
+               (-512.15u* V(Tjc)** 2 +0.16216* V(Tjc) -5.694)* (V
                (gr)** 2) +
+               (10.273m* V(Tjc)** 2 -3.4705* V(Tjc) +109.74)* v(gr) +
      (-37.963m* V(Tjc)** 2 +14.846* V(Tjc) -245.42))/1200,0.001,3)
+               }
R9     P9  0     1E6


* e6   NET6 0    Value {1.5}
e5     NET5 0    Value {Limit((
+               (-717.72n* V(Tjc)** 2 -120.045u* V(Tjc) -18.716m)* V
                (gk)** 4 +
+               (18.845u* V(Tjc)** 2 +5.3645m* V(Tjc) +1.6842)* V(gk)
                ** 3 +
+               (48.124u* V(Tjc)** 2 -56.406m* V(Tjc) -46.154)* V(gk)
                ** 2 +
+               (-3.478m* V(Tjc)** 2 -0.3262* V(Tjc) +443.821)* v
                (gk) +
+               (11.734m* V(Tjc)** 2 +5.269* V(Tjc) -760.256))/
                1000,0.01,3)
+               }
R_e    NET5 0    1E6


e10    NET10    0    Value {0.2}
R_K    NET10    0    1E6


R1001 gr  0    1E6
E1001 gr  0    value {limit(V(gk), -8,15)}



e_P8 P8  0     Value {Limit((-613n* V(gk)** 4 +25.39u* V(gk)** 3 -
+             332u* V(gk)** 2 +1.726m* V(gk) -1.502m)* 0.9,0.0001,0.1)
+                 }
R_R P8  0     1E6


*******************************
G2 d1 s1 value {           //漏极电流
+    if(V(d3,s1) < =0,
```

```
+          if (V(gk) <V(NET3),
+          0
+          ,
+          - ((((v(NET5) +v(NET4)) * (v(gk) -V(NET3)))) *
+          (1 +v(P9) * v(s1,d3)) * (((log(1 +exp(v(gk) -V(NET3)))) **
           2) -
+          ((log(1 +exp(v(gk) -V(NET3) - (V(NET2) * v(s1,d3) *
+          ((1 +exp( -v(NET10) * v(s1,d3))) ** v(NET1)))))) ** 2))) *
+          ( -2.361u* V(Tjc) ** 2 +272.272u* V(Tjc) +1.0747)
+          )
+          ,
+          if (V(gk) <V(NET3),
+          0
+          ,
+          ((((v(NET5)) * (v(gk) -V(NET3)))) *
+          (1 +v(P8) * v(d3,s1)) * (((log(1 +exp(v(gk) -V(NET3)))) ** 2) -
+          ((log(1 +exp(v(gk) -V(NET3) - (V(NET2) * v(d3,s1) *
+          (1 +exp( -v(NET10) * v(d3,s1))) ** v(NET1)))))) ** 2))
+          * ( -2.361u* V(Tjc) ** 2 +272.272u* V(Tjc) +1.0747)
+          )
+             )
+             }
R_G2 d1 s1 10E6
.ends gmos_C3M0016120D


*****************************************
.subckt cgdmos_C3M0016120D d3 g1    //Cgs 子电路模型
.param k1 =2565p
.param k2 =0.5
.param ka =90
.param kb =0.3
.param kc =3.0

G11 g1 d11 value {
+          k1* (
+          (1 + (limit(v(d3,g1),0,407)) * (1 +ka* (1 +TANH(kb* V(d3,g1)
           -kc))/2)) ** -k2
+          )* ddt(v(g1,d11))
+             }
```

```
R_G11 g1 d3 10E6

R_CGD d11 d3 1E-4
.ends cgdmos_C3M0016120D


.subckt cds_C3M0016120D d3 s1     //Cds 子电路模型
.param Cjo = 5179p
.param Vj  = 4.4365
.param M   = 0.643

G12 d12 s1 value {
+       (Cjo/(1 + (limit(v(d3,s1),0,580)/Vj)** M))* ddt(v(d12,s1))
+           }
R_G12 d3 s1 10E6

R_CDS d12 d3 1E-4

.ends cds_C3M0016120D
*****************************************
```

3.7.3　商用 SiC MOSFET 模型

为了方便电力电子工程师进行电路设计，很多 SiC MOSFET 厂商提供了针对自家器件的 SPICE 模型，各厂商的模型具有不同的建模特点与思路。

1. Infineon 公司模型

以 1200mV 45mΩ SiC MOSFET 为例说明 Infineon 公司 SiC MOSFET 模型的主要建模思路。图 3-38a 展示了 TO-247-4 封装的 IMZ120R045M1 SiC MOSFET 模型的主要结构，主要包含集成到封装中的 SiC MOSFET 的芯片模型、TO-247-4 封装的电寄生模型以及描述 SiC MOSFET 芯片结温（T_J）与封装壳温（T_C）之间热阻抗 Z_{th} 的热阻抗模型。封装寄生对开关波形和开关能量有显著影响，特别是在快瞬态时。因此，封装寄生的建模需要仔细注意，使用有限元模拟和特殊特性测量的组合。这是为了将实际开关行为中来自芯片、封装和测量环境的各种影响清晰地分离开来。

SiC MOSFET 芯片的模型是整个功率器件紧凑型模型中的核心组件。SiC MOSFET 芯片的主要模型结构如图 3-38b 所示。其具有相对简单的结构，仅包含用于 MOSFET 沟道和主体二极管的两个电流源、用于 C_{GS}、C_{DS} 和 C_{GD} 这三个电压相关电容器以及一些电阻元件。芯片电容和 I-V 特性在很大程度上决定了器件的整体电气性能。芯片模型只包含很少的节点，并且很大程度上依赖于方程。它不包括隐式或递归方程，这是导致收敛和性能问题的常见原因。这种方法大大提高了电路仿真的计算速度。然而，除了节点的数量，紧凑模型的速度和收敛性也取决于所实现方程的结构。某些类型的方程比其他类型的计算量要大得多。为了进一步提高稳定性和收敛性，避免使用 if、else 和 limit 语句进行硬转换是很重要的。一般来说，连续和可微的函数比那些具有极点或不连续的函数更受欢迎。

研究显示，图 3-38 所示模型具有结构紧凑、元素少、方程明确、连续、可微等特点，计算速度快，收敛性强。在动态行为方面，对 960 个参数的变化进行了全面的比较，每个开通和关断的转换已经揭示了模拟和测量之间的总体良好一致性。在大多数情况下，开关能量、漏源极电压随变率（$\mathrm{d}v/\mathrm{d}t$）和漏极电流随变率（$\mathrm{d}i/\mathrm{d}t$）的相对偏差在 20% 以下。

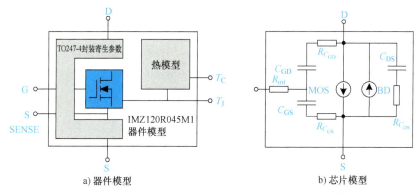

a) 器件模型　　　　　　　　　　　b) 芯片模型

图 3-38　Infineon 公司 SiC MOSFET 模型等效电路[14]

2. Wolfspeed 公司模型

Wolfspeed 公司的 SiC MOSFET SPICE 模型有 C2M 系列模型和 C3M 系列模型两种。该模型具有分层代码结构，将模型分成了好几个模块，每个模块均利用子电路来表示。尽管其等效电路直观上稍显简单，但由于其所采用的拟合函数和模型参数数量众多，使得其模型的代码也相对复杂。

C2M 系列模型的漏极电流的建模是在 EKV 模型的基础上进行改进的，为了匹配 SiC 材料的特异性，考虑了信道长度调制的影响，增加了相关的曲线拟合参数，在模型当中利用两个 VCCS（图 3-39a 中的 G1 和 G2）来实现对正、反向漏极电流的行为描述。此外，内核部分的两个电压源 E2_g 和 E3_g 则主要用于描述跨导和阈值电压，这些方程都是关于温度的函数，体现了对温度的依赖性。漏极处的 VCCS（图 3-39a 中的 G1_d）则用来描述该器件的导通电阻，其反向偏置特性则是通过一个标准形式的体二极管模型来实现，该模型的建立可以利用 Model Editor 软件来进行相关参数的提取。

C3M 系列模型则是基于 Curtice-Ettenberg FET 模型建立的。与 C2M 系列不同，该模型的漏极电流部分只采用了一个 VCCS（图 3-39b 中的 G1）来进行描述。其反向偏置特性则是通过两个 VCCS（图 3-39b 中的 G2 和 G3）来实现，其分别代表着二极管的电阻和电流特性。

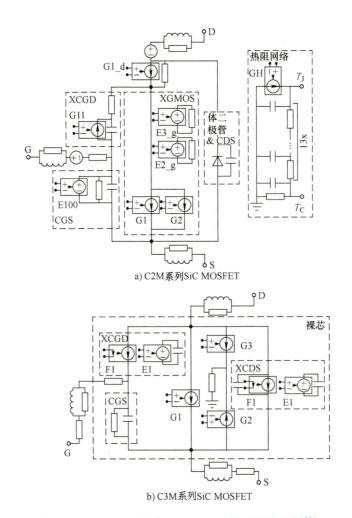

a) C2M系列SiC MOSFET

b) C3M系列SiC MOSFET

图 3-39　Wolfspeed 公司 SiC MOSFET 模型等效电路[14]

影响模型动态特性的关键因素在于对结电容的建模。在 C3M 系列模型中，电容模型的建立都是通过 VCCS（图 3-39b 中的 XCGD 和 XCDS）实现的，被控制部分的电压源具有随时间产生电压导数的电容器，另一部分则是用于实现电容器方程的电流源，数学表达式体现了其电压依赖性。对于 C_{GS} 的处理则是设定其为固定值，认为该电容是不随端子电压而变化的，ST 公司和 ROHM 公司模型在该部分的处理方式是一样的，后续便不再赘述。而 C2M 系列的电容模型则使用单个的 VCCS（图 3-39a 中的 G11）来实现，该部分的方程直接包括了电压的时间导数和电容的函数，并利用双曲正切函数来对后者进行近似处理。

C2M 系列模型的子电路拓扑包含了热阻抗 RC 网络，假设热传导是线性变化的，壳温（T_C）到结温（T_J）的热传导路径可以等效为 14 个 RC 对，并以一个受控电流源（图 3-39b 的 G1）的形式来表示其产生的热功率，总结了栅源和漏源电路部分所产生的热功率。而 C3M 系列模型当中没有热部件，因此其不考虑器件的自加热效应和冷却系统。

3. ST 公司模型

ST 公司 SiC MOSFET 模型的等效电路相对更加复杂，是基于 LEVEL 1 模型的基础增加了两个额外的温度系数，同时改进了漏极电流的表达式，仅用一个 VCCS（图 3-40 中的 Gmos）便完成了对该部分的行为描述。其反向偏置特性则主要通过体二极管模型当中的两个 VCCS（图 3-40 中的 G_R_didd 和 G_diode）来实现，这两个压控电流源分别用于描述二极管的电阻和电流行为。

该模型的电容部分与 Wolfspeed 的 C3M 系列模型具有类似的拓扑结构，都是通过 VCCS（图 3-40 中的 G_miller 和 G_cds）来实现的。但该模型的电容不再仅是电压的函数，还考虑了结温的影响，因此该部分多出了两个受控电压源（图 3-40 中的 Edev 和 Edevc）体现温度依赖性。

该模型采用 5 个 RC 来表征热阻特性。与 Wolfpseed 公司的 C2M 系列模型不同的是，该模型具有三个源（图 3-40 中的 G_pw1、G_pw2 和 G_pw3），其作用分别为用于计算漏极-源极电流产生的功率、耗散在体二极管电流中的功率和与雪崩击穿有关的功率。

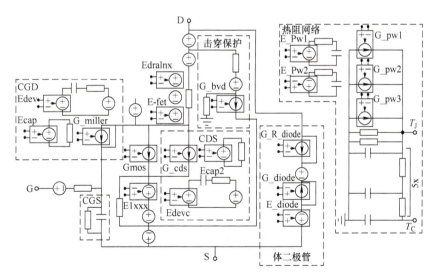

图 3-40　ST 公司 SiC MOSFET 模型等效电路[14]

4. ROHM 公司模型

ROHM 公司的 SiC MOSFET 模型跟 ST 公司的模型十分类似，只是其包含的组件相对较少。对于漏极电流的描述，该模型使用的方法结合了 Curtice 模型和 EKV 模型，其漏极电流的表达式包含了 V_{GS} 和 V_{DS} 的相关分量，在模型当中也是由单个

VCCS（图 3-41 中的 G1）来进行描述。此外，漏极部分的 E1 则被用来描述器件的导通电阻，该电阻影响其正向和反向特性。其体二极管模型也跟上述类似，需要分别描述二极管的电阻和电流特性，不过在该模型当中是以一个 CCVS（图 3-41 中的 E11）和一个 VCCS（图 3-41 中的 G11）来进行表述的。该模型的电容模型和热阻抗 RC 网络等效模型的处理方式也和 Wolfspeed 公司的 C3M 系列模型类似，在此便不再赘述。

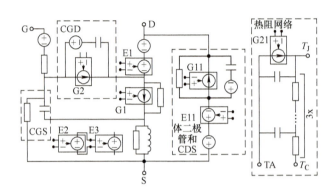

图 3-41　ROHM 公司 SiC MOSFET 模型等效电路[14]

3.7.4　SiC MOSFET 建模的挑战

由于 SiC MOSFET 的内部结构和传统 Si MOSFET 有一定的相似性，所以最初的 SiC MOSFET 模型的建立很大程度上借鉴了比较成熟的 Si MOSFET 等效电路模型，尽管在各个文献当中所提出来的 SiC MOSFET 等效电路模型存在部分差异，但其电路模型的基本构造是相似的，常见的等效电路如图 3-42 所示，其主要包括以下单元：SiC MOSFET 内核 MOS 沟道 M_N、体二极管 D_N、结电容（C_{GS}、C_{GD}、C_{DS}）、电阻（R_G、R_D、R_S）。

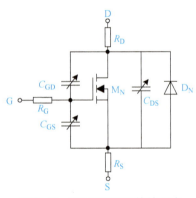

图 3-42　SiC MOSFET 等效电路

一般来说，对上述单元的建模往往需要借助复杂的解析函数来实现，而解析函数往往是通过利用半导体器件物理相关的知识去求解泊松方程，进行公式推导和简化得到的。这些解析式通常是器件几何尺寸（W、L、NF）、温度（T）以及偏压（V_{GS}、V_{GD}、V_{DS}）的函数，反映的是现实世界中器件的真实特性。

但是，由于 SiC 材料的特殊性，其仍然存在着一系列可靠性问题，就目前来说，SiC MOSFET 有着三个独有的问题需要解决：

1）缺少高压大电流（HVHC，Hight Voltage High Current）区域的输出特性。目前，常见的 SiC MOSFET 模型只涵盖了 V_{DS} 在 20V 和 2 倍额定电流之内范围的输出特性，而在开关过程中，SiC MOSFET 将穿越 HVHC 的饱和区，这就导致模型还原器件动态特性时精度不足。对此可以利用双脉冲测试在较慢的开关速度下同时记录器件的 V_{GS}、V_{DS} 和 I_{DS}，经过不同工况下的测量就可以得到完整 HVHC 特性曲线。

2）对结电容的表征不完善。SiC MOSFET 的结电容在决定其动态性能方面起着关键作用，这些结电容是高度非线性的，并且受端电压的影响很大。故为了在时域中正确地重建 SiC MOSFET 的动态行为，必须对这些结电容进行适当的表征和建模。在传统的建模方法中，只考虑了 SiC MOSFET 处于关闭状态的结电容，即数据手册中给出的 $V_{GS}=0V$ 的结电容曲线。与器件关闭状态下的电容不同，通态（on-state）下的电容会显著影响从导通到关闭瞬态的开关特性。如果不考虑器件的通态电容特性，器件模型就无法准确模拟器件的关断过程。然而通态电容是无法使用常规的电容表测量的，需要通过 S 参数的测量实现。

3）缺乏描述 SiC MOSFET 栅极氧化层状态的等效电路模型。由于 SiC MOSFET 在 SiC/SiO_2 界面处存在很高的陷进密度，导致其遭受了阈值电压不稳定性的严重影响。在开关应力的作用下，阈值电压漂移甚至可能成为永久性的，这种参数的变化对器件的特性分析至关重要。但该特性目前尚难以在等效电路模型中得到直接描述，严重影响 SiC MOSFET 在电力电子电路中的寿命评估，从而影响用户使用 SiC MOSFET 的设计进度。

参 考 文 献

[1] SAKAIRI H, YANAGI T, OTAKE H, et al. Measurement Methodology for Accurate Modeling of SiC MOSFET Switching Behavior Over Wide Voltage and Current Ranges [J]. IEEE Transactions on Power Electronics, 2018, 33（9）：7314-7325.

[2] JIMENEZ S, LEMMON A, NELSON B et al. Comprehensive Characterization of MOSFET Intrinsic Capacitances [C]. 2021 IEEE Applied Power Electronics Conference and Exposition（APEC），2021：1524-1530.

[3] LI X, ZHANG L, GUO S, et al. Understanding Switching Losses in SiC MOSFET：Toward Lossless Switching [C]. 2015 IEEE 3rd Workshop on Wide Bandgap Power Devices and Applications（WiPDA）. IEEE, 2015：257-262.

[4] BALIGA B J. Power Semiconductor Device Figure of Merit for High-frequency Applications [J]. IEEE Electron Device Lett, 1989, 10（10）：455-457.

[5] KIM I J, MATSUMOTO S, SAKAI T, et al. New Power Device Figure of Merit for High- Frequency Applications [J]. Proceedings of International Symposium on Power Semiconductor Devices and IC's：ISPSD 95, 1995, 104（104）：309-314.

［6］KOLAR J W, BIELA J, MINIBOCK J. Exploring the Pareto Front of Multi-Objective Single-Phase PFC Rectifier Design Optimization-99.2% Efficiency vs. 7kW/dm3 Power Density［C］. IEEE International Power Electronics & Motion Control Conference. IEEE, 2009.

［7］HUANG A Q. New Unipolar Switching Power Device Figures of Merit［J］. IEEE Electron Device Letters, 2004, 25（5）：298-301.

［8］YING Y C. Device Selection Criteria——Based on Loss Modeling and Figure of Merit［D］. Virginia Polytechnic Institute and State University, 2008.

［9］FU D B. Topology Investigation and System Optimization of Resonant Converters［D］. Virginia Polytechnic Institute and State University, 2010.

［10］Plexim GmbH. PLECS User Manual［Z］. Rev. 4.3, 2019.

［11］Wolfspeed Speedfit［CP/OL］. https：//www.wolfspeed.com/speedfit/.

［12］PowerSim Inc. IGBT and MOSFET Loss Calculation in Thermal Module［Z］. Tutorial, 2019.

［13］The MathWorks, Inc. Loss Calculation in a Three-Phase 3-Level Inverter［Z/OL］. Featured Examples. https：//ww2.mathworks.cn/help/physmod/sps/examples/loss-calculation-in-a-three-phase-3-level-inverter.html#d117e20378.

［14］SOCHOR P, HUERNER A, ELPELT R, A Fast and Accurate SiC MOSFET Compact Model for Virtual Prototyping of Power Electronic Circuits［C］. International Exhibition and Conference for Power Electronics, Intelligent Motion, Renewable Energy and Energy Management（PCIM Europe 2019）, 2019：1-8.

［15］STEFANSKYI A, STARZAK U, NAPIERALSKI A. Review of Commercial SiC MOSFET Models：Validity and Accuracy［C］. International Conference Mixed Design of Integrated Circuits and Systems, 2017：488-493.

延 伸 阅 读

［1］ROHM Co., Ltd. SiC Power Devices and Modules［Z］. Application Note, 14103EBY01, 2014.

［2］Infineon Technologies AG. CoolSiC[TM] 1200 V SiC MOSFET Application Note［Z］. Application Note, AN2017-46, Rev. 1.01, 2018.

［3］Infineon Technologies AG. CoolSiC[TM] 650 V M1 SiC Trench Power Device Infineon's First 650V Silicon Carbide MOSFET for Industrial Applications［Z］. Application Note, AN_1907_PL52_1911_144109, Rev. 1.0, 2018.

［4］BASLER T, HEER D, PETERS D, et al. Practical Aspects and Body Diode Robustness of a 1200V SiC Trench MOSFET［C］. PCIM Europe 2018, 2018：536-542.

［5］Fairchild Semiconductor Corporation. MOSFET Basics［Z］. Application Note, AN-9010, Rev. 1.0.5, 2013.

［6］Fuji Electric Co. Ltd. Power MOSFET［Z］. Application Note, AN-080E Rev.1.2, 2016.

［7］TOSHIBA Electronic Devices & Storage Corporation. Power MOSFET Electrical Characteristics［Z］. Application Note, 2018.

［8］Infineon Technologies AG. Automotive MOSFETs Data Sheet Explanation［Z］. Application Note,

Rev. 1. 2, 2014.

［9］HUANG ALAN. Infineon Optimostm Power MOSFET Datasheet Explanation ［Z］. Application Note, AN 2012-03, Rev. 1. 1, Infineon Technologies AG, 2012.

［10］Fairchild Semiconductor Corporation. Shielded Gate PowerTrench© MOSFET Datasheet Explanation ［Z］. Application Note, AN-4163, Rev. 1. 0. 1, 2014.

［11］BACKLUND BJÖRN, SCHNELL RAFFAEL, SCHLAPBACH ULRICH, et al. Applying IGBTs ［Z］. Application Note, 5SYA2053, Rev. 04, ABB Switzerland LTD Semiconductors, 2013.

［12］Fairchild Semiconductor Corporation. IGBT Basics I ［Z］. Application Note 9016, 2001.

［13］Fairchild Semiconductor Corporation. IGBT Basics II ［Z］. Application Note 9020, 2002.

［14］TOSHIBA Electronic Devices & Storage Corporation. IGBTs (Insulated Gate Bipolar Transistor) ［Z］. Application Note, 2018.

［15］Infineon Technologies AG. Discrete IGBT Explanation of Discrete IGBTs' Datasheets ［Z］. Application Note, AN2015-13, Rev. 1. 0, 2015.

［16］ST Microelectronics. IGBT Datasheet Tutorial ［Z］. Application Note, AN4544, DocID026535, Rev. 1, 2014.

［17］ON Semiconductor Corporation. Reading ON Semiconductor IGBT Datasheets ［Z］. Application Note, AND9068/D, Rev. 0, 2012.

［18］Infineon Technologies AG. Dynamic Thermal Behavior of MOSFETs Simulation and Calculation of High Power Pulses ［Z］. Application Note, AN_201712_PL11_001, Rev 1. 0, 2017.

［19］MELITO MAURIZIO, GAITO ANTONINO, SORRENTINO GIUSEPPE. Thermal Effects and Junction Temperature Evaluation of Power MOSFETs ［Z］. Application Note, DocID028570 Rev 1, STMicroelectronics, 2015.

［20］TOSHIBA Electronic Devices & Storage Corporation. Power MOSFET Maximum Ratings ［Z］. Application Note, 2018.

［21］HAVANUR SANJAY. A Practical Look at Current Ratings ［Z］. Application Note, Alpha and Omega Semiconductor Inc. , 2009.

［22］WANG FEI, LIU KAI, BHALLA ANUP. Power MOSFET Continuous Drain Current Rating and Bonding Wire Limitation ［Z］. Application Note, Rev. 01, Alpha and Omega Semiconductor Inc. , 2009.

［23］STMicroelectronics. Power Dissipation and Its Linear Derating Factor, Silicon Limited Drain Current and Pulsed Drain Current in MOSFETs ［Z］. Application Note, AN2385, Rev. 1, 2006.

［24］BASCHNAGEL A, TSYPLAKOV E. IGBT Short Circuit Safe Operating Area (SOA) Capability and Testing ［Z］. Application Note, 5SYA2095, Rev. 01, ABB Switzerland LTD Semiconductors, 2019.

［25］TOSHIBA Electronic Devices & Storage Corporation. Derating of the MOSFET Safe Operating Area ［Z］. Application Note, 2018.

［26］SCHOISWOHL J. Linear Mode Operation and Safe Operating Diagram of Power- MOSFETs ［Z］. Application Note, AP99007, Rev. 1. 1, Infineon Technologies AG, 2017.

［27］CHEN Z. Characterization and Modeling of High- Switching- Speed Behavior of SiC Active Devices ［D］. Virginia Polytechnic Institute and State University, December 2009.

［28］ZOJER BERNHARD. CoolMOS^{TM} Gate Drive and Switching Dynamics ［Z］. Application Note, AN _1909_PL52_1911_173913, Rev. 1. 0, Infineon Technologies AG, 2020.

［29］Toshiba Electronic Devices & Storage Corporation. Parasitic Oscillation and Ringing of Power MOS- FETs ［Z］. Application Note, 2017.

［30］IEC 60747- 2：2016：Semiconductor Devices- Part 2：Discrete Devices- Rectifier Diodes ［S］. 2016.

［31］IEC 60747- 8：2010：Semiconductor Devices- Discrete Devices- Part 8：Field- effect transistors ［S］. 2010.

［32］IEC 60747- 9：2019：Semiconductor Devices- Part 9：Discrete Devices- Insulated- gate Bipolar Tran- sistors （IGBTs） ［S］. 2019.

［33］XIONG Y, SUN S, JIA H, et al. New Physical Insights on Power MOSFET Switching Losses ［J］. IEEE Transactions on Power Electronics, 2009, 24 （2）：525-531.

［34］ROHM Co. , Ltd. Calculation of Power Dissipation in Switching Circuit ［Z］. Application Note, No. 62AN132E Rev. 001, 2020.

［35］ROHM Co. , Ltd. Calculating Power Loss from Measured Waveforms ［Z］. Application Note, No. 62AN134E Rev. 001, 2020.

［36］NICOLAI ULRICH. Determining Switching Losses of SEMIKRON IGBT Modules ［Z］. Application Note AN- 1403, Rev. 00, SEMIKRON International GmbH, 2015.

［37］TONG Z, PARK S. Empirical Circuit Model for Output Capacitance Losses in Silicon Carbide Power Devices ［C］. 2019 IEEE Applied Power Electronics Conference and Exposition （APEC）, 2019：998-1003.

［38］NIKOO M S, JAFARI A, PERERA N, et al. New Insights on Output Capacitance Losses in Wide- Band-Gap Transistors ［J］. IEEE Transactions on Power Electronics, 2020, 35 （7）：6663-6667.

［39］TONG Z, ZULAUF G, XU J L, et al. Output Capacitance Loss Characterization of Silicon Carbide Schottky Diodes ［J］. IEEE Journal of Emerging and Selected Topics in Power Electronics, 2019, 7 （2）：865-878.

［40］LIN Z. Study on the Intrinsic Origin of Output Capacitor Hysteresis in Advanced Superjunction MOSFETs ［J］. IEEE Electron Device Letters, 2019, 40 （99）：1297-1300.

［41］NIKOO M S, JAFARI A, PERERA N, et al. Measurement of Large- Signal C_{OSS} and C_{OSS} Losses of Transistors Based on Nonlinear Resonance ［J］. IEEE Transactions on Power Electronics, 2019, 35 （3）：2242-2246.

［42］FEDISON J B, HARRISON M J. C_{OSS} Hysteresis in Advanced Super Junction MOSFETs ［C］. 2016 IEEE Applied Power Electronics Conference and Exposition （APEC）, 2016：247-252.

［43］FEDISON J B, FORNAGE M, HARRISON M J, et al. C_{OSS} Related Energy Loss in Power MOS- FETs Used in Zero- Voltage- Switched Applications ［C］. 2014 IEEE Applied Power Electronics Conference and Exposition （APEC）, 2014：150-156.

［44］ON Semiconductor Corporation. MOSFET Gate- Charge Origin and its Applications ［Z］. Application Note, AND9083/D, Rev. 2, 2016.

[45] BROW JESS. Power MOSFET Basics: Understanding Gate Charge and Using it to Assess Switching Performance [Z]. Application Note, AN608, DocID-73217, Vishay Intertechnology, Inc. , 2016.

[46] KAKITANI HISAO, TAKEDA RYO. Selecting Best Device for Power Circuit Design Through Gate Charge Characterization [Z]. White Paper, 5991-4405EN, Keysight Technologies, Inc. , 2014.

[47] STMicroelectronics. Power MOSFET: Rg Impact on Applications [Z]. Application Note, AN4191, DocID023815, Rev. 01, 2012.

[48] HAAF PETER, HARPER JON. Understanding Diode Reverse Recovery and its Effect on Switching Losses [Z]. Fairchild Semiconductor Corporation, Fairchild Power Seminar 2007.

[49] STMicroelectronics. Calculation of Turn-off Power Losses Generated by an Ultrafast Diode [Z]. Application note, AN5028, DocID030470, Rev 1, 2017.

[50] KASPER M, BURKART R M, DEBOY G, et al. ZVS of Power MOSFETs Revisited [J]. IEEE Transactions on Power Electronics, 2016, 31 (12): 8063-8067.

[51] Toshiba Electronic Devices & Storage Corporation. MOSFET Avalanche Ruggedness [Z]. Application Note, 2017.

[52] Infineon Technologies AG. Some Key Facts About Avalanche [Z]. Application Note, AN_201611_PL11_002, Rev. 1.0, 2017.

[53] STMicroelectronics. Power MOSFET Avalanche Characteristics and Ratings [Z]. Application note, AN2344, Rev 1, 2006.

[54] STMicroelectronics. The Avalanche Issue: Comparing the Impacts of the IAR and EAS Parameters [Z]. Application note, AN4337, DocID025012, Rev 1, 2014.

[55] SCUTO ALFIO. Half Bridge Resonant LLC Converters and Primary Side MOSFET Selection [Z]. Application Note, DocID027986, Rev. 01, STMicroelectronics, 2015.

[56] Infineon Technologies AG. Primary Side MOSFET Selection for LLC Topology [Z]. Application Note, AN_20105_PL52_001, Rev. 01, 2014.

[57] Infineon Technologies AG. 600V CoolMOS^{TM} CFD7 Latest Fast Diode Technology Tailored to Soft Switching Applications [Z]. Application Note, AN_201708_PL52_024, Rev. 2.1, 2019.

[58] MANTOOTH H A, PENG K, SANTI E, et al. Modeling of Wide Bandgap Power Semiconductor Devices—Part I [J]. IEEE Transactions on Electron Devices, 2015, 62 (2): 423-433.

[59] SANTI E, PENG K, MANTOOTH H A. Modeling of Wide-Bandgap Power Semiconductor Devices—Part II [J]. IEEE Transactions on Electron Devices, 2015, 62 (2): 434-442.

[60] BURKART R M. Advanced Modeling and Multi-Objective Optimization of Power Electronic Converter Systems [D]. ETH Zurich, 2016.

[61] FEIX G, DIECKERHOFF S, ALLMELING J, et al. Simple Methods to Calculate IGBT and Diode Conduction and Switching Losses [C]. 2009 13th European Conference on Power Electronics and Applications, 2009: 1-8.

[62] GRAOVAC DUŠAN, PÜRSCEL MARCO, KIEP ANDREAS. MOSFET Power Losses Calculation Using the Data-Sheet Parameters [Z]. Application Note, Rev. 1.1, Infineon Technologies

AG, 2006.

[63] GRAOVAC DUŠAN, PÜRSCEL MARCO. IGBT Power Losses Calculation Using the Data-Sheet Parameters [Z]. Application Note, Rev. 1. 1, Infineon Technologies AG, 2009.

[64] ANURAG A, ACHARYA S, BHATTACHARYA S. An Accurate Calorimetric Loss Measurement Method for SiC MOSFETs [J]. IEEE Journal of Emerging and Selected Topics in Power Electronics, 2020, 8 (2): 1644-1656.

第4章

SiC 器件与 Si 器件特性对比

在 1700V 及以下，SiC 功率器件具有多种电压规格，不同电压规格的 SiC 功率器件面向不同的应用场合，替换不同类型的 Si 功率器件。650 ~ 1000V SiC MOSFET 主要面对 Si SJ- MOSFET 和 Si IGBT，1200V 和 1700V SiC MOSFET 主要面对 Si IGBT，SiC 二极管面对 Si FRD。作为后来者，SiC 功率器件旨在利用其自身的优势帮助功率变换器获得更优异的特性，如更简单的拓扑结构、更高的效率、更高的功率密度等。如今在部分应用领域 SiC 功率器件已经成为不二的选择，将逐渐取代上述对应规格的 Si 功率器件。

了解 SiC 功率器件和 Si 功率器件特性的区别，能够明确 SiC 功率器件的优势并有助于推广应用，同时还可以帮助工程师解释或预防在使用 SiC 功率器件替换 Si 功率器件时可能会出现的问题。接下来将利用数据手册和实测结果对 SiC 功率器件和 Si 功率器件的特性进行对比，包括规格为 650V/20A 的 SiC MOSFET 和 Si SJ- MOSFET，规格为 1200V/40A 的 SiC MOSFET 和 Si IGBT，规格为 650V/20A 的 SiC 二极管、Si FRD、SiC MOSFET 体二极管和 Si SJ- MOSFET 体二极管。

需要特别注意的是，以下对比结果是基于特定型号的器件得到的，当选择不同厂商或技术的器件时，对比结果的趋势是不变的，但 SiC 器件和 Si 器件特性的具体数值和相对比例一定是不同的。

4.1　SiC MOSFET 和 Si SJ- MOSFET

4.1.1　传递特性

Si SJ- MOSFET 和 SiC MOSFET 的传递特性曲线如图 4-1 所示。

对于 SJ- MOSFET，当 V_{GS} 超过 $V_{GS(th)}$ 后，其电流迅速爬升；而当 V_{GS} 高于一定值后，输出电流不再变化，此时 SJ- MOSFET 进入饱和状态。这说明较小的 V_{GS} 就可以使 SJ- MOSFET 充分导通，当 SJ- MOSFET 进入饱和状态，更高的 V_{GS} 不会增大

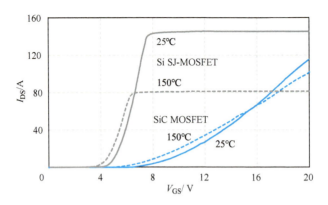

图 4-1　Si SJ-MOSFET 和 SiC MOSFET 的传递特性曲线

其导通电流的能力。同时，随着温度的升高，未达到饱和前的输出电流呈正温度系数，进入饱和时的 V_{GS} 和饱和电流呈负温度系数。

对于 SiC MOSFET，当 V_{GS} 超过 $V_{GS(th)}$ 后，其电流爬升的速度较 SJ-MOSFET 的明显缓慢，这说明 SiC MOSFET 的跨导 g_{fs} 较小。输出电流在 V_{GS} 低于 15V 时呈正温度系数，在 V_{GS} 高于 15V 时呈负温度系数，且受温度影响的程度也明显小于 SJ-MOSFET。值得注意的是，即使 V_{GS} 高达 20V 时，SiC MOSFET 的输出电流仍然保持增大的趋势，没有进入饱和状态。由于以上特性，SiC MOSFET 的开通驱动电压要比 SJ-MOSFET 的更高，以使 SiC MOSFET 充分导通且工作在负温度系数。

4.1.2　输出特性和导通电阻

如图 4-2 所示，当 V_{GS} 超过 8V 后，SJ-MOSFET 已经充分导通，其 I_{DS}-V_{DS} 曲线几乎重叠，且受温度影响显著。而 SiC MOSFET 在不同 V_{GS} 下的 I_{DS}-V_{DS} 曲线相距较远，受温度影响较 SJ-MOSFET 相对轻微，如图 4-3 所示。以上这些特征都与其传递特性相吻合。

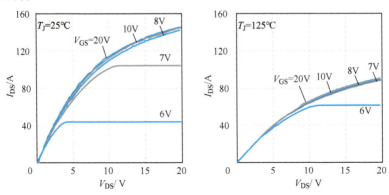

图 4-2　SJ-MOSFET 的输出特性

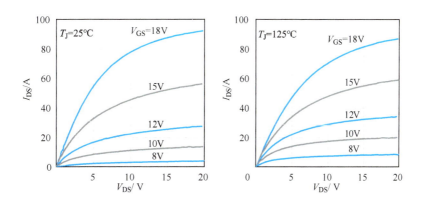

图 4-3　SiC MOSFET 的输出特性

SJ-MOSFET 和 SiC MOSFET 的 $R_{DS(on)}$-T_J 特性如图 4-4 所示。SJ-MOSFET 的 $R_{DS(on)}$ 随着 T_J 升高而升高，这由于呈正温度系数的 R_{JFET} 和 R_{DRIFT} 在 SJ-MOSFET 的 $R_{DS(on)}$ 中一直占主导地位。而 SiC MOSFET 的 $R_{DS(on)}$-T_J 曲线呈现 U 形，这是由于构成 $R_{DS(on)}$ 各部分的比例和温度特性导致的，在第 4 章中已做过详细的解释。

此外，SiC MOSFET 的 $R_{DS(on)}$ 受温度影响的程度比 SJ-MOSFET 更小。SiC MOSFET 的 $R_{DS(on)}$ 在 25℃ 和 150℃ 下分别 72mΩ 和 94mΩ，增长了 30%。SJ-MOS-FET 的 $R_{DS(on)}$ 在 25℃ 和 150℃ 下分别为 58mΩ 和 139mΩ，增长了 140%。这说明 SiC MOSFET 可以在高温下依然保持较低的导通损耗，而在使用 SJ-MOSFET 时需要格外关注其在高温下的 $R_{DS(on)}$。

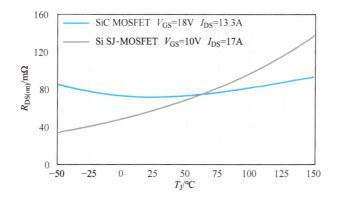

图 4-4　SJ-MOSFET 和 SiC MOSFET $R_{DS(on)}$ 的温度特性

4.1.3 *C-V* 特性

SiC MOSFET 和 Si SJ-MOSFET 的 *C-V* 曲线如图 4-5 所示。可以看到 SiC MOSFET 的 C_{iss} 明显小于 Si SJ-MOSFET；SiC MOSFET 的 C_{oss} 在低压时比 Si SJ-MOSFET 的小，在高压时比 Si SJ-MOSFET 的大；SiC MOSFET 的 C_{rss} 随电压的变化较为平缓，Si SJ-MOSFET 的 C_{iss} 由于超结的结构随着电压的升高急剧下降，随后有所回升。

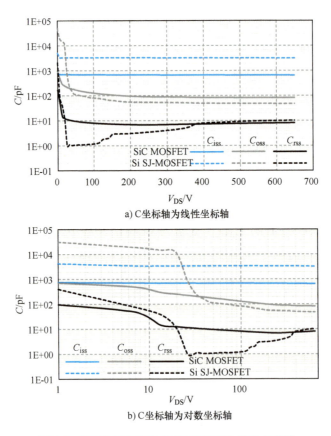

a) C坐标轴为线性坐标轴

b) C坐标轴为对数坐标轴

图 4-5 SiC MOSFET 和 Si SJ-MOSFET 的 *C-V* 曲线

4.1.4 开关特性

由于驱动电阻 R_G（$R_G = R_{G(ext)} + R_{G(int)}$）对开关器件的开关特性有着显著的影响，$R_{G(int)}$ 可以通过芯片设计和制造工艺进行调整，$R_{G(ext)}$ 可以自由选择，两者都与芯片材料关系不大。故在进行开关特性对比时，为 SiC MOSFET 和 Si SJ-MOSFET 分别选取合适的 $R_{G(ext)}$，使得两者具有相同的 R_G，且续流二极管为同一颗 SiC

二极管。这样就可以排除 R_G 的影响，得到 SiC 材料和 Si 材料对 MOSFET 开关特性的影响。

在 25℃ 下，SiC MOSFET 和 Si SJ-MOSFET 的开通和关断过程如图 4-6 和图 4-7 所示。SiC MOSFET 的开通延时 $t_{d(on)}$ 和关断延时 $t_{d(off)}$ 分别为 7.7ns 和 8.1ns，比 Si SJ-MOSFET 的 19.4ns 和 128.3ns 更短，开关延时将对高频运行产生重要影响。导致这种情况的主要原因就是上文中所提到的 Si SJ-MOSFET 的 C_{iss} 较大，使得在驱动电路和 R_G 相同的条件下，Si SJ-MOSFET 的 V_{GS} 向上爬升和向下降低的速度更慢。SiC MOSFET 的开关时间与 Si SJ-MOSFET 的十分接近，SiC MOSFET 开关能量比 Si SJ-MOSFET 的略小一些，SiC MOSFET 具有更高的开通电流尖峰，Si SJ-MOSFET 具有更高的关断电压尖峰。总体而言，两者的开关速度相差并不大。这与通常认为的 SiC 器件的开关速度远高于 Si 器件并不相符，这是因为这一观点主要针对 Si MOSFET 与 Si IGBT 对比。SiC MOSFET 和 Si SJ-MOSFET 的开关特性如表 4-1 所示。

SiC MOSFET 和 Si SJ-MOSFET 在 25℃、75℃ 和 125℃ 下的开通过程和关断过程如图 4-8、图 4-9、图 4-10 和图 4-11 所示。随着温度升高，SiC MOSFET 和 Si SJ-MOSFET 的开通延时都减小了，但 SiC MOSFET 的开关速度加快、开通能量减小，而 Si SJ-MOSFET 的变化方向相反；SiC MOSFET 的开通电流尖峰增大了，而 Si SJ-MOSFET 的减小了。随着温度升高，SiC MOSFET 和 Si SJ-MOSFET 的关断延时间、关断时间和关断能量都增大了；SiC MOSFET 的关断电压尖峰增大了，而 Si SJ-MOSFET 的减小了。总体而言 SiC MOSFET 的开关特性受温度影响的程度更小一些。

表 4-1　SiC MOSFET 和 Si SJ-MOSFET 的开关特性

器件	SiC MOSFET			Si SJ-MOSFET		
温度	25℃	75℃	125℃	25℃	75℃	125℃
$t_{d(on)}$/ns	7.7	7.4	7.0	19.4	18.6	17.4
t_r/ns	18.7	18.0	17.8	18.6	19.7	21.4
I_{spike}/A	43.8	44.4	44.6	39.5	388.5	37.1
E_{on}/μJ	98.4	87.1	84.3	115.6	121.5	133.1
$t_{d(off)}$/ns	8.1	8.7	9.4	128.3	133.4	140.7
t_f/ns	6.5	6.6	6.9	10.2	11.8	13.2
V_{spike}/V	445	446	452	494	495	486
E_{off}/μJ	47.9	49.2	52.4	66.9	82.7	92.5

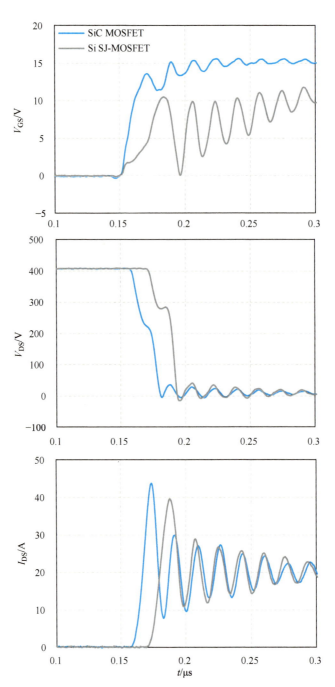

图 4-6　SiC MOSFET 和 Si SJ- MOSFET 的开通过程

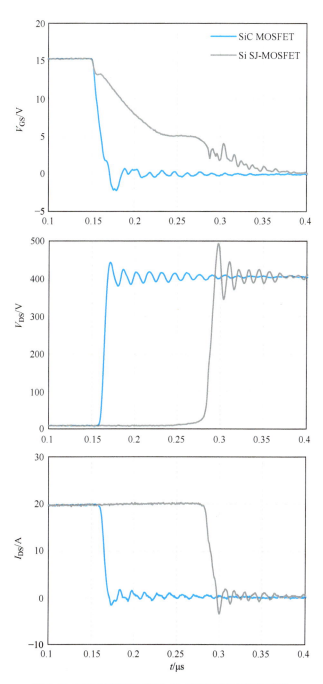

图 4-7　SiC MOSFET 和 Si SJ-MOSFET 的关断过程

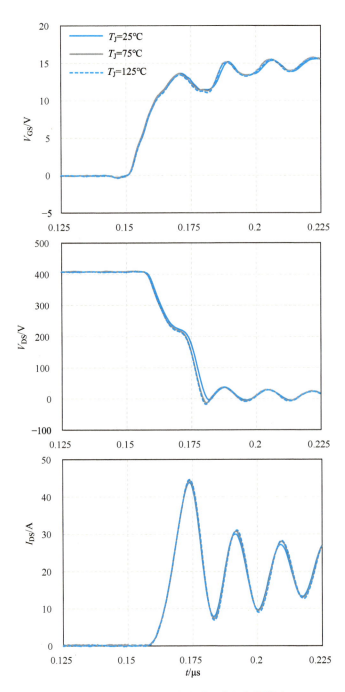

图 4-8　SiC MOSFET 开通过程受温度的影响

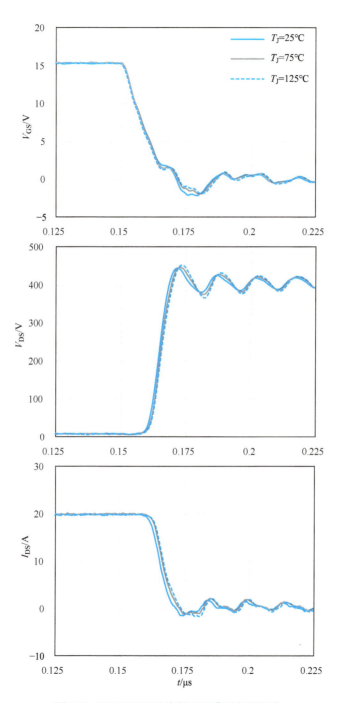

图 4-9　SiC MOSFET 关断过程受温度的影响

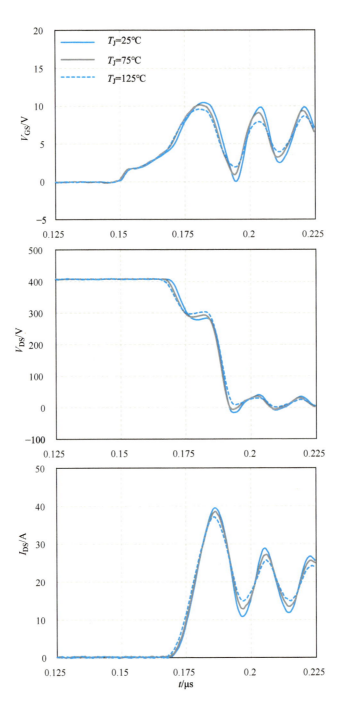

图 4-10　Si SJ- MOSFET 开通过程受温度的影响

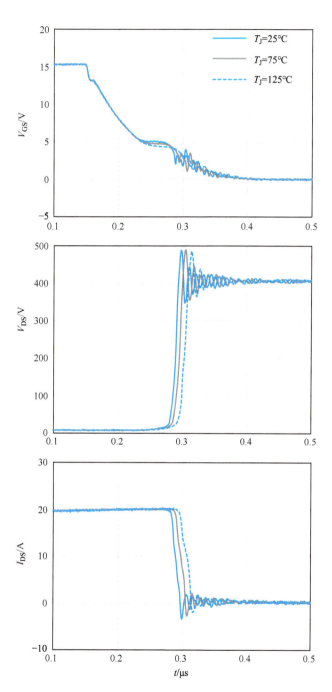

图 4-11　Si SJ-MOSFET 关断过程受温度的影响

4.1.5　栅电荷

根据上文的介绍，栅电荷 Q_G 曲线就是器件 C-V 曲线按照开关过程进行积分得到的，是从电荷的角度观察器件的开关过程。SiC MOSFET 和 Si SJ-MOSFET 的栅电荷 Q_G 如图 4-12 所示。SiC MOSFET 和 Si SJ-MOSFET 的 Q_G 分别为 19nC 和 99nC，这说明驱动 SiC MOSFET 所需的驱动能量较小，需要特别关注 Si SJ-MOSFET 运行在超高频下对变换器整体效率的影响。SiC MOSFET 和 Si SJ-MOSFET 的 Q_{GS} 分别为 5.5nC 和 16.5nC，这与上文中提到 SiC MOSFET 的 $t_{d(on)}$ 比 Si SJ-MOSFET 更短相吻合。在 Q_{GD} 部分，Si SJ-MOSFET 体现的是大家熟知的 Miller 平台，而 SiC MOSFET 呈现的是 Miller 斜坡，反映出两种材料在器件特性上的差异。

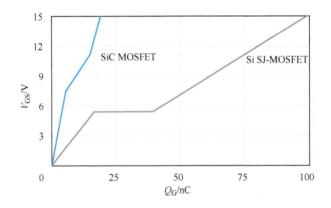

图 4-12　SiC MOSFET 和 Si SJ-MOSFET 的栅电荷

4.2　SiC MOSFET 和 Si IGBT

4.2.1　传递特性

SiC MOSFET 和 Si IGBT 的传递特性如图 4-13 所示，可以看到它们的传递特性曲线的形态基本一致。当 V_{GS} 或 V_{GE} 超过 $V_{GS(th)}$ 或 $V_{GE(th)}$ 后，输出电流缓慢爬升并逐渐趋于饱和。当 V_{GS} 或 V_{GE} 较低时，电流呈正温度系数；当 V_{GS} 或 V_{GE} 较高时，电流呈负温度系数；SiC MOSFET 受温度影响的程度比 Si IGBT 更大。

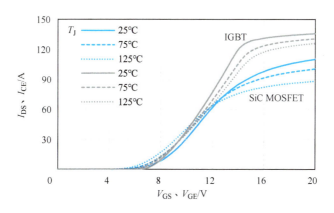

图 4-13　SiC MOSFET 和 Si IGBT 的传递特性

4.2.2　输出特性

SiC MOSFET 和 Si IGBT 的输出特性如图 4-14 和图 4-15 所示，两者的曲线形态具有明显的差异。SiC MOSFET 的 I_{DS}-V_{DS} 曲线是从零点开始，这是由于其导通时呈现电阻的特性；而 Si IGBT 是在 V_{CE} 大于饱和压降 $V_{CE(sat)}$ 后才有电流输出，这是因为 IGBT 由其内部寄生的 BJT 负责导通。故在小电流下，由于 $V_{CE(sat)}$ 的影响，Si IGBT 的导通压降较大，SiC MOSFET 导通损耗更小。而在大电流下，Si IGBT 能够在较小的导通压降下流通更大的电流，这是因为 Si IGBT 是双极性器件，跨导更大。随着温度的变化，SiC MOSFET 的 I_{DS}-V_{DS} 曲线变动的幅度比 Si IGBT 的更大，这与两者传递特性的特征相吻合。

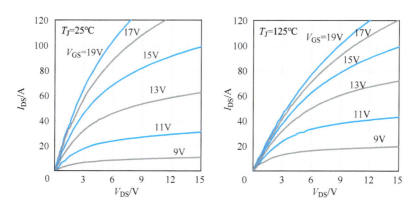

图 4-14　SiC MOSFET 的输出特性

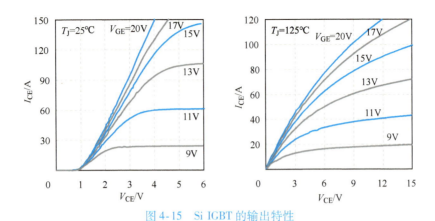

图 4-15　Si IGBT 的输出特性

4.2.3　C-V 特性

SiC MOSFET 和 Si IGBT 的 C-V 曲线如图 4-16 所示，可以看到它们的 C-V 曲线的形态基本一致。同时，SiC MOSFET 的 C_{iss} 略小于 Si IGBT，C_{oss} 大于 Si IGBT，C_{rss} 小于 Si IGBT。

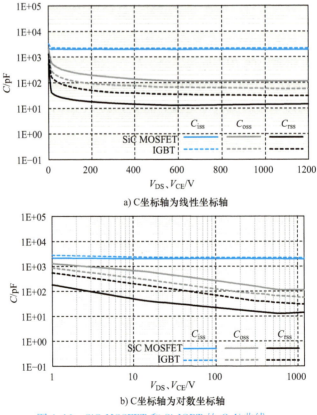

a）C 坐标轴为线性坐标轴

b）C 坐标轴为对数坐标轴

图 4-16　SiC MOSFET 和 Si IGBT 的 C-V 曲线

4.2.4　开关特性

与上文相同，在对比开关特性时，为 SiC MOSFET 和 Si IGBT 分别选取合适的 $R_{G(ext)}$，使得两者具有相同的 R_G，且续流二极管为同一颗 SiC 二极管。

在 25℃ 下，SiC MOSFET 和 Si IGBT 的开通和关断过程如图 4-17 和图 4-18 所示。SiC MOSFET 的开通延时 $t_{d(on)}$ 和关断延时 $t_{d(off)}$ 分别为 11.7ns 和 17.2ns，比 Si IGBT 的 21.31ns 和 181.2ns 更短，特别是 Si IGBT 的 $t_{d(off)}$ 是 SiC MOSFET 的近 10 倍。导致这种情况的主要原因就是上文中所提到的 Si IGBT 的 C_{iss} 较大，使得在驱动电路和 R_G 相同的条件下，Si IGBT 的 V_{GS} 向上爬升和向下降低的速度更慢。同时，SiC MOSFET 的开通和关断速度明显更快，开通过程中的 I_{DS} 过冲和关断时的 V_{DS} 尖峰都更高。Si IGBT 的 V_{CE} 上升和下降速度慢，主要是由于 Si IGBT 的 C_{rss} 较大导致的。在关断过程中，Si IGBT 具有明显的拖尾电流，而 SiC MOSFET 没有。以上几点导致 Si IGBT 的开关能量远大于 SiC MOSFET，SiC MOSFET 和 Si IGBT 的开通能量 E_{on} 分别为 618.9μJ 和 2565.2μJ，Si IGBT 的是 SiC MOSFET 的 4 倍；SiC MOSFET 和 Si IGBT 的关断能量 E_{off} 分别为 165.1μJ 和 1627.2μJ，Si IGBT 的是 SiC MOSFET 的 10 倍。SiC MOSFET 和 SiC IGBT 的开关特性对比如表 4-2 所示。

SiC MOSFET 和 Si IGBT 在 25℃、75℃ 和 125℃ 下的开通和关断过程受温度影响的情况如图 4-19、图 4-20、图 4-21 和图 4-22 所示。随着温度的升高，SiC MOSFET 和 Si IGBT 的开通延时都减小了，但 SiC MOSFET 的开关速度加快、开通能量减小，而 Si SJ-MOSFET 的变化方向相反，且其变化幅度也明显大于 SiC MOSFET；SiC MOSFET 和 Si IGBT 的开通电流尖峰都有轻微增大。随着温度的升高，SiC MOSFET 和 Si IGBT 的关断延时、关断时间和关断能量都增大了，Si IGBT 的变化幅度明显大于 SiC MOSFET。总体而言 SiC MOSFET 的开关速度远快于 Si IGBT，其特性受温度影响的程度也明显小于 Si IGBT。

表 4-2　SiC MOSFET 和 Si IGBT 的开关特性

器件	SiC MOSFET			Si IGBT		
温度	25℃	75℃	125℃	25℃	75℃	125℃
$t_{d(on)}$/ns	11.8	11.5	11.5	55.8	56.3	56.0
t_r/ns	37.3	35.4	34.0	117.8	131.8	146.0
I_{spike}/A	66.6	67.0	67.7	50.1	50.6	51.7
E_{on}/μJ	618.9	585.8	584.2	2565.2	2762.0	3027.8
$t_{d(off)}$/ns	16.6	17.4	18.2	122.5	134.6	154.0
t_f/ns	9.5	9.7	9.8	59.9	76.1	100.3
V_{spike}/V	1047	1046	1046	864	859	838
E_{off}/μJ	165.1	193.4	205.4	1627.2	2245.7	3035.5

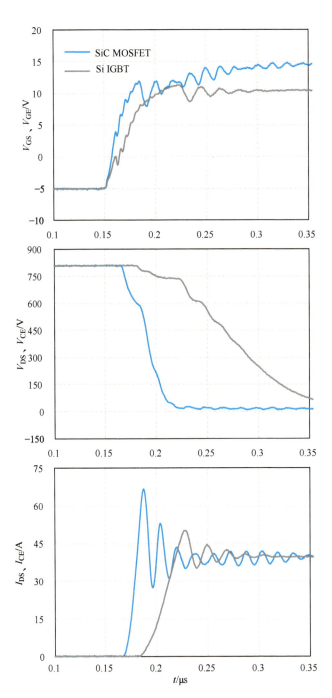

图 4-17　SiC MOSFET 和 Si IGBT 的开通过程

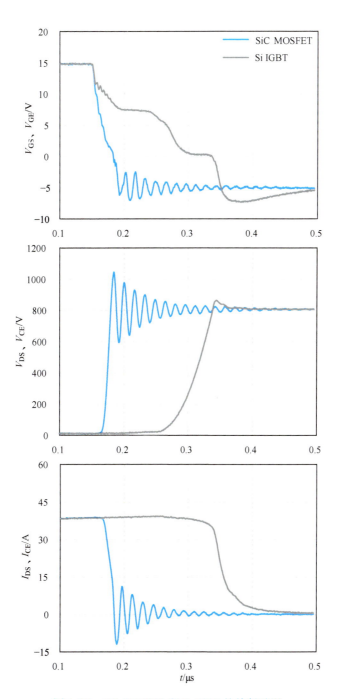

图 4-18　SiC MOSFET 和 Si IGBT 的关断过程

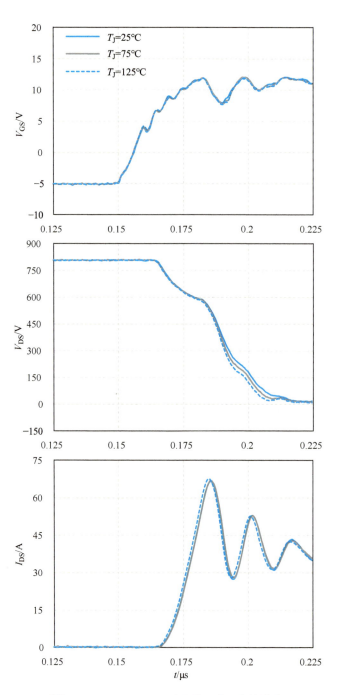

图 4-19　SiC MOSFET 开通过程受温度的影响

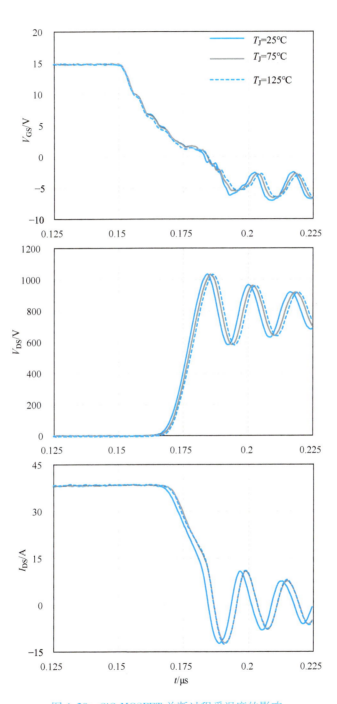

图 4-20　SiC MOSFET 关断过程受温度的影响

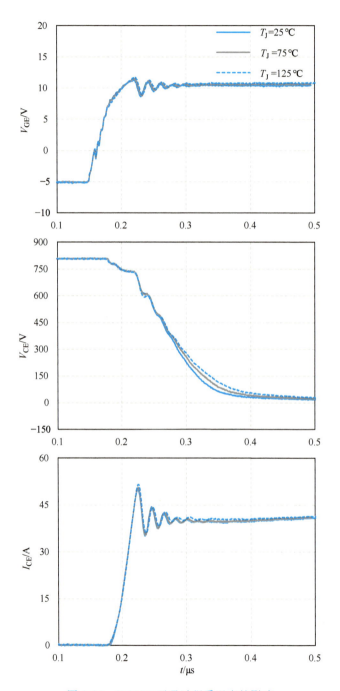

图 4-21　Si IGBT 开通过程受温度的影响

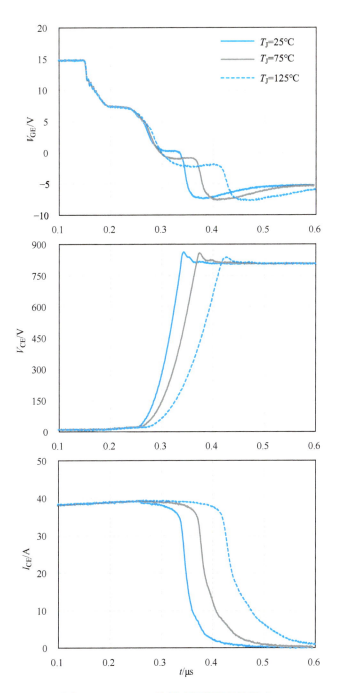

图 4-22　Si IGBT 关断过程受温度的影响

4.2.5　栅电荷

SiC MOSFET 和 Si IGBT 的栅电荷 Q_G 如图4-23所示。SiC MOSFET 和 Si IGBT 的 Q_G 分别为52nC和191nC，这说明驱动 SiC MOSFET 所需的驱动能量较小。SiC MOSFET 和 Si IGBT 的 Q_{GS} 分别为14nC和17nC，这与上文中提到 SiC MOSFET 的 $t_{d(on)}$ 比 Si IGBT 更短相吻合。SiC MOSFET Q_{GD} 的21nC远小于 Si IGBT 的105nC，体现了两者在开关过程中电压和电流变化速率的不同。同时，Si IGBT 体现的是大家熟知的 Miller 平台，而 SiC MOSFET 呈现的是 Miller 斜坡，反映出两种材料在器件特性上的差异。

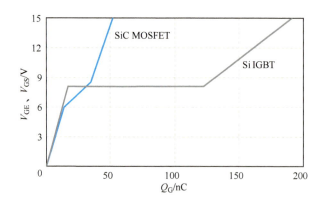

图4-23　SiC MOSFET 和 Si IGBT 的栅电荷

4.2.6　短路特性

图4-24～图4-27为 SiC MOSFET 和 Si IGBT 的短路测试特性，分单颗器件短路和硬开关短路两种情况。单颗器件短路是将器件两端接母线电容，发送开通信号使其直接短路。在单颗器件短路中，SiC MOSFET 和 Si IGBT 的短路电流和电压均比较接近。桥臂短路是在半桥拓扑中，上管和下管先后开通形成短路。在桥臂直通中，SiC MOSFET 和 Si IGBT 的端电压存在明显差异，SiC MOSFET 上下管端电压 $V_{DS(H)}$ 和 $V_{DS(L)}$ 表现出分压的状态，而上管 Si IGBT 的 $V_{CE(H)}$ 一直维持在很低的电压。

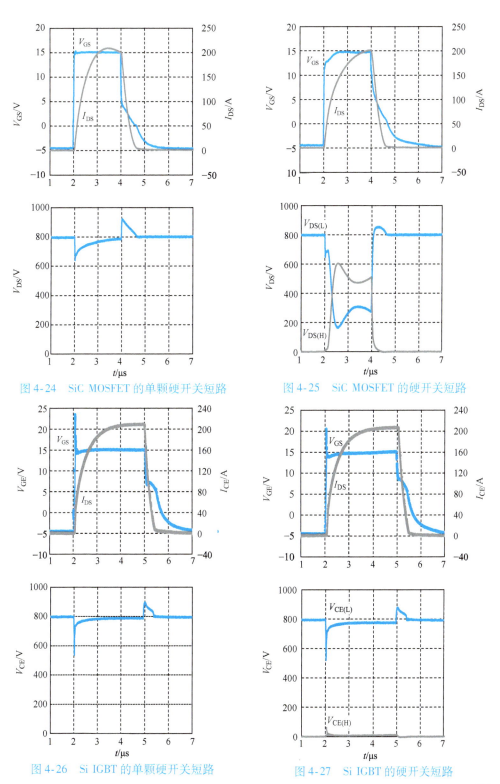

图 4-24　SiC MOSFET 的单颗硬开关短路

图 4-25　SiC MOSFET 的硬开关短路

图 4-26　Si IGBT 的单颗硬开关短路

图 4-27　Si IGBT 的硬开关短路

4.3　SiC 二极管和 Si 二极管

4.3.1　导通特性

SiC 二极管、SiC MOSFET 体二极管（SiC MOSFET BD）、Si FRD 和 Si SJ-MOS-FET 体二极管（Si SJ-MOSFET BD）的导通特性如图 4-28 所示，可以看到它们具有明显的差异。

SiC 二极管、Si FRD 和 Si SJ-MOSFET BD 的开启电压十分接近，在 0.7V 左右。而 SiC MOSFET BD 的开启电压在 1.8V 左右，这是由于 SiC MOSFET BD 是 SiC pn 结二极管，其势垒电压更高。当端电压 V_F 高于开启电压后，各种二极管导通电流 I_F 随 V_F 增大而升高的速度也不同。Si SJ-MOSFET BD 的导通电流爬升速度最快，SiC 二极管和 Si FRD 次之，而 SiC MOSFET BD 的导通电流的爬升速度最慢。即在相同导通电流下，Si SJ-MOSFET BD 的导通损耗最小，SiC MOSFET BD 的导通损耗最大。故当将 SiC MOSFET 用于需要其体二极管进行续流的场合时，往往采用同步整流技术，使 SiC MOSFET 工作在第三象限，以减小导通损耗。

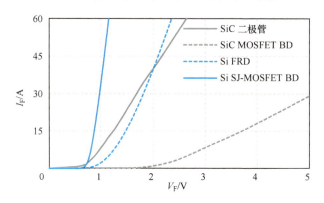

图 4-28　各种二极管的导通特性

各种二极管导通特性受温度和栅压影响的情况如图 4-29 所示。四种二极管均是在 V_F 较低时呈正温度系数，在 V_F 较高时呈负温度系数。不同的是，SiC 二极管和 Si SJ-MOSFET BD 的零温度系数点在 V_F 为 1V 左右，Si FRD 的在 V_F 为 2V 左右，SiC MOSFET BD 的在 V_F 为 3V 左右。同时，SiC 二极管和 SiC MOSFET BD 在负温度系数区时，受温度影响的程度比 Si SJ-MOSFET BD 和 Si FRD 更加明显。

此外，栅压对体二极管的输出特性的影响也不相同。Si SJ-MOSFET BD 的输出特性不受栅压的影响，而负栅压对 SiC MOSFET BD 的输出特性具有显著影响。当对 SiC MOSFET 施加负栅压后，其开启电压增大，输出电流减小。

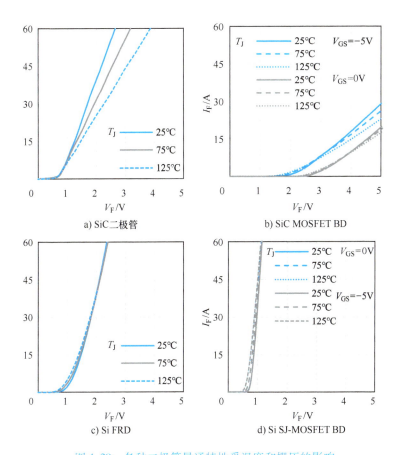

图 4-29　各种二极管导通特性受温度和栅压的影响

4.3.2　反向恢复特性

反向恢复是二极管的重要特性，更短的反向恢复时间、更小的反向恢复电荷能够帮助变换器获得更好的性能。Si FRD 和针对体二极管反向恢复进行优化的 Si SJ-MOSFET（其体二极管为 Si SJ-MOSFET FR-BD）都是为了获得更好的反向恢复特性而推出的。接下来的讨论中，会在上文提到的 4 种二极管的基础上增加 Si SJ-MOSFET FR-BD。

SiC 二极管、SiC MOSFET BD、Si FRD、Si SJ-MOSFET BD、Si SJ-MOSFET FR-BD 的反向恢复波形如图 4-30 所示，测试条件为：电流为 15A，前三者反向恢复速度 $\mathrm{d}I_\mathrm{F}/\mathrm{d}t$ 为 1000A/μs，后两者为 100A/μs。Si SJ-MOSFET BD 和 Si SJ-MOSFET FR-BD 的测试条件选定为 100A/μs，原因是它们能承受的安全反向恢复速度较低，过高的 $\mathrm{d}I_\mathrm{F}/\mathrm{d}t$ 会导致其出现损坏。

基于图 4-30 中的波形，可以得到 5 种二极管的反向恢复特性如表 4-3 所示，

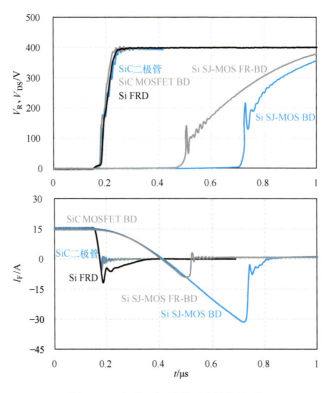

图 4-30　各种二极管的反向恢复波形

不仅给出反向恢复时间 t_{rr}、反向恢复电荷 Q_{rr} 和反向恢复峰值电流 I_{rrm} 的具体数值，还给出分别以 SiC 二极管和 SiC MOSFET BD 为基准归一化的数值，能够更容易看到不同二极管反向恢复特性的相对比例关系。SiC 二极管、SiC MOSFET BD、Si FRD、Si SJ-MOSFET BD 和 Si SJ-MOSFET FR-BD 的 t_{rr}、Q_{rr} 和 I_{rrm} 分别为 9.2ns/26.0nC/4.6A、12.8ns/45.9nC/5.9A、139.8ns/614.1nC/12.0A、404.1ns/6137.1nC/31.1A 和 118.6ns/722.7nC/10.1A。

表 4-3　各种二极管反向恢复特性

	t_{rr}/ ns	t_{rr} (p.u.)	t_{rr} (p.u.)	Q_{rr}/ nC	Q_{rr} (p.u.)	Q_{rr} (p.u.)	I_{rrm}/ A	I_{rrm} (p.u.)	I_{rrm} (p.u.)
SiC 二极管	9.2	1.0	0.7	26.0	1.0	0.6	4.6	1.0	0.8
SiC MOSFET BD	12.8	1.4	1.0	45.9	1.8	1.0	5.9	1.3	1.0
Si FRD	139.8	15.2	10.9	614.1	23.6	13.4	12.0	2.6	2.0
Si SJ-MOSFET BD	404.1	43.9	31.6	6137.1	236.0	133.7	31.1	6.8	5.3
Si SJ-MOSFET FR-BD	118.6	12.9	9.3	722.7	27.8	15.7	10.1	2.2	1.7

　　SiC 二极管的各项参数均明显优于其他 4 种二极管，具有最佳的反向恢复特

性。虽然 Si FRD 的反向恢复特性被专门优化过，但其 t_{rr}、Q_{rr} 和 I_{rrm} 分别为 SiC 二极管的 15.2 倍、23.6 倍和 2.6 倍，这正是 SiC 二极管在部分场合大规模替换 Si FRD 的原因。

SiC MOSFET BD 的各项参数虽然略差于 SiC 二极管，但其绝对值依然明显优于其他 3 种 Si 二极管。Si SJ-MOSFET BD 的 t_{rr}、Q_{rr} 和 I_{rrm} 分别为 SiC MOSFET BD 的 31.6 倍、133.7 倍和 5.3 倍，是 5 种二极管中反向恢复特性最差的。为了提升反向恢复特性而推出的 Si SJ-MOSFET FR-BD，虽然其特性相比 Si SJ-MOSFET BD 有了明显的提升，但其 t_{rr}、Q_{rr} 和 I_{rrm} 分别为 SiC MOSFET BD 的 9.3 倍、15.7 倍和 21.7 倍，依旧存在不小的差距。需要注意的是，一般 dI_F/dt 越高，反向恢复时间越长、反向恢复电荷越大，100A/μs 下 Si SJ-MOSFET BD、Si SJ-MOSFET FR-BD 的反向恢复特性都已经与 SiC 二极管存在如此大的差距，那就更不用说在更高的 dI_F/dt 下了。由此可见，SiC MOSFET BD 的反向恢复特性相比 Si MOSFET 有了长足的进步，甚至比 Si FRD 还要好。

由第 3 章可知，在电感负载半桥电路中，开关管开通时的电流尖峰是由二极管反向恢复导致的，那么具有不同反向恢复特性的各种二极管就会对开关管的开通电流波形造成不同的影响。当开关管为同一颗 SiC MOSFET 时，分别使用上述 5 种二极管作为续流二极管，开通速度与图 4-30 中一致，SiC MOSFET 的开通波形如图 4-31 所示。可见，SiC MOSFET 开通电流波形与二极管反向恢复电流波形的形态和数值相吻合。

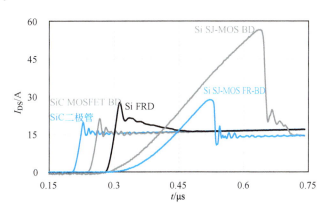

图 4-31　各种二极管反向恢复特性对开关过程的影响

各种二极管反向恢复特性受电流影响的情况如图 4-32 ～ 图 4-36 所示，基于波形得到的反向恢复特性由表 4-4 给出，测试条件为：T_J 为 25℃、dI_F/dt 为 1000A/μs 或 100A/μs 时，I_F 由 5A 逐渐升高到 25A。I_F 由小变大的过程中，SiC 二极管和 SiC MOSFET BD 的反向恢复特性几乎没有变化，说明其反向恢复特性几乎不受负载电流的影响。而 Si FRD、Si SJ-MOSFET BD 和 Si SJ-MOSFET FR-BD 的 t_{rr}、Q_{rr} 和 I_{rrm}

逐渐增大，其中 Si SJ-MOSFET BD 变化最为明显。

表4-4　各种二极管在不同 I_F 下的反向恢复特性

	t_{rr}/ns			Q_{rr}/nC			I_{rrm}/A		
I_F/A	5	15	20	5	15	20	5	15	20
SiC 二极管	10.3	9.2	8.8	27.0	26.0	23.8	4.5	4.6	4.3
SiC MOSFET BD	13.3	12.8	12.6	47.3	45.9	46.2	6.0	5.9	6.0
Si FRD	85.9	139.8	160.1	320.6	614.1	746.6	10.9	12.0	12.3
Si SJ-MOSFET BD	263.2	404.1	547.8	2943.3	6137.1	9686.6	22.0	31.1	36.6
Si SJ-MOSFET FR-BD	107.8	118.6	128.6	556.4	722.7	788.2	8.8	10.1	10.1

各种二极管反向恢复特性受温度影响的情况如图 4-37 ~ 图 4-41 所示，基于波形得到的反向恢复特性由表4-5给出，测试条件为：I_F 为15A、dI_F/dt 为1000A/μs 或100A/μs 时、T_J 由25℃逐渐升高到125℃。T_J 由低变高的过程中，SiC 二极管的反向恢复特性几乎没有变化，说明其反向恢复特性几乎不受温度的影响。而其他二极管的 t_{rr}、Q_{rr} 和 I_{rrm} 逐渐增大，其中 Si FRD 和 Si SJ-MOSFET FR-BD 变化最为明显。

表4-5　各种二极管在不同 T_J 下的反向恢复特性

	t_{rr}/ns			Q_{rr}/nC			I_{rrm}/A		
T_J/℃	5	15	20	5	15	20	5	15	20
SiC 二极管	8.7	8.9	9.0	22.7	23.0	22.8	4.2	4.1	4.1
SiC MOSFET BD	13.1	13.7	15.4	47.5	54.5	76.1	6.0	6.5	7.9
Si FRD	139.7	167.0	206.0	597.5	963.3	1401.9	11.9	14.2	17.4
Si SJ-MOSFET BD	391.4	429.1	456.2	6245.6	7081.9	8038.8	32.8	34.1	35.8
Si SJ-MOSFET FR-BD	118.4	148.5	188.9	709.0	1159.4	1892.6	9.9	13.6	18.0

各种二极管反向恢复特性受反向恢复速度影响的情况如图 4-42 ~ 图 4-46 所示，基于波形得到的反向恢复特性由表4-6给出，测试条件为：I_F 为15A、T_J 为25℃、dI_F/dt 由 100A/μs 提高到1000A/μs 或由 50A/μs 提高到200A/μs。dI_F/dt 由小变大的过程中，各种二极管的 t_{rr} 逐渐减小，Q_{rr} 和 I_{rrm} 逐渐增大。

表4-6　各种二极管在不同 dI_F/dt 下的反向恢复特性

	t_{rr}/ns			Q_{rr}/nC			I_{rrm}/A		
dI_F/dt/(A/μs)	100	500	1000	100	500	1000	100	500	1000
SiC 二极管	12.1	10.0	8.7	7.1	14.2	22.7	0.9	2.2	4.2
SiC MOSFET BD	18.5	14.1	13.0	16.0	30.8	47.5	1.4	3.6	6.0
Si FRD	297.3	175.6	139.8	363.9	525.2	614.1	2.6	6.7	12.0
dI_F/dt/(A/μs)	50	100	200	50	100	200	50	100	200
Si SJ-MOSFET BD	5017.5	404.1	294.5	29026.0	6137.1	6484.4	21.2	31.1	43.8
Si SJ-MOSFET FR-BD	161.0	118.6	95.2	560.3	722.7	844.3	5.4	10.1	15.4

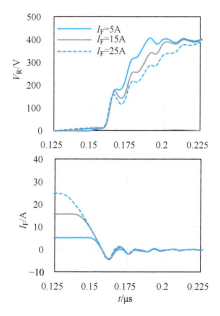

图 4-32　I_F 对 SiC 二极管反向恢复的影响

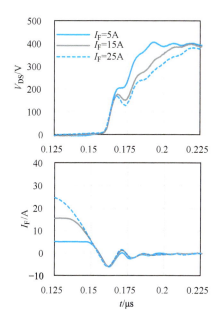

图 4-33　I_F 对 SiC MOSFET BD 反向恢复的影响

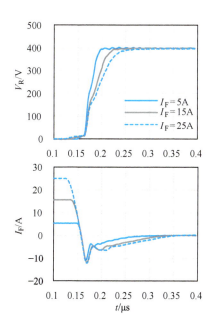

图 4-34　I_F 对 Si FRD 反向恢复的影响

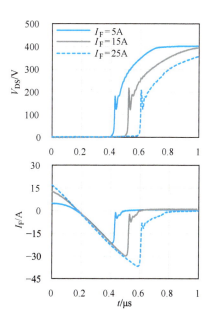

图 4-35　I_F 对 Si SJ- MOSFET BD
反向恢复的影响

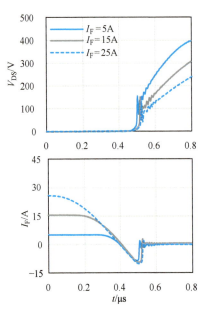

图 4-36 I_F 对 Si SJ- MOSFET FR- BD 反向
恢复的影响

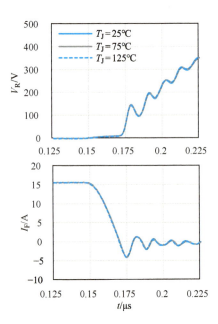

图 4-37 T_J 对 SiC 二极管反向恢复的影响

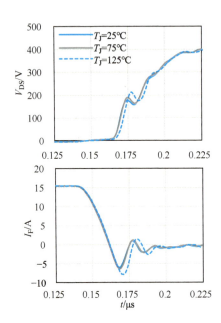

图 4-38 T_J 对 SiC MOSFET BD 反向恢复的影响

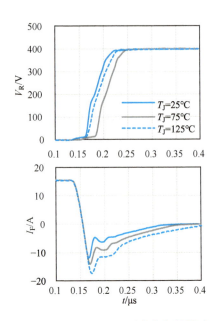

图 4-39 T_J 对 Si FRD 反向恢复的影响

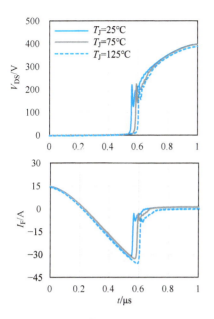

图 4-40　T_J 对 Si SJ- MOSFET BD
　　　　反向恢复的影响

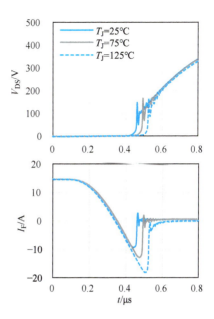

图 4-41　T_J 对 Si SJ- MOSFET FR- BD
　　　　反向恢复的影响

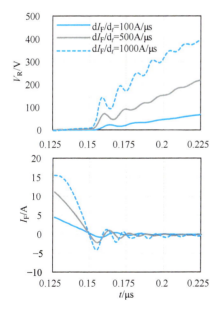

图 4-42　dI_F/dt 对 SiC 二极管反向
　　　　恢复的影响

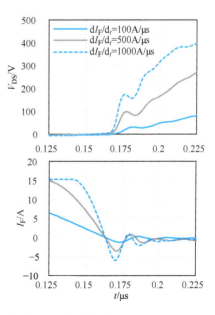

图 4-43　dI_F/dt 对 SiC MOSFET BD
　　　　反向恢复的影响

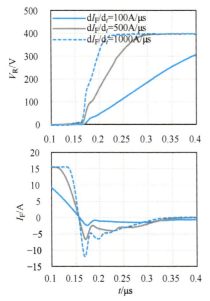

图 4-44　dI_F/dt 对 Si FRD 反向恢复的影响

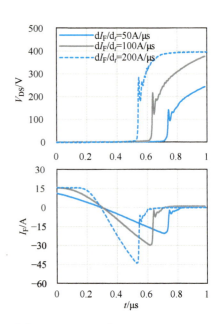

图 4-45　dI_F/dt 对 Si SJ-MOSFET BD
反向恢复的影响

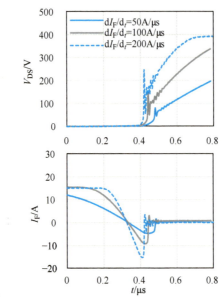

图 4-46　dI_F/dt 对 Si SJ-MOSFET FR-BD
反向恢复的影响

延 伸 阅 读

［1］ ROHM Co., Ltd. SiC Power Devices and Modules ［Z］. Application Note, 14103EBY01, 2014.

［2］ Infineon Technologies AG. CoolSiC^{TM} 1200 V SiC MOSFET Application Note ［Z］. Application Note, AN2017-46, Rev. 1. 01, 2018.

［3］ Infineon Technologies AG. CoolSiC^{TM} 650 V M1 SiC Trench Power Device Infineon's first 650V Silicon Carbide MOSFET for Industrial Applications ［Z］. Application Note, AN_1907_PL52_1911_144109, Rev. 1. 0, 2018.

［4］ Infineon Technologies AG. CoolSiC^{TM} Automotive Discrete Schottky Diodes Understanding the Benefits of SiC Diodes Compared to Silicon Diodes ［Z］. Application Note, AN2019-02_CoolSiC_Automotive_Diode, Rev. 1. 0, 2019.

［5］ Harmon Omar, Scarpa Vladimir. 1200V CoolSiC^{TM} Schottky Diode Generation 5 ［Z］. Application Note, Rev. 1. 1, Infineon Technologies AG, 2016.

［6］ Infineon Technologies AG. Improving PFC Efficiency Using the CoolSiC^{TM} Schottky diode 650V G6 ［Z］. Application Note, AN_201704_PL52_020, Rev 1. 0, 2017.

［7］ STMicroelectronics. New Generation of 650V SiC Diodes ［Z］. Application Note, AN4242, Rev 2, 2018.

［8］ STMicroelectronics. Monolithic Schottky Diode in ST F7 LV MOSFET Technology: Improving Application Performance ［Z］. Application Note, AN4789, DocID028669, Rev. 01, 2015.

［9］ ON Semiconductor. onsemi EliteSiC Gen 2 1200V SiC MOSFET M3S Series ［Z］. Application Note, AND90204/D, 2023.

［10］ LIANG M, ZHENG T Q, LI Y. Performance Evaluation of SiC MOSFET, Si CoolMOS and IGBT ［C］. 2014 International Power Electronics and Application Conference and Exposition, 2014: 1369-1373.

第 5 章

双脉冲测试技术

开关特性测试和反向恢复特性测试都是基于双脉冲测试完成的，已经在 Si 器件上应用超过 20 年。双脉冲测试虽然不是 SiC 器件独有的，但由于 SiC 器件具有更快的开关速度，对测试人员的素质和测试设备的指标提出了更高的要求，需要在原先针对 Si 器件的测试技术和设备进行提升。这使得这两项测试成为众多器件参数测试项中 SiC 器件相较于 Si 器件测试的不同之一，引起了更多的关注。故首先专门将双脉冲测试在本章中单独进行讨论，再在下一章中介绍其他测试项目，可见其重要程度。

在本章中首先会讨论用双脉冲测试表征器件在功率变换器工作时的开关特性和反向恢复特性的合理性。进而介绍双脉冲测试的基本原理、测试步骤、测试平台，并重点讨论测试参数设定的原则，这是进行双脉冲测试时的基础设定，但在之前没有被充分讨论过。最后将基于实测波形对测量仪器仪表进行讨论，分别对 V_{GS}、V_{DS}、I_{DS} 和 I_G 给出合理的测量建议，SiC 器件对双脉冲测试的新要求主要体现在这一方面。本章还创新地提出串扰是 SiC MOSFET 重要的动态特性，故也基于实测对串扰测试进行了讨论。

电压测量点间寄生参数是影响测量结果的重要原因之一，但一直没有得到足够的重视和讨论。在以往进行测试和研究时，工程师往往会忽视电压测量点间寄生参数，混淆了存在偏差的测量波形与希望用来进一步分析的真实波形。这就会导致无法正确分析器件的开关过程、错误的研究结果和变换器设计评价。本章将针对此问题进行讨论，并提出排除电压测量点间寄生参数对测量结果影响的方法。

双脉冲测试覆盖了器件研发、生产和应用整个过程，不同环节对测试的要求不同。如果用最高标准要求所有环节，就会严重牺牲效率和成本，故需要进行分析和辨别，针对不同环节提出对应的合理要求。明确要求后就需要有评判标准，以往对双脉冲测试结果的评判都是基于从测试波形得到的特征值，这种方式简便、易于实现。但波形正确是特征值具有价值的前提，故需要对测量得到的开关和反向恢复波形进行分析才能正确评价双脉冲测试结果。由此可见，测试技术固然是核心，但对

142

测试的要求和评判标准也同样重要，遗憾的是这方面没有得到应有的重视。

5.1　功率变换器换流模式

　　按照电能变换的形式，可将功率变换器分为 DC-DC 变换器、AC-DC 变换器、DC-AC 变换器和 AC-AC 变换器四大类，每一类变换器都包括多种电路拓扑，形成了庞大的拓扑体系。仅仅是常用的 DC-DC 变换器拓扑就有 Buck、Boost、Buck-Boost、Cuk、Flyback、Forward、Push-Pull 和 Half-Bridge 等。此外，功率变换器还有多电平、软开关等类别。在实际应用中，针对不同的应用场合、功率等级、指标和成本要求选择合适的拓扑完成变换器设计。

　　以 Buck 电路、三相全桥逆变电路、DNPC 电路和 LLC 电路分别作为 DC-DC 变换器、DC-AC 变换器、多电平变换器和软开关变换器的代表，在器件开关时的换流过程如下。

1. Buck 电路

　　Buck 电路的拓扑结构和工作原理如图 5-1 所示。$t_0 \sim t_1$ 阶段开关管 S 导通，电感电流 I_L 通过 S 和电感 L 流向负载，同时 I_L 线性上升。t_1 时刻，S 进行关断，由于电感 I_L 不能突变，I_L 换流至二极管 D 续流。$t_1 \sim t_2$ 阶段 I_L 通过 D 和 L 向负载提供电流，I_L 线性下降。t_2 时刻，S 进行开通，I_L 换流至 S，D 进行关断。可以将 Buck 电路看作由 S 和 D 构成的半桥电路，L 从桥臂中点接出，其换流发生在 S 和 D 之间，L 起到稳定电流的作用。

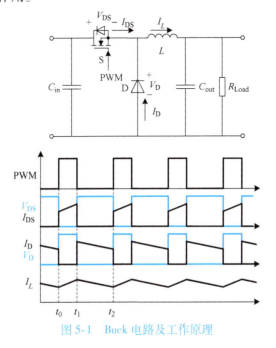

图 5-1　Buck 电路及工作原理

2. 三相全桥逆变电路

三相全桥逆变电路通过切换不同的导通组合，在交流侧输出三相三电平线电压，并利用 PWM 原理得到正弦电压。如图 5-2 所示，在接阻抗角 $\phi < 60°$ 的感性负载下，t_0 时刻的开关组合为 (S_5, S_6, S_1)，$V_{AB} = V_d$，$V_{BC} = -V_d$，$V_{CA} = 0$。在 t_1 时刻向 (S_6, S_1, S_2) 切换，则 S_5 关断，S_2 导通，使 $V_{BC} = 0$，$V_{CA} = -V_d$。由于 I_C 不能突变，则 I_C 首先换流至 S_2 的反并联二极管 D_2 进行续流，直到 t_2 时刻以后，I_C 反向，S_2 正向导通，D_2 进行关断。由此可见，虽然开关管众多，但在进行换流时依旧在同一桥臂的器件之间进行。

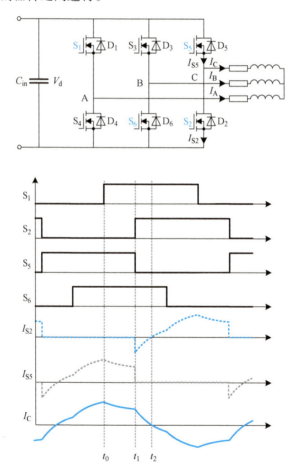

图 5-2　三相全桥逆变电路及工作原理

3. DNPC 逆变电路

DNPC 电路可进行四象限运行，具有四种换流模式，如图 5-3 所示。

I_{out} 为正、V_{out} 为正时，S_2 保持导通，S_1 进行开关动作，换流发生在 S_1 和 D_n 之间；

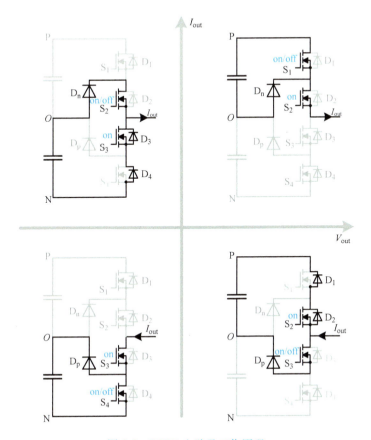

图 5-3　DNPC 电路及工作原理

I_{out} 为正、V_{out} 为负时，S_3 保持导通，S_2 进行开关动作，换流发生在 S_2 和 D_4 之间；

I_{out} 为负、V_{out} 为负时，S_3 保持导通，S_4 进行开关动作，换流发生在 S_4 和 D_p 之间；

I_{out} 为负、V_{out} 为正时，S_2 保持导通，S_3 进行开关动作，换流发生在 S_3 和 D_1 之间。

4. LLC 谐振变换器

LLC 谐振变换器通过调节开关频率改变传输功率，其最优工作点是其开关频率等于谐振频率，如图 5-4 所示。t_0 时刻，开关管 S_1 和 S_4 进行关断，由于谐振电流 I_r 为正，故 I_r 换流至体二极管 D_2 和 D_3 续流。t_1 时刻，死区时间结束后，S_2 和 S_3 收到开通信号，工作在第三象限导通状态。t_2 时刻，I_r 由正变负，S_2 和 S_3 正向导通，实现了 ZVS。

对于以上四种典型变换器的介绍可以看出，虽然拓扑类型、工作原理不同，但开关管在开关过程中的换流模式具有共性，即换流过程都发生在半桥结构的开关

145

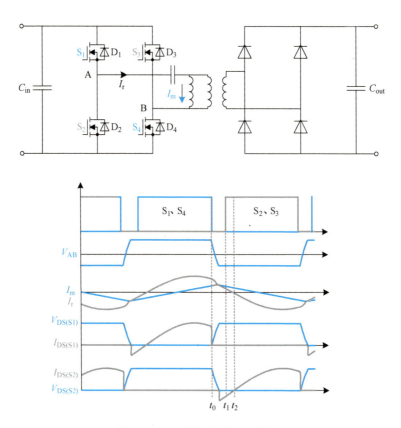

图 5-4　LLC 谐振电路及工作原理

管-开关管或开关管-二极管之间。故对开关管开关特性的测试、评估和对比都可以基于电感负载半桥电路进行，且当半桥电路的参数与变换器的实际参数相同时，基于电感负载半桥电路的结果可直接应用于变换器设计。

5.2　双脉冲测试基础

5.2.1　双脉冲测试基本原理

以电感负载半桥电路为基础已经发展出了一套完善的开关管的开关特性评估方法，即双脉冲测试。双脉冲测试电路由母线电容 C_{Bus}、被测开关管 Q_L、陪测二极管 D_H、驱动电路和负载电感 L 组成，如图 5-5 所示。

测试中，向 Q_L 发送合适脉宽的双脉冲驱动信号，就可以获得 Q_L 在指定电压 V_{set} 和指定电流 I_{set} 下的开关特性，整个测试过程如图 5-6 所示。

（1）~t_0

母线电压 $V_{Bus} = 0V$，驱动电路输出关断驱动电压 $V_{DRV(off)}$，Q_L 为关断状态。

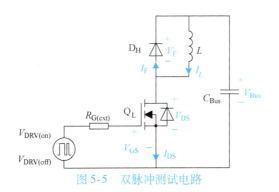

图 5-5　双脉冲测试电路

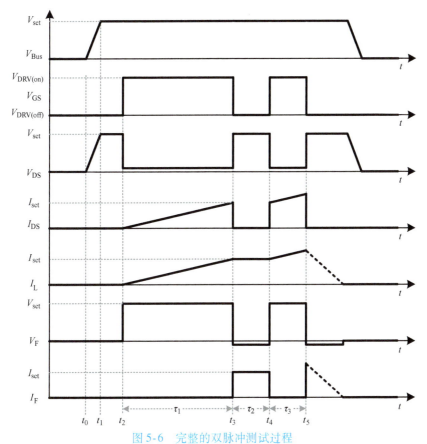

图 5-6　完整的双脉冲测试过程

（2） $t_0 \sim t_1$

直流电源开始对 C_{Bus} 充电，V_{Bus} 逐渐达到设定电压 V_{set}，由于 D_H 被 L 短路，Q_L 承受母线电压。

（3） $t_1 \sim t_2$

无动作。

147

（4）t_2

向 Q_L 的驱动电路发送开通信号，驱动电压由 $V_{DRV(off)}$ 变为开通驱动电压 $V_{DRV(on)}$，Q_L 开始开通。

（5）$t_2 \sim t_3$

时间长度为 τ_1，Q_L、L、C_{Bus} 构成回路，负载电流 I_L 按照式（5-1）开始爬升，

$$\mathrm{d}I_L(t)/\mathrm{d}t = \frac{\{V_{Bus} - I_L(t)R_{es(L)} - I_L(t)R_{DS(on)}[I_L(t)]\}}{L} \tag{5-1}$$

其中，$R_{es(L)}$ 为负载电感的等效串联电阻。在实际的测试电路中，C_{Bus} 足够大，V_{Bus} 保持 V_{set} 不变。同时，$R_{es(L)}$ 和 SiC MOSFET 的 $R_{DS(on)}$ 都很小，可将式（5-1）简化为式（5-2），I_L 保持线性增长。

$$\mathrm{d}I_L(t)/\mathrm{d}t \approx V_{set}/L \tag{5-2}$$

（6）t_3

I_L 到达指定电流 I_{set}

$$I_L(t_3) = I_{set} = \tau_1 V_{set}/L \tag{5-3}$$

此时向 Q_L 的驱动电路发送关断信号，驱动电压由 $V_{DRV(on)}$ 变为 $V_{DRV(off)}$，Q_L 在 I_{set} 下进行关断，I_L 通过 D_H 续流。

（7）$t_3 \sim t_4$

时间长度为 τ_2，D_H、L 构成回路，I_L 按照式（5-4）缓慢下降，其中 V_F 为 D_H 的导通压降

$$\mathrm{d}I_L(t)/\mathrm{d}t = \frac{V_F(I_L(t)) + I_L(t)R_{es(L)}}{L} \tag{5-4}$$

（8）t_4

I_L 下降至 $I_L(t_4)$，当 I_L 下降很小时

$$I_L(t_4) = I_{set} - \int_{t_3}^{t_4} \frac{V_F[I_L(t)] + I_L(t)R_{es(L)}}{L} \mathrm{d}t \tag{5-5}$$

此时向 Q_L 的驱动电路发送开通信号，Q_L 在 $I_L(t_4)$ 下开通，D_H 进行反向恢复。

（9）$t_4 \sim t_5$

时间长度为 τ_3，与 $t_2 \sim t_3$ 阶段电流回路相同，I_L 按照式（5-2）线性增长。

（10）t_5

I_L 上升至 $I_L(t_5)$

$$I_L(t_5) = I_L(t_4) + \tau_3 V_{set}/L \tag{5-6}$$

此时向 Q_L 的驱动电路发送关断信号，Q_L 在 $I_L(t_5)$ 下关断，I_L 通过 D_H 续流；

（11）$t_5 \sim$

与 $t_3 \sim t_4$ 阶段电流回路相同，I_L 按照式（5-4）缓慢下降至 0A，用时较长，以虚线表示。随后关闭直流电源，对 C_{Bus} 放电，V_{Bus} 降至 0V。

在整个测试过程中，被测器件 Q_L 进行了两次开通和关断，形成了两个脉冲，$t_2 \sim t_3$ 为第一个脉冲，$t_4 \sim t_5$ 为第二个脉冲，$t_3 \sim t_4$ 为脉冲间隔，双脉冲测试因此得名。被关注的是 t_3 时刻和 t_4 时刻，分别对应 Q_L 在指定电压 V_{set} 和指定电流 I_{set} 下的关断过程和开通过程，测量并保存 Q_L 的 V_{GS}、V_{DS}、I_{DS} 波形，就可以对其开关特性

进行分析和评估了。

　　根据 5.1 节可知，功率变换器的换流模式有 MOS-二极管和 MOS-MOS 两种器件组合形式，进行双脉冲测试时需要选择与实际变换器相同的器件型号和器件组合形式。对于 MOS-MOS 形式，只需要将二极管 D_H 管换成 SiC MOSFET Q_H，并在测试中一直施加关断信号即可，如图 5-7 所示。

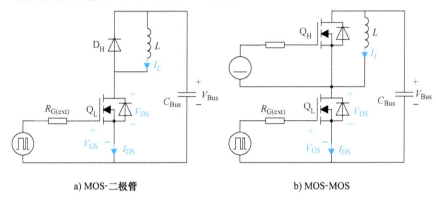

a) MOS-二极管　　　　　　　　　　　　　b) MOS-MOS

图 5-7　SiC MOSFET 开关特性测试电路

　　另外，在 t_4 时刻不仅是 Q_L 的开通过程，还是 D_H 或 Q_H 的体二极管的反向恢复过程。直接对上管的测量为浮地测量，会由于跳变的共模电压导致测量结果不精确。故在测试二极管反向恢复特性时往往使用如图 5-8 所示电路，被测管为下管，负载电感并联在其两端；陪测管为上管，测试中进行开通关断动作。

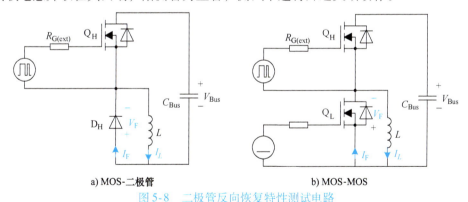

a) MOS-二极管　　　　　　　　　　　　　b) MOS-MOS

图 5-8　二极管反向恢复特性测试电路

5.2.2　双脉冲测试参数设定

5.2.2.1　脉宽时间

1. 第一脉冲脉宽 τ_1

　　双脉冲测试的目的是测试并评估器件在指定电压和指定电流下的开关特性。其中电压通过设置直流电源输出电压给定，电流是通过第一个脉冲建立的，为了较为准确地达到指定电流 I_{set}，τ_1 取值可利用式（5-7）计算。需要注意的是，式（5-7）是根据式（5-1）简化后的式（5-2）推导得到的，故实际达到的电流会存在一些偏差。但通过合理选取 C_{Bus}、控制 $R_{es(L)}$，可以尽量减小误差，同时还可以根据实测值对 τ_1 进行微调。

$$\tau_1 = I_{set}L/V_{set} \tag{5-7}$$

t_2 时刻 Q_L 开通，由于 L 的等效并联电容 $C_{ep(L)}$、陪测二极管的反向恢复以及结电容 C_{DH} 的影响，会产生电流尖峰和电流振荡。故需要等电流振荡结束后再关断 Q_L，以免对 Q_L 在 t_3 时刻的关断造成影响。这就是对 τ_1 时长下限的要求，一般 τ_1 只要大于 $1\sim2\mu s$ 即可。

另一方面，过长的 τ_1 会导致器件产生明显的温升，使得测试结果不能反映在指定温度条件下器件的开关特性，这就是对 τ_1 时长上限的要求。对于单管器件，τ_1 一般不超过 $15\mu s$ 为宜；对大功率模块，τ_1 一般不超过 $50\mu s$ 为宜。

2. 脉冲间隔 τ_2

t_3 时刻 Q_L 关断，需要关注从 Q_L 的 V_{GS} 开始下降到 V_{DS} 振荡结束的整个过程，这就是对 τ_2 时长下限的要求，一般 τ_2 只要大于 $1\sim2\mu s$ 即可。

另一方面，在脉冲间隔内，I_L 按照式（5-4）缓慢下降。如果下降幅度过大，则 $I_L(t_4)$ 与 I_{set} 相差太大，就无法满足 Q_L 在 t_4 时刻时在 I_{set} 进行开通的要求。这就是 τ_2 时长上限的要求，由 V_F、$R_{es(L)}$、L 以及允许的电流跌落幅度共同决定。

3. 第二脉冲脉宽 τ_3

t_4 时刻 Q_L 开通，需要关注从 Q_L 的 V_{GS} 开始上升到 I_{DS} 振荡结束的整个过程，这就是对 τ_3 时长下限的要求，一般 τ_3 只要大于 $1\sim2\mu s$ 即可。

另一方面，在第二脉冲期间，I_L 按照式（5-2）上升，在 t_5 时刻达到 $I_L(t_5)$。当 $I_L(t_4)$ 与 I_{set} 相差不大时，$I_L(t_5)$ 为

$$I_L(t_5) = (\tau_1 + \tau_3)V_{set}/L \tag{5-8}$$

过高的 $I_L(t_5)$ 会导致关断电压尖峰过高，当超过器件耐压时会导致器件损坏，这就是对 τ_3 时长上限的要求。可以要求 τ_3 小于 τ_1 的 0.5 倍，即 $I_L(t_5)$ 小于 I_{set} 的 1.5 倍，且越短越好，由具体情况确定。

5.2.2.2 负载电感

负载电感的电感量受以下几方面限制：

1. 换流通路

在变换器中负载电感 L 足够大，远远大于主功率换流回路电感 L_{Loop}，使得在开关过程中 I_L 基本不变，换流的高频电流基本完全通过主功率换流回路。在双脉冲测试中 L 也需要远大于 L_{Loop} 以达到同样的效果。L_{Loop} 一般在从几 nH 到 200nH 的范围内，L 取值在几十 μH 到几百 μH 即可。

2. 第一脉冲脉宽 τ_1

第一脉冲脉宽 τ_1 由式（5-7）决定，当 V_{set} 和 I_{set} 确定时，L 越大则 τ_1 越大，L

越小则 τ_1 越小。L 的取值需要符合 τ_1 上下限的要求。

3. t_4 时刻开通电流 $I_L(t_4)$

$I_L(t_3) = I_{set}$，在脉冲间隔 I_L 按照式（5-4）缓慢下降，在 t_4 时刻 $I_L(t_4)$ 由式（5-5）给出。双脉冲测试要求 $I_L(t_4)$ 与 I_{set} 相差不大，则在此前提下可由式（5-9）计算负载电感最小值 L_{min}

$$L \geqslant \tau_2 \frac{V_F(I_{set}) + I_{set}R_{es(L)}}{K_i I_{set}} \tag{5-9}$$

式中，K_i 为电流下降率，一般取 $0.5\% \sim 2\%$。

4. t_5 时刻关断电流 $I_L(t_5)$

为了避免关断电流过大，要求 $I_L(t_5)$ 小于 I_{set} 的 1.5 倍

$$(\tau_1 + \tau_3)V_{set}/L \leqslant 1.5 I_{set} \tag{5-10}$$

5.2.2.3　母线电容

在测试期间，需要保证 V_{Bus} 保持 V_{set} 不变。在第一脉冲期间，直流电源响应速度慢，I_L 由 C_{Bus} 提供，导致 V_{Bus} 会有一定的下降。为了避免 V_{Bus} 下降过多，C_{Bus} 需满足式（5-11），其中 K_v 为允许的电压下降比例，一般取 $0.5\% \sim 2\%$。

$$C_{Bus} \geqslant \frac{L I_{set}^2}{2 K_v V_{set}^2} \tag{5-11}$$

由式（5-11）可知，L 越大，则要求 C_{Bus} 越大。C_{Bus} 过大会导致对其充放电时间过长，测试电路发生故障时后果也更严重，故倾向于选择更小的负载电感以降低对 C_{Bus} 的要求。

5.2.2.4　参数设定方法

根据上述研究，脉宽时间、负载电感和母线电容之间是互相影响、互相制约的。例如，为了缩短 τ_1、减小 C_{Bus}，则选择 L 越小越好；但为了确保 $I_L(t_4)$ 贴近 I_{set}，则要求 L 不能过于小。故在设计双脉冲测试参数时，需要通过仔细计算才能确定各个参数的取值范围。

以下提供一种确定这三个参数的方法如下：

（1）第一步

规定 τ_1、τ_2、τ_3 的取值最小值分别 $\tau_{1,min}$、$\tau_{2,min}$、$\tau_{3,min}$，且需满足

$$\tau_{1,min} \geqslant 2\tau_{3,min} \tag{5-12}$$

（2）第二步

预设 τ_1 备选取值范围 $\tau_{1,min} \sim \tau_{1,max}$，通过式（5-13）计算出对应的电感取值范围

$$L_{\tau_1,min} = \frac{\tau_{1,min}V_{set}}{I_{set}} \leqslant L \leqslant \frac{\tau_{1,max}V_{set}}{I_{set}} = L_{\tau_1,max} \tag{5-13}$$

根据以上 L 范围计算确定电感等效串联电阻 $R_{es(L)}$ 范围为 $R_{es(L),min} \sim R_{es(L),max}$。

（3）第三步

预设 τ_2 取值，将 $R_{es(L),min} \sim R_{es(L),max}$ 代入式（5-14），得到 L 取值范围

$$L_{\tau_2,\min} \sim L_{\tau_2,\max}$$

$$L = \tau_2 \frac{V_{\mathrm{F}}(I_{\mathrm{set}}) + I_{\mathrm{set}}R_{\mathrm{es}(L)}}{K_{\mathrm{i}}I_{\mathrm{set}}} \tag{5-14}$$

（4）第四步

根据 $L_{\tau_1,\min} \sim L_{\tau_1,\max}$、$L_{\tau_2,\min} \sim L_{\tau_2,\max}$ 与 $R_{\mathrm{es}(L),\min} \sim R_{\mathrm{es}(L),\max}$ 的对应关系确定 L 的取值范围，并选取其最小值为 L，进入第五步；若 $L_{\tau_1,\max} \leqslant L_{\tau_2,\min}$，则返回第三步，减小 τ_2 预设，直到确定 L 为止；若 τ_2 减小至 $\tau_{2,\min}$ 还未确定 L，则返回第二步，增大 $\tau_{1,\max}$ 预设。

（5）第五步

确定 τ_3 取值满足式（5-15）

$$\tau_{3,\min} \leqslant \tau_3 \leqslant 0.5\tau_1 \tag{5-15}$$

（6）第六步

按照式（5-11）计算 C_{Bus}。

5.2.3　SiC 器件的动态过程

传统认为，功率器件的动态过程是指其在导通状态和关断状态之间发生转换，包括开关器件的开关过程以及二极管或 MOSFET 体二极管的正向恢复过程和反向恢复过程，前者属于主动过程，后者属于被动过程。以上这些动态过程在相关器件和测试标准、器件数据手册、专著、教材以及器件特性讲解资料中都会被提及。需要注意的是，当发生雪崩、短路和浪涌时，功率器件的工作状态虽然发生了变化，但都是需要避免发生的非正常应用工况，体现了器件承受极限工况的能力而不属于动态过程。

基于 5.2.1 节对双脉冲测试过程的介绍可知，在双脉冲测试电路中，二极管或 SiC MOSFET 体二极管的反向恢复过程对应其对管的开通过程。具体测试电路如图 5-8 所示，在上管的第二次开通过程中对下管的反向恢复过程进行观测。

在半桥电路拓扑或换流过程可等效为半桥电路拓扑时，开关管（MOSFET 或具有反并联二极管的 IGBT）的开关动作会导致其对管开关管的驱动波形发生波动，也就是串扰，将在第 8 章中进行详细介绍。很明显，串扰是在半桥电路中，开关器件进行开通或关断时无法避免的副产物。值得注意的是，发生串扰的开关器件其体二极管或反并联二极管的导通和关断状态也发生了转换。相较于 Si 功率开关器件，SiC MOSFET 具有更快的开关速、更低的高压高温阈值电压 $V_{\mathrm{GS(th)}}$、更差的栅极耐压能力以及未完全解决的栅氧可靠性问题，故串扰对于 SiC MOSFET 的可靠性和应用安全具有更严重的影响，在应用 SiC MOSFET 时需要格外关注这一问题。串扰测试电路与测量反向恢复的相同，均为图 5-8 中的电路，在上管第一次关断过程和第二次开通过程中分别对下管的关断串扰和开通串扰进行观测。由此可见，开关过程、反向恢复过程和串扰过程均可以利用双脉冲测试进行研究，同时后两者又是与开关过程伴随发生的。

　　综上所述，考虑 SiC 功率器件的自身特性和实际应用中遇到的问题，SiC 器件值得被关注的动态过程应该包括：开关、反向恢复和串扰。基于开关过程和反向恢复过程的测试结果，可以进行器件特性分析、损耗计算、驱动电路验证、电路调试等工作。基于串扰过程的测试结果，可以进行串扰特性分析、串扰抑制方法研究、驱动电路验证、电路调试等工作。

5.2.4　双脉冲测试平台

　　双脉冲测试平台包括测试板、负载电感、高压直流电源、低压直流电源、信号发生器、示波器、电压探头和电流传感器，如图 5-9 所示。

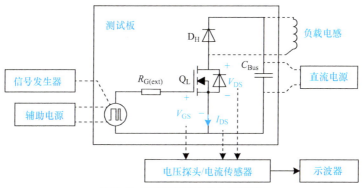

图 5-9　双脉冲测试平台的结构

5.2.4.1　测试板

　　测试板一般包含主功率电路、驱动电路、去耦电容、母线电容、对外接口，通常由测试者自行设计。对测试板的基本要求是：在被测器件特性正常、测量无误的前提下，在绝大多数测试条件下不出现异常波形，如误开通、误关断、电压尖峰超过器件极限值以及开关波形与理论严重不符等。当被测器件的一些特性超过测试板的极限而出现异常波形时，就需要对测试板进行有针对性的优化改进。

　　由 3.3.2 节对 SiC MOSFET 开关过程的分析可知，其开关特性受外电路参数的影响极大，如主功率回路电感、驱动回路电感、驱动电路的驱动能力等。故即使使用完全相同的测量仪器，仅仅因为测试板的差异就会导致测试结果的巨大差异，故将基于不同测试板或测试设备得到的测试结果进行对比是没有意义的。进一步，数据手册上标注的开关时间、开关能量是基于器件厂商的测试板得到的，那么在其他测试电路或变换器产品中测得的结果与数据手册有偏差是正常的，且差异还会十分显著。也就是说，是否与数据手册数值吻合或接近，不能作为评价双脉冲测试设备性能或精度的标准。在这一点上很多工程师有认知误区。

　　符合 SiC MOSFET 特性要求的测试板和正确的测量手段是保障完成双脉冲测试的两大方面，其中测量手段主要通过选择合适的测试设备和测量点连接方式给予保障，而测试板通常需要工程师根据需求自行设计。

相较于 Si MOSFET 和 Si IGBT，SiC MOSFET 在特性上有明显的差异，对测试板提出了更加苛刻的要求，同时也是在使用 SiC MOSFET 时面临的应用挑战。主要包括关断电压尖峰、串扰、共模电流以及驱动电路设计等，这些问题将在后续章节中进行详细讨论，在这里就不再赘述了。

为了方便工程师对 SiC MOSFET 的开关特性进行评估，有很多器件厂商推出了评估板。评估板并不是完整的功率变换器，通常只包含半桥电路和对应的驱动电路。当配置电感时就可以进行双脉冲测试，详细评估器件的开关特性；当配置电感和负载时，可以作为开环运行的变换器来进行器件特性评估，如 Buck/同步 Buck、Boost/同步 Boost、单相逆变器、双向 DC-DC，这样就可以评价器件导通特性、开关特性和热特性的综合性能。

Wolfspeed 和 Littelfuse 的评估板上使用同轴电阻进行电流采样，可以进行完整的双脉冲测试，如图 5-10 所示。Littelfuse EVAL_GDEP_01 的驱动电路板作为卫星

a) Cree KIT8020-CRD-5FF0917P-2[1]

b) Cree KIT-CRD-CIL12N-XM3[2]

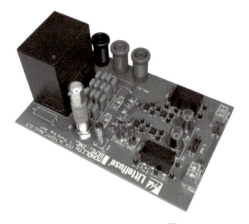

c) Littelfuse EVAL_DCP_01[3]

d) Littelfuse EVAL_GDEP_01[4]

图 5-10　带有同轴电阻的评估板

板通过接插件与主功率母板连接，提供了多达 7 种驱动电路，可以自由更换。工程师更可以自行设计驱动板完成各驱动电路的对比和 SiC 驱动特性的研究。与其他评估板为单管封装器件设计不同，Wolfspeed KIT-CRD-CIL12N-XM3 用于评估 1200V/450A SiC MOSFET 功率模块。由于电流等级显著提升，故选择了功率更大的同轴电阻以避免过热损坏。

Infineon、ROHM 评估板上没有使用同轴电阻进行电流采样，主要以搭配负载和电感后开环运行的方式进行器件评估，如图 5-11 所示。

a) Infineon EVAL-1EDC20H12AH-SIC[5]　　　　b) Infineon EVAL-PS-E1BF12-SiC[6]

c) ROHM P02SCT3040KR-EVK-001[7]

图 5-11　不带有 shunt 电阻的评估板

与通常的评估板不同，ROHM P02SCT3040KR-EVK-001 具有非常丰富的功能，具有以下主要特点[7]，可完成更全面的器件评估：

1）可评估 TO-247-4L 和 TO-247-3L；

2）单一电源（+12V）工作；

3）最大 150A 的双脉冲测试；

4）最大 500kHz 的开关工作；

5）支持各种电源拓扑（Buck，Boost，Half-Bridge）；

6）内置栅极驱动用隔离电源，可通过可变电阻调整（+12～+23V）；

7）可通过跳线引脚切换栅极驱动用负偏压和零偏压；

8）可防止上下臂同时导通；

9）内置过电流保护功能（DESAT，OCP）。

各厂商向客户开放了测试电路原理图、PCB文件以及BOM，工程师可以自行制作测试板，这也是学习掌握SiC MOSFET特性和使用方法非常好的资料。

5.2.4.2　负载电感

在变换器中用于主功率电路的电感通常是带有磁心的，常见的磁心材料是铁氧体、磁粉心，以环形和E形居多。在设计电感时需要根据实际工况选择合适的磁心，避免磁心饱和，使电感值尽量保持恒定。对双脉冲测试中使用的负载电感也有同样的要求，否则测试中电流波形会出现异常，如图5-12所示。

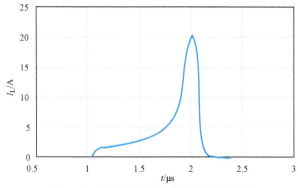

图5-12　电感饱和导致的电流波形异常

为了解决带磁心电感的饱和问题，可以选择使用空心电感作为负载电感。其磁介质为空气，不存在饱和的问题。但由于没有铁心，电感匝数会明显增大，则需要选择较粗的线径，避免因电感内阻过大而导致的发热和压降问题。但是，空心电感存在体积过大、重量过重和成本过高缺点。此外，空心电感的等效并联电容较带磁性的电感更大，对动态特性测试有负面影响。对此，已有相关学者进行了研究[8]。故对于有一定技术能力的工程师，选择精心设计的带磁性电感更具性能和成本优势。

5.2.4.3　高压直流电源

在双脉冲测试中，高压直流电源为母线电容充电，起到提供母线电压的作用，对其最基本要求是其输出电压能够满足测试要求。对于1700V及以下电压等级的SiC MOSFET，考虑实际应用中母线电压范围，建议选择高压直流电源的电压输出能力如表5-1所示。

除输出电压外，输出电流能力是直流电源的第二个重要指标。在双脉冲测试中，为母线电容充电的速度不需要很快，同时建立电流和开关过程换流均通过母线电容完成，故对直流电源的电流输出能力要求不高。这样还带来了额外的好处，小功率电源价格较低，且运行时的噪声也很小。

表 5-1　双脉冲测试对高压直流电源输出电压要求

器件电压等级/V	高压直流电源输出电压/V
650	500
1200	1000
1700	1500
3300	3000
6500	6000
10000	9000

根据输出电压和输出电流的要求很容易完成直流电源的选型，图 5-13 所示为部分适合 SiC MOSFET 双脉冲测试的高压直流电源[9-14]。

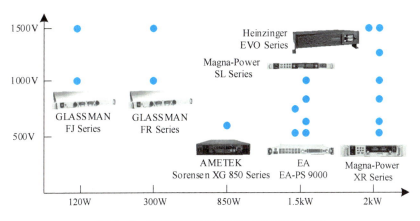

图 5-13　适用于双脉冲测试的高压直流电源

5.2.4.4　低压直流电源

低压直流电源用于为驱动电路供电，一般选择台式电源即可，如图 5-14 所示。

图 5-14　Tektronix 2220 系列低压直流电源[15]

5.2.4.5　信号发生器

在双脉冲测试过程中需要向驱动电路发送双脉冲指令，由于发送的信号非常简单且没有特殊要求，可以由测试者使用 MCU 开发板完成，成本低、操作灵活。使用时需要格外注意其可靠性和稳定性，特别在器件开关过程中会产生强烈的电磁干扰，如果开发板或信号输出连线设计不当，很容易被干扰而发生输出错误。

为了避免上述问题，可以使用信号发生器，如图 5-15 所示。Tektronix AFG31000 系列信号发生器还专门配备有双脉冲测试应用程序，无需使用外部 PC 应用程序或手动编辑，直接在触摸显示屏上生成两个具有可变脉冲宽度（从 20ns 到 150μs）的波形，显著简化了双脉冲脉宽设置。

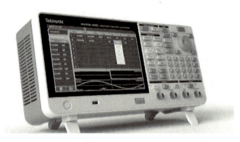

a) Tektronix AFG31000系列信号发生器[16]

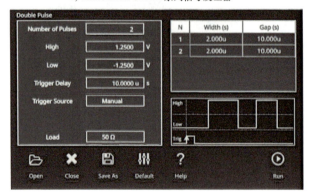

b) Tektronix双脉冲测试应用程序[17]

图 5-15　信号发生器

此外，双脉冲测试中需要对被测器件的漏-源压 V_{DS}、栅-源电压 V_{GS} 和漏-源 I_{DS} 进行测量，选择合适的示波器、电压探头和电流探头是完成精准测量的关键，接下来将进行详细讨论。

5.3　测量仪器

5.3.1　示波器

5.3.1.1　频率特性

1. 带宽

带宽是最常被提起的示波器重要指标，决定了示波器测量高频信号的能力，主要由示波器的模拟前端决定。图 5-16 为示波器的频率-增益曲线示意图，增益从直流开始随着频率的升高而下降，将增益下降到 −3dB 时对应的频率定义为带宽，即半功率点。

当示波器带宽不足时，被测信号的高频分量就会被衰减，降低了测量的准确度。例如，使用带宽为 100MHz 的示波器测量峰-峰值 $V_{p\text{-}p}$ 为 1V 的 150MHz 正弦波，示波器上显示的 $V_{p\text{-}p}$ 仅有 0.62V，而使用 500MHz 带宽的示波器测得 $V_{p\text{-}p}$ 为 1V。这说明示波器带宽并不代表其能够准确测量的最高频率，为了确保测量准确度，需要使所关注被测信号的频率段都落在示波器增益接近 0dB 的区间。

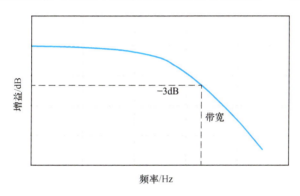

图 5-16　示波器的频率-增益曲线示意图

2. 上升时间

上升时间是与带宽紧密联系的另一个示波器参数，两者之间存在近似的换算关系。示波器的上升时间是指测量理想的阶跃信号时，示波器测得波形的幅值从 10% 上升到 90% 所用时间。需要注意的是，上升时间并不代表示波器能准确测量的最快边沿速度。由于并不存在理想的阶跃信号，在实际中一般使用比示波器上升时间快 3 ~ 5 倍的快速上升沿信号来测量示波器的上升时间。示波器的上升时间是可以通过手册查到的，一般不需要去验证。一般更关心的是已知上升时间（或者带宽）的示波器可以测量多快的信号，或者已知上升时间的信号需要用多少上升时间的示波器去做测试才能得到精确的结果。

幅值的误差必然会导致上升时间的出错，故当带宽不足时，被测信号看起来变"慢"了，信号上升时间的测量值比真实值偏大。故为了准确测量快速上升沿信号，示波器的带宽要足够高、上升时间足够短。

3. 频率响应方式

根据以上分析，幅值测量精度和快速上升沿信号的上升时间测量精度都要求示波器有足够的带宽，是完成准确测量的基础，也是示波器选型的重要考虑因素。为了确定测量对带宽的要求，还需要考虑示波器的频率-增益曲线的特性，也就是其频率响应方式。示波器频率响应方式有高斯响应和最大平坦度响应两种，通过

图 5-17 可以看到两者的差异。

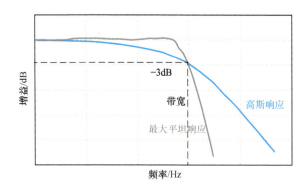

图 5-17　示波器的频率响应方式

高斯响应因其响应方式类似低通高斯滤波器特性而得名，带宽在 1GHz 以下的示波器通常为这种响应方式。其特点是具有最小上升时间，测量阶跃信号时没有过冲。但是由于其增益从远小于带宽处就开始缓慢下降，故信号在带宽内就已经被严重衰减，所以想达到高的测量精度就需要示波器具有比被测信号高得多的带宽。高斯响应示波器的上升时间 RT_{scope} 与示波器带宽 BW_{scope} 的关系为

$$RT_{\text{scope}} \approx 0.35/BW_{\text{scope}} \tag{5-16}$$

最大平坦度响应因其具有带宽范围内最大的增益平坦度而得名，带宽在 1GHz 及以上的示波器通常为这种响应方式。最大平坦度响应与高斯响应具有明显的差异，其增益在带宽内具有更广的平坦范围，在接近带宽处才开始下降，具有更高的带内测量精度。同时其带外滚降速率也更快，具有更好的带外抑制能力。最大平坦响应示波器的上升时间为

$$RT_{\text{scope}} \approx (0.4 \sim 0.5)/BW_{\text{scope}} \tag{5-17}$$

需要注意的是，示波器的响应方式有两种类型，但这并不意味着同一响应类型且带宽相同的示波器拥有同样的频率响应曲线，不同厂商不同系列的示波器的频率响应曲线是有明显差异的。

信号最大频率 $f_{\max}$ 按照式（5-18）和式（5-19）进行估算，其中 $RT_{10\% \sim 90\%}$ 和 $RT_{20\% \sim 80\%}$ 分别为信号按照上升沿幅值 10% ~ 90% 和 20% ~ 80% 所定义的上升时间。

$$f_{\max} \approx 0.4/RT_{10\% \sim 90\%} \tag{5-18}$$

$$f_{\max} \approx 0.5/RT_{20\% \sim 80\%} \tag{5-19}$$

示波器带宽高于信号最大频率越多，信号上升沿时间的精度越高，具体数值如表 5-2 所示。

表 5-2　上升时间测量精度与示波器带宽的关系

上升时间测量误差	高斯响应 BW_{scope}	最大平坦响应 BW_{scope}
~20%	$1.0f_{max}$	$1.0f_{max}$
~10%	$1.3f_{max}$	$1.2f_{max}$
~3%	$1.9f_{max}$	$1.4f_{max}$

以上仅考虑了示波器的带宽，而测量系统是由示波器和探头共同组成的，最终需要关注的是测量系统整体的带宽。高斯响应示波器的系统带宽和上升时间由式（5-20）和式（5-21）计算，而使用最大平坦响应示波器时，一般需要由示波器厂商提供所使用的示波器-探头组合的系统带宽和上升时间。

$$\frac{1}{BW_{sys}} = \frac{1}{\sqrt{BW_{scope}^2 + BW_{probe}^2}} \tag{5-20}$$

$$RT_{sys} = \sqrt{RT_{scope}^2 + RT_{probe}^2} \tag{5-21}$$

通过数据手册只能获得示波器和探头的带宽和上升时间，而无法得到其频率响应曲线，故不能精确地计算幅值测量误差。在进行示波器和探头选型时，对于模拟信号测试，选择示波器和探头为被测信号最大频率 5 倍以上就比较稳妥了。结合 SiC MOSFET 的开关速度，要求示波器带宽和探头带宽达到 500MHz。

5.3.1.2　垂直特性

1. ADC 量化位数

在数字示波器中，ADC 是将连续的模拟信号转换为离散的数字信号的核心器件。量化位数是 ADC 最重要的参数，它决定了 ADC 的垂直分辨率。量化位数为 N 的 ADC 将满量程均分为 2^N 等份，其分辨率就是满量程的 $1/2^N$，故 ADC 的量化位数越高其分辨率也越高。

可以将 ADC 看作是一台特殊的天平，其所拥有的砝码都是等质量的。在所有砝码总质量一定（即 ADC 量程一定）的情况下，单个砝码的质量越小（即 ADC 量化位数越高，分辨率越高），则天平（ADC）的测量误差就越小、精度就越高。8 位 ADC 的分辨率分别是 6 位 ADC 和 4 位 ADC 分

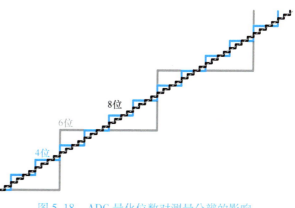

图 5-18　ADC 量化位数对测量分辨的影响

辨率的 4 倍和 16 倍，从图 5-18 中可以看到，随着 ADC 量化位数升高，测量结果

也更加精准。

为了确保对高频信号的测量能力，数字示波器一般都采用 FLASH 型 ADC，其量化位数一般为 8 位。以对 1200V SiC MOSFET 进行测试为例，示波器垂直刻度设置为 150V/div，则满量程为 1200V，此时 8 位 ADC 的分辨率为 4.69V，而 12 位 ADC 的分辨率为 0.29V。

2. 噪声

示波器上显示的波形是被测信号叠加上噪声的结果，使得波形看起来总是"毛茸茸"的，显得很"胖"。噪声的来源包括其模拟前端、ADC、探头、电缆等，对于示波器的总体噪声而言，ADC 的量化误差的贡献通常较小，模拟前端带来的噪声通常贡献较大。示波器在不接任何探头的情况下，可以观察到示波器噪声如图 5-19 所示，呈现出随机性的特点。

图 5-19　示波器的噪声

同一系列示波器从 500MHz 到 8GHz 共有 7 款产品，图 5-20 所示为输入阻抗为 50Ω 时的 RMS 噪声值[18]。

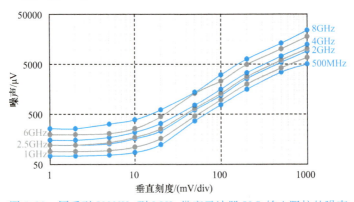

图 5-20　同系列 500MHz 到 8GHz 带宽示波器 50Ω 输入阻抗的噪声

对于特定一款示波器，其噪声随垂直刻度的增大而增大。这是因为示波器噪声的一部分分量是基于示波器量程的相对噪声，由垂直刻度决定。当垂直刻度较小时，这部分噪声可以忽略；但当垂直刻度较大时，这部分噪声将占据主导地位。

在同一垂直刻度下，示波器的带宽越高，噪声也越大。这是因为示波器模拟前端的噪声呈高斯随机分布，带宽越高，噪声频谱越宽，则噪声也越大。低带宽示波器能够有效滤除高频噪声，而高频噪声会进入高带宽示波器的带宽内。

在进行双脉冲测试时，所使用的部分探头需要设置示波器输入阻抗为 $1M\Omega$。以某 500MHz 示波器为例，$1M\Omega$ 输入阻抗下噪声明显大于 50Ω 时，如图 5-21 所示。此外，示波器的噪声还受到放大倍数的影响，放大倍数越大噪声也越大。这是因为整个测量系统的噪声有两个来源，即探头和示波器模拟前端。衰减比为 $N{:}1$ 的探头会将信号衰减为 $1/N$ 送入示波器，之后示波器会将信号放大 N 倍进行还原后再显示，由于在对信号放大还原的同时也会将示波器的噪声一同放大，使示波器噪声的影响更加严重。

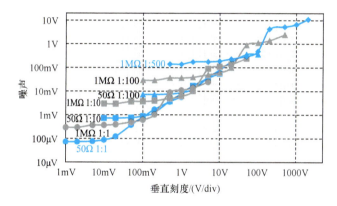

图 5-21　示波器输入阻抗和放大倍数对噪声的影响

3. 有效位数

由于噪声及其他非理想因素的影响，示波器实际的分辨率会小于 ADC 量化位数所对应的理想分辨率，根据示波器能够达到的实际分辨率计算得到的量化位数被称为有效位数（Effective Number of Bits，ENOB）。

具有 8 位 ADC 示波器的 ENOB 一般在 6 位左右，那么之前举例测量 1200V SiC MOSFET 的 V_{DS} 的实际分辨率并达不到为 4.6875V，而是仅为 18.75V。由此可见，噪声严重降低了示波器垂直分辨率，故 ENOB 比 ADC 量化位数更准确表征了示波器的垂直分辨率，为示波器选型和误差分析提供依据。

ENOB 通过对固定幅值的正弦波扫频测试，再通过时域分析法或频域分析法得到的，由一条 ENOB 曲线描述。示波器的 ENOB 受采样率、垂直刻度和被测信号屏幕垂直方向占比的共同影响，故在给出 ENOB 时需要同时标明对应的测试条件。

图 5-22 所示为同一系列从 1～8GHz 带宽示波器的 ENOB[19]，是在采样率 20GS/s、垂直刻度 100mV/div、被测信号占据屏幕垂直方向 90% 下得到的。

同一款示波器的 ENOB 曲线并不是平坦的，这说明其 ENOB 并不是固定值，而是随频率的变化而有所起伏。示波器厂商不会提供 ENOB 曲线，一般只在数据手册中提供 ENOB 值，为 ENOB 曲线的平均值。

　　同一系列示波器的 ENOB 随着示波器带宽的升高而降低，带宽为 1GHz、2GHz、4GHz、8GHz 的示波器其 ENOB 平均值分别为 7.8 位、7.5 位、7.2 位、6.4 位，这与噪声随带宽的升高而升高相吻合。结合图 5-20 可见在示波器选型时，一味追求更高的带宽并不合适，带宽过高反而会带来噪声过大、ENOB 严重降低的问题。

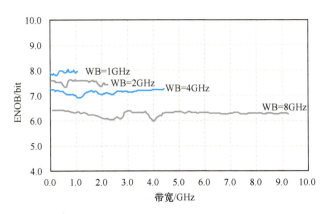

图 5-22　同系列 1GHz 到 8GHz 带宽示波器的 ENOB

　　以上所述的噪声和 ENOB 仅针对示波器自身，并没有考虑探头的影响。与带宽类似，在测量中需要关注的是整个测量系统的 ENOB。根据之前放大倍数对噪声的影响可见，使用小衰减比的探头有助于控制系统噪声、提高系统 ENOB。

4. 高分辨率示波器

　　从 20 世纪 80 年代中期第一款数字示波器问世以来，8 位 ADC 一直是示波器固定不变的特性，提高 ADC 的带宽和采样率一直是高速示波器所关注的主要问题。在 2010 年后，示波器在带宽和采样率方面已经达到瓶颈，同时电力系统、嵌入式系统和 EMC/EMI 测试要求测试设备具有更高的精度和更宽的动态范围，各厂商才把更多的精力投入到高分辨率示波器的研发和生产，陆续推出了多款高分辨率示波器，大大提高了示波器的垂直分辨率。

　　高分辨率示波器相比 8 位示波器的提升主要体现在采集芯片上，一方面需要位数更高的 ADC，另一方面需要低噪声的模拟前置，如图 5-23 所示。

　　图 5-24 所示为 3 款带宽为 2.5GHz 示波器的噪声，可以看到 10 位分辨率的示波器的噪声明显小于其他两款 8 位示波器。

图 5-23　Tektronix 高分辨率
示波器低噪声模拟前端

示波器的噪声更小，才能更充分地利用 ADC 的位数，进而提高 ENOB。

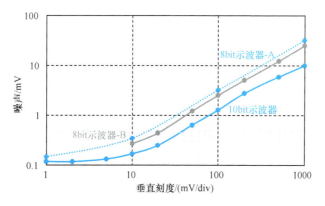

图 5-24　示波器噪声对比

使用同一台 Tektronix MSO64B BW-1000 示波器和相同的探头进行两次双脉冲测试，分别设置示波器为 8 位和 12 位分辨率，其他设置不变，测试结果如图 5-25 所示。可以看到，在 8 位分辨率模式下，得到的波形具有明显的锯齿状；而在 12 位分辨率模式下，波形十分平滑，这就是高分辨率带来的好处。

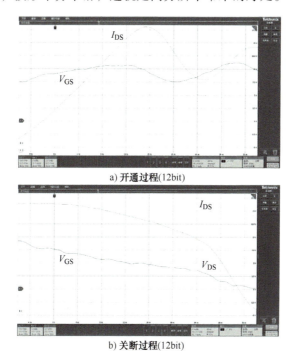

a) 开通过程(12bit)

b) 关断过程(12bit)

图 5-25　示波器分辨率对测量的影响

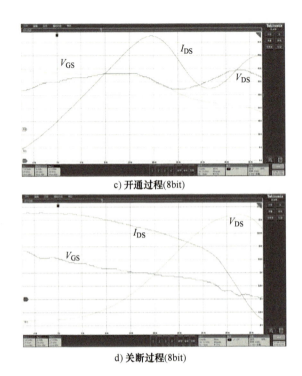

c) 开通过程(8bit)

d) 关断过程(8bit)

图5-25　示波器分辨率对测量的影响（续）

5.3.1.3　水平特性

1. 采样率

采样率是指示波器在单位时间内对被测信号进行采样的次数，单位为 GS/s。示波器的采样率满足采样定理是对其最基本的要求。采样定理的具体内容是：设 $x(t)$ 是一个带限信号，即在 $|\omega| > \omega_M$ 时，$X(j\omega) = 0$，如果 $\omega_s > 2\omega_M$，其中 $\omega_s = 2\pi/T$，那么 $x(t)$ 就唯一地由其样本 $x(nT)$，$n = 0$，± 1，$\pm 2\cdots$ 所确定。即为了不失真地恢复模拟信号，采样率应该不小于模拟信号频谱中最高频率的 2 倍。

由于示波器的频率响应并不是理想的低通滤波器，故在带宽之外还存在不少高频分量，如图5-26所示。带宽为1GHz时，高斯响应在带外的滚降速度较慢，高频分量直到3GHz才基本被衰减完；最大平坦响应在带外的滚降速度快，在2GHz时已基本衰减完。故采样率为带宽2倍是不满足采样定理要求的，一般要求高斯响应示波器的采样率需要大于其带宽的4倍，最大平坦响应示波器的采样率需要大于其带宽的2.5倍。

除过采样定理的要求外，采样率还需要足够高以捕获 SiC MOSFET 开关过程中的细节，获得足够多的采样点用于计算和分析。通过图5-27可以看到不同开关时间下采样率对采样点数的影响，为了获得要求的采样点数，开关时间越短则要求采样率越高。如今中端示波器可以很轻松达到 10 ~ 20GS/s 的采样率，完全可以满足

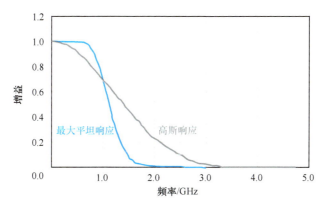

图 5-26　1GHz 带宽示波器的频率响应曲线

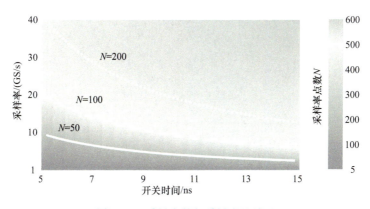

图 5-27　采样点数与采样率的关系

SiC MOSFET 双脉冲测试的需求。

普通示波器的采样率和分辨率都与高分辨率示波器具有明显差距。图 5-28 所示为使用 ADC 位数 8bit、采样率 1.25GS/s 的普通示波器得到的波形，其波形的锯齿状更加明显。可见为了测量 SiC MOSFET 的开关特性，要求示波器具有足够高的采样率和 ADC 位数。

2. 固有抖动

示波器的内部电路缺陷会使 ADC 的采样点水平偏移理想位置，这种偏移就是示波器自身固有的本底抖动。示波器抖动的来源有多个方面，包括：多片 ADC 进行交叉带来的误差、ADC 采样时钟输入信号的抖动以及其他内部抖动源。这种水平偏移误差源的集合会构成一个总的水平时间误差，即等效的采样时钟抖动（简称为采样时钟抖动），也可以叫做固有源抖动时钟（SJC）。

我们常常只注意到采样定律对采样率大于被测信号最高频率 2 倍的要求，而忽略了等间隔采样这一前提条件。当固有抖动较大时，示波器用 $\sin(x)/x$ 函数恢复出的信号将与实际的被测信号有明显偏差，如图 5-29 所示。

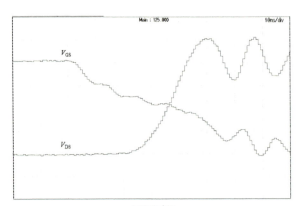

a) 开通过程

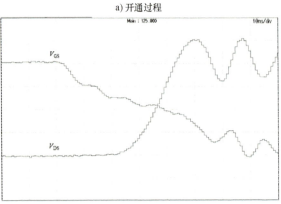

b) 关断过程

图 5-28 普通示波器测量结果

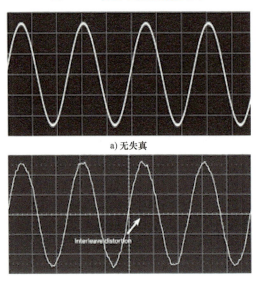

a) 无失真

b) 有失真

图 5-29 非等间隔采样造成的失真[20]

高采样率示波器往往是通过多片 ADC 交叉实现的，其原理如图 5-30 所示。被测信号被送到两片 ADC 上，这两片 ADC 的时钟信号相差 180°，之后再交由 CPU 对采样结果进行拼接，这样就实现了 2 倍等效采样率。

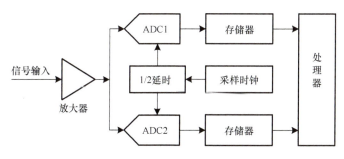

图 5-30　ADC 交叉采样原理

要控制多片 ADC 的采样时间精度难度较大，稍有不慎就会导致交叉失真。故在选择这类示波器时要格外关注其交叉失真的情况，而不是一味追求高采样率。

5.3.1.4　示波器选型

通过以上讨论，我们明确了 SiC MOSFET 双脉冲测试对示波器的性能要求，即高带宽、高采样率、高分辨率、低噪声、低抖动。其中带宽和采样率给出了量化要求，而分辨率、噪声、抖动给出量化指标要求的难度较大，可以采用横向对比取最优的方式。

针对 SiC MOSFET 双脉冲测试，一般选择各厂商 500MHz 或 1GHz 中端高分辨率示波器即可。例如 Tektronix 的 5 系列 B MSO[21] 和 6 系列 B MSO[22] 混合信号示波器，如图 5-31 所示。

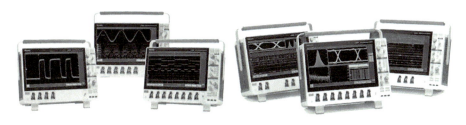

图 5-31　Tektronix 5 系列 B MSO 和 6 系列 B MSO 混合信号示波器

5 系列 B MSO 和 6 系列 B MSO 混合信号示波器采用 12bit 硬件 ADC，具有更低的噪声、更高的分辨率和测试精度及一致性。可支持的通道数包括 4、6、8，能够一次性观察更多信号，方便进行器件特性和驱动电路分析。5 系列 B MSO 最高带宽为 2GHz，6 系列 B MSO 最高带宽为 10GHz。可以选配内置任意波形/函数发生器。具有支持掐动-缩放-滑动手势的 15.6in 容性触摸屏及选配 Windows 10 操作系统。同时，示波器应用程序 WBG-DPT[23] 可以很方便地基于测试结果计算出开关

169

和反向恢复特性。

5.3.2 电压和电流测量

5.3.2.1 电压探头

电压探头是电子工程师最熟悉的测量工具之一，在学习和工作中更是离不开它。各厂商推出了多达几十款电压探头[24-26]，品类繁多的电压探头令人眼花缭乱。这些基于不同原理和结构的探头具有不同的带宽、测量范围和负载效应，应对不同的应用场合和测量需求。

按照电压探头是否需要供电，可将其简单分为无源探头和有源探头。无源探头仅由电阻、电容、线缆等无源器件构成，其本质是一个无源分压网络；而有源探头内部具有放大器，需要对其进行供电。进一步再根据测量范围、阻抗、单端或差分等，可对探头进行更细致的分类，如图 5-32 所示。

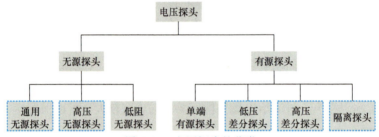

图 5-32 电压探头的分类

1. 通用无源探头

通用无源探头如图 5-33 所示。最常见的是具有 10:1 衰减比的探头，也就是俗称的十倍无源探头，是示波器的标配电压探头。其带宽可高达 500MHz ~ 1GHz，测量范围一般在 500V 以下。另外还有 1:1 分压比的探头，其带宽在 50MHz 以下。由于其价格便宜，使用简便，在各个领域得到了广泛使用。

图 5-33 通用无源探头及配件

2. 高压无源探头

高压无源探头如图 5-34 所示，比通用无源探头具有更高的输入阻抗和更高的衰减比，最高带宽可达 800MHz，最大测量范围可达几千伏，主要应用于电源设计、功率半导体测试等。

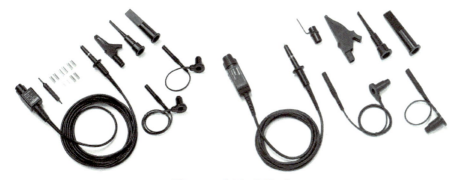

图 5-34　高压无源探头

3. 低阻无源探头

低阻无源探头如图 5-35 所示，其输入阻抗较低，一般为几百到几千欧姆，又称为传输线探头。其带宽可达数 GHz，是一种低成本、高可靠的高带宽探头。主要应用于计算机、通信、数据存储和其他高速设计。

高阻无源探头输入阻抗高，但带宽不高；低阻无源探头带宽很高，但输入阻抗低、负载效应大。放大器具有较高输入阻抗、高带宽，还具有足够驱动 50Ω 传输线的驱动能力。利用放大器的上述特

图 5-35　低阻无源探头

点，有源探头克服了无源探头的弱点，能够同时满足高输入阻抗和高带宽。

4. 单端有源探头

单端有源探头如图 5-36 所示，其前端有一个高速放大器，输入端为单端输入。探头的带宽很高，可达到数 GHz。但单端有源探头的动态范围很小，一般在几伏以内。主要应用于调试高速设计、信号完整性、抖动和定时分析。

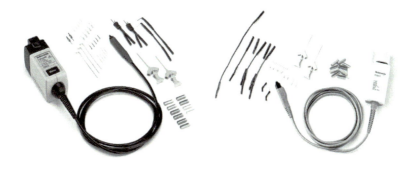

图 5-36　单端有源探头

5. 低压差分探头

与单端有源探头不同，差分有源探头前端是一个差分放大器，输入端为差分输入，故具有抗共模的能力，如图 5-37 所示。低压差分探头专为高速信号测试设计，带宽可达数十 GHz，动态范围一般在 10V 以内，少数带宽较低的探头动态范围能达到几十伏。

6. 高压差分探头

高压差分探头是电源工程师最常使用的探头，常被误认为是隔离探头，最明显的特征是它的"方盒子"外形，如图 5-38 所示。其带宽不高，通常在 200MHz 以下，但测量范围较大，可高达几千伏。主要应用于电源和低速差分总线测量。

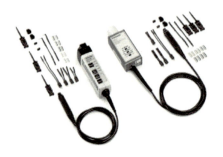 

图 5-37　低压差分探头　　　　　　　图 5-38　高压差分探头

7. 隔离探头

隔离探头利用隔离放大器或光隔离技术实现隔离采样，提供高隔离电压，保护人员和设备的安全，具有高共模抑制比、抗干扰能力强的优点。

通过以上的介绍，我们发现 10:1 无源探头、高压无源探头以及隔离探头可能适用于 SiC MOSFET 双脉冲测试。

5.3.2.2　电流传感器

测量电流时，需要使用电流传感器将电流按照一定比例转换为电压信号再送入示波器。基于不同的原理，多种类型的电流传感器被制造出来，其中霍尔电流探头、电流互感器、罗氏线圈和采样电阻最为常见。

1. 霍尔电流探头

将通有电流的导电材料薄片放置于磁场中，载流子会受到洛仑兹力的作用并向薄片的侧边积累，将在导电材料的两端出现垂直于电流 I 和磁场 B 的感应电势差 U_H，这就是由美国物理学家 E. H. Hall 在 1897 年发现的霍尔效应，如图 5-39 所示。

电势差 U_H 称为霍尔电压，其方向可以使用左手定则进行判断，由式（5-22）给出

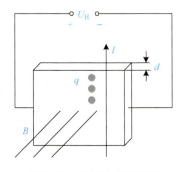

图 5-39　霍尔效应的原理

$$U_H = \frac{IB}{nqd} \tag{5-22}$$

式中，n 为载流子密度；q 为电流载流子电荷量；d 为导电材料厚度。

利用霍尔效应的霍尔器件，通过检测磁场的变化，将物体的运动状态转变为电压信号输出，最终实现传感或开关功能。霍尔器件已获得了非常广泛的应用，如位移、压力、质量、转速、角度检测等。

电流测量是电源工程师最熟悉的霍尔效应的应用，霍尔电流检测芯片、霍尔电流传感器被广泛应用于功率变换器中，霍尔电流探头是在进行变换器调试时最常用的电流测量工具。最常见的霍尔电流探头为钳式结构，在使用时将被测导线卡入其中，如图 5-40 所示。由于这样的结构，为了将换流回路卡入探头，需要专门为其留出空间。对于双脉冲测试，这将破坏线路走线上下交叠的原则，使主功率换流回路电感大大增加。

霍尔电流探头可以对 DC 和 AC 电流进行隔离测量，但带宽有限且随量程增大不断下降，还存在过电流导致偏磁的情况。

图 5-40　霍尔电流探头

2. 电流互感器

电流互感器由闭合磁心、一次侧线圈、二次侧线圈以及检测电阻 R_{sense} 构成，如图 5-41 所示。一次侧绕组 N_1 直接串入被检测线路，二次侧绕组 N_2 输出端接 R_{sense}，一次侧变化的电流 i_p 产生的感应磁通将在二次侧产生电流 i_s，并在 R_{sense} 产生电压 U_{CT}

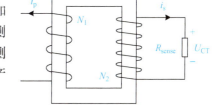

$$U_{CT} = R_{sense} i_p \frac{N_1}{N_2} \tag{5-23}$$

图 5-41　电流互感器的原理

一般 R_{sense} 非常小，因此可以将电流互感器看作是一个短路运行的变压器。

电流互感器被广泛应用在光束仪器、浪涌电流测试、粒子加速器、EMI 测试、等离子体研究、电容放电、医学应用等多个领域。

最常见的电流互感器为闭合环形，在使用时将被测导线穿入其中，如图 5-42 所示。与霍尔电流探头相同，电流互感器将破坏线路走线上下交叠的原则，使主功率换流回路电感大大增加。

　　与罗氏线圈一样，电流互感器只能对 AC 电流进行隔离测量，无法测量 DC 电流，且线圈匝数多而导致其带宽较低，另外还存在偏磁和磁饱和问题。

图 5-42　电流互感器

3. 罗氏线圈

　　以德国科学家 Walter Rogowski 命名的罗氏线圈（Rogowski Coil）是一种空心线圈，如图 5-43 所示，一般是将导线绕制在非磁性材料上构成的。假定线圈半径为 r，截面半径远小于 r，截面面积为 A，线圈匝数为 N，将通有电流的导体穿过罗氏线圈。根据法拉第定律，变化的电流将在线圈两端产生感应电压 U_R，由式（5-24）给出，其中，μ_0 为真空磁导率。

$$U_R = -\mathrm{d}i/\mathrm{d}t \frac{\mu_0 NA}{2\pi r} \tag{5-24}$$

　　这说明罗氏线圈可以感应出被测电流的变化，进一步用积分器对 U_R 进行积分，就可以得到实时电流值，由式（5-25）给出。其中 k 为积分器的增益。

$$U_{out} = -k \frac{\mu_0 NA}{2\pi r} \int \mathrm{d}i/\mathrm{d}t + U_{out}(0) \tag{5-25}$$

　　由于罗氏线圈没有磁滞和磁饱和的问题，量程不受限制，特别适合于高频脉冲电流的试验性测量。已被广泛应用于配电系统中电流测量、短路测试系统、电磁发射器、集电环感应电动机、雷击测试、功率半导体研发、大型机械的轴承电流测量、功率测量等领域。

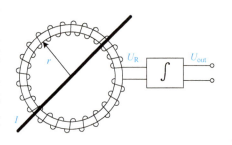

图 5-43　罗氏线圈的原理

　　罗氏线圈探头为细环形，在使用时将被测电流套入其中，如图 5-44 所示。相比于霍尔电流探头，罗氏线圈探头具有更小的尺寸，更加方便、灵活。可以方便地测量 TO 封装的器件，甚至将键合线套入其中，且不会增加主功率换流回路电感。

　　罗氏线圈只能对 AC 电流进行隔离测量，无法测量 DC 电流，测量精度受被测电流与线圈之间相对位置影响，且线圈匝数多而导致其带宽较低，通常不超过 30MHz。

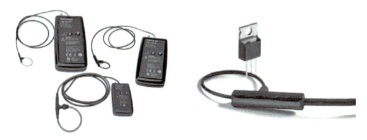

图 5-44　罗氏线圈探头

4. 采样电阻

采样电阻是基于最基本的欧姆定律，将采样电阻 R_{sense} 串入主功率回路中，电流 i 将在 R_{sense} 产生压降 U_{sense}

$$U_{sense} = iR_{sense} \qquad (5\text{-}26)$$

采样电阻有表贴式和同轴式两种，如图 5-45 所示。表贴式采样电阻常作为变换器中电流检测元件，而不适合作为双脉冲测试的电流测量工具。这是因为表贴式采样电阻的等效串联电感较大，不适合测量高速脉冲电流的瞬态过程；器件开关时高速电流产生的磁场容易耦合到测量线路中，导致测量容易受到干扰。

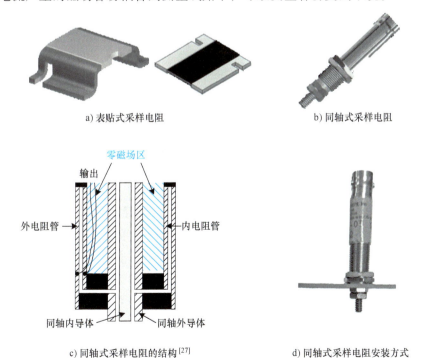

a) 表贴式采样电阻　　　　　　　　　　b) 同轴式采样电阻

c) 同轴式采样电阻的结构[27]　　　　　d) 同轴式采样电阻安装方式

图 5-45　采样电阻

同轴式采样电阻采用特殊的结构设计，大大减小了其等效串联电感，感应接线不受被检测电流的影响，拥有很高的带宽。另外，可以将同轴采样电阻直接安装在 PCB 上，PCB 布线仍然可以遵循上下交叠的原则，额外引入的回路电感量较小。

同轴采样电阻可以对 DC 和 AC 电流进行非隔离测量，具有很高的带宽，但过电流有可能造成损坏，非隔离测量在高压应用中可能导致安全问题。T&M 公司提供了丰富的同轴采样电阻产品。

综上所述，霍尔电流探头和电流互感器由于外形原因不适合用于 SiC MOSFET 双脉冲测试，而罗氏线圈和同轴电阻可能适用。

5.3.3　测量栅-源极电压 V_{GS}

5.3.3.1　10:1 无源探头

10:1 无源探头的带宽可高达 500MHz ~ 1GHz，测量范围一般在 500V 以下，可以用于 SiC MOSFET 栅-源极电压 V_{GS} 的测量。

10:1 无源探头是最常见的电压探头，其等效电路如图 5-46 所示。探头前端是由输入电阻 R_{in} 和输入电容 C_{in} 构成的输入阻抗，以及接地线电感 L_{ground}。探头前端通过电缆连接探头末端，电缆有电容 C_{cable}，末端有补偿电容 C_{comp}。探头末端连接示波器输入，示波器输入阻抗为输入电阻 R_{scope} 和输入电容 C_{scope} 并联组成。R_{in} 为 9MΩ，R_{scope} 为 1MΩ，这样就实现了 10:1 的衰减比。

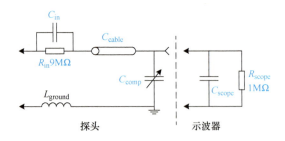

图 5-46　10:1 无源探头的等效电路

在使用 10:1 无源探头时，需要使其与示波器实现阻抗匹配，以在带宽内获得平坦的增益，否则会严重影响其高频特性。阻抗匹配的条件是 $R_{in}C_{in} = R_{scope}C_{scope}$，由于每台示波器的 C_{scope} 会有略微不同，则需要调节 C_{comp} 进行补偿。具体的方法是使用探头测量示波器自带的低压方波信号，用探头配套的螺丝刀旋转探头末端的补偿电容调节旋钮，观察到方波信号既无过冲又无过阻尼时即为正确补偿。此外，现在还有一些示波器可以识别探头型号并完成自动补偿。

使用 +15V/ −5V 对 SiC MOSFET 进行驱动，阻抗匹配对开关 V_{GS} 测量的影响如图 5-47 所示。当探头处于欠补偿时，测得的 V_{GS} 上升速度慢，在下一次关断前都没有上升至 +15V。当探头处于过补偿时，测得的 V_{GS} 出现明显的过冲，甚至达到

了 +20V，在下一次关断前都没有回到 +15V。无论是欠补偿还是过补偿，都会得到错误的测量结果，进而造成误导。

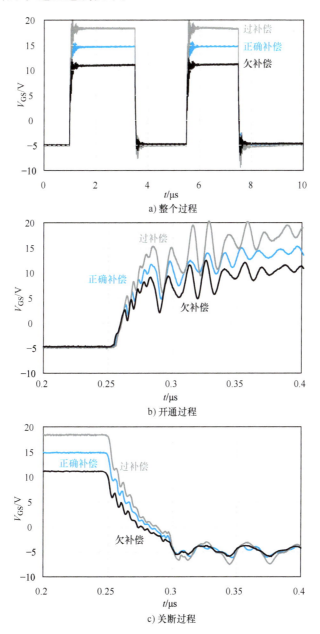

图 5-47　10:1 无源探头的阻抗匹配对开关 V_{GS} 测量的影响

如 5.2.3 节所述，串扰是半桥电路中开关过程的伴生动态过程，是使用 SiC MOSFET 时的重要挑战，故正确测量串扰 V_{GS} 波形是分析和解决串扰问题的前提。

虽然串扰在第 8 章才会具体介绍，但串扰的测试也采用双脉冲测试，故在此先行对串扰的测试进行讨论。

使用 10:1 无源探头时，阻抗匹配对串扰 V_{GS} 测量的影响如图 5-48 所示。当探头处于欠补偿时，测得的串扰波形尖峰更低，串扰的程度被低估了。当探头处于过补偿时，测得的串扰波形尖峰更高，串扰的程度被高估了。

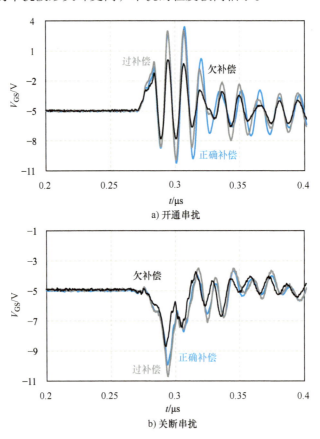

图 5-48　10:1 无源探头的阻抗匹配对串扰 V_{GS} 测量的影响

此外，探头接地线电感 L_{ground} 也会影响探头的高频特性。首先，L_{ground} 会引起振铃，使波形振荡看起来比实际更加严重。另外，L_{ground} 起到了天线的作用，会吸收周围的辐射，这在存在高 di/dt 的 SiC MOSFET 双脉冲测试中更加突出。

为了降低 L_{ground} 对测量的影响，需要尽可能缩短接地线长度、减小探头测试接线的回路面积。常见方法是使用各厂商提供的 PCB 适配器、短弹簧接地线，另外还可以自行绕制短接地线，其成本更低，测量点选择也更加灵活，如图 5-49 所示。

分别使用长接地线、短弹簧接地线和绕制短接地线的方式对开关 V_{GS} 进行测量，随着 L_{ground} 的降低和回路面积的减小，V_{GS} 波形也越来越 "干净"，如图 5-50

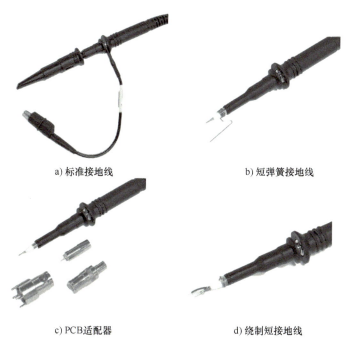

a) 标准接地线　　　　　　　　b) 短弹簧接地线

c) PCB适配器　　　　　　　　d) 绕制短接地线

图 5-49　10:1 无源探头的接地线

所示。使用自行绕制短接地线时测得的 V_{GS} 波形振荡最轻微，基于此结果判断此时 V_{GS} 在应用中属于可接受的范围之内。而使用长接地线时测得的 V_{GS} 波形振荡严重，振荡峰值超过了器件栅极耐压，基于此结果判断此时 V_{GS} 在应用中是不可接受的。由此可见，L_{ground} 会导致测量结果存在严重偏差，影响分析和判断。

如图 5-51 所示为接地线电感 L_{ground} 对串扰 V_{GS} 测量的影响。

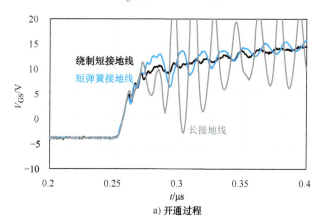

a) 开通过程

图 5-50　10:1 无源探头的接地线电感 L_{ground} 对开关 V_{GS} 测量的影响

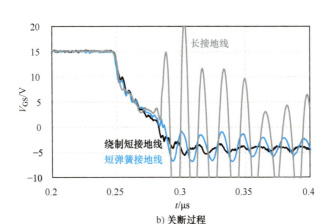

b) 关断过程

图 5-50　10:1 无源探头的接地线电感 L_{ground} 对开关 V_{GS} 测量的影响（续）

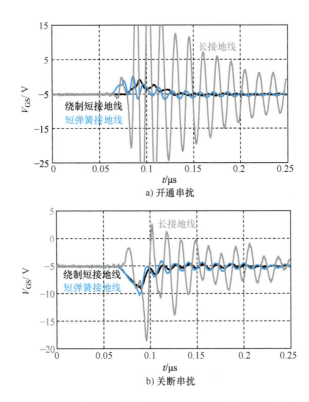

a) 开通串扰

b) 关断串扰

图 5-51　10:1 无源探头的接地线电感 L_{ground} 对串扰 V_{GS} 测量的影响

5.3.3.2　高压差分探头

高压差分探头为差分输入且输入阻抗高，电力电子工程师在功率变换器开发过程中测量 V_{GS} 时一般都会使用高压差分探头。由于高压差分探头主要用于高压信号测量，为了满足高压场景安全要求并方便连接，其输入端为两根长度接近 20cm 的连接线。与 10:1 无源探头一样，长连接线意味着更大的测量回路电感，测量回路的振荡和外部干扰都会验证影响测量结果。受限于高压差分探头前端的连接线，无法采用类似 10:1 无源探头自制连接线的方式减小测量接线长度，而是采用如图 5-52 中将连接线双绞的方式来改善测量效果。

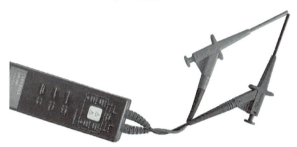

图 5-52　高压差分探头连接线双绞

高压差分探头前端连接线未双绞和双绞时测得的开关 V_{GS} 波形如图 5-53 所示。通过对比可知，相较于采用双绞，未采用双绞时的 V_{GS} 波形上存在严重的振荡，会对波形的分析和判断产生误导。

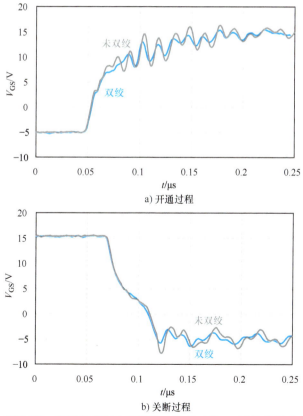

a) 开通过程

b) 关断过程

图 5-53　高压差分探头连接线双绞对开关 V_{GS} 测量的影响

181

　　高压差分探头前端连接线未双绞和双绞时测得的串扰 V_{GS} 波形如图 5-54 所示。通过对比可知，相较于采用双绞，未采用双绞时的串扰 V_{GS} 波形上存在严重的振荡，特别是开通串扰 V_{GS}，这将对串扰的分析和判断产生误导。

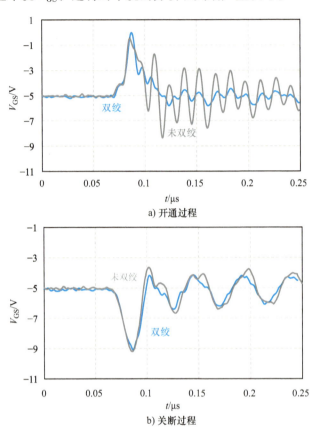

图 5-54　高压差分探头连接线双绞对串扰 V_{GS} 测量的影响

　　高压差分探头一般具有两个衰减倍数档位，衰减倍数越大则量程越大。使用 Tektronix 高压差分探头 TMDP0200[28] 的 25 倍衰减档位和 Tektronix 10:1 无源探头 TPP1000[29] 的开关 V_{GS} 波形对比如图 5-55 所示。可以看到相较于 TPP1000，TM-DP0200 测得的波形明显更"粗"，显得"毛茸茸"的。这是由于 TMDP0200 的衰减倍数大，使得分辨率大幅下降，同时示波器在还原信号时还会将噪声放大。同时，TMDP0200 测得的波形振荡也比 TPP1000 更加严重，这说明即使采用了双绞方式，其效果也不及自制接地线。

　　使用 Tektronix 高压差分探头 TMDP0200 的 25 倍衰减档位和 Tektronix 10:1 无源探头 TPP1000 测试的串扰 V_{GS} 波形对比如图 5-56 所示，串扰波形所显示出的特征与开关波形一致。

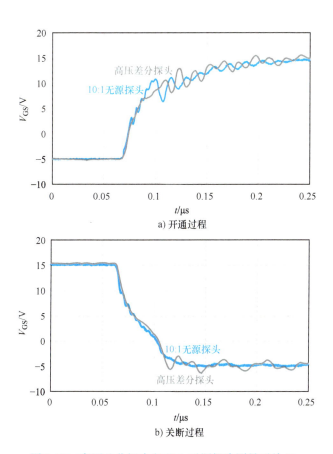

a) 开通过程

b) 关断过程

图 5-55　高压差分探头和 10:1 无源探头测量开关 V_{GS}

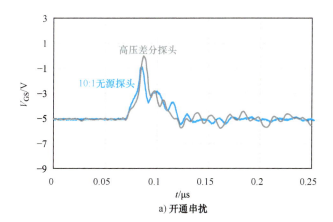

a) 开通串扰

图 5-56　高压差分探头和 10:1 无源探头测量串扰 V_{GS}

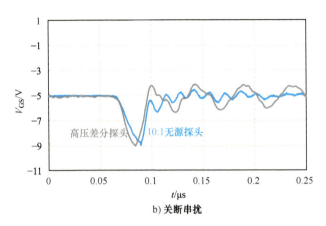

b) 关断串扰

图 5-56　高压差分探头和 10:1 无源探头测量串扰 V_{GS}（续）

　　上桥臂器件 Q_H 的 S 极电位是幅值为 V_{Bus} 的方波，方波边沿跳变速率为开关管开关时的 dV_{DS}/dt，为 Q_H 的 V_{GS} 的共模电压。对 Q_H 的 V_{GS} 的测量为浮地测量，由于 10:1 无源探头会与示波器一同接大地，故不适用于对上桥臂器件 V_{GS} 的测量。工程师在进行功率变换器设计时，一般使用高压差分探头，以免造成人员伤害和设备损坏。

　　使用 Tektronix 高压差分探头 TMDP0200 测量 Q_H 的开关 V_{GS} 和串扰 V_{GS}，结果如图 5-57 和图 5-58 所示。对比图 5-55 和图 5-56 可以看到，上桥臂器件的 V_{GS} 波形的振荡比下桥臂器件的更加明显。而在电路设计完全对称的情况下，上下桥臂器件的 V_{GS} 波形之间的差异不应具有如此大的差异，这不禁让人怀疑高压差分探头的测量结果，或许需要性能更加优异的探头用于上桥臂器件 V_{GS} 的测量。

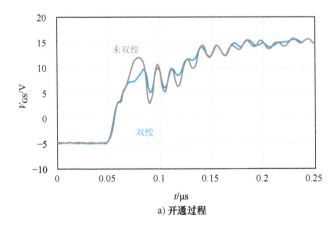

a) 开通过程

图 5-57　高压差分探头测量上桥臂器件的开关 V_{GS}

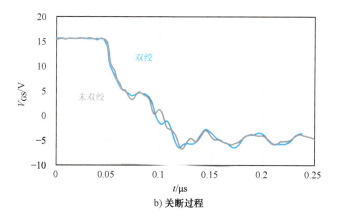

b) 关断过程

图 5-57 高压差分探头测量上桥臂器件的开关 V_{GS}（续）

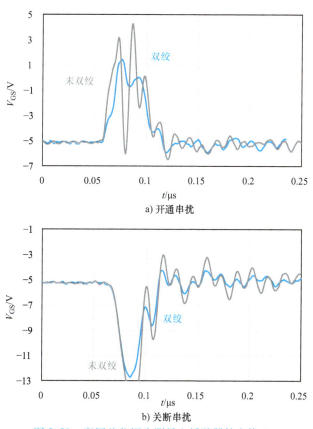

a) 开通串扰

b) 关断串扰

图 5-58 高压差分探头测量上桥臂器件串扰 V_{GS}

5.3.3.3 光隔离探头

高压差分探头的共模抑制比（Common Mode Rejection Ratio，CMRR）是一项重要参数，反映差分探头抑制共模信号的能力，CMRR 的绝对值越高，测量结果受到共模电压的影响越小。高压差分探头在低频时具有较高的 CMRR，随着频率的升高，CMRR 迅速降低。以一款常规高压差分探头为例，其 CMRR 在 DC、100kHz、3.2MHz 和 100MHz 下分别为 -80dB、-60dB、-30dB、-26dB。高频下 CMRR 偏低就会导致错误的测量结果，为了解决这一问题，就需要使用高频下依然具有高 CMRR 的电压探头。

Tektronix 在 2020 年推出了第二代光隔离探头 TIVP，如图 5-59 所示。具有非常优异的 CMRR 特性[30,31]，当前端分别为 SMA Input、TIVPMX50X 和 TIVP-WS500X 时，其 CMRR 如图 5-60 所示。

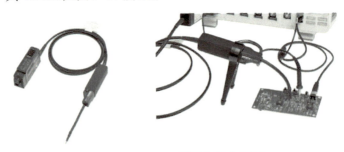

图 5-59 Tektronix 光隔离探头 TIVP

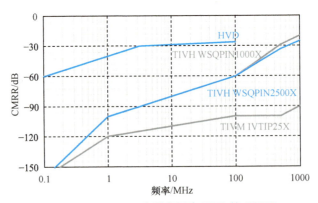

图 5-60 Tektronix 光隔离探头 TIVP 的 CMRR

使用 Tektronix 的光隔离探头 TIVP1 和两款高压差分探头测量 Q_H 的开关 V_{GS} 波形如图 5-61 所示。高压差分探头 HVD-A 表现出过阻尼特性，高压差分探头 HVD-B 表现出欠阻尼特性，测量结果存在明显的错误。TIVP1 测得的是标准的方波，同时振荡也比高压差分探头测得的轻微。这主要得益于 TIVP1 具有优异的 CMRR，同时其输入端 MMCX 接口实现了最小环路测试，在测量回路电感的同时能够最大程度减轻外部干扰。

使用 Tektronix 的光隔离探头 TIVP1 测量 Q_H 的串扰 V_{GS} 波形如图 5-62 所示，使用光隔离探头 TIVP1 得到的串扰 V_{GS} 的振荡幅度远低于使用高压差分探头 HVD 的。此时能够进一步看到即使采用双绞，高压差分头也无法获得正确的串扰 V_{GS} 波形，

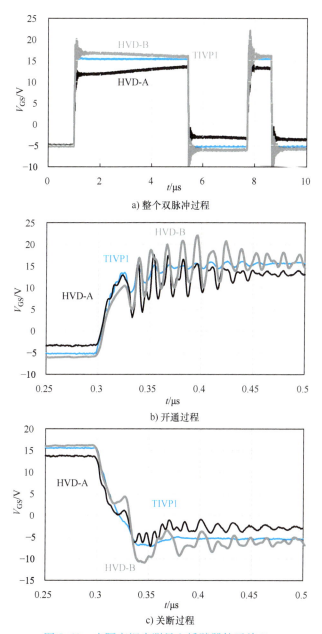

a) 整个双脉冲过程

b) 开通过程

c) 关断过程

图 5-61 光隔离探头测量上桥臂器件开关 V_{GS}

并将对串扰的分析和判断产生严重误导。

除过对上桥臂器件 V_{GS} 进行测量外，在进行变换器开发时，特别是变换器是浮地时，还可以使用光隔离探头对下桥臂器件 V_{GS} 进行测量。光隔离探头比 10:1 无源探头更加安全，测量结果的准确度远超高压差分探头。

综上所述，对于下桥臂器件 V_{GS} 测量，可以选择 10:1 无源探头和光隔离探头获

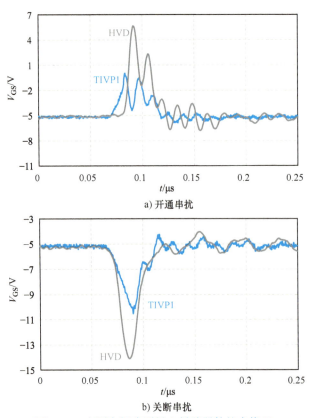

a) 开通串扰

b) 关断串扰

图 5-62　光隔离探头测量上桥臂器件的串扰 V_{GS}

得最佳测试结果；对于上桥臂器件 V_{GS} 测量，只有选择光隔离探头才能获得正确的波形；在变换器开发过程中对测量结果要求不高时，可以选择高压差分探头。

5.3.4　测量漏-源极电压 V_{DS}

5.3.4.1　高压无源探头

增大无源探头的输入电阻，探头的分压比也将增加，这样的探头就是能够测量更高电压的高压无源探头。常见的高压无源探头输入电阻在几十 MΩ 到 100MΩ，分压比为 50:1、100:1、1000:1，其带宽最高可达 800MHz。

使用图 5-63 所示的 Tektronix 的高压无源探头 TPP0850[32] 测量 V_{DS}，与 10:1 无源探头相同，高压无源探头也存在阻抗匹配和接地线电感的问题需要注意，如图 5-64 和图 5-65 所示。当探头处于欠补偿时，SiC MOSFET 的导通压降高达十几伏，明显与

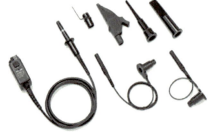

图 5-63　Tektronix 高压无源探头 TPP0850

理论不相符；当探头处于过补偿状态时，SiC MOSFET 的关断电压尖峰明显更高，同时导通压降为负值，明显与理论不相符。当使用长接地线时，在 SiC MOSFET 完全导通后 V_{DS} 还有严重的振荡且有负值，完全关断后 V_{DS} 不是单频率振荡衰减，这些都与理论不相符。

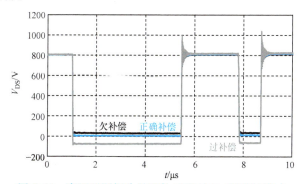

图 5-64　高压无源探头的阻抗匹配对 V_{DS} 测量的影响

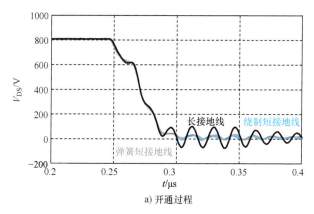

a) 开通过程

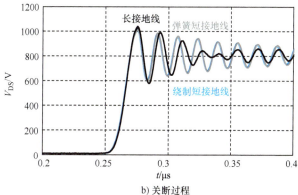

b) 关断过程

图 5-65　高压无源探头的接地线电感 L_{ground} 对 V_{DS} 测量的影响

5.3.4.2　高压差分探头

高压差分探头的电压测量范围满足 V_{DS} 的测量要求，其中个别型号的带宽满足要求。但由于探头前端接线过长，即使已经采用双绞方式，其测量准确度依然与高压无源探头 TPP0850 有明显差距，如图 5-66 所示。在开通过程的 V_{DS} 下降中，高压差分探头 HVD-A 和 HVD-B 与 TPP0850 有明显偏离。当 SiC MOSFET 完全导通后，HVD-A 测得的 V_{DS} 在振荡中存在负值，而 HVD-B 的完全为负，明显与理论不相符。在 SiC MOSFET 完全关断后，HVD-A 和 HVD-B 测得 V_{DS} 的振荡幅度明显高于 TPP0850。

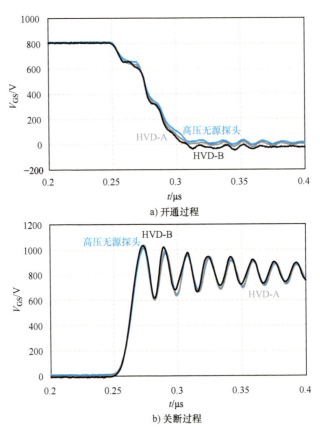

图 5-66　高压差分探头与高压无源探头测量 V_{DS}

得益于其差分输入的特性，高压差分探头可以用于上桥臂器件 V_{DS} 的测量，如图 5-67 所示。高压差分探头 HVD-A 测试结果较好，但受连接线和共模抑制比不足双重影响，高压差分探头 HVD-B 和 HVD-C 测得的 V_{DS} 波形依旧存在问题，以 SiC MOSFET 完全导通后 V_{DS} 存在负值最为突出。

综上所述，对于下桥臂器件 V_{DS} 测量，可以选择高压无源探头获得最佳测试结果，在变换器开发或对测量结果要求不高时，可以选择高压差分探头；对于上桥臂器件 V_{DS} 测量，需要尽量选择共模抑制比较高的高压差分探头。

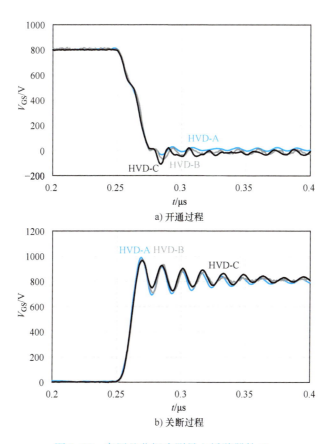

a) 开通过程

b) 关断过程

图 5-67　高压差分探头测量上桥臂器件 V_{DS}

5.3.5　测量漏-源极电流 I_{DS}

进行 Si IGBT 模块的双脉冲测试和变换器开发时，最常被用于测量集电极-发射极电流 I_{DS} 的电流传感器是罗氏线圈，这得益于其可以方便地串入电路中。但由于其带宽过低，不适用于 SiC MOSFET 的精准测量。根据 5.3.2.2 节对电流传感器的讨论可知，同轴电阻具有高带宽、低电感的特点，同时其独特的安装结构能有效控制主功率回路电感增大的程度，适用于 SiC 器件的双脉冲测试。

使用同轴电阻和罗氏线圈测量 I_{DS} 的波形如图 5-68 所示。可以看到在开关过程中，使用罗氏线圈测得的 I_{DS} 波形爬升和下降的速度都慢于同轴电阻的，开通过程中的 I_{DS} 幅值也小于同轴电阻的，这将会导致开关特性分析和损耗计算存在巨大偏差。同时，使用罗氏线圈测得的 I_{DS} 波形的振荡频率也与同轴电阻的明显不同。

测量上桥臂器件的 I_{DS} 时，与 10:1 无源探头同样存在接地问题，不能直接使用同轴电阻。通常会使用具有绝缘能力的罗氏线圈，但同样会由于带宽和摆放问题导致测量结果欠佳。此时可以选择同轴电阻配射频电流探头的方案，利用转接头将同

191

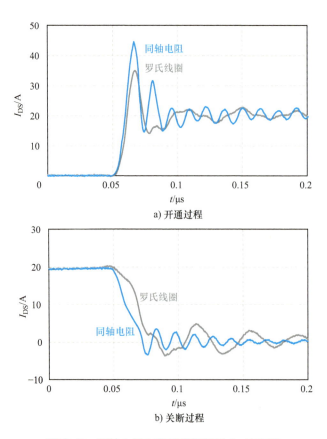

图 5-68　同轴电阻和罗氏线圈测量 I_{DS} 的波形

轴电阻的 BNC 头转换为 MMCX 接口再连接 Tektronix 的射频隔离电流探头 TICP100，如图 5-69 所示。

图 5-69　同轴电阻配射频隔离探头测量 I_{DS} 方案

使用同轴电阻配射频电流探头和罗氏线圈测量上桥臂器件 I_{DS} 的波形如图 5-70 所示，波形所展现的差别与测量下桥臂器件 I_{DS} 时类似。

综上所述，对于下桥臂器件和下桥臂器件 I_{DS} 测量，分别选择同轴电阻、同轴电阻配射频电流探头才能获得最佳测试结果。在变换器开发或对测量结果要求不高时，可以选择罗氏线圈。

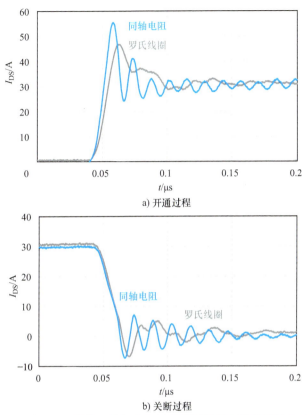

图 5-70　同轴电阻配射频隔离探头和罗氏线圈测量上桥臂器件 I_{DS} 的波形

5.3.6　测量栅极电流 I_G

在双脉冲测试中一般并不会对栅极电流 I_G 进行测量，但其对于开关过程分析、驱动电路分析、串扰分析以及将在后面介绍的寄生参数补偿方法至关重要。

罗氏线圈、霍尔电流探头、电流传感器和同轴电阻由于测量范围、带宽和安装方式的问题，不适合用于测量 I_G。栅极电流 I_G 流过外部驱动电阻 $R_{G(ext)}$ 会产生压降，如果能够测得 $R_{G(ext)}$ 的端电压 $V_{RG(ext)}$，则可以计算出 I_G。通过上文的介绍，可以用于 $V_{RG(ext)}$ 测量的电压探头有高压差分探头。测量 I_G 的另一种方式是使用罗氏线圈将驱动线路套入其中直接测量。此外，Tektronix 公司于 2024 年推出 IsoVu[TM] TICP 系列射频隔离电流探头，专门优化了使用分流电阻器的电流测量，即使在分流电阻器未接地且受到显著共模电压影响的情况下，也能准确测量电流，如图 5-71 所示。TICP 系列射频隔离电流探头具有高带宽、共模抑制比高、低噪声以及能准确测量微小电流的特点。

使用 Tektronix 的高压差分探头 TMDP0200、高压差分探头 TDP0500[33]、射频隔离电流探头 TICP100 和罗氏线圈分别测量开关过程和串扰过程的 I_G，分别如图 5-72 和图 5-73 所示。罗氏线圈由于带宽较低、摆放位置会影响测量结果，加之

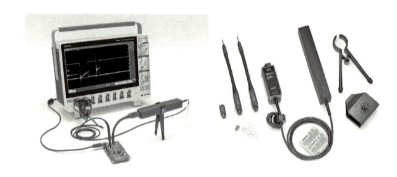

图 5-71 Tektronix TICP 系列射频隔离电流探头

I_G 较小而其量程较大，其测得的波形存在严重的振荡，与 TICP100 测得的结果相差甚远。即便 TDP0500 具有更低的 5 倍衰减档位且其探头前端为间距 2.54mm 的方针接口，TDP0500 测得的 I_G 波形相较于 TICP100 仍然会出现异常的振荡。TMDP0200 具有较长的连接线和更高的衰减倍数，但其在开关过程中测得的 I_G 与 TIVP 的基本吻合，不过在串扰过程中测得的又具有明显差距。

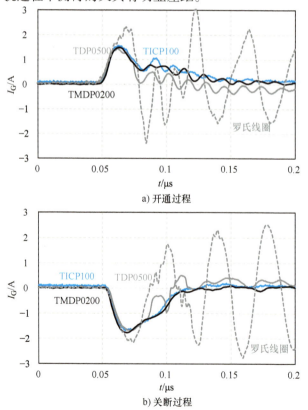

a) 开通过程

b) 关断过程

图 5-72 高压差分探头、射频隔离电流探头和罗氏线圈测量开关 I_G

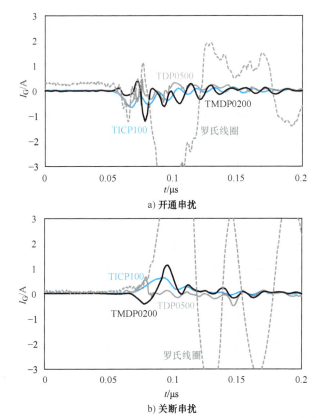

a) 开通串扰

b) 关断串扰

图 5-73　高压差分探头、射频隔离电流探头和罗氏线圈测量串扰 I_G

　　当需要测量上桥臂器件的 I_G 时，而输入共模电压范围仅有 35V 的 TDP0500 不再适用。使用 Tektronix 的高压差分探头 THDP0200、射频隔离电流探头 TICP100 和罗氏线圈分别测量开关过程和串扰过程的 I_G，分别如图 5-74 和图 5-75 所示。可见，只有使用射频隔离电流探头 TICP100 才能获得正确的结果，而 TMDP0200 和罗氏线圈由于其自身的不足导致测量结果具有明显差距。

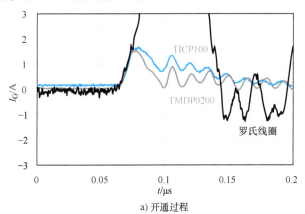

a) 开通过程

图 5-74　高压差分探头、射频隔离电流探头和罗氏线圈测量上桥臂器件开关 I_G

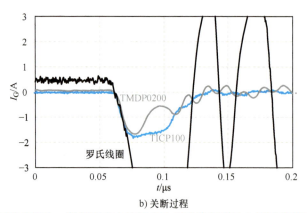

b) 关断过程

图 5-74　高压差分探头、射频隔离电流探头和罗氏线圈测量上桥臂器件开关 I_G（续）

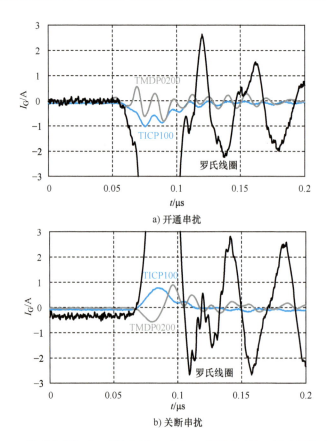

a) 开通串扰

b) 关断串扰

图 5-75　高压差分探头、射频隔离探头和罗氏线圈测量上桥臂器件串扰 I_G

综上所述，只有选择射频电流探头才能获得正确的波形。

5.3.7　时间偏移

5.3.7.1　时间偏移的影响

在进行双脉冲测试时，使用三根不同的探头连接到示波器的三个通道上，同时对被测管的 V_{GS}、V_{DS}、I_{DS} 进行测量。示波器各通道之间存在非常小的时间偏移，在几皮秒以下，可以忽略不计。而三根探头之间的时间偏移较大，在几纳秒到十几纳秒的范围内，使得测量结果在时间轴上并不是同步的。这样将会导致损耗计算结果的严重偏差，同时对波形分析造成不必要的困扰。

以 SiC MOSFET 在 800V/30A 下开通和关断为例，偏移校准前后波形对比如图 5-76 所示。在未进行偏移校正时，I_{DS} 超前 V_{DS}，计算得到的开通和关断能量分别为 866μJ 和 53μJ；进行偏移校正后，计算得到的开通和关断能量分别为 700μJ 和 180μJ。校正前后的开通和关断能量相差非常巨大，特别是关断能量相差 3 倍多，这就要求必须进行时间偏移校正。

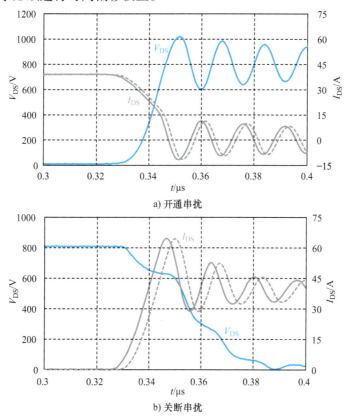

a) 开通串扰

b) 关断串扰

图 5-76　时间偏移校准前后的波形

5.3.7.2　时间偏移校正

1. 时间偏移校正夹具

进行偏移校准的原理非常简单，其核心是被校正的探头同时对同一信号进行测量。不同的电压探头同时测量同一个电压上升沿，设置通道的延时将波形重叠起来，这样就完成了电压探头的偏移校正，此时设置的通道延时就是电压探头之间的时间偏移量。类似地，当对电压探头和电流探头进行偏移校准时，就同时测量同步的电压上升沿和电流上升沿，然后调整通道延时至波形重叠即可。

基于此原理，各厂商也提供了专用的工具，可以提供同步的电压和电流上升沿用于偏移校准。例如 Tektronix 的相差校正脉冲发生器信号源 TEK-DPG 和功率测量偏移校正夹具 067-1686-03[34-35]，如图 5-77 所示。然而，这些校正夹具都是为霍尔电流探头设计的，不适用于同轴采样电阻。

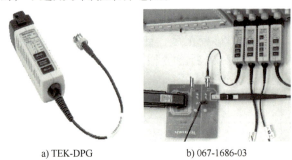

a) TEK-DPG   b) 067-1686-03

图 5-77　Tektronix 偏移校正夹具

2. 电阻欧姆定律

对电压探头和同轴电阻进行偏移校正的关键是产生同步的电压和电流上升沿信号。这可以利用阻性负载电路实现，如图 5-78 所示，包括开关管 Q、功率电阻 R_L、同轴采样电阻 R_{sense}、母线电容 C_{Bus}。当 Q 开通时，根据欧姆定律，功率电阻两端的电压和流过的电流同时上升，这样就得到了同步的电压和电流上升沿信号。此时使用电压探头测量功率电阻两端的电压，同轴电阻测量流过功率电阻的电流，就可以完成偏移校正。

需要注意的是，这种校正方式是以纯阻性电路为基础的，电压测量点之间的电感会破坏这一前提。故需要使用"无感"电阻，同时电压测量点选为电阻引脚的根部，尽量减小电感的影响。常见的无感电阻有 Caddock 的 MP900 系列电阻[37] 和 Vishay 的 RTO 50 系列电阻[38]，如图 5-79 所示。

图 5-78　阻性负载电路

a) Caddock MP900   b) Vishay RTO 50

图 5-79　"无感"功率电阻

3. 开通过程波形特征

根据 3.3.2 节对 SiC MOSFET 开通过程的介绍可知，当 SiC MOSFET 在感性负载下进行开通，电流 I_{DS} 从零开始向上爬升，电流在主功率换流回路电感上产生压降并在 V_{DS} 波形上表现为电压跌落。电流上升与电压跌落应该是同时发生的，故我们可以调整通道延时使 I_{DS} 波形和 V_{DS} 波形符合这一特征。

需要注意的是，由于电流上升与电压跌落的起点有时不是特别明显，人为判断就引入了较大的误差。故建议在不同工况下以较快的开关速度进行多次测试，取平均值作为时间偏移校正值。

4. 开通过程电压参考波形

根据 3.3.2 节对 SiC MOSFET 开通过程的介绍可知，当 SiC MOSFET 在电感负载电路下进行开通时，由 SiC MOSFET、同轴电阻 R_{sense}、续流二极管端构成的回路满足基尔霍夫电压定律式（5-27）

$$V_{DS} = V_{Bus} - V_D - I_{DS}R_{sense} - L_{Loop}dI_{DS}/dt \tag{5-27}$$

其中，V_{DS} 和 I_{DS} 为进行开通的 SiC MOSFET 的端电压和电流，V_D 为续流二极管的端电压，R_{sense} 为对 MOSFET 进行电流测量的同轴电阻，L_{Loop} 为主功率回路电感。在开通过程中，续流二极管的电流 I_D 不断降低，为负载电流 I_L 与 I_{DS} 之差。但只要续流二极管处于正向导通状态，其端电压就是其正向导通压降，由温度和导通电流决定，很容易通过对其进行正向导通特性测试得到。则可将式（5-27）改写为

$$V_{DS}(t) = V_{Bus} - V_D[I_L - I_{DS}(t), T_J] - I_{DS}R_{sense} - L_{Loop}dI_{DS}(t)/dt \tag{5-28}$$

那么，当得知 V_{Bus}、$I_{DS}(t)$、$V_D[I_L - I_{DS}(t), T_J]$ 和 L_{Loop} 后就可以根据式（5-28）计算得到 $V_{DS(cal)}$，那么计算得到的 $V_{DS(cal)}$ 与 I_{DS} 是完全同步的，即两者之间没有时间偏移。此时将 $V_{DS(cal)}$ 作为电压参考波形与测量得到的 V_{DS} 波形进行比对，就可以确定 V_{DS} 和 I_{DS} 之间的时间偏移量。Tektronix 的双脉冲测试软件 WBG-DPT 正是基于此原理进行时间偏移校准的[39]。

对式（5-28）进行分析可知，获得准确的 $V_D[I_L - I_{DS}(t), T_J]$ 和 L_{Loop} 是得到正确电压参考波形 $V_{DS(cal)}$ 的关键，并且具有一定的难度。由于 V_D 相较于 V_{Bus} 较小，进一步选择电流等级较大的 Si 二极管作为续流二极管，就可以将 V_D 看作固定值，提高了 V_D 的准确度并简化了计算过程。为了获得准确的 L_{Loop}，可以先进行一次双脉冲测试，根据关断电压尖峰及对应时刻的 $dI_{DS}(t)/dt$ 计算出 L_{Loop}。需要注意的是，根据测试波形计算得到 L_{Loop} 是排除掉 V_{DS} 测量点间寄生电感的主功率换流回路电感，故需要确保为得到 L_{Loop} 的测试和延时校准测试的 V_{DS} 测量点保持一致。

5.4　电压测量点间寄生参数

5.4.1　寄生参数引入测量偏差的基本原理

随着对功率变换器的指标和可靠性的要求越来越高，功率器件和变换器的研发必然向更加精细化的方向发展，这就要求测量获得更加准确的功率器件动态波形，

对于具有更高开关速度的 SiC 器件更是如此。为此，已经有很多科研工作人员和工程师进行了相关工作，研究内容主要集中在测量仪器的选择、测量连接方式以及建模分析，这些在 5.3 节中进行了介绍。

针对寄生参数，通常讨论的是 SiC MOSFET 芯片寄生参数、封装寄生参数和测试电路寄生参数对 SiC MOSFET 动态特性的影响，而很少关注这些寄生参数是否会对动态过程波形的测量产生影响。

以 TO-247-4 封装为例，图 5-80 所示为其结构，SiC MOSFET 芯片是薄薄的立方体，其背面为 D 极，上表面有 G 极和 S 极。芯片被焊接在金属基板上，芯片的 D 极被一根与基板直接相连的引脚引出。芯片的 S 极用若干根键合线与 PS 引脚相连引出以满足通流要求。由于驱动电流较小，芯片的 S 极和 G 极分别仅用一根较细的键合线与 KS 引脚和 G 引脚相连引出。这些引脚通过键合线和芯片相连，它们在高频下呈现电感特性，因此在实际的动态等效电路中，需要考虑各极的寄生电感。

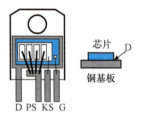

图 5-80　TO-247-4
封装器件的结构

研究分析中关注的是 C_{GS} 和 C_{DS} 的端电压，分别为 SiC MOSFET 芯片上控制沟道的栅-源极电压 V_{GS} 和源-漏极的端电压 V_{DS}。但在测量 V_{GS} 和 V_{DS} 时，电压探头无法直接接触芯片，只能夹在器件封装的引脚上，如图 5-81a 所示。对应的等效电路如图 5-81b 所示，测量得到的是测量点间的电压 $V_{GS(M)}$ 和 $V_{DS(M)}$，并不是 V_{GS} 和 V_{DS}。测量点间不仅包含了 C_{GS} 和 C_{DS}，还包含了键合线电感和一部分引脚电感，其中，$V_{GS(M)}$ 测量点包含 $L_{G(pkg-M)}$ 和 $L_{KS(pkg-M)}$，以下统称为 $L_{GS(M)}$；$V_{DS(M)}$ 测量点包含 $L_{D(pkg-M)}$ 和 $L_{KS(pkg-M)}$，以下统称为 $L_{DS(M)}$。当 $L_{GS(M)}$ 和 $L_{DS(M)}$ 上有变化的电流流过时将

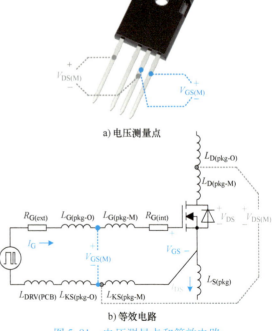

a) 电压测量点

b) 等效电路

图 5-81　电压测量点和等效电路

在其上产生压降，此电压也会被电压探头测入。同时，$L_{G(pkg-O)}$、$L_{KS(pkg-O)}$ 和 $L_{D(pkg-O)}$ 未包含在电压测量点间的引脚所对应的电感。另外，SiC MOSFET 芯片有

内部栅极电阻 $R_{G(int)}$，I_G 也会在其上产生压降，此电压也被测入。故实际测量得到的 $V_{GS(M)}$ 和 $V_{DS(M)}$ 与芯片实际的 V_{GS} 和 V_{DS} 存在偏差，可由式（5-29）和式（5-30）计算。

$$V_{GS(M)} = V_{GS} + I_G R_{G(int)} + (L_{G(pkg\text{-}M)} + L_{KS(pkg\text{-}M)})\mathrm{d}I_G/\mathrm{d}t \qquad (5\text{-}29)$$

$$V_{DS(M)} = V_{DS} + L_{D(pkg\text{-}M)}\mathrm{d}I_{DS}/\mathrm{d}t + L_{KS(pkg\text{-}M)}\mathrm{d}I_G/\mathrm{d}t \qquad (5\text{-}30)$$

如图 5-81b 所示的等效电路是针对测量点在器件引脚上的情况，但很多时候为了连接探头方便会将测量点放置在 PCB 上，这样式（5-29）和式（5-30）中 $L_{GS(M)}$ 和 $L_{DS(M)}$ 不仅包含串入回路引脚的全部电感，还可能包含一部分 PCB 线路电感。此时测量偏差将更加明显，这里就不再对这种情况深入讨论了。

以上分析是基于 TO-247-4 封装器件进行的，同样也适用于其他开尔文源极（发射极）封装器件。而由于封装结构不同，电压测量点间寄生参数在 TO-247-3 封装器件上引入测量偏差的情况不能再用式（5-29）和式（5-30）表述，具体将在第 10 章中进行讨论。

需要注意的是，由电压测量点间寄生参数而引入测量偏差并不是 SiC 器件所独有的，Si 和 GaN 功率器件都存在同样的问题。

5.4.2 寄生参数引入的测量偏差

基于 5.2.4 节的讨论，SiC 器件的动态过程包括开关、反向恢复和串扰，对开关的测量涉及 V_{GS} 和 V_{DS}，对反向恢复的测量涉及 V_{DS}，对串扰的测量涉及 V_{GS}。以下将具体分析电压测量点间寄生参数在开关过程和反向恢复过程引入的测量偏差，串扰过程的原理和测量偏差将在第 8 章中再专门介绍。

5.4.2.1 开通过程的测量偏差

图 5-82 所示为开通过程的仿真波形，可以看到测量得到的 $V_{GS(M)}$ 和 $V_{DS(M)}$ 与希望得到 V_{GS} 和 V_{DS} 之间存在明显偏差。

1. V_{GS} 测量

（1）$t_0 \sim t_1$

t_0 时刻，驱动电压从 $V_{DRV(off)}$ 快速变为 $V_{DRV(on)}$，I_G 迅速上升到峰值，速率快、幅度大，在 $L_{GS(M)}$ 和 $R_{G(int)}$ 的共同作用下，$V_{GS(M)}$ 上升速度远大于 V_{GS}，两者之间迅速拉开差距。

（2）$t_1 \sim t_2$

I_G 逐渐下降，尽管下降速率缓慢，但是其幅值仍然很大，$V_{GS(M)}$ 仍然明显高于 V_{GS}，偏差主要体现为 $R_{G(int)}$ 上的压降。

在这一阶段，输入电容 C_{iss} 基本保持不变，V_{GS} 和 I_G 可以分别用式（5-31）和式（5-32）表示，其中 R_G 为总驱动电阻（$R_G = R_{G(ext)} + R_{G(int)}$）。

$$V_{GS}(t) = V_{DRV(on)} - (V_{DRV(on)} - V_{DRV(off)})\mathrm{e}^{-\frac{t-t_0}{R_G C_{iss}}} \qquad (5\text{-}31)$$

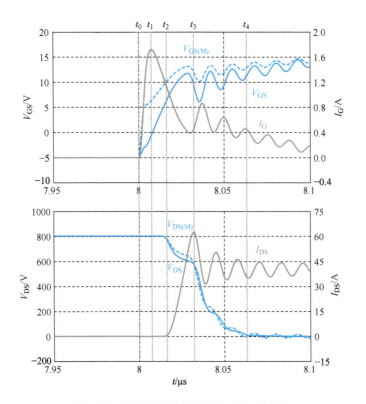

图 5-82　开通过程的测量偏差（仿真波形）

$$I_G(t) = C_{iss}dV_{GS}/dt = \frac{V_{DRV(on)} - V_{DRV(off)}}{R_G}e^{-\frac{t-t_0}{R_GC_{iss}}} \tag{5-32}$$

结合波形可以看出，$V_{GS(M)}$ 显然不符合式（5-31）所示的 RC 充电过程。$V_{GS(M)}$ 和 V_{GS} 之间的偏差可以用式（5-33）表示。

$$V_{GS(M)} = V_{GS} + \left(\frac{R_{G(int)}}{R_G} - \frac{L_{GS(M)}}{R_G^2 C_{iss}}\right)(V_{DRV(on)} - V_{DRV(off)})e^{-\frac{t-t_0}{R_GC_{iss}}} \tag{5-33}$$

（3）$t_2 \sim t_3$

t_2 时刻，V_{GS} 达到阈值电压 $V_{GS(th)}$，I_{DS} 开始上升，此时的 $V_{GS(M)}$ 明显偏高。而在此前 $V_{GS(M)}$ 达到 $V_{GS(th)}$ 时，I_{DS} 没有开始上升。以上两点都说明，如果用 $V_{GS(M)}$ 分析 SiC MOSFET 的开通过程，则会出现严重与理论矛盾的情况。随后 I_G 继续缓慢下降，仍保持较大的幅值，$V_{GS(M)}$ 仍然明显高于 V_{GS}，偏差主要体现为 $R_{G(int)}$ 上的压降。在这一阶段，由于输入电容 C_{iss} 仍基本保持不变，$V_{GS(M)}$ 和 V_{GS} 之间的偏差仍满足式（5-33）。

（4）$t_3 \sim$

t_3 时刻，I_{DS} 达到峰值，随后 V_{DS} 快速下降，C_{GD} 快速增大，导致 I_G 在短暂地略微上升后继续下降，下降速率比之前更缓慢，因此 $V_{GS(M)}$ 和 V_{GS} 之间的差距在略微增大后不断减小；同时在 $L_{GS(M)}$ 的作用下，$V_{GS(M)}$ 的振荡幅值小于 V_{GS} 的振荡幅值。

2. V_{DS} 测量

（1）$t_0 \sim t_2$

在 t_2 之前，V_{GS} 没有达到 $V_{GS(th)}$，I_{DS} 没有变化，$L_{D(pkg\text{-}M)}$ 上没有压降。尽管前面分析 $L_{KS(pkg\text{-}M)}$ 上会出现压降，但是相比 V_{DS} 承受的母线电压 V_{Bus} 而言，这个压降太小以至于可以忽略不计，同时也很难观察到。因此在这一阶段 $V_{DS(M)}$ 和 V_{DS} 之间没有偏差。

（2）$t_2 \sim t_3$

I_{DS} 快速升高，在 $L_{D(pkg\text{-}M)}$ 上产生压降，导致 $V_{DS(M)}$ 的跌落幅度小于 V_{DS}，这会导致开通能量的计算结果比实际偏大。

（3）$t_3 \sim t_4$

I_{DS} 从峰值回落，在 $L_{D(pkg\text{-}M)}$ 上产生压降，导致 $V_{DS(M)}$ 的下降速率大于 V_{DS}。从幅值上看，t_3 时刻 $V_{DS(M)}$ 高于 V_{DS}，t_4 时刻变为 $V_{DS(M)}$ 低于 V_{DS}。

（4）$t_4 \sim$

在 t_4 之后，V_{DS} 降至较低值，在 $L_{D(pkg\text{-}M)}$ 的主导作用下，$V_{DS(M)}$ 的振荡幅值大于 V_{DS} 的振荡幅值，这会导致开通时间和开通能量的计算结果比实际偏小。

随后 SiC MOSFET 完全导通，V_{DS} 为导通压降，V_{DS} 为正值并随着 I_{DS} 略微振荡；但是在 $L_{D(pkg\text{-}M)}$ 的作用下，$V_{DS(M)}$ 存在明显振荡且有负值，显然不符合 SiC MOSFET 的导通特性。

分别基于测量得到的 $V_{GS(M)}$ 和 $V_{DS(M)}$ 与希望得到 V_{GS} 和 V_{DS} 计算 SiC MOSFET 的开通特性，如表 5-3 所示。可以看到，测得的 $t_{d(on)}$ 更大，这是由于 $V_{GS(M)}$ 比 V_{GS} 爬升更快；测得的 E_{on} 更大，这是由于开通过程前期 $V_{DS(M)}$ 比 V_{DS} 在下降得更慢。

表 5-3　测量偏差对开通特性计算的影响

	基于 $V_{GS(M)}$ 和 $V_{DS(M)}$	基于 V_{GS} 和 V_{DS}
$t_{d(on)}$/ns	19.5	17.5
t_r/ns	29.5	32.4
I_{spike}/A	62.5	62.5
E_{on}/μJ	931.4	904.0

5.4.2.2　关断过程的测量偏差

如图 5-83 所示为关断过程的仿真波形，可以看到测量得到的 $V_{GS(M)}$ 和 $V_{DS(M)}$ 与希望得到 V_{GS} 和 V_{DS} 之间存在明显偏差。

1. V_{GS} 测量

（1）$t_0 \sim t_1$

t_0 时刻，驱动电压从 $V_{DRV(on)}$ 快速变为 $V_{DRV(off)}$，I_G 迅速上升到峰值，速率快、

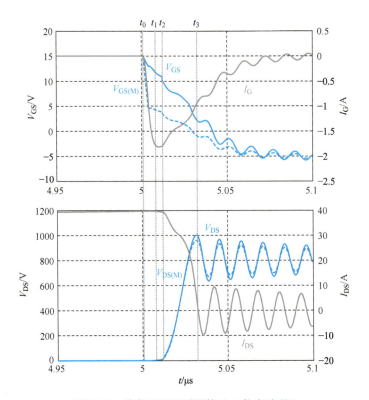

图 5-83　关断过程的测量偏差（仿真波形）

幅度大，在 $L_{GS(M)}$ 和 $R_{G(int)}$ 的共同作用下，$V_{GS(M)}$ 下降速度远大于 V_{GS}，两者之间迅速拉开差距。

（2）$t_1 \sim t_2$

I_G 逐渐下降，尽管下降速率缓慢，但是其幅值仍然很大，$V_{GS(M)}$ 仍然明显低于 V_{GS}，偏差主要体现为 $R_{G(int)}$ 上的压降。

在这一阶段，输入电容 C_{iss} 基本保持不变，V_{GS} 和 I_G 可以分别用式（5-34）和式（5-35）表示，其中 R_G 为总驱动电阻（$R_G = R_{G(ext)} + R_{G(int)}$）。

$$V_{GS}(t) = V_{DRV(off)} - (V_{DRV(off)} - V_{DRV(on)}) e^{-\frac{t-t_0}{R_G C_{iss}}} \tag{5-34}$$

$$I_G(t) = C_{iss} dV_{GS}/dt = \frac{V_{DRV(off)} - V_{DRV(on)}}{R_G} e^{-\frac{t-t_0}{R_G C_{iss}}} \tag{5-35}$$

结合波形可以看出，$V_{GS(M)}$ 显然不符合式（5-34）所示的 RC 放电过程。$V_{GS(M)}$ 和 V_{GS} 之间的偏差可以用式（5-36）表示。

$$V_{GS(M)} = V_{GS} + \left(\frac{R_{G(int)}}{R_G} - \frac{L_{GS(M)}}{R_G^2 C_{iss}} \right) (V_{DRV(off)} - V_{DRV(on)}) e^{-\frac{t-t_0}{R_G C_{iss}}} \tag{5-36}$$

这里需要注意的是，在这一阶段 SiC MOSFET 仍处于导通状态，式（5-34）~ 式（5-36）中 C_{iss} 的取值显著大于式（5-31）~式（5-33）中 C_{iss} 的取值。

（3）$t_2 \sim t_3$

I_{DS} 逐渐下降，V_{DS} 逐渐上升，I_G 继续下降，尽管下降速率缓慢，但是其幅值仍然很大，$V_{GS(M)}$ 仍然明显低于 V_{GS}，偏差主要体现为 $R_{G(int)}$ 上的压降。

（4）$t_3 \sim$

I_G 继续下降，$V_{GS(M)}$ 和 V_{GS} 之间的差距不断减小；同时在 $L_{GS(M)}$ 的作用下，$V_{GS(M)}$ 的振荡幅值小于 V_{GS} 的振荡幅值。

2. V_{DS} 测量

（1）$t_0 \sim t_2$

在 t_2 之前，I_{DS} 没有变化，$L_{D(pkg-M)}$ 上没有压降。尽管前面分析 $L_{KS(pkg-M)}$ 上会出现压降，但是相比 V_{DS} 承受的母线电压 V_{Bus} 而言，这个压降太小以至于可以忽略不计，同时也很难观察到。因此在这一阶段 $V_{DS(M)}$ 和 V_{DS} 之间没有偏差。

（2）$t_2 \sim t_3$

I_{DS} 快速降低，在 $L_{D(pkg-M)}$ 上产生压降，导致 $V_{DS(M)}$ 的上升速度小于 V_{DS}，这会导致关断电压尖峰的测量结果比实际偏小，以及关断能量的计算结果比实际偏小。

（3）$t_3 \sim$

I_{DS} 不断振荡，在 $L_{D(pkg-M)}$ 上产生压降，导致 $V_{DS(M)}$ 的振荡幅值小于 V_{DS} 的振荡幅值。

分别利用测量得到的 $V_{GS(M)}$ 和 $V_{DS(M)}$ 与希望得到 V_{GS} 和 V_{DS} 计算 SiC MOSFET 的关断特性，如表 5-4 所示。可以看出，测得的 $t_{d(off)}$ 明显偏大，这是由于 $V_{GS(M)}$ 比 V_{GS} 下降更快，测得的 E_{off} 略微偏小，测得的 V_{spike} 也偏小。

表 5-4　测量偏差对关断特性计算的影响

	基于 $V_{GS(M)}$ 和 $V_{DS(M)}$	基于 V_{GS} 和 V_{DS}
$t_{d(off)}$/ns	14.4	10.9
t_f/ns	11	11
V_{spike}/V	962.1	1004.9
E_{off}/μJ	307.2	316.8

5.4.2.3　反向恢复过程的测量偏差

如图 5-84 所示为反向恢复过程的仿真波形，可以看到测量得到的 $V_{DS(M)}$ 与希望得到 V_{DS} 之间存在明显偏差。

（1）$t_0 \sim t_1$

I_F 下降但仍大于零，体二极管处于正向导通状态，V_{DS} 为导通压降且为负。在 $L_{D(pkg-M)}$ 的作用下，$V_{DS(M)}$ 由负变为正且持续升高，这显然不符合体二极管的导通特性。

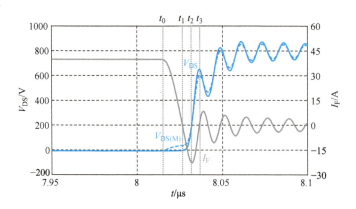

图 5-84　反向恢复过程的测量偏差（仿真波形）

（2）$t_1 \sim t_2$

I_F 降至零并继续下降至峰值，在 $L_{D(pkg-M)}$ 的作用下，$V_{DS(M)}$ 仍然高于 V_{DS}。

（3）$t_2 \sim t_3$

I_F 反向恢复到零，在 $L_{D(pkg-M)}$ 的作用下，$V_{DS(M)}$ 低于 V_{DS}。

（4）$t_3 \sim$

反向恢复结束，I_F 不断振荡，在 $L_{D(pkg-M)}$ 的作用下，$V_{DS(M)}$ 的振荡幅值小于 V_{DS} 的振荡幅值。

5.4.2.4　测量偏差的影响

通过以上分析可以直观地看到电压测量点间寄生参数使得测量得到的波形 $V_{GS(M)}$ 和 $V_{DS(M)}$ 明显偏离希望得到的波形 V_{GS} 和 V_{DS}。以下给出了测量偏差在器件的研发、应用以及相关学术研究中起到的负面影响。虽然串扰和 TO-247-3 封装器件上的情况分别在第 8 章和第 10 章才会详细介绍，但在接下来的讨论中将包含以上两方面，这样能够更加集中和全面地反映这一问题。

1. 开关特性分析

由于测量偏差的存在，会导致利用测量波形分析开关过程时出现违背理论的情况发生，可能导致工程师陷入死胡同。例如：$V_{GS(M)}$ 在驱动信号翻转时刻呈现几乎垂直变化，并不是理论的 RC 充放电过程；$V_{GS(M)}$ 超过 $V_{GS(th)}$ 后，依然没有电流流通；TO-247-3 封装器件 $V_{GS(M)}$ 上出现了不应存在的过冲。

2. 串扰特性分析

对于 TO-247-4 封装器件，$V_{GS(M)}$ 与 V_{GS} 的串扰波形形态接近但幅值偏低，这将导致低估串扰的严重程度，同时也会导致理论分析与测试结果无法对应。对于 TO-247-3 封装器件，开通串扰的 $V_{GS(M)}$ 与 V_{GS} 波形形态完全不同且幅值明显偏高，关断串扰的 $V_{GS(M)}$ 与 V_{GS} 波形形态类似但幅值明显偏高。这说明测量偏差将导致无法对 TO-247-3 器件的串扰进行正确分析。

3. 器件建模和仿真

利用器件模型可以快速完成对器件开关特性、反向恢复特性、串扰特性的研究和分析，以及变换器效率、温升、EMI 的评估。只有模型足够精准，才能提供有价值的结果，为此需要将基于模型的仿真结果与实测值进行对比后再对模型进行修正。很多模型是包含寄生参数的，这就需要在模型验证时确保仿真与实测时电压测量点间的寄生参数保持一致，否则无法有效验证模型的准确性。此外，基于仿真结果的损耗计算、串扰评估也需要排除寄生参数导致的测量偏差，否则会误导评判。遗憾的是，现阶段器件建模和仿真还没有注意到这一问题。

4. 变换器设计

在进行变换器设计时，可以利用双脉冲测试对器件的动态过程进行实测评估，从而可以进行损耗计算、串扰评估，测量偏差便会对此造成误导。例如测量偏差会导致损耗计算的偏差，从而影响热设计，开关频率越高影响越明显；$R_{G(int)}$ 越大，对串扰的低估程度越大，增大了变换器的风险。

5. 安全运行判断

在关断过程中，$V_{DS(M)}$ 尖峰低于 V_{DS}，也就是低估了器件过电压击穿的风险。TO-247-4 封装器件，$V_{GS(M)}$ 与 V_{GS} 的串扰波形形态接近但幅值偏低，这将导致低估串扰的严重程度。对于 TO-247-3 封装器件，无法对开通串扰导致桥臂直通的风险进行有效评估，同时高估了关断串扰的严重程度。

6. 学术研究

学术研究中需要利用测试结果进行分析、评判，故对测量结果的要求最高。现有研究工作中，获得的动态过程波形均未考虑测试偏差的影响。特别是针对 TO-247-3 封装器件的研究，测量偏差的影响更大。例如：在研究分析时的等效电路是 TO-237-4 封装的，但实测用的是 TO-247-3 封装器件；分析研究时的等效电路虽然是 TO-247-3 封装的，但没有考虑测量偏差的影响，研究结论的可信度大打折扣；使用与实际值有严重偏差的波形分析 TO-247-3 封装器件的串扰、提出并验证串扰抑制方法。

7. 专业和职业教育

正是由于测量偏差的存在，在高校专业教育和工程职业教育中，往往会出现学生无法正确理解器件开关过程的情况。教材和专业书籍对开关过程的讲解都是基于无测量点间寄生参数影响的理想情况，且没有对此进行说明和分析，当学生或工程师对照着书本进行测试波形分析时自然会造成困惑。

5.4.3 测量偏差的补偿方法

如上文所述，电压测量点间寄生参数引入的测量偏差后果如此严重，那就一定要提出消除其影响的方法，获得正确的电压波形。根据式（5-29）和式（5-30），测得的 $V_{GS(M)}$ 和 $V_{DS(M)}$ 由希望得到的 V_{GS} 和 V_{DS} 和测量偏差两部分叠加而成的，其

中测量偏差是 $L_{GS(M)}$、$L_{DS(M)}$ 和 $R_{G(int)}$ 上的压降。将式（5-29）和式（5-30）改写成式(5-37)和式（5-38），方括号中为测量偏差，即测得的 $V_{GS(M)}$ 和 $V_{DS(M)}$ 减掉测量偏差后，就得到了希望得到的 V_{GS} 和 V_{DS}。

$$V_{GS} = V_{GS(M)} - [I_G R_{G(int)} + (L_{G(pkg\text{-}M)} + L_{KS(pkg\text{-}M)}) dI_G/dt] \qquad (5\text{-}37)$$

$$V_{DS} = V_{DS(M)} - [L_{D(pkg\text{-}M)} dI_{DS}/dt + L_{KS(pkg\text{-}M)} dI_G/dt] \qquad (5\text{-}38)$$

式（5-37）和式（5-38）等号右边的所有参数可以分为三种类型：第一类为电压电流波形，包括 $V_{GS(M)}$、$V_{DS(M)}$、I_G 和 I_{DS}；第二类为电流变化率，即 dI_G/dt 和 dI_{DS}/dt；第三类为测量点间寄生参数，包括 $R_{G(int)}$、$L_{G(pkg\text{-}M)}$、$L_{KS(pkg\text{-}M)}$ 和 $L_{D(pkg\text{-}M)}$。

1. 波形测量

测量的精准性是确保得到正确结果的保障，可以根据5.3节介绍的内容选择合适的仪器仪表。

（1）示波器

使用中端高分辨率示波器。后续测试中使用的是 Tektronix 的 MSO64B 示波器，其带宽为1GHz、ADC 位数12bit。

（2）$V_{GS(M)}$ 测量

使用10倍无源探头。在后续测试中使用的是 Tektronix 的 TPP1000，其带宽高达1GHz、衰减倍数10倍、自带延时补偿和阻抗匹配功能。

（3）$V_{DS(M)}$ 测量

选择高带宽高压无源探头。在后续测试中使用的是 Tektronix 的 TPP0850，其带宽为800MHz、衰减倍数50倍、自带延时补偿和阻抗匹配功能。

（4）I_G 测量

采用射频电流探头测量驱动电阻两端电压的方式。在后续测试中使用的是 Tektronix 的射频隔离电流探头 TICP100，其带宽为1GHz、衰减倍数10倍、量程为±5V、自带延时补偿功能。

（5）I_{DS} 测量

采用带宽高、低电感的同轴电阻进行测量。在后续测试中使用的是 T&M 的 SDN414，其带宽为1GHz、阻值为50mΩ。

2. 电流变换率计算

测量得到的 I_G 和 I_{DS} 波形是一系列等间隔采样的数据点，因此可以采用数值微分法计算 dI_G/dt 和 dI_{DS}/dt。针对等间隔采样的数据，每个样本点对应的导数值可以用相邻样本点值的线性组合来表示，这是数值微分法的基本思路。为了获得尽可能高的精度，可以选用五点法进行计算。以计算第 k 个点的数值微分 DP_k 为例，可以将其表示为第 $k+2$ 个点、第 $k+1$ 个点、第 $k-1$ 个点和第 $k-2$ 个点值的线性组合，如式（5-39）所示，其中 h 为采样间隔。需要注意的是，采样范围一定超过动态过程的范围，则式（5-39）能够满足对数据的要求。

$$DP_k = \frac{-P_{k+2} + 8P_{k+1} - 8P_{k-1} + P_{k-2}}{12h} \qquad (5\text{-}39)$$

采用此方法计算的截断误差与 h^4 成正比，以采样频率为 12.5GHz 为例，其相对截断误差不超过 10^{-40}。

3. 寄生参数提取

（1）$L_{G(pkg-M)}$、$L_{KS(pkg-M)}$ 和 $L_{D(pkg-M)}$

可以通过有限元分析仿真软件提取，具体方法为：建立器件封装的几何模型，为各部分几何模型定义电导率、磁导率等与求解相关的材料参数，并根据测量点位置设置假想电流流入截面和流出截面，从而获得测量点之间的寄生电感值。

为提取封装不同部位的寄生电感值，需要根据对应的测量点位置设置假想电流流入截面和流出截面。提取 $L_{G(pkg-M)}$ 时，假想电流的流入截面为 G 极引脚的截面，流出截面为 G 极键合线与芯片 G 极的接触面。提取 $L_{KS(pkg-M)}$ 时，假想电流的流入截面为 KS 极引脚的截面，流出截面为 KS 极键合线与芯片 S 极的接触面。提取 $L_{D(pkg-M)}$ 时，假想电流的流入截面为 D 极引脚的截面，流出截面为金属基板与芯片 G 极的接触面。

通过以上方法提取的结果显示寄生电感会随频率发生变化，如图 5-85 所示。尽管运用频域分析可以获得最精确的寄生电感上的压降，但是方法过于复杂。由于寄生电感随频率变化不大，因此可以根据开关暂态电流的等效带宽频率选择恒定的寄生电感值，直接将其与电流变化率相乘，获得寄生电感上的压降。开关暂态电流的等效带宽频率 f_{eq} 由式（5-40）计算，其中 t_r 和 t_f 分别为上升时间和下降时间。

$$f_{eq} = \max\left\{\frac{0.35}{t_r}, \frac{0.35}{t_f}\right\} \tag{5-40}$$

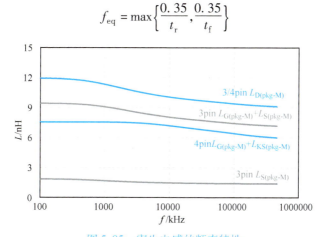

图 5-85　寄生电感的频率特性

（2）$R_{G(int)}$

内部栅电阻 $R_{G(int)}$ 可以使用功率器件分析仪测试获得。

5.4.4　测量偏差的补偿效果

与前文一致，本节主要关注对 TO-247-4 封装 SiC 器件的开关、反向恢复过程中测量偏差进行补偿的效果，串扰和 TO-247-3 封装器件的相关内容将在第 8 章和第 10 章中再讨论。

5.4.4.1　开通过程测量偏差的补偿效果

开通过程测量偏差的补偿效果如图 5-86 所示，测试条件为 $I_L = 30A$、$V_{Bus} = 800V$、$R_{G(ext)} = 5\Omega$。

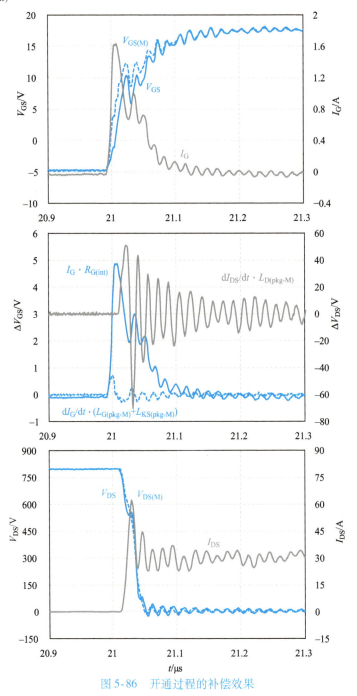

图 5-86　开通过程的补偿效果

补偿前，$V_{GS(M)}$ 在开通过程初期呈几乎垂直上升，而不是理论分析中的一阶惯性环节上升过程。在 I_{DS} 开始上升时刻，$V_{GS(M)}$ 比测试获得的 $V_{GS(th)}$ 偏大 4.33V，也明显不符合理论。补偿后，V_{GS} 的上升过程满足理论分析结论。在 I_{DS} 开始上升时刻，V_{GS} 与测试获得的 $V_{GS(th)}$ 仅相差 0.08V。此外，补偿后 V_{GS} 的振荡幅度小于 $V_{GS(M)}$ 的，二者最大相差 3V，能够反映 V_{GS} 实际振荡情况。

在 I_{DS} 快速升高阶段，V_{DS} 的跌落幅度大于 $V_{DS(M)}$，二者的最大偏差达到 65V。当 SiC MOSFET 完全导通后，$V_{DS(M)}$ 存在明显振荡且有负值，不符合 SiC MOSFET 的导通特性。补偿后 V_{DS} 为正值并随着 I_{DS} 微小振荡，能够反映实际情况。此外，基于 $V_{GS(M)}$ 和 $V_{DS(M)}$ 计算的 $t_{d(on)}$ 和 E_{on} 为 23.8ns 和 507.4μJ，基于 V_{GS} 和 V_{DS} 计算的 $t_{d(on)}$ 和 E_{on} 为 22.2ns 和 444.5μJ。

由式（5-37）和式（5-38）可知，不同工况下测量偏差也会不同。$R_{G(ext)}$ 越小，I_G 幅值越大、变化越快，$R_{G(int)}$ 和 $L_{GS(M)}$ 上的压降越大，$V_{GS(M)}$ 和 V_{GS} 之间的测量偏差也越大。$R_{G(ext)}$ 越小，I_G 和 I_{DS} 变化越快，$L_{DS(M)}$ 上的压降越大，$V_{DS(M)}$ 和 V_{DS} 之间的测量偏差也越大。I_L 越大，I_{DS} 变化越慢，$L_{DS(M)}$ 上的压降越小，$V_{DS(M)}$ 和 V_{DS} 之间的测量偏差也越小。

5.4.4.2　关断过程测量偏差的补偿效果

关断过程测量偏差的补偿效果如图 5-87 所示，测试条件为 $I_L = 30A$、$V_{Bus} = 800V$、$R_{G(ext)} = 5\Omega$。

补偿后 V_{GS} 在关断过程初期的下降速度远小于 $V_{GS(M)}$，二者的最大偏差达到 8V。补偿后 V_{DS} 的振荡幅值大于 $V_{DS(M)}$ 的，如不补偿会导致关断电压尖峰的测量结果比实际偏小 15V。此外，基于 $V_{GS(M)}$ 和 $V_{DS(M)}$ 计算的 $t_{d(off)}$ 和 E_{off} 为 26.9ns 和 53.1μJ，基于 V_{GS} 和 V_{DS} 算的 $t_{d(off)}$ 和 E_{off} 为 24.4ns 和 80.3μJ。

由式（5-37）和式（5-38）可知，不同工况下测量偏差也会不同。$R_{G(ext)}$ 越小，I_G 幅值越大、变化越快，$R_{G(int)}$ 和 $L_{GS(M)}$ 上的压降越大，$V_{GS(M)}$ 和 V_{GS} 之间的测量偏差也越大。$R_{G(ext)}$ 越小，I_G 和 I_{DS} 变化越快，$L_{DS(M)}$ 上的压降越大，$V_{DS(M)}$ 和 V_{DS} 之间的测量偏差也越大。I_L 越大，I_{DS} 变化越快，$L_{DS(M)}$ 上的压降越大，$V_{DS(M)}$ 和 V_{DS} 之间的测量偏差也越大。

5.4.4.3　反向恢复过程测量偏差的补偿效果

反向恢复过程测量偏差的补偿效果如图 5-88 所示，测试条件为 $I_F = 30A$、$V_{Bus} = 800V$、$dI_F/dt = 1000A/ns$。在二极管处于正向导通状态时，$V_{DS(M)}$ 由负变为正且持续升高，不符合体二极管的导通特性；补偿后，V_{DS} 为导通压降且为负，能够反映实际情况，二者的最大偏差达到 40V。此外，在体二极管逐渐关断过程中，补偿后 V_{DS} 的振荡幅值大于 $V_{DS(M)}$ 的振荡幅值，二者最大相差 60V，能够反映 V_{DS} 实际振荡情况。

如图 5-89 所示为不同 dI_F/dt 下反向恢复过程的测量偏差及补偿效果。dI_F/dt 越大，$L_{DS(M)}$ 上的压降越大，$V_{DS(M)}$ 和 V_{DS} 之间的测量偏差也越大。

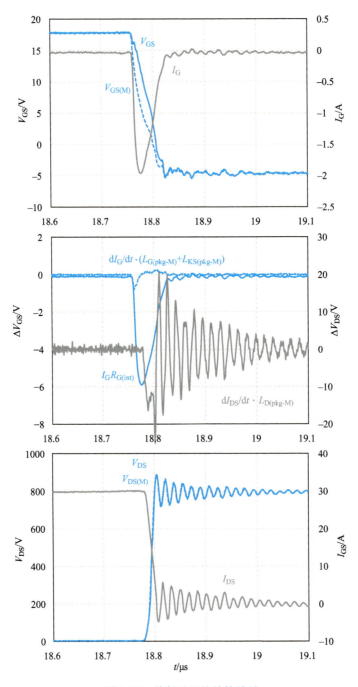

图 5-87　关断过程的补偿效果

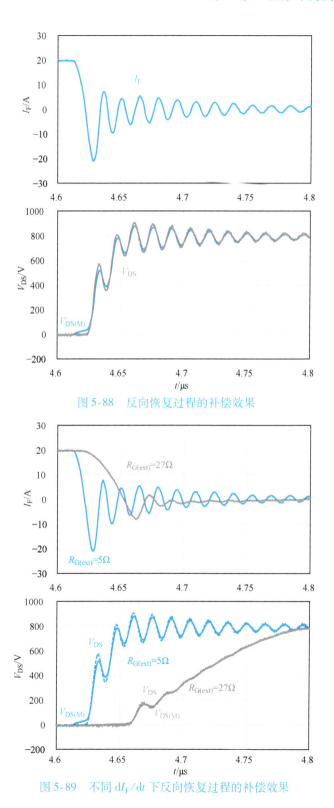

图 5-88　反向恢复过程的补偿效果

图 5-89　不同 $\mathrm{d}I_\mathrm{F}/\mathrm{d}t$ 下反向恢复过程的补偿效果

213

5.5　动态过程测试结果评判

5.5.1　测量的准确度和重复性

在提出对动态过程测试结果的评判标准之前，先回顾关于测量的两个基本概念，即准确度和重复性。准确度是测量或计算的数值与其实际（真实）值的符合程度，两者越接近说明测量的准确度越高。重复性（也称为精度）是重复测量或计算显示相同或相似结果的程度，重复测量的结果越接近说明测量的重复性越高。对测量结果的评判就可以归结为对准确度和重复性的要求。

通常可以用射击打靶对准确度和重复性进行视觉化类比，靶心对应实际值，射击点对应测量值。击中位置（测量值）越接近靶心中心（实际值），就代表准确度越高；多次射击的击中位置（测量值）之间越接近，就代表重复性越高。根据准确度和重复性的高低，可将测试结果分成 4 种情况，如图 5-90 所示。

（1）高准确度和高重复性

图 5-90a 中测量结果都位于靶心中心附近，且彼此间距离很近，这说明测量具有高准确度和

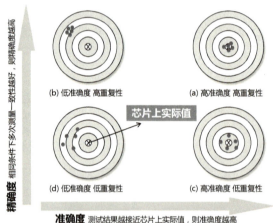

图 5-90　测量准确度和重复性的视觉化

高重复性。这样的测试结果正是工程师所追求的，可以用于最严谨的分析和研究工作。需要注意的是，想获得高准确度和高重复性的测量结果，一定会损失测试效率、付出更高的测试成本。

（2）低准确度和高重复性

图 5-90b 中测量结果整体偏离靶心中心，但彼此间距离依然很近，这说明测量具有低准确度和高重复性。此时，虽然测量值与实际值之间具有明显偏差，但此偏差较为稳定，故这样的测量结果依旧可以用于参数相对大小对比、参数分布分析和参数变化检测。保证稳定性、牺牲精确度，能够显著提升测试效率、降低测试成本。

（3）高准确度和低重复性

图 5-90c 中测量结果虽然都围绕在靶心中心，但彼此间距离依然很远，这说明测量结果具有高准确度和低重复性。此时，单次测试结果无法提供有效信息，可以通过多次测量取平均值的方式获得接近实际值的结果，但这样明显降低了测试效率。

（4）低准确度和低重复性

图 5-90d 中测量结果远离靶心中心，且彼此间距离依然很远，这说明测量结果具有低准确度和低重复性，这样的测量结果没有任何价值。

通过以上分析可知，具有应用价值的测量结果必须具有高重复性。对 SiC 器件动态过程测试而言，当测量结果用于器件特性分析、损耗计算、封装设计和串扰抑制等研究分析目的时，对准确度和重复性的要求最高。当测试结果用于生产时，依然对重复性有极高的要求，但对准确度的要求可以相对降低。

对 SiC 器件的动态过程测试而言，实际值为控制沟道的栅-源极电压 V_{GS}、芯片漏-源极电压 V_{DS}、漏-源极电流 I_{DS}。需要注意的是，基于 V_{GS}、V_{DS} 和 I_{DS} 计算得到的开关时间、开关能量等动态特性参数是间接数值，而对动态过程的测量结果进行评判是对整个动态过程的波形进行考察。

对 SiC 器件动态过程测试的重复性进行评判，只要将多次测量的波形叠加在一起进行分析即可。重复性主要依赖测试环境、测量仪器仪表、测试连接和激励信号的稳定性保证，只要以上因素稳定，就能够保障测量的稳定性。

对 SiC 器件动态过程测试的准确度进行评判十分困难，这是因为无法获得实际值作为标准。此时，只能是在确保器件特性正常的情况下，通过分析测试波形是否符合理论特征来判断。可惜的是，要完成测量波形分析和判断需要对器件特性和测量技术具有较深的认知，大部分工程师还不具备这样的能力。5.3 节中讨论的示波器选型、电压和电流测量技术、测试连接方式和时间偏移校正都是在提高测量的准确度。虽然科研人员和测试设备厂商在这些方面做了很多努力并取得了显著的成果，但仍然无法避免电压测量点间寄生参数导致测量偏差。只有利用 5.4 节中讨论补偿方法，才能够获得实际值为控制沟道的栅-源极电压 V_{GS}、芯片漏-源极电压 V_{DS}，进一步提升测量准确度到新的台阶。

5.5.2 动态过程测试的场景及结果的评判标准

对 SiC 器件动态过程进行测试的场合很多，在产业界包括器件研发与制造、封装测试、系统应用，在学术界包括器件研究、封装研究、应用研究。由此可见，SiC 器件动态过程测试横跨产业和学术领域、涵盖器件产业链的各个环节、贯穿器件完整生命周期，足以见得其重要性。

产业界和学术界的不同环节还可以再细分为各种测试场景，由于各个测试场景的测试目的不同，则其需要进行的测试项目及对应测试结果的评判标准自然也不同，不能一概而论。SiC 器件动态测试的场景及测试项目由表 5-5 给出。

表 5-5　SiC 器件动态测试的场景及测试项目

环节	测试场景	开关	反向恢复	串扰
芯片研发与制造	产品调研	√	√	√
	应用研究	√	√	√
	工程样品特性评估	√	√	√
	规格书制作	√	√	
	芯片制造	√	√	
封装测试	封装设计	√	√	√
	封装制造	√	√	
系统应用	来料检验	√	√	
	器件选型	√	√	√
	驱动设计	√		√
	电路调试	√	√	√
学术研究	芯片研究	√	√	√
	封装研究	√	√	√
	应用研究	√	√	√

1. 器件研发与制造

（1）产品调研

在进行器件开发时都需要进行竞品对标，采用在相同设备进行测试的方式收集数据以避免规格书数据的测试条件和设备不同的问题，其中就包括动态过程。基于测试结果可以分析各种产品的优缺点并提出参数设计目标，而测试结果不准确将导致研发方向错误。故在产品调研时，对动态过程测量的准确度和重复性的要求很高，并且有必要对电压测量点间寄生参数导致的测量偏差进行补偿。

（2）应用研究

基于变换器的测试研究，能够提炼出特定应用对器件特性的要求，还能对比不同产品在变换器上的表现。此时，测试结果作为分析的依据，提出器件进一步优化的方向。由于是系统级研究，故对动态过程测量的准确度和重复性的要求略低于产品调研，其中对串扰的测量有必要对电压测量点间寄生参数导致的测量偏差进行补偿。

（3）工程样品特性评估

在进行器件开发时，需要对每一轮的工程样品进行特性评估，动态过程是必不可少的。测试结果将与产品调研时的数据进行分析，对器件开发结果进行评判。故在进行工程样品特性评估时对测量的准确度和重复性的要求与产品调研时一样。

（4）规格书制作

规格书上动态过程的相关参数一般给出典型值给工程师作为参考，同时动态过程受测试电路影响很大，而变换器电路与制作规格书的测试电路差异很大。故制作规格书时，对动态过程测量的准确度和重复性的要求略低于产品调研和工程样品特性评估，自然没有必要对电压测量点间寄生参数导致的测量偏差进行补偿。需要注意的是，制作规格书使用的测试电路与产品调研和工程样品特性评估时的一般是相同的。

（5）芯片制造

制造过程对器件参数的测试主要是为了确保产品的一致性，将参数偏离过大的不良品剔除。故芯片制造时，对动态过程测量的重复性要求很高，对准确度的要求较低，只要与实际值的偏差是稳定的即可。

2. 封装测试

（1）封装设计

在进行封装设计，特别是功率模块设计时，需要明确封装对器件动态过程的影响。测试结果将用于封装设计评判，并提供优化设计方向。故在产品调研时，对动态过程测量的准确度和重复性的要求较高，其中对串扰的测量有必要对电压测量点间寄生参数导致的测量偏差进行补偿。

（2）封装制造

与芯片制造相同，封装制造过程对器件参数的测试主要是为了确保产品的一致性，将参数偏离过大的不良品剔除。故封装制造时，对动态过程测量的重复性要求很高，对准确度的要求较低，只要与实际值的偏差是稳定的即可。

3. 系统应用

（1）来料检测

电力电子企业通常会对供应商提供的器件进行来料检测，通常为抽检，验证器件参数是否在规格书范围内或不同批次的器件的参数是否稳定。由于动态过程受测试电路的影响很大，这就使得来料检测主要关注不同批次器件的稳定性。故在来料检测时，对动态过程测量要求与芯片制造和封装制造相同，更加关注测试的稳定性。

（2）器件选型

在进行变换器设计时，工程师往往需要面临器件选型问题，从众多品牌的众多产品中选择出最适合的器件。通过对动态过程的测量可以计算出开关和反向恢复损耗，从而可以计算效率、预估温升、完成热设计，还可以评估串扰的风险。故在进行驱动设计时，对动态过程测量的准确度和重复性的要求很高，并且有必要对电压测量点间寄生参数导致的测量偏差进行补偿。

（3）驱动设计

驱动电路是与器件配合最紧密的电路，通过测试可以验证、对比驱动电路对器件动态过程的影响。良好的驱动电路是充分发挥器件能力以及确保器件安全工作的保障。故在进行驱动设计时，对动态过程测量的准确度和重复性的要求很高，并且有必要对电压测量点间寄生参数导致的测量偏差进行补偿。

（4）电路调试

在进行变换器调试时，需要通过对器件的动态过程进行测试确认电路设计、器件是否工作在安全的范围内。由于主要是用于设计验证和辅助调试，故对动态过程测量的准确度和重复性的要求略低于器件选型，但有必要对电压测量点间寄生参数导致的测量偏差进行补偿。

4. 学术研究

进行芯片、封装、应用相关的学术研究时，动态过程的测量结果会被作为选取研究方向、研究结果验证的依据，故对动态过程测量的准确度和重复性的要求很高，并且有必要对电压测量点间寄生参数导致的测量偏差进行补偿。

基于本章对双脉冲测试技术以及不同场景对动态过程测试的关注点的讨论，可以总结出对动态过程测试结果的评判标准如下：

1）测试结果的稳定性是测试结果具有价值的基础。

2）测量结果应该符合理论，波形形态不应出现异常。如有偏差应能够找到原因并提出合理解释，再基于测试目的判断是否能够接受偏差。

3）生产制造环节更注重测量的稳定性，可以适当降低对准确度的要求。

4）对器件特性进行细致研究分析的场合需要对电压测量点间寄生参数导致的测量偏差进行补偿，例如工程样品特性评估、学术研究等。

5.6 动态特性测试设备

5.6.1 自建手动测试平台

参考5.2节和5.3节的介绍，就能自行搭建用于实验室测试的双脉冲测试系统。自建测试系统可以将实验室原本的示波器和探头利用起来，还可以根据需要设计不同的测试板实现更多功能并满足更多需求，具有更高的灵活性和更低的成本。由于需要自行设计测试板和数据处理程序，这就要求相关工程师和科研人员具有电路设计和软件编程经验。随着人工智能的应用，这一点也不会成为自建测试系统的瓶颈。

针对电压等级在1200V以内的SiC MOSFET自建双脉冲测试平台，表5-6为可

218

参考的仪器仪表，图5-91为自建测试平台实例。

表5-6 自建双脉冲测试平台仪器示例

	仪器	说明
高压电源	Magana- Power XR3000-0.6	
辅助电源	Tektronix 2220	多通道，过电流保护
示波器	Tektronix MSO 4B/5B/6B	12bit ADC
信号发生器	Tektronix AFG31000 系列	双通道，具有双脉冲测试 APP，提高测试效率和安全性
测 V_{GS} 电压探头	Tektronix TPP1000A	无源探头，精度高，低成本，1GHz 带宽
	Tektronix TMDP0200	高压差分探头
测上管 V_{GS} 电压探头	Tektronix TIVP1	只有光隔离探头才能测得正确的上管 V_{GS} 波形
	Tektronix THDP0200	高压差分探头
测 V_{DS} 电压探头	Tektronix TPP0850	无源探头，精度高，低成本，800MHz 带宽
测上管 V_{DS} 电压探头	Tektronix THDP0200	高压差分探头
I_{DS} 测量方案	T&M SDN414	同轴电阻，精度高，带宽高
上管 I_{DS} 测量方案	T&M SDN414 配 Tektronix TICP100	高精度，高带宽
I_G 测量	Tektronix TICP100	
上管 I_G 测量	Tektronix TICP100	具有足够高的共模电压和 CMRR

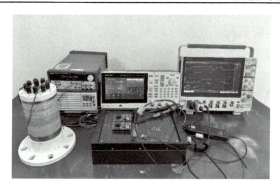

图 5-91 自建实验室测试平台

5.6.2 实验室测试设备

5.6.2.1 分立器件测试设备

市面上用于功率半导体器件实验室用的双脉冲测量设备主要是针对 IGBT 模块

的，由于其电压和电流等级高，且开关速度慢，测试设备主要在安全性和操作性上进行了相关设计，而其测量仪器的选择、测试电路的设计并不适用于 SiC 器件。同时，针对单管器件动态特性测试设备也非常少，且同样不满足 SiC 器件的测试要求。SiC 器件的高开关速度使得对其进行动态特性测试成为普遍要求，这就使得对相关设备的需求也越来越多。以下将以图 5-92 所示的 Tektronix 的功率器件动态特性测试系统 DPT1000A 为例，介绍选择实验室用测试设备的要点。

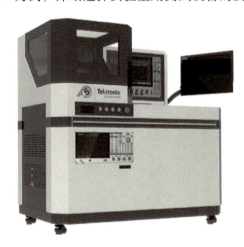

图 5-92　Tektronix 功率器件动态特性测试系统 DPT1000A

1. 可进行的测试项目

由 5.2.3 节可知，双脉冲测试可以对 SiC 器件的开关、反向恢复和串扰过程进行评估，但商用设备如果仅能实现这 3 种测试项目，不免显得价格过高、性价比低。为了最大程度地降低测试设备的成本，设备厂商会尽可能地复用 5.2.4 节中双脉冲测试所需仪器仪表和测试电路，向工程师提供集成更多的测试功能的功率器件动态特性测试设备。

Tektronix 的功率器件动态特性测试系统 DPT1000A 除过能够完成开关、反向恢复和串扰测试外，还能够完成栅电荷、雪崩、短路、RBSOA 等测试内容。DPT1000A 采用的方案是复用高压电源、辅助电源、驱动板、负载电感、示波器、探头，为每个测试项提供专用的测试电路板，这样能够在提供更多测试功能的同时保证了最佳的测试效果。此外，工程师还可以在遵守接口规则的前提下自行设计测试板，这使得 DPT1000A 具有扩展性，进一步节约仪器仪表的成本。

2. 可满足的测试范围

功率器件动态特性测试设备能够满足的测试范围包含：被测器件类型、测试电压、测试电流三个方面。

（1）被测器件类型

如果测试设备只能对 SiC 器件进行测试，往往无法满足需求。这是因为同一器件厂商往往会生产多种类型的器件，同一电力电子企业也会使用到多种类型的器件，为每种类型的器件单独购买测试设备是不现实的。

不同类型器件的驱动电压是不同的，特别是 SiC MOSFET 还未成熟，不同厂商的 SiC MOSFET 的驱动电压都不相同。这就要求测试设备能够提供满足不同类型器件的驱动电压，一般 $V_{DRV(on)}$ 和 $V_{DRV(off)}$ 需要分别满足 5 ~ 20V 和 –10 ~ 0V 可调。DPT1000A 能够提供的 $V_{DRV(on)}$ 和 $V_{DRV(off)}$ 的范围分别为 4.5 ~ 20V 和 –20 ~ 0V 可调。

其次，Si MOSFET 有 n 沟道 MOSFET 和 p 沟道 MOSFET，其耐压方向和驱动电压极性是相反的。DPT1000A 专门为 p 沟道 MOSFET 提供专用的双脉冲测试板、雪崩测试板和驱动板。此外，DPT1000A 还针对 GaN HEMT 提供了专用的测试板和驱动电路，如图 5-93 所示。

图 5-93　DPT1000A GaN 测试方案

（2）测试电压

一般测试设备的技术指标中只提供最高测试电压，这并不代表其能够满足所有低于最高测试电压的测试需求。

不同类型器件的电压范围具有很大差异，例如 SGT MOSFET 一般都在 200V 以下，SiC 器件的最低电压等级为 400V。即使相同类型的器件，其电压范围也很宽广，例如 SiC 器件的最低电压等级为 400V，最高电压等级为 10kV。为了满足更宽的电压范围，将对设备提出以下挑战。

由式（5-7）可知，当进行双脉冲测试时，在测试电流 I_{set} 和负载电感 L 相同的情况下，低压器件所需的第一脉宽 τ_1 将远大于高压器件的。而过长的 τ_1 会导致器件发热严重，从而影响器件的动态特性。选择更小的负载电感能够有效缩短 τ_1 的长度，这就要求设备能够提供多种电感满足不同电压等级的器件的需求。DPT1000A 可以提供根据测试需求提供多种感值的电感，还可以根据要求进行定

221

制。需要注意的是，电感值不能一味地减小，仍然需要满足式（5-9）的要求。

由式（5-11）可知，当进行双脉冲测试时，在 I_{set} 和 L 相同的情况下，测试电压 V_{set} 越小，所需的母线电容 C_{Bus} 容值越大。虽然可以选择更小的 L 降低对 C_{Bus} 容值的要求，但 V_{set} 具有更大的二次方影响。雪上加霜的是，电压等级越高，电容器的电容密度越低、单位容值的价格越高。如果 C_{Bus} 的电压按照电压等级最高的器件选择，则为了满足低压电压的测试要求，所需的电容的数量和成本是巨大的。需要注意的是，这一点对于短路测试也是适用的。根据式（5-11），当进行双脉冲测试时，$L = 100\mu H$、$K_v = 0.01$，I_{set} 为 $10 \sim 200A$ 时，在不同 V_{set} 下所需 C_{Bus} 容值的情况如图 5-94 所示。

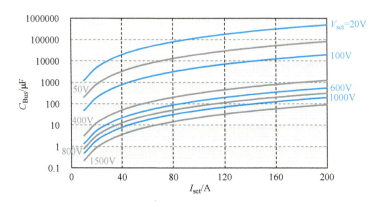

图 5-94　$L = 100\mu H$、$K_v = 0.01$，不同 V_{set} 下所需的 C_{Bus} 容值

为了解决这一问题，DPT1000A 针对双脉冲测试提供不同的电压等级的测试板，包含 150V 低压板、1000V 中压板和 2000V 高压板，测试板上 C_{Bus} 的容值分别为 12mF、$190\mu F$ 和 $47.5\mu F$。这样在覆盖更广电压等级的同时，最大程度地降低了 C_{Bus} 的成本、压缩了 C_{Bus} 的体积。

功率器件的电压等级从几十伏到几千伏，为了实现最佳的测量精度，需要选择合适量程的电压探头。当 V_{set} 低于 200V 时，可以选择 10:1 无源探头；当 V_{set} 较高时，可以选择高压无源探头或高压差分探头。DPT1000A 可以根据需求提供适合的电压探头帮助工程师获得最佳的测量效果。

当测试设备的最大电压不断升高时，其高压电源、母线电容和安规要求带来的成本也会急剧增加。选择测试设备时，不能一味追求更高的测试电压能力，能够满足需求就好。此外，当 V_{set} 超过 1500V 后，不再合适与低压器件的测试集成在同一套设备中，而是选择专为高压器件设计的设备。

（3）测试电流

一般测试设备技术指标中给出的测试电流为最大电流，但并没有给出其具体定义，也并不代表在所有工况下都能够达到最大电流。

由式（5-11）可知，当进行双脉冲测试时，I_{set} 受到 V_{set}、L、K_v 和 C_{Bus} 的共同影响，同时 L 又受到式（5-9）的限制。这就意味着，V_{set} 越低，能够达到的最大 I_{set} 越小。故在针对双脉冲测试考察设备指标时，需要在明确 V_{set}、L、K_v 的情况下，基于设备的 C_{Bus} 计算其 I_{set} 范围。以 DPT1000A 中压测试板为例，$C_{Bus} = 50\mu F$、$K_v = 0.01$，L 从 $20\mu H \sim 1mH$、V_{set} 从 $400 \sim 1000V$ 对应的 I_{set} 范围如图 5-95 所示。

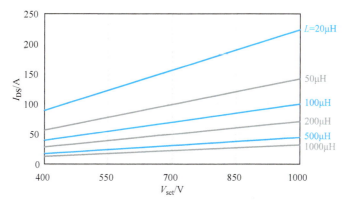

图 5-95　DPT1000A 中压测试板 I_{set} 范围（$C_{Bus} = 50\mu F$、$L = 100\mu H$、$K_v = 0.01$）

同样的，对于雪崩测试和短路测试的电流测试范围，仅仅只看测试设备技术指标中给出的测试电流也是不够的，需要进行类似上述的计算才能明确。

3. 可支持的封装类型

无论是分立器件还是功率模块，都有非常丰富的封装类型，动态测试设备能满足的封装类型越多，对工程师的价值越大。

DPT1000A 采用共用测试板并为不同封装的器件提供专用转接的方案，如图 5-96 所示。这样不仅满足了各类封装的需求，并尽可能地节约了成本。同时，工程师还可以自行设计转接板。

图 5-96　DPT1000A 针对不同封装器件的转接板方案

4. 测量仪器的指标

动态特性测试设备通常会在技术指标中提到测量精度，工程师一般会认为这就是动态特性测试结果（如开关时间、开关能量、反向恢复时间等）的精度，然而这是对其的误解。技术指标中提到测量精度是针对测量系统，即探头和示波器的测量精度，而动态特性测试结果的精度是针对波形而言的，两者并不能等同。根据5.3节、5.4节和5.5节可知，无法获得真实的动态波形作为确定精度的基准，那么也无法得到动态特性测试结果的精度。然而，在选择动态特性测试设备时，工程师往往只关注技术指标中提到测量精度和测量范围，这远远不能充分评价测试设备中测量仪器的指标。

根据5.3节可知，在考察动态特性测试设备的测量能力时，应该关注示波器的频率响应类型、带宽、ADC位数、采样率和电压、电压探头的类型、带宽、测量范围、与连接方式。在实验室进行的测试通常都要求尽可能高的精度，对示波器和探头的选择参考5.3节即可。配置的示波器和探头明显不合适的测试设备就不要再选择了，例如：示波器采样率和带宽过低、用高压差分探头测量上桥臂SiC MOSFET的V_{GS}、用罗氏线圈测量SiC MOSFET的I_{DS}、用量程为1500V的电压探头测量电压等级为80V的SGT MOSFET、电压测量点在测试板上并包含一段主功率或驱动PCB线路。

为了实现测试性能的最优化，满足SiC器件的高速电压、电流信号测试要求，DPT1000A选择了更优的测量仪器和探头连接方式，最大程度确保获得准确的波形。下管栅极使用TPP1000A 1GHz单端探头连接测试，上管栅极信号使用TIVP光隔离探头连接测试，两者都通过MMCX接口与测试电路连接。电流测试使用T&M公司提供的2GHz带宽电流传感器，源漏极电压使用TPP0850 800MHz高压单端探头连接测试，确保系统带宽满足测试要求。

5. 测试波形的正确性

满足指标要求的测量仪器是对波形进行正确测量的保障，但这并不代表能够获得正确的测试结果。这是因为如5.2.4.1节所述，被测器件工作在正确的状态、动态波形的形态符合理论或能被理论解释是测量结果有意义的基础。这就要求测试板在被测器件特性正常、测量无误的前提下，在绝大多数测试条件下不出现异常波形，如误开通、误关断、电压尖峰超过器件极限值以及开关波形与理论严重不符等。

典型错误的测试波形如图5-97所示，这些的测试结果是缺乏价值的。故在选择动态特性测试设备时，不能只看基于测量波形计算得到的动态特性指标，更应该仔细分析波形的形态，这一点对栅电荷测试、雪崩测试和短路测试同样适用。为了确保测试波形的正确性，DPT1000A在测试板设计时优化了电路寄生参数。

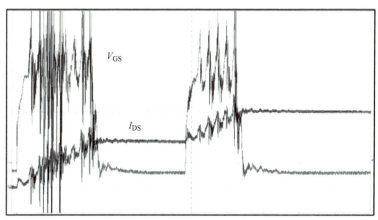

a) 开关过程受到干扰导致异常振荡

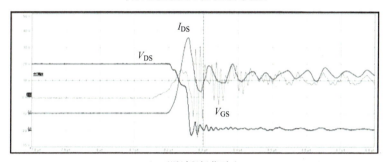

b) 开通过程振荡严重

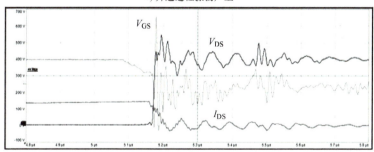

c) 关断过程振荡波形形态异常

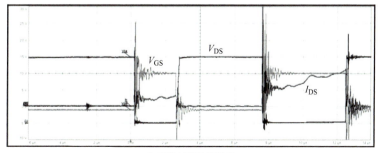

d) 开关过程波形异常

图 5-97　典型错误的测试波形

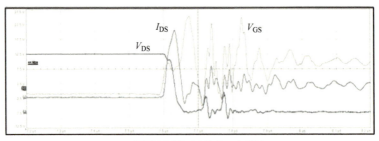

e）开通过程振荡严重导致二次关断

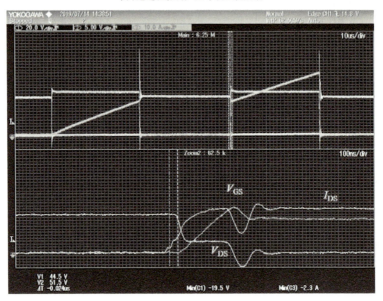

f）测量点间寄生参数导致和波形异常

图 5-97　典型错误的测试波形（续）

6. 操作便捷性

相较于自建实验室测试平台，操作的便捷性是整套测试设备的优势之一。为了提高测试效率、减轻工程师的负担，DPT1000A 在硬件和软件上做出了大量工作。

（1）子母板方案

DPT1000A 采取测试电路和驱动板的子母板方案，驱动板插在测试电路上。这样能够实现驱动板的快速更换，同时也节约了驱动板发生故障时的维修成本、缩短了故障停机时间。

（2）测试板更换

DPT1000A 针对不同测试项和电压等级的器件提供专用的测试板，所有测试板具有统一标准的接口，能够快速从机台上进行安装和拆卸。

（3）驱动电阻调节

在实验室测试中一般会测试器件在不同驱动电阻下的特性，DPT1000A 采用电阻座的方式，工程师可以快速完成驱动电阻的更换，避免了焊接的繁琐，同时相较继电器切换方案更加灵活、具有更低的成本。

（4）驱动电压调节

不同类型和不同厂商的器件具有不同的驱动电压，DPT1000A 通过上位机与驱动板通信，自动完成驱动电压的设定。

（5）电感更换

开关、反向恢复和雪崩测试通常会选用不同的负载电感，DPT1000A 在面板上预留了多个插口，工程师通过简单接线即可完成电感的更换。

（6）设备操控

进行测试时，需要给定测试电压、测试电流、驱动电压、测试脉宽等参数，可以通过 DPT1000A 的操作界面进行设置，如图 5-98 所示。同时获取原始测量数据，测试波形和测试结果报告提供给使用者。

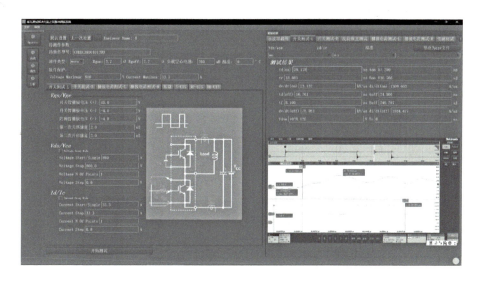

图 5-98　DPT1000A 的操作界面

7. 数据处理

由于 SiC 器件测试标准尚未统一，故 DPT1000A 的软件专门设计为具有可以按照不同测试标准对取值条件进行设置的能力，然后自动判决测试结果并处理数据，如图 5-99 所示。DPT1000A 的软件提供了极高的灵活性，帮助工程师在 IEC 标准、行业标准、企业标准和自定义标准之间进行自由选择，设置不同的取点位置和取点依据，满足不同测试用户的需求，实现定制条件下的参数测试。

图5-99　DPT1000A数据处理设置界面

5.6.2.2　功率模块测试设备

随着SiC功率器件在电动汽车、新能源领域的发展，SiC芯片被封装成不同类型的模块，以满足大功率、高功率密度应用场景的需求。相比分立器件，SiC功率模块的电流等级更高、短路电流更大，其短路电流可达8k～12kA。因此SiC模块动态特性测试设备，在测试带宽、测试精度等指标满足要求的前提下，还需要有更高电压和更大电流的测试能力。

以下以杭州飞仕得科技股份有限公司（后面简称飞仕得科技）的功率器件动态特性测试系统ME400D为例，介绍实验室功率模块动态测试设备的技术和选型要点，如图5-100所示。

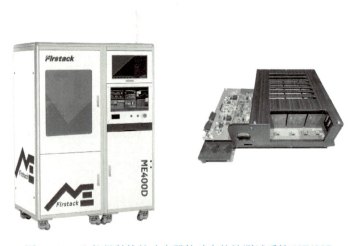

图5-100　飞仕得科技的功率器件动态特性测试系统ME400D

1. 系统结构

实验室功率模块动态测试设备主要分为硬件系统与软件系统两个核心系统构成，图5-101所示为ME400D的系统结构。硬件系统为测试提供硬件环境，主要由驱动单元、母线电容单元、充放电单元、吸收电容单元、负载电感单元以及数据采集单元（示波器和电压、电流传感器）构成。软件系统主要由设备内部流程和逻辑控制单元、数据分析单元以及人机交互单元构成。

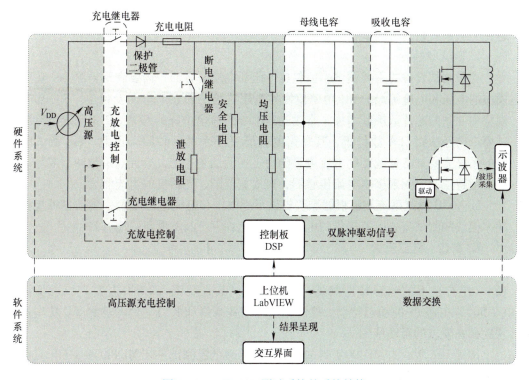

图 5-101　ME400D 测试系统的系统结构

相比于 5.6.1 节中介绍的自建手动测试平台，成套测试设备的特点是具备自动化测试流程编辑功能，能够自动完成测试以及数据的分析与处理。这不仅能够节约测试所需的人力资源，还降低了由手动操作带来的测试结果一致性不佳的风险。

2. 测试项目

实验室功率模块动态测试设备主要进行开通、关断、反向恢复以及短路特性测试，用来评估被测功率的特性、确定规格书中的数据。同时，作为实验室级别的测试设备，要求其能够对器件的所处的功率系统进行评估，故 RBSOA 和 SCSOA 等安全工作区特性也是其重要的测试项目。得益于智能、自动化的软件系统，ME400D 测试系统可以自动完成多个工作点的安全工作区数据的自动提取与数据处理，高效完成器件以及所处功率系统安全工作区的测试。

3. 测试回路切换

随着 SiC 功率模块在各应用领域逐渐渗透，其拓扑类型也从简单的半桥两电平拓扑拓展到了三电平钳位拓扑、飞跨电容类拓扑。此时，对一个功率模块的测试会涉及多个测试回路和测量点位，测试时仅为将要测试的回路施加激励。为了提升测试效率、减少手动操作失误的风险，测试设备需要能够根据功率模块的拓扑自动完成测试回路和测量点位的切换，为对应的器件施加激励。不同拓扑的测试回路虽然是不同的，但往往相对固定，故测试设备一般内置拓扑选项，方便测试人员调用，避免了从零开始编辑测试程序。

4. 测试范围

动态测试设备的主要测试参数包括电压和电流两方面，需要满足被测 SiC 功率模块的电压和电流等级。SiC 功率模块的电压等级一般在 1200V 及以上。SiC 功率模块中并联的芯片数不断增加，常用的 HPD 封装类型的 SiC 模块，2 倍额定电流测试要求已经达到 2kA 数量级，其短路电流最大可达 8k ~ 12kA。因此，SiC 测试装备的系统需要具备宽范围的电流测量能力。在测试装备中，会针对单脉冲、双脉冲以及短路工况，配置多组电流传感器，完成宽范围、高精度的电流测量。

ME400D 测试系统能够根据需要提供不同电压和电流范围配置，满足各种规格功率模块的测试需要，其提供的电压最高可达 6kV、电流最高可达 12kA。

5. 高温、低温测试

车规级 SiC 功率模块往往需要更全面、更严苛的测试，不仅需要进行室温（25℃左右）下的动态特性测试，还需要测试其在高温（200℃左右）以及低温（−50℃左右）下的动态特性。故测试系统配备高温和低温平台将被测 SiC 功率模块控制在要求的温度范围。

图 5-102 所示为 ME400D 测试系统配置的高低温测试系统 ME400D- ATC，是纯机械的制冷设备，能够在封闭的、热隔离的环境中将温控板稳定在要求的温度。其系统包括主机、柔性软管和控温板。ME400D- ATC 采用接触式温控方案，测试效率是传统温箱方案的两倍以上。在功率模块达到指定温度时，测试环境温度保持在 0 ~ 85℃之内，解决了传统温箱高低温环境对测量仪器和探头的影响。同时，通过

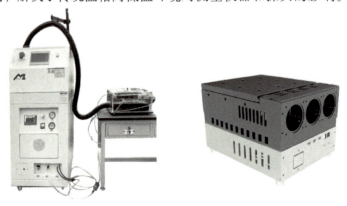

图 5-102　高低温测试系统 ME400D- ATC

在相对密封腔体内注入低露点空气的方式，保证了在低温测试时不发生凝露。ME400D-ATC 的控温板具有高效率和灵活性，允许定制控温板大小，以适应不同功率模块的尺寸和接口。此外，通过高清触摸屏或远程通信接口可以进行温度设置、查看历史数据记录、查看温控板和器件 NTC 温度曲线。

6. 测试工装

测试工装是连接待测模块和测试设备的桥梁，其主要功能包括：接收上位机发送的控制信号、给器件提供驱动信号、模块测试失效时提供保护以及电源和信号的安全隔离。

图 5-103 所示为 ME400D 测试系统的平台化测试工装，由驱动核与适配板两部分构成。驱动核接收上位机传来的驱动信号、提供可调的驱动电压，同时具有保护功能（米勒钳位、短路保护、分级关断等）。适配板则包含驱动电阻和电容、保护功能与部分驱动电路，同时还会提供电压和电流探头的测量点。

测试工装能够提供的驱动电压范围需要涵盖所有 Si 和 SiC 器件，正压 10 ~ 30V，负压 - 20 ~ - 1V；脉冲宽度 0.2 ~ 1000μs，可满足正常

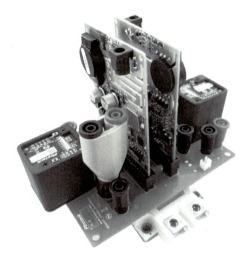

图 5-103　ME400D 测试系统的平台化测试工装

的双脉冲测试记忆短小脉冲测试。驱动核可适配多种模块封装，一核驱动一管，不同封装测试只需更改适配板。这就使其具有很高的通用性，兼容不同类型器件和不同封装的同时有效地节约了成本。同时，适配板直接与功率模块连接，较短的驱动回路和较小的寄生参数使得测试结果更加准确。此外，测试工装上搭载了无线模块，省去了信号线束，可实现更高的电压隔离，支持在线配置门极电压、开启与关闭保护功能。

7. 驱动参数匹配

为了全面评估 SiC 功率模块的特性，往往需要在不同的驱动电阻和电容下进行测试，此时就需要频繁更换电阻电容。采用手动更换的方式费时费力，还容易出现错误。针对这一问题，飞仕得科技开发出驱动参数匹配模块，能够自动切换驱动电阻和电容，如图 5-104 所示。

驱动参数匹配模块内部包含一系列并联的电阻和电容，接收控制信号可自动进行选择，实现开通电阻 $R_{\mathrm{Gon(ext)}}$、关断电阻 $R_{\mathrm{Goff(ext)}}$、栅极电容 C_{GS} 的自动切换。同时，驱动参数匹配模块通过叠层回路设计，将驱动回路电感控制在 10nH 以内，

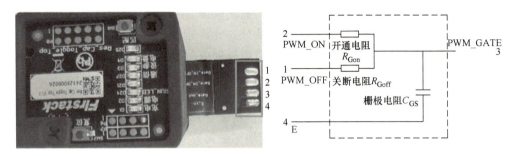

图 5-104　驱动参数匹配模块

并通过栅极取电和无线通信，实现除栅极连接外无额外线束。

8. 数据分析与处理

完成动态测试后，对波形的分析和处理动态测试设备的重要任务，能够加快分析速度、避免人工读数的不稳定性。ME400D 测试系统支持零漂补偿、波形叠图、数据重新计算等功能。

高压差分探头和光隔离探头会存在零漂问题，将严重影响测试结果的正确性，此时可以利用零漂补偿功能在探头漂移的情况下仍能获得准确的测试结果。其次，为了使测试结果可视化，在对功率模块进行一系列自动测试后，ME400D 测试系统可自动生成曲线图、波形叠图，方便测试人员判断测试结果的正确性和进一步分析。同时，动态特性不仅以测试波形表征，还需要根据测试波形按照相关定义计算得到动态特性关键参数，包括开关时间、开关延时、开关能量等。ME400D 测试系统支持自定义参数定义，能快速完成参数计算。图 5-105 和图 5-106 所示分别为 ME400D 测试系统自动给出的 E_{on}/E_{off}-$R_{G(ext)}$ 曲线和 V_{DS}-$R_{Goff(ext)}$ 波形叠加对比图。

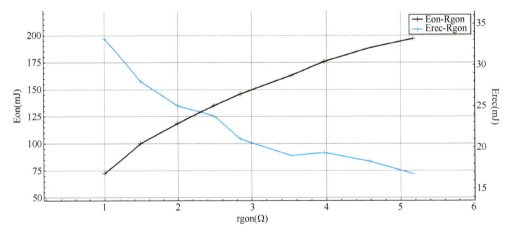

图 5-105　E_{on}/E_{off}-$R_{G(ext)}$ 多工况曲线

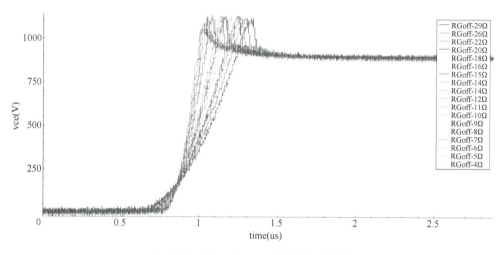

图 5-106　V_{DS}-$R_{Goff(ext)}$ 波形叠加对比图

5.6.3　生产线测试设备

在 SiC 功率器件的生产过程中，为保证其参数的一致性以及可靠性，需要对每颗产品进行动态特性测试。测试项目一般包含：单脉冲测试、双脉冲测试、多脉冲和短路测试。需要关注的动态特性参数包括：开关时间和能量、反向恢复时间和能量、栅电荷、$\mathrm{d}i/\mathrm{d}t$、$\mathrm{d}v/\mathrm{d}t$ 等。图 5-107 所示为飞仕得科技的功率器件动态测试系统 ME100D-AM。

测试机

自动化转台

图 5-107　飞仕得科技的功率器件动态特性测试系统 ME100D-AM

1. 测试顺序

在生产线动态测试中，为保证器件和设备的安全以及效率测试，会先进行"预测试"。这是因为需要在确保器件的接触状态、开断状态、漏电流指标、阈值电压等都处于正常状态的前提下，再进行动态特性测试。此外，在动态特性测试完成后，通常还会再进行静态参数测试，以确保在动态特性测试后，器件的基本静态参数不发生变化和偏移。因此，通常在器件生产过程中，会经历"静态测试-动态测试-静态测试"的测试流程。

2. 设备可靠性

生产线测试设备背负着生产任务，在大批量生产测试中，必定会发生器件失效的情况，如果因此导致设备故障停机会造成很大的损失。量产型测试设备的平均修复时间 MTTR（Mean Time To Repair）通常要小于 30min；其平均无故障时间 MTBF（Mean Time Between Failure）通常要大于 168h。

SiC 功率器件的动态测试是高压大电流测试，加之 SiC MOSFET 器件还不够成熟，其在动态特性测试和短路测试中失效的可能性更大。当发生器件失效时，往往呈现为短路状态，回路中的电流将快速上升到极高的数值，进而引发器件炸管，对人员和设备的安全造成威胁。这就要求生产线动态测试设备具有"自我保护能力"，及时"刹车"，避免器件的炸管和测试设备自身出现故障或者损坏。故 SiC 器件生产线动态测试设备配备有保护单元，在器件发生失效时，能够在 2μs 内完成故障回路切断。

验证设备可靠性可以采用连续让几十、甚至上百颗器件短路或过电流并使其失效的方法，如果分选机、测试电路、驱动电路因此发生故障会损坏，则需要进行有针对性的加固设计。

3. 测试效率

相比实验室动态测试设备，生产线动态测试设备的测试效率直接影响器件生产效率，即单位器件测试成本，其测试效率尤为重要。通常用 UPH（Unit Per Hour）来表征其测试效率。目前行业内通常要求半桥类拓扑模块生产动态测试的 UPH 达到 300~360，三相全桥拓扑类模块的测试 UPH 需要达到 100~120。

4. 回路电感

生产线测试中一般都要采用自动化上下料装置，这导致被测器件与测试模块的连接可能存在较长的距离，这将使得主功率回路电感和驱动回路电感过大，最终导致测试波形振荡严重、尖峰过高等问题。

飞仕得科技针对这一问题开发了能够更好地与被测器件连接的方案，通过叠层母排等方案，极大地减小了连线电感。其中，分立器件测试电路的主功率回路电感已经降低至 50~60nH 范围内（包含赔测电路），功率模块测试电路的主功率回路电感已经降低至 15nH 以内。

目前，各测试设备厂商还在持续努力进一步降低主功率回路电感，其必要性有待于重新审视。这是因为，在器件量产时都会测试其漏电流，一般会施加超过器件标称电压等级的电压且时长一般为几十毫秒。而动态过程中，关断电压尖峰的时长仅有几十纳秒。故将动态测试时的关断电压尖峰控制在很小数值范围以内并没有特别的价值。

导致这一情况的原因可能是，应用 SiC 器件是需要尽可能减小主功率回路电感以保证在所有工况时，关断电压尖峰都小于器件标称电压等级。这一要求被工程师误以为也是对生产测试设备的要求。然而，应用与生产测试的目的、要求并不一样，生产测试的目的是对器件尽量施加应力，以剔除生产过程中的不良器件。故在选择生产测试设备时，不应该以主功率回路电感的数值作为评判标准，而应以测试中关断电压尖峰不超过测试漏电流时的电压为标准，同时关注器件的 di/dt，dv/dt 等应力参数。这不仅可以帮助筛选出异常器件，还可以降低设备面临的技术难度，从而降低设备成本。

需要注意的是，关断电压尖峰受到开关速度的影响，关断速度越快，电压尖峰越高。同时，很多异常器件需要在高开关速度才能被筛选出来。故需要在高开关速度下判断关断电压尖峰是否满足要求。然而，当开关速度过快时，V_{GS} 将出现严重的振荡，可能导致器件栅极失效。此时，减小驱动回路电感将有效减轻 V_{GS} 的振荡。

综上所述，现阶段的生产测试设备应重点关注驱动回路电感，而主功率回路电感已经满足要求了。

5. 器件接口

在生产测试时，生产线动态测试设备需要与自动化分选机连接，通常需要测试板卡承载探针治具或者测试座部件作为中间对接机构。如图 5-108 所示为飞仕得科技的生产动态测试设备自动化对接机构，包含静态和动态参数测试板卡以及测试座。图 5-109 是飞仕得科技的生产动态测试板卡 + 测试座解决方案，被测器件通过测试座与测试机进行电气连接。为了满足生产线设备平均修复时间小于半小时的要求，模块化设计测试板卡 + 测试座的方案可以保证在部件故障条件下，完成快速更换部件和设备维护。

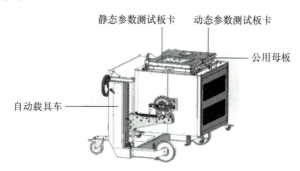

图 5-108　飞仕得科技的生产动态测试设备自动化对接机构

6. 测试数据要求

对于生产线测试而言，测试数据的一致性和统计规律对于生产尤为重要。同一测试机台在相同条件下重复测试 100 次，要求动态参数差异 ≤5%；同一型号的多

图 5-109　飞仕得科技的生产动态测试板卡 + 测试座解决方案

个机台在相同测试条件下重复测试 100 次，要求动态参数总差异要求≤10%。同时，测试设备需要具备部件平均测试（Part Average Testing）和动态部件平均测试 DPAT（Dynamic Part Average Testing）统计和筛选方法，用于去除异常特性（异常值）的被测器件。

7. 测试波形的正确性

在前几节中反复强调过波形的正确性和稳定性是获得具有价值的测试结果的基础。现阶段，特别是生产线测试环节，工程师对比依旧没有足够重视这一问题，比实验室测试的情况更加严重。这就有可能导致在生产线测试中，往往只是完成了测的动作，而测试是否满足要求、测试结果是否体现了测试价值还存在很大的疑问。

参 考 文 献

[1] Cree, Inc. KIT8020-CRD-5FF0917P-2 Evaluation Board for Cree's SiC MOSFET in a TO-247-4 Package [Z]. Application Note, CPWR-AN20, 2018.

[2] Cree, Inc. KIT-CRD-CIL12N-XM3 Wolfspeed's XM3 Half-bridge Module Dynamic Evaluation Board User Guide [Z]. CPWR-AN31, Rev. C, 2019.

[3] Littelfuse, Inc. Dynamic Characterization Platform [Z]. Application Note, 2018.

[4] Littelfuse, Inc. Gate Drive Evaluation Platform [Z]. Application Note, 2018.

[5] Infineon Technologies AG. Evaluation Board EVAL-1EDI20H12AH-SIC [Z]. AN2017-14, Rev. 1.0., 2017.

[6] Infineon Technologies AG. Evaluation Board for CoolSiC™ Easy1B Half-bridge Modules [Z]. AN 2017-41, Revision 1.0, 2017.

[7] ROHM Co., Ltd. TO-247-4L Half-Bridge Evaluation Board Product Specification [Z]. User's Guide, No. 62UG025C, Rev.001, 2019.

[8] ZHANG L, ZHAO Z, JIN R, et al. SiC MOSFET Turn-Off Measurement With Air-Core Inductor Design and RC Snubber Correction [J]. IEEE Transactions on Instrumentation and Measurement, 2025, 74: 1-13.

[9] XP Power, Inc. FJ Series 120W Regulated High Voltage DC Power Supplies [Z]. Datasheet, 2018.

[10] XP Power, Inc. FR Series 300W Regulated High Voltage DC Power Supplies [Z]. Datasheet, 2018.

[11] Magna-Power Electronics, Inc. XR Series 2U Programmable DC Power Supply [Z]. Datasheet, 2019.

[12] Magna-Power Electronics, Inc. SL Series 1U Programmable DC Power Supply [Z]. Datasheet, 2019.

[13] AMETEK Inc. XG 850 Series 850 W, 1U Half Rack Programmable DC Power Supplies [Z]. Datasheet, 2019.

[14] Heinzinger electronic GmbH. EVO Series High-Voltage Power Supplies [Z]. Datasheet, 2018.

[15] Keithley Instruments, Inc. 2220, 2220G, 2230, 2230G Multi-Channel Programmable DC Power Supplies [Z]. Data Sheet, 2013.

[16] Tektronix, Inc. AFG31000 Series Arbitrary Function Generators [Z]. Data Sheet, 75W-61444-2, 2018.

[17] Tektronix, Inc. Double Pulse Test with the Tektronix AFG31000 Arbitrary Function Generator [Z]. Application Note, 75W-61623-0, 2019.

[18] Keysight Technologies, Inc. Infiniium S-Series [Z]. Datasheet, 5991-3904EN, 2019.

[19] Keysight Technologies, Inc. Evaluating Oscilloscope Signal Integrity [Z]. Application Note, 5991-4088EN, 2019.

[20] Keysight Technologies, Inc. Evaluating Oscilloscope Sample Rates Versus Sampling Fidelity [Z]. Application Note, 5989-5732EN, 2017.

[21] Tektronix, Inc. 5 Series B MSO Mixed Signal Oscilloscope Datasheet [Z]. Datasheet, 48W-73851-4, 2023.

[22] Tektronix, Inc. 6 Series B MSO Mixed Signal Oscilloscope Datasheet [Z]. Datasheet, 48W-61716-10, 2023.

[23] Tektronix, Inc. Wide Bandgap-Double Pulse Test Analysis [Z]. Application Datasheet, 61W-73888-03, 2023.

[24] Keysight Technologies, Inc. Infiniium Oscilloscope Probes and Accessories [Z]. Datasheet, 5968-7141EN, 2020.

[25] Tektronix, Inc. Probe Selection Guide [Z]. 60W_14232_10, March 2020.

[26] Teledyne LeCroy, Inc. Oscilloscope Probes and Probe Accessories [Z]. Probe Catalog, 2020.

[27] Johnson C M, Palmer P R. Current Measurement Using Compensated Coaxial Shunts [J]. IEE Proceedings-Science, Measurement and Technology, 1994, 141 (6): 471-480.

[28] Tektronix, Inc. High-voltage Differential Probes TMDP0200-THDP0200-THDP0100-P5200A-P5202A-P5205A-P5210A [Z]. Datasheet, 51W-11195-15, 2023.

[29] Tektronix, Inc. Passive Voltage Probes TPP1000·TPP0500B·TPP0502·TPP0250 Datasheet [Z]. Datasheet, 51W-26151-10, 2022.

[30] Tektronix, Inc. Isolated Measurement Systems TIVP1, TIVP05, TIVP02 Datasheet [Z]. Datasheet, 51W-61655-0, 2020.

[31] Tektronix, Inc. Complete Isolation Extreme Common Mode Rejection [Z]. Whitepaper, 51W-60485-1, 2019.

[32] Tektronix, Inc. Passive High Voltage Probes P5100A-TPP0850-P5122-P5150-P6015A Datasheet [Z]. Datasheet, 56W-10262-15, 2023.

[33] Tektronix, Inc. 1 GHz and 500 MHz High Voltage Differential Probes TDP1000, TDP0500, P6251 Datasheet [Z]. Datasheet, 51W-19997-10, 2017.

［34］Tektronix, Inc. Power Measurement Deskew & Calibration Fixture Instructions［Z］. Primary User, 071187202, 2008.

［35］Tektronix, Inc. TEK-DPG Deskew Pulse Generator Instructions［Z］. Primary User, 071234100, 2008.

［36］Cree, Inc. SiC MOSFET Double Pulse Fixture［Z］. Application Note, CPWR-AN09, 2015.

［37］Caddock Electronics Inc. MP900 and MP9000 Series Kool-Pak © Power Film Resistors TO-126, TO-220 and TO-247 Style［Z］. Datasheet, 28_IL102. 1004, 2004.

［38］Vishay Intertechnology, Inc. 50 W Power Resistor, Thick Film Technology, TO-220［Z］. Datasheet, 50035, 2018.

［39］Tektronix, Inc. A New Software Deskew Approach Accelerates Double Pulse Testing［Z/OL］. https://www.tek.com/en/blog/a-new-software-deskew-approach-accelerates-double-pulse-testing

延 伸 阅 读

［1］WITCHER J B, Methodology for Switching Characterization of Power Devices and Modules［D］. Virginia Polytechnic Institute and State University, 2003.

［2］TONG C F, NAWAWI A, LIU Y, et al. Challenges in Switching Waveforms Measurement for a High-Speed Switching Module［C］. 2015 IEEE Energy Conversion Congress and Exposition (ECCE), 2015：6175-6179.

［3］ZHANG Z, GUO B, WANG F F, et al. Methodology for Wide Band-Gap Device Dynamic Characterization［J］. IEEE Transactions on Power Electronics, 2017, 32 (12)：9307-9318.

［4］MONDAL B, POGULAGUNTLA R T, A K B. Double Pulse Test Set-up: Hardware Design and Measurement Guidelines［C］. 2022 IEEE International Conference on Power Electronics, Drives and Energy Systems (PEDES), 2022：1-6.

［5］YANG S, MAO S, WANG Z, et al, Automated SiC MOSFET Power Module Switching Characterization Test Platform［C］. 2021 IEEE Workshop on Wide Bandgap Power Devices and Applications in Asia (WiPDA Asia), 2021：195-201.

［6］LI H, GAO Z, CHEN R et al. Improved Double Pulse Test for Accurate Dynamic Characterization of Medium Voltage SiC Devices［J］. IEEE Transactions on Power Electronics, 2023, 38 (2)：1779-1790.

［7］XIA Y-K, LI X-Y. Calculation and Experiment of Stray Inductance of PCB Double-Pulse Test Circuit Based on Three-Dimensional Simulation［J］. IEEE Access, 2022：58769-58776.

［8］MASSARINI A, KAZIMIERCZUK M K. Self-capacitance of Inductors［J］. IEEE Transactions on Power Electronics, 1997, 12 (4)：671-676.

［9］GRANDI G, KAZIMIERCZUK M K, MASSARINI A, et al. Stray Capacitances of Single-Layer Solenoid Air-Core Inductors［J］. IEEE Transactions on Industry Applications, 1999, 35 (5)：1162-1168.

［10］AYACHIT A, KAZIMIERCZUK M K. Self-Capacitance of Single-Layer Inductors with Separation Between Conductor Turns［J］. IEEE Transactions on Electromagnetic Compatibility, 2017, 59

（5）：1642-1645.

[11] Tektronix, Inc. XYZs of Oscilloscopes [Z]. Primer, 03Z-8605-7, 2019.

[12] Keysight Technologies, Inc. Evaluating Oscilloscope Bandwidths for Your Application [Z]. Application Note, 5989-5733EN, 2019.

[13] Keysight Technologies, Inc. Bandwidth and Rise Time Requirements for Making Accurate Oscilloscope Measurements [Z]. Application Note, 5991-0662EN, 2017.

[14] Keysight Technologies, Inc. Understanding Oscilloscope Frequency Response and Its Effect on Rise-Time Accuracy [Z]. Application Note, 5988-8008EN, 2017.

[15] Keysight Technologies, Inc. Understanding ADC Bits and ENOB [Z]. Application Note, 5992-3675EN, 2019.

[16] Keysight Technologies, Inc. Evaluating Oscilloscope Vertical Noise Characteristics [Z]. Application Note, 5989-3020EN, 2017.

[17] KESTER WALT. Understand SINAD, ENOB, SNR, THD, THD + N, and SFDR so You Don't Get Lost in the Noise Floor [Z]. Tutorial, MT-003, Rev. A, Analog Devices, Inc., 2008.

[18] Teledyne LeCroy, Inc. Computation of Effective Number of Bits, Signal to Noise Ratio, & Signal to Noise & Distortion Ratio Using FFT [Z]. Application Note, 2011.

[19] PUPALAIKIS P J. Understanding Vertical Resolution in Oscilloscopes [Z]. Teledyne LeCroy, Inc., 2017.

[20] JOHNSON KEN. Comparing High Resolution Oscilloscope Design Approaches [Z]. Teledyne LeCroy, Inc., 2019.

[21] MAICHEN WOLFGANG. Digital Timing Measurements: From Scopes and Probes to Timing and Jitter [M]. Dordrecht: Springer, 2006.

[22] MANGANARO GABRIELE, ROBERTSON DAVE. Interleaving ADCs: Unraveling the Mysteries [J]. Analog Devices, Inc., Analog Dialogue, 2015 (July): 1-5.

[23] Tektronix, Inc. Oscilloscope Selection Guide [Z]. 46W-31080-5, 2019.

[24] Teledyne LeCroy, Inc. Oscilloscope Feature, Options, and Accessories Catalog (Low Bandwidth) [Z]. Catalog, lbw-foa-catalog-26aug19, 2020.

[25] Teledyne LeCroy, Inc. Oscilloscope Features, Options, and Accessories Catalog (High Bandwidth) [Z]. Catalog, hbw-foa-catalog_01oct19, 2020.

[26] Tektronix, Inc. ABCs of Probes [Z]. Primer, 60Z-6053-14, 2019.

[27] JOHNSON KEN. Probing in Power Electronics What to Use and Why: Part One [R/OL]. On Demand Webinars, Teledyne LeCroy, Inc., [2019-10-1]. https://go.teledynelecroy.com/l/48392/2019-10-24/7sxnsd.

[28] JOHNSON KEN. Probing in Power Electronics What to Use and Why: Part Two [R/OL]. On Demand Webinars, Teledyne LeCroy, Inc., [2019-10-1]. https://go.teledynelecroy.com/l/48392/2019-10-31/7t148g.

[29] JOHNSON KEN. Practical Considerations in Measuring Power and Efficiency on PWM and Distorted Waveforms During Dynamic Operating Conditions [Z]. APEC 2016 Industry Session, Teledyne LeCroy, Inc., 2016.

[30] Teledyne LeCroy, Inc. Getting the Most Out of 10x Passive Probe [Z]. Application Note, 2019.

[31] ANDREA VINCI. Can You Trust Your Power Measurements? [R/OL]. Webinars, Tektronix, Inc., [2019-9-1], https：//buzz. tek. com/en-tek-academy-webinar-series/power-electronics-measurements-2? aliId =eyJpIjoiNStDY2tZS1dIYzg1VlcxUCIsInQiOiJyZHRFbkNnSFVVcnVjbitZY2M0dU5BPT0ifQ% 253D%253D.

[32] ROHM Co. , Ltd. Power Devices, Switching Regulators, and Gate Drivers Method for Monitoring Switching Waveform [Z]. Application Note, No. 62AN072E, Rev. 001, 2019.

[33] ROHM Co. , Ltd. Precautions During Gate-Source Voltage Measurement [Z]. Application Note, No. 62AN085E, Rev. 001, 2019.

[34] Tektronix, Inc. Fundamentals of Floating Measurements and Isolated Input Oscilloscopes [Z]. Application Note, 3AW-19134-2, 2019.

[35] NIKLAUS P S, BONETTI R, STÄGER C, et al. High-Bandwidth Isolated Voltage Measurements With Very High Common Mode Rejection Ratio for WBG Power Converters [J]. IEEE Open Journal of Power Electronics, 2022, 3：651-664.

[36] ZIEGLER S, WOODWARD R C, IU H C, et al. Current Sensing Techniques：A Review [J]. IEEE Sensors, Journal, 2009, 9 (4)：354-376.

[37] XIN Z, LI H, LIU Q et al. A Review of Megahertz Current Sensors for Megahertz Power Converters [J]. IEEE Transactions on Power Electronics, June 2022, 37 (6)：6720-6738.

[38] ZHANG W, ZHANG Z, WANG F, et al. High-Bandwidth Low-Inductance Current Shunt for Wide-Bandgap Devices Dynamic Characterization [J]. IEEE Transactions on Power Electronics, April 2021, 36 (4)：4522-4531.

[39] Keysight Technologies, Inc. U1880A Deskew Fixture [Z]. User's Guide, First Edition, U1880-97000, 2008.

[40] Keysight Technologies, Inc. U1882B Measurement Application for Infiniium Oscilloscopes [Z]. Date Sheet, 5989-7835EN, 2017.

[41] Teledyne LeCroy, Inc. DCS025 Deskew Calibration Source [Z]. Data Sheet, 2017.

[42] Tektronix, Inc. SiC and GaN Power Converter Analysis Kit [Z]. Instruction Guide, 48W-61538-0, 2020.

[43] Keysight Technologies, Inc. PD1500A Series Dynamic Power Device Analyzer/Double-Pulse Tester [Z]. Data Sheet, 5992-3942EN, 2019.

[44] Keysight Technologies, Inc. Keysight PD1500A Si/SiC Test Fixture and Modules Installation and Use Guide [Z]. PD1500-90004, Edition 1, 2020.

[45] TAKEDA ROY. New Generation Power Semiconductor Dynamic Characterization Test System [J]. Bodo's Power System, 2019 (08)：24-27.

[46] TAKEDA ROY, HOLZINGER BERNHARD, ZIMMERMAN MICHAEL, et al. The Challenges of Obtaining Repeatable and Reliable Double-Pulse Test Results-Measurement Science [J]. Bodo's Power System, 2020 (06)：28-32.

[47] TAKEDA ROY, HOLZINGER BERNHARD, HAWES MIKE. Overcoming Challenges Characterizing High Speed Power Semiconductors [J]. Bodo's Power System, 2020 (04)：36-39.

第6章

SiC 器件的测试、分析和评估技术

在 SiC 器件的研发、生产、应用过程中需要对其进行检测、验证、分析，基于测试数据和检测结果，工程师可以实现器件优化和问题排查。

对 SiC 器件进行的测试分为单体测试和系统级测试，其中单体测试包括参数测试和可靠性测试，系统级测试是考察器件在应用系统中表现。同时，对 SiC 器件进行的测试又可分为实验室测试和量产测试，实验室测试的目的是获得精确的器件参数和验证器件的可靠性，量产测试的目的是进行大规模的器件检验和筛选。此外，基于失效分析可以定位失效根源、提升产品可靠性与成品率、支持技术迭代与质量验证。

SiC 器件还未完全成熟，为了加快芯片的研发、提高器件的良率，对其的测试和分析受到了产业链各环节越来越多的关注，特别是越来越多的电力电子企业纷纷建立了器件特性测试、可靠性测试和失效分析实验室。

在本章中将对 SiC 器件的测试、分析和评估技术的基本原理和相关设备进行介绍。

6.1 参数测试的原理及挑战

6.1.1 测试机

在实验室中对器件的参数进行测试时，对测试结果的精确度和准确度要求都很高，故对所使用的测试设备的各方面指标都有严格的要求。

测量器件 DC 参数所使用的是源表（Source Measure Unit，SMU），如图 6-1 所示为常用的 Tektronix 公司的源表产品。测量 R_G 和 C 所使用的是 LCR 表，如图 6-2 所示常用的 Keysight 公司的 LCR 表产品。测量热阻时所使用的是热阻测试仪，如图 6-3 所示为常用的 Siemens 公司和 Analysis Tech 公司的热阻测试仪产品。测量开关、反向恢复、栅电荷和短路所使用的是动态特性测试系统，如 5.6.2 节中介绍的

Tektronix 公司的 DPT1000A。此外，一些厂商还会将 SMU 和 LCR 集成在一套系统中，成为曲线追踪仪，是进行功率半导体参数测试的主要设备，如图 6-4 和图 6-5 所示为常用的 Keysight 公司的 B1506A 和 Tektronix 公司的 2600-PCT。

图 6-1　Tektronix 公司的源表

图 6-2　Keysight 公司的 LCR 表

图 6-3　Siemens 公司和 Analysis Tech 公司的热阻测试仪

图 6-4　Keysight 公司的 B1506A　　　图 6-5　Tektronix 公司的 2600-PCT

在量产测试中使用的测试设备为量产测试机，一般为主机配模块的结构。每个测试模块完成一类测试，可以包含 1 项或多项测试，工程师根据测试需求选配不同的测试模块集成到主机中。以北京华峰测控技术股份有限公司的 STS8200 测试机平台为例，如图 6-6 所示，基于全浮动源设计，采用全开放的软件，硬件架构的设计理念，同一台测试机可以通过配置不同的硬件资源，实现对模拟芯片、电源管理芯片、功率器件及模块的测试。系统成熟、稳定、灵活、易用、测试速度快。针对碳化硅功率器件，可以通过配置不同的硬件资源覆盖从碳化硅晶圆、裸芯片、单管到功率模块（IPM/PIM）全流程自动化量产测试，已广泛地应用于多家国际、国内知名的集成器件制造商（IDM）的量产中。

a)   b)

图 6-6 华峰测控公司的 STS8200 测试机平台

在 STS8200 测试机平台中源表 SVI40、HVS2K 和 HCB200 配合 DC Test Box 可以完成 DC 参数测试，UIS200 模块进行雪崩测试，DVX900 模块进行 DVDS 测试，ZMU 模块进行 R_G 和结电容 C 测试，DSU1200 模块进行动态特性测试，如图 6-7 所示。

以下章节中对 SiC MOSFET 参数测试的波形均由使用示波器抓取 STS8200 测试机平台实测获得。

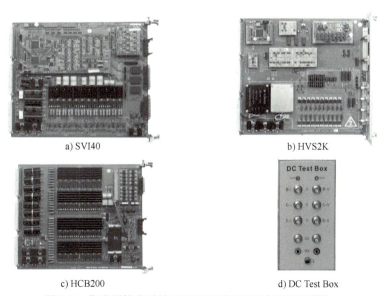

a) SVI40   b) HVS2K

c) HCB200   d) DC Test Box

图 6-7 华峰测控公司的 STS8200 测试机平台的测试模块

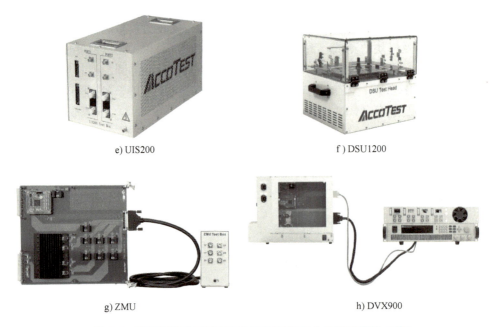

e) UIS200　　　　　　　　　　　　　　　f) DSU1200

g) ZMU　　　　　　　　　　　　　　　h) DVX900

图 6-7　华峰测控公司的 STS8200 测试机平台的测试模块（续）

6.1.2　阈值电压 $V_{GS(th)}$

6.1.2.1　$V_{GS(th)}$ 的测试原理

SiC MOSFET 阈值电压 $V_{GS(th)}$ 的定义如 3.2.1 节所述，$V_{GS(th)}$ 的测试电路如图 6-8 所示。SiC MOSFET 的 G 极和 D 极短路，并连接源表（SMU）的一个 Force 端，另一个 Force 端接 S 极；源表的两个 Sense 端接 G 极和 S 极；测量 SiC MOSFET 的 V_{GS} 和 I_{DS}。值得注意的是，源表有 4 个端子，即 2 个 Force 端和 2 个 Sense 端，Sense 端用于测量电压，且要求连接点比 Force 端的连接点更靠近被测器件。这样的方式可以避免直接用 Force 端测量电压时引入的测量线压降，称为四线测量法或 Kelvin 测量。

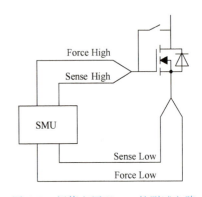

图 6-8　阈值电压 $V_{GS(th)}$ 的测试电路

在进行测量时，源表 Force 端的电压逐渐升高，SiC MOSFET 的 V_{GS} 跟随升高并有 I_{DS} 流过。当 I_{DS} 达到设定值的阈值电流后，V_{GS} 不再升高，I_{DS} 稳定在设定的阈值电流，此时对 V_{GS} 进行测量得到 $V_{GS(th)}$。完成测量后，源表 Force 端电压回到 0V。从源表 Force 端电压开始升高到进行测量之前的这段时间称为 Force Time，进行测量的时间段称为 Measuring Time。

测量 SiC MOSFET 在 I_{DS} 分别为 50μA、1mA 和 10mA 下 $V_{GS(th)}$ 的波形如图 6-9 所示，由于此时 I_{DS} 过小，故仅给出 V_{GS} 的波形。可以看到，随着 I_{DS} 增大，对应的 $V_{GS(th)}$ 也不断增大。

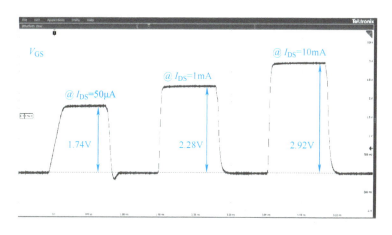

图 6-9　阈值电压 $V_{GS(th)}$ 的测试波形

6.1.2.2　$V_{GS(th)}$ 的测试挑战及注意事项

1）在实际量产过程中，$V_{GS(th)}$ 通常作为第一个测试项用于检验被测器件是否已经失效，以及检测机械手或探针接触是否有异常。如果测试回路为开路，则测到的 $V_{GS(th)}$ 为开路电压；如果测试回路为短路，则测到的 $V_{GS(th)}$ 通常接近 0V。此外，还可以在其他大功率或高电压参数测试之后再次测量 $V_{GS(th)}$，以验证被测器件在经过大功率或高电压测试之后是否发生损坏。测试设备要具备失效停止功能，当被测器件失效或接触异常时，测试设备不再执行后续的测试，以防止造成更大的损失。

2）I_{DS} 通常是 μA ~ mA 级别，故在器件上产生的热量通常可以忽略不计。但 I_{DS} 的 Force Time 时间仍然不宜过长以避免导致过高的温升，以波形稳定、不影响最终测试时间为原则。

3）对于 SiC MOSFET 而言，在测量 $V_{GS(th)}$ 之前进行其他参数测试时，会对 G 极或 D 极施加电压应力或使得器件被显著加热，这都可能会导致随后测试的 $V_{GS(th)}$ 结果发生变化，这一点在调整参数测试顺序或测试条件时会表现出来。

4）SiC MOSFET 的栅极与 Si 器件的相比更加脆弱，故测试过程中要求 V_{GS} 波形平滑，不能有异常的过冲电压，避免对栅极造成损坏导致器件失效，或造成损伤而降低器件在未来应用中的可靠性。

6.1.3　栅极漏电流 I_{GSS}

6.1.3.1　I_{GSS} 的测试原理

SiC MOSFET 栅极漏电流 I_{GSS} 的测试电路如图 6-10 所示。SiC MOSFET 的 D 极和 S 极短路，源表的 Force High 和 Sense High 端接 G 极，Force Low 和 Sense Low 端接 S 极。

在进行测量时，源表 Force 端输出指定的电压 V_{GS}，此时对流入 G 极电流进行测量得到 I_{GSS}。完成测量后，源表 Force High 端电压回到 0V。从源表 Force High 端电压开始升高到进行测量之前的这段时间称为 Force Time，进行测量的时间段称为 Measuring Time。

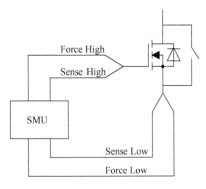

图 6-10　栅极漏电流 I_{GSS} 的测试电路

测量 SiC MOSFET 在 V_{GS} 分别为 25V、20V、−15V 和 −10V 下 I_{GSS} 的波形如图 6-11 所示，由于此时 I_{GSS} 过小，故仅给出 V_{GS} 的波形。

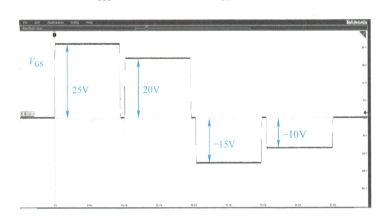

图 6-11　栅极漏电流 I_{GSS} 的测试波形

6.1.3.2　I_{GSS} 的测试挑战及注意事项

1）I_{GSS} 通常在 μA ~ nA 级别，甚至在 pA 级别。在实际的量产过中，由于 SiC MOSFET 的输入电容 C_{ISS} 及测试线路（PCB、电缆等）上分布电容的存在，故在 V_{GS} 建立的过程中，需要足够长的时间对这些电容进行充电并达到稳定，否则会误将充电电流计入 I_{GSS}。相应地，在测量结束后也需要对应的时间将 V_{GS} 降至 0V，以确保器件安全。

2）I_{GSS} 的数值非常小，往往会接近测试设备所用电流量程档的零点。而当 I_{GSS}

的测量线路发生电缆开路、继电器开路等故障时，测量结果也同样接近测试设备所用电流量程档的零点，但此时的读数值为假值，会造成误测并带来质量风险。故通常需要在测量 I_{GSS} 之前，对相应的关键线路进行在线诊断，确定线路连通正常之后再执行测试。

3）对于 nA 或 pA 级别的 I_{GSS} 测试，在量产测试的过程中，与测试设备配合的机械手、探针台及周边配套设备会产生工频、高频等干扰，进而影响 I_{GSS} 的测量。故对应的线路要远离工频和高频干扰源，并做好硬件屏蔽及软件的抗干扰处理，以便得到真实稳定的数据。

4）与 Si 器件不同，SiC MOSFET 栅极比较脆弱，其栅极负压耐受能力较差。故在测量负向 I_{GSS} 时，要注意电压不能超过器件手册规定的最大负向栅极电压。同时在测量过程中，要确保 V_{GS} 波形平滑，无异常过冲和毛刺。

5）在使用外部示波器观测 V_{GS} 时，如果源表的电流量程比较小，示波器电压探头的等效输入电阻也较小时，会导致 V_{GS} 无法建立。此时可以提高电流量程或使用测试设备内置的示波器功能观测电压和电流波形。

6.1.4　击穿电压 $V_{(BR)DSS}$

6.1.4.1　$V_{(BR)DSS}$ 的测试原理

SiC MOSFET 击穿电压 $V_{(BR)DSS}$ 的定义如 3.1.1 节所述，$V_{(BR)DSS}$ 的测试电路如图 6-12 所示。SiC MOSFET 的 G 极和 S 极短路，源表的 Force High 和 Sense High 端接 D 极，Force Low 和 Sense Low 端接 S 极。

在进行测量时，源表 Force 端的电压逐渐升高，SiC MOSFET 的 V_{DS} 跟随升高并有 I_{DS} 流过，当 I_{DS} 达到设定值的 V_{DS} 后，不再升高，此时对 V_{DS} 进行测量得到 $V_{(BR)DSS}$。完成测量后，源表 Force High 端电压回到 0V。从源表 Force High 端电压开始升高到进行测量

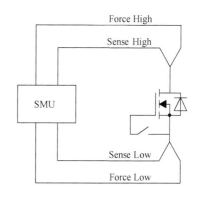

图 6-12　击穿电压 $V_{(BR)DSS}$ 的测试电路

之前的这段时间称为 Force Time，进行测量的时间段称为 Measuring Time。

测量 SiC MOSFET 在 I_{DS} 分别为 100μA、1mA 和 10mA 下 $V_{(BR)DSS}$ 的波形如图 6-13 所示，由于此时 I_{DS} 过小，故仅给出 V_{DS} 的波形。可以看到，随着 I_{DS} 增大，对应的 $V_{(BR)DSS}$ 也有轻微增大。

6.1.4.2　$V_{(BR)DSS}$ 的测试挑战及注意事项

1）SiC MOSFET 的 $V_{(BR)DSS}$ 为高压参数，测试结果通常在 650～2000V，或更高。在实际量产过程中必须确保人身安全，测试用的电缆、PCB、接插件等周边环节要符合安规要求，在此基础上还需再做好测试设备及相关配套设备的安全防护。

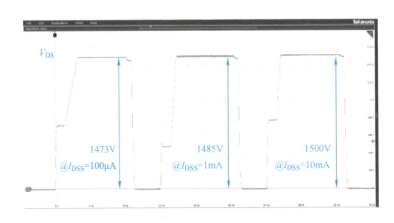

图 6-13　击穿电压 $V_{(BR)DSS}$ 的测试波形

2）测试用的电路板、测试夹具、金手指以及探针间距等要满足高压测试爬电距离和绝缘的要求，防止出现异常的击穿和打火。

3）当进入击穿状态时，被测器件上的功率为 $V_{(BR)DSS}$ 与 I_{DS} 的乘积。在对 SiC MOSFET 进行测试时，该功率往往不可忽视，此时需要适当调整 Force Time，尽量减少器件被加热导致的测试偏差。

4）由于 SiC MOSFET 的输出电容 C_{OSS} 及测试电路（PCB、电缆等）上 D 极和 S 极之间分布电容的存在，在 $V_{(BR)DSS}$ 测试时需要足够长的时间对这些电容进行充电并稳定至 $V_{(BR)DSS}$。在测试后，必须将 V_{DS} 降至 0V，确保这些电容里的电荷被泄放，以确保下一个参数测试的安全。

6.1.5　漏极漏电流 I_{DSS}

6.1.5.1　I_{DSS} 的测试原理

SiC MOSFET 漏电流 I_{DSS} 的定义如 3.1.1 节所述，I_{DSS} 的测试电路如图 6-14 所示。SiC MOSFET 的 G 极和 S 极短路，源表的 Force High 和 Sense High 端接 D 极，Force Low 和 Sense Low 端接 S 极。

在进行测量时，源表 Force 端的电压逐渐升高，SiC MOSFET 的 V_{DS} 跟随升高并有 I_{DS} 流过，当 V_{DS} 达到并稳定在设定值后，此时对 I_{DS} 进行测量得到 I_{DSS}。完成测量后，源表 Force High 端电压回到 0V。从源表 Force

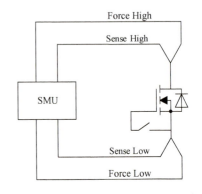

图 6-14　漏极漏电流 I_{DSS} 的测试电路

High 端电压开始升高到进行测量之前的这段时间称为 Force Time，进行测量的时间段称为 Measuring Time。

测量 SiC MOSFET 在 V_{DS} 分别为 900V、1200V 和 1400V 下 I_{DSS} 的波形如图 6-15 所示，由于此时 I_{DSS} 过小，故仅给出 V_{DS} 的波形。

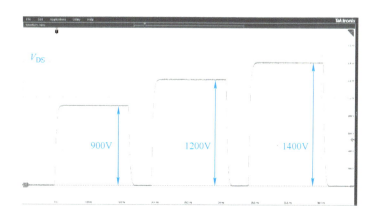

图 6-15　漏极漏电流 I_{DSS} 的测试波形

6. 1. 5. 2　I_{DSS} 的测试挑战及注意事项

1）SiC MOSFET 的 I_{DSS} 为高压参数，测试时 V_{DS} 通常在 650～2000V，甚至更高。在实际量产过程中，首先要确保人身安全，测试用的电缆，PCB、接插件等周边环节要符合安规要求，在此基础上再做好测试设备及相关配套设备的安全防护。

2）测试用的电路板、测试夹具、金手指以及探针间距等要满足高压测试爬电距离和绝缘要求，防止出现异常的击穿和打火。

3）I_{DSS} 在常温下通常为 nA～μA 级别，施加在被测器件上的功率等于击穿电压 V_{DS} 与漏极漏电 I_{DSS} 之积，此时功率通常不大。但是对于一些高温测试场景下，I_{DSS} 的电流可能达到 mA 级，此时这个功率往往不可忽视，要适当调整 Force Time，防止器件芯片温升过高，带来测试偏差。

4）在实际量产过程中，由于 SiC MOSFET 的输出电容（Coss）及测试线路（PCB、电缆等）上分布电容的存在，V_{DS} 的建立过程中，需要足够长的时间，对这些等效电容进行充电，同样，测量结束后也需要对应的时间，要将 V_{DS} 的电压降至 0V，以确保器件安全。

6.1.6 导通电阻 $R_{DS(on)}$

6.1.6.1 $R_{DS(on)}$ 的测试原理

SiC MOSFET 导通电阻 $R_{DS(on)}$ 的定义如 3.2.2 节所述，$R_{DS(on)}$ 的测试电路如图 6-16 所示。测试中使用了两个源表，栅极源表的 Force High 和 Sense High 端接 G 极，漏极源表的 Force High 和 Sense High 端接 D 极，栅极源表和漏极源表的 Force Low 和 Sense Low 端都接 S 极。

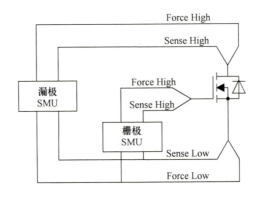

图 6-16　通态电阻 $R_{DS(on)}$ 的测试电路

在进行测量时，栅极源表输出设定的 V_{GS}，使被测器件在指定的驱动电压下导通，同时漏极源表输出设定 I_{DS}，此时测量 V_{DS}，可通过 V_{DS}/I_{DS} 计算得到 $R_{DS(on)}$。完成测量后，栅极源表和漏极源表 Force High 端电压回到 0V。从漏极源表 Force High 端电压开始升高到进行测量之前的这段时间称为 Force Time，进行测量的时间段称为 Measuring Time。

测量 SiC MOSFET 在 V_{GS} 为 18V 时，I_{DS} 分别为 10A、20A 和 30A 下 $R_{DS(on)}$ 的波形如图 6-17 所示。可以看到，随着 I_{DS} 增大，对应的 V_{DS} 也随着增大。

6.1.6.2 $R_{DS(on)}$ 的测试挑战及注意事项

1）$R_{DS(on)}$ 为大电流参数，测试线路上的压降会带来测试误差，因此必须要采用"四线开尔文"的连接方式。在实际量产过程中每次测试 $R_{DS(on)}$ 之前，都需要对开尔文连接状态进行检测，以确认电缆、金手指（探针卡）等中间环节连接正常。

2）对 $R_{DS(on)}$ 等大电流参数进行测试时，如果 Force 线路上的电阻（包括金手指接触电阻、电缆、PCB 走线等环节）过大而引起较大的压降时，会导致测试设备异常而出现偏差。通常还需要使用测试设备内置或额外增加的电路对 Force 线路电阻进行检测，当 Force 线路电阻超出设定值时，系统要报错或判定器件失效。

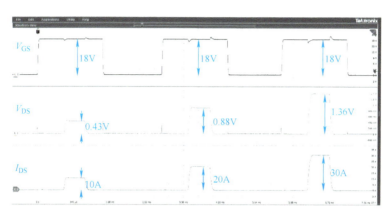

图 6-17　导通电阻 $R_{DS(on)}$ 的测试波形

3）测试设备通常使用测量得到的 V_{DS} 和设定的 I_{DS} 计算 $R_{DS(on)}$，但由于各种非理想因素会导致实际的 I_{DS} 小于设定值，则此时计算得到的 $R_{DS(on)}$ 也会小于真实值，从而导致误测。因此，需要测试设备要同步测量 V_{DS} 和 I_{DS}，用实际测量数据计算 $R_{DS(on)}$。

4）$R_{DS(on)}$ 会受到温度的影响，故在测试过程中需采用脉冲测试，脉冲电流的时间一般在 $300 \sim 500\mu s$，防止温度上升影响测试结果。

6.1.7　跨导 G_{FS}

6.1.7.1　G_{FS} 的测试原理

SiC MOSFET 的跨导 G_{FS} 代表了栅极电压 V_{GS} 变化而产生的电流 I_{DS} 变化，G_{FS} 的测试电路如图 6-18 所示。测试中使用了两个源表，栅极源表的 Force High 和 Sense High 端接 G 极，漏极源表的 Force High 和 Sense High 端接 D 极，栅极源表和漏极源表的 Force Low 和 Sense Low 端都接 S 极。

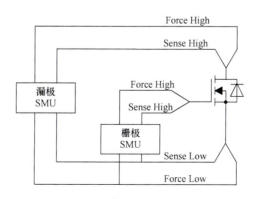

图 6-18　跨导 G_{FS} 的测试电路

在进行测量时，漏极源表输出设定的 V_{DS}，对栅极源表与漏极源表进行硬件闭环反馈，调整栅极源表的输出 V_{GS} 使得 I_{DS} 达到设定的 I_{DS1} 并测量此时的 V_{GS1}，再次调整栅极源表的输出 V_{GS} 使得 I_{DS} 达到设定的 I_{DS2} 并测量此时的 V_{GS2}，通过 $(I_{DS2} - I_{DS1})/(V_{GS2} - V_{GS1})$ 计算即可得到 G_{FS}。完成测量后，栅极源表和漏极源表 Force High 端电压回到 0V。从漏极源表 Force High 端电压开始升高到进行测量之前的这段时间称为 Force Time，进行测量的时间段称为 Measuring Time。

测量 SiC MOSFET 的 G_{FS} 的波形如图 6-19 所示。可以看到，在 I_{DS} 分别达到 31A 和 34A 时对 V_{GS} 进行了测试。

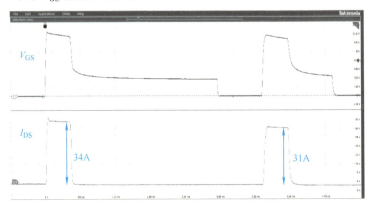

图 6-19　跨导 G_{FS} 的测试波形

6.1.7.2　G_{FS} 的测试挑战及注意事项

1）G_{FS} 为大电流参数，测试线路上的压降会带来测试误差，因此必须要采用"四线开尔文"的连接方式。在实际量产过程中每次测试 G_{FS} 之前，都需要对开尔文连接状态进行检测，以确认电缆、金手指（探针卡）等中间环节连接正常。

2）对 G_{FS} 等大电流参数进行测试时，如果 Force 线路上的电阻（包括金手指接触电阻、电缆、PCB 走线等环节）过大而引起较大的压降时，会导致测试设备异常而出现偏差。通常还需要使用测试设备内置或额外增加的电路对 Force 线路电阻进行检测，当 Force 线路电阻超出设定值时，系统要报错或判定器件失效。

3）G_{FS} 测试瞬间，被测器件承受较大的功率，会由于芯片温升会使负温度系数的 V_{GS} 产生偏差，导致 G_{FS} 数据产生跳动。此外 I_{DS1} 和 I_{DS2} 的大小及顺序，也会导致 G_{FS} 实际测试结果产生较大偏差。

6.1.8　体二极管正向压降 V_F

6.1.8.1　V_F 的测试原理

SiC MOSFET 体二极管正向压降 V_F 的定义如 3.2.3 节所述，V_F 的测试电路如图 6-20 所示。测试中使用了两个源表，栅极源表的 Force High 和 Sense High 端接 G

极，漏极源表的 Force High 和 Sense High 端接 D 极，栅极源表和漏极源表的 Force Low 和 Sense Low 端都接 S 极。

在进行测量时，栅极源表输出设定为 0V 或负电压的 V_{GS}，漏极源表输出设定的 I_{SD}，此时测量被测器件的 V_{SD} 得到 V_F。完成测量后，栅极源表和漏极源表 Force High 端电压回到 0V。从漏极源表 Force High 端电压开始升高到进行测量之前的这段时间称为 Force Time，进行测量的时间段称为 Measuring Time。

测量 SiC MOSFET 在 V_{GS} 分别为 0V 和 −5V 时，I_{SD} 为 20A 下 V_{SD} 的波形，如图 6-21 所示。可以看到，当 V_{GS} 为 −5V 时的 V_{SD} 较 V_{GS} 为 0V 时略大一些。

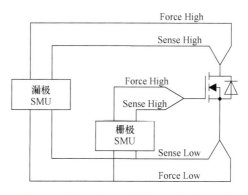

图 6-20　体二极管正向压降 V_F 的测试电路

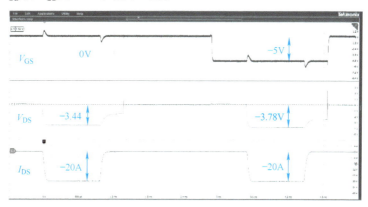

图 6-21　体二极管向压降 V_F 的测试波形

6.1.8.2　V_F 的测试挑战及注意事项

1）V_F 为大电流参数，测试线路上的压降会带来测试误差，因此必须要采用"四线开尔文"的连接方式。在实际量产过程中每次测试 $R_{DS(on)}$ 之前，都需要对开尔文连接状态进行检测，以确认电缆、金手指（探针卡）等中间环节连接正常。

2）对 V_F 等大电流参数进行测试时，如果 Force 线路上的电阻（包括金手指接触电阻、电缆、PCB 走线等环节）过大而引起较大的压降时，会导致测试设备异常而出现偏差。通常还需要使用测试设备内置或额外增加的电路对 Force 线路电阻进行检测，当 Force 线路电阻超出设定值时，系统要报错或判定器件失效。

3）由于各种非理想因素会导致实际的 I_{SD} 小于设定值，则此时测量得到的 V_F 也会小于真实值，从而导致误测。因此，还需要测试设备测量 I_{SD}，以判断此时 V_F

测量的有效性，防止误测。

4）V_F会受到温度的影响，故在测试过程中需采用脉冲测试，脉冲电流的时间一般在300~500μs，防止温度上升影响测试结果。

6.1.9　雪崩 UIS

6.1.9.1　UIS 的测试原理

SiC MOSFET 雪崩击穿 UIS 的定义如 3.4.2 节所述，UIS 的测量原理如图 6-22 所示。

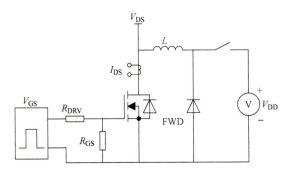

图 6-22　雪崩击穿 UIS 的测试原理

在进行测量时，通过栅极驱动源输出设定的导通驱动电压 $V_{GS(on)}$，被测 SiC MOSFET 导通并对电感 L_{load} 充电，当检测到 L_{load} 的电流达到设定的雪崩电流 I_{av} 时，栅极驱动源输出关断驱动电压 $V_{GS(off)}$，随后被测 SiC MOSFET 进入雪崩击穿状态，测试设备测量雪崩击穿过程中的击穿电压、雪崩电流、时间、能量等相关的参数，并做出判定。完成测量后，所有源表归零。

测量 UIS 的实际波形如图 6-23 所示，可以看到雪崩电流为 30A，雪崩电压为 1600V 左右。

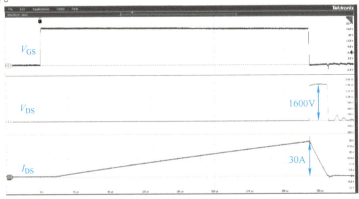

图 6-23　雪崩 UIS 的测试波形

6.1.9.2　UIS 的测试挑战及注意事项

1）UIS 为高压参数，雪崩击穿电压一般比其标称电压等级高 1.2 倍以上。在实际量产过程中，首先要确保人身安全，测试用的电缆、PCB、接插件等周边环节要符合安规要求，在此基础上再做好测试设备及相关配套设备的安全防护。

2）UIS 为大电流参数，测试线路上的电阻过高会导致充电时间变缓，减少实际施加到被测器件上的雪崩能量，影响测试效果。在实际量产过程中，要控制电缆、金手指（探针卡）等中间环节的电阻。

3）UIS 为高功率测试参数，被测器件有雪崩失效的风险，故测试设备应具备异常检测功能。在施加能量的过程中，当检测到被测器件或测试回路异常时，需要快速地完成能量回收及保护，以防止持续异常的能量施加到测试回路上而导致硬件损坏。

4）SiC MOSFET 的开关速度快、栅极耐压能力弱，栅极驱动源要有独立的回流路径，防止驱动回路中杂散电感导致栅极产生异常的过冲或负向尖峰而导致器件栅极损伤。

5）UIS 测试前后，需要对 SiC MOSFET 进行参数检测，以确保 UIS 测试前后器件的状态正常。

6.1.10　瞬态热阻 DVDS

6.1.10.1　DVDS 的测试原理

能够表征 SiC MOSFET 瞬态热阻的参数有很多，量产过程中通常用 DVDS，具体是指被测器件经过短时通流加热前后导通压降之差，DVDS 的测试电路如图 6-24 所示。测试中使用了两个源表，栅极源表的 Force High 和 Sense High 端接 G 极，漏极源表的 Force High 和 Sense High 端接 D 极，栅极源表和漏极源表的 Force Low 和 Sense Low 端都接 S 极。

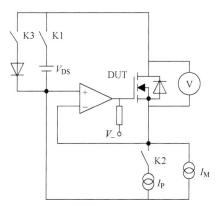

图 6-24　瞬态热阻 DVDS 的测试电路

在进行测量时，首先测量体二极管在小电流 I_M 下的压降 V_{SD1}，之后通过栅极源表和漏极源表的内部闭环负反馈，在被测器件上施加瞬态 V_P 和 I_P 对其持续加热时长

P_T 后停止加热，在延时 D_T 后测量体二极管在 I_M 下的压降 V_{SD2}，通过 $V_{SD1} - V_{SD2}$ 计算即得到 DVDS。完成测量后，栅极源表和漏极源表 Force High 端电压回到 0V。

测量 DVDS 的实际波形如图 6-25 所示。可以看到 I_{DS} 为 20A，由于 I_M 只有 10mA，故在波形中无法观测到。

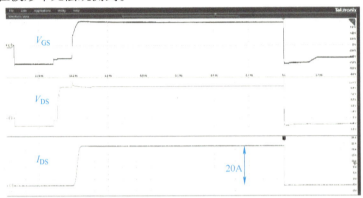

图 6-25　瞬态热阻 DVDS 的测试波形

6.1.10.2　DVDS 的测试挑战及注意事项

1）DVDS 为大电流参数，测试线路上的压降会带来测试误差，因此必须要采用"四线开尔文"的连接方式。在实际量产过程中每次测试 DVDS 之前，都需要对开尔文连接状态进行检测，以确认电缆、金手指（探针卡）等中间环节连接正常。

2）DVDS 测试过程中加热时长 P_T 通常为几十到几百 ms。即便开尔文的连接正常，如果 Force 线路上的电阻（包括金手指接触电阻、电缆、PCB 走线等环节）过大而引起较大的压降时，会导致测试设备异常而出现偏差。通常还需要使用测试设备内置或额外增加的电路对 Force 线路电阻进行检测，当 Force 线路电阻超出设定值时，系统要报错或判定器件失效。

3）DVDS 测试会导致被测器件温度上升，在 DVDS 测试之后进行其他参数测试时，需要关注其是否会受到温度上升的影响。

6.1.11　结电容 C_{iss}、C_{oss}、C_{rss}

6.1.11.1　结电容 C_{iss}、C_{oss}、C_{rss} 的测试原理

SiC MOSFET 结电容 C_{iss}、C_{oss}、C_{rss} 的定义如 3.3.1 节所述，测试电路如图 6-26 所示。测试 C_{iss} 时，LCR 表的 H_{pot} 和 H_{cur} 端接 G 极，L_{pot} 和 L_{cur} 端接 S 极，高压偏置源经过电感接到 D 极；测试 C_{oss} 时，LCR 表的 H_{pot} 和 H_{cur} 端接 D 极，L_{pot} 和 L_{cur} 端接 G 极和 S 极，高压偏置源经过电感接到 D 极；测试 C_{rss} 时，LCR 表的 H_{pot} 和 H_{cur} 端接 D 极，L_{pot} 和 L_{cur} 端接 G 极和 S 极，高压偏置源经过电感接到 D 极。

在进行测量时，LCR 表根据设定从 H 端输出频率为 f、幅值为 V_{AC} 的交流小信号并从 L 端流回，根据回流信号得到相角 θ，再根据阻抗计算公式 $Z = R + jX$，其

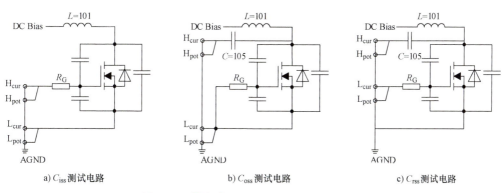

a) C_{iss} 测试电路　　　　b) C_{oss} 测试电路　　　　c) C_{rss} 测试电路

图 6-26　结电容 C_{iss}、C_{oss}、C_{rss} 的测试电路

中想要得到的结电容在虚部，由 $X_c = |Z|\sin\theta, C = 1/(2\pi f)$，$|Z|$ 为回流信号的模值，从而得到结电容。

6.1.11.2　结电容 C_{iss}、C_{oss}、C_{rss} 的测试挑战及注意事项

1) 在使用 LCR 表测量结电容时利用的是高频交流信号，在测试过程中极易受到干扰。因此在测试过程中，如使用软线缆连接测量时需固定测量线缆，防止线缆波动导致的测量相交偏移，从而导致测量结果不稳定；如通过 PCB 走线测量时，测量线路上排除其他信号干扰，独立走线，且测量信号需设置参考地或者包地，提高信号抗干扰能力。

2) 在使用 LCR 表测试前，需对测量回路进行补偿，包含开短路补偿及负载补偿，补偿掉测量回路中的寄生阻抗，包括走线以及测试夹具，以避免将线路寄生阻抗叠加到测量值上而导致测量结果出现偏差。

3) 在测试 C_{iss} 的过程中，施加的信号幅值 V_{AC} 要小于器件的 $V_{GS(th)}$，否则在测试过程中会导致器件误导通而影响正常测试。

4) 在测试过程中，直流偏置接入 D 极时需串联电感，用来隔断交流信号。测试 C_{oss}、C_{rss} 时，LCR 表的 H 端需要串联较大电容（该电容需远大于测量电容）到 D 极，防止高压偏置信号损坏 LCR 表。

6.1.12　栅极电阻 R_G

6.1.12.1　R_G 的测试原理

SiC MOSFET 栅极电阻 R_G 为其芯片栅极内部寄生的电阻，R_G 的测试电路如图 6-27 所示。LCR 表的 H_{pot} 和 H_{cur} 端接 G 极，L_{pot} 和 L_{cur} 端接 S 极。

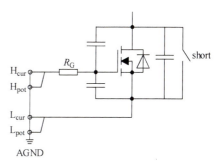

图 6-27　栅极电阻 R_G 的测试电路

在进行测量时，LCR 表根据设定从 H 端输出频率为 f，幅值为 V_{AC} 的交流小信号并从 L 端流回，根据回流信号得到相角 θ，再根据阻抗计算公式 $Z = R + jX$，其中

想要得到的结电容在虚部，由 $R = |Z|\sin\theta$，$|Z|$ 为回流信号的模值，θ 为相位角，从而得到 R_G。

6.1.12.2　R_G 的测试挑战及注意事项

1）在使用 LCR 表测量结电容时利用的是高频交流信号，在测试过程中极易受到干扰。因此在测试过程中，如使用软线缆连接测量时需固定测量线缆，防止线缆波动导致的测量相交偏移，从而导致测量结果不稳定；如通过 PCB 走线测量时，测量线路上排除其他信号干扰，独立走线，且测量信号需设置参考地或者包地，提高信号抗干扰能力。

2）在使用 LCR 表测试前，需对测量回路进行补偿，包含开短路补偿及负载补偿，补偿掉测量回路中的寄生阻抗，包括走线以及测试夹具，以避免将线路寄生阻抗叠加到测量值上而导致测量结果出现偏差。

3）在测试 R_G 的过程中，施加的信号幅值 V_{AC} 要小于器件的 $V_{GS(th)}$，否则在测试过程中会导致器件误导通而影响正常测试。

6.1.13　开关特性和栅电荷 Q_G

SiC MOSFET 的开关特性和栅电荷 Q_G 的定义、测试原理和技术细节已经在第 3.3.3 节和第 5 章中进行了详细讲解，这里就不再赘述。在量产过程中进行开关特性测试主要有以下几点挑战和及注意事项：

1）开关特性为高压测试参数，在实际量产过程中，首先要确保人身安全，测试用的电缆、PCB、接插件等周边环节要符合安规要求，同时做好测试设备及相关配套设备的安全防护。

2）开关特性为大电流、高速大功率测试参数，在实际量产过程中，要控制测试环路的回路寄生电感、回路中接触电阻、电感负载上寄生电容等参数对实际测试的影响。

3）对于 SiC MOSFET，开关速度同比 Si IGBT 更快，栅极驱动的动态响应速度要足够快，栅极驱动源的回流路径要与主功率电流回流路径分开。

4）电压和电流应采用高速测量探头，采集卡或者示波器的带宽和采样速率也要和 SiC MOSFET 的速度匹配。

5）对于 SiC MOSFET 需要注意的是，$V_{GS(th)}$ 漂移可能导致开启栅电荷曲线以及关断栅电荷曲线不对称。

6.2　量产测试

6.2.1　量产测试概况

在实验室对器件进行的特性测试需要测到器件最接近理想真实值的结果，而量产测试则是要在快速、稳定、可靠地进行大批量的筛选测试，两者的测试要求有着明显的差异。现阶段，SiC 器件涉及的生产测试包括 CP 测试、WLBI 测试、KGD 测试、DBC 测试、PLBI 测试、ACBI 测试和 FT 测试。

6.2.2　CP 测试

6.2.2.1　CP 测试的基本原理

CP（Chip Probing）测试即晶圆测试，在芯片制造环节中位于晶圆制造和封装测试之间。芯片规则地分布在晶圆（Wafer）上，CP 测试是通过探针台（Prober）和测试机（Tester）对晶圆上的芯片进行功能和电参数测试，并把不良品标记出来。

CP 测试在芯片制造中具有重要价值。首先，CP 测试可以有效地减少后续封装测试的成本浪费。这是因为随着 SiC 芯片成本不断降低，SiC 器件中封装所占成本的比例也越来越高，特别是功率模块。此时利用 CP 测试可以提前将不合格的芯片剔除，就能够节省这部分芯片的封装成本。在其他应用领域，为了降低芯片封装的面积并改善性能，发展出了一系列价格高昂的高阶封装方式，如芯片组的 MCM 封装、内存产品或 CPU 的封装，这些封装形式工艺更加复杂、成本更高，同样需要利用 CP 测试降低成本。其次，通过 CP 测试能得到晶圆生产信息并反馈给芯片设计人员和晶圆制造环节，为提高质量、改进工艺、优化芯片设计和研发验证提供依据。此外，还可以根据 CP 测试结果，根据性能将芯片分为多个等级并投放到不同的市场中。

典型的 CP 测试系统主要包含探针台、测试机、探针卡等，探针台负责晶圆传送，将晶圆准确地传输到晶圆载片台（Chuck），并通过内置的视觉系统将探针卡（Probe Card）的针尖（Needle）与晶圆上的焊盘（Pad）对准。探针卡固定在探针台上，实现测试机和芯片上的 Pad 之间的电气连接。测试机负责芯片电性能测试，并输出结果，如图 6-28 所示。

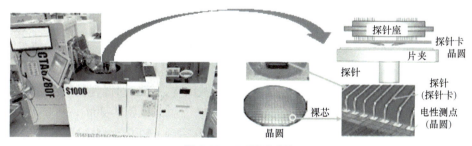

图 6-28　CP 测试系统

如图 6-29 所示为一款典型探针台，包括晶圆输送平台（Loader）和晶圆针测平台（Stage）两大部分。Loader 负责晶圆从料盒到载片台（Chuck）的准确搬运，包括负责加载晶圆料盒的晶圆加载平台（Loadport）、负责晶圆传输的机械手（Robot）、负责缺口（Notch）定位和偏心调整的预对位（Pre-Align）模块，以及负责晶圆 ID 读取的光学字符识别（Optical Character Recognition，OCR）模块。Stage 负责探针卡与晶圆 Pad 的准确对位并实现晶圆测试，包括承载晶圆的载片台（Chuck）、负责 pad 和针尖对位的 E1E2 视觉系统、负责固定针卡的针卡面板等关键模块。

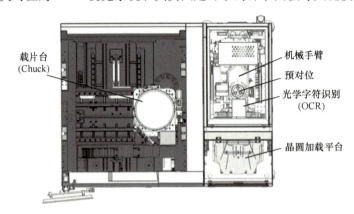

载片台
(Chuck)

机械手臂
预对位
光学字符识别
　　(OCR)

晶圆加载平台

图 6-29　探针台

探针台是 CP 测试的核心装备，Electroglas 公司于 1963 年生产出全球第一台商用的晶圆探针台，开创了探针台的先河。1982 年 Electroglas 公司生产了第一台全自动 6in 超精密晶圆测试系统 EG2001，为测试自动化创造了条件。探针台经历了从手动、半自动、全自动再到智能化生产的发展历程，其测试晶圆的尺寸也从早期的 4in、6in 发展到现在以 8in、12in 为主。经过几十年的发展，目前商用探针台已经十分成熟，全自动探针台成为市场主流产品，主流尺寸为 8in 和 12in。随着人工智能、新能源、5G 等新兴领域的发展，探针台也逐步朝着自动化、专业化和精细化的方向发展。

受限于 SiC 原材料尺寸和市场需求的限制，当前 SiC 晶圆以 6in 为主，另外有少量 4in 晶圆留存，随着 SiC 产业转向 8in，未来 SiC 的 CP 测试使用的探针台将以 8in 为主。

目前，SiC 晶圆厚度主要集中在 $100 \sim 700 \mu m$ 的范围内，而为了进一步降低 SiC 器件的损耗，SiC 晶圆正朝着更薄的厚度发展。为了保障薄晶圆在测试过程中的安全，探针台也发展出针对薄晶圆搬运传片的机械结构，例如伯努利机械手臂无接触搬运。同时 SiC 芯片均为高压器件，对应的高电压测试范围为 $800 \sim 3000 V$，部分产品甚至需要 $6500 \sim 10000 V$。故要求载片台漏电达到 nA 甚至 pA 级别，这就要求探针台在耐受更高电压的同时还能够保证低漏电以确保测试安全性和准确性。

CP 测试可以分为以三步：

1）探针台将晶圆传送至载片台，在视觉系统的辅助下将芯片的 Pad 与探针精准对位，并通过专用测试线与测试机进行连接。

2）测试机对芯片施加输入信号并采集输出信号，判断芯片功能和性能在不同工作条件下是否达到设计要求。

3）测试结果通过通信接口传送给探针台，探针台据此对芯片进行标记，形成晶圆的 Mapping 图。

Mapping 图可以展示器件通过（Pass）或失效（Fail）信息，还可以展示某一参数的分布情况，如图 6-30 所示。

6.2.2.2　CP 测试的挑战

1. 高压大电流载片台

在 CP 测试的过程中，载片台对测试结果起到至关重要的作用，而高压大电流的测试需求为载片台的设计提出了新的挑战。

当前探针台的电压限制通常在 500V 以下，超过 500V 后载片台就会被击穿。同时，SiC 器件的测试对于漏电流要求很高，通常要求测试电压在 1kV 以上时，漏电流需要小于 1nA。目前，完善吸盘模块与整机的绝缘设计是使载片台满足高电压的解决方案。采用高纯度的陶瓷材料，提高吸盘背面的绝缘特性，通常要求吸盘的绝缘电阻大于 $10^{12}\Omega$，并充分做好屏蔽和保护，比如吸盘模块屏蔽、接地保护，从而保障在高压下不被击穿。

同时，SiC 器件的测试对寄生电阻的要求很高，载片台吸盘的接触电阻需要小于 $1m\Omega$。通常使用导电均匀良好的材料减小接触电阻，比如将吸盘镀金、使用铜合金基材。除此之外，还需要保障吸盘的平面度和表面粗糙度，确保吸盘平面度小于 $10\mu m$、粗糙度控制到 Ra0.04 以内来减小晶圆的接触电阻。

图 6-31 所示为密孔镀金吸盘，针对 SiC 晶圆的探针台上的载片台也采用同样设计理念。相比于传统的沟槽式设计，密孔吸附结构的载片台既能将吸盘充当漏极与 SiC 晶圆背面充分接触，又能避免探针扎测时由于背面沟槽悬空设计而导致较薄的 SiC 晶圆发生破碎。

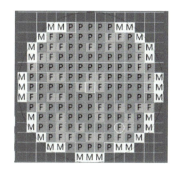

图 6-30　Mapping 图

图 6-31　密孔镀金吸盘

2. 高压针卡及保护策略

在进行 CP 测试时，探针与芯片 Pad 接触，将测试时施加的电压或电流信号传递至 Pad。在此过程中，处理探针耐压是面临的挑战。低电阻探针是目前常用的方案，选择导电性能优良的材料充当探针制造原材料，减少因为电阻过大引起发热、尖端功率过大、击穿空气造成电弧火花放电现象。

巴申定理给出了真空度与击穿电压的关系，如图 6-32 所示。B 点为标准大气压，若想要提升耐压能力，可以增大压强往 B 点右侧移动，即正压方案；还可以降低压强往 A 点左侧移动，即真空方案。

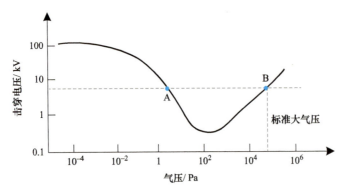

图 6-32　真空度和击穿电压的关系

正压方案是向探针台测试区域腔体通 5bar[⊖] 以上压力的干燥空气、氮气或 SF_6 从而避免放电、打火等现象发生。也可以采用如图 6-33 所示的特殊针卡设计，在测试同时，通过针卡上部的通道往密闭的针卡腔体里输送压缩干燥气体（干燥空气、氮气等惰性无害气体），可减少干燥气体的消耗。

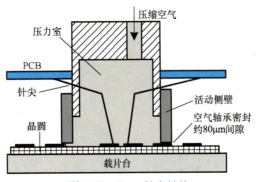

图 6-33　Lupo 针卡结构

真空方案即真空绝缘灭弧技术，采用高真空度，一般为 $10^{-2} \sim 10^{-5}$ Pa。此时真空间隙的绝缘强度远远高于标准大气压的空气和 SF_6 的绝缘强度，比变压器油的绝缘强度还要高，所有电气间隙都可以做得很小。

此外，另一种探针防打火保护方式是通过吹压缩空气将氟油雾化喷涂在晶圆表面，形成一层致密的油膜，隔绝空气，达到保护晶圆的目的，如图 6-34 所示。

3. 薄片传送

针对减薄 SiC 晶圆易碎的特性，为实现晶圆的安全搬运，需对晶圆接触的部件进

⊖　$1bar = 10^5 Pa$。——编者注

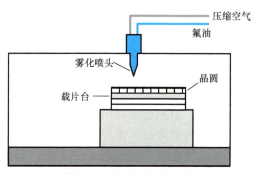

图 6-34　氟油防打火方案

行特殊设计。伯努利非接触式吸附原理的机械手以及预对位结构可实现晶圆的无接触搬运，同时载片台结构也需要由沟槽式替换成密孔形式，减小局部接触的应力。

图 6-35 所示的伯努利机械手固定多个气旋式吸盘，气流从机械手内部进入吸盘，从吸盘的内部圆筒状侧面的喷口高速喷出，在吸盘内部的筒状空间内形成旋转气流，并在吸盘中心区域形成负压。在晶圆上下表面压力差的作用下，形成对晶圆向上的吸附力，将晶圆吸附在吸盘上。通过调压阀调整气压，可以兼容适应薄片、Taiko 晶圆和常规晶圆等多种晶圆。

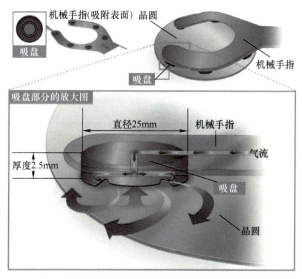

图 6-35　伯努利机械手原理[1]

由于 SiC 减薄晶圆非常脆，传统沟槽式载片台吸盘在真空释放的瞬间容易碎裂，同时沟槽区域无接触容易导致测试结果出现环状失效。针对上述问题，减薄晶圆测试通常选用密孔镀金 Chuck 吸盘，吸盘表面辐射状的密孔设计，同时真空可多区域独立控制，可提高晶圆吸附能力，应对减薄晶圆翘曲的特性，同时真空分区释放可提升晶圆的安全性，同时消除因背面接触因素导致的失效。

4. 大功率测试发热问题

对 SiC 晶圆进行高压大电流测试时，产生的发热问题也十分棘手。在测试时，晶圆发热未能及时消散就会导致测试数据不稳定，更严重的情况还会引起芯片损坏。通常载片台采用密孔镀金方案，可以实现晶圆与吸盘的良好接触，显著减小接触电阻，可以一定程度上缓解发热现象。

此外，针对测试发热问题，目前还可采用空气冷却（Air Coolant）降温处理方式，即在吸盘模块处配置能够吹出常温气体或者冷气的结构，将晶圆测试时产生的热量带走，来维持晶圆测试温度需求。该结构还可以实现通过调节吹气流量或者进气温度，以维持目标温度。

综合测试要求和 SiC 芯片发展现状，目前较为主流的针对 SiC 晶圆的探针台的关键参数如表6-1所示。

表6-1 主流针对 SiC 晶圆的探针台的关键参数

序号	内容	指标
1	料盒	4in、6in、8in 晶盒
2	晶圆尺寸	100mm，150mm，200mm
3	晶圆厚度	$100\sim700\mu m$
4	晶圆翘曲	$\pm3mm$
5	晶粒尺寸	$250\sim100000\mu m$
6	XY 向测试精度	$\pm1.5\mu m$
7	Z 向测试精度	$\pm2.5\mu m$
8	常高温	常温 $\sim(150\pm1)$℃
9	吸盘	密孔镀金盘
10	平面度	$\leqslant15\mu m$
11	接触电阻	$<1m\Omega$
12	漏电	$<1nA$
13	耐电压/电流导通能力	3000V +/200A +

以杭州长川科技股份有限公司自主研发的 S1000 系列探针台为例，满足 SiC CP 测试的要求，如图6-36所示。该探针台主要用于功率、模拟等产品测试，其可满

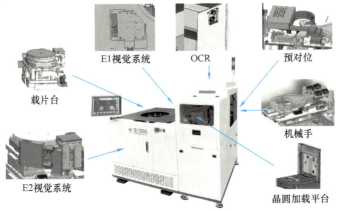

图6-36　长川科技 S1000 系列探针台

足 50～1250μm 厚度的 Taiko 晶圆、全减薄晶圆的自动搬运测试。常温环境下整机漏电在 pA 级，高温 150℃ 环境下整机漏电达到 1nA 以下，满足 3000V/200A 的耐电压、通流测试要求，且接触电阻达到 1mΩ 以内。其他快速降温、防打火、吹气（Air Blow）、手动上片等功能均可选配，具备定制化处理能力。该机台已在多家半导体制造厂展开批量生产，并获得客户反馈，机台生产良率以及测试结果的稳定性可对标行业内主流机台水平，并持续研发投入解决高压/大电流、低噪、低漏电等未来需求。

6.2.3　WLBI 测试

6.2.3.1　WLBI 测试的基本原理

主驱逆变器和其他高端应用对芯片的可靠性要求极高，然而 SiC MOSFET 的可靠性问题还没有被完全攻克，是其面临的主要挑战和研究方向。现阶段电动汽车对 SiC MOSFET 的需求量不断增加，与 SiC MOSFET 技术的不成熟形成了矛盾。

老化是进行早期可靠性筛选应用最广泛的方法。在老化的过程中给半导体器件施加高应力，如高温、高压等条件，使得器件进行高负荷工作，从而诱导器件中存在的缺陷发生失效。进行老化筛选的器件会提前进入偶然失效区，从而使器件失效率有明显的降低，起到失效筛选的作用。故为了尽可能降低 SiC MOSFET 在使用过程中由于可靠性导致失效，可以利用晶圆级老化（Wafer Level Burn In，WLBI）测试提前挑选出有缺陷、在应用中有失效风险的器件。此外，进行 WLBI 测试，还有助于有效减少不良产品流入到后续生产封装等工艺环节，降低整体的生产制造成本，提高生产良率。

目前在 WLBI 测试中采用的老化测试项目包括高温反偏（High Temperature Reverse Bias，HTRB）和高温栅偏（High Temperature Gate Bias，HTGB）两种，其具体原理、目的将在 6.3 节中详细介绍。HTRB 的测试条件一般选取为 80% 的标称耐压值和最大工作结温或低于最大存储温度 5℃，HTRB 的测试条件一般选取为 80% 的标称栅极耐压值和最大工作结温或低于最大存储温度 5℃。

对 SiC MOSFET 进行 WLBI 测试的流程可以结合产品的实际情况进行选择，一般有以下三种：

1）先进行静态参数测试，再进行晶圆老化，老化后再做静态参数测试，通过对比老化前后的静态参数变化来筛选出不良芯片。

2）老化前不进行静态参数测试，直接进行晶圆老化，老化后再做静态参数测试，通过判断静态参数是否在合格区间筛选出不良芯片。

3）老化前不进行静态参数测试，直接进行晶圆老化，在老化过程中利用WLBI 测试系统的漏电流实时检测功能和 $V_{GS(th)}$ 测试功能，通过判断漏电流和阈值的变化率来筛选出不良芯片。

基于以上所述 WLBI 的基本原理和实际需求，目前 WLBI 测试系统主要由晶圆夹具、加热单元、自动上/下料单元、老化电源、真空/氮气管道和用户交互计算机等多个单元组成，其功能结构如图 6-37 所示，图 6-38 所示为苏州联讯仪器股份有限公司的 WLBI 老化系统实物图。

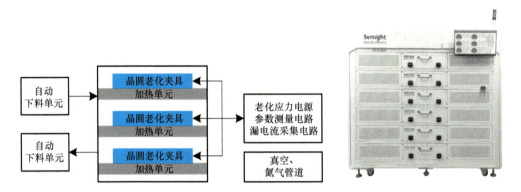

图 6-37　WLBI 测试系统功能结构框图　　图 6-38　苏州联讯 WLBI 老化系统

1）晶圆夹具：完成对 SiC 晶圆上每一个裸芯片的 PAD 进行接触和加电。

2）加热单元：完成对 SiC 晶圆的加热，最高温度需要支持到至少 175℃。

3）自动上/下料单元：利用机械臂等机械装置自动完成 SiC 晶圆和夹具的装载。

4）源表：由老化电源、参数测量电路和漏电流采集电路等子单元组成。老化电源负责提供 HTGB 和 HTRB 两种老化模式所需的电压应力。参数测量电路负责对老化前后以及老化过程中 SiC MOSFET 典型参数进行测量，包括但不限于阈值电压、体二极管正向电压、栅-漏极漏电流、漏-源极漏电流等。漏电流采集电路负责老化过程中对漏电流的实时采集和保存。

5）真空/氮气管道：负责提供老化系统所需要的真空和氮气需求。

6）用户交互计算机：负责给用户提供交互软件，完成老化时间、老化条件、老化温度等老化配置信息。

6.2.3.2　WLBI 测试的挑战

1. 晶圆夹具

晶圆夹具是系统的核心单元，也是系统的设计难点。晶圆夹具需要精准地把每颗芯片上的 PAD 引出到源表，实现电压应力施加和测量。

（1）大面积芯片的接触

用于主驱逆变器的 SiC MOSFET 芯片的尺寸一般为 5mm×5mm，那么每张 6in 晶圆大约有 500 个芯片，每张 8in SiC 晶圆大约有 900 个芯片。如果芯片的尺寸更小，则每张晶圆上的芯片的数量会进一步增加。如何确保对每一颗 SiC 芯片的栅极 PAD、漏级 PAD 和源级 PAD 都能够进行有效接触，并引出到源表进行加速老化和测试，成为了夹具设计的挑战。

如图 6-39 所示，为苏州联讯晶圆老化夹具设计图，中间通过弹簧探针（见图 6-40）压接到被老化 SiC 晶圆。目前行业内最高水平的晶圆老化探针卡能够做到 3600 个通道，即能支持 3600 个 SiC 裸芯片的老化和测试，覆盖了 4in、6in 和 8in 的 SiC 晶圆。最高电压可以支持到 3500V，最小弹簧探针的间距可以做到 0.1mm（边到边）。

（2）弹簧探针针痕的精准控制

栅氧可靠性是 SiC MOSFET 的难点和重点，为了确保测试过程中不对栅极 PAD 引入新的问题，需要严格控制弹簧探针的扎针深度和扎针面积。

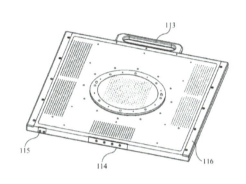

图 6-39　晶圆老化夹具

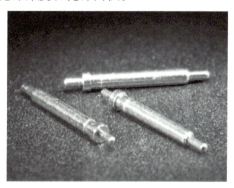

图 6-40　弹簧探针

如何控制每根弹簧探针的针痕以及确保大面积芯片每一个弹簧探针的针痕都在有效的控制范围内成为了量程自动化测试的挑战。目前行业内可行的方案之一是采用弹簧探针的伸缩路径进行严格控制来实现针痕深度（即垂直方向）的控制，对弹簧探针的探头形状和弧度进行设计来控制针痕面积（即水平方向）。

目前行业内最高水平的深度可以控制在 0.2μm 之内，水平方向的面积直径可以控制在 40μm 之内。当然对于不同材料的 SiC 晶圆针痕的表现会存在区别，例如常见的镍钯金和铝材质，同样的弹簧探针会表现出不同的结果，这里讨论的最高水平是在最理想的条件下。

2. 高压电弧

WLBI 测试对 SiC MOSFET 芯片进行 HTRB 老化时，施加的反向电压通常为芯片的标称电压等级，一般在 650~6500V。而在常规环境下，较高的电压通过弹簧探针对夹具内各个位置可能发生放电现象，即高压电弧问题，导致 HTRB 老化无法正常进行。

目前已有多种方式可以实现对高压电弧进行抑制，包括使用真空环境、注入高压惰性气体、注入特殊化学气体等。真空环境对电压的抑制能力有限，难以支持到 3000V 以上的电压产生的电弧。注入高压惰性气体需要远大于大气压压强的气体压力，对夹具的刚性结构提出了更高的要求。注入特殊化学气体容易实现 3000V 以上电压条件下的电弧抑制要求，但是对操作环境产生了一定的安全危险。

3. 施加应力

WLBI 测试系统需要面对数量庞大的大面积 SiC MOSFET 芯片，需要兼容

HTRB 和 HTGB 两种模式，同时还要做好电路的防护，避免失效芯片由于短路等现象对系统电源的损坏。按照行业内最高水平的 3600 个通道计算，测试一张晶圆对应的源表成本为一个通道对应的电路成本的 3600 倍，如果系统支持多个晶圆的同时老化，那么系统的成本会进一步增加。那么想要在通道数、漏电流测量精度、兼容 HTRB 和 HTGB、系统成本等方面达到平衡，已经成为了 WLBI 测试系统的一大挑战。

（1）多通道高压源

WLBI 测试系统典型的应力施加硬件结构如图 6-41 所示，通过高压源表来提供 SiC MOSFET 反偏老化所需要的高压，每一路高压通道经过源-漏极漏电流采集单元来实现对老化过程中漏电流的实时监控，每一路高压通道串联限流电阻来实现老化过程中的限流保护，以防止老化失效而短路的器件对系统造成的短路影响。

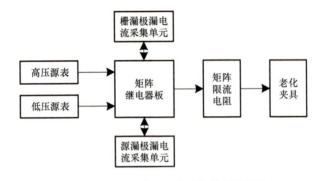

图 6-41　WLBI 典型应力施加的硬件结构

（2）HTRB 和 HTGB 切换

HTRB 需要上千伏的电压，而 HTGB 只需要 −20 ~ +50V 的电压。为了同时满足两种相差很远的电压，系统采用双电源设计，由高压电源表和低压源表分别负责为 HTRB 和 HTGB 提供电压应力。该方案既能够保证不同电压要求下的电压范围，又能够保证不同电压要求下的电压精度。

HTRB、HTGB 以及 $V_{GS(th)}$ 测量则是通过矩阵继电器板实现的，如图 6-42 所示。当进行 HTRB 老化时，高压源表配合高压驱动板进行工作，漏源极继电器板切入系统中，漏源极采集板开始采集漏电流。当进行 HTGB 老化时，低压源表配合低压驱动板进行工作，栅源极继电器板切入系统中，栅源极采集板开始采集漏电流。当进行 $V_{GS(th)}$ 测量时，继电器板切换成测量模式，高精度源表接入系统，完成被测 SiC MOSFET 的阈值测量。

（3）限流保护

在老化过程中，失效的芯片可能表现为短路状态，这就要求系统具有短路保护功能，以防止失效的芯片对其他正常的芯片和通道造成影响。SiC MOSFET 在进行 HTGB 老化时失效后表现为短路状态，漏电流瞬间上升，如图 6-43 所示。

如表 6-2 所示，可以巧妙地利用 SiC MOSFET 高阻值的特性以及正常老化过程

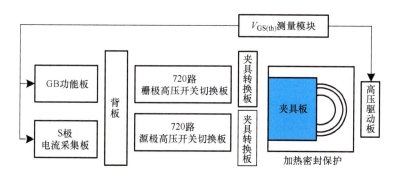

图 6-42　HTRB、HTGB 以及 $V_{GS(th)}$ 测量的切换

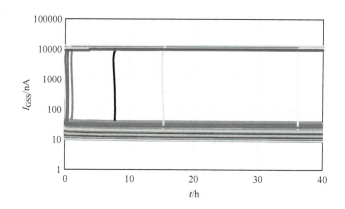

图 6-43　SiC MOSFET HTGB 老化失效

中漏电流极低的特点，用限流电阻来实现老化过程中的限流。在正常器件老化过程中，漏电流在 μA 级别，不同电压下限流电阻分到的电压有限，再通过校准补偿可以实现在串联限流电阻的条件下，依然能够保证达到负载端的电压在精度和误差控制范围之内。

表 6-2　不同压强的氮气环境对高压电弧的抑制能力

源表电压 /V	限流电阻 /MΩ	漏电流 /μA	限流电阻 功率/W	限流电阻 分压/V	芯片电压 /V	芯片电阻 /MΩ	芯片功率 /W
2000	2.5	200	1.0E-01	500	1500	7.5	3.0E-01
1300	2.5	40	4.0E-03	100	1200	30	4.8E-02
1500	2.5	50	6.3E-03	125	1375	27.5	6.9E-02
2000	2.5	300	2.3E-01	750	1250	4.2	3.8E-01
2000	2.5	400	4.0E-01	1000	1000	2.5	4.0E-01
2000	2.5	600	9.0E-01	1500	500	0.8	3.0E-01

（续）

源表电压/V	限流电阻/MΩ	漏电流/μA	限流电阻功率/W	限流电阻分压/V	芯片电压/V	芯片电阻/MΩ	芯片功率/W
1200	2.5	20	1.0E-03	50	1150	57.5	2.3E-02
1200	2.5	400	4.0E-01	1000	200	0.5	8.0E-02
1200	2.5	0.5	6.3E-07	1.25	1198.75	2397.5	6.0E-04
25	2.5	0.1	2.5E-08	0.25	24.75	247.5	2.5E-06
30	2.5	0.2	1.0E-07	0.5	29.5	147.5	5.9E-06
15	2.5	0.005	6.3E-11	0.0125	14.9875	2997.5	7.5E-08

4. 高温加热

结合行业客户需求和行业标准指导文件，同时为了更加快速有效地筛选出早期失效的芯片，WLBI测试系统需要支持的老化和测试温度至少要到175℃才能够满足需求。SiC晶圆存在翘曲和热胀冷缩现象，其硬度又远高于Si，这些材料特性都给如何对SiC晶圆进行加热带来了挑战。为了避免被测芯片受到非理想因素而导致意外失效，WLBI测试系统的高温加热控制系统需要具有较快的升温速度、较好的温度均匀性、较小的升温过冲。

常见的加热的方式有两种：一种是烤箱式加热，通过把被测产品或者老化夹具放入烤箱中进行加热；另一种是传导式加热，通过加热棒或者其他加热源通过热传导对被测产品进行加热。无论哪种方式，都需要对芯片的结温和环境温度进行校准，从而确保芯片结温在设置的老化条件内。

5. 晶圆尺寸兼容

目前SiC晶圆的尺寸以6in为主，部分国际品牌已经在往8in晶圆大步迈进。故综合考虑晶圆尺寸的发展趋势和测试设备的成本，需要WLBI测试系统以及晶圆夹具同时兼容6in和8in两种晶圆尺寸。对比通常有两种方案：第一种是分别设计针对6in和8in晶圆的测试夹，通过更换夹具使在一台测试系统上实现对两种尺寸晶圆的兼容；第二种是晶圆夹具按尺寸较大的8in晶圆进行设计，通过更换探针卡兼容尺寸较小的6in晶圆。第二种方案的成本较低，但对测试现场的物料管理提出了更高的要求。

6.2.4　KGD测试

6.2.4.1　KGD测试的基本原理

由于CP测试是使用探针台对未进行切割的整张晶圆进行测试，故无法覆盖如短路、开关、反向恢复、栅电荷等测试项目，即不能全面检测芯片参数。同时，CP测试后的切割，可能会导致芯片破损的情况发生，良率损失约为1%~2%。故直接将完成CP测试和切割的芯片进行功率模块封装，会由于芯片异常导致模块良率显著下降，如表6-3所示。

表 6-3　芯片良率对模块良率的影响

芯片良率（%）	模块良率（含12颗芯片）（%）	模块良率（36颗芯片）（%）
99	89	72
98	78	52
90	28	3

如果芯片的良率为99%，那么包含12颗芯片的功率模块的良率为99%的12次方，仅为89%，而包含36颗芯片的功率模块的良率仅为72%。如果芯片良率为90%，模块的良率将进一步降低，包含36颗芯片的功率模块的良率就只剩下3%，这显示是无法接受的。如前所述，CP测试无法全面检测芯片参数、晶圆切割也可能导致芯片损坏，故芯片的良品率是无法做到100%的。

为了降低上述问题带来的影响，目前对用于主驱逆变器功率模块的 SiC MOSFET 芯片都要进行 KGD（Known Good Die，已知合格芯片）测试。KGD 测试的测试项目一般可以包括不同温度下的静态参数测试、雪崩测试、短路测试和动态测试。此外，用于主驱逆变器的功率模块采用多芯片并联的方式。利用 KGD 测试的结果，可以对芯片进行参数匹配并按照规则分 BIN，挑选出多个参数一致的芯片进行并联封装，从而最大限度的发挥 SiC 材料的优势。

KGD 测试为多站测试，测试的项目、条件和顺序还没有形成相关标准，一般由芯片厂商或模块厂商根据芯片的特点自行确定。如图 6-44 所示为典型 4 站 KGD 测试流程：第一站为高温 DC 测试，用于评估晶圆切割后 SiC MOSFET 在高温环境下的 DC 参数；第二站为高温 AC 测试和短路测试，在该站完成高温环境下的动态参数测试和短路能力；第三站为常温雪崩测试，在此站进行雪崩鲁棒性评估；第四站为常温 DC 测试，由于 AC、短路和雪崩都是有一定破坏性风险的测试，此站测试的目的是再次确保芯片的性能好坏。完成所有测试站测后的芯片经过分参数分 BIN 处理，进入封装环境。

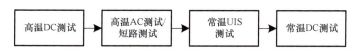

图 6-44　典型 4 站 KGD 测试流程

目前 KGD 测试系统的供应商较多，每家采用的方案都不尽相同，图 6-45 所示为主流 KGD 测试系统结构框图，图 6-46 所示为苏州联讯仪器股份有限公司的 KGD 测试系统实物图，具有一定的通用性和代表性。

1）上/下料区：通过机械搬运单元完成指定料盒到测试夹具上的搬运工作。目前常见的上下料盒包括：ring 环（蓝膜或者 UV 膜）、华夫盒、卷带（tape and reel）。

271

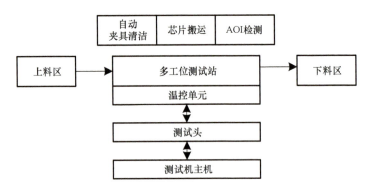

图 6-45　KGD 测试系统的结构框图

图 6-46　苏州联讯 KGD 测试系统

2）测试站：多个测试站分别完成不同测试内容，包括 DC 测试、雪崩测试、短路测试和动态测试，需要具有高温控温功能，以满足对 SiC 芯片在高温下的性能进行评估。

3）芯片搬运单元：负责完成芯片从上料到测试站、从测试站到下料区的搬运工作。

4）AOI 检测功能：包括下料区和下料区的 AOI 检测，上料区的 AOI 负责检测切割环节是否对芯片造成了损伤，下料区的 AOI 负责检测 KGD 测试是否对芯片造成了损伤。

5）自动夹具清洁单元：负责夹具的清洁，防止切割碎片、胶以及芯片失效炸裂导致的测试夹具脏污。

6）测试头：测试机的测试头，越靠近被测芯片，越有利于提高测试的精度和准确性，特别是 AC 测试项目要求链路的杂散电感尽可能低。

7）测试机主机：与测试头连接，提供测试的电源和以及高精度的电流电压采集和输出。

6.2.4.2　KGD 测试的挑战

1. 测试夹具

测试夹具承载被测的 SiC MOSFET 芯片，连接被测芯片和测试头，其平整度影响着芯片的外观、密闭性影响着测试安全性、闭合方式影响着系统的测试效率，是 KGD 测试机核心单元之一，其特性直接影响 KGD 测试系统的性能。

（1）抑制高压电弧

SiC MOSFET 进行 DC 测试时的测试电压可高达 3000V 以上，如果不做任何环境处理，产生的高压电弧将导致无法正常测试，严重的还会影响芯片的质量。

一种可行的低成本方式是通过充盈高压氮气来抑制高压打火问题。在密闭的测试夹具中充盈大于 2.5bar 的高压氮气，能够有效避免高压电弧的产生，同时氮气还能够防止高温环境下的 SiC MOSFET 芯片被氧化。

（2）针痕的控制

针痕的控制尤为重要，太深的针痕影响着产品的可靠性，太浅的针痕难以保证测试接触的有效性，特别是大电流测试下的安全性。

目前行业内可行的方案之一是采用弹簧探针的伸缩路径进行严格控制来实现针痕深度（即垂直方向）的控制，对弹簧探针的探头形状和弧度进行设计来控制针痕面积（即水平方向）。由于 KGD 测试的需求需要大电流，短路测试的电流可高达 3000A，所以相比 CP 测试系统，KGD 测试需求更多的弹簧探针，根据单根针的通流能力，弹簧探针的数量可高达上百根。

2. 低杂散电感链路的设计

相比于 Si 器件，SiC MOSFET 的开关速度更快，相同测试电路和测试条件下，SiC MOSFET 的关断电压尖峰也更高。由于测试电路的主功率回路电感过大而导致的过冲电压不仅会导致开关和短路测试无法测量准确，还会影响被测产品的安全以及测试系统的安全问题。

可以从三方面降低回路电感：第一是测试电路的低杂散电感设计，采用母排电容降低测试机和测试头的回路电感；第二是尽量缩短被测芯片和测试头的连接，可将测试夹具直接集成在 AC 测试头上，以实现最低的回路电感路径；第三是采用低电感的弹簧探针，可以有效降低链路杂散电感。

3. AOI 视觉检测

芯片切割环节、上料蓝膜的黏胶、KGD 测试探针、雪崩和短路测试等因素都可能造成芯片外观缺陷。常见的缺陷包括但不限于脏污、划痕、烧针黑洞、异物等。这就需要视觉算法开发平台配备高性能深度学习算法，经过大量案例验证、优化后的算法能够对常见检测品具有良好的适应性。综合考虑生产测试成本和生产测试效率，KGD 测试系统的 AOI 功能作为专用 AOI 检测设备的补充，要求系统的视觉检测精度接近 10μm 的分辨率。

图 6-47 所示为常见 SiC MOSFET 芯片外观缺陷，分别为正面表面亮斑、表面

划痕、崩边、脏污。

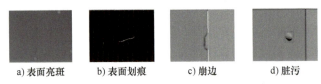

a) 表面亮斑　　　b) 表面划痕　　　c) 崩边　　　d) 脏污

图 6-47　SiC MOSFET 芯片常见外观缺陷

4. 过电流保护

在电压和电流等级相同的情况下，SiC MOSFET 的短路电流为其电流等级的 10 倍左右，Si IGBT 的短路电流为其电流等级的 4 ~ 6 倍，而 SiC MOSFET 的芯片面积约为 Si IGBT 的 1/3。此外，SiC MOSFET 短路发热集中在外延层，而 IGBT 短路发热较为均衡。这就导致 SiC MOSFET 短路能量密度为 Si IGBT 的 20 倍左右，IGBT 的短路时间可以超过 $10\mu s$，Si MOSFET 的短路时间仅有 $2 ~ 4\mu s$，且短路时发生"炸管"的风险也更高。

当进行开关测试、反向恢复测试和短路测试时，不良的 SiC MOSFET 发生失效并使测试电路呈现出短路状态。回路中的电流迅速升高，如果对电流不加以限制，则被测管和陪测管的结温将迅速升高，进而可能导致陪测管短路失效，被测管和陪测管也都有可能发生"炸管"。以上情况都有可能对探针、测试电路、测试夹具损坏，增加维护成本、耽误生产进度。

为了解决上述问题，由芯片异常导致过电流时，测试机在短时间内完成检测和限流，对测试系统的各个部件进行保护，一般要求在 $1 ~ 2\mu s$ 内完成。此外，还可以增加探针数量并采用均流技术，均衡流过每根探针的电流大小，以达到保护系统和测试夹具的目的。

5. 高温控制设计

为了更全面地检测 SiC MOSFET 的参数，尽可能筛选出不良或失效风险较高的芯片，在 KGD 中需要测试芯片在高温下的特性。

目前行业内有两种温度控制方案。一种方案是利用高低温冲击箱对被测夹具进行温度冲击，来实现控温。其优点是升降温时间短，能够支持高温测试也能支持低温测试，缺点是温度均匀性差，温度长期稳定性难以保证。另一种方案是将加热棒集成在测试夹具内部或者外部，来实现控温。其优点是控温的精度高，温度均匀性和稳定性好。缺点是只能支持高温，无法支持低温测试。

6. 测试效率

测试效率是评价测试机的重要指标，直接影响产能和设备运行成本。KGD 测试系统的测试时间由三个部分构成：第一部分是芯片搬运时间，由系统架构和运动部件的设计决定；第二部分是测试时间，由产品测试项目和测试机测试时间决定；第三部分是辅助功能时间，包括 AOI 检测等辅助功能运行时间。

多站流水线式测试能显著提高测试效率，但随着测试站数量不断增多，测试效率并不会一直提升。一方面，多站流水线式测试能够在同一时间测试多颗芯片的不同参数，但对测试时间的节约受限于需要测试时间最长的测试项。另外，越多的测试站也意味着需要更多的搬运动作，将芯片从不同测试站之间以及上下料区进行搬运，并且越多的测试站也需要更多的测试机资源，增加了测试成本。目前行业内主流的 KGD 测试系统综合考虑测试效率和测试机资源，选择测试站在 2~5 站之间。

6.2.5　PLBI 测试

SiC MOSFET 的 PLBI（Package Level Burn In）测试包含 HTRB 和 HTGB 两个测试项目，具体的目的和测试原理将在 6.3 节中详细介绍。目前，对 SiC MOSFET 的 PLBI 测试还没有形成行业标准，各厂商自行根据器件的特点和积累的测试数据确定测试项目（HTRB 和 HTGB 的其中一种或全部）、每种测试项目的测试时间、不同测试项目的轮换频次等测试条件。

SiC MOSFET 产品包括分立器件和功率模块两种类型，根据封装的尺寸和特点，发展出烘箱型和热板型两种老化测试系统。

6.2.5.1　烘箱型 PLBI 测试系统

以中安电子的 BTR-T652 烘箱式 PLBI 测试系统为例，如图 6-48 和图 6-49 所示，主要由上下料机、AGV 插板一体机、老化测试设备和信息管理系统（MES）等几部分组成，应用于 SiC MOSFET 分立器件的 PLBI 测试。

上下料机与老化测试设备之间采用 MODBUS 通信，通过老化测试设备来控制上下板进行老化板的自动插拔。AGV 将老化板通过侧插升降机构放置到老化架的"L"型隔板上，然后再通过伸缩机构将老化板推到指定位置。AGV 将老化板从上往下，依次放入老化柜，并通知上级系统，系统控制柜门自动关闭。

老化测试设备维护面在机台背面，方便人工进行维护操作。设备的操作面在正面，配备 1 台上位机以及显示器，记录保存测试数据并且可以随时浏览导出。每个试验通道有自己独立的控制采样系统，实时采样的试验数据通过 RS-485 通信传输到上位机控制系统进行存储、输出等处理，并且可以输出老化报表和绘制老化曲线。

图 6-48　中安电子的 BTR-T652 烘箱式 PLBI 测试系统

基于中安电子的 BTR-T652 烘箱式 PLBI 测试系统的工作流程如下：

1）经过上下料机的扫码、调用 MES 接口实现产品的入站、工序/批次/产品编码的校验、导盘等步骤后，由上一道工序流转过来的待测器件从 Tray 盘放置到老化板上，并同时还需要记录老化板编号及待测器件的产品信息，例如批次号、产品编号等。

2）上下料机指派 AGV 插板一体机将装好待测器件的老化板拖运、插到指定老化测试设备的指定通道里并将老化板编号和产品信息发送给老化测试设备。

3）上下料机将从 MES 获取到的工艺配方（Recipe）发送给满足条件的通道并开启老化测试。

4）待老化测试结束后，上下料机调度 AGV 插板一体机将测试完成的产品连同老化板一起从老化测试设备中取出并根据老化测试设备上报的测试结果完成待测产品的筛选、结果上报 MES、出站等功能。

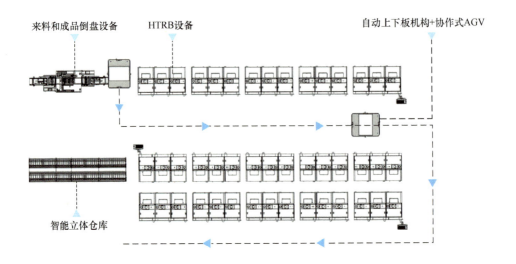

图 6-49　中安电子的 BTR-T652 烘箱式 PLBI 测试系统结构

6.2.5.2　热板型 PLBI 测试系统

以图 6-50 所示的中安电子的 T668A 热板型 PLBI 测试系统为例，主要由机械手一体机、老化测试设备和 MES 组成，应用于 SiC MOSFET 功率模块的 PLBI 测试。

压力测试系统用于对来料模块进行压力测试，来料托盘通过输送线体从前道流转至压力测试系统，采用全自动的上下料方式将来料模块进行压力测试，测试完成的合格产品放置到托盘内流转至下一步工序，测试完成不合格产品放置到皮带输送线体上，由人工取走。

自动上下料系统用于托盘的输送以及上下料缓存堆垛，包含不合格产品自动下料系统和自动 ID 绑定功能。实现托盘在整个设备系统内的流转运输以及实现模块码与托盘码的解绑以及增绑 ID 功能。实现托盘在系统内的缓存（空托盘的自动堆垛以及自动分盘出料）以及不合格产品的自动下料缓存。其主要包括产品输送线体 3 套、托盘缓存工位 5 套、托盘定位工位 2 套、压力测试 NG 出料位 1 套、阻断测试 NG 出料位 1 套。

机械手自动取放模块系统的主要功能是将压力测试工艺结束并检测合格的模块

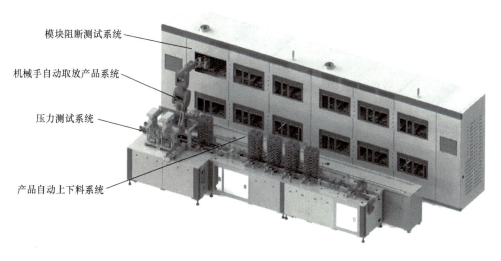

模块阻断测试系统

机械手自动取放产品系统

压力测试系统

产品自动上下料系统

图 6-50　中安电子的 T668A 热板式 PLBI 测试系统

从产品自动上下料系统的托盘定位工位进行抓取，抓取的模块产品直接通过六轴机械手放置到模块阻断测试系统的测试治具内（放置前需要对产品进行扫码）。将阻断测试完成的产品通过机械手自动取放模块系统进行夹取，抓取的模块产品直接通过六轴机械手放置到产品自动上下料系统的托盘定位工位的下料空托盘内（放置前需要对产品进行扫码）。

老化测试为高温，先做完压力测试后再进行高温阻断测试，测试压力为 0 ~ 10kN，阻断测试工位底部采用电加热方式对器件进行预热，温度到达后按程序设定自动完成测试，最大测试电压为 2000V，采样漏电流值为 100mA。可以实现对 SiC MOSFET 模块的端电压、漏电流、壳温、结温等各项参数的检测。

其工作流程与针对单管的烘箱式 PLBI 测试系统相同。

6.2.6　ACBI 测试

6.2.6.1　ACBI 测试的基本原理

虽然我国新能源汽车的快速发展带来了巨大的功率半导体市场需求，但当前我国 SiC 功率模块的批量稳定性、高端领域应用经验，以及终端应用验证与国际先进水平还存在一定差距，导致这种情况的一个原因是功率模块厂商对 SiC 功率模块的验证测试、可靠性验证和应用评估的技术还不够成熟。

在功率模块的开发阶段，为了对功率模块的特性进行评估、掌握其在实际应用中的表现、及时有效地发现并剔除存在的隐患、提高产品质量的可靠性，功率模块厂商会将功率模块开发样品替换到应用端已经批量的变频器、电机控制器和其他功率变换器上进行应用模拟验证。但在功率模块的量产阶段，通常只是对其进行单体测试，包括静态参数、动态参数和绝缘能力等。然而，仅仅进行单体测试无法确保模块批量供货的稳定性，往往会出现已经通过客户端应用开发验证测试的功率模块在批量供货时的故障率依旧很高的情况，导致客户体验差，阻碍了功率模块在高端应用领域的应用。这一问题对 SiC 功率模块更为严重，零公里故障率是汽车厂商最重视的指标之一，如果车辆发生故障，汽车厂商会立即将情况反馈给元器件供应商，并希望得到元器件供应商的及时响应。

　　为了解决上述功率模块量产的问题，业界推出了模拟功率模块在电机驱动应用中实际运行工况的 ACBI 测试。ACBI 测试将被测功率模块与作为负载的三相电抗器连接，采用空间矢量脉宽调制（Space Vector Pulse Width Modulation，SVPWM）方式并输出 6 路 PWM 波，在三相电抗器上生成三相相位差 120° 的交流电流，ACBI 测试原理和 SVPWM 原理分别如图 6-51 和图 6-52 所示。跟电机相比，电抗器没有转动轴，不会产生转动的机械功率，因此称为无功。在测试过程中，对被测功率模块加载不同的直流电压、基波频率、载波频率和输出交流电流，在电应力考核集成了通态损耗、开关损耗、温度等多个因素。ACBI 测试即可针对量产进行短时测试，也可进行长期测试以考察模块的可靠性，达到早期故障排除、可靠性评估、寿命预测等目的。

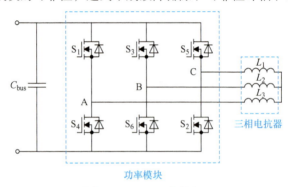

图 6-51　ACBI 测试原理

　　在 ACBI 测试中，可以进行以下设置和测试：

　　（1）工况设定

　　通过设定各项参数来模拟不同工况的应用场景，包括电频率、载波频率、母线电压、三相电流、水温、水流量、驱动电压、驱动电阻等。

　　（2）运行状态模拟

　　类似于汽车模拟器，可通过控制程序模拟不同的驾驶环境以及不同的驾驶习惯等复杂的应用场景。这里可以遵循相关测试标准，例如 NEDC（New European Driving

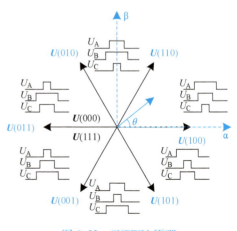

图 6-52　SVPWM 原理

Cycle）、WLTP（World Light Vehicle Test Procedure）、EPA（U. S. Environmental Protection Agency）、CLTC（China Light-Duty Vehicle Test Cycle-Passenger Car），如图 6-53 所示为 NEDC 循环工况。

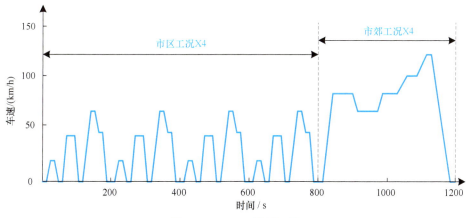

图 6-53　NEDC 循环工况

（3）波形测试

在测试过程中对波形进行测试采集，监控功率模块的开关应力参数，同时保存失效时的波形数据，并作为产品可靠性验证提供重要依据，确保产品在各种极端条件下都能稳定工作，如图 6-54 所示。

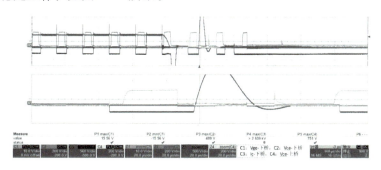

图 6-54　功率模块失效波形

（4）电流能力测试

通过调节不同参数，模拟严苛的工况，使功率模块进行长时间大电流运行或承受脉冲电流冲击，验证其输出能力。比如在相同结温下，改变载波频率；根据不同车型，改变水泵流量；根据电池在馈电或充满电的情况，改变母线电压；根据电机的转速，改变电流频率；水温、驱动电阻、驱动电压等。进行实际工况中的或长时间大电流运行。

（5）堵转测试

通过控制程序模拟电机堵转工况，测量堵转下的波形和温度，如图 6-55 所示，能够对功率模块在不同角度下堵转时的性能进行评估。

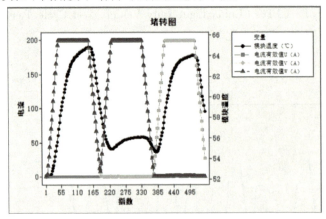

图 6-55　堵转测试数据

（6）结温测试

被测功率模块不填充硅胶或完成塑封，在其表面喷涂黑漆，这样就可以方便地验证每颗芯片在不同工况下的结温，如图 6-56 所示。

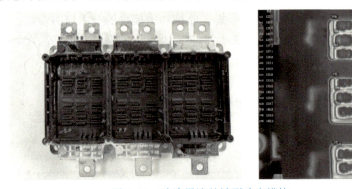

图 6-56　喷涂黑漆的被测功率模块

针对 ACBI 测试需求，业界已经推出相关测试设备。以深圳愿力创科技有限公司为例，在我国推出首款 ACBI 测试系统，适用于功率模块生产商产线测试、出厂性能检验以及功率模块应用研发试验，如图 6-57 所示。该系统通过基于 SVPWM 电机控制原理，形成一套全自动半导体功率模块无功老化测试系统，全面对功率模块应用性能进行评估，如图 6-58 所示。ACBI 测试系统通过全功能上位机设置被测功率模块所需的工况，系统根据设置工况进行额定负载、峰值负载、堵转等测试。测试数据自动对比判断，数据存档。

6.2.6.2　ACBI 测试的挑战

1. 大电流压接

在进行测试的过程中，需要确保测试设备与功率模块的连接方式能够承受测试时流通的大电流。一般可以采用无损伤压接方案，利用压缩弹簧施加压力，使得铜排与功率端子紧密贴合，实现快速压接和电路良好连接，确保弹力压接端面在大电流下温度稳定，如图 6-59 所示。

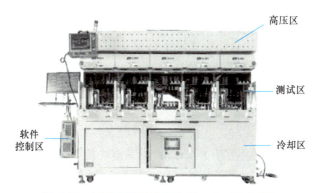

图 6-57　愿力创科技有限公司 ACBI 测试系统

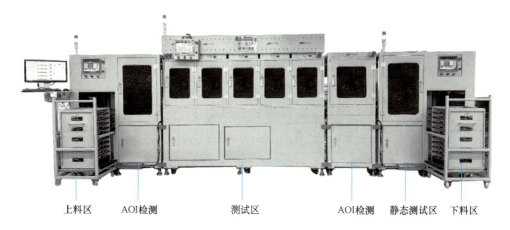

图 6-58　愿力创科技有限公司自动化 ACBI 测试系统

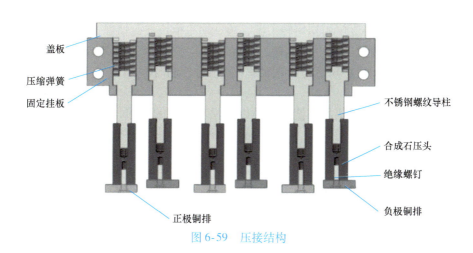

图 6-59　压接结构

2. 接触检测

在进行测试的过程中，如果有探针或者高压端子没有接触好，就会导致被测功率模块或者测试设备损坏。若温度探针没有接触好，可能导致 NTC 温度采样不准，无法对功率模块进行及时的保护。若驱动端子没有接触好，没接触好的这一相无法正常输出，就会导致输出不平衡，出现失控损坏功率模块的情况。若高压端子没有接触好，将出现打火的情况，影响模块正常出售。为了解决以上问题，ACBI 测试系统需要具备接触检测的能力，当出现接触不良时能快速识别并立刻停止测试。

3. 电机控制模拟

要实现功率模块在整车实际工况运行的模拟，一套成熟的电驱功率模块驱动系统是最基本的要求，一般包括基于 DSP 的功率模块控制单元、基于驱动芯片的驱动单元、完善的汽车级保护和限制硬件保护机制。ACBI 测试系统的负载是三相电抗器，其测试原理是控制三相全桥功率模块在负载电抗器上产生三相互差 120° 的交流电流，其控制算法和电机控制算法类似，采用矢量控制技术和空间电压脉宽调制技术，如图 6-60 所示。

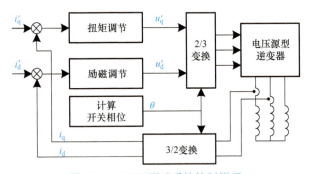

图 6-60　ACBI 测试系统控制原理

4. 堵转模拟

当电动汽车驻坡时，电机处于堵转状态，功率模块输出直流电流并处于最严酷的工作状态。故需要专门模拟堵转工况，验证功率模块在此情况下的可靠性。由于 ACBI 采用电抗器替代工况中的电机，故需要利用控制程序对堵转工况进行模拟，图 6-61 所示为模拟堵转角度为 0° 时的 PWM 信号控制时序。

5. 温度控制

为了模拟功率模块实际的使用环境以及模块自身的散热，ACBI 测试系统需要具有温控系统，实现多个模块同时进行测试时温度和流量的稳定，采用 PID（Proportional Integral Derivative）控制系统，同时对水流的内循环和外循环进行独立控制。需要注意的是，要避免高温测试情况下水和模块接触后导致模块散热底板的外观变色，一般可以增加过滤系统实现。

在测试过程中需要实时监控被测功率模块的温度以及压接位置的功率铜排温度，确保系统的正常运行。因功率回路的系统高压干扰，可以选择红外线测温仪实

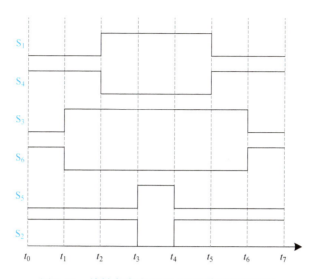

图 6-61　堵转角度为 0°时 PWM 信号控制时序

现非接触式测温，一体化集成式红外测温仪，传感器、光学系统与电子线路共同集成在不锈钢壳体内，其上的标准螺纹可实现与安装部位进行快速连接。

6. 模块除水

在测试过程中需要对功率模块进行水冷散热，为了设备高压安全和产品出货，测试完成后必须把水渍清除干净，同时还需要满足生产节拍。可以采用吹气的方式进行模块除水，首先治具机构对模型进行定位和密封，再调整气流方向以确认最佳的吹气角度。

7. 数据存储和分析

在行业内，无功老化测试时长一般在十分钟左右，记录频率可达 10 次每秒，几分钟下来就有几千条数据，无法通过人员去记录，也容易出现分析错误的情况。需要本系统上位机自动记录老化数据，根据标准自动分析结果，可提高测试效率，使测试结果更直观。

8. 视觉识别

在测试过程中，若没有正确地将待测产品摆放在测试平台上，则有可能将其压坏或导致测试无法正常运行。因此需要先检查待测产品的摆放是否正确，然后再进行测试。一般可以采用智能视觉识别技术，对待测产品的放置情况进行自动识别，免去人工检查，极大地提升了测试效率并降低损坏待测产品的风险。

9. 系统电磁兼容性

EMC SiC 器件在实现高频、高效率的同时，也带来了显著的电磁兼容性（EMC），不仅给测试设备带来系统问题，同时在终端应用中也带来挑战。如一些 A 产品正常，B 产品经常性地报错无法工作，需要使用应用测试系统，去提前发现功率模块本身的电磁兼容性问题。SiC 器件的高开关速度（纳秒级）导致电流和电压变化率（di/dt、dv/dt）极高，通过寄生电容耦合至二次侧电路，形成共模噪声，干扰控制信号稳定性，为避免 SiC 器件在高速开关过程中会产生较强的电磁干扰（EMI），需要采取有效的电磁屏蔽和滤波措施。SiC 器件的开关速度快，需要专门设计的驱动电路来提供合适的驱动信号。驱动电路需要具有高速度、高功率、低延迟等特点，以充分发挥 SiC 器件的性能。同时，还需要考虑驱动电路与 SiC 器件之间的电气隔离和兼容性问题。

6.2.7　FT 测试

6.2.7.1　FT 测试的基本原理

FT（Final Test）测试即最终成品测试，是器件完成封装之后进行的测试，广义上的 FT 测试也被称为 ATE（Automatic Test Equipment）测试。利用 FT 测试可以将在封装过程导致不良或失效的器件剔除，确保每一颗出货的器件都符合相关标准，避免产品在应用中对用户造成不良影响。一般情况下，通过 FT 测试后的器件就可以出货给客户了，但对于要求比较高的产品，在 FT 测试后要再进行 SLT（System Level Test）测试，也称为基准测试（Bench Test）。

图 6-62 所示为典型 FT 测试系统的结构，主要包含测试机和分选机两部分。FT 测试所使用测试机的 DC、RgCg、UIL 测试模块与 CP 测试相同，并新增 AC 测试模块用以完成开关测试、反向恢复测试、栅电荷测试和短路测试。分选机（Handler）的作用是将器件的引脚与测试机的功能模块连接起来，并实现批量自动化测试。

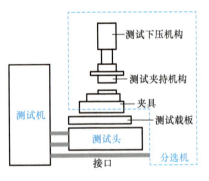

图 6-62　FT 测试系统

如图所示，FT 测试系统中，分选机主要由测试下压机构（Contact Pushor）、测试夹持机构（Contact Blade）、被测器件（DUT）、测试座（Socket）组成，测试系统台主要由测试机（Tester）、测试头（Test Head）、负载板（Loadboard）组成。

1）测试下压机构用于驱动测试夹持机构下压运动。

2）测试夹持机构用于抓取被测器件，在下压机构驱动下与测试座进行接触。

3）测试座是用来放置器件的，每个不同封装的器件都需要不同的测试座；测试座一端与被测器件的引脚接触，另一端与负载板接触，通过测试座，被测器件与负载板进行连接。

4）负载板固定于测试机的测试头上，测试头通过测试支架调节，使得负载板与分选机进行定位插接。

5）分选机与测试机通过接口板连接，当器件的引脚和测试座的 PIN 针接触，送出 SOT（Start of Test）信号，通过接口板给测试机，测试完成之后测试机送回 BIN 值及 EOT（End of Test）信号，分选机再做出筛选分类的动作。

　　根据传输方式，分选机分为平移式、转塔式、重力式三个类型。平移式分选机利用水平机械臂采用真空的方式吸取器件放置到测试工位进行测试，适用范围广，针对测试时间较长的器件或先进封装优势明显，如图 6-63 所示。转塔式分选机利用主转盘驱动器件转动至测试工位，适合体积小、质量小、测试时间短的器件，如图 6-64 所示。重力式分选机利用器件自重下滑到测试工位进行测试，结构简单，投资小，如图 6-65 所示。

图 6-63　长川科技的平移式分选机

图 6-64　长川科技的转塔式分选机

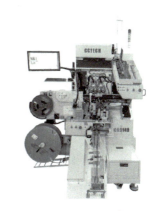

图 6-65　长川科技的重力式分选机

6.2.7.2　分选机案例

以下分别以分立器件和功率模块的串测分选机为例，介绍分选机。

1. 重力式分选机

SiC 二极管和 SiC MOSFET 单管有丰富的封装形式，占比较大的为 TO 系列，包括 TO-247、TO-220、TO-252、TO-263，在 FT 测试中都可以选择重力式分选机。

　　以下以长川科技的 C8HT 系列重力式常高温分选机作为单管器件重力式分选机的代表，介绍其具体的结构和功能。C8HT 系列重力式常高温分选机是一款针对功率器件单管系列封装产品测试的全自动分选机，为直背式架构，具备 2～5 站测试位串测结构，12 个自动管装收料位，可选配打标和视觉功能。整机采用 Heater 式加热方式，最高加热温度为 200℃，温度精度可达 ±3℃，能满足多数功率器件单管的测试需求。

整机主要由上料模块，加热模块，测试模块，选配模块和收料模块等5大模块组成，如图6-66所示。

（1）上料模块

上料模块（见图6-67）的主要功能是为整机提供被测器件来源，采用料管手动上料模式将料管中的产品运送至下一流程。

（2）加热模块

加热模块（见图6-68）由控制单元、加热执行元件和预温轨道组成。控制单元通过 PID 算法对加热执行元件进行控制，

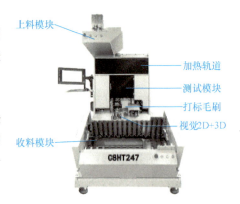

图6-66 长川科技 C8HT 系列
重力式常高温分选机

实时调整。加热执行元件由加热棒组成，提供热源，实现高温的环境。预温轨道作为加热的载体，为产品提供相对密闭的高温空间，对产品进行加热。

需要注意的是，在加热温度为150℃、预热时间2min 的情况下，不同测试时间的 UPH 如图 6-69 所示。当测试时间短于 0.5s 时，UPH 瓶颈为预热时间，最高为3000pcs/h；当测试时间长于 0.5s 时，UPH 逐渐下降。

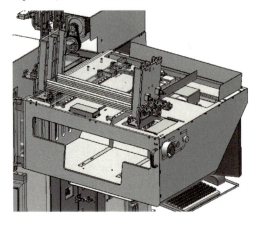

图 6-67 上料模块

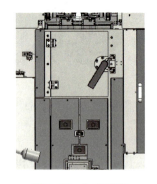

图 6-68 加热模块

（3）测试模块

图 6-70 所示的测试模块主要功能是为测试机提供产品测试的环境和位置，产品通过测试座与测试机进行对接测试。C8HT 系列支持 2~5 站测试位，可支持动态测试、静态测试，以及电性能测试等多种测试项目。

（4）选配模块

选配模块包括 2DID 检测、热感应检测、2D + 3D 视觉检测功能及激光打标功

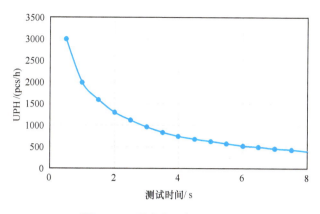

图 6-69　不同测试时间的 UPH

能，根据测试需求进行选择配置。2DID 检测功能用于二维码扫描检测，可与测试数据进行绑定，方便后端进行数据分析和追溯。热感应检测功能用于产品器件表面的温度检测，确保温度稳定性。2D + 3D 视觉检测功能用于产品的字符和引脚检测，具体有字符、脚长、脚宽、脚间距、站高等。激光打标功能针对产品的标记（Mark）面进行字符打标，标记对应的批次或模板。

（5）收料模块

图 6-71 所示的收料模块主要功能是将测试完成的产品根据测试结果进行分类，将测试产品放入对应的料管中，当料管数量达到要求后进行自动换管。

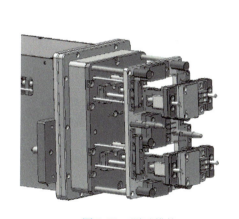

图 6-70　测试模块

图 6-71　收料模块

此外，C8HT 系列分选机还支持硬对接（Hard Docking），有效降低动态测试的回路寄生电感，如图 6-72 所示。

C8HT 系列分选机的主要工艺流程如图 6-73 所示。

2. 功率模块分选机

功率模块式 SiC 器件的另一重要封装形式，以下以长川科技的 PIM 系列串测分选机作为功率模块 FT 测试的分选机的代表，介绍其具体的结构和功能。

PIM 系列串测分选机是一款针对功率器件模块系列封装产品测试的全自动分选机，整机主要由上下料模块、预温模块、测试模块、冷却模块、视觉和弧度检查模块、不良分 BIN 模块、收料模块组成，其外观和布局分别如图 6-74 和图 6-75 所示。

图 6-72　硬对接

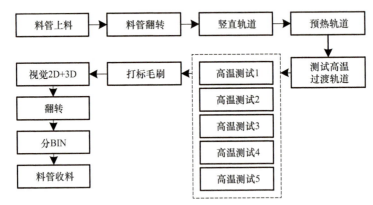

图 6-73　C8HT 系列分选机的主要工艺流程

图 6-74　长川科技的 PIM 系列串测分选机

（1）上料模块

图 6-76 所示为上料模块。功率模块的尺寸和重量较其他封装形式的器件更大，为了避免在周转过程中对模块造成损伤，功率模块的上下料及周转通常通过 Tray 盘配合小车进行，功率模块放置在 Tray 盘上，搭载 Tray 盘的小车与设备对接，设备上的取料机械手将 Tray 盘从小车拖出并夹取器件至传递机构实现物料上料。

（2）预温模块

如图 6-77 所示的预温模块通过预温盘对功率模块进行加热使升温至指定温度，

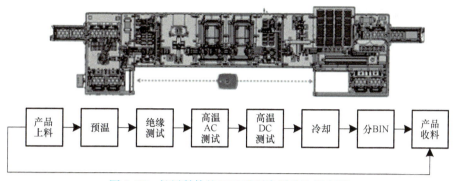

图 6-75　长川科技的 PIM 系列串测分选机布局

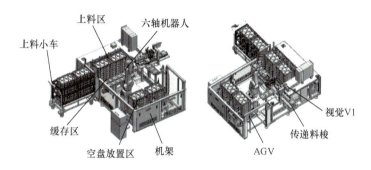

图 6-76　上料模块

然后传递至测试位进行测试。加热棒对预温盘进行加热，并通过安装在预温盘内部温度传感器进行温度监测，从而控制继电器，控制加热棒的通断，使其达到设定温度。同时通过实测盘面温度进行补偿设置温度，温度稳定性可达 ±1℃；温度熔体可防止高温异常时，可起到过温保护作用。

（3）绝缘测试模块

通过 ISO 测试仪和测试盒完成对功率模块的绝缘测试，绝缘测试模块支持 Kelvin 测试，有效防止打

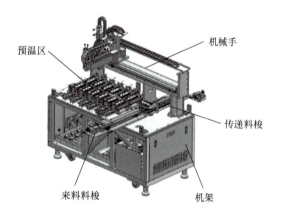

图 6-77　预温模块

火，具备安全防护，保护人机安全，测试原理如图 6-78 所示。

PIM 系列串测分选机具备 AC 5000V/100mA、DC 6000V/20mA 的绝缘测试能力。同时还支持 0 ~ 300kg 压力大小可以调节，精度 ±0.2kN，每个加压柱之间压力差在 100N 范围内，模拟器件装机受力状态。

（4）冷却模块

完成高温测试后的功率模块在冷却模块（见图6-79）中冷却至常温。通常使用水冷实现功率模块的冷却，工位数配置根据器件冷却时间及整机 UPH 需求进行配置。

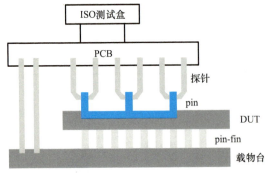

图6-78　绝缘测试原理

（5）视觉检查及弧度检查模块

图6-80 所示为视觉检查及弧度检查模块。测试后的器件需进行外观不良检查及弧度检查，将不良品进行筛选排除。通常检查项目包括：

a）产品 Mark 面：脏污、划伤、异物、裂缝（Crack）等缺陷；

b）引脚端子：有效识别产品引脚长度、引脚宽度、引脚间距、脱落、缺损、表面伤痕、引脚歪斜等缺陷；产品端子露铜、划伤、变色、缺损等缺陷；

c）Mark 及印字：检查印码错字、无印字、模糊、印刷反向、漏字、断字；

d）其他外观缺陷：外壳缺损、变色等，产品 DBC 划伤、凹坑、变色、脏污、沾锡等缺陷；

e）弧度检测识别产品 DBC、Pin-Fin 变形，模块提供用于校准弧度的标准块。

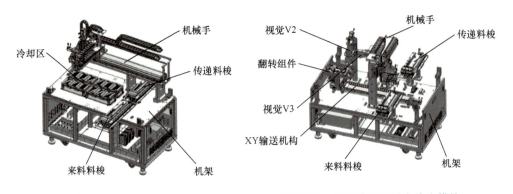

图6-79　冷却模块　　　　　　　图6-80　视觉检查及弧度检查模块

（6）不良分 BIN 模块

不良分 BIN 模块如图6-81 所示，对测试不良的产品进行收集，配备多层不良品（Reject）存储机构，可实现对不同测试 NG BIN 分类分层收集功能。

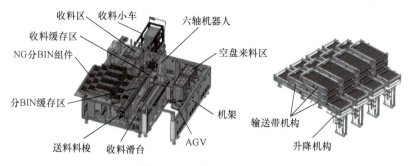

图 6-81　不良分 BIN 模块

（7）收料模块

搭载空 Tray 盘的小车与设备对接，设备将完成各项测试的合格品夹取至空 Tray 盘收集实现下料。

根据不同器件的生产工艺需求将上述各功能模块进行组合形成特定产品的自动化分选机产线系统，系统具备可扩展性、可调整型，适应不同产品或不同生产工艺器件的自动化测试，达到柔性生产的目的。

6.2.8　测试效率和成本评估

量产测试十分关注测试效率和测试成本。测试效率通常用 UPH（Unit Per Hour）来表示，即每小时的测试器件的数量，一般数值越大越好。测试成本通常用 Hourly Rate 表示，即每小时的测试成本，一般数值越小越好。进一步，利用 Hourly Rate 和 UPH 可以计算得到每一颗器件的测试成本 COT（Cost of Test）。

在进行测试成本评估时，工程师很容易陷入仅考虑测试设备的成本的误区，这样的测试成本评估是不全面的。测试成本 COT 是由以下多个因素共同来组成的，可以通过以下的成本模型来进行评估。

（1）CAPEX

每小时的 Capital Expenditure，通常指平均到每小时的采购测试设备的固定资本支出。

（2）OPEX

Operating Expenses，通常指平均到每小时的运营成本。

（3）Tester Cost

测试机成本，通常是指测试机的价格。

（4）Test Time

测试机完成一次测试的测试时间，这个参数体现的是测试设备的内在能力。原则上，在同等的配置及成本下，测试机的测试时间越短越好。

（5）Site Count

并行测试的工位数，也称同测数，是指在一次的 Test Time 里，测试机能同时

291

并行测试的最多的器件数量，这个参数体现的是测试设备的内在能力。原则上，在同等的配置及成本下，测试机的同测数越大越好。

（6）Hander Cost

机械手（分选机）的成本，对于 CP 测试，则对应的是探针台的成本。

（7）Index Time

对于机械手，就是一次取料下料的时间。对于探针台则是一次晶圆的走步时间再加上探针卡的一次上升及下压时间。另外还包括一次与机械手或探针台的通信的时间，这个参数体现的是设备的内在能力。原则上，在同等的配置及成本下，这个时间越短越好。

（8）Depreciation

固定资产的折旧年限，单位是"年"。不同的公司折旧年限不同，常见的是 5 ~ 6 年。

（9）Utilization

设备使用率，指测试机和机械手一天 24h 内有效的运行时间比例，单位为%。理论最大值为 100%，通常用 80% 来计算设备使用率，这个参数体现的是设备的长期运行的稳定性及可靠性。

（10）Operator Cost

操作人员的人工成本，单位是"元/h"。测试设备及机械手（探针台）自动化程度越高，易用性越强，对操作人员的要求越低，操作人员的人工成本则越低。

（11）Electricity

电力成本，通常为测试机和机械手（探针台）每小时消耗的电力成本以及维持设备运行的工厂其他设备平摊的电力成本之和，单位是"元/h"。

（12）Floor Space Cost

占地面积成本，指工厂每平方面积厂房每小时间平摊的综合成本，单位是 "元/（m² · h）"。这个指标是考虑测试设备和机械手（探针台）的体积，原则上同等的能力下，设备占地面积越小，这部分的成本就越低。

（13）Floor Space

指设备的占地面积。

（14）Others Cost

其他成本，指一些消耗品、软件授权、维护服务成本等其他成本。

根据以上可以计算：

$$\text{UPH} = \text{Utilization} \times \frac{3600}{\text{Test Time} + \text{Index Time}} \times \text{Site Count} \qquad (6\text{-}1)$$

$$\text{CAPEX} = \frac{\text{Tester Cost} + \text{Handler Cost}}{\text{Depreciation} \times 365.25 \times 24} \qquad (6\text{-}2)$$

$$\text{OPEX} = \text{Floor Space Cost} \times \text{Floor Space} + \text{Operator Cost} + \text{Electricity} + \text{Others Cost}$$

$$(6\text{-}3)$$

$$Hourly\ Rate = CAPEX + OPEX \qquad (6\text{-}4)$$

$$COT = \frac{Hourly\ Rate}{UPH} \qquad (6\text{-}5)$$

6.3　可靠性评估

功率半导体器件的可靠性是指其在特定工作条件下能够长时间稳定工作而不发生失效的能力。对功率半导体器件的可靠性要求通常比其他电子器件更加严格，因为它们通常工作在高功率、高温、高电压等严苛的环境中，如汽车电子、工业控制、能源转换等领域。

为了提高功率半导体器件的可靠性，制造商通常会采取一系列措施，包括优化材料选择、提高制造工艺、加强测试和质量控制等。同时，对于功率器件的设计和应用环境的合理选择也至关重要，以确保器件能够在预期的工作条件下稳定可靠地运行。

6.3.1　可靠性标准

对功率半导体器件进行可靠性测试是对其可靠性进行评估的重要手段，经过长期研究，由各器件制造商、研究机构、电力电子制造商等组成的行业协会、组织推出了针对功率半导体器件可靠性评估的标准，并被行业普遍遵循。当前，主要遵循的功率半导体器件可靠性标准主要有 JEDEC（Joint Electron Device Engineering Council，固态技术协会）标准、AEC（Automotive Electronics Council，美国汽车电子委员会）标准、ECPE（European Center for Power Electronics，欧洲电力电子协会）标准、美军用标准（MIL-STD）。

目前，对 SiC 器件进行可靠性评估时，往往直接沿用 Si 器件可靠性的相关标准。但这样无法针对 SiC 器件的特性有针对性地进行评估，导致评估不严谨、不充分。这是因为 SiC 器件相关技术并没有完全成熟，还处于发展阶段，对其可靠性评估的标准也处于逐步完善阶段。近几年，IEC 的 IEC/TC47 半导体器件技术委员会、JEDEC 的 JC-70 宽禁带电力电子转换半导体技术委员会提出了一些针对 SiC 器件可靠性评估的新方法和新标准。

SiC 器件最主要的应用领域是新能源汽车，包括主驱逆变器、OBC、DC-DC，前者使用功率模块，后两者主要使用分立器件。新能源汽车应用对 SiC 器件可靠性要求很高，需要通过相关车规标准，主要有针对分立器件的 AEC-Q101 和针对功率模块的 AQG-324。

6.3.1.1　AEC-Q101

AEC-Q101 标准是基于失效机理的汽车用分立器件应力测试鉴定，由 AEC 制定，适用于车用分立器件的综合可靠性测试认证标准，规定了分立器件需要执行并通过的必要测试项目，是分立器件应用于汽车领域的基本门槛。

当前最新版本的 AEC-Q101 标准为 2021 年发布的 E 版，其规定的检测项目可以分为加速环境应力测试、加速寿命测试、封装完整性测试、芯片制造可靠性测试和电性能验证测试这 5 大群组，共包括 57 项检验项目，如图 6-82 所示。

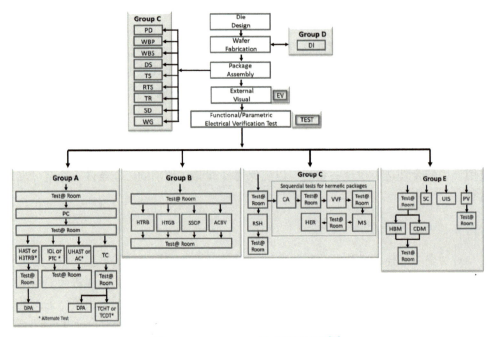

图 6-82 AEC-Q101 标准测试流程[2]

A 组加速环境应力测试、B 组加速寿命模拟测试、C 组封装完整性测试、D 组芯片制造可靠性测试和 E 组电性能验证测试的测试项目、测试标准分别如表 6-4 所示。

表 6-4 AEC-Q101 标准测试方法[2]

编号	测试项目	缩写	测试标准
A1	预处理	PC	JEDEC/IPCJ-STD-020 JESD22-A-113
A2	偏压高加速应力试验	HAST	JEDEC JESD22-A-110
A2 alt	高温高湿反偏	H3TRB	JEDEC JESD22-A-101
A3	无偏高加速应力试验	UHAST	JEDEC JESD22-A-118，or A101
A3 alt	高压蒸煮	AC	JEDEC JESD22-A-102

（续）

编号	测试项目	缩写	测试标准
A4	温度循环	TC	JEDEC JESD22-A-104 Appendix 6
A4a	温度循环热试验	TCHT	JEDEC JESD22-A-104 Appendix 6
A4a alt	温度循环分层试验	TCDT	JEDEC JESD22-A-104 Appendix 6 J-STD-035
A5	间歇寿命试验	IOL	MIL-STD-750 Method 1037
A5 alt	功率循环	PTC	JEDEC JESD22-A-105
B1	高温反偏	HTRB	MIL-STD-750-1 M1038 condition A
B1a	交流阻断电压	ACBV	MIL-STD-750-1 M1040 condition A
B1b	稳态工作	SSOP	MIL-STD-750-1 M1038 condition B
B2	高温栅偏	HTGB	JEDEC JESD22-A-108
C1	破坏性物理分析	DPA	AEC-Q101-004 Section 4
C2	尺寸	PD	JEDEC JESD22-B-100
C3	焊线拉力	WBP	MIL-STD-750-2 Method 2037 金、铝线 AEC-Q006 铜线
C4	焊线剪切	WBS	AEC-Q101-003 JESD22 B116
C5	晶片剪切	DS	MIL-STD-750-2 Method 2017
C6	端子强度	TS	MIL-STD-750-2 Method 2036
C7	耐溶剂性	RTS	JEDEC JESD22-B-107
C8	耐焊性	RSH	JEDEC JESD22-A-111（SMD） B-106（PTH）
C9	热阻抗	TR	JEDEC JESD24-3, 24-4, 24-6

（续）

编号	测试项目	缩写	测试标准
C10	可焊性	SD	JEDEC J-STD-002
C11	晶须生长评价	WG	AEC-Q005
C12	恒定加速度	CA	MIL-STD-750-2 Method 2006
C13	变频振动	VVF	JEDEC JESD2-B-103
C14	机构冲击	MS	JEDEC JESD22-B-104
C15	气密性	HER	JEDEC JESD22-A-109
D1	介电性	DI	AEC-Q101-004 Section 3
E0	外观目检	EV	JEDEC JESD22-B101
E1	试验前后电性能测试	TEST	数据手册
E2	参数验证	PV	数据手册
E3	人体模式静电放电	ESDH	AEC-Q101-001
E4	带电器模式静电放电	ESDC	AEC-Q101-005
E5	非钳位电感开关	UIS	AEC-Q101-004 Section 2
E6	短路可靠性	SCR	AEC-Q101-005

6.3.1.2　AQG-324

ECPE（European Center for Power Electronic，欧洲电力电子中心）工作组基于原德国 LV-324 测试标准，推出了针对汽车电力电子转换单元（PCU）用功率模块的认证指南 AQG-324，其定义了用于表征模块测试以及汽车应用电力电子模块的环境和寿命测试的通用程序。

该标准定义了功率模块所需验证的测试项目、测试要求以及测试条件，适用范围包括电力电子模块的使用寿命和基于分立器件的等效特殊设计。2018 年 4 月发布的版本侧重于 Si 功率半导体模块，2021 年 3 月发布的最新版在附件上增加了针对 SiC 功率半导体模块的部分认证内容。

AQG-324 规定的测试框架由四个部分组成，分别为 QM 模块测试（Module Test）、QC 模块特性测试（Characterizing Module Testing）、QE 环境测试（Environmental Testing）和 QL 寿命测试（Lifetime Testing），如表 6-5 所示。

表 6-5　AQG-324 标准测试项目[3]

测试内容	Si 功率模块测试项目	SiC 功率模块测试项目
QM 模块测试	栅极参数	栅极参数
	额定电流和漏电流	额定电流和漏电流
	饱和电压	饱和电压
	X-ray、SAT/SAM	X-ray、SAT/SAM
	外观检查 IPI/目检 VI, 光学显微镜评估 OMA	外观检查 IPI/目检 VI, 光学显微镜评估 OMA
QC 模块特 性测试	寄生杂散电感	寄生杂散电感
	热阻值	热阻值
	短路容量	短路容量
	绝缘测试	绝缘测试
	机械参数检测	机械参数检测
QE 环境测试	温度冲击	温度冲击
	连接性	连接性
	机械振动	机械振动
	机械冲击	机械冲击
QL 寿命测试	功率循环（PCsec）	功率循环（PCsec）
	功率循环（PCmin）	功率循环（PCmin）
	高温存储	高温存储
	低温存储	低温存储
	高温反偏	高温反偏
	—	动态反偏
	高温栅偏	高温栅偏
	—	动态栅偏
	高温高湿反偏	高温高湿反偏
	—	动态高温高湿反偏
	—	高温正偏
	—	动态高温正偏

　　QM 模块测试是功率模块认证的基础测试，一般在 QC、QE、QL 试验前后均需要进行，同时对样品外观缺陷进行检测，以确保只有无缺陷的被测模块才有资格进入其他类比的测试环节。

　　QC 模块特性测试主要用于验证功率模块的基本电性能和机械参数，具体测试流程如图 6-83 所示。除此之外，这些测试还可以针对设计中的功能退化无关的薄弱点进行早期探测与评估，包括元器件的几何布置、组装、互连技术和半导体质量。模块特性测试是后续的环境测试和寿命测试的基本前提。QC 模块特性测试一共需要 18 个功率模块，其中 QC-01 寄生杂散电感和 QC-02 热阻测试均属于无损测试，在完成对应测试后，其样品可以重新分配用于 QC-03 短路容量和 QC-04 绝缘测试。QC-01 ~ QC-04 模块特性测试前后都需要完成 QM 模块测试，需要关注功率模块试验前互连层（焊锡层、烧结层）的连接质量和空洞、分层、缝隙可能导致的互连层退化。

　　QE 环境测试主要用于功率模块在汽车中的环境适用性检测，包括物理分析、

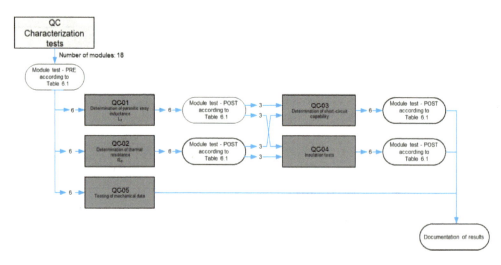

图 6-83　AQG-324 标准 QC 模块特性测试流程[3]

电气和机械参数验证及绝缘测试，具体的测试流程如图 6-84 所示。环境测试流程包括 QE-01 温度冲击、QE-03 机械振动和 QE-04 机械冲击三个测试项，而QE-02 连接性未进行更多描述。机械振动、机械冲击试验前后需要完成 QM 模块测试，并记录数据偏移值。温度冲击试验在实验前、中间节点 500 次循环（可选）、试验后都需要进行 QM 模块测试的，并记录数据偏移值。

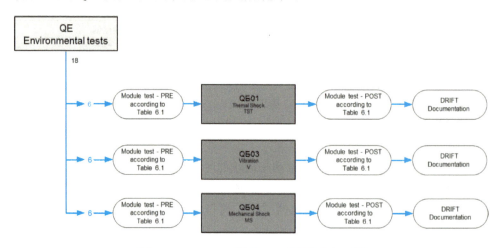

图 6-84　AQG-324 标准 QE 环境测试流程[3]

　　QL 寿命测试的目标是触发功率模块的典型退化，该过程主要分为两种失效机制，靠近芯片端互连的疲劳（近芯片端）和远离芯片端互连的疲劳（远芯片端），具体的测试流程如图 6-85 所示。秒级功率循环（PCsec）和分钟级功率循环（PC-min）要求其样本至少来自 3 个不同功率模块的 6 个拓扑单元，在完成基础试验前后模块测试的同时，还需要记录 EOL 寿命和对应寿命模型。高温存储、低温存储、高温栅偏、高温反偏和高温高湿反偏试验前后需要完成 OM 模块测试，并记录数据偏移值。其中高温存储和低温存储试验后还需要进行 SAT 超声波扫描，关注互连层的退化情况。

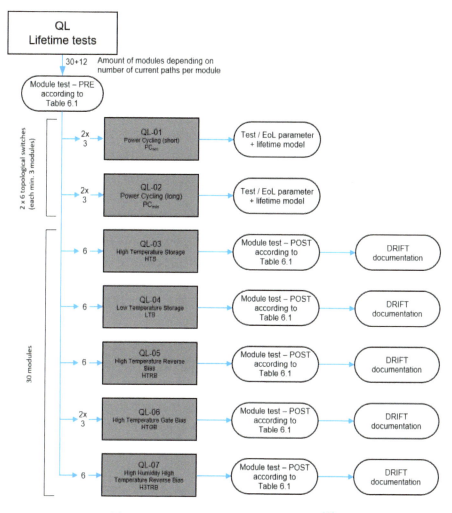

图 6-85　AQG-324 标准 QL 寿命测试流程[3]

从以上两节的介绍中不难看出，同样是对于汽车级功率器件的主流考核标准，两份标准在测试项目和要求上并不相同，这就导致了考核的严苛程度并不相同，而且两份标准覆盖的产品范围界限并不明晰，这也给器件制造商带来了一定困扰，例如 AEC-Q101 规定的产品范畴为分立器件，AQG-324 规定的产品范畴为功率电子模块，但一些 SOT-227 类似的中型封装的产品属于分立器件的范畴还是模块的范畴很难清晰定义。通俗的做法是，针对于单管类器件，采用 AEC-Q101 的标准进行考核，针对于半桥或全桥等模块，采用 AQG-324 进行考核，期待将来能够实现考核标准的统一或合并。

AQG-324 标准作为主驱模块可靠性考核的黄金标准，已经得到了普遍的行业认可，其考核结果与产品实际运行寿命的效力匹配也经过较多产品的佐证。以芯聚能半导体为例，具备全套 AQG-324 可靠性试验的手段，其可靠性实验室具备完成 QM、QC、QE、QL 的参数测试机台、可靠性测试机台及配套设施，同时还具备与汽车客户对接的客户标准流程。

6.3.2　主要可靠性测试项目

可靠性测试是确保产品质量和性能的重要手段，通过对产品在不同条件下的测试和评估，可以发现潜在的问题和缺陷，并采取相应的措施来改进产品设计和制造过程，提高产品的可靠性和寿命。在可靠性测试中，利用可靠性测试设备模拟更加严苛的运行环境，包括温度、湿度、压力等，加速器件的老化，并利用测试数据对产品整体进行评估，以确定产品可靠性寿命。

半导体器件可靠性测试是对半导体器件进行的一系列测试，是确保半导体器件在其整个使用寿命期间保持可靠性和稳定性的关键过程，旨在验证器件在各种故障条件下的性能和可靠性，并评估其在实际使用中的长期稳定性。半导体器件可靠性测试面临如下挑战：

1）时间和资源：可靠性测试通常需要长时间运行，以模拟器件的实际使用寿命，这就需要投入大量的时间和资源来进行测试。

2）多种测试条件：器件的可靠性可能会受到多种测试条件的影响，如温度、湿度、电压、电流等，在测试过程中就需要模拟和控制这些测试条件。

3）大规模测试：在研发和生产中，需要对大量的器件进行可靠性测试。这就要求测试设备能够同时处理大量的器件，并保证测试结果的准确性和一致性。

4）数据分析和解释：可靠性测试会产生大量的数据，需要进行有效的数据分析和解释。这可能涉及建立模型、统计分析和可靠性评估方法，从测试数据中提取有用的信息。

5）可靠性预测：根据可靠性测试结果，预测器件在实际使用中的寿命和可靠性是一个挑战。这就要求开发准确的可靠性模型和算法，以便预测器件的寿命和损耗效率。

6）新器件：随着新器件的不断发展，可靠性测试需要适应新的挑战。新的器件结构、材料和工艺可能会导致不同的可靠性问题，因此需要不断改进和更新测试方法和流程。

7）质量控制：可靠性测试是确保半导体器件质量的重要环节。因此，建立有效的质量控制流程和指标，以确保测试的准确性和一致性。

以下介绍几项主要的可靠性测试项目的测试原理和测试设备。

6.3.2.1　HTRB、DRB 和 DHTRB

HTRB（High-Temperature Reverse Bias）测试，即高温反偏测试，是将被测器件放置在高温环境中，并对其漏极和源极两端施加反向电压，同时检测被测器件的漏电流。HTRB 测试以持续的高温偏置方式来模拟器件的运行状态，在最大结温下验证 pn 结的反向击穿特性。在 HTRB 测试过程中，由于器件钝化层的可动离子或温度驱动的杂质在高温和电场的作用下产生迁移从而增加表面电荷，使漏电流增加，最终杂质将扩散至半导体内部导致器件失效，能够曝露出器件边缘和钝化处场耗尽结构的退化效应及与芯片边缘密封性有关的缺陷。

AEC-Q101 中的 HTRB 测试遵照 MIL-STD-750-1 M1038（Diode）和 MIL-STD-750-1 M1038（MOSFET）的相关规定，测试时间 1000h，施加的电压为器件规定的最高反向电压，测试结温不超过器件允许的最高工作温度，一般为 175℃。

AQG-324 中的 HTRB 测试遵照 IEC 60747-8:2010（MOSFET）和 IEC 60747-2:2016（Diode）的相关规定，测试时间不少于 1000h，施加的电压为不低于器件规定的最高反向电压的 80%，测试结温为器件允许的最高工作温度。当 SiC MOSFET 在 V_{GS} 为 0V 时能够完全有效关断，则在测试时将栅极和源极短路。当 SiC MOSFET 在 V_{GS} 为 0V 时不能够完全有效关断，则在测试时施加负 V_{GS}，一般为器件允许的最小静态 V_{GS}。同时，AQG-324 建议 V_{GS} 为 0V 和负压两种条件的实验都要进行，一方面是两种条件下的失效模式可能发生改变，V_{GS} 为负时芯片受到的应力是反向电压和负栅压的叠加；另一方面是无法证明哪种条件更加严苛。

中安电子公司的 BTR-T600pro 和 BTR-T660pro 是分别针对分立器件和功率模块的高温偏置老化测试系统，分别如图 6-86 和图 6-87 所示。整机包括烘箱、工控机、电源、温控显示模块等，配置的高性能下位机能快速抓取器件失效之前 50 ~ 100 个数据。

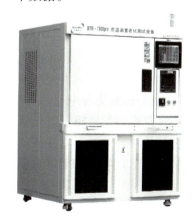

图 6-86　中安电子公司 BTR-T600pro
高温偏置老化测试系统

图 6-87　中安电子公司 BTR-T660pro
高温偏置老化测试系统

除 HTRB 测试以外，AQG-324 要求对 SiC MOSFET 进行 DRB（Dynamic Reverse Bias）测试，即动态反偏测试，是将被测器件放置在室温环境中，并对其施加快速跳变的 V_{DS}，通过高 dv/dt 对内部钝化层结构进行充放电进而使芯片加速老化。AQG-324 建议 DRB 的测试时间不少于1000h，测试结温为25℃，所施加 V_{DS} 的跳变速度不低于 50V/ns、频率不低于 25kHz，同时其幅值不低于器件规定的最高反向电压的80%，由于振荡导致的电压尖峰不超过器件规定的最高反向电压的95%，为此可以使用钳位电路。跳变的端电压的实现方式有被动模式和主动模式两种，被动模式是利用外部电路控制漏极电压，主动模式是利用被测器件主动开关来控制漏极电压，V_{GS} 幅值为器件允许的最大和最小栅电压，同时还需要考虑跳变的 V_{GS} 带来的影响。

图 6-88　中安电子公司 BTR-T651 动态高温反偏测试系统

将 DRB 测试中测试结温 25℃ 改为高温，就是 DHTRB（Dynamic High-Temperature Reverse Bias）测试，虽然还没有相关标准指定要进行该项测试，但已经在部分企业中得到应用。

中安电子公司的 BTR-T651 是针对 SiC MOSFET 分立器件的动态高温反偏测试系统，如图 6-88 所示。BTR-T651 符合 AQG-324 关于 DRB 的测试标准，同时还能够完成 DHTRB 测试。系统采用抽屉式重复单元的结构，将被试器件和参数控制及检测系统分割开来，使得测试中的高温不影响设备系统的工作，同时大大提升了可维护性。同时通过最短的连接方式及高速信号阻抗匹配技术保证加载动态电压信号不失真。

6.3.2.2　HTGB、DRB 和 DHTGB

HTGB（High-Temperature Gate Bias）测试，即高温栅偏测试，是将被测器件放置在高温环境中，并对其栅极和源极两端施加正向和负向电压，同时检测被测器件的栅极漏电流。HTGB 测试高温下对栅氧化层施加一个直流偏置电压的电应力，以检测电荷陷阱引起的 SiC/SiO_2 界面附近电气参数的漂移，考核栅极电介质的完整性、半导体/电介质的边界层和可移动离子污染物的效应，并观测器件的阈值电压在应力前后有无出现退化。该项试验是 SiC MOSFET 可靠性考核中非常重要的一环，对于分析栅氧化层的质量具有非常重要的意义。

AEC-Q101 中的 HTGB 测试遵照 JESD22-A108 的相关规定，测试时间 1000h，所施加 V_{GS} 的幅值为器件允许的最大和最小栅电压，测试结温不超过器件允许的最高工作温度，一般为 150℃。

AQG-324 中的 HTGB 测试遵照 IEC 60747-8：2010（MOSFET）和 IEC 60749-

23:2011 的相关规定，测试时间最小 1000h，测试结温为器件允许的最高工作温度，所施加 V_{GS} 的幅值为器件允许的最大和最小栅电压，被测器件中的 50% 施加正 V_{GS}，另 50% 的被测器件施加负 V_{GS}。

上节提到的 BTR-T600pro 和 BTR-T660pro 除了能够进行 HTRB 测试外，还兼容 HTGB 测试，工程师仅需要通过软件设置就可以完成 HTRB 模式和 HTGB 模式的切换。针对栅极漏电流测量，其测量精度能够达到 pA 级，实现对被测器件更精准的监控。

除过 HTGB 测试以外，AQG-324 要求对 SiC MOSFET 进行 DGB（Dynamic Gate Bias）测试，即动态栅偏测试，是将被测器件放置在室温环境中，并对其栅极和源极两端施加快速跳变的电压。功率模块的芯片并联、寄生参数、振荡等因素都会影响开关状态的 V_{GS}，则模块级的 DGB 验证结果与芯片级的会有不同，这也是 AQG-324 要求 SiC MOSFET 芯片级和模块级 DGB 都需要进行的原因。AQG-324 建议 GDB 的测试周期数不少于 10^{11} 次，测试结温为 25℃，所施加 V_{GS} 的跳变速度不低于 1V/ns、频率不低于 50kHz、占空比为 20%、幅值为器件允许的最大和最小栅电压。此外，只有当芯片级已经排除 V_{DS} 对阈值电压漂移的影响时，才能在 RBG 中设定 V_{DS} 为 0V。

将 DGB 测试中测试结温 25℃ 改为高温，就是 DHTGB（Dynamic High-Temperature Gate Bias）测试，虽然还没有相关标准指定要进行该项测试，但已经在部分企业中得到应用。

中安电子公司的 BTR-T652 是针对 SiC MOSFET 分立器件的动态高温栅偏测试系统，系统外观如图 6-89 所示。BTR-T652 符合 AQG324 关于动态偏置的测试标准，在测试过程中可设置多个中断点对全部被测器件的阈值电压进行测试，判断当前被试器件是否失效。

6.3.2.3　H3TRB 和 DH3TRB

H3TRB（High-Humidity, High-Temperature Reverse Bias）测试，即高温高湿反偏测试，是将被测器件放置在高温、高湿的环境中，并对其漏极和源极两端施加反向电压，同时检测被测器件的漏电流。H3TRB 测试是在高温高湿的环境下加速器件的腐蚀速率，以评估非气密封装固态器件长时间在潮湿环境中的密封可靠性和电化学腐蚀能力。H3TRB 测试不仅考核整个模块结构中的薄

图 6-89　中安电子公司 BTR-T652 动态高温栅偏测试系统

弱环节，还可以对芯片本身的可靠性进行验证。大多数功率模块并未采用密封封装，水分可以随时间到达钝化层，芯片钝化层结构及芯片边缘密封的缺陷会受到水分影响。另外，生产过程中的离子污染物也可随水分转移，在温度和电场作用下增

加表面电荷导致漏电流增加；生产过程中引入的气态腐蚀性物质，也会影响封装互连和芯片的可靠性。模块封装工艺和热膨胀系数（匹配性）也会对钝化完整性产生很大影响，降低对外部污染物的防护作用，同时功率模块也会在机械应力作用下加剧电化学腐蚀。

AEC-Q101 中的 H3TRB 测试遵照 JESD22-A101 的相关规定，测试时间为1000h，测试结温为85℃，相对湿度为85%，施加的电压为器件规定的最高反向电压的80%但不能超过100V，这主要是为了避免高湿条件下空气放电。但 SiC MOS-FET 是高压器件，为了有效对其进行可靠性评价，业内通常选择突破 AEC-Q101 中100V 的限制，施加的电压为器件规定的最高反向电压的80%，称为 HV-H3TRB（High-Voltage-High-Humidity，High-Temperature Reverse Bias）测试，即高压高温高湿反偏测试。

AQG-324 中的 H3TRB 测试遵照 IEC 60747-8:2010（MOSFET），IEC 60747-2:2016（Diode）和 IEC 60749-5:2017 的相关规定，测试时间不少于1000h，测试结温为85℃，相对湿度为85%，施加的电压为器件规定的最高反向电压的80%，没有 AEC-Q101 中100V 的限制。当 SiC MOSFET 在 V_{GS} 为0V 时能够完全有效关断，则在测试时将栅极和源极短路。当 SiC MOSFET 在 V_{GS} 为0V 时不能够完全有效关断，则在测试时施加负压 V_{GS}。

中安电子的 BTR-T670 是典型的 H3TRB 测试设备如图6-90所示。

除过 HTRB 测试以外，AQG-324 要求对 SiC MOSFET 其进行 DH3TRB（Dynamic High-Humidity，High-Temperature Reverse Bias）测试，即动态高温高湿反偏测试，是将被测器件放置在高温、高湿的环境中，并对其施加快速跳变的 V_{DS}。AQG-324 建议 DH3TRB 的测试时间为1000h，测试结温为85℃，相对湿度为85%，所施加 V_{DS} 的跳变速度不低于30V/ns、频率为15~25kHz，同时其幅值不低于器件规定的最高反向电压的50%，由于振荡导致的电压尖峰在器件规定的最高反向电压的80%~95%之间，为此可以使用钳位电路。当被测器件为 SiC MOSFET 时，可以采用利用被测器件

图6-90 中安电子公司 BTR-T670
高温高湿反偏测试系统

主动开关来控制漏极电压的主动模式，V_{GS} 幅值为器件允许的最大和最小栅电压。当被测器件为 SiC 二极管时，可以采用利用外部电路控制漏极电压的被动模式。

6.3.2.4 IOL

IOL（Intermittent Operational Life）测试，即间歇工作寿命测试，利用器件自身通电流发热从室温加热到高温并满足温差要求，随后断流等其冷却到环境温度后再

次通电流发热，如此往复循环。IOL 测试是一种功率循环测试，反复施加和去除应力，可发现绑定线与铝层的焊接面断裂、芯片表面与树脂材料的界面分层、绑定线与树脂材料的界面分层等缺陷。在 IOL 测试过程中，器件内部芯片、框架、焊接银浆和塑封料都要同时承受来自内部不同组件之间的相互应力传导和器件工作状态下晶片所产生的热，由于温度膨胀系数不同，加速了器件的老化并可能导致失效。

AEC-Q101 中的 IOL 测试遵照 MIL-STD-750 Method 1037 的相关规定。当通流加热时间 t_{on} 与自然冷却时间 t_{off} 之和多于 2min 时，但测试温差超过 100℃时，需要进行 $60000/(t_{on}+t_{off})$ 次循环；当测试温差超过 125℃时，需要进行 $30000/(t_{on}+t_{off})$ 次循环。当 t_{on} 与 t_{off} 之和少于 2min 时，需要进行 15000 次循环；当测试温差超过 125℃时，需要进行 7500 次循环。加热电流和 t_{on} 需要根据器件的导通电阻和 K 系数计算并验证。

中安电子公司的 BTD-T810 是典型的间歇寿命测试系统，如图 6-91 所示。该系统单通道达到 80 工位，优化的结构设计能满足在完全相同的物理散热环境下测试。针对被测器件封装种类多样的情况，采用子母板形式的老化板，不同封装配置不同的子板，增强了灵活性并降低

图 6-91　中安电子公司 BTD-T810
间歇寿命测试系统

了使用成本。在测试过程中，利用高速实时结温检测功能可以 500μs 内完成整版采样，可直观监测测试全过程中每颗被测器件的 ΔT_j。

6.3.2.5　PC

PC（Power Cycling）测试，即功率循环测试，其基本原理与 IOL 测试一致，利用器件自身通电流发热实现主动温度循环，模拟器件在实际工作过程中负载变化的情况。芯片发热时，芯片与键合线之间、芯片与 AMB 之间、甚至 AMB 与铜底板之间都存在内部应力。AEC-Q101 中 IOL 测试是针对分立器件的，加热电流较小，加热时间长，冷却方式为自然冷却或风冷。而 AQG-234 中 PC 测试是针对功率模块的，分为秒级 PC 测试和分钟级 PC 测试，加热电流较大，加热时间短，冷却方式为水冷。

AQG-234 中秒级 PC 测试遵循遵照 IEC 60749-34:2011 的相关规定，通流时间 t_{on} 需要少于 5s，加热电流大于被测器件额定电流的 85%。由于 t_{on} 与 t_{off} 较短，芯片产生的功率损耗只会引起芯片附近组件的温度变化，也就是靠近芯片端互连的疲劳（近芯片端），影响的互连层包括芯片上方的键合点和键合线，芯片下方的互连区域等，使得模块壳温 T_C 的变化明显慢于芯片节温 T_j 的变化，如图 6-92a 所示。故秒级 PC 测试主要用于考核芯片附件键合线和芯片焊料层的可靠性。在秒级 PC 测试，只需要记录 T_j 的温升。

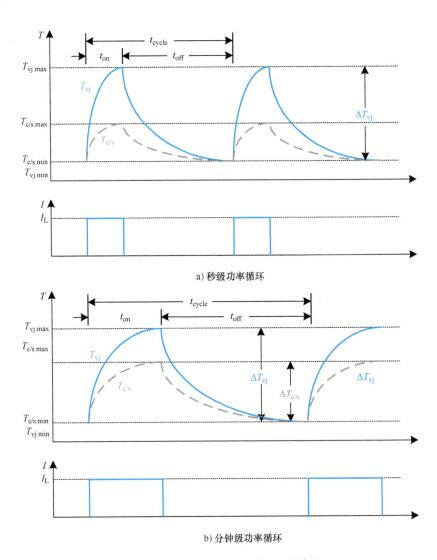

a) 秒级功率循环

b) 分钟级功率循环

图 6-92　功率循环测试电流和温度曲线

AQG-234 中分钟级 PC 测试遵循遵照 IEC 60749-34:2011 的相关规定，通流时间 t_{on} 需要多于 15s，加热电流大于被测器件额定电流的 85%。由于 t_{on} 与 t_{off} 足够长，芯片功率损耗产生的热量可以到达更远，使得 T_C 会更紧地跟随 T_j 的变化，如图 6-92b 所示。故分钟级 PC 测试主要用于考核基板和下面的散热器焊接的可靠性。在秒级 PC 测试，需要记录基板温度或散热器、冷却液温度的温升。

中安电子公司的 BTW-T330 是典型的功率循环测试系统，适用于 100 ~ 3600A 的二极管、IGBT 模块、SiC MOSFET 模块的 K 系数测试、秒级功率循环和分钟级 PC 和热阻测试及结构函数分析，如图 6-93 所示。BTW-T330 主要由控制柜及强电控制系统、恒温制冷测控系统、高温加热测控系统、分布式电源模块、核心控制板、高速数据采集模块、加热电流源、开关控制模块、工控机和集中控制软件组成，为每个被测器件提供了完善的测试环境。通过配套水循环控制，本系统可兼容分钟级和秒级（最低 0.5s）的 PC 测试。单平台配置 1200A 恒流源，并联使用电源时，单平台最大可达 3600A。

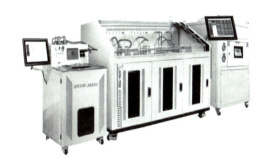

图 6-93　中安电子公司 BTW-T330 功率循环测试系统

6.4　失效分析

6.4.1　失效分析概述

SiC 二极管和 SiC MOSFET 已经出现较为成熟的产品，然而其制约的瓶颈还有很多方向，如 SiC 衬底和外延质量的提升、栅氧工艺的优化和可靠性的提高以及高压大容量器件结构的研发测试等方面。这些不足所产生的失效问题都会制约 SiC 器件的发展，采用合理的失效分析技术能够为寻找器件失效原因和提高可靠性提供合理有效的方案。

首先 SiC 芯片及封装技术并不成熟，还处于发展阶段。此时，就需要借助失效分析技术帮助发现影响产品性能和可靠性的潜在问题，进而有针对性地改进产品设计和制造工艺。其次，在器件制造过程中，往往会由于各种意外情况导致产品异常。此时，借助失效分技术可以帮助定位导致异常的工艺环节，揭示了制造过程中可能存在的问题和缺陷，有助于制造商改进生产工艺、提升质量控制水平，从而生产更加稳定和可靠的产品。此外，对在系统应用过程中失效的器件进行失效分析，可以辅助判断失效来源于器件自身的缺陷、使用不当或是外围电路故障。从而可以有针对性地采取优化设计，提高系统的可靠性。最后，区别于传统的 Si 器件，SiC 器件的良率控制首要从 SiC 衬底和外延的缺陷开始。SiC 在生产过程中会产生各种晶体缺陷（如点缺陷，位错，微管等），并且会在外延工艺中扩展并延伸至表面，形成各种表面缺陷（胡萝卜缺陷 carrot，三角形缺陷 Triangular，划痕 Scratch 等）。而这些缺陷对制备的碳化硅器件的性能会产生极大的影响，可能会产生 SiC

高击穿场、高反向电压、低漏电流等失效问题，同时会降低 SiC 器件的生产良率和可靠性。在规模化生产中，表面型缺陷可以通过化学腐蚀或者光学检测的方法快速获取形貌信息，但对于缺陷影响器件性能的机理还需要借助电子显微镜产品来进行研究分析。

对器件进行失效分析的主要手段包括无损检测和有损检测两大类。常用的无损检测包括外观检测、电特性测试、超声波扫描、X 光检测。常用的有损检测包括开封、剖切、去层、弹坑、引线键合强度测试、截面和表面形貌分析、失效定位。以下对常用的失效分析手段进行简单介绍。

（1）外观检测

进行外观检测所使用的设备是光学显微镜，可用来进行器件外观及失效部位的表面形状、尺寸、结构、缺陷等观察。

（2）电特性测试

进行电特性测试的设备是参数测试仪，根据测试结果可以确定器件失效后的状态，为进一步分析及确定后续失效分析措施提供信息。

（3）超声波扫描

进行超声波扫描所使用的设备是超声波扫描显微镜，发射高频超声波传输到检测样品内部，由于器件内部不同材质的声阻抗不同，对声波的吸收和反射程度不同，使得检测到穿透和反射的超声波信息不同，进而可以发现检测样品的内部裂纹、分层缺陷、空洞、气泡等缺陷。

（4）X 光检测

进行 X 光检测所使用的设备是 X 光机，利用阴极射线产生的高能量电子与金属靶撞击从而产生 X 射线，由于检测样品内部不同材料对 X 光的穿透能力不同，进而可以发现检测样品内部断线、搭线、气泡、芯片碎裂等缺陷。

（5）开封

开封的目的是将器件的封装材料去除并露出芯片，为接下来的分析做好准备，主要包括机械开封、化学开封和激光开封。

（6）去层

去层是在了解芯片结构和材质的基础上，逐层去除芯片各层结构，主要方式包括化学腐蚀、机械研磨和离子刻蚀。

（7）失效定位

在通过电特性测量确定器件失效后，如何定位器件上的失效点，是对失效问题进行溯源的必要环节。然而，很大一部分电性失效源于纳米级的微小缺陷，没有一般光学检测可见的物理损伤，其电热信号也极为微弱，常规的红外热像仪难以捕捉。其次，芯片内部多层互连和复杂 3D 结构可能将缺陷埋藏于表层之下，传统手段难以直接观察。这都给半导体失效缺陷的定位带来了巨大的挑战，因此，要求失效分析设备必须具有高空间分辨率和多角度接入能力，同时尽可能保证无损，以便在不破坏器件的情况下准确锁定失效区域。

半导体器件中的失效点虽然没有形貌上的明显缺陷，但往往会产生独特的物理效应，主要包括红外热辐射、近红外微光发射和激光加热诱导的电阻变化。基于这三种物理效应，分别发展出了锁相红外成像（Lock-in Thermography，LIT）、微光显微镜（Emission Microscopy，EMMI）和激光诱导阻变（Optical Beam Induced Resistance Change，OBIRCH）三种失效分析技术。这三种技术源于失效点在热、光、阻变三方面的物理特性差异，针对不同类型的缺陷专门设计，不能相互取代，失效分析工程师需要有针对性地选择合适的手段定位问题。

（8）截面和表面形貌分析

截面和表面形貌分析可以观测到失效部位的微观结构和金相组织，以及其在应力条件下的演变，所使用的设备包括扫描电子显微镜、双束电子显微镜和透射电子显微镜。

SiC MOSFET 的失效问题和栅极氧化层的质量有很大关联性。常见的失效现象如短路，往往都是在栅极氧化层出现损伤，而且损伤往往表现为微观异常。这时就需要借助高精度的定位设备、制样能力及扫描电镜、透射电镜等分析设备才可发现。在后续章节中会对具体的失效案例进行进一步介绍。同时，SiC 器件的工艺开发和失效机制的研究还处在探索中，而电子显微镜系统可以帮助我们从微观尺度上去控制缺陷，找到失效现象背后的微观机理，是对 SiC 器件的制造生产中良率提升和研发探索的必备利器。由于能够更深入地研究器件的失效机理，将在接下来的章节中进行详细介绍。

6.4.2　锁相热成像

6.4.2.1　锁相热成像的基本原理

红外热成像用于无损检测和电子器件热分析已有悠久历史。LIT 作为主动式动态红外检测技术，由厂商于 1990 年代中期率先开发，具备材料内部缺陷的高灵敏度检测能力。2001 年德国马普学会 Breitenstein 团队首次将显微级 LIT 技术应用于集成电路失效分析，实现芯片内部微米级缺陷发热点定位，验证了其在微电子器件亚毫米甚至微米尺度检测的可行性。21 世纪初该技术迅速成为国际失效分析的标准方法，通过缩小故障可疑区域，为聚焦离子束剖面等精密分析提供精准导向，显著提升分析效率。

LIT 基于"调制-锁相"的测量原理，将被检测器件的发热信号从噪声中提取出来，如图 6-94 所示。"调制"是指对被测半导体器件施加周期性的激励，如通断调制后的交变电流/电压偏置，使其缺陷部位产生随时间交变的微小温升。"锁相是通过同步检测这一固定频率的热信号，采用高速红外热像仪同步捕获器件表面温度的细微变化序列，并通过专门的软件进行锁相处理（如相干积累和傅里叶变换），得到在激励频率下的幅度和相位图像，实现对微弱温度变化的放大提取。这种方法实质上是一种窄带滤波检测，只提取与外部激励同频的温度信号成分，从而大幅抑制了环境背景和器件稳态发热的噪声影响。与传统稳态红外热成像相比，LIT 的信噪比和灵敏度显著提高，能够检测到 0.1mK 级别的微小温升，实现更高的缺陷分辨能力。

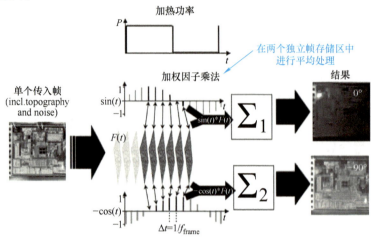

图 6-94　锁相热成像技术原理[4]

一些失效点会导致半导体器件由于局部功耗增加而产生微弱的热辐射，尤其是在红外波段，这时就可以利用 TIL 定位漏电路径和隐性低阻短路。其优势是非接触、非破坏性，并可通过背面红外成像穿透基底探测深层缺陷，即使失效点被封装层或金属层覆盖，热流也能大概率穿透到表面产生红外信号。但受制于红外波长，空间分辨率相对有限（大于 2μm），在芯片器件中常用作初步失效定位工具。

如图 6-95 所示为安徽凌光红外科技有限公司的 LIT 系统 THERMO 100，配备了高灵敏度制冷型中波红外相机、全自动运动系统、广角镜头与大倍率显微镜头、高压源表等，适用于芯片、先进封装、功率器件等需要高精度的失效点定位场景。

6.4.2.2　锁相热成像技术的应用案例

使用 LIT 系统 THERMO 100 对发生短路的功率模块进行失效定位，将模块放置在机台上，施加交流电压激励，5s 内就能获得清晰的热点定位。如图 6-96 所示为分别在广角、1 倍、8 倍放大倍

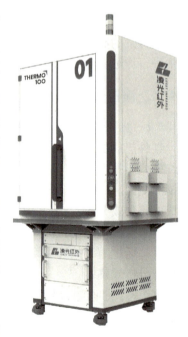

图 6-95　凌光红外科技的 LIT
系统 THERMO 100

率下的成像结果，可以看到失效点在场环区域。这里设置检测参数为恒压模式、锁相频率 5Hz、加热功率 18.76mW。

图 6-96　LIT 系统对功率模块进行失效定位的结果

使用 LIT 系统 THERMO 100 对发生短路的数字芯片进行失效定位，芯片通电瞬间检测到热点，结果如图 6-97 所示。这里设置检测参数为测试电压 456mV、发热功率 4.6mW、锁相频率 12.5Hz。

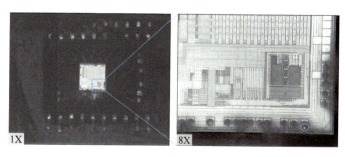

图 6-97　LIT 系统对数字芯片进行失效定位的结果

6.4.3　微光显微镜

6.4.3.1　微光显微镜的基本原理

半导体器件在失效或异常工作时，缺陷区域会因高电场、载流子复合以及热效应等产生微弱的光子发射，波长范围一般为 300～1700nm（可见光至近红外）。半导体器件发光现象通常与载流子（电子和空穴）的能量转换过程相关，尤其是在缺陷、高电场或特定物理机制下，核心机理包括 pn 节发光、热载流子发光和体管缺陷产生光子。

pn 结发光可分为反偏发光和正偏发光，其原理和利用微光显微镜（Emission Microscopy，EMMI）观测到的发光图如图 6-98 所示。反向偏压下的 pn 结发生雪崩击穿或隧穿效应时，高能载流子通过碰撞电离产生二次电子-空穴对，复合时发光。在正向偏压下，载流子注入活性区，复合发光。如 LED，激光二极管等光电器件的发光都是基于此原理设计。

当载流子被注入到高电场区域时，如 MOSFET 的夹断区、pn 结的耗尽区，在

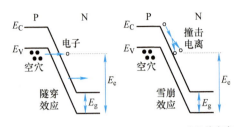
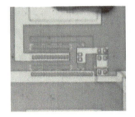

a) pn 节反偏发光

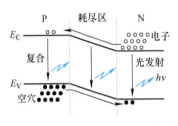

b) pn 节正偏发光

图 6-98 pn 结发光

高电场中载流子被加速获得高动能（热载流子），与晶格碰撞时释放能量并发光。其原理和利用 EMMI 观测到的发光图如图 6-99 所示。由热载流子引起的发光，其光谱分布为宽光谱，波长分布从可见光到近红外的光。

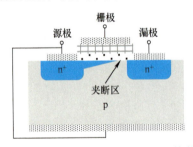
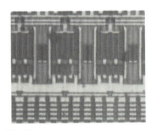

图 6-99 热载流子发光

杂质或晶格缺陷在禁带中引入中间能隙态，载流子通过中间能隙时发生跃迁，促进电子-空穴复合并产生光子，其原理和利用 EMMI 观测到的发光图如图 6-100 所示。

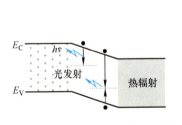

图 6-100 晶体管缺陷发光

312

一些失效的器件在通电状态下会因漏电、击穿、热载流子效应等产生微弱光子发射信号，EMMI 对此极其敏感，能直观呈现芯片上的"亮点"。故 EMMI 特别适合定位前端有源器件的失效，例如栅氧击穿、静电放电损伤、闩锁效应和 PN 结漏电等。然而该方法仅能发现伴随光辐射的故障，对于只发热不发光的缺陷（如纯金属短路）则无能为力，需要辅以其他技术。

EMMI 的技术起源可以追溯到 20 世纪 70 年代末至 80 年代初，1980 年国际可靠性物理研讨会（International Reliability Physics Symposium，IRPS）上，Richard W. Dutton 和 R. Subramonian 等发表了已知最早系统性描述 EMMI 技术的论文。1990 年，高灵敏度制冷型 CCD 相机大幅提升了光信号的检测能力，可捕捉更微弱的光子，EMMI 开启了商业化。随着半导体制程的不断提升及先进封装技术的发展，芯片正面 EMMI 定位技术已经无法满足失效分析的需求，需要从芯片背面进行失效定位。InGaAs 相机探测波段为 900 ~ 1700nm 近红外光子，而近红外光子可以穿透硅衬底进行成像和热点定位，从而实现晶背 EMMI 测试，并逐步替代了 CCD 相机。

图 6-101 所示为凌光红外科技的 EMMI 系统 InGaAs 100，配备了全自动运动系统、深度制冷型 InGaAs 相机、不同倍率的显微镜头以及锁相测量模式，可以适用于半导体器件的失效点定位。

图 6-101　凌光红外科技的 EMMI 系统 InGaAs 100

EMMI 的主要组成部分包括 InGaAs 相机、近红外物镜、探针台、X/Y/Z 运动系统、气浮台、电气柜、工控机及暗箱，如图 6-102 所示。

EMMI 的核心的部件包括 InGaAs 相机、近红外物镜、X/Y/Z 运动系统及数据采集和处理。InGaAs 相机和物镜组成的光学系统决定了成像的分辨率和光子探测的灵敏度，这两个参数决定了 EMMI 的核心性能，是使用者最关心的。以一台最大倍率为 100 倍的系统为例，其光学分辨率为 1μm 左右。探测灵敏度一般以漏电流的量级来恒定，一般 EMMI 可检测到的漏电在 1μA 左右。

同时，数据采集及图像处理等软件算法同样影响系统的灵敏度。在 EMMI 测试

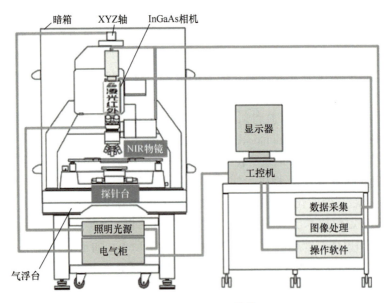

图 6-102　EMMI 的结构

时，采集信号的同时也会收集系统噪声，包括相机本身的噪声和环境噪声等。数据采集和图像处理过程中适当的软件算法可以有效地降低噪声，提升测试的信噪比。

除此之外，运动系统的移动精度、重复精度，电气系统设计的合理性等，都会影响整套系统的整体性能。总而言之，EMMI 系统的性能是取决于整套系统的设计和调试，而非某一个或个核心部件所决定的。

6.4.3.2　微光显微镜的应用案例

EMMI 在半导体失效分析领域应用广泛，传统硅基半导体以及 SiC/GaN 等宽禁带半导体均可以利用 EMMI 进行失效定位。

一颗栅氧化层完整性（Gate Oxide Integrity，GOI）样品在 3.6V 电压下栅极漏电 40μA，I-V 复测曲线显示为漏电失效。使用 EMMI 系统 InGaAs 100 对其进行测试，在样品边缘检测到发光点，判定为栅氧层针孔，如图 6-103 所示。

图 6-103　EMMI 系统对 GOI 样品栅氧漏电进行失效定位的结果

　　一颗器件在使用过程中失效，IO 引脚 GND 漏电失效。首先对器件背面研磨并将芯片晶背露出，再使用 EMMI 系统 InGaAs 100 进行背面 EMMI 测试。首先在器件的失效引脚附近检测到 EMMI 热点，经过酸处理去掉芯片表面金属层，再使用扫描电子显微镜观察热点相应位置，发现沟道有明显的击穿现象，此为 ESD 击穿的典型烧伤形态，如图 6-104 所示。

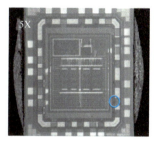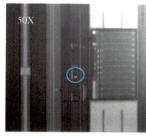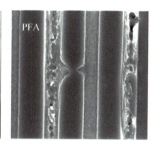

图 6-104　EMMI 系统对 ESD 进行失效定位的结果

6.4.4　激光诱导阻变

6.4.4.1　激光诱导阻变的基本原理

　　当器件处于偏压下工作时，电流在内部走线和结点中流动。此时如果用聚焦激光束扫描器件表面，被照射的局部区域将吸收光能并转化为热能，造成局部温度梯度。根据材料的温度电阻特性，温度的上升会使该区域的电阻发生变化（对金属为正温度系数，电阻升高；对某些半导体区域则可能是负温度系数，电阻降低）。局部电阻的改变将重新分配电路中的电压和电流。例如，在恒定电压偏置下，若某扫描位置处电阻因激光加热略有增大，则该支路导通能力下降，电源需提供的总电流减小。这种电流的微降对高灵敏度检测电路来说是可以察觉并记录的。同样地，在恒定电流偏置条件下，局部电阻增大会引起该处电压升高（$V = IR$ 关系），从而在测量端产生细微电压变化。

　　通过同步记录激光束位置与电信号变化，就可以知道在哪个位置激光引起了异常大的电阻变化。这种失效分析的技术称为激光诱导阻变（Optical Beam Induced Resistance Change，OBIRCH），位置与信号的对应关系经过处理即可生成 OBIRCH 图像。图像上的每个像素亮度代表该位置激光照射引起的电阻变化程度，亮点（高信号）意味着激光照射此处引起明显的电流/电压变化，暗背景则表示几乎无影响。一般来说，电路中存在缺陷的区域（如微短路、局部高阻等）由于本身电流密度或电阻的异常，受到激光加热时往往会产生较正常区域更显著的信号变化，从而在 OBIRCH 图上清晰显现出来。

　　由于许多电性失效（如微小短路、开路、漏电等）会导致局部电阻或电流分布异常，OBIRCH 技术可将这些异常以图像亮点的形式直观呈现出来，从而实现对缺陷位置的精确定位。由于激光束直径仅数微米，OBIRCH 具备极高的定位分辨率，能发现微小的开路或短路缺陷，尤其适用于金属互连中的微桥接、接触不良等后端失效。它对不产生光信号但改变局部电阻的故障特别有效，是 EMMI 的有力补充。此外，OBIRCH 还可从芯片背面入射红外激光，避开表层金属遮挡，实现深层缺陷的无损定位。当失效点被较厚封装或金属层覆盖的情况，激光加热的阻变效应较小，就需要对样品进行开盖或掩膜等处理，以增强 OBIRCH 信号。

　　OBIRCH 系统通常由激光扫描光学系统、精密电参数测试单元和成像处理软件三大部分组成。光学系统包括可调谐的激光源（典型波长在近红外范围，例如 1.3μm，以便透过硅片背面）、显微镜物镜和扫描装置（如高速振镜），用于将激光聚焦到待测芯片的表面（正面或背面）并按设定轨迹扫描。电测试单元负责为芯片提供偏置电压或电流并实时监测电流/电压的细微变化，其中往往包含低噪声前置放大器和锁相放大器，以提取激光调制信号对应的变化量。成像软件则将扫描位置与检测信号对应起来，生成灰度或伪彩色的故障分布图像，并可以与光学显微镜图像叠加显示，以方便定位缺陷的物理位置。现代商用 OBIRCH 系统通常集成在一个大型封闭式机柜中，以隔绝环境光和气流干扰，并确保激光操作的安全性。

　　图 6-105 所示为凌光红外科技的 OBIRCH 系统 LaserSight。此系统包含一个激光扫描模块（内置于防护机箱内，左侧大型箱体）和控制检测模块（右侧带有操作界面和测试仪器）。操作工程师通过计算机软件控制激光在芯片上扫描，同时监测电参数变化并生成缺陷热图。为避免环境因素干扰，整个装置置于暗室箱体内，并配有防震平台。

　　在进行 OBIRCH 测试时，需要遵循以下注意事项，以确保获得可靠的结果。

　　（1）样品准备与接触方式

　　确保芯片适当拆封或开封并暴

图 6-105　凌光红外科技的 OBIRCH 系统 LaserSight

露待测表面。正面 OBIRCH 可去除封装壳体及表面钝化层以减小激光损耗。背面 OBIRCH 通常需将硅基底研磨至一定厚度（如 100μm 以下），使 1.3μm 激光可穿透至有源层。

　　为了提供稳定的电偏置连接，可使用微探针或探针卡接触芯片关键节点，接触电阻需要尽量小且稳定，以避免额外噪声。同时，探针布置需避开激光路径，并防止热漂移引起接触不良。

（2）偏置条件与量程设定

根据缺陷类型与电路性质，选择恒压或恒流模式并设定合适的偏置幅度。若电压过低，将无法产生足够信号，过高则易过热或损伤器件。监测端需选择恰当的电流量程和滤波带宽，既能捕捉微小 ΔI 变化又不至于信号饱和。

（3）扫描参数设置

OBIRCH 通常采用逐点阵列扫描，需设定像素大小（如 512 × 512）与积分时间。积分时间越长，信噪比越高但耗时也更久。可先用较快的扫描定位缺陷，再在热点区域进行精细慢速扫描。为减小热漂移的影响，可在恒温环境下进行测试，或每扫描一定区域后先暂停冷却样品。

（4）系统校准与验证

首次使用或分析前，应对系统进行校准及性能验证。利用含已知缺陷的芯片检测热点位置与信号强度是否正确，以及校准激光功率、成像尺寸及焦平面。获得 OBIRCH 热点图像后，应验证再现性，例如改变激光功率或偏置幅度观察信号是否随之合理变化。若出现可疑伪影，应检查接地、电磁屏蔽等，并与其他分析手段交叉验证。

（5）限制与风险控制

在适当功率下，OBIRCH 通常不会对器件造成永久损伤。但仍需注意：若器件工作不稳定（如存在振荡），会干扰微弱信号；大面积金属布线或屏蔽层会降低激光加热效率或快速散热，削弱信号。必要时可通过刻蚀去除部分金属，或采用背面 OBIRCH 从芯片背面直接扫描，但需确保背面无金属散热结构的干扰。

6.4.4.2 激光诱导阻变的应用案例

对于常规电测试难以察觉的微弱短路（如两条线之间的高阻抗桥接）或不完全开路故障，OBIRCH 能够提供独特的定位能力。微弱短路往往表现为电路有微安级的漏电流或偏离预期的阻值，但在复杂电路中定位其具体位置如大海捞针。而 OBIRCH 通过扫描整片芯片，在存在短路缺陷的位置产生局部热点信号，使隐藏的"暗漏电"变成图像上的明亮缺陷点，如图 6-106 所示。

a) 热点叠加图　　　　　　　b) OBIRCH原始信号图

图 6-106　OBIRCH 系统对微开路样品进行失效定位的结果

现代集成电路包含多层金属互连和成百上千个垂直通孔（via），互连结构的失效（如金属线断裂、迁移空洞，通孔接触不良等）是常见的器件失效模式。OBIRCH 技术在互连层失效定位方面展现出独特优势，能够穿透多层结构发现深藏其中的失效点。特别是在无法直接观察的芯片背面，OBIRCH 通过红外激光透过硅基底扫描，各金属层的缺陷都可能在图像上留下"热印记"。典型情况下，互连失效会导致某段走线电阻升高或某通孔连接变差，从而该处在通电时往往发热量更高。OBIRCH 扫描时，这些发热点即表现为亮斑被检测到。图 6-107 所示为使用OBIRCH 系统对互连失效进行失效定位的结果，采用正面 OBIRCH 使激光穿透硅基底，发热点（蓝色标记）表示发热量更高。

电迁移（Electromigration，EM）是指在高电流密度条件下，金属原子受到电子动量冲击逐渐迁移，最终导致金属导线出现空洞或突起的现象。这是现代大规模集成电路中金属互连失效的主要原因之一。OBIRCH 技术对于电迁移导致的早期缺陷检测和评估非常有用。当金属线出现电迁移空洞时，该处的电阻增加、电流受限，会产生局部过热；相反若某处出现金属枝晶突起造成临近线短路，则在通电时会有异常电流分布。这两类情况都可以通过 OBIRCH 的热诱导检测加以发现。

在制程和可靠性工程中，常用 OBIRCH 来进行电迁移加速老化试验后的失效分析。具体方法是对测试样品施加高温高电流进行老化，定期取出样品用 OBIRCH 扫描关键互连线，观察有无新的热点出现。一旦发现某金属线中段出现亮点，就表明此处很可能形成了部分开路的电迁移空洞。图 6-108 所示为使用 OBIRCH 系统对电迁移引起的缺陷进行失效定位的结果。工程师可以据此评估互连可靠寿命：比如统计多少小时老化后开始出现 OBIRCH 可检测的热点，以此推算寿命分布。此外，将OBIRCH 热点与后续 FIB 截面的空洞大小对比，还可以建立 OBIRCH 信号强度与空洞尺寸的关联，为失效判据提供参考。

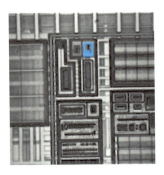

图 6-107　OBIRCH 系统对互连
失效进行失效定位的结果

图 6-108　OBIRCH 系统对电迁移
引起的缺陷进行失效定位的结果

综上，作为激光诱导失效分析技术的一种，OBIRCH 利用激光加热诱发的电阻变化，将不可见的电性缺陷转化为可视的信号热点，实现了从宏观电测到微观失效位置的桥接，在半导体器件的微缺陷定位中扮演了重要角色。对于复杂集成电路中诸如微短路、局部开路、互连空洞、电迁移等问题，OBIRCH 提供了高效的筛查和定位手段。在实际工程应用中，常常将 OBIRCH 与其他分析工具结合。例如先用 LIT 锁定大致区域，再用 OBIRCH 精细扫描找到具体缺陷点；或者 EMMI 区分短路热点的发光与热效应。随着半导体技术的发展，尽管电路密度不断提高、结构更加复杂，OBIRCH 通过不断提高光学分辨率和信号灵敏度（如发展可见光激光源、共聚焦光学以及高灵敏锁相放大整合等）依然保持其适用性。对于失效分析工程师而言，熟练应用 OBIRCH 技术并理解其结果含义，是有效诊断芯片故障、提升产品可靠性的必备技能之一。可以预见，在未来相当长时间内，OBIRCH 仍将是失效分析实验室中不可或缺的重要技术，为半导体器件的品质保障发挥重要作用。

6.4.5　扫描电子显微镜

6.4.5.1　扫描电子显微镜的基本原理

光学显微镜的发明为人类打开了认识微观世界的大门，但随着半导体器件的加工和生产技术越来越趋向于微型化，光学显微镜因其分辨力的限制无法满足微米级以及纳米级器件的观察和分析要求。此时就需要借助扫描电子显微镜（Scanning Electron Microscope，SEM）的超高分辨率，图 6-109 所示为 Thermo Fisher Scientific 公司的 SEM 产品。

图 6-109　Thermo Fisher Scientific 公司的 SEM

SEM 的基本部件如图 6-110 所示，电子束以光栅模式扫描样品表面。首先，灯丝经过加热或者外加电场产生自由电子，然后被带正电的阳极加速进入电子镜筒。整个灯丝区和电子镜筒都维持高真空状态，可以防止灯丝区的污染、减缓振动和噪声的干扰，还方便工程师获得高分辨率的样品图像。若没有高真空的保护，样品中的易挥发物质将在电子镜筒中与电子相互作用，影响电子束偏转并降低探测器的收集效率，进而影响图像质量。

SEM 中所涉及的各种信号如图 6-111 所示。用于成像的主要信号是背散射电子（Backscattered Electron，BSE）和二次电子（Secondary Electron，SE）。BSE 主要是入射电子束与样品相互作用后发生弹性散射和非弹性散射后反射回来被探测器收集。因此 BSE 可以反映样品中不同材料的原子序数差异，也被称为成分衬度。SE 是来自样品自身的核外电子被激发，表面几个纳米区域的电子溢出样品被探测器收集。因此 SE 可以反映材料表面的微观形貌，也被称为形貌衬度。入射电子与样品相互作用还会激发出元素本身的特征 X 射线，每种物质都具有特定能量的 X 射线，如同每个人都会有自己特定的指纹。通过检测未知成分样品中 X 射线的能量，就可以识别区分样品中包含的元素和含量信息。

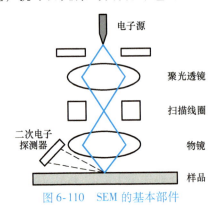

图 6-110　SEM 的基本部件

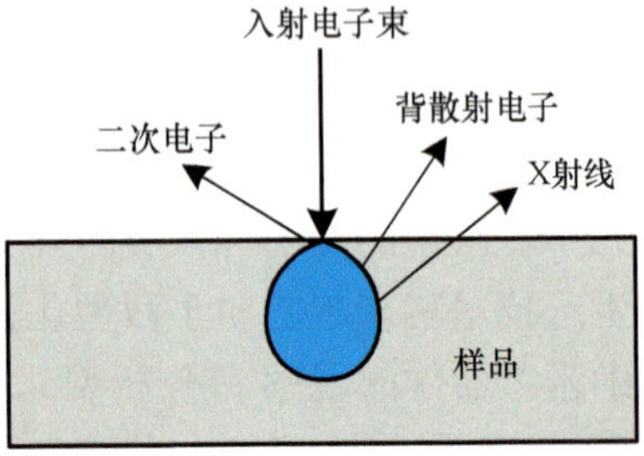

图 6-111　SEM 中所涉及的各种信号

6.4.5.2　扫描电子显微镜的应用案例

SiC 晶体需要在高温环境中生长，同时具有高刚性和化学稳定性，这导致生长的 SiC 晶体中存在高密度的晶体和表面缺陷，导致衬底和随后制造的外延层质量较差。各种类型的缺陷会导致器件性能不同程度的劣化，甚至可能导致器件完全失效。为了提高良率和性能，快速、高精度、无损的检测技术在 SiC 晶圆生产线中发挥着重要作用。

SiC 晶圆级 SEM 缺陷检测系统（见图 6-112）是用于检测和分析 SiC 晶圆缺陷的设备，这些缺陷可能包括颗粒、划痕、凹坑、裂纹和其他可能影响器件性能和可靠性的缺陷。该 SEM 系统通常包括分析捕获的图像并提供有关晶圆上缺陷的尺寸、形状和分布的定量数据的软件。这些信息对于 SiC 器件制造过程中的质量控制和工艺优化至关重要。通过使用缺陷检测系统，制造商可以在生产过程的早期发现并解决潜在问题，从而减少良率损失并提高 SiC 晶圆及其制造设备的整体质量。

使用 SEM 进行 SiC 器件失效分析的主要应用包括芯片表面微观形貌的观察、芯片失效点

图 6-112　Thermo Fisher Scientific 公司的 SiC 晶圆级 SEM 缺陷检测系统

的定位、精准量测 SiC 器件的微观尺寸和电位分布等。此外，使用 EDS 能谱仪可以分析微区的元素成分和含量、异物或污染物的分析等。

图 6-113 所示为低电感测试中失效的 SiC MOSFET 的 SEM 照片。

图 6-114 所示为热应力分布不均匀会造成微裂纹的 SiC MOSFET 的 SEM 照片，图中所示许多明显的热应力产生的裂缝随机分布在芯片最表层。

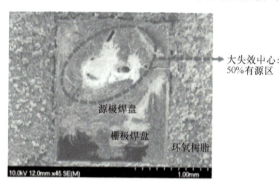 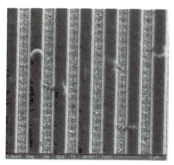

图 6-113　低电感测试中失效的
SiC MOSFET 的 SEM 照片[5]

图 6-114　热应力导致发生裂纹的
SiC MOSFET 的 SEM 照片[6]

对 SiC MOSFET 进行重复短路测试，由于反复短路导致被测器件内部热量积聚，栅极氧化层的正常工作时间随着电流的增加而加迅速减少。图 6-115 给出了光学显微镜和 SEM 的分析结果。

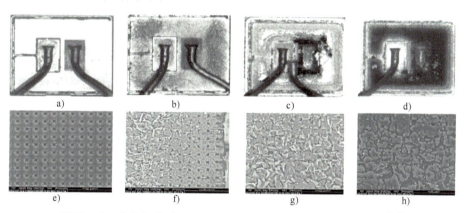

图 6-115　重复短路下 SiC MOSFET 光学显微镜和 SEM 分析结果[7]

图 6-116 所示的 SEM 图像揭示了 SiC MOSFET 栅氧中造成器件失效的微裂纹。

6.4.6　双束电子显微镜

6.4.6.1　双束电子显微镜的基本原理

双束电子显微镜（Dual-Beam Electron Microscope）通常指的是一种同时装备了聚焦离子束（Focused Ion Beam，FIB）和扫描电子显微镜（Scanning Electron

Microscope，SEM）的仪器。这种设备结合了两种束流的优势，能够进行高精度的材料加工和成像，广泛应用于半导体行业、材料科学、纳米技术、生物医学等领域。

如图6-117所示，双束电子显微镜中的SEM部分主要用于观察样品的表面以及经过离子束加工后的样品截面形貌，其基本工作原理在上一节中已经进行了详细介绍。双束电子显微镜中的SEM除了观察功能，在样品表面生成的二次电子还可以通过引

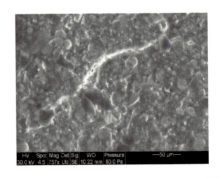

图6-116　SiC MOSFET 栅氧中的微裂纹[7]

入一些气相沉积前体起到一定的金属或非金属局部沉积的功能。这种功能通常作为离子束引发的材料沉积的补充手段，用于一些对离子束较为敏感的材料的表面沉积。

双束电镜中的FIB部分主要用于材料的切割、镶嵌、沉积或刻蚀。FIB系统通常使用液态金属离子源（LMIS），如镓源。在镓LMIS中，将镓金属置于钨针上，加热后的镓液体沿钨针流至针尖，此时表面张力与电场的相互作用使镓形成一个称为泰勒锥（Taylor Cone）的尖顶结构。这个锥尖的半径仅有约2nm，并在锥尖处形成超过 1×10^8 V/cm^2 的巨大电场，使得镓原子发生电离和场发射。随后，源离子通常被加速到 1k～50keV 的能量，并通过静电透镜聚焦至样品上。LMIS产生的离子束具有高电流密度和非常小的能量散布。现代FIB设备能够向样品传送数十纳安的电流，或者以几纳米级别的斑点大小，用于局部地修改材料结构。近年来，使用惰性气体离子如氙气的等离子体束的仪器已经变得更加普遍。FIB可以用来直接刻蚀材料，也可以通过引入气相前体来局部沉积金属及非金属材料。通过改变束流参数和前驱体，也可以精确控制沉积和刻蚀的过程。图6-118所示为Thermo Fisher Scientific公司的双束电子显微镜。

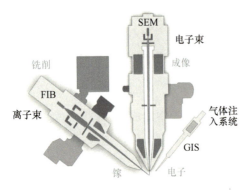

图6-117　双束电子显微镜的主要功能部件

图6-118　Thermo Fisher Scientific 公司的双束电子显微镜

6.4.6.2　双束电子显微镜的应用案例

在 SiC MOSFET 众多失效机制中，短路是一种较为严重的失效模式，可能导致设备的永久性故障。SiC MOSFET 必须在短路期间承受高电热应力，在保护电路激活之前不发生失效。研究发现，在低或中等漏-源极电压下，短路瞬变后的栅极短路是一种常见的故障模式。这与在不同温度、漏-源极电压和栅-源偏置下，SiC MOSFET 中 SiO_2 绝缘层的老化相关。通过使用红外成像方式定位器件失效点位，再使用双束电子显微镜得到失效区域的截面并观察分析，图像显示氧化层中存在裂纹，短路应力后观察到的栅漏电流与裂纹的形成有关，这种裂纹在多晶硅栅和源端之间创建了一条导电通道，导致了栅氧层的击穿。图 6-119 所示为短路失效的 SiC MOSFET。

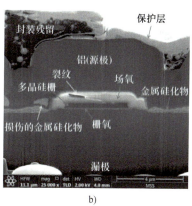

a)　　　　　　　　　　　　b)

图 6-119　短路失效的 SiC MOSFET

对于双沟槽 SiC MOSFET 的失效机制，首先利用了光束诱导电阻变化（OBIRCH）检测短路位置。然后使用双束电子显微镜分析故障区域的横截面图像进一步定位失效位置。图 6-120a 显示了 OBIRCH 照明点，图 6-120b 显示了检测到的故障位置的顶视 SEM 图像，揭示了双沟槽 SiC MOSFET 的方形单元格设计，其中栅极互层介电带交叉。损坏区域（由红箭头标记）被识别为栅极-源极短路位置。与右侧显示的完整单元相比，可以在损坏区域观察到表面粗糙和突起。为了进一步调查故障区域，选择了切线（1）~（4）（图 6-120b 中的绿色虚线）进行 FIB-SEM 横截面图像。图 6-120c 显示了切线（1）处两个独立单元，在右侧单元中，在栅极互层介电的谷地区域，存在一个导电路径，连接门极多晶硅和源铝。图 6-120d 显示了切线（2）处门极互层介电的明显损伤。图 6-120e 显示了切线（3）处左侧门结构的栅侧壁上，一个导电路径直接连接栅多晶硅和源铝。图 6-120f 显示了切线（4）处栅互层和栅侧壁的结构损伤，栅多晶硅和源铝之间的导电路径是 400V 短路测试中栅关闭后小 R_{GS} 值和 V_{GS} 升高的原因。

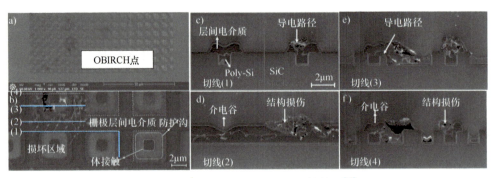

图 6-120　双沟槽 SiC MOSFET 失效情况[8]

6.4.7　透射电子显微镜

6.4.7.1　透射电子显微镜的基本原理

在分析表征半导体材料特性、探究半导体器件失效机理等过程中，往往需要使用到透射电子显微镜（Transmission Electron Microscope，TEM）。TEM 在工作过程中，通常需要使用极高的加速电压（60~300kV）把电子束投射到样品表面。如图 6-121 所示，高能入射电子束与样品发生相互作用会产生各种二次信号，如二次电子（Secondary Electrons）、背散射电子（Backscattered Electrons）、弹性散射电子（Elastically Scattered Electrons）、非弹性散射电子（Inelastically Scattered Electrons）、俄歇电子（Auger Electrons）、特征

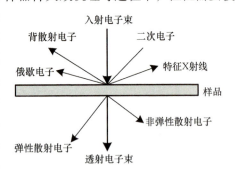

图 6-121　高能电子束和 TEM 样品发生相互作用后所产生的部分信号

X 射线（Characteristic X-Rays）等。使用特殊的信号收集器对这些二次信号采集并处理后，便可获得样品的结构、形貌、化学成分等信息。

目前，商用的场发射透射电子显微镜使用的最高加速电压通常为 200~300kV。在最大加速电压下，传统的 TEM 的极限分辨率可达到 0.5nm 以下。伴随着商用 TEM 技术的不断迭代，尤其是扫描透射电子显微镜（Scanning Transmission Electron Microscope）以及球差矫正器的出现，透射电子显微镜的分辨率得到了进一步的提升。以图 6-122 所示的 Thermo Fisher Scientific 公司最新一代的 Spectra Ultra 扫描透射电子显微镜为例，在 300kV 加速电压下，其扫描透射（STEM）模式下的分辨率可达到 50pm，这使得拍摄如 SiC 这类的晶体材料的原子像变得更加轻松。

图 6-123 展示了使用 FEI Titan 80-300 球差矫正透射电镜在 300kV 加速电压下沿 <1$\bar{1}$20> 晶向拍摄的 4H-SiC 高分辨原子像。很明显，使用透射电镜可以更加直

观地观察到原子的堆垛排列方式。通过对 Si 原子的堆垛方式（图 6-123 中蓝色及灰色三角形标记）进一步分析可以看出，图 6-123 中蓝色箭头标注的位置存在着两个独立的层错。由此可见，TEM 对观察及分析 SiC 衬底及外延层中常见的晶体学缺陷，如位错、堆垛层错等是十分必要的。

图 6-122　Thermo Fisher Scientific 公司
的 Spectra Ultra S/TEM

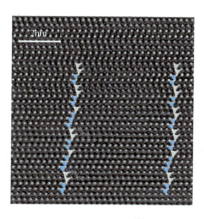

图 6-123　使用 TEM 沿 $<11\bar{2}0>$ 晶向拍摄
的 4H-SiC 高分辨原子像[8]

6.4.7.2　透射电子显微镜的应用案例

使用 TEM 针对 SiC 的研究主要关注重点在于 SiC 衬底及外延层内缺陷的分析表征工作以及缺陷导致的失效机理的研究。

在 SiC 器件的生产过程中，SiC 衬底及外延片的成本约占 70%，这是由于生产和制造出高品质、低缺陷密度的单晶 SiC 是非常困难的。因此，对 SiC 衬底和外延层缺陷的分析表征研究就尤为重要。为了更好地介绍 TEM 在 SiC 器件失效分析中的应用，以下仅针对 SiC 衬底及外延片中的晶体学缺陷进行讨论。

在 4H-SiC 衬底及外延片中，主要的线缺陷（即位错）有基平面位错（Basal Plane Dislocation，BPD）和贯穿型位错（Threading Dislocation，TD），其中贯穿性位错又可分为贯穿螺型位错（Threading Screw Dislocation，TSD）、贯穿刃型位错（Threading Edge Dislocations，TED）、贯穿混合位错（Threading Mixed Dislocations，TMD）。三种位错的伯氏矢量分别为 c、$a/3\langle 11\bar{2}0\rangle$ 以及 $c+a$（其中 a 和 c 分别代表 4H-SiC 晶体单胞在 $\langle 11\bar{2}0\rangle$ 和 $\langle 0001\rangle$ 方向的基矢）。实验中，使用大角度会聚束电子衍射（Large-Angle Convergent Beam Electron Diffraction，LACBED）对 4H-SiC 的 TD 进行了系统性的研究。其对所有 TD 变体均使用了 LACBED 技术进行了分析表征。结合每个 TD 体在不同晶体取向下观察到的 LACBED 图像的干涉条纹情况，最终得到了如图 6-124a~f 所示 6 种不同的 TED 变体、g、h 两种不同的 TSD 变体及（i~t）12 种不同的 TMD 变体的基本信息及伯氏矢量。结果显示，在

4H-SiC中的 TD 类型与六方晶系的理论缺陷模型完全相符且自洽。

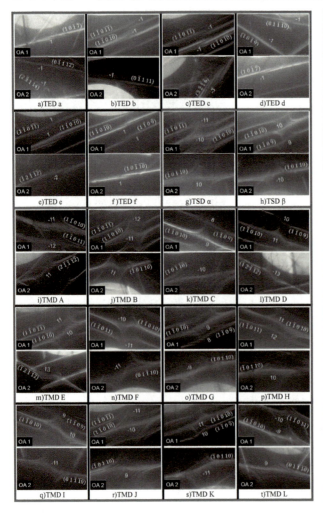

| TD | | Burgers Vector(b) | | |
ID	Type	b_{uvtw}(4-index)	a	c
a	TED	$\frac{1}{3}[11\bar{2}0]$	←	-
b	TED	$\frac{1}{3}[\bar{1}2\bar{1}0]$	↙	-
c	TED	$\frac{1}{3}[\bar{2}110]$	↘	-
d	TED	$\frac{1}{3}[\bar{1}\bar{1}20]$	→	-
e	TED	$\frac{1}{3}[1\bar{2}10]$	↗	-
f	TED	$\frac{1}{3}[2\bar{1}\bar{1}0]$	↖	-
α	TSD	$[0001]$	-	⊙
β	TSD	$[000\bar{1}]$	-	⊗
A	TMD	$\frac{1}{3}[\bar{1}2\bar{1}3]$	↙	⊗
B	TMD	$\frac{1}{3}[\bar{2}113]$	↘	⊙
C	TMD	$\frac{1}{3}[\bar{1}\bar{2}13]$	↙	⊙
D	TMD	$\frac{1}{3}[2\bar{1}\bar{1}3]$	↖	⊙
E	TMD	$\frac{1}{3}[11\bar{2}\bar{3}]$	←	⊗
F	TMD	$\frac{1}{3}[\bar{1}\bar{1}2\bar{3}]$	→	⊗
G	TMD	$\frac{1}{3}[\bar{2}113]$	↘	⊙
H	TMD	$\frac{1}{3}[1\bar{2}13]$	↗	⊙
I	TMD	$\frac{1}{3}[\bar{1}\bar{1}23]$	→	⊙
J	TMD	$\frac{1}{3}[11\bar{2}3]$	←	⊙
K	TMD	$\frac{1}{3}[2\bar{1}\bar{1}3]$	↖	⊗
L	TMD	$\frac{1}{3}[1\bar{2}1\bar{3}]$	↗	⊗

图 6-124　使用 LACBED 采集的 4H-SiC 的 TD[9]

除了使用 TEM 对位错类型进行单纯的分析表征外，部分研究还将其用于探索晶体学缺陷引起的器件电性变化的研究，例如在一项研究中讨论了 SiC MOSFET 中 TMD 与漏电流之间的联系。图 6-125a 分别用蓝色实线圆圈（l）蓝色虚线圆圈（nl）标注了在一含有高浓度 Al 离子注入（注入体浓度为 $10^{21}/cm^{3}$）芯片上经 KOH 腐蚀后检测到的漏电流区域，其中 l 区及 nl 区分别代表大、小漏电流，对应的每个区域的漏电流-反向电压曲线如图 6-125b 所示。随后进一步使用双束电子显微镜制备了 TEM 样品并借助弱束暗场技术（Weak-beam Dark-field，WBDF）对样品进行了表征。在图 6-125c 所示的 nl 区腐蚀坑下方及图 6-125d 的 l 区所示的腐蚀坑下均观察到了位错线的存在，且大漏电流区的腐蚀坑明显较深。对观察到的位错进一步使用 LACBED 技术及 WBDF 技术进行分析得知大漏电流 *l* 区位错类型为 TMD，其伯氏矢量为 $\langle 0001 \rangle + \langle 1\bar{1}00 \rangle$。结合上述实验结果，认为该 TMD 产生的应变场较大，可能导致了 Al 离子沿 TMD 发生偏析，最终导致了在 p-n 结处产生了较大的反向漏电。

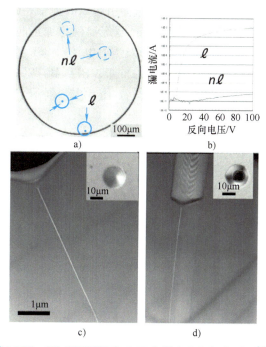

图 6-125　SiC MOSFET 中 TMD 与漏电流之间的联系[11]

在另一项研究中也观测到了 TMD 导致的 SiC IGBT 反向漏电的现象。在双光束条件下，分别在 **g** 矢量为 $(11\bar{2}0)$ 及 (0004) 条件下，获得了如图 6-126a 和图 6-126b 所示的 TEM 明场像，均清晰观察到了位错线的存在。进而间接证明了该位错线既包含螺位错分量又包含刃位错分量，即为 TMD。随即借助 LACBED 技术确认了该 TMD 的伯氏矢量为 $\langle 1\bar{0}11 \rangle$。

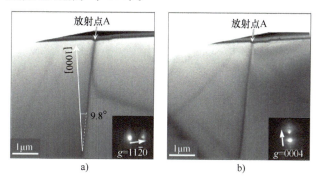

图 6-126　SiC IGBT 中 TMD 与漏电流之间的联系[12]

　　不同于 TD 导致的器件反向漏电增加、可靠性下降，BPD 则被认为会导致 p-i-n双极性器件的正向电流恶化。BPD 实际上是由两个肖克莱不全位错（Shockley Partial Dislocation，SPD）和两个 SPD 之间形成的肖克莱层错（Shockley Stacking Fault，SSF）所组成。研究表明，当对 4H-SiC 双极性器件施加正向工作电流时，电子空穴对的复合会导致 SPD 的滑移，进而引起 SSF 扩张，最终使得 4H-SiC 器件的稳定性降低。类似的研究通过对 4H-SiC 双级器件施加正向工作电流，分别使用 X 射线形貌术（X-ray topography，XRT）及透射电镜对 SSF 的扩张及 BPD 的研究。相关研究对 SSF 的起源、SSF 在外延层的扩张、BPD 到 TED 的转变等机理以及正向工作电流间的关系进行了深入探讨[13-14]。图 6-127 展示了一组相关研究中使用透射电子显微镜表征 SSF 的示例。

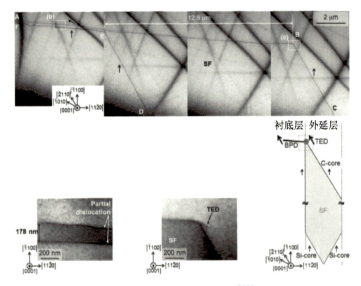

图 6-127　4H-SiC 的 BPD[14]

　　目前，4H-SiC 的主要发展方向之一仍是需要对衬底及外延层内的致命缺陷密度进行优化调控。在工艺调整过程中势必需要使用透射电子显微镜。一方面其可以帮助对比工艺改进前后缺陷的变化，另一方面通过研究缺陷产生及变化的本质、探索缺陷诱发失效的机理还将有助于指导前端工艺的设计与开发。

6.5　系统应用测试

　　从传统的模拟型到高效率的开关型功率变换器，有许多不同种类和尺寸的产品。所有企业都面临着复杂、动态的操作环境，设备的负载和需求也发生着巨大的变化，即便是普通的开关电源也需要能承受远超正常运行时的突然峰值。

　　理想情况下，功率变换器都能按照设计时的数学模型一样运行。但在现实世界中，器件性能不完美、负载变化大，会影响电源线性度、动态响应，并且环境的变化也会改变电源的性能。此外，不断变化的性能和成本要求使电源设计更加复杂，电力电子工程师在进行功率变换器设计时需要考虑如下问题：

1）电源可以承受超过额定容量多少瓦特的负载，并能持续多长时间？

2）负载产生多少热量，过热时会发生什么情况，需要多大的冷却气流？

3）当负载电流显著增加时会发生什么？

4）设备能否保持额定输出电压？

5）当输出端出现短路时，输入端会有何反应？

6）输入电压变化时会发生什么情况？

电力电子工程师被要求设计出体积更小、发热更低、制造成本更优、符合更严格的 EMI/EMC 标准的功率变换器。此时，只有更加精准、更加严格的测量才能指导工程师实现这些目标。对于那些习惯使用高阶示波器进行高带宽测量（DDR、SATA/SAS、PCIe 等）的工程师而言，功率变换器中信号的带宽相对较低，故通常会认为此类测试较为简单。事实上，功率变换器测试中包含着高速电路设计者从未面对过的一系列挑战。通过开关装置的电压可能非常大，并且是"浮动的"，同时信号的脉冲宽度、周期、频率和占空比都有变化，必须能够真实地捕捉波形并分析其缺陷。

在进行功率变换器测量时，选择合适的工具至关重要，进行设置使它们能够准确和重复地执行。对功率变换器进行测试，主要涉及测试电源和测试负载、示波器和探头两类测试设备。测试电源和测试负载为变换器提供运行所需要的电压和电流并进行对应的测量功能，示波器和探头用于采集变换器中的电压和电流波形。

用于变换器测试的示波器必须具有处理 SMPS 开关频率的基本带宽和采样率，一般至少需要两个通道，一个用于电压，一个用于电流；三相电源系统可能至少需要 6 个通道，三路电压信号，三路电流信号，甚至更多通道的测试系统。利用示波器和探头，可以进行如下测试，帮助定位损耗点，进行电路安全设计验证，从而提升电源转换的效率和安全。

1. 输入分析

功率变换器供电输入侧通常会关注其对于输入变化的反应、运行时吸收的电流和功率以及对工频电流的失真等。其中一些测量项如功耗，是功率变换器的关键指标，还有一些测量项目如功率因数和谐波，是与法规相关的。

（1）功率测量

真实功率：测量功率变换器的真实功率，单位为 W。

无功功率：临时存储在电感或电容中的功率，单位为 var。

视在功率：复数功率的绝对值，单位为 V·A。

功率因数：真实功率与视在功率的比值。

相位：真实功率与视在功率之间的角度，单位为度（°）。

（2）谐波测量

当非线性器件使流入电路的电流产生畸变时，就会发生电流谐波。当其流经配电系统的阻抗时就会产生电压失真，由此产生的热量会在线缆和变压器中积聚。连接到电网的功率变换器数量越高，电网上的谐波失真也会越严重。为此，业内已经设计了多项标准，以限制非线性负载对功率质量的影响，如 IEC61000-3-2 和 MIL-STD-1399 等标准。

IEC61000-3-2 标准限制的是注入电网的电流谐波。它适用于每一相输入电流最高 16A、连接到公共低压配电系统（AC 230V 或 AC 415V 三相）的所有电气和电子设备。该标准进一步分成 A 级（平衡三相设备）、B 级（便携式工具）、C 级（照明设备和调光装置）和 D 级（拥有独特的电流波形要求的设备）。测量设备能够以图形方式和表格方式快捷的显示测量结果，如图 6-128 所示。

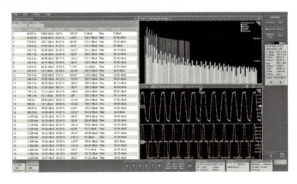

图 6-128　谐波测试结果

（3）浪涌电流

浪涌电流指变换器接通瞬间，流入电源设备的峰值电流。这个峰值电流会远大于稳态输入电流，会影响到供电网络及用电设备的安全。电源设计中通常需要对过大的浪涌电流进行抑制处理。

2. 输出分析

（1）工频纹波和开关纹波

简而言之，纹波是叠加到电源 DC 输出上的 AC 电压，用正常输出电压的百分比或峰-峰值电压表示。电源输出上存在两类纹波：工频纹波度量的是与工频频率有关的纹波，开关纹波度量的是根据确定的开关频率检测到的纹波。

（2）效率

测得的输出功率除以测得的输入功率计算得到功率变换器的效率。

3. 开关测量

在功率变换器运行时测量开关器件的开关过程可以用于确认功率变换器是否正确运行、量化开关器件的损耗、确认器件是否在正常范围内工作。

（1）开关损耗

在持续开关工况下测量开关器件的开通损耗、关断损耗和导通损耗。需要采集开关器件的端电压和流经开关器件的电流，两者相乘得到瞬时功率，再对瞬时功率按照所需的开始和结束时间区间积分计算得到每个周期的开通损耗、关断损耗。可以利用示波器进行自动测量并对所有结果进行数学统计计算，能够大大提高了测量结果的可重复性和测试效率。

（2）安全工作区（SOA）

开关管的安全工作区（SOA）通常在 BJT、MOSFET 或 IGBT 等开关器件的产品技术资料中给出，决定着在电压一定时可以安全流经的电流大小。在功率变换器运行时，确定开关管的 SOA 的主要挑战是在各种负载场景、温度变动和工频输入电压变化下准确地捕获电压和电流。示波器提供的自动数据捕获和分析功能简化了这一任务，并且往往提供了可以量身定制的安全作业区模板测试功能，如图 6-129所示。

图 6-129　SOA 测试结果

（3）直方图和趋势分析

在连续的高频开关切换时，要想基于每一个开关周期的参数来分析功率变换器的工况是非常困难的。例如在若干个工频周期的时间尺度上观察 PWM 波的每个开关周期的占空比变化情况，这需要对长时间、高采样率下获得的波形进行非常复杂的数据处理。示波器上的测量算法能够基于开关周期进行计算，并以随时间变化的趋势线直观展示变化的规律、有无异常周期，以及以直方图的形式展示被测参数的分布规律，如图 6-130 所示。

4. 磁特性分析

在功率变换器中，电感和变压器被用作能量存储元件，电感也会被用于输出端滤波。考虑到其在功率变换器中的重要作用，表征这些磁性器件在功率变换器实际工况下的相应参数对确定电源的稳定性和整体效率具有至关重要的作用。

（1）电感测量

电感的阻抗会随着频率提高，较高频率的阻抗要高于较低频率的阻抗。测量磁

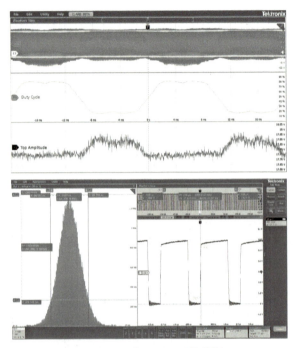

图6-130　直方图和趋势分析

性器件的端电压及流经磁性器件的电流，对电压随时间求积分然后除以电流变化，可计算出电感值。

（2）磁特性测量及 B-H 曲线

磁通量密度 B 指磁场的强度，单位为 T，决定着磁场在运动电荷上施加的力。磁场强度或场强 H 指磁化力，单位为 A/m。材料的磁导率的单位为 H/m，衡量材料由于施加的磁场而产生的磁化程度。磁长度和磁芯周围的线圈数等参数有助于确定磁性材料的 B 和 H。B-H 曲线图通常用来检验功率变换器中磁性元件的饱和度（或匮乏度），用来衡量磁心材料单位容量中每个周期损耗的能量。由于 B 和 H 都依赖磁性器件的物理特点，如磁长和磁心周围的线圈数，因此这些曲线决定着元件磁心材料的性能包络。为得到 B-H 曲线，要测量磁性器件的端电压及流经磁性器件的电流。

（3）磁性损耗

分析磁性器件的损耗是全面分析功率变换器损耗的重要部分，两种主要磁性损耗是铜缆损耗和磁心损耗。铜缆线圈的电阻会在电源中产生铜缆损耗，磁心损耗与磁心中的漩涡电流损耗和磁滞损耗有关。磁心损耗与 DC 通量无关，但受到 AC 通量摆幅和工作频率的影响。图6-131所示为磁性器件测试结果。

5. 环路响应测试

环路响应测试可以帮助评估功率变换器的稳定性，利用测得的伯德图来观察电

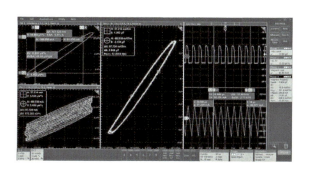

图 6-131　磁性器件测试结果

源控制环路在不同频率下的增益和相位，是一种被广泛采用的高效且直观的判断环路稳定性的方法。可以使用专门的环路分析仪、网络分析仪或者具备该功能的示波器来进行测试。

在功率变换器设计中，控制环路测量有助于表征功率变换器对输出负载条件变化、输入电压变化、温度变化等所做出相的响应。理想的功率变换器必须响应快、保持恒定输出，而又不会有过多的振铃或振荡，这通常通过控制电源和负载之间的开关器件进行快速开关来实现。开关器件打开的时间相对关闭的时间越长，为负载提供的功率越高。不稳定的电源或稳压器可能会振荡，导致控制环路带宽上出现非常大的明显纹波，还可能会导致 EMI 问题。

在执行控制环路响应测量时，需要将某个频率范围内的激励源注入控制环路的反馈路径中，例如利用示波器的内置信号源通过隔离变压器把信号注入到环路的反馈中。DC-DC 转换器或 LDO 必须在其反馈环路中配置一个小型（5 ~ 10W）注入电阻器/端接电阻器，这样就可以把来自函数发生器的干扰信号注入到环路中。为了避免控制环路过载，注入信号的幅度必须保持得很低。

在宽带内拥有平坦响应的注入变压器连接到注入电阻器中，把接地的信号源与电源隔开，注入变压器的选择取决于关心的频率。在进行电压测量时，推荐使用低电容、低衰减无源探头，以实现优秀的灵敏度。测量开始后，画面上将绘制相位和增益曲线。一旦增益曲线越过 0dB 线，将显示相位裕量。当相位曲线越过 0° 阈值时，将显示增益裕量。

图 6-132 所示为环路响应测量结果。

6. 三相电机驱动器测试

三相电力系统的测量和分析本质上比单相系统更复杂，对于捕获的电压和电流波形需进一步计算才能从数据中产生关键的功率测量值。基于脉宽调制的功率转换器（例如变频电机驱动器）会使测量复杂化，因为提取 PWM 信号的精确零交叉点非常重要。基于基频或全频谱进行测量将会得到非常不同的结果。图 6-133 所示为三相电机测试结果。

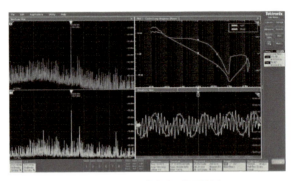

图 6-132　环路响应测量结果

（1）三相电能质量

关键的三相电能质量的测量项包括电压和电流的频率和有效值（RMS）幅度、电压和电流的波峰因数、PWM 频率、各相的相角以及每一相/三相之和的有功功率、无功功率、视在功率等。

（2）三相谐波

三相谐波图显示的是所有三相的测试汇总结果，因此用户可以关联各相之间的测试结果。可以根据 IEEE-519 或 IEC61000-3-2 标准或自定义限制对测量进行评估。

（3）效率

效率测量输出功率与输入功率的比率。

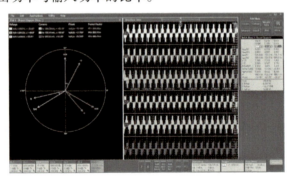

图 6-133　三相电机测试结果

7. 直接正交零点 DQ0

直接正交零点（DQ0）参数是磁场定向控制算法中的重要变量。这些重要参数通常是控制系统中使用的，但是在设计优化和调试过程中，这些参数需要实时测量，同时需要将这些参数值与测量值（如扭矩输出）关联起来。

用于同步电机和交流感应电机的先进驱动器通常采用矢量驱动技术。与简单的标量驱动相比，矢量驱动能提供更平稳的运行、更快的加速度和更出色的转矩控制。矢量驱动采用磁场定向控制（FOC），虽然用途广泛、效率高，但也比标量驱动复杂得多。控制系统中使用克拉克（Clarke）和帕克（Park）变换，将施加到电机上的三相电压转换为正交的 D 和 Q 矢量。这些简化矢量可以很容易地进行缩放和整合，以维持所需的速度和扭矩。接下来，反向变换可用于在逆变器内创建脉冲宽度调制的驱动信号。

通常而言，D 值和 Q 值位于数字信号处理模块（如 FPGA）的内部，可能无法直接测量。现在有新技术可在示波器上显示这些变量，让工程师方便查看，并且将这些关键变量与电气和机械参数关联起来。这为驱动系统或逆变器的调试和优化提供了宝贵的方法。图 6-134 所示为 DQ0 测试结果。

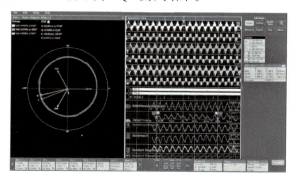

图 6-134　DQ0 测试结果

参 考 文 献

[1] The Mechanism of the Bernoulli Type End-Effector [Z/OL]. https://www.jel-robot.com/products/BERNOULLI_CHUCK.html.

[2] Automotive Electronics Council. AEC-Q101 Failure Mechanism Based Stress Test Qualification For Discrete Semiconductors in Automotive Applications [Z/OL]. Rev. E, 2021.

[3] ECPE European Center for Power Electronics. ECPE Guideline AQG 324 Qualification of Power Modules for Use in Power Electronics Converter Units in Motor Vehicles Review and analysis of SiC MOSFETs' Ruggedness and Reliability [Z/OL], 2021.

[4] Schmidt, Christian et al. Application of lock-in thermography for failure analysis in integrated circuits using quantitative phase shift analysis [J]. Materials Science and Engineering B-advanced Functional Solid-state Materials, 2012, 177: 1261-1267.

[5] WANG, JUN and XI JIANG. Review and analysis of SiC MOSFETs' Ruggedness and Reliability [J]. IET Power Electronics, 2020.

[6] JIANG X, WANG J, LU JW, et al. Failure modes and mechanism analysis of SiC MOSFET under short-circuit conditions [J]. Microelectronics Reliability, 2018, 88-90: 593-597.

[7] MULPURI V, CHOI S, Degradation of SiC MOSFETs with Gate Oxide Breakdown Under Short Circuit and High Temperature Operation [C]. 2017 IEEE Energy Conversion Congress and Exposition

（ECCE），2017：2527-2532.

[8] YAO KAILUN, HIROSHI YANO, NORIYUKI IWAMURO. Investigations of Short-Circuit Failure in Double Trench SiC MOSFETs Through Three-Dimensional Electro-Thermal-Mechanical Stress Analysis [J]. Microelectronics Reliability, 2021, 122：114163.

[9] TEXIER M, DE LUCA A, PICHAUD B, et al. Evidence of Perfect Dislocation Glide in Nanoindented 4H-SiC [J]. Journal of Physics：Conference Series, 2013, 471：012013.

[10] HADORN J P, et al. Direct Evaluation of Threading Dislocations in 4H-SiC Through Large-angle Convergent Beam Electron Diffraction [J]. Philosophical Magazine, 2019, 100 (2)：194-216.

[11] Onda Shoichi, Hiroki Watanabe, Yasuo Kito, et al. Transmission electron microscope study of a threading dislocation with b = [0001] + $\langle 1\bar{1}00 \rangle$ and its effect on leakage in a 4H-SiC MOSFET [J]. Philosophical Magazine Letters, 2013, 93 (8)：439-447.

[12] KONISHI K, NAKAMURA Y, NAGAE A, et al. Direct Observation and Three Dimensional Structural Analysis For Threading Mixed Dislocation Inducing Current Leakage in 4H-SiC IGBT [J]. Japanese Journal of Applied Physics, 2019, 59 (1).

[13] HAYASHI S, YAMASHITA T, SENZAKI J, et al. Influence of Basal-Plane Dislocation Structures on Expansion of Single Shockley-type Stacking Faults in Forward-Current Degradation of 4H-SiC p-i-n Diodes [J]. Japanese Journal of Applied Physics, 2018, 57 (4S).

[14] HAYASHI S, NAIJO T. YAMASHITA T, et al. Origin Analysis of Expanded Stacking Faults by Applying Forward Current to 4H-SiC p-i-n Diodes [J]. Applied Physics Express, 2017, 10 (8).

第 7 章

高 di/dt 影响与应对——关断电压过冲

通过 4.2.4 节可知，SiC MOSFET 具有比 Si IGBT 明显更快的开关速度，使得功率变换器能够具有更小的损耗和更高的功率密度。而事物往往具有两面性，高开关速度意味着更高的关断电流变化速度，使得 SiC MOSFET 的关断电压过冲问题比 Si IGBT 更加严重。在 3.1.1 节中介绍到 SiC MOSFET 产品的雪崩电压明显高于其标称耐压值，就是器件厂商为应对此问题专门设计的裕量。虽然器件已经具有了一定的安全裕量，但在设计功率变换器产品时仍需要避免关断电压尖峰超过器件标称耐压值的情况出现，一些企业还会有更加严格的降额规范。

7.1 关断电压尖峰的基本原理

在 SiC MOSFET 的关断过程中，电流 I_{DS} 迅速由负载电流 I_L 下降，快速变化的 I_{DS} 会在主功率换流回路电感 L_{Loop} 上产生压降，其正方向与 SiC MOSFET 的端电压 V_{DS} 相反，导致在 V_{DS} 上出现明显的过冲。当 V_{DS} 过冲高于器件的耐压值时，就有可能造成器件过压失效，故需要掌握电压过冲的机理并进行抑制，确保器件安全。

电压过冲的峰值 V_{spike} 受到 L_{Loop} 和 V_{spike} 对应时刻的电流下降速率 $dI_{DS(off)}/dt$ 的影响，遵循式（7-1）的关系。故 L_{Loop} 或 $dI_{DS(off)}/dt$ 越大，V_{spike} 越高。

$$V_{spike} = L_{Loop} \cdot dI_{DS(off)}/dt \quad (7-1)$$

图 7-1 所示为主功率换流回路电路模型，L_{Loop} 由器件封装电感 L_{pkg}、PCB 线路电感 L_{PCB} 和母线电容等效串联电感（ESL）$L_{es(Bus)}$ 三部分组成。

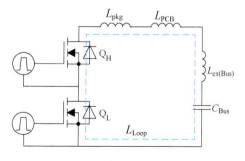

图 7-1　主功率换流回路电路模型

当 L_{Loop} 为 41nH 时，SiC MOSFET 在不同外部驱动电阻 $R_{G(ext)}$ 下的关断波形如图 7-2 所示。通过波形可见，SiC MOSFET 的关断速度随着 $R_{G(ext)}$ 减小而加快，

$\mathrm{d}I_{\mathrm{DS(off)}}/\mathrm{d}t$ 越来越大、V_{spike}不断升高、V_{DS}振荡更剧烈。表 7-1 中为对应的 $R_{\mathrm{G(ext)}}$、$\mathrm{d}I_{\mathrm{DS(off)}}/\mathrm{d}t$ 和 V_{spike}，当 $R_{\mathrm{G(ext)}}$ 为 15Ω、10Ω 和 5Ω 时，$\mathrm{d}I_{\mathrm{DS(off)}}/\mathrm{d}t$ 分别为 3.17A/ns、3.97A/ns、5.36A/ns，V_{spike} 分别为 930V、963V 和 1020V。由此可见，在驱动电路和功率回路已经确定时，可以通过降低关断速度达到限制关断电压尖峰的目的。

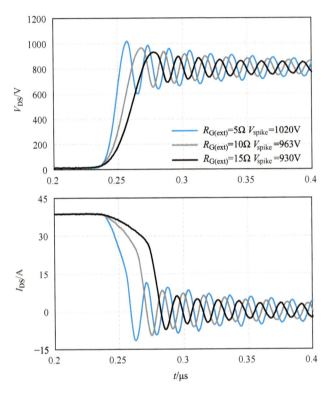

图 7-2　驱动电阻 $R_{\mathrm{G(ext)}}$ 的影响

表 7-1　驱动电阻 $R_{\mathrm{G(ext)}}$ 的影响

$R_{\mathrm{G(ext)}}$	$\mathrm{d}I_{\mathrm{DS(off)}}/\mathrm{d}t$	V_{spike}
15Ω	3.17A/ns	930V
10Ω	3.97A/ns	963V
5Ω	5.36A/ns	1020V

当 $R_{\mathrm{G(ext)}}$ 为 10Ω 时，SiC MOSFET 在不同 L_{Loop} 下的关断波形如图 7-3 所示。通过波形可见，SiC MOSFET 的关断速度随着 L_{Loop} 增大而有所减慢，$\mathrm{d}I_{\mathrm{DS(off)}}/\mathrm{d}t$ 略微减小、V_{spike}不断升高、V_{DS}振荡更剧烈。表 7-2 中为对应的 L_{Loop}、$\mathrm{d}I_{\mathrm{DS(off)}}/\mathrm{d}t$ 和 V_{spike}，当 L_{Loop} 为 41nH、52nH 和 63nH 时，$\mathrm{d}I_{\mathrm{DS(off)}}/\mathrm{d}t$ 分别为 3.97A/ns、3.71A/ns、3.59A/ns，V_{spike}分别为 963V、993V 和 1026V。虽然 L_{Loop}减小会使关断速度有

所加快，起到增大 V_{spike} 的效果，但其对 V_{spike} 的减小作用占据了主导。由此可见，当驱动电路和 $R_{\mathrm{G(ext)}}$ 已经确定的情况下，可以通过减小 L_{Loop} 达到限制关断电压尖峰的目的。

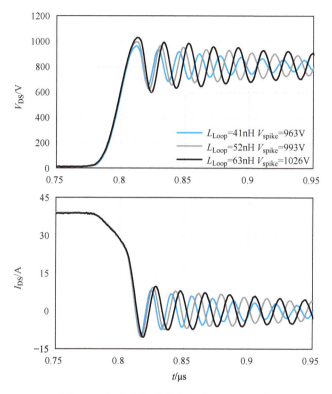

图 7-3　主功率换流回路电感 L_{Loop} 的影响

表 7-2　主功率换流回路电感 L_{Loop} 的影响

L_{Loop}	d$I_{\mathrm{DS(off)}}$/dt	V_{spike}
41 nH	3.97 A/ns	963 V
52 nH	3.71 A/ns	993 V
63 nH	3.59 A/ns	1026 V

7.2　应对措施 1——回路电感控制

7.2.1　回路电感与局部电感

电流会在空间中产生磁场，穿过曲面的磁感应强度和曲面面积点积的积分为磁通量，电感是通过一个封闭回路表面的磁通量与产生该磁通的电流之比。当产生该磁通的电流为本回路中电流时，称为自感；当产生该磁通的电流为其他回路中电流时，称为互感；电感是自感和互感的总称。电感可由其定义式（7-2）计算得到，L 是电感，Φ 为磁通量，I 为产生磁通的电流，B 为磁感应强度，$\int_s \mathrm{d}s$ 表示对闭合回路的表面进行面积分。

$$L = \frac{\Phi}{I} = \frac{\int_s B \cdot \mathrm{d}s}{I} \tag{7-2}$$

由式（7-2）可知，电感是闭合回路的一种属性，即只有形成闭合回路才有电感的概念，故通常称为回路电感（Loop Inductance），例如图 7-1 中的 L_{Loop} 称为主功率换流回路电感。

引入磁矢势 A，如式（7-3）

$$B = \nabla \times A \tag{7-3}$$

磁矢势 A 的旋度是磁感应强度 B，则 A 沿闭合回路 c 的线积分等于 B 对 c 的表面进行面积分，则电感还可以通过式（7-4）计算得到

$$L = \frac{\oint_c A \cdot \mathrm{d}l}{I} \tag{7-4}$$

如图 7-4 所示的矩形回路，四条边分别为 T、B、L、R，由式（7-4）计算电感为

$$\begin{aligned} L &= \frac{\oint_{\mathrm{T}} A \cdot \mathrm{d}l}{I} + \frac{\oint_{\mathrm{B}} A \cdot \mathrm{d}l}{I} + \frac{\oint_{\mathrm{L}} A \cdot \mathrm{d}l}{I} + \frac{\oint_{\mathrm{R}} A \cdot \mathrm{d}l}{I} \\ &= L_{\mathrm{T}} + L_{\mathrm{B}} + L_{\mathrm{L}} + L_{\mathrm{R}} \end{aligned} \tag{7-5}$$

以 L_{L} 为例，A_{T}、A_{B}、A_{L}、A_{R} 为各段电流在线段 L 上产生的磁矢势，则 L_{L} 为

$$\begin{aligned} L_{\mathrm{L}} &= \frac{\oint_{\mathrm{L}} A_{\mathrm{T}} \cdot \mathrm{d}l}{I} + \frac{\oint_{\mathrm{L}} A_{\mathrm{B}} \cdot \mathrm{d}l}{I} + \frac{\oint_{\mathrm{L}} A_{\mathrm{L}} \cdot \mathrm{d}l}{I} + \frac{\oint_{\mathrm{L}} A_{\mathrm{R}} \cdot \mathrm{d}l}{I} \\ &= L_{\mathrm{LL}} + M_{\mathrm{LB}} + M_{\mathrm{LT}} + M_{\mathrm{LR}} \end{aligned} \tag{7-6}$$

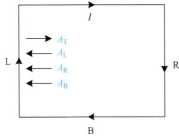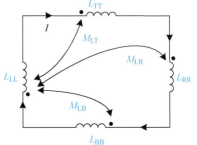

图 7-4　矩形线路回路电感

由式（7-5）式（7-6）可知，回路电感可以看作是由若干段电感组成的，由于这些电感是回路电感的一部分，故称为局部电感（Partial Inductance）[1]。图 7-1 中的 L_{pkg}、L_{PCB} 和 $L_{\text{es(Bus)}}$ 就是局部电感的概念。同时，局部电感包含了局部自感和局部互感两部分，例如式（7-6）中 L_{LL} 为局部自感，M_{LB}、M_{LT}、M_{LR} 为局部互感。需要注意的是，闭合回路是电感的先决条件，局部电感需要放在特定的回路来定义，这一点通过局部电感包含局部互感也可以看出。一些电容器、功率模块等元器件在数据手册中提供了寄生电感数值，通过上文的介绍可知其实质为局部自感，是假设其与无穷远平行线路构成回路计算得到。

通过以上介绍明确了回路电感和局部电感的概念，这是进行线路电感分析的基础。为了表述方便，在下文中不再特意区分。

7.2.2　PCB 线路电感

一段 PCB 线路宽度为 w、长度为 l，忽略其厚度，如图 7-5a 所示。其电感由式（7-7）计算，电感 L 随 l 增加和 w 减小而增加。

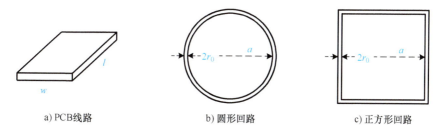

a) PCB 线路　　　　　b) 圆形回路　　　　　c) 正方形回路

图 7-5　基本线路

$$L \approx 2l\left(\ln\frac{2l}{w} + 0.5 + 0.2235\frac{w}{l}\right) \tag{7-7}$$

一个圆形回路，导线半径为 r_0，回路半径为 a，且 $r_0 \ll a$，如图 7-5b 所示。其电感由式（7-8）计算，电感 L 随 a 增加而增加。

$$L \approx \mu_0 a\left(\ln\frac{8a}{r_0} - 2\right) \tag{7-8}$$

一个正方形回路，导线半径为 r_0，正方形边长为 a，且 $r_0 \ll a$，如图 7-5c 所示。其电感由式（7-9）计算，电感 L 随 a 增加而增加。

$$L \approx \frac{2\mu_0 a}{\pi}\left(\ln\frac{a}{r_0} - 0.774\right) \tag{7-9}$$

如图 7-6a 和图 7-6b 分别为共平面板线路和平行板线路，线路宽度为 w，线路间距为 h，线路厚度忽略不计。电流流出纸面用"·"表示，产生的磁场用带箭头的实线表示；电流流入纸面用"×"表示，产生的磁场用带箭头的虚线表示。在共平面板线路和平行板线路中，两条线路的磁场方向相反，互相抵消，降低了磁感应强度。根据电感的定义，磁感应线相互抵消有助于降低电感。在平行板线路中，磁感应线抵消得更多，故极大地降低了线路电感[2]。

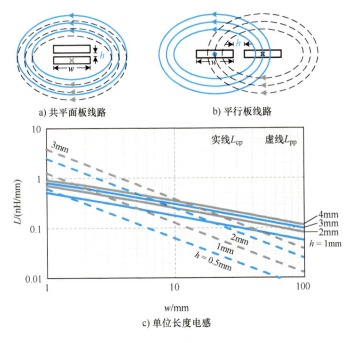

a) 共平面板线路　　　b) 平行板线路

c) 单位长度电感

图7-6　回流线路对电感

可以计算得到共平面板线路的单位长度电感 L_{cp} 和平行板线路的单位长度电感 L_{pp} 分别为式（7-10）和式（7-11）

$$L_{cp} \approx \frac{\mu_0}{\pi} \cdot \cosh^{-1}\left(\frac{w+h}{w}\right) \tag{7-10}$$

$$L_{pp} \approx \mu_0 \frac{h}{w} \tag{7-11}$$

基于式（7-10）和式（7-11）可以得到线路宽度 w 和线路间距 h 对 L_{cp} 和 L_{pp} 的影响，如图7-6c所示。L_{cp} 和 L_{pp} 都随着 w 增大和 h 减小而减小，且 L_{pp} 的变化更加明显。当主功率换流 PCB 线路（或母线铜排）采用共平面板线路时，由于受到安规的限制，不能靠得很近。而平行板线路利用 PCB 板材（绝缘材料）作为绝缘介质，通常为 FR-4，其击穿场强大于 20kV/mm，故线路间距可以很小。由此可见，使用平行板线路设计主功率换流回路能够更有效地减小电感。基于对以上基本线路的分析，可以得到降低 PCB 线路电感的布线方法：

1）尽量使 PCB 线路更宽、更短；
2）尽量减小 PCB 线路的回路面积；
3）尽量使电流去与回的 PCB 线路上下交叠，电流流向相反。

7.2.3　分立器件封装电感

现阶段 SiC 二极管分立器件的插件封装形式有 TO-247、TO-247-2、TO-220、TO-220-2 等，贴片封装形式有 TO-252、TO-252-2、TO-263、TO-263-2、DFN8×8、DFN3×3、DDPAK 等；SiC MOSFET 分立器件的插件封装形式有 TO-247-3、TO-247-4 等，贴片封装形式有 TO-263-7 等。

插件封装器件在安装时，是将器件引脚插入 PCB 安装孔内进行焊接的。以 TO-247-3 封装和 TO-247-4 封装为例，其引脚长度约为 20mm，在使用时会根据具体情况确定引脚与 PCB 的安装距离。以引脚根部为零点，引脚根部到 PCB 焊接处的距离为安装距离 d_{mount}，通过仿真可以得到实际引入主功率换流回路的封装电感 L_{DS} 与 d_{mount} 的关系如图 7-7 所示。当 $d_{mount}=0$ 时，L_{DS} 并不为零，这部分电感是由封装塑封料下的键合线和引脚造成的；当 d_{mount} 增大时，L_{DS} 也不断线性增大。

故在使用插件封装的器件时，为了尽可能减小封装对 L_{Loop} 的贡献，需要尽可能减小 d_{mount}。但在实际应用中，受到机械结构、散热结构、安规距离、可装配性等因素的限制，d_{mount} 并不能无限制减小。

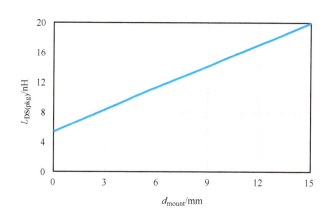

图 7-7　安装距离 d_{mount} 对 L_{DS} 的影响

贴片封装器件在安装时，将器件直接焊接在 PCB 焊盘上即可。以 TO-263-7 为代表的贴片封装具有引出的引脚，焊接在 PCB 后引入的 L_{DS} 是固定的。由于其引脚长度明显短于插件封装，故引入的 L_{DS} 也更小。以 DFN8×8 为代表的贴片封装没有引出的引脚，而是在其底部有焊盘，这样就更进一步减小了 L_{DS}。

7.2.4　功率模块封装电感

分立封装的器件中通常只含有一颗芯片，在使用时需要通过 PCB 将多个器件互连实现拓扑结构。这种方式在器件并联、复杂拓扑实现、电气绝缘、PCB 设计、散热系统、可靠性等方面都面临技术挑战。与分立器件不同，在功率模块中，芯片互连在模块内部完成，提供了具有一定拓扑功能和结构的功能模块，很好地解决了上述问题。

在功率模块中，大量芯片被焊接在铜基板上，通过键合线互连实现拓扑。图7-8为功率模块内部芯片电气连接的实例，可以看到芯片、铜基板、键合线之间的距离都非常近，其原因是模块内部充满了硅凝胶，实现了固体绝缘。这样就使得在实现相同拓扑功能和功率等级的情况下，使用功率模块时需要的电气连线长度和回路面积远小于使用分立器件的情况，显著减小了 L_{Loop}。同时，功率模块内部导流铜基板的通流宽度往往都大于分立器件引脚的宽度，更宽的通流路径也有助于降低 L_{Loop}。

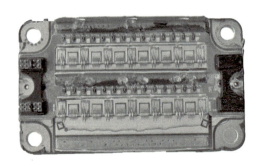

图7-8　功率模块内部芯片电气连接

基于以上分析，功率模块具有更短的电气连接、更宽的通流路径和更小的回路面积，这都使得其具有更小的回路电感，并且拓扑越复杂、优势越明显。针对 SiC MOSFET 高 V_{spike} 的问题，各厂商已经专门推出了低电感的功率模块封装，相关内容在1.8节中有所介绍。

7.3　应对措施2——去耦电容

7.3.1　电容器基本原理

7.3.1.1　电容器的类型

电容器在功率变换器中的应用非常广泛，起到的作用有直流连接/储能、DC输出滤波、AC输出滤波、EMC滤波、谐振、去耦等。在设计变换器时，首先需要根据变换器的规格和指标要求确定电容器的电压和容值规格，接下来根据电容器在变换器发挥的作用确定选择电容器的种类，最后综合考虑电压等级、电容值、温度特性、封装形式、尺寸、成本等因素确定品牌和型号。在变换器中，电容器不再是原理图上一个简单的符号，而是一个具有很多参数的电子元件。为了满足不同应用场合的要求，采用不同的结构、材料和工艺，最终发展出种类丰富的电容器家族，最常见的电容器有铝电解电容、薄膜电容和积层陶瓷电容三种类型[3]。

1. 铝电解电容

铝电解电容（Aluminum Electrolytic Capacitor）如图 7-9 所示。使用铝箔作为阳极，进行氧化处理后在其表面生成一层氧化铝薄膜，作为阳极、阴极板之间的电介质，阴极由电解液和铝箔构成。其特点是电容密度非常高，能够达到其他种类电容的几十到数百倍，其电容值能够轻松达到数百到数万 μF，并且价格便宜。缺点是电容有极性、漏电流大、热稳定性差。

2. 薄膜电容

薄膜电容（Film Capacitor）如图 7-10 所示。使用塑料薄膜作为电介质，常见的材质有聚对苯二甲酸乙二醇酯、聚丙烯、聚苯硫醚、聚萘二甲酸二醇酯；使用金属箔作为电极，称为箔电极型薄膜电容器；在塑料薄膜上蒸镀金属（Al、Zn 等）形成内部电极，称为金属化薄膜型电容器。将电介质和电极重叠后，卷绕成圆筒状的结构构成电容器。其特点是绝缘电阻高、温度系数低、可靠性优异、额定纹波电流大。

图 7-9　铝电解电容

图 7-10　薄膜电容

3. 积层陶瓷电容

积层陶瓷电容（Multi-layer Ceramic Capacitor，MLCC）如图 7-11 所示，使用陶瓷介质膜片作为电介质，其材料有氧化钛、钛酸钡，把电极材料印刷到陶瓷片上作为电极。将印刷好带电极的陶瓷介质膜片重叠起来，经过加压、烧制、镀膜得到电容器。其特点是小型化、无极性、安全性高。其缺点是电容值较低、有弯曲裂纹风险。

7.3.1.2　电容器的阻抗特性

真实的电容器并不是一个理想器件，除了电容 C 以外，它还有等效串联电阻 R_{es}（ESR）和等效串联电感 L_{es}（ESL），如图 7-12 所示。ESR 由介电损耗、电极与导线的电阻成分构成，会引发能量损耗；ESL 由电极与导线的电感成分构成。

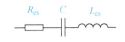

图 7-11　积层陶瓷电容　　　　　　　　　图 7-12　电容器的等效电路

电容 C 具有隔直通交的特性，其阻抗会随着频率升高不断减小并无线趋近于零。但由于 ESL 和 ESR 的存在，电容器对外呈现 LCR 串联电路的特性。电容器的阻抗 $|Z|$ 由式（7-12）给出，得到阻抗-频率特性如图 7-13 所示。阻抗-频率特性曲线呈现 V 字形，V 字的底端对应 LCR 串联电路的自谐振频率 f_o，由式（7-13）给出。在 f_o 左侧为电容区，$|Z|$ 主要由 C 决定；在 f_o 右侧为电感区，$|Z|$ 主要由 L_es 决定，丧失了电容器的性质。在自谐振频率 f_o 处，阻抗约等于 R_es。

$$|Z| = \sqrt{R_\mathrm{es}^2 + \left(2\pi f_\mathrm{o} L_\mathrm{es} - \frac{1}{2\pi f_\mathrm{o} C}\right)^2} \tag{7-12}$$

$$f_\mathrm{o} = \frac{1}{2\pi \sqrt{L_\mathrm{es} C}} \tag{7-13}$$

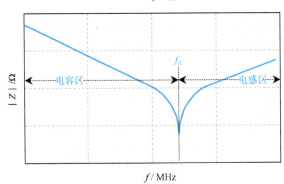

图 7-13　电容器的阻抗-频率特性

由于类型的不同，电容值同为 $10\mu\mathrm{F}$ 的铝电解电容、薄膜电容和 MLCC 的阻抗-频率特性具有明显的差异，如图 7-14 所示。从铝电解电容、薄膜电容到陶瓷电容，f_o 越来越高，说明其 ESL 越来越小；V 字的底部越来越深、越来越尖，说明 ESR 越来越小；在高频段，阻抗也越来越小。

正是由于这样的特性，铝电解电容适合作为母线电容使用，起到电压支撑、储能、工频滤波的作用。薄膜电容与铝电解电容都作为母线电容搭配使用，起到高频

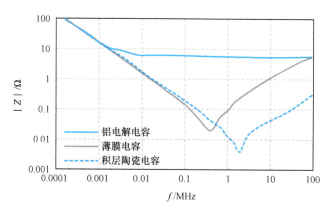

图 7-14　不同类型 $10\mu F$ 电容的阻抗特性

滤波作用，在对容值要求不高的场合也可作为母线电容单独使用，同时广泛应用于谐振变换器作为谐振电容使用。MLCC 往往作为信号链路的滤波电容和去耦电容，随着变换器高功率密度的要求越来越高和电容技术的发展，MLCC 也逐渐被用作谐振电容和母线电容。

7.3.2　去耦电容基础

7.3.2.1　去耦电容的作用

在变换器中，母线电容 C_{Bus} 的电容值一般较高，通常选择使用铝电解电容和薄膜电容。在 C_{Bus} 和功率器件之间增加电容器 C_{Dec}，将原先的 PCB 电感 L_{PCB} 分割为器件到 C_{Dec} 之间的 PCB 电感 $L_{PCB(Dev\text{-}Dec)}$ 和 C_{Dec} 到 C_{Bus} 之间的 PCB 电感 $L_{PCB(Dec\text{-}Bus)}$ 两部分，$L_{es(Bus)}$ 为 C_{Bus} 的 ESL，$L_{es(Dec)}$ 为 C_{Dec} 的 ESL，L_{pkg} 为器件封装电感，如图 7-15 所示。当器件关断时，换流电流将主要流过 C_{Dec}，则此时 L_{Loop} 相比增加 C_{Dec} 前减小了 $L_{PCB(Dec\text{-}Bus)} + L_{es(Bus)} - L_{es(Dec)}$，能够有效降低 V_{spike}。在这个过程中，C_{Dec} 对 $L_{PCB(Dec\text{-}Bus)}$ 和 $L_{es(Bus)}$ 起到了去耦的作用，故称 C_{Dec} 为去耦电容。

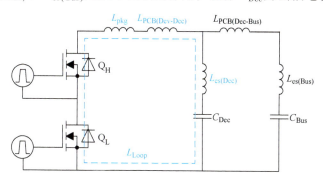

图 7-15　使用去耦电容的半桥换流回路

一般情况下 C_{Bus} 的容值较大，故其体积也会比较大，往往导致无法将 C_{Bus} 放置在距离功率器件较近的地方，增大了 L_{PCB}。而 C_{Dec} 的容值则远小于 C_{Bus}，其体积也更小，这样 C_{Dec} 就可以安放在距离功率器件更近的位置，尽可能多地实现对更大感值 $L_{PCB(Dec-Bus)}$ 的去耦。另外，当 $L_{es(Dec)}$ 小于 $L_{es(Bus)}$ 时，L_{Loop} 就被进一步减小了。

如图 7-16 所示，当使用铝电解电容为母线电容且不使用去耦电容时，V_{spike} 为 1026V；增加薄膜电容为去耦电容，V_{spike} 为 980V，V_{spike} 减小了 46V。由此可见，使用去耦电容能够有效地减小电压过冲。

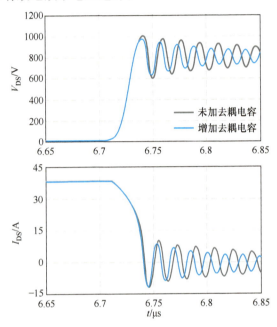

图 7-16　使用去耦电容的效果

7.3.2.2　去耦电容的选择

通过以上分析可知，为了达到有效的去耦效果，去耦电容需要具有较小的 ESL。同时，由于大部分换流电流流经去耦电容，故也要求其 ESR 较小，使其温升不至于太高。根据各类电容的阻抗-频率特性，发现薄膜电容和 MLCC 适合作为去耦电容使用。薄膜电容各方面特性都较为稳定，在使用时难度不大。薄膜电容可以选用 TDK MKP/MFP 系列金属化聚丙烯电容器。但 MLCC 具有一些独特的特性，在使用上有一些需要注意的问题。

1. DC 偏压特性

对于高电容率 MLCC，静电容量会随着施加的电压不同而发生变化，当施加的是直流电压时称为 DC 偏压特性，如图 7-17 所示，这是因为高电容率 MLCC 使用自发极化的强电介质（$BaTiO_3$ 等）。当不施加外电场时，强电介质的晶畴自发极化方向各异；当施加直流电场时，自发极化方向会朝向电场方向，电容率增大；当电场达到一定强度，则会达到饱和状态，介电常数变小，实际静电容量值变小。

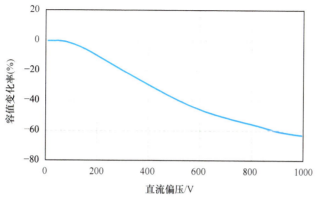

图 7-17　MLCC 静电容值-直流 DC 偏压特性

　　MLCC 的 DC 偏压特性受耐压、封装和材料的影响。耐压值越高，直流偏差越小；封装越大，DC 偏压越小；相同耐压和封装下，X7R 比 X5R 的 DC 偏压小。在使用 MLCC 作为去耦电容时需要特别注意实际耐压下的容值，选择合适材质和封装的电容，以免达不到设计值而影响去耦效果。

2. 弯曲裂纹[4]

　　PCB 在电子产品制造和使用的整个生命周期里会因为各种原因发生弯曲，包括焊锡应力、分割 PCB 时的应力、固定安装应力等制造时的问题以及使用时掉落、振动、热膨胀等。

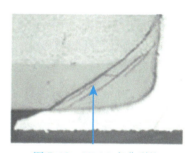

图 7-18　MLCC 弯曲裂纹

　　MLCC 内部是由印制有电极的陶瓷板层叠构成的，陶瓷板承受压力能力强，但抗拉伸应力能力弱。多层陶瓷电容是利用焊锡焊接在 PCB 上的，当 PCB 发生弯曲后，容易导致其弯曲裂纹，如图 7-18 所示。裂纹进一步导致器件性能下降、发热、起火等后果，严重影响设备和人员的安全。

　　为了应对弯曲裂纹，电容厂商提供了多种产品：

　　1）一般在端子镀 Cu 及镀 Ni 层中加入导电性树脂层成为软端子电容，树脂层可以吸收焊锡接合部膨胀收缩而产生的应力以及基板弯曲应力，如图 7-19a 所示。

　　2）改变陶瓷板上电极的位置，使得电容器内部为两个电容串联的结构，这样即使发生弯曲裂纹，也可以大大降低发生短路的风险，如图 7-19b 所示。

　　3）在可能发生裂纹的部位尽量避免电极的重叠，从而即使出现弯曲裂纹时也为开路模式，如图 7-19c 所示。

　　4）在电容端子上增加金属支架，可以由金属支架吸收 PCB 弯曲带来的应力，这种方式的效果最好，如图 7-19d 所示。

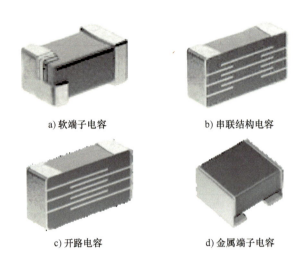

a) 软端子电容　　　　　　　　b) 串联结构电容

c) 开路电容　　　　　　　　　d) 金属端子电容

图 7-19　弯曲裂纹应对的 MLCC

综合考虑 ESL、DC 偏压特性、抗弯曲裂纹和耐纹波性能，Murata 的 KR3、KC3 和 TDK 的 CeraLink 具有优异的性能，如图 7-20 所示。Murata KR3[5] 具有金属支架，同时使用了 X7T 材料，有效容量、耐纹波性较传统材料有所提高。TDK CeraLink[6] 采用基于反铁电 PLZT 陶瓷材料（锆钛酸铅镧），具有低 ESL、低 ESR、高电容密度、高可靠性等特点，能够为基于 SiC 和 GaN 半导体的高频变换器的缓冲器和 DC 链路提供极其紧凑的解决方案。

a) Murata KR3、KC3　　　　　　　　b) TDK CeraLink

图 7-20　适用于 SiC 应用的电容

7.3.3　小信号模型分析

7.3.3.1　无去耦电容

图 7-21a 所示的双脉冲测试电路中，在 Q_L 关断后的电压过冲和振荡过程中，电路中各部分的状态都是固定的，可以对电路进行适当地简化。V_{DS} 到达母线电压 V_{Bus} 后，换流电流仍然流过 Q_L 的沟道，可将 Q_L 等效为电流源 I_{DS}；Q_H 的体二极管进行续流，可将其看作电压源 V_F 和电阻 R_F 串联；V_{DS} 足够高，Q_L 的 C_{oss} 为恒定值；在不考虑负载电感的等效并联电容时，负载电感的感量很大，可以近似认为其电流

在整个过程中基本不变，将其看作一个恒定电流源 I_L[7]。这样就得到了关断过程的等效电路，如图 7-21b 所示。

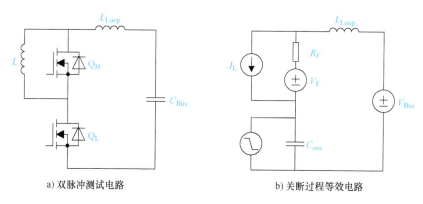

a) 双脉冲测试电路　　　　　　　　　b) 关断过程等效电路

图 7-21　无去耦电容时关断过程的等效电路

V_{DS} 过冲和振荡都发生在高频段，故可将上述等效电路中 I_L 作开路处理，母线电容 C_{Bus}、电压源 V_F 作短路处理。这样就得到关断过程小信号电路模型，如图 7-22 所示，可以基于此进行频域分析。

从电流源 I_{DS} 看进去，即 Q_L 漏-源端，是一个 RLC 并联谐振电路。取贴近实际的电路参数，$C_{oss}=115\mathrm{pF}$、$R_F=40\mathrm{m\Omega}$、$L_{Loop}=30\mathrm{nH}$，得到 RLC 并联电路阻抗-频率特性如图 7-23 所示。在低频段 $|Z|$ 保持基本水平，由 R_F 决定；随后 $|Z|$ 线性上升，呈现电感特性，由 L_{Loop} 决定；高频段 $|Z|$ 线性降低，表现出电容特性，由 C_{oss} 决定；在电感特性区和电容特性区之间有一个尖峰，发生谐振，谐振频率为 f_o。

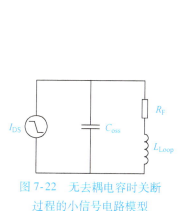

图 7-22　无去耦电容时关断
过程的小信号电路模型

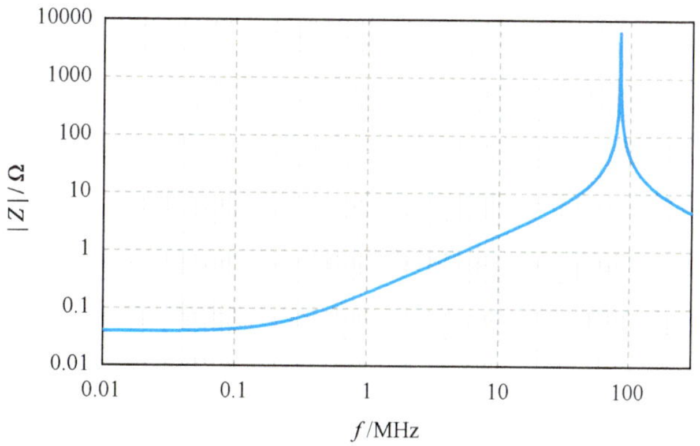

图 7-23　RLC 并联电路的阻抗-频率特性

其阻抗为

$$Z = \frac{sL_{Loop}+R_F}{s^2 C_{oss} L_{Loop}+sR_F C_{oss}+1} \tag{7-14}$$

其谐振频率为

$$f_o = \frac{1}{2\pi} \frac{1}{\sqrt{C_{oss} L_{Loop}}} \sqrt{1 - \frac{C_{oss} R_F^2}{L_{Loop}}} \qquad (7\text{-}15)$$

通常器件和电路参数都能够满足

$$\frac{C_{oss} R_F^2}{L_{Loop}} \ll 1 \qquad (7\text{-}16)$$

故谐振频率可简化为

$$f_o = \frac{1}{2\pi} \frac{1}{\sqrt{C_{oss} L_{Loop}}} \qquad (7\text{-}17)$$

谐振峰阻抗为

$$Z_o = \frac{L_{Loop}}{C_{oss} R_F} \qquad (7\text{-}18)$$

$C_{oss} = 115\text{pF}$、$R_F = 40\text{m}\Omega$ 时，L_{Loop} 分别取 30nH、40nH、50nH，阻抗-频率特性与对应的 V_{DS} 关断波形如图 7-24 所示。谐振频率与 V_{DS} 振荡频率相同，再一次说

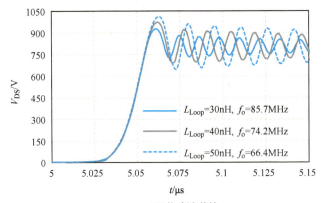

a) 阻抗-频率特性

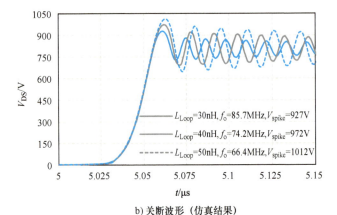

b) 关断波形（仿真结果）

图 7-24　L_{Loop} 对关断电压过冲和振荡的影响

明关断后 V_{DS} 振荡发生在 C_{oss} 和 L_{Loop} 之间；随着 L_{Loop} 的增大，谐振阻抗增大、关断电压尖峰升高。由此可见，关断 V_{DS} 时域波形与阻抗-频率特性有明确的对应关系，可以利用其进行设计和分析。

7.3.3.2 使用去耦电容

当使用去耦电容后，电路原理图、等效电路、小信号电路模型如图 7-25 所示。

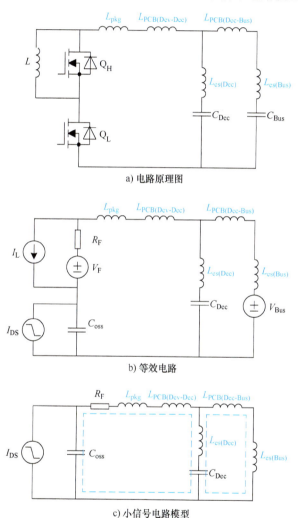

a) 电路原理图

b) 等效电路

c) 小信号电路模型

图 7-25 使用去耦电容时关断过程的小信号电路模型

取贴近实际应用的电路和器件参数 $C_{oss} = 115\text{pF}$、$R_F = 40\text{m}\Omega$、$C_{Dec} = 200\text{nF}$、$L_{pkg} + L_{PCB(Dev\text{-}Dec)} = 20\text{nH}$、$L_{es(Dec)} = 2\text{nH}$、$L_{PCB(Dec\text{-}Bus)} + L_{es(Bus)} = 15\text{nH}$，得到阻抗-频率特性如图 7-26 所示。使用去耦电容后的阻抗-频率曲线具有两个谐振峰，由于 $C_{Dec} \gg C_{oss}$，低频谐振频率 $f_{o(L)}$ 和高频谐振频率 $f_{o(H)}$ 可以用式（7-19）和式（7-20）估算，分别为 100.6MHz 和 2.7MHz：

$$f_{o(L)} = \frac{1}{2\pi \sqrt{C_{Dec}(L_{es(Dec)} + L_{PCB(Dec-Bus)} + L_{es(Bus)})}} \quad (7-19)$$

$$f_{o(H)} = \frac{1}{2\pi \sqrt{C_{oss}(L_{es(Dec)} + L_{pkg} + L_{PCB(Dev-Dec)})}} \quad (7-20)$$

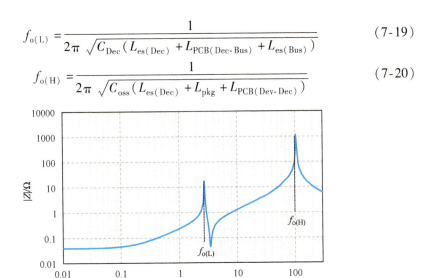

图 7-26　使用去耦电容时的阻抗-频率特性

在此参数下，V_{DS}关断波形仿真结果如图 7-27 所示。可以看到 V_{DS} 振荡包含高频振荡和低频振荡两个部分，振荡频率分别为 102.1MHz 和 2.65MHz，与阻抗-频率特性的谐振频率对应。结合式（7-19）和式（7-20），说明 V_{DS} 高频振荡发生在图 7-25c 中虚线所示的回路，V_{DS}低频振荡发生在图 7-25c 中虚线所示的回路。

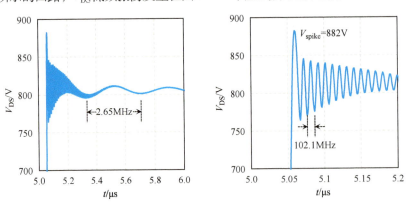

图 7-27　使用去耦电容时的关断 V_{DS} 波形（仿真结果）

当其他参数不变时，C_{Dec} 分别取 50nF、200nF、500nF，阻抗-频率特性如图 7-28所示。随着 C_{Dec} 增大，低频谐振峰阻抗和 $f_{o(L)}$ 不断下降，分别为 5.46MHz、2.73MHz、1.73MHz，而 $f_{o(H)}$ 及高频谐振峰阻抗没有变化。

图 7-29 中 V_{DS}关断波形仿真结果特征与图 7-28 所示阻抗-频率特性相对应，随着 C_{Dec} 增大，V_{DS} 低频振荡幅值和频率不断降低，分别为 5.46MHz、2.73MHz、

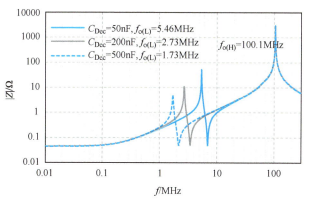

图 7-28　去耦电容 C_{Dec} 对阻抗-频率特性的影响

1.73MHz。V_{DS} 高频振荡频率始终保持在 102MHz 左右，$C_{Dec}=50$nF 时，V_{DS} 尖峰比 C_{Dec} 为 200nF 和 500nF 时高，这是由于低频振荡幅值较高导致的。

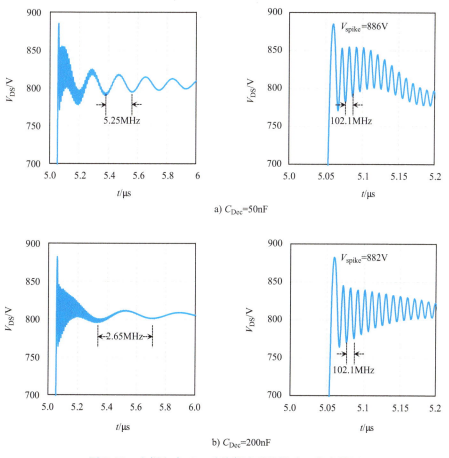

a) $C_{Dec}=50$nF

b) $C_{Dec}=200$nF

图 7-29　去耦电容 C_{Dec} 对关断波形的影响（仿真结果）

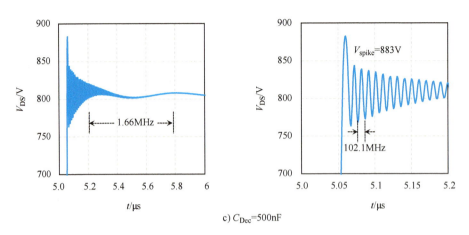

c) C_{Dec}=500nF

图 7-29　去耦电容 C_{Dec} 对关断波形的影响（仿真结果）（续）

当其他参数不变时，$L_{\text{PCB(Dec-Bus)}} + L_{\text{es(Bus)}}$ 分别取 15nH、35nH、55nH，阻抗-频率特性如图 7-30 所示。随着 $L_{\text{PCB(Dec-Bus)}} + L_{\text{es(Bus)}}$ 增大，$f_{\text{o(L)}}$ 不断下降，分别为 5.46MHz、1.85MHz、1.49MHz，低频谐振峰阻抗不断升高，而 $f_{\text{o(H)}}$ 及高频谐振峰阻抗没有变化。

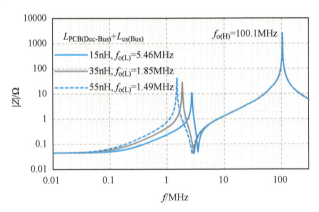

图 7-30　$L_{\text{PCB(Dec-Bus)}} + L_{\text{es(Bus)}}$ 对阻抗-频率特性的影响

图 7-31 中 V_{DS} 关断仿真波形的特征与图 7-30 所示阻抗-频率特性相对应，随着 $L_{\text{PCB(Dec-Bus)}} + L_{\text{es(Bus)}}$ 增大，V_{DS} 低频振荡幅值不断升高、频率不断降低，分别为 2.65MHz、1.78MHz、1.43MHz。V_{DS} 高频振荡频率始终保持在 102MHz 左右，V_{DS} 尖峰基本不变。

当使用铝电解电容作为母线电容、MLCC 作为去耦电容且容值较小时的实际应用案例中，SiC MOSFET 关断 V_{DS} 波形如图 7-32 所示。可以看到低频振荡非常明显，且其峰值比高频振荡的峰值还高，此时关断电压尖峰取决于低频振荡。这是使用去耦电容后较为极端的情况，需要格外注意。

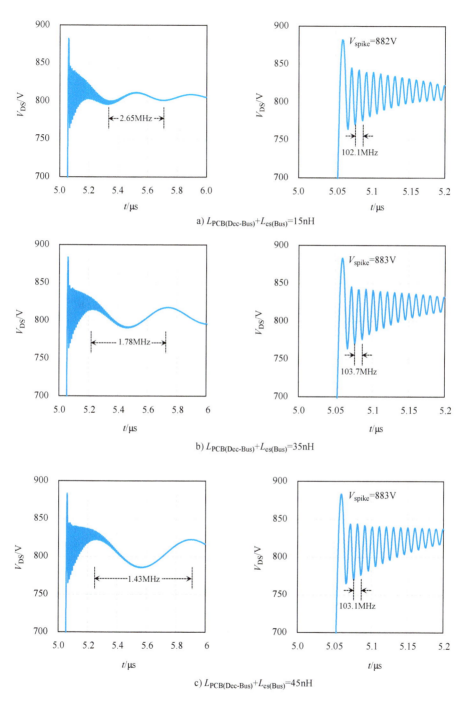

a) $L_{PCB(Dec-Bus)}+L_{es(Bus)}=15nH$

b) $L_{PCB(Dec-Bus)}+L_{es(Bus)}=35nH$

c) $L_{PCB(Dec-Bus)}+L_{es(Bus)}=45nH$

图 7-31　$L_{PCB(Dec-Bus)}+L_{es(Bus)}$ 对关断波形的影响（仿真结果）

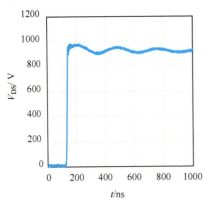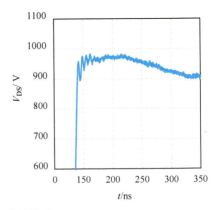

图 7-32　低频振荡的影响

7.4　应对措施 3——降低关断速度

当 L_{Loop} 已经给定时，降低 SiC MOSFET 电流关断速度 $\mathrm{d}I_{\mathrm{DS(off)}}/\mathrm{d}t$ 能够达到降低 V_{spike} 的效果，可以通过增大外部驱动电阻 $R_{\mathrm{G(ext)}}$ 或外加栅-源电容 $C_{\mathrm{GS(ext)}}$ 两种途径实现。

由图 7-33 可知，当 $R_{\mathrm{G(ext)}}$ 为 4.3Ω 时，V_{spike} 达到 1031V，开通能量 E_{on} 和关断能量 E_{off} 分别为 588.7μJ 和 165.2μJ。随着 $R_{\mathrm{G(ext)}}$ 逐渐增大，V_{spike} 逐渐降低，同时 E_{on} 和 E_{off} 逐渐增加，用三角符号表示。保持 $R_{\mathrm{G(ext)}}$ 为 4.3Ω，随着 $C_{\mathrm{GS(ext)}}$ 逐渐增大，V_{spike} 随之降低，同时 E_{on} 和 E_{off} 逐渐增加，且 E_{on} 增加的幅度更大，用方形符号表示。对比增大 $R_{\mathrm{G(ext)}}$ 和外加 $C_{\mathrm{GS(ext)}}$ 两种方式，将 V_{spike} 降低到相同数值，两种方式对 E_{off} 的影响几乎相同，但外加 $C_{\mathrm{GS(ext)}}$ 使 E_{on} 增大的幅度更大。还需要注意的是，外加 $C_{\mathrm{GS(ext)}}$ 还会显著增加驱动损耗。

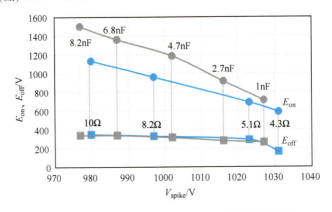

图 7-33　$R_{\mathrm{G(ext)}}$ 和 $C_{\mathrm{GS(ext)}}$ 对 V_{spike} 和开关能量的影响

$R_{\mathrm{G(ext)}}$ 为 4.3Ω、$R_{\mathrm{G(ext)}}$ 为 10Ω 以及 $R_{\mathrm{G(ext)}}$ 为 4.3Ω、$C_{\mathrm{GS(ext)}}$ 为 8.2nF 时的开关波形如图 7-34 和图 7-35 所示。可以看到，由于较大的 $R_{\mathrm{G(ext)}}$ 和外加的 $C_{\mathrm{GS(ext)}}$ 都使得开关速度和 V_{spike} 被降低了，同时 E_{on}、E_{off}、开关延时都有所增大。

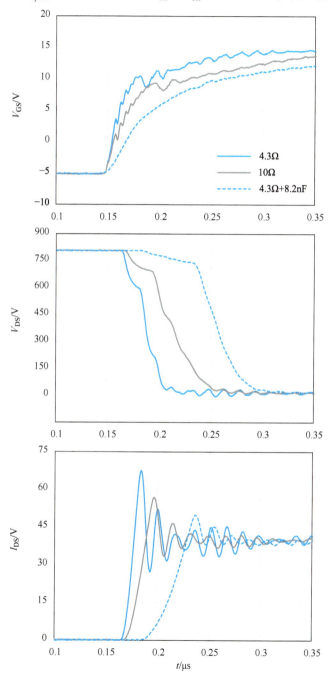

图 7-34　降低开关速度-开通过程

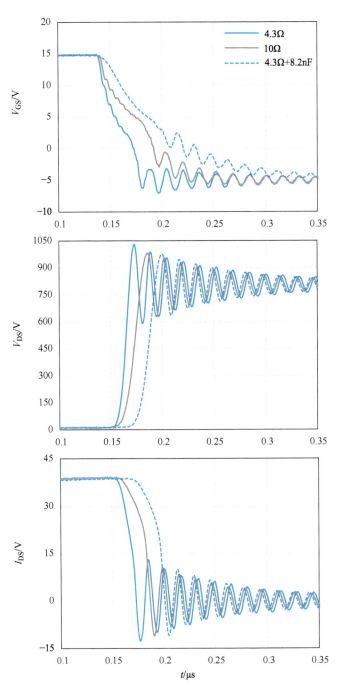

图 7-35　降低开关速度-关断过程

　　开关波形的特征值如表 7-3 所示。当 $R_{\rm G(ext)}$ 为 10Ω 时，$V_{\rm spike}$ 降低至 980V，$E_{\rm off}$ 为 348.7μJ；当 $C_{\rm GS(ext)}$ 为 8.2nF 时，$V_{\rm spike}$ 降低至 977V，$E_{\rm off}$ 为 321.4μJ，两者相

差不大。但在开通过程中，在 $C_{\mathrm{GS(ext)}}$ 的作用下，使得电流上升和电压下降的速度都明显慢于 $R_{\mathrm{G(ext)}}$ 为 10Ω 时。这就导致 E_{on} 增大得更多，当 $R_{\mathrm{G(ext)}}$ 为 10Ω 时，E_{on} 为 1131.3μJ；当 $C_{\mathrm{GS(ext)}}$ 为 8.2nF 时，E_{on} 为 1497.4μJ。

表 7-3 开关过程特征值

	$R_{\mathrm{G(ext)}}=4.3Ω$	$R_{\mathrm{G(ext)}}=10Ω$	$R_{\mathrm{G(ext)}}=4.3Ω$ $C_{\mathrm{GS(ext)}}=8.2nF$
$t_{\mathrm{d(on)}}$/ns	12.1	23.0	62.8
t_r/ns	33.6	63.4	47.1
I_{spike}/A	67.5	56.9	49.9
E_{on}/μJ	588.7	1131.3	1497.4
$t_{\mathrm{d(off)}}$/ns	15.8	20.6	26.1
t_f/ns	9.8	15.3	15.9
V_{spike}/V	1031.0	980.0	977.0
E_{off}/μJ	165.2	348.7	340.4

根据以上结果可知，在实际应用中将开通和关断驱动电阻分开，仅增大关断驱动电阻 $R_{\mathrm{Goff(ext)}}$，$\mathrm{d}I_{\mathrm{DS(off)}}/\mathrm{d}t$ 得到有效降低进而降低了 V_{spike}。同时，保持开通驱动电阻 $R_{\mathrm{Gon(ext)}}$ 不变，则开通过程不受影响，开通能量也不会增加。与此相对，外加 $C_{\mathrm{GS(ext)}}$ 会同时影响开通和关断过程，无法实现降低 V_{spike} 的同时不增加开通能量。

参 考 文 献

[1] PAUL C R. Inductance——Loop and Partial [M]. Hoboken：Wiley, 2010.
[2] Cree, Inc. Design Considerations for Designing with Cree SiC Modules Part 2. Techniques for Minimizing Parasitic Inductance [Z]. Power Application Note, 2013.
[3] TDK. Electronics ABC [Z/OL]. https：//www. tdk. com/en/tech-mag/electronics_primer.
[4] TDK. Flex Crack Countermeasures in MLCCs [Z]. Solution Guides, 2017.
[5] Murata. KR3 products page [Z/OL]. https：//psearch. en. murata. com/capacitor/lineup/kr3/.
[6] TDK. CeraLink © Capacitors products page [Z/OL]. https：//www. tdk-electronics. tdk. com/en/1195576/products/ceralink-presentation-overview.
[7] Chen Zheng. Electrical Integration of SiC Power Devices for High-Power-Density Applications [D]. Virginia Polytechnic Institute and State University, 2013.

延 伸 阅 读

[1] ROMAN BOSSHARD. Multi-Objective Optimization of Inductive Power Transfer Systems for EV Charging [D]. ETH 2015.
[2] MARK I MONTROSE. Printed Circuit Board Design Techniques for EMC Compliance：A Handbook for Designers [M]. New York：Wiley-IEEE Press, 2000.

［3］ON Semiconductor. Impact of Stray Inductance on EliteSiC Power and VE-Trac IGBT Module's Switching Characteristics ［Z］. Application Note, AND90238/D, 2023.

［4］JOACHIM LAMP. IGBT Peak Voltage Measurement and Snubber Capacitor Specification ［Z］. Application Note AN-7006, SEMIKRON.

［5］ROHM Co., Ltd. SiC MOSFET Snubber Circuit Design Methods ［Z］. Application Note, No. 62AN037E, Rev. 001, 2019.

［6］YANICK LOBSIGER. Closed-Loop IGBT Gate Drive and Current Balancing Concepts ［D］. ETH 2014.

［7］NICHICON. General Descriptions of Aluminum Electrolytic Capacitors ［Z］. Technical Notes CAT. 8101E.

第 8 章

高 dv/dt 影响与应对——串扰

第 7 章介绍了 SiC MOSFET 在关断过程中的高关断电流变化速度 $dI_{DS(off)}/dt$ 导致关断电压过冲比 Si IGBT 更加严重，带来了应用难题。高开关速度的另外一个方面是很高的电压变化速度 dV_{DS}/dt，它带来了串扰问题，对栅-源电压 V_{GS} 造成影响。

现阶段使用过 SiC MOSFET 的电力电子工程师反馈的应用问题主要包括：非动作管的 V_{GS} 发生振荡、栅极击穿损坏、栅-源短路、桥臂短路。为解决这些问题往往会占用硬件工程师很大的精力，严重影响产品的开发进度。并且时常发生工程师尝试各种解决方法无果后，最终只好增大驱动电阻避免上述问题发生。串扰就是上述问题的罪魁祸首，是应用 SiC MOSFET 时遇到的最棘手的问题之一。

8.1 串扰的基本原理

功率变换器拓扑的种类非常多，其中很大一部分是桥式电路，如半桥、Totem-Pole PFC、DAB、三相全桥、三电平等。以同步 Buck 电路为例，运行波形如图 8-1 所示。可以看到，同步整流管 S_2 的驱动电压 G_2 上会出现毛刺，且出现毛刺的时刻与主动开关管 S_1 的开关时刻重合。这说明在桥式电路中，器件的主动开关动作会对其对管的驱动电压造成影响，这种现象就是串扰。

8.1.1 开通串扰

在图 8-2 所示的电路中，Q_H 和 Q_L 分别为上桥臂和下桥臂 SiC MOSFET，L 为负载电感，$R_{G(int)}$ 和 $R_{G(ext)}$ 分别为内部栅极电阻和外部驱动电阻，C_{GD}、C_{GS} 和 C_{DS} 分别为栅-漏电容、栅-源电容、漏-源电容，$L_{S(pkg-O)}$ 为源极电感，$L_{G(pkg-M)}$ 和 $L_{G(pkg-O)}$、$L_{KS(pkg-M)}$ 和 $L_{KS(pkg-O)}$、$L_{D(pkg-M)}$ 和 $L_{D(pkg-O)}$ 分别构成栅极电感、开尔文源极电感、漏极电感，pkg-M 表示被包含在电压测量点之间，pkg-O 表示在电压测量点之间外。V_{GS} 为芯片上控制沟道的栅-源电压，$V_{GS(M)}$ 为测得的栅-源电压，V_{DS} 为芯片上实际的漏-源电压，$V_{DS(M)}$ 为测得的漏-源电压。

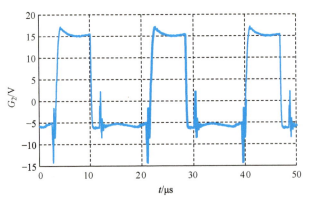

a) 同步Buck整流管驱动波形

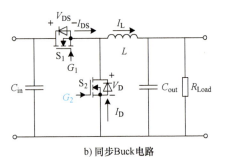

b) 同步Buck电路

图 8-1　同步 Buck 电路及运行波形

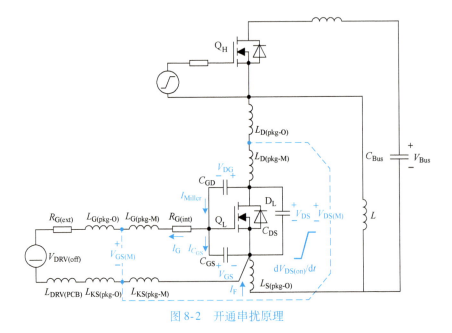

图 8-2　开通串扰原理

受驱动信号控制，Q_H 由初始的关断状态进入开通过程，Q_L 的 V_{GS} 保持关断驱

动电压 $V_{\text{DRV(off)}}$ 不变，则 Q_L 的体二极管 D_L 由初始的导通状态进入反向恢复过程。Q_L 的端电压 V_{DS} 从 D_L 的导通压降 $-V_F$ 以 d$V_{\text{DS(on)}}$/dt 的速度上升至母线电压 V_{Bus}，Q_L 的 C_{GD} 的端电压 V_{DG} 同样以 d$V_{\text{DS(on)}}$/dt 的速度从 $-V_F - V_{\text{DRV(off)}}$ 上升至 $V_{\text{Bus}} - V_{\text{DRV(off)}}$。需要注意的是，d$V_{\text{DS(on)}}$/d$t$ 是随时间变化的，并非恒定值。在此过程中，变化的 V_{DG} 通过 C_{GD} 产生了位移电流 I_{Miller}，其大小由式（8-1）决定

$$I_{\text{Miller}} = C_{\text{GD}} \cdot \mathrm{d}V_{\text{DS(on)}}/\mathrm{d}t \tag{8-1}$$

I_{Miller} 通过 C_{GD} 流入驱动回路，I_G 在驱动电阻 R_G（$R_G = R_{\text{G(ext)}} + R_{\text{G(int)}}$）和驱动回路电感 L_{DRV}（$L_{\text{DRV}} = L_{\text{G(pkg-M)}} + L_{\text{G(pkg-O)}} + L_{\text{KS(pkg-M)}} + L_{\text{KS(pkg-O)}} + L_{\text{DRV(PCB)}}$）上产生压降，$I_{C_{\text{GS}}}$ 又对 C_{GS} 进行充电，则 V_{GS} 发生变化

$$V_{\text{GS}} = V_{\text{DRV(off)}} + R_G I_G + L_{\text{DRV}} \cdot \mathrm{d}I_G/\mathrm{d}t \tag{8-2}$$

在这两个因素的共同作用下，栅-源电压 V_{GS} 被抬升，出现一个向上的尖峰，如图 8-3 所示。

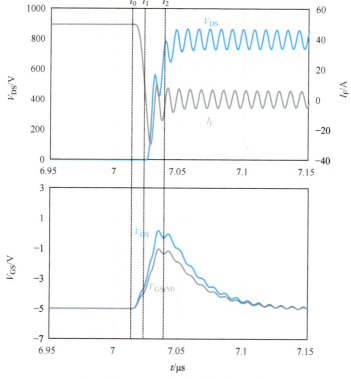

图 8-3　开通串扰波形（仿真波形）

（1）$t_0 \sim t_1$

t_0 时刻，Q_H 开始导通，I_F 由负载电流开始下降。V_{DS} 由 D_L 的导通压降 V_F 确定，随着 I_F 下降，V_{DS} 逐渐向 0V 靠拢。虽然 V_{DS} 变化的幅度小、变化速度 d$V_{\text{DS(on)}}$/dt 慢，但通过 3.3.1 节可知此时 C_{GD} 很大，故 V_{GS} 仍然被明显抬升。

（2）$t_1 \sim t_2$

t_1 时刻，D_L 开始承受反向电压，V_{DS} 迅速上升。虽然 C_{GD} 随 V_{DS} 的升高而减小，但 $V_{DS(on)}/dt$ 很高，故在此阶段 V_{GS} 被迅速抬升。

（3）$t_2 \sim$

随着 $V_{DS(on)}/dt$ 逐渐降低，V_{GS} 逐渐回落至 $V_{DRV(off)}$。同时由于 V_{DS} 达到 V_{Bus} 后为衰减振荡，故 V_{GS} 在回落过程中伴随振荡。

此时，Q_L 为被干扰器件，干扰源是 Q_H 的开通动作，故将此过程称为开通串扰。若 V_{GS} 的尖峰超过 SiC MOSFET 的阈值电压 $V_{GS(th)}$ 时，就会导致 Q_L 误导通造成桥臂直通而发生短路，或 Q_L 部分误开通而产生额外的损耗。

同时，由于测量点间寄生参数的影响，测量得到的 $V_{GS(M)}$ 低于芯片上实际控制沟道的栅-源电压 V_{GS}，即低估了开通串扰的严重程度，会对电路设计造成误导。

图 8-4 所示为实测的开通串扰波形，$V_{GS(M)}$ 为测量得到的结果，$V_{GS(C)}$ 为按照 5.4 节中的方法补偿后得到的结果。

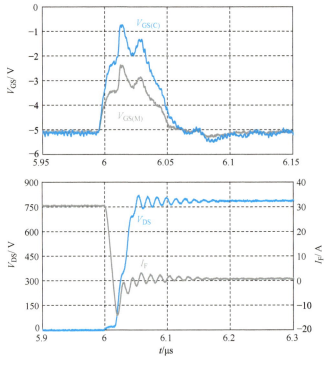

图 8-4　开通串扰波形

现阶段 SiC MOSFET 器件阈值电压 $V_{GS(th)}$ 集中在 $2 \sim 3V$ 的范围内，且为 $T_J = 25℃$ 下 V_{DS} 很低时的 $V_{GS(th)}$。随着 T_J 和 V_{DS} 升高，$V_{GS(th)}$ 将显著降低。加之 SiC MOSFET 开关速度快、工作电压高，其误导通的风险较 Si MOSFET 和 IGBT 更高，需要得到足够的重视。

8.1.2　关断串扰

在图 8-5 所示电路中，受驱动信号控制，Q_H 由初始的导通状态进入关断过程，Q_L 的 V_{GS} 保持关断驱动电压 $V_{DRV(off)}$ 不变，则 Q_L 的体二极管 D_L 由初始的关断状态进入导通过程。Q_L 的端电压 V_{DS} 从 V_{Bus} 以 $dV_{DS(off)}/dt$ 的速度下降至 D_L 的导通压降 $-V_F$，Q_L 的 C_{GD} 的端电压 V_{DG} 同样以 $dV_{DS(off)}/dt$ 的速度从 $V_{Bus} - V_{DRV(off)}$ 下降至 $-V_F - V_{DRV(off)}$。需要注意的是，$dV_{DS(off)}/dt$ 是随时间变化的，并非恒定值。在此过程中，变化的 V_{DG} 通过 C_{GD} 产生了位移电流 I_{Miller}，其大小由式（8-3）决定

$$I_{Miller} = C_{GD} \cdot dV_{DS(off)}/dt \tag{8-3}$$

I_{Miller} 通过 C_{GD} 流出驱动回路，I_G 在驱动电阻 R_G 和驱动回路电感 L_{DRV} 上产生压降，$I_{C_{GS}}$ 又对 C_{GS} 进行放电，则 V_{GS} 发生变化

$$V_{GS} = V_{DRV(off)} - R_G I_G - L_{DRV} \cdot dI_G/dt \tag{8-4}$$

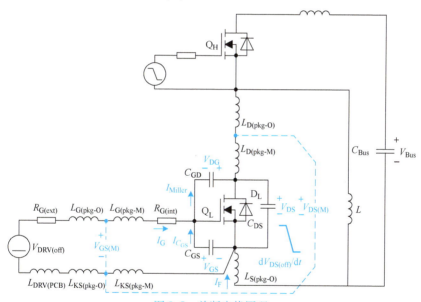

图 8-5　关断串扰原理

在这两个因素的共同作用下，V_{GS} 被下拉，出现一个向下的尖峰，如图 8-6 所示。

（1）$t_0 \sim t_1$

t_0 时刻，Q_H 开始关断，V_{DS} 由 V_{Bus} 迅速降至 $-V_F$。由于 $dV_{DS(off)}/dt$ 大，且 C_{GD} 随 V_{DS} 的降低而增大，故 V_{GS} 被迅速下拉。

（2）$t_1 \sim$

D_L 导通，V_{GS} 逐渐回升至 $V_{DRV(off)}$。V_{DS} 由 D_L 的导通压降确定，由于 I_F 为衰减振荡，故 V_{GS} 在回升过程中伴随振荡。

此时，Q_L 为被干扰器件，干扰源是 Q_H 的关断动作，故将此过程称为关断串扰。若 V_{GS} 的尖峰超过 SiC MOSFET 的负压耐压最大值时，就有可能导致器件栅极损坏或影响器件的寿命。

同时，由于测量点间寄生参数的影响，测量得到的 $V_{GS(M)}$ 高于芯片上实际的栅-源电压 V_{GS}，即低估了关断串扰的严重程度，会对电路设计造成误导。

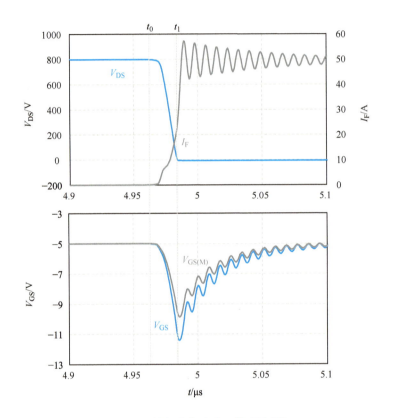

图 8-6　关断串扰波形（仿真波形）

图 8-7 所示为实测的关断串扰波形，$V_{GS(M)}$ 为测量得到的结果，$V_{GS(C)}$ 为通过补偿后得到的结果。

现阶段 SiC MOSFET 产品栅极负压耐压最大值也只到 −10V，而且不乏 −7V 甚至 −3V 的，远远小于 Si MOSFET 和 Si IGBT 的 −30V。正是由于 Si MOSFET 和 IGBT 栅极负压耐压能力强，故在使用时不需要特别关注关断串扰的影响。故在使用 SiC MOSFET 时，关断串扰需要得到与开通串扰同等的重视。同时，关断串扰又使得关断驱动电压 $V_{DRV(off)}$ 为负压时不能太负，这导致利用负压关断应对开通串扰的方法受到了很大限制。

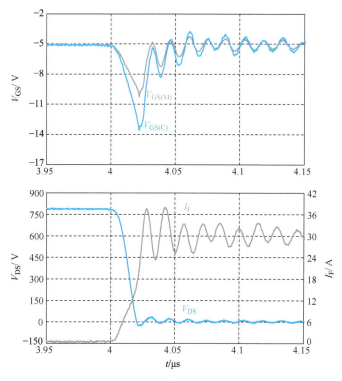

图 8-7　关断串扰波形

8.2　串扰的主要影响因素

8.2.1　等效电路分析

当不考虑线路中的寄生电感时，可以得到被干扰管 Q_L 的串扰简化等效电路模型，如图 8-8[1] 所示。C_{DS}、C_{GD} 和 C_{GS} 分别是 Q_L 的漏-源电容、栅-漏电容和栅-源电容，$R_{G(int)}$ 是 Q_L 内部栅极电阻，$R_{G(ext)}$ 是外部驱动电阻，$V_{DRV(off)}$ 为关断驱动电压。受对管开关动作影响，Q_L 端电压 V_{DS} 在对管开通时以 d$V_{DS(on)}$/dt 的速度上升，在动作管关断时以 d$V_{DS(off)}$/dt 的速度下降。

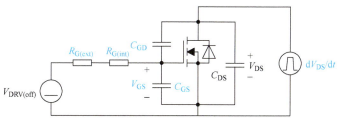

图 8-8　简化的串扰等效电路模型

369

很容易得到，开通串扰中的栅极电压正向尖峰 $V_{\mathrm{CK\_on(max)}}$ 和关断串扰中的栅极电压负向尖峰 $V_{\mathrm{CK\_off(min)}}$ 分别为[1]

$$V_{\mathrm{CK\_on(max)}} = V_{\mathrm{DRV(off)}} + C_{\mathrm{GD}} \cdot dV_{\mathrm{DS(on)}}/dt \cdot R_{\mathrm{G}}(1 - e^{-\frac{V_{\mathrm{Bus}}}{dV_{\mathrm{DS(on)}}/dt \cdot (C_{\mathrm{GD}} + C_{\mathrm{GS}}) \cdot R_{\mathrm{G}}}}) \quad (8\text{-}5)$$

$$V_{\mathrm{CK\_off(min)}} = V_{\mathrm{DRV(off)}} - C_{\mathrm{GD}} \cdot dV_{\mathrm{DS(off)}}/dt \cdot R_{\mathrm{G}}(1 - e^{-\frac{V_{\mathrm{Bus}}}{dV_{\mathrm{DS(off)}}/dt \cdot (C_{\mathrm{GD}} + C_{\mathrm{GS}}) \cdot R_{\mathrm{G}}}}) \quad (8\text{-}6)$$

其中，$R_{\mathrm{G}} = R_{\mathrm{G(int)}} + R_{\mathrm{G(ext)}}$。

需要注意，在变换器中 Q_{L} 和 Q_{H} 往往是同一型号的器件，且使用相同的 R_{G}。故式（8-5）和式（8-6）中的各参数是互相影响的，在分析各参数对串扰的影响时需要格外注意，具体如下：

（1）C_{GD}

在相同的 $dV_{\mathrm{DS(on)}}/dt$ 和 $dV_{\mathrm{DS(off)}}/dt$ 的情况下，C_{GD} 越大，位移电流也越大，导致串扰越严重。当其他条件不变，器件的 C_{GD} 越大，$dV_{\mathrm{DS(on)}}/dt$ 和 $dV_{\mathrm{DS(off)}}/dt$ 就越小，起到缓解串扰的作用。一方面起到增加位移电流的作用，另一方面降低 $dV_{\mathrm{DS(on)}}/dt$ 和 $dV_{\mathrm{DS(off)}}/dt$，起到缓解串扰的作用。

（2）$dV_{\mathrm{DS(on)}}/dt$、$dV_{\mathrm{DS(off)}}/dt$

在 C_{GD} 不变的情况下，$dV_{\mathrm{DS(on)}}/dt$ 和 $dV_{\mathrm{DS(off)}}/dt$ 越大，位移电流也越大，导致串扰越严重。

（3）V_{Bus}

V_{Bus} 越高，在开关过程中由 C_{GD} 释放的能量也越大，对栅极影响也就越大。

（4）R_{G}

在相同的 $dV_{\mathrm{DS(on)}}/dt$ 和 $dV_{\mathrm{DS(off)}}/dt$ 下，被干扰管的 R_{G} 越大时，在其上产生的压降越大，导致串扰越严重。当动作管的 R_{G} 越大时，$dV_{\mathrm{DS(on)}}/dt$ 和 $dV_{\mathrm{DS(off)}}/dt$ 就越小，起到缓解串扰的作用。这说明不能简单认为可以通过增大或减小 R_{G} 来缓解串扰。

（5）C_{GS}

在 $dV_{\mathrm{DS(on)}}/dt$、$dV_{\mathrm{DS(off)}}/dt$ 和 C_{GD} 不变的情况下，C_{GS} 越大，位移电流对其充电越慢，起到串扰的作用。当其他条件不变，器件的 C_{GS} 越大，$dV_{\mathrm{DS(on)}}/dt$ 和 $dV_{\mathrm{DS(off)}}/dt$ 就越小，同样起到缓解串扰的作用。

考虑驱动回路电感 L_{DRV}、主功率换流回路电感 L_{Loop}、各结电容 ESR 和线路 ESR 后，得到完整的等效电路模型如图 8-9 所示。

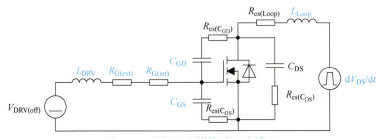

图 8-9　完整的串扰等效电路模型

基于此得到的串扰波形表达式将十分复杂，一般通过数值法和仿真进行分析。已有一些文献基于完整电路模型进行相关研究[2]。具体的计算、分析就不在这里复述了，得到的结论与基于简化等效电路分析得到的规律一致。接下来将采用实验测试的方法直接探究各参数对串扰的影响程度。

8.2.2　实验测试分析

基于上述分析和相关文献的研究成果，在器件给定的情况下，即 $R_{G(int)}$、C_{GD} 和 C_{GS} 固定时，d$V_{DS(on)}$/dt、d$V_{DS(off)}$/dt、I_{DS}、$R_{G(ext)}$、V_{Bus}、L_{DRV} 是串扰的主要影响因素。为了避免各参数间的相互影响，需要采用控制变量法。故要求在测试过程中 SiC MOSFET 芯片、驱动电路、母线电容、去耦电容不能改变，同时还能够方便定量地改变被选定的变量。

由 5.2.4 节可知，串扰过程可以基于双脉冲测试电路完成测试。同时基于上述分析，设计控制变量串扰测试方案电路如图 8-10 所示。在半桥电路中，上管 Q_H 为动作管，即干扰源，下管 Q_L 为被干扰管，Q_H 和 Q_L 为 TO-247-4 封装的相同型号的 SiC MOSFET，其外部驱动电阻分别为 $R_{GH(ext)}$ 和 $R_{GL(ext)}$，开通驱动电压和关断驱动电压分别为 $V_{DRV(on)}$ 和 $V_{DRV(off)}$，C_{Bus} 为母线电容。测试中对 Q_L 施加 $V_{DRV(off)}$ 使其保持关断状态，对 Q_H 施加双脉冲

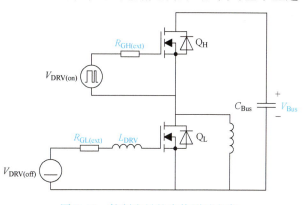

图 8-10　控制变量的串扰测试方案

驱动信号，则 Q_H 的第一次关断和第二次开通分别对应 Q_L 的关断串扰和开通串扰。此时测量 Q_L 的 V_{DS} 和 V_{GS}，即可得到 d$V_{DS(on)}$/dt、d$V_{DS(off)}$/dt 以及串扰的情况。

对各参数进行单独控制的方法如下：

（1）d$V_{DS(on)}$/dt、d$V_{DS(off)}$/dt

受 $R_{GH(ext)}$ 和负载电流 I_L 的影响，直接更换 $R_{GH(ext)}$ 阻值或改变双脉冲第 1 脉冲脉宽即可改变 d$V_{DS(on)}$/dt、d$V_{DS(off)}$/dt。

（2）I_{DS}

通过双脉冲的第 1 脉冲脉宽控制 I_{DS}。

（3）$R_{GL(ext)}$

直接更换阻值。

（4）V_{Bus}

直接控制高压电源输出。

（5）L_{DRV}

　　驱动回路具有特殊设计，能够实现对 L_{DRV} 的精确改变。栅极 PCB 走线是断开的，并设置焊盘。在进行测试时，使用感值不同的贴片空心电感即可。

　　当 $R_{GL(ext)} = 4.7\Omega$、$I_{DS} = 30A$、$V_{Bus} = 800V$ 时，改变 $R_{GH(ext)}$ 取值，测试结果如图 8-11 所示。其中，$V_{GS(M)}$ 为测量得到的结果，$V_{GS(C)}$ 为通过补偿后得到的结果。可以看到，随着 $R_{GH(ext)}$ 的减小，$dV_{DS(on)}/dt$ 和 $dV_{DS(off)}/dt$ 显著增加，串扰也变得更加严重。

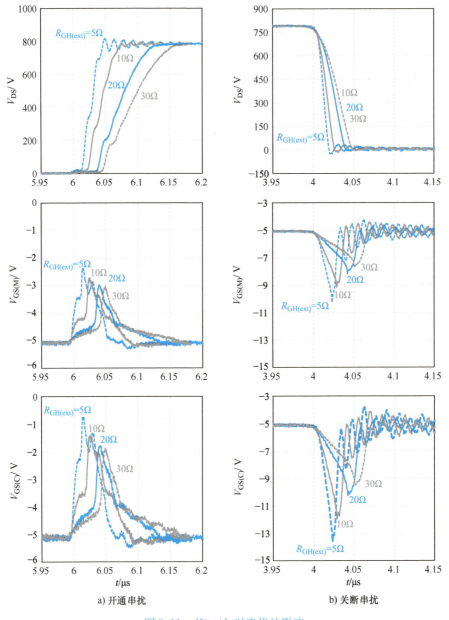

a) 开通串扰　　　　　　　　　　　　b) 关断串扰

图 8-11　dV_{DS}/dt 对串扰的影响

当 $R_{GH(ext)}=5\Omega$、$I_{DS}=30A$、$V_{Bus}=800V$ 时，改变 $R_{GL(ext)}$ 取值，测试结果如图 8-12 所示。可以看到，随着 $R_{GL(ext)}$ 的增大，串扰显著变得严重了。

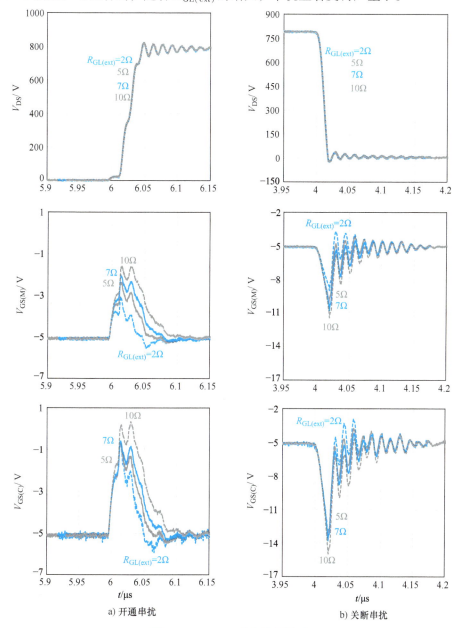

a) 开通串扰　　　　　　　　b) 关断串扰

图 8-12　$R_{GL(ext)}$ 对串扰的影响

综合图 8-11 和图 8-12 中的测试结果可知，驱动电阻 $R_{G(ext)}$ 对串扰的影响较为复杂，不能通过简单地调整 $R_{G(ext)}$ 来减轻串扰：$R_{G(ext)}$ 越大 dV_{DS}/dt 越小，串扰越轻微；$R_{G(ext)}$ 越大，I_{Miller} 在 $R_{G(ext)}$ 上的压降越大，串扰越严重。在实际应用中，可以利用独立的开通驱动电阻 $R_{\mathrm{Gon(ext)}}$ 和关断驱动电阻 $R_{\mathrm{Goff(ext)}}$，结合拓扑的特点灵活调整，以达到平衡开关速度与串扰的目的。

当 $R_{\mathrm{GL(ext)}}=4.7\Omega$、$R_{\mathrm{GH(ext)}}=4.7\Omega$、$V_{\mathrm{Bus}}=800\mathrm{V}$ 时，改变 I_{DS} 取值，测试结果如图 8-13 所示。可以看到，随着 I_{DS} 的增大，$\mathrm{d}V_{\mathrm{DS(on)}}/\mathrm{d}t$ 和 $\mathrm{d}V_{\mathrm{DS(off)}}/\mathrm{d}t$ 增加，串

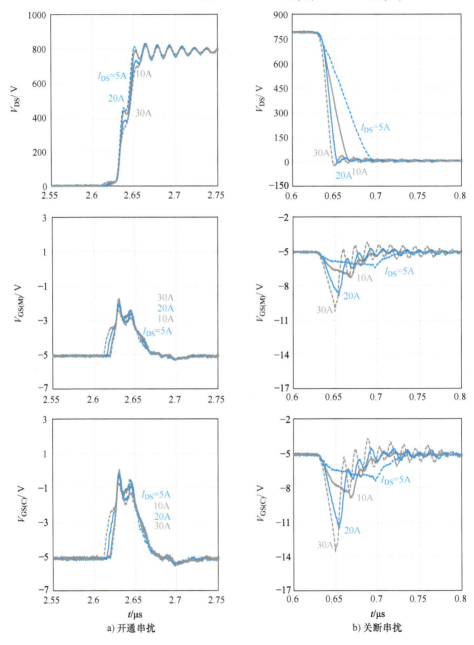

a) 开通串扰　　　b) 关断串扰

图 8-13　I_{DS} 对串扰的影响

扰也随之变得更加严重。其中 $dV_{DS(off)}/dt$ 及对应的关断串扰受 I_{DS} 的影响比较显著，而 I_{DS} 对开通过程的影响较小。这说明在进行变换器设计时，需要特别关注重载下串扰的情况，此时串扰最为严重。

当 $R_{GL(ext)}=4.7\Omega$、$R_{GH(ext)}=4.7\Omega$、$I_{DS}=30A$ 时，改变 V_{Bus} 取值，测试结果如图 8-14 所示。可以看到，随着 V_{Bus} 的增大，$dV_{DS(on)}/dt$ 和 $dV_{DS(off)}/dt$ 有轻微增

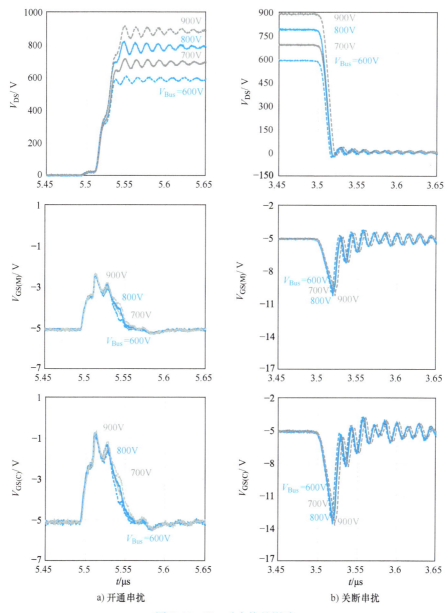

a) 开通串扰　　　b) 关断串扰

图 8-14　V_{Bus}对串扰的影响

加，串扰也略微严重一些。这说明在进行变换器设计时，需要特别关注 V_{Bus} 最高时串扰的情况，此时串扰最为严重。

当 $R_{GL(ext)} = 5\Omega$、$R_{GH(ext)} = 5\Omega$、$I_{DS} = 30A$、$V_{Bus} = 800V$ 时，在驱动回路串入贴片电感，测试结果如图 8-15 所示。可以看到，随着串入电感的增加，串扰变得略微严重一些。

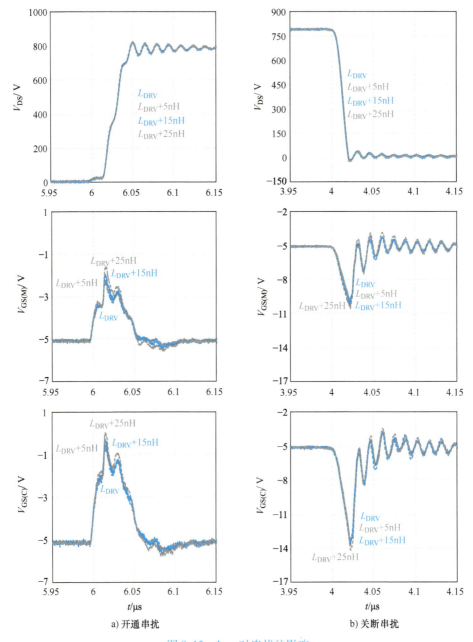

a) 开通串扰　　　　　　　b) 关断串扰

图 8-15　L_{DRV} 对串扰的影响

8.3　应对措施1——米勒钳位

串扰的实质是 C_{GD} 所产生位移的电流 I_{Miller} 在 R_G 上产生压降并对 C_{GS} 充放电，从而使原本稳定的 V_{GS} 发生波动。在不改变电路参数和器件开关速度的情况下，如果能够将 I_{Miller} 疏导到别处，使流过 R_G 和 C_{GS} 的电流减小，就能够缓解串扰。依照这一思路，可以在器件栅极和源极之间构建一条低阻抗通路 Z_{MC}，将大部分 I_{Miller} 分流，使其直接流回主功率回路，如图 8-16 所示。由于 C_{GD} 又被称为米勒（Miller）电容，这种方法叫做米勒钳位（Miller Clamping）。

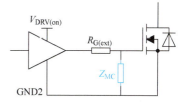

图 8-16　米勒钳位的基本原理

8.3.1　三极管型米勒钳位

当驱动电路为零压关断时，增加一颗 PNP 三极管，发射极接器件栅极，集电极接器件源极，基极接驱动输出端，这样就构成了 PNP 三极管型米勒钳位，以下简称 BJT-MC，如图 8-17a 所示。发生开通串扰时，I_{Miller} 流入驱动回路。当其分量 I_G 在 $R_{G(ext)}$ 上的压降超过 0.7V 时，即 PNP 三极管发射极电压比基极电压高 0.7V，PNP 三极管导通。则有部分 I_{Miller} 会通过三极管流回功率回路，开通串扰就会得到缓解。当驱动电路为负压关断时，PNP 三极管的连接方式如图 8-17b 所示，工作原理与零压关断时相同。

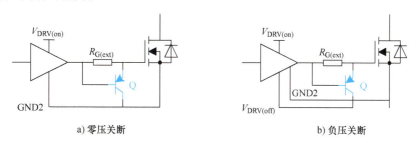

a）零压关断　　　　　　　　　　　　　　　b）负压关断

图 8-17　PNP 三极管型米勒钳位（BJT-MC）电路

采用 BJT-MC 抑制串扰的效果如图 8-18 所示。其中，$V_{GS(M)}$ 为测量得到的结果，$V_{GS(C)}$ 为通过补偿后得到的结果，由于没有测量流过 BJT 的电流，故没有给出使用 BJT-MC 后的补偿波形。在开通串扰过程中，V_{GS} 的正向尖峰有所降低，但新出现了明显的负向尖峰。原本在开通串扰过程中只需要防止 V_{GS} 正向尖峰过高而导致误导通，而使用 BJT-MC 后，需要额外关注原本在关断串扰过程中才需要关注的负向尖峰。

在关断串扰过程中，I_G 在 $R_{G(ext)}$ 上的压降使得 PNP 三极管发射极电压比基极电压低，PNP 三极管保持关断状态。故 BJT-MC 不能缓解关断串扰，关断串扰波形与不使用 BJT-MC 时完全一样，如图 8-19 所示。另外，当动作管也采用 BJT-MC

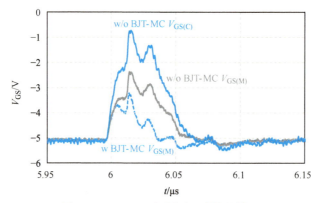

图 8-18　BJT-MC 抑制开通串扰的效果

时，器件关断时，其驱动电压输出由高变为低，PNP 三极管会导通，这使得 SiC MOSFET 的关断速度被加速，反而造成关断串扰更加严重。由此可见 BJT-MC 在缓解串扰时具有很大的局限性。

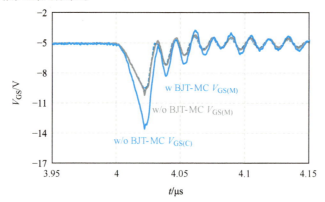

图 8-19　BJT-MC 抑制关断串扰的效果

　　为了能够缓解关断串扰，在 BJT-MC 电路的 PNP 三极管上反并联一个二极管 D，这样就构成了 PNP 三极管并二极管型米勒钳位，以下简称 BJT∥Diode-MC，如图 8-20 所示。在关断串扰过程中，当 V_{GS} 比关断驱动电压低 0.7V 时，D 会导通，对关断串扰进行抑制。

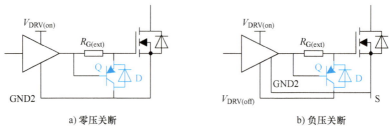

a) 零压关断　　　　　　　　　　　　　　b) 负压关断

图 8-20　PNP 三极管并二极管型米勒钳位（BJT∥Diode-MC）电路

BJT//Diode-MC 抑制串扰的效果如图 8-21 所示，在关断串扰过程中，V_{GS} 的负向尖峰得到了有效的抑制，但新出现了明显的正向尖峰。原本在关断串扰过程中只需要防止过大的 V_{GS} 负向尖峰，而使用 BJT//Diode-MC 后，需要额外关注原本在开通串扰过程中才需要关注的正向尖峰。在开通串扰过程中与使用 BJT-MC 并没有区别。

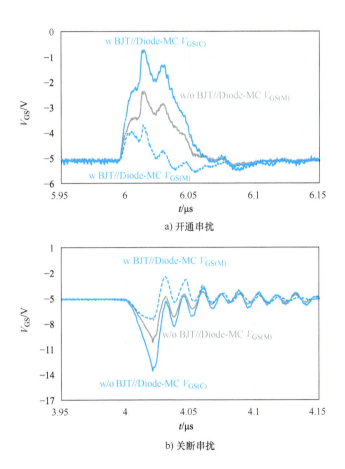

a) 开通串扰

b) 关断串扰

图 8-21　BJT//Diode-MC 抑制串扰的效果

8.3.2　有源米勒钳位

有源米勒钳位（Active Miller Clamping，以下简称 AMC），是现阶段应对串扰问题应用最广泛的方法。AMC 电路由比较器、钳位 MOSFET $S_{MC(int)}$ 和逻辑控制电路构成。

当进行零压关断时，MC 引脚与 SiC MOSFET 栅极相连，V_{GS} 通过 MC 引脚反馈至比较器，GND2 引脚与器件源级相连，如图 8-22a 所示。当开通串扰将 V_{GS} 抬升

至比较器阈值电压 $V_{th(MC)}$ 时，比较器翻转，$S_{MC(int)}$ 导通，进而抑制开通串扰。在关断串扰过程中，当 V_{GS} 低于 $-0.7V$ 时，$S_{MC(int)}$ 的体二极管 $D_{MC(int)}$ 将会导通，对关断串扰进行抑制。

当进行负压关断时，电路连接方式如图 8-22b 所示。在开通串扰过程中，$S_{MC(int)}$ 在 V_{GS} 高于 $V_{EE2} + V_{th(MC)}$ 时动作，在关断串扰过程中，$D_{MC(int)}$ 在 V_{GS} 低于 $V_{EE2} - 0.7V$ 时动作。

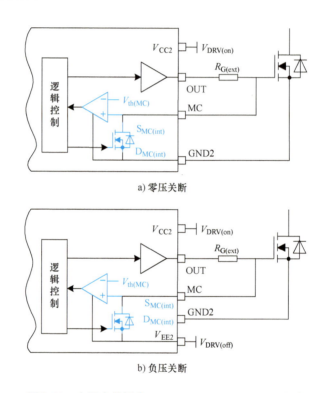

a) 零压关断

b) 负压关断

图 8-22　有源米勒钳位（Active Miller Clamping）电路

采用 AMC 抑制串扰的效果如图 8-23 所示，与 BJT∥Diode-MC 具有相同的特性。在开通串扰过程中，V_{GS} 的正向尖峰得到了抑制，且抑制效果比 BJT∥Diode-MC 更明显，但同样新出现了明显的负向尖峰。关断串扰过程中，能够有效抑制 V_{GS} 负向尖峰，但新出现了明显的正向尖峰。

由米勒钳位的原理可知，分流线路阻抗越低，抑制串扰的能力越强。AMC 电路中 $S_{MC(int)}$ 的电流处理能力往往较弱，为了提升抑制串扰的效果，可以在其基础上外加一个 PNP 三极管 Q 和二极管 D，构成了 AMC 外加 PNP 三极管并二极管米勒钳位电路，以下简称为 ACM-BJT∥Diode，如图 8-24 所示。当开通串扰导致 V_{GS} 比关断驱动电压高出 $V_{th(MC)}$ 时，AMC 动作，使得 Q 导通，对开通串扰进行抑制。当关断串扰使 V_{GS} 比关断驱动电压低 0.7V 时，D 对关断串扰进行抑制。

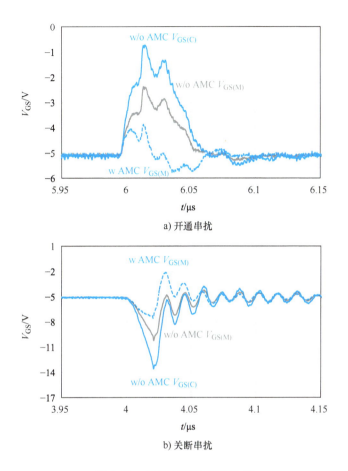

a) 开通串扰

b) 关断串扰

图 8-23　AMC 抑制串扰的效果

　　相较于 PNP 三极管，MOSFET 开关速度快、导通压降小，故使用 AMC 外加 MOSFET 将获得更好的效果。但图 8-22 所示的 AMC 电路无法直接驱动外部 MOS-FET，为了解决这一问题，ROHM 推出了具有外置 AMC MOSFET 接口的驱动 IC BM6108FV-LB[3]，以下简称为 ACM-MOS，如图 8-25 所示。与之前介绍的 AMC 不同，当 BM6108FV-LB 的驱动输出 OUT1H 和 OUT1L 分别为高阻和低电平时，V_{GS} 通过 PROOUT 引脚反馈给比较器，当 V_{GS} 高于 $V_{EE2} + V_{th(MC)}$ 时，OUT2 输出为高电平使 $S_{MC(ext)}$ 导通，直接将 $R_{G(ext)}$ 旁路。当驱动输出 OUT1H 和 OUT1L 分别为高电平和高阻时，OUT2 立即输出为低电平将外部 MOSFET 关断。

　　采用 ACM、ACM-BJT∥Diode 和 ACM-MOS 抑制串扰的效果如图 8-26 所示。由于分流线路阻抗更低，ACM-MOS 抑制串扰的效果较 AMC 更佳，但其负面作用也严重一些。而 ACM-BJT∥Diode 由于 BJT 特性较差，其效果反而不如 AMC。

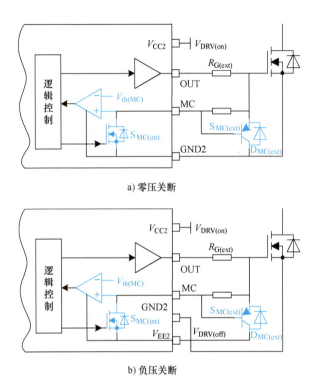

a) 零压关断

b) 负压关断

图 8-24　AMC 外加 PNP 三极管并二极管米勒钳位（ACM-BJT∥Diode）电路

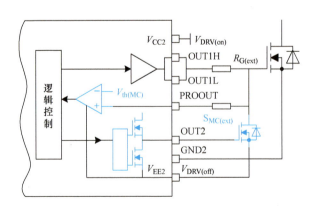

图 8-25　ROHM BM6108FV-LB ACM-MOS 电路

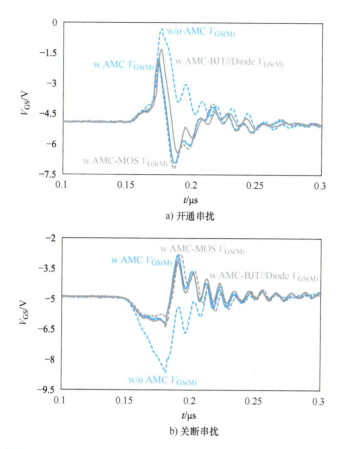

a) 开通串扰

b) 关断串扰

图 8-26　AMC、ACM-BJT∥Diode 和 ACM-MOS 抑制串扰的效果

8.4　应对措施 2——驱动回路电感控制

8.4.1　驱动回路电感对 Miller Clamping 的影响

8.2.2 节的测试结果表明驱动回路电感 L_{DRV} 对串扰有影响，L_{DRV} 越大，串扰越严重。其主要原因是 L_{DRV} 越大，I_G 在其上的压降越大、驱动回路振荡也越严重。同理，当使用米勒钳位时，米勒钳位回路电感 L_{MC} 势必会影响到米勒钳位的效果，如图 8-27 所示，L_{MC} 越大，米勒钳位的效果越差。

8.4.2　封装集成

以上研究结果表明，L_{DRV} 和 L_{MC} 对串扰和米勒钳位具有负面影响。L_{DRV} 越大，串扰越严重，L_{MC} 越大，米勒钳位效果越差，其副作用也越严重。则当功率器件、

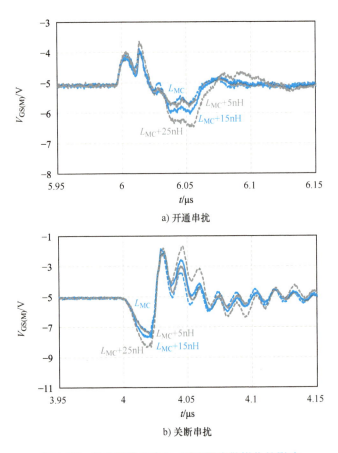

a) 开通串扰

b) 关断串扰

图 8-27　驱动回路电感 L_{MC} 对有源米勒钳位的影响

驱动电阻 R_G、米勒钳位的方式都已经确定的情况下，尽量减小 L_{DRV} 和 L_{MC} 成为了必然选择。

由 7.2.2 节可知，可以采用两种方式减小门极驱动回路电感，一种是驱动线路 PCB 布线采用上下交叠的方式，另一种缩短驱动电路与功率器件的距离。但当我们在使用单管器件或普通功率模块时，由于元器件封装形式、安规要求的限制，驱动电路不能无限制靠近器件，甚至还有可能为了提高功率密度采用接插件从而无法实现交叠消磁。同时通过图 8-28 可以看到器件封装中的引脚、DBC 走线、bonding 线都是无法避免的。

利用封装集成技术，将驱动电路、保护电路、采样电路都集成进封装内部，就成为 IPM（Intelligent Power Module），可以显著减小驱动回路电感。IPM 有两种常见的类型，塑封型（molding）和壳封型（housing）。另外，传统的单管封装器件仅包含 1~2 颗功率芯片，而最近有厂商针对特定应用推出集成有其他功能电路的单管封装器件，这里将其称为智能功率器件（IPD，Intelligent Power Device）。

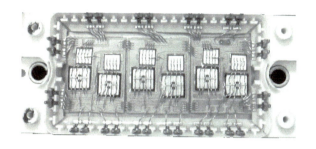

图 8-28　封装的引线电感

8.4.2.1　塑封型 IPM

塑封型 IPM 如图 8-29 所示，为黑色薄塑封体，其正面有裸露的铜基板用于散热，在其两侧有 10～30 根引脚。Mitsubishi、Fuji、Infineon 都有此类产品。

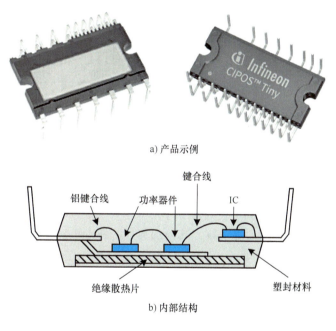

a) 产品示例

b) 内部结构

图 8-29　塑封型 IPM

塑封型 IPM 的主要应用领域是以家电为主的小容量变频控制器，如空调、洗衣机、冰箱、洗碗机、排气扇等，故其内部常集成三相全桥、PFC 等电路。同时还会根据需要集成其他功能电路以达到智能化、易使用的目的。以一款三相全桥 IPM 为例，除过完成功率变换的三相全桥外，还包括低侧驱动电路、高侧驱动电路及自举电路、逻辑互锁电路以及保护功能（控制电源欠电压保护、短路保护、过热保护、温度模拟量输出）。

现在已经有厂商推出了 SiC MOSFET IPM。Mitsubishi 推出了基于 Super-mini

DIPPIM 平台的 600V/15A 三相全桥 SiC MOSFET IPM PSF15S92F6[4-5]，其内部集成了低侧驱动电路、高侧驱动电路及自举电路，如图 8-30 所示。

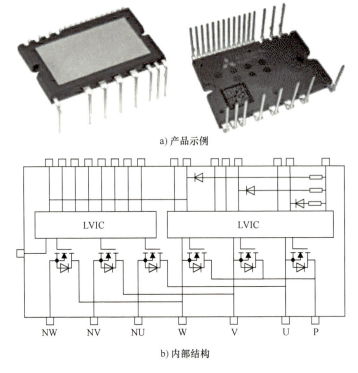

a) 产品示例

b) 内部结构

图 8-30　Mitsubishi PSF15S92F6

APEX 公司推出了 SA110 全桥 IPM SA110[6]，如图 8-31 所示，主要应用于 DC/AC、AC/DC、电机驱动等领域，其内部集成的驱动电路带有有源钳位功能。

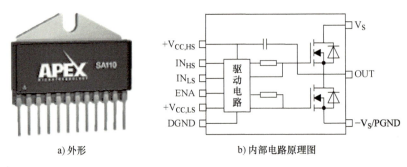

a) 外形　　　　　　　　　b) 内部电路原理图

图 8-31　APEX SA110

8.4.2.2　壳封型 IPM

　　与塑封型 IPM 不同，壳封型 IPM 是将驱动电路集成进壳封型功率模块构成的，主要应用于大功率场合，如通用变频器、伺服控制器、逆变电源、太阳能发电、风力发电、电梯和 UPS。Mitsubishi 公司和 Fuji 公司都有此类产品，如图 8-32 所示。以 Fuji 公司的 IPM 为例，可以看到模块内部分为功率和驱动两个部分，驱动电路被放置在 PCB 上，距离功率器件非常近。

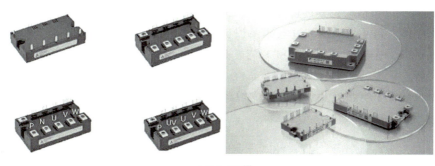

a) 产品示例[7]

b) Fuji IPM 内部结构

图 8-32　壳封型 IPM

　　Mitsubishi 推出了基于 IPM L1-series Small-package 的 1200V/75A 三相全桥 SiC MOSFET IPM PMF75CL1A120，其内部集成了驱动电路、短路保护电路以及过温保护电路，如图 8-33 所示。

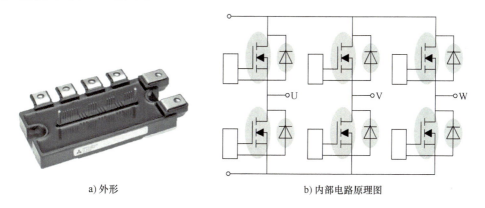

a) 外形　　　　　　　　　　　　　b) 内部电路原理图

图 8-33　Mitsubishi PMF75CL1A120

387

8.4.2.3　智能功率器件

2018 年，Infineon 针对电磁炉应用推出 1300V/20A IGBT 单管产品 IEWS20R5135IPB[8-9]，其采用 TO-247-6PIN 新型封装，并在内部集成驱动器，如图 8-34所示。可以看到其内部除过一颗 IGBT 和一颗二极管外，还集成了驱动及多项保护功能，包括过电压和过电流保护、有源箝位控制电路、可编程过电压阈值、每个循环可编程电流阈值、温度警告、过热保护、VCC UVLO、集成栅极驱动器、所有引脚上集成 ESD 保护和闩锁抗扰性。这样提高了整体可靠性，降低了更换/返工成本，降低了电路板复杂性和减少设计投入，简化了 BOM 并降低了整个解决方案的成本。

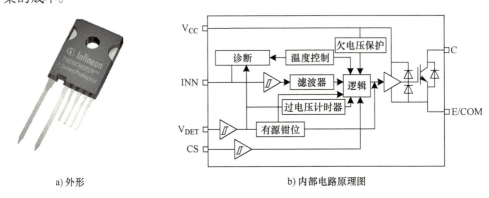

a) 外形　　　　　　　　　　　　b) 内部电路原理图

图 8-34　Infineon IEWS20R5135IPB

2019 年，ROHM 推出了内置 SiC MOSFET 的 AC-DC 转换器 IC BM2SCQ12xT-LBZ[10]，如图 8-35 所示。此产品将散热板和多达 12 种元器件一体化封装，在小型化方面具有压倒性优势，减少了开发周期和风险，内置保护功能，可靠性更高。主要适用于通用逆变器、AC 伺服、PLC、制造装置、机器人、工业空调等交流 400V 规格的各种工业设备的辅助电源电路。

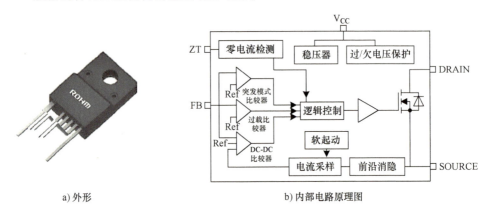

a) 外形　　　　　　　　　　　　b) 内部电路原理图

图 8-35　ROHM BM2SCQ12xT-LBZ

2021 年，ROHM 推出了内置有 1700V 耐压 SiC MOSFET 的 AC-DC 转换器 IC BM2SC123FP2-LBZ[11]，如图 8-36 所示。本系列产品采用小型表贴封装（TO263），内置具有优异性能的 SiC MOSFET 和专为工业设备辅助电源优化的控制电路，这些优势使得开发节能型 AC-DC 转换器变得非常容易。此外，由于本系列产品是表贴封装，无需散热器即可处理高达 48W 的输出，因此有助于减少元器件数量和工厂的安装成本。控制电路采用准谐振方式，与普通的 PWM 方式相比，运行噪声低、效率高，可充分降低对工业设备的噪声干扰。

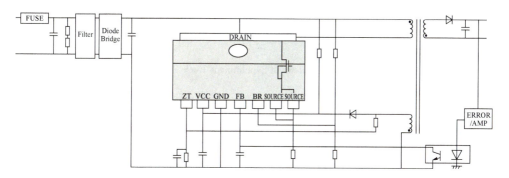

图 8-36 ROHM IC BM2SC123FP2-LBZ

塑封型 IPM、壳封型 IPM 以及 IPD 都将驱动电路集成在封装内，大大减小了驱动回路电感，从而缓解了串扰。可以预见未来会有越来越多此类 SiC 产品。

参 考 文 献

[1] ELBANHAWY ALAN. Limiting Cross-Conduction Current in Synchronous Buck Converter Designs [Z]. Application Note, AN-7019, Rev. A., Fairchild Semiconductor Corporation, 2005.

[2] KHANNA R, AMRHEIN A, STANCHINA W, et al. An Analytical Model for Evaluating the Influence of Device Parasitics on C$\mathrm{d}v/\mathrm{d}t$ Induced False Turn-on in SiC MOSFETs [C]. IEEE Applied Power Electronics Conference and Exposition (APEC), 2013: 518-525.

[3] ROHM Co., Ltd. BM6108FV-LB [Z]. Datasheet, Rev. 002, 2015.

[4] Mitsubishi Electric Corporation. SiC Power Devices [Z]. 2019.

[5] WANG Y, WATABE K, SAKAI S, et al. New Transfer Mold DIPIPM Utilizing Silicon Carbide (SiC) MOSFET [C]. PCIM Europe 2016, International Exhibition & Conference for Power Elec-

tronics, 2016: 336-341.

[6] Apex Microtechnology, Inc. SA110 Fully Integrated Half-Bridge Module [Z]. Datasheet, Rev. C.

[7] Fuji Electric Co., Ltd. FUJI IGBT V-IPM Application Manual [Z]. Application Manuals, REH985b, 2015.

[8] Infineon Technologies AG. IEWS20R5135IPB TRENCHSTOP^{TM} Feature IGBT Protected Series [Z]. Datasheet, Rev. 2. 0., 2018.

[9] Infineon Technologies AG. TRENCHSTOP^{TM} F Series Protected IGBT: Features Description and Design Tips [Z]. Application Note, AN2018-34, Rev. 1. 1., 2018.

[10] ROHM Co., Ltd. Quasi-Resonant AC/DC Converter Built-in 1700 V SiC-MOSFET BM2SCQ12xT-LBZ Series [Z]. Datasheet, Rev. 002., 2019.

[11] ROHM Co., Ltd. Quasi-resonant AC/DC Converter Built-in 1700 V SiC-MOSFET BM2SC12xFP2-LBZ Series [Z]. Datasheet, Rev. 002, 2024.

延 伸 阅 读

[1] JAHDI S, ALATISE O, ORTIZ GONZALEZ J A, et al. Temperature and Switching Rate Dependence of Crosstalk in Si-IGBT and SiC Power Modules [J]. IEEE Transactions on Industrial Electronics, 2016, 63 (2): 849-863.

[2] WU THOMAS. Cdv/dt Induced Turn-on in Synchronous Buck Regulators [Z]. Integrated Rectifier Technologies Inc., 2007.

[3] ZHAO Q, STOJCIC G. Characterization of Cdv/dt Induced Power Loss in Synchronous Buck DC-DC Converters [J]. IEEE Transactions on Power Electronics, 2007, 22 (4): 1508-1513.

[4] MIAO Z, MAO Y, WANG C, et al. Detection of Cross-Turn-on and Selection of Off Drive Voltage for a SiC Power Module [J]. IEEE Transactions on Industrial Electronics, 2017, 64 (11): 9064-9071.

[5] YUAN D, ZHANG Y, WANG X, et al. A Detailed Analytical Model of SiC MOSFETs for Bridge-Leg Configuration by Considering Staged Critical Parameters [J]. IEEE Access, 2021, 9: 24823-24847.

[6] GUO X, et al. Modeling and Suppression of the Crosstalk Issue Considering the Influence of the Parasitic Parameters of SiC MOSFETs [J]. IEEE Access, 2022, 10: 114118-114134.

[7] ZHANG Z, DIX J, WANG F F, et al. Intelligent Gate Drive for Fast Switching and Crosstalk Suppression of SiC Devices [J]. IEEE Transactions on Power Electronics, 2017, 32 (12): 9319-9332.

[8] ZHANG Z, WANG F, TOLBERT L M, et al. Active Gate Driver for Crosstalk Suppression of SiC Devices in a Phase-Leg Configuration [J]. IEEE Transactions on Power Electronics, 2014, 29 (4): 1986-1997.

[9] ZHANG B, WANG S. Miller Capacitance Cancellation to Improve SiC MOSFET's Performance in a Phase-Leg Configuration [J]. IEEE Transactions on Power Electronics, 2021, 36 (12): 14195-14206.

［10］Hofstoetter N. Limits and Hints How to Turn Off IGBTs with Unipolar Supply ［Z］. Application Note AN-1401, Rev 02, SEMIKRON International GmbH, 2015.

［11］Infineon Technologies AG. Driving IGBTs With Unipolar Gate Voltage ［Z］. Application Note, AN-2006-01, 2005.

［12］ROHM Co. , Ltd. Gate-Source Voltage Surge Suppression Methods ［Z］. Application Note, No. 62AN010E, Rev. 01, 2019.

［13］Fairchild Semiconductor Corporation. Active Miller Clamp Technology ［Z］. Application Note, AN-5073, Rev. 1. 0. 1, 2012.

［14］STMicroelectronics. Mitigation Technique of the SiC MOSFET Gate Voltage Glitches with Miller Clamp ［Z］. Application Note, AN5355, Revision 1, 2019.

［15］Avago Technologies. Active Miller Clamp Products with Feature：ACPL-331J, ACPL-332J ［Z］. Application Note 5314, 2010.

［16］STMicroelectronics. TD351 Advanced IGBT Driver Principles of Operation and Application ［Z］. Application Note, AN2123, Revision 1, 2005.

第 9 章

高 dv/dt 影响与应对——共模电流

除过串扰外，高 dV_{DS}/dt 还会带来共模电流，这是应用 SiC MOSFET 时遇到的另外一个难题。提到功率变换器中的共模电流，一般默认是功率通路中的共模电流，导致对外 EMI 问题。由于 SiC MOSFET 具有更高的开关速度，由共模电流导致的 EMI 问题也更加严重。相关的研究工作和应对方法已经比较充分了，在本书中就不再过多赘述。

在设计基于 SiC MOSFET 的功率变换器时，会发生控制信号错误、采样测量不准等问题，使得变换器不能正常工作或炸机，这时我们就需要关注共模电流。与上文中提到的功率通路中的共模电流不同，导致上述问题的共模电流存在于信号通路中，对其的研究和关注还不够。

9.1 信号通路中的共模电流

9.1.1 功率变换器中的共模电流

在一对导线上，方向相反的电压和电流信号为差模信号，一般电路工作的有用信号也都是差模信号。存在于一对（或多根）导线中，流经所有导线的电流都是同方向的，则称此电流为共模电流。共模电流通常是由于电路节点上跳变的电压通过相对参考地的寄生电容产生位移电流而导致的。

图 9-1 所示为一个典型的 Boost PFC 电路，其中 C_{CM} 为开关跳变点对电路周边参考地的等效分布电容。开关管通过导热绝缘垫片和浮地金属散热器安装固定，则 C_{CM} 可视为开关管漏极对散热器的分布电容 $C_{D\text{-}HS}$ 和散热器对地的分布电容 $C_{HS\text{-}G}$ 的串联。

正常工作模式下的电感电流纹波 ΔI_L 为差模噪声源，流经电感 L、母线电容 C_{Bus} 以及开关器件，其流通路径始终往返于输入侧的一对电源线之间，如图 9-2a 所示。该电路的共模噪声同样是由于开关管的开关动作所导致，它的形成是由于跳

变的电压施加在 C_{CM} 上形成了电路对地的位移电流所致。如图 9-2b 所示，共模电流是介于输入电源线和参考大地之间的，它在每条输入电源线内始终保持同幅度同方向。

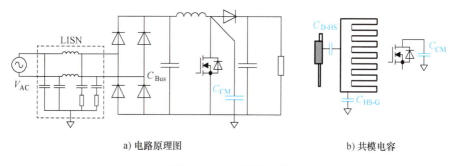

a) 电路原理图　　　　　　　　　b) 共模电容

图 9-1　Boost PFC 电路

作为隔离型变换器的代表，Flyback 电路的共模电流通路如图 9-3 所示。Flyback 电路有两条主要的共模电流路径：第一条为变压器一次侧开关管跳变点通过散热器对地的寄生电容 C_{D-G} 形成的对地位移电流，以带箭头的虚线表示；第二条为变压器一次侧跳变点通过隔离变压器一、二次绕组间的寄生电容 C_{P-S} 以及负载输出端对地分布电容 C_{L-G} 形成的对地位移电流，图中以带箭头的虚线表示。

随着 PWM 变频器在电力电子传动和工业自动化领域的广泛应用，由高速 dv/dt 和寄生电容共同造成的共模噪声问题也显得尤为

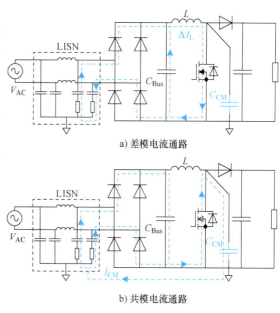

a) 差模电流通路

b) 共模电流通路

图 9-2　Boost PFC 电路的差模和共模电流通路

突出。如图 9-4 所示，变频器的开关器件或功率模块通常是固定在与接地外壳或机架直接相连的散热器上，因此为每个开关跳变电气节点引入了对地的分布电容 C_{D-G}。其负载为电机，该旋转装置的定子绕组对接地的电机壳体以及转子轴承的寄生电容量 C_{M-G} 也相当可观。此外，连接变频器逆变桥臂与电机绕组间的电缆由于其特殊的线槽铺设方式或者屏蔽接地结构，也会等效给跳变桥臂引入大量的对地分布电容 C_{C-G}。

以上所分析的变换器中共模电流都是经过功率回路流通的，主要影响变换器的

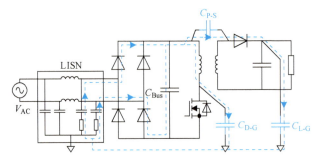

图 9-3　Flyback 电路中的共模电流

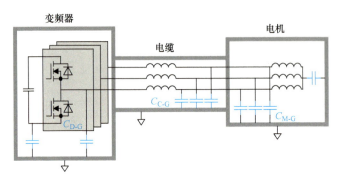

图 9-4　PWM 变频器中的共模电流

对外传导 EMC 特性。在变换器中，还有流经信号通路的共模电流[1]，以半桥电路为例，如图 9-5 所示。C_{D-G} 为桥臂中点对地分布电容，C_{I-O} 为上桥臂驱动电路隔离电容，C_{C-G} 为控制电路对地电容；$C_{I-O(sig)}$ 和 $C_{I-O(pwr)}$ 分别为驱动电路隔离驱动芯片和隔离电源的隔离电容，桥臂中点跳变的电压 V_{CM} 使得隔离电容两端电压发生变化，产生共模电流 $I_{CM(sig-H)}$ 和 $I_{CM(pwr-H)}$。当共模通路上的阻抗不对称时，共模电流将转化为差模电压成为差模干扰，可能造成驱动芯片误动作、控制电路逻辑错误等后果。

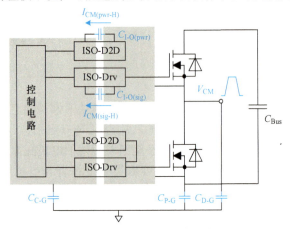

图 9-5　半桥电路中信号通路的共模电流

9.1.2　信号通路共模电流的特性

将图 9-5 所示半桥电路进行细化，将存在的主要寄生参数都纳入考虑，得到等效共模电路如图 9-6 所示，其中各寄生参数的含义和合理数值由表 9-1 给出。

表 9-1　寄生参数及取值

寄生参数	数值	含义
$C_{\text{I-O(pwr)}}$	10pF	驱动电路隔离电源的隔离电容
$C_{\text{I-O(sig)}}$	2pF	驱动电路隔离驱动芯片的隔离电容
$C_{\text{C-G}}$	100pF	控制电路与地之间寄生电容
$C_{\text{D-G}}$	200pF	桥臂中点与地之间寄生电容
$Z_{\text{D-G}}$	10nH + 50mΩ	散热器及大地阻抗
$C_{\text{P-G}}$	500pF	主功率母线与地之间寄生电容
$Z_{\text{P-G}}$	10nH + 50mΩ	大地阻抗
$Z_{\text{pwr-H(pri)}}$、$Z_{\text{pwr-L(pri)}}$	20nH + 20mΩ	驱动电路一次侧电源线路阻抗
$Z_{\text{sig-H(pri)}}$、$Z_{\text{sig-L(pri)}}$	20nH + 20mΩ	驱动电路一次侧信号线路阻抗
$Z_{\text{pwr-H(sec)}}$、$Z_{\text{pwr-L(sec)}}$	10nH + 10mΩ	驱动电路二次侧电源线路阻抗
$Z_{\text{sig-H(sec)}}$、$Z_{\text{sig-L(sec)}}$	10nH + 10mΩ	驱动电路二次侧信号线路阻抗
Z_{Drv}	20nH + 20mΩ	栅极驱动回路阻抗
Z_{control}	10nH + 50mΩ	控制电路线路阻抗

图 9-6 各支路的共模电流如箭头所示，$I_{\text{CM(pwr-H)}}$ 和 $I_{\text{CM(sig-H)}}$ 分别为上桥臂隔离电源支路和隔离驱动芯片支路共模电流，上桥臂驱动电路共模电流 $I_{\text{CM(H)}} = I_{\text{CM(pwr-H)}} + I_{\text{CM(sig-H)}}$；$I_{\text{CM(pwr-L)}}$ 和 $I_{\text{CM(sig-L)}}$ 分别为下桥臂隔离电源支路和隔离驱动

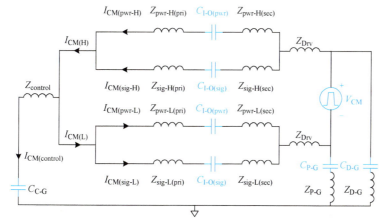

图 9-6　半桥电路的共模等效电路模型

芯片支路共模电流，下桥臂驱动电路共模电流 $I_{\mathrm{CM(L)}} = I_{\mathrm{CM(pwr\text{-}L)}} + I_{\mathrm{CM(sig\text{-}L)}}$；控制电路共模电流 $I_{\mathrm{CM(control)}} = I_{\mathrm{CM(H)}} + I_{\mathrm{CM(L)}}$。

　　利用共模等效电路进行 AC 分析，用各支路共模电流与 V_{CM} 之比所得导纳表示，导纳越高则共模电流越大[2]。假定 SiC MOSFET 最短开关时间为 20ns，则干扰源 V_{CM} 等效带宽最高为 17.5MHz，故主要关注此频率及以下的共模电流。如图 9-7a 所示，$I_{\mathrm{CM(H)}}$ 远大于 $I_{\mathrm{CM(L)}}$，说明 $I_{\mathrm{CM(H)}}$ 中的绝大部分流入了控制电路，仅有小部分通过下桥臂驱动电路流回功率电路。如图 9-7b 所示，$I_{\mathrm{CM(pwr\text{-}H)}}$ 远大于 $I_{\mathrm{CM(sig\text{-}H)}}$，说明共模电流主要由 $C_{\mathrm{I\text{-}O(pwr)}}$ 产生，这主要是由于 $C_{\mathrm{I\text{-}O(pwr)}}$ 大于 $C_{\mathrm{I\text{-}O(sig)}}$。

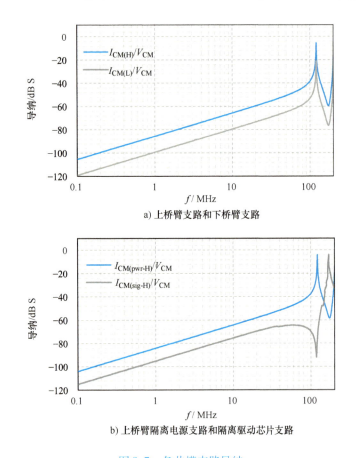

a) 上桥臂支路和下桥臂支路

b) 上桥臂隔离电源支路和隔离驱动芯片支路

图 9-7　各共模支路导纳

　　取 $C_{\mathrm{I\text{-}O(pwr)}} = 10\mathrm{pF}$，$C_{\mathrm{I\text{-}O(sig)}}$ 在 $0.5 \sim 5\mathrm{pF}$ 的范围内变化，其他参数不变；取 $C_{\mathrm{I\text{-}O(sig)}} = 2\mathrm{pF}$，$C_{\mathrm{I\text{-}O(pwr)}}$ 在 $5 \sim 15\mathrm{pF}$ 的范围内变化，其他参数不变。$I_{\mathrm{CM(sig\text{-}H)}}/V_{\mathrm{CM}}$ 和 $I_{\mathrm{CM(pwr\text{-}H)}}/V_{\mathrm{CM}}$ 的幅频特性如图 9-8 所示，可见随着 $C_{\mathrm{I\text{-}O(sig)}}$ 和 $C_{\mathrm{I\text{-}O(pwr)}}$ 减小，$I_{\mathrm{CM(sig\text{-}H)}}$ 和 $I_{\mathrm{CM(pwr\text{-}H)}}$ 也减小，且互不影响。

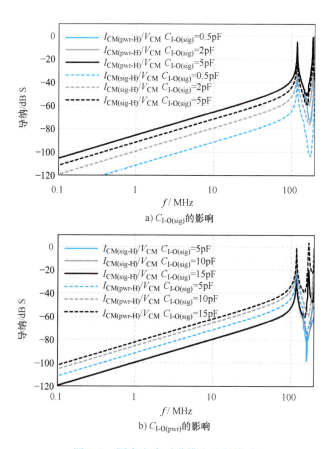

a) $C_{I-O(sig)}$ 的影响

b) $C_{I-O(pwr)}$ 的影响

图 9-8　隔离电容对共模电流的影响

9.2　应对措施 1——高 CMTI 驱动芯片

　　既然共模干扰会导致驱动电路发生误动作，那么提高驱动电路的抗共模干扰能力就成为必然选择。信号隔离传输电路在确保不发生误码的前提下，将能够承受的隔离两侧最大共模电压跳变速率定义为 CMTI（Cmon-Mode Transient Immunity）。CMTI 是衡量信号隔离传输电路抗共模干扰能力的重要指标，单位为 V/ns 或 kV/μs，其数值越高则表示其抗共模干扰能力越强[3]。

　　如图 9-9 为隔离驱动芯片 CMTI 的测试原理，将隔离驱动芯片的输入接高电平或者低电平，在一、二次侧地之间施加正向跳变或负向跳变的电压脉冲，这样才能涵盖所有可能的工况。测试中需要测量电压脉冲信号以确定其幅值和跳变速率，测量驱动芯片的输出以确定其受干扰的情况，一般使用无源探头配短接地线以提高测试精度。在指定的电压脉冲幅值和跳变速度下进行测试，若驱动芯片输出状态未发生变化，则表示通过测试；若驱动芯片输出状态发生变化，则表示未通过测试。

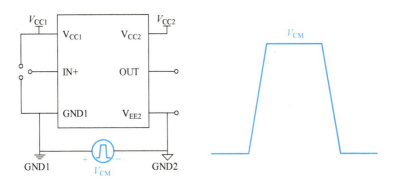

图 9-9　隔离驱动芯片 CMTI 的测试原理

图 9-10 给出了 5 款常见隔离驱动芯片的 CMTI 测试电路连接示例，为了获得准确的测试结果，电路连接需要遵循以下基本要求：

1）对芯片的一、二次侧分别供电，并在供电引脚上配置去耦电容；

2）若驱动输出为分离输出，则将高电平和低电平两个输出引脚短接；

3）若具有 Miller Clamping 功能，则将对应引脚接驱动输出；

4）若具有 DESAT 功能，则将 DESAT 引脚接二次侧地；

5）若二次侧为双极性供电，则将负供电引脚接地，或为了更接近应用将负供电引脚接一个负电源；

6）对于双通道驱动芯片，二次侧输出两个通道的地短接。

在测试中可以使用高频噪声模拟器为测试提供电压脉冲，其操作简单、可靠性高、更安全。另外还可以利用 Boost 电路提供正向脉冲，利用 Buck-Boost 电路提供负向脉冲[4]，如图 9-11 所示。

以 Boost 电路提供正向脉冲为例，测试电路低压侧电压为 $V_{\text{CMTI(low)}}$，输出电压为 $V_{\text{CMTI(high)}}$，电压跳变点连接驱动芯片的一次侧地 GND1，高压侧输出地连接驱动芯片的二次侧地 GND2。将开关管 S 开通一段时间 t_{on}，在电感 L 中建立电流 I_{CMTI}

$$I_{\text{CMTI}} = t_{\text{on}} \frac{V_{\text{CMTI(low)}}}{L} \tag{9-1}$$

将开关管 S 关断，则在 GND1 和 GND2 之间产生由 0V 到 $V_{\text{CMTI(high)}}$ 脉冲电压 V_{CM}。V_{CM} 的跳变速率取决于 S 的关断速度，受 I_{CMTI}、C_{oss}、C_{D} 影响。则在 S 和 D 选定，t_{on} 保持不变的情况下，通过调节 $V_{\text{CMTI(low)}}$ 就可以实现对 V_{CM} 跳变速率的控制。

$$\frac{\mathrm{d}V_{\text{CM}}}{\mathrm{d}t} = \frac{I_{\text{CMTI}}}{C_{\text{oss}} + C_{\text{D}}} = \frac{V_{\text{CMTI(low)}} \cdot t_{\text{on}}}{L(C_{\text{oss}} + C_{\text{D}})} \tag{9-2}$$

可以通过数据手册获得隔离驱动芯片的 CMTI，一般给出 CMTI 数值及对应的

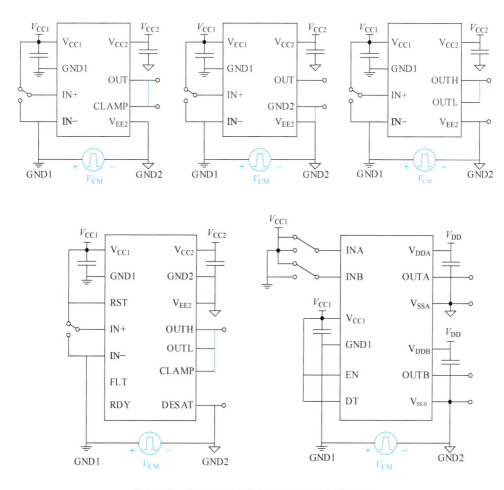

图 9-10　隔离驱动芯片的 CMTI 测试电路连接

测试条件。例如 "CMTI $=100$V/ns@$V_{CM}=1000$V"，这就意味着驱动芯片厂商承诺在 V_{CM} 为 1000V 时，只要 V_{CM} 的 d*v*/d*t* 小于 100V/ns，就不会发生误码。需要注意的是，在以 CMTI 表征隔离驱动芯片抗共模干扰能力时，测试条件 V_{CM} 非常重要。这是因为干扰的本质是能量，在相同的 d*v*/d*t* 下，V_{CM} 越大则共模干扰能量越大。如果两款芯片 CMTI 均为 100V/ns，但测试条件 V_{CM} 分别为 100V 和 1000V，则后者的抗共模干扰能力远胜于前者。需要注意的是，CMTI 还受温度的影响，随着温度的升高而降低。

　　各厂商通过技术创新使隔离驱动芯片的 CMTI 不断提升，由最初的不超过 10V/ns 到如今普遍达到 100V/ns，更有的达到 200V/ns 之高，已基本满足了现阶段器件高 d*v*/d*t* 带来的要求。提高隔离驱动芯片的 CMTI 的具体方法如下：

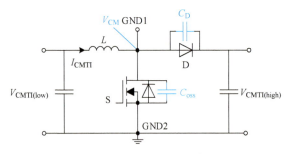

a) Boost电路提供正向脉冲

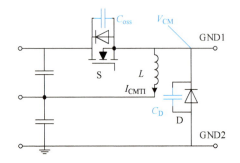

b) Buck-Boost电路提供负向脉冲

图 9-11　CMTI 测试脉冲发生电路

1. 共模滤波电路

驱动芯片内部具有共模滤波电路抑制共模干扰，提升 CMTI。

2. 信号差分传输

大部分驱动芯片都已经选择了差分调制方式，由于差分信号传输检测的是两路信号的差值，共模分量不起作用，故这正是一种有效的抗共模干扰手段。

另外根据之前的介绍，误码并不是因为共模电流直接导致的，而是由于阻抗不对称使共模转化为了差模。故即使使用了差分传输方式，也需要格外注意两路差分信号走线的阻抗对称。阻抗越对称，抗共模干扰能力越强，则 CMTI 就越高。

3. 减小隔离电容

共模电流是隔离电容 C_{I-O} 两端电压跳变产生的位移电流，其大小由 dv/dt 和 C_{I-O} 共同决定。故在相同的 dv/dt 下，C_{I-O} 越小则共模电流越小，那么减小 C_{I-O} 就能够有效降低干扰源的大小，进而提升隔离驱动芯片的 CMTI。现在各类型隔离驱动芯片的隔离电容已经被控制到很小，基本都在 1pF 左右。光耦型驱动芯片利用透光绝缘层降低一、二次侧的耦合，减小 C_{I-O}；电容隔离型的驱动芯片为了提高绝缘能力采用了两级电容串联的方案，正好减小了总的 C_{I-O}，如图 9-12 所示。

CMTI 是隔离驱动芯片自身抗共模电压跳变的能力，选择高 CMTI 能够确保其在 SiC 应用中不会因为高 dv/dt 而发生误码。但是这并不能解决共模电流对控制电

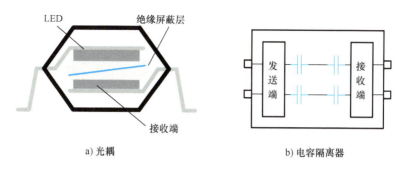

a) 光耦　　　　　　　　　　　　　　b) 电容隔离器

图 9-12　减小隔离驱动芯片的隔离电容

路的影响，需要利用接下来介绍的方法提升整个系统抗共模干扰的能力。

9.3　应对措施 2——高共模阻抗

9.3.1　减小隔离电容

如上节所述，C_{I-O} 越小则产生的共模电流也越小，对控制电路的影响也就越小。高 CMTI 隔离驱动芯片的 C_{I-O} 已经小至 1pF，继续降低的潜力较小。而为其供电的隔离电源要处理的功率远远大于隔离驱动芯片，其 C_{I-O} 也较大，对共模电流的贡献起主导作用。如今已经有很多模块电源厂商专门为 SiC MOSFET 提供隔离电容较小的隔离模块电源，图 9-13 所示为 RECOM、MURATA 和 MORNSUN 的相关产品，可以看到 1 ~ 2W 的模块电源的隔离电容在 3 ~ 5pF。

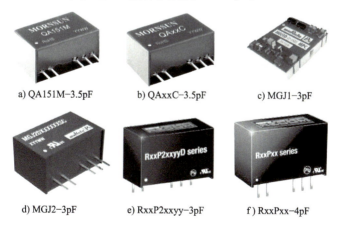

a) QA151M-3.5pF　　　b) QAxxC-3.5pF　　　c) MGJ1-3pF

d) MGJ2-3pF　　　e) RxxP2xxyy-3pF　　　f) RxxPxx-4pF

图 9-13　低隔离电容的隔离模块电源[5-7]

与电容隔离驱动芯片中两级电容串联的原理一样，隔离电源变压器采用两级磁环串联的方案也会大大降低隔离电容。GE 推出的 SiC Power Block[8] 里的驱动板上的隔离电源就采用了这种方式，如图 9-14 所示。可以看到，变压器由两个磁环构成，置于 PCB 的两侧，分别用于一次绕组和二次绕组，并使用一匝线圈耦合一、二次侧。采用这样的结构，有效地将 C_{l-0} 降低到了 0.98pF。

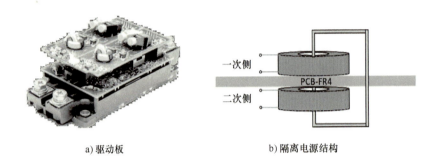

a) 驱动板　　　　　　　　　b) 隔离电源结构

图 9-14　GE SiC Power Block 驱动隔离电源

除驱动电路的 C_{l-0} 会产生共模电流之外，使用电流互感器测量桥臂中点输出电流时也会由于 C_{l-0} 产生共模电流，共模电流直接进入采样模拟电路影响变换器的控制和稳定。类似的，可以使用两级磁环串联的方式减小 C_{l-0}，降低共模电流的影响，如图 9-15 所示。

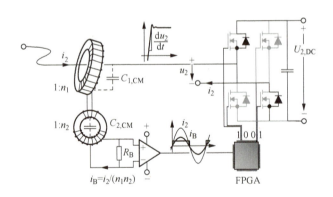

图 9-15　两级结构电流互感器[9]

9.3.2　共模电感

共模电感的结构非常简单，由两组线圈对称地绕制在同一磁心上构成。两组线圈在绕制时需要确保尺寸和匝数相同，且同名端相同，如图 9-16 所示。当共模电流流过共模电感时，由于电流方向相同，两个线圈的磁通相互叠加，呈现出较大的电感量，起到抑制共模电流的作用；当差模电流流过共模电感时，由于电流方向相反，两个线圈的磁通相互抵消，几乎没有电感量，差模电流不会受到影响。

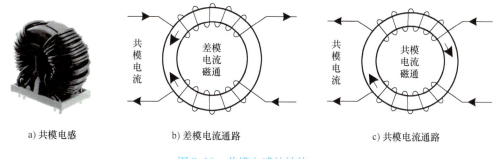

a) 共模电感　　　　　　　b) 差模电流通路　　　　　　　c) 共模电流通路

图 9-16　共模电感的结构

正是由于这种"阻共模、通差模"的特性，共模电感被广泛应用于各类电子设备、产品中，提高抗干扰能力及系统的可靠性。共模电感可以自行设计、制作，也可以直接选用元器件厂商提供的标准产品，如 TDK、Murata、KEMET、Schaffner。用于高速信号滤波和小功率低压滤波的共模电感体积较小，一般为贴片形式；用于功率变换器功率滤波的共模电感要处理的功率大、电压高，故体积较大，为插件形式，如图 9-17 所示。

图 9-17　共模电感[10]

在隔离电源的输入端、隔离驱动芯片的供电和数字信号上都加上共模电感来抑制驱动电路的共模电流，如图 9-18 所示。需要注意的是，在使用共模电感后，共模电感两端的地就被分割开了。另外我们还可以在其他关键电路上增加共模电感以进一步提升共模电流抑制效果，如控制器和运放的供电。

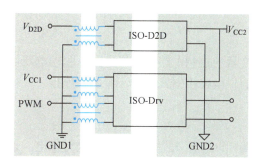

图 9-18　利用共模电感抑制驱动电路共模电流

403

9.4 应对措施 3——共模电流疏导

9.4.1 Y 电容

使用 Y 电容对共模电流进行疏导是处理变换器中共模电流的常见手段。具体方法为 Y 电容 C_{Y1} 连接信号地与机壳，Y 电容 C_{Y2} 连接功率地与机壳[11]，如图 9-19 所示。这样就由两个 Y 电容构成了一条低阻抗的通路，对共模电流有分流作用，将一部分共模电流直接疏导回功率回路，从而减少了流向控制电路的共模电流。

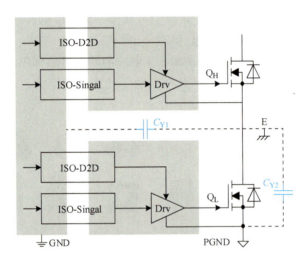

图 9-19　使用 Y 电容构造低阻抗通路

在使用 Bootstrap 电路为上桥臂驱动电路供电时，二极管 D_B 具有结电容 C_{D_B}，随着桥臂中点的跳变也会产生共模电流。我们可以用一个电容 C_Y 连接 D_B 的阳极和功率地，将共模电流疏导至功率回路，减少流入控制电路的共模电流，如图 9-20 所示。

9.4.2 并行供电

一般情况下，变换器的控制电路、采样电路、驱动电路供电都来自同一辅助电源，按照各功能电路的供电连接方式分类，有串联连接、并行连接和混合连接三种方式，如图 9-21 所示。

1. 串联供电

当辅助电源为单输出时，依次为各部分电路进行供电。这样的方式下，共模电流会由远至近不断汇集，距离辅助电源最近的电路受共模电流影响最大。

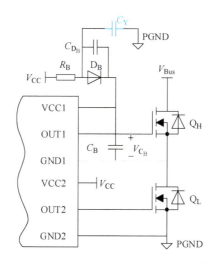

图 9-20　使用 Y 电容疏导 Bootstrap 电路的共模电流

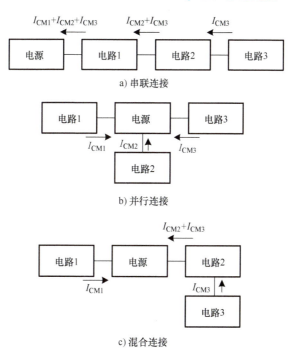

图 9-21　供电连接方式

2. 并行供电

当辅助电源为单输出时，各部分电路的地仅在辅助电源输出点连接；当辅助电源为隔离多输出时，各部分电路的地完全分离，没有直接连接。这样的方式可以避免顺序连接时共模电流汇集的情况。

3. 混合连接

有部分电路采用顺序连接，总体呈现并行连接。

故采用并行连接或混合连接可以引导驱动电路上产生的共模电流绕行，避免全部流经控制电路，这对应对共模电流非常有利。

9.4.3 串联式驱动电路

为了应对共模干扰，有学者提出了与传统并联结构不同的串联结构的驱动电路[12]，如图9-22所示。供电和驱动信号通过第一层隔离后分为两路，一路用于对下桥臂进行驱动，另一路通过隔离或电平抬升后用于对上桥臂的驱动。利用这样的结构，由上桥臂驱动电路产生的共模电流中的大部分直接回流至功率回路，大大减少了流向控制电路的共模电流。

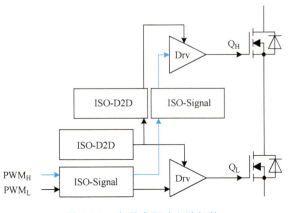

图 9-22   串联式驱动电路架构

上节中介绍利用高共模阻抗的应对措施属于"堵"的方式，而本节中介绍的应对措施是对共模电流进行疏导，减小其流到易受干扰的关键电路，用的是"疏"的方式。在应对共模电流时，通常是"堵""疏"结合。

另外还需要注意的是，在多器件串联或多模块串联的拓扑中，低位器件开关会引起所有高位器件电位跳变，共模电流具有叠加效应，需要更加小心地处理共模电流。

9.5 差模干扰测量

在大多数情况下，测量信号通路上的共模电流并不容易、甚至是不可能的，这样就无法直接通过共模电流的大小评价对共模电流控制的情况。另一方面，共模电流的主要危害是当其转化为差模干扰时会导致采样错误和逻辑电平错误，进而导致变换器不能正常工作，甚至损毁。共模电流是源头，差模干扰是影响变换器工作的直接原因，则在变换器设计时测量关键电压信号上的差模干扰即可。然而，正确测量干扰信号并不容易，接下来以实际测试详述。

9.5.1 常规电压探头测量差模干扰

对差模干扰测量的研究，将通过对一台基于 SiC MOSFET 的 Totem-Pole PFC 变换器进行实测的方式进行展开，测量控制器供电 $V_{+3.3V}$ 和输出电压采样调理输出信

号 V_{sample}。

分别使用 100:1 高压差分探头、10:1 无源探头配绕制短接地线、1:1 无源探头配绕制短接地线三种方式进行，其带宽分别为 100MHz、200MHz、6MHz，测量结果如图 9-23 和图 9-24 所示。

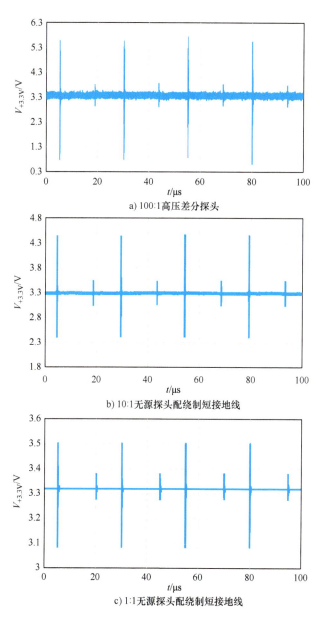

a) 100:1高压差分探头

b) 10:1无源探头配绕制短接地线

c) 1:1无源探头配绕制短接地线

图 9-23　控制器供电 $V_{+3.3V}$ 波形

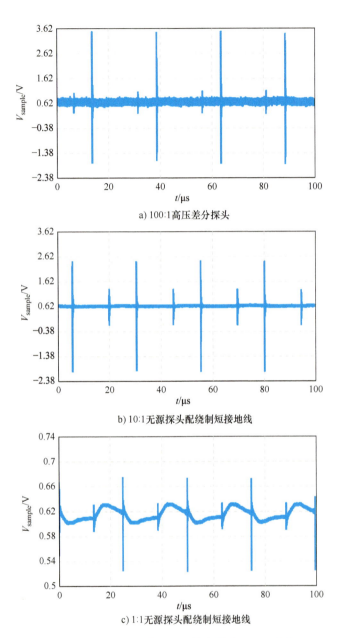

a) 100:1高压差分探头

b) 10:1无源探头配绕制短接地线

c) 1:1无源探头配绕制短接地线

图 9-24　输出电压采样调理输出信号 V_{sample} 波形

$V_{+3.3V}$ 和 V_{sample} 上均存在较大的尖峰，分析其出现的时间间隔，判断是由于 SiC MOSFET 开关动作导致的。不同的探头测得的尖峰大小并不相同，具有探头衰减倍数越大尖峰越大的规律。同时在没有尖峰的平坦处，波形由于有明显的噪声而显粗，具有探头衰减倍数越大噪声越大的规律。另外，在 1:1 无源探头下可以看到

V_{sample} 具有明显的纹波，对应 PFC 输出电压的纹波，但在其他探头下并不明显。

面对这样的波形，我们不禁产生疑惑：在控制器供电和采样信号具有如此大干扰的情况下，变换器竟然能够稳定运行；在采样信号如此粗的情况下，如何确保采样的精度；三种测量方式的结果也有明显差异，究竟哪个结果才是正确的。

9.5.2　电源轨探头测量差模干扰

在 5.3 节中介绍过各类电压探头，在单端有源探头中有一种非常特殊的探头，叫做电源轨探头，例如 Tektronix 的 TPR1000 和 TPR4000[13]，如图 9-25 所示。

图 9-25　电源轨探头 Tektronix TPR1000 和 TPR4000

使用 TPR1000 电源轨探头对 $V_{+3.3V}$ 和 V_{sample} 进行测量，测量结果如图 9-26 所示。可以看到波形上仅有非常小的毛刺，$V_{+3.3V}$ 上尖峰的峰-峰值仅 0.04V，V_{sample} 上尖峰的峰-峰值仅 0.06V，且 V_{sample} 纹波十分清晰。同时 $V_{+3.3V}$ 和 V_{sample} 成功"瘦身"，是一条又细又"干净"的波形。这与使用常规电压探头的结果完全不同，但这是符合变换器稳定运行和精准控制的实际情况的，故使用电源轨探头的测量结果才是正确的。使用常规电压探头测量时，所见干扰信号是由测量引入了原电路中不存在的信号，而波形粗是测量通路噪声大的表现。

常规探头与电源轨探头测量结果差异如此之大，确实令人大跌眼镜，也再一次表明选择合适的测量工具才能获得正确的测量结果。

正是因为电源轨探头具有特殊的结构，才能够利用它获得正确的结果，如图 9-27 所示。其直流输入阻抗为 50kΩ，高频阻抗为 50Ω，降低了负载效应的同时利用了 50Ω 通路低噪声的特性；具有 1.1:1 的衰减比，使示波器的本底噪声仅增加 10%；可设置偏置电压，允许用户使用示波器最灵敏的设置，并将信号置于屏幕中心显示；具有 1GHz 带宽使其可以轻松捕获造成时钟和数字数据失真的快速瞬态。

首先，电源轨探头具有最短接地线和最小接地回路，且抗干扰能力强，这样就不会出现实际不存在的干扰信号，避免了错误的测试结果带来的困扰。

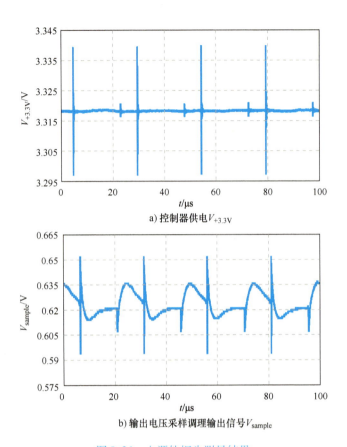

a) 控制器供电 $V_{+3.3V}$

b) 输出电压采样调理输出信号 V_{sample}

图 9-26　电源轨探头测量结果

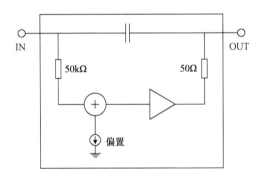

图 9-27　电源轨探头结构

1. 最短接地线、最小接地回路面积

使用常规探头时，受限于探头结构和可选配件，接地线长度和回路面积的减小是有限制的。即使是短接地线，其长度仍然至少有 1cm，故接地回路面积也很大。

针对不同的应用场合，厂商为电源轨探头提供了多种接头配件，使工程师可以灵活地完成测试，如图 9-28 所示。其中直接将探头端部连线直接焊接到被测点上的方式，具有最短的接地线和最小的回路面积，几乎达到了极限。这样既能减轻接地线效应，又能降低外部磁场通过回路面积耦合对测试造成的干扰。

探头前端配件

图 9-28　电源轨探头接头[14-15]

2. 抗干扰能力强

变换器在运行时都伴有高 dv/dt 和高 di/dt，会产生很强的高频电磁辐射，这对测试设备而言是一项严峻的挑战。我们都知道示波器在抗电磁辐射方面有专门设计，但探头在这方面的特性常常被忽视。

将 100:1 高压差分探头、10:1 无源探头、TPR1000 靠近正在运行的 Totem-Pole PFC 变换器，可以看到 TPR1000 没有受到任何影响，而其他两款探头测得的波形上出现了明显的干扰信号，如图 9-29 所示。这说明电源轨探头具有更好的屏蔽性能，能够避免外界电磁辐射对探头的干扰。

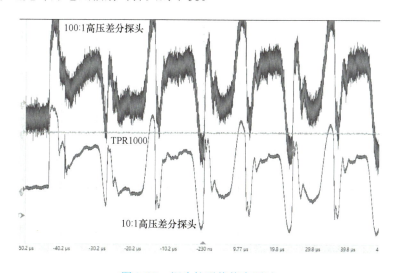

图 9-29　探头抗干扰能力测试

其次，示波器噪声的噪声特性如图 9-30 所示，电源轨探头具有 50Ω 输出阻抗、1:1 衰减比例、并可以设置偏置电压，能够尽可能地降低测量通路的噪声。

411

1. 50Ω 输出阻抗

由第 3 章可知，示波器在 50Ω 输入阻抗下比 1MΩ 输入阻抗下具有更低的噪声。常规探头接 1MΩ 输入阻抗，而电源轨探头接 50Ω 输入阻抗，这样就可以利用噪声更小的示波器测量通路来减小测量噪声。

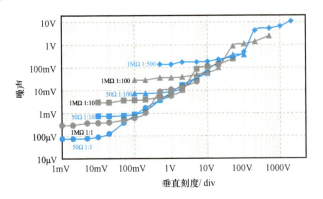

图 9-30　不同输入阻抗和不同垂直刻度下的噪声

2. 1.1:1 衰减比例

电压探头按照一定的衰减比例将被测信号调理到示波器允许的输入电压幅值范围内，示波器通过模拟前端和 ADC 完成对信号的采样和转换后，再按照电压探头衰减比例的倒数对结果进行放大，还原被测信号的实际幅值。

探头和示波器的模拟前端都是具有噪声的，在还原被测信号幅值时，它们也被一起放大了。故大衰减比探头测得的波形噪声更大，即信噪比低，这就导致探头衰减倍数越大波形越粗。电源轨探头的衰减比为 1.1:1，能够有效控制噪声。

3. 偏置电压

被测信号 $V_{+3.3V}$ 和 V_{sample} 都是由某一幅度的直流电压和干扰信号叠加而成的，其中所关注的干扰信号属于幅度较小的动态信号。对这类信号进行测量，示波器垂直刻度越小，对测量越有利。首先示波器的噪声是随垂直刻度变化的，垂直刻度越高则噪声越小。另外，垂直刻度越高则量程越小，故测量分辨率越高，测量结果也越精确。

使用常规探头测量 $V_{+3.3V}$，当设置示波器为 DC 耦合时，需要设置垂直刻度为 500mV/div，此时噪声较大。由于主要关注干扰信号，可以设置示波器为 AC 耦合将 DC 分量剥离。这样就可以根据干扰信号的幅度设置更高的垂直刻度，有效降低噪声。但 AC 耦合具有局限性，当信号具有直流浮动时，采用 AC 耦合将无法对其进行观测，导致重要信息遗漏。

对于这一问题，我们可以通过设定电源轨探头的偏置电压来解决，不仅可以最大化地利用更小的垂直刻度来降低噪声、提高分辨率，同时还可以对信号直流进行测量。

最后，电源轨探头具有高带宽和低负载效应的特性，也是其适用于干扰信号测试的重要特性。

1. 高带宽

电源轨探头具有很高的带宽，有能力准确捕捉到高频干扰，不会发生遗漏。但需要注意的是，带宽越高噪声越大，在测量时一味使用最高带宽并不合适，而是需要灵活合理地使用示波器带宽限制功能。这就像使用大光圈相机镜头一样，大光圈景深浅虚化效果强、进光量大，可以使用更低的 ISO 以降低噪声；但大光圈下容易失焦，画质也并不是最佳的，相较于小光圈下紫边现象也更严重。故摄影师并不是一味使用最大光圈，而是根据实际场景选择合适的光圈。

2. 低负载效应

在进行测量时，测试设备对原系统的负载效应越低越好。特别是测量采样调理信号时，如果负载效应太大，会造成采样错误导致变换器不能正常工作。根据图 9-27 所示电源轨探头的结构，其直流输入阻抗为 50kΩ，使得其负载效应较轻，高频输入阻抗为 50Ω，以使探头具有较高带宽。

参 考 文 献

[1] KAZANBAS M, SCHITTLER A, ARAÚJO S, et al. High-Side Driving under High-Switching Speed: Technical Challenges and Testing Methods [C]. PCIM Europe 2015, International Exhibition & Conference for Power Electronics, 2015: 1385-1392.

[2] WANG J, SHEN Z, DIMARINO C, et al. Gate Driver Design for 1.7kV SiC MOSFET Module with Rogowski Current Sensor for Shortcircuit Protection [C]. 2016 IEEE Applied Power Electronics Conference and Exposition (APEC), 2016: 516-523.

[3] COUGHLIN CHRIS. Common Mode Transient Immunity [Z]. Technical Articles, Analog Devices Inc.

[4] ZHANG WEI, BEGUE MATEO. Common Mode Transient Immunity (CMTI) for UCC2122x Isolated Gate Drivers [Z]. Application Report, SLUA909, Texas Instruments Inc., 2018.

[5] Murata Manufacturing Co. Ltd. Website [Z/OL]. https://www.murata.com/.

[6] RECOM Power, Inc. Website [Z/OL]. https://recom-power.com.

[7] Mornsun Power Website [Z/OL]. https://www.mornsun-power.com.

[8] SHE X, DATTA R, TODOROVIC M H, et al. High Performance Silicon Carbide Power Block for Industry Applications [J]. IEEE Transactions on Industry Applications, 2017, 53 (4): 3738-3747.

[9] BOSSHARD R, KOLAR J W. All-SiC 9.5 kW/dm3 On-Board Power Electronics for 50 kW/85 kHz Automotive IPT System [J]. IEEE Journal of Emerging and Selected Topics in Power Electronics, 2017, 5 (1): 419-431.

[10] TDK EMC Components [Z/OL]. https://product.tdk.com/info/en/products/emc/index.html.

[11] XUE L, BOROYEVICH D, MATTAVELLI P. Driving and Sensing Design of an Enhancement-Mode-GaN Phaseleg as a Building Block [C]. 2015 IEEE 3rd Workshop on Wide Bandgap Power Devices and Applications (WiPDA), 2015: 34-40.

[12] KERACHEV, LYUBOMIR, LEFRANC, et al. Characterization and Analysis of an Innovative Gate Driver and Power Supplies Architecture for HF Power Devices with High dv/dt [J]. IEEE

Transactions on Power Electronics, 2017, 32 (8): 6079-6090.

[13] Tektronix, Inc. TPR1000 and TPR4000 Active Power Rail Probes [Z]. Datasheet, 51W-61491-2, 2019.

[14] Tektronix, Inc. TPR1000 and TPR4000 Active Power Rail Probes Compliance and Safety Instructions [Z]. User, 071363701, 2019.

[15] Tektronix, Inc. Getting Started with Power Rail Measurements [Z]. Application Note, 51W-61562-0, 2019.

延 伸 阅 读

[1] PAUL C R. Introduction to Electromagnetic Compatibility [M]. 2nd ed. Hoboken: Wiley, 2011.

[2] SANJAYA MANIKTALA. Switching Power Supplies A-Z [M]. 2nd ed. New York: Newnes, 2012.

[3] LUSZCZ JAROSLAW. High Frequency Conducted Emission in AC Motor Drives Fed by Frequency Converters: Sources and Propagation Paths [M]. Hoboken: Wiley-IEEE Press, 2018.

[4] Avago Technologies Inc. Common-Mode Noise Sources and Solutions [Z]. Application Note 1043, AV02-3698EN, 2012.

[5] Silicon Laboratories, Inc. CMOS Digital Isolators Supersede Optocouplers in Industrial Applications [Z]. White Paper, Rev 0. 3.

[6] DIN VDE V 0884-11, Semiconductor Devices Part 11: Magnetic and Capacitive Coupler for Basic and Reinforced Isolation [S]. 2017.

[7] Vishay Intertechnology Inc. Optocoupler Common Mode Transient Immunity (CMTI) -Theory and Practical Solutions [Z]. Application Note 83, 83702, Rev. 1. 5, 2013.

[8] STMicroelectronics Inc. Common Mode Filters [Z]. Application Note, AN4511, Rev 2, DocID026455, 2016.

[9] GILL L, IKARI T. Analysis and Mitigation of Common Mode Current in SiC MOSFET Gate Driver Power Supply [C]. 2018 IEEE International Conference on Electrical Systems for Aircraft, Railway, Ship Propulsion and Road Vehicles & International Transportation Electrification Conference (ESARS-ITEC) . IEEE, 2019:1-6.

[10] NGUYEN V, LEFRANC P, CREBIER J. Gate Driver Supply Architectures for Common Mode Conducted EMI Reduction in Series Connection of Multiple Power Devices [J]. IEEE Transactions on Power Electronics, 2018, 33 (12):10265-10276.

[11] WANG J, MOCEVIC S, BURGOS R, et al. High-Scalability Enhanced Gate Drivers for SiC MOSFET Modules with Transient Immunity Beyond 100 V/ns [J]. IEEE Transactions on Power Electronics, 2020, 35 (10):10180-10199.

[12] HUBER J E, KOLAR J W. Common-Mode Currents in Multi-Cell Solid-State Transformers [C]. 2014 International Power Electronics Conference (IPEC-Hiroshima 2014 -ECCE ASIA) . IEEE, 2014:766-773.

[13] KASPER M, BORTIS D, KOLAR J W. Scaling and Balancing of Multi-cell Converters [C]. 2014 International Power Electronics Conference (IPEC-Hiroshima 2014-ECCE ASIA), 2014:2079-2086.

[14] Radhakrishna Karthik. Digital Power Management and Power Rail Measurements Using High Definition Oscilloscopes [R/OL]. On Demand Webinars, Teledyne LeCroy, Inc. , 2019.
https: //go. teledynelecroy. com/l/48392/2019-08-22/7rvpyy.

第10章

共源极电感影响与应对

SiC MOSFET 产品刚刚推向市场时采用的是 TO-247-3 封装，不到 10 年后的今天，TO-247-4 封装和 TO-263-7 封装已经占据主导地位，TO-247-3 封装器件不再推荐应用于新的变换器产品设计中。

SiC MOSFET 厂商更加推荐 TO-247-4 封装器件，宣称其具有更快的开关速度和更低的开关损耗。电力电子工程师也更倾向选择 TO-247-4 封装器件，相比于使用 TO-247-3 封装器件，驱动波形振荡降低了、串扰问题减轻了、变换器炸机的情况变少了。各方都从 TO-247-4 封装中获益，但对其原因研究不够深入。

本章将从 TO-247-3 封装和 TO-247-4 封装的结构入手，通过等效模型分析、电路仿真和实验验证的方法，解答 TO-247-4 封装优异特性的根本原因。

10.1 共源极电感

10.1.1 共源极电感的基本原理

TO-247-3 是工程师最熟悉的功率半导体器件单管封装形式之一，图 10-1 所示为来自不同厂商的 TO-247 封装器件实物。

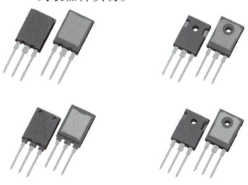

图 10-1 TO-247-3 封装器件

　　Tesla Model X 的驱动系统中使用了大量 TO-247-3 封装的 IGBT 单管器件，是 TO-247-3 封装最出名的应用案例。后置大功率电控单元中每 14 颗规格为 600V/240A 的 IGBT 单管并联，共使用 84 颗；前置小功率电控单元中每 6 颗 600V/160A 的 IGBT 单管并联，共使用 36 颗。

　　随着电力电子技术趋于成熟，市场竞争越发激烈，成本压力也越来越大。同等容量下，功率模块的成本是采用单管器件并联方案成本的 2～4 倍，故现在已经有光伏逆变器、UPS、变频器制造商着手使用单管器件替换功率模块。相信今后在上述领域中会出现越来越多像 Model X 这样大量使用单管器件并联的案例。

　　通过图 10-1 可以看出，各厂商提供的 TO-247-3 封装器件在外观上有一些不同，甚至同一厂商会提供多种 TO-247-3 封装外形。这些 TO-247-3 封装的主要区别为引脚的长度、安装孔、塑封壳外形等，但是它们都有且仅有 3 根间距在5.44～5.45mm 之间的引脚，分别对应 SiC MOSFET 的栅极（G 极）、漏极（D 极）和源极（S 极）。

　　TO-247-3 封装的 SiC MOSFET 器件的内部结构如图 10-2 所示。SiC MOSFET 芯片为很薄的立方体，其背面为 D 极，上表面有 G 极和 S 极。芯片被焊接在金属基板上，芯片的 D 极被一根与基板直接相连的引脚引出；芯片的 S 极用若干根键合线与引脚相连引出以满足通流要求；由于驱动电流较小，故仅用一根较细的键合线将 G 极引出。

　　在分析功率器件的开关过程时，因为是高频过程，故将 PCB 走线、器件封装引脚、器件封装键合线作为电感处理。基于此，可以得到 TO-247-3 封装器件的等效电路，这里同时考虑器件接驱动电路的情况，如图 10-3 所示。虚线框内为 TO-247-3 封装器件等效电路，其中 L_G、L_D、L_S 代表由键合线和引脚带来的封装寄生电感，分别对应 G 极、D 极和 S 极；虚线框外为驱动电路，$L_{DRV(PCB)}$ 为驱动线路 PCB 走线电感，$R_{G(int)}$ 芯片内部栅极电阻，$R_{G(ext)}$ 为外部驱动电阻，V_{DRV} 为驱动电压。

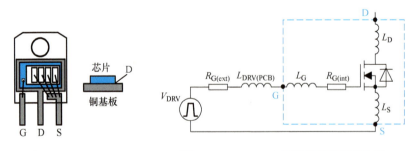

图 10-2　TO-247-3　　　　图 10-3　TO-247-3 封装器件的等效电路
封装器件的内部结构

　　功率器件在开通和关断过程中，驱动电路通过驱动回路对器件的输入电容进行充放电，高频电流通过主功率换流回路完成切换。故这两个回路是我们进行设计和分析时的关键。驱动回路电感 L_{DRV} 由 $L_{DRV(PCB)}$、L_G 和 L_S 组成，L_D 和 L_S 是主功率换流回路电感的一部分。这两个回路有公共的部分 L_S，称 L_S 为共源极电感。在开关过程中，快速变化的漏-源电流 I_{DS} 会在 L_S 两端产生压降。

　　使用 Tektronix 的隔离探头 TIVP1 测量 L_S 两端的电压 V_{L_S}，测试原理和探头的连接方式如图 10-4 所示。需要注意的是，实际测量点在器件封装引脚的两端，故共源极电感端电压 V_{L_S} 的测量结果不包含 L_S 中键合线部分的电压，即测量结果较实际的 V_{L_S} 偏小一些。

　　测量结果如图 10-5 所示，包含 I_{DS} 和 V_{L_S} 波形。可以看到在开关过程中，V_{L_S} 随着 I_{DS} 的变化而变化，dI_{DS}/dt 越大 V_{L_S} 也越大。

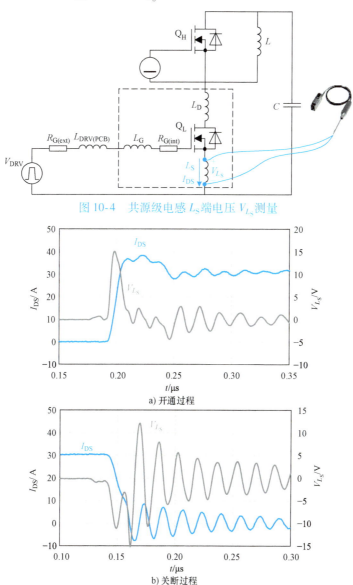

图 10-4　共源级电感 L_S 端电压 V_{L_S} 测量

a) 开通过程

b) 关断过程

图 10-5　开关过程中的漏-源极电流 I_{DS} 和共源极电感端电压 V_{L_S}

则在开关过程中，可以将 V_{L_S} 看作流控电压源，遵循式（10-1）

$$V_{L_S} = L_S (\mathrm{d}I_{DS}/\mathrm{d}t)\qquad(10\text{-}1)$$

可以得到等效电路如图 10-6 所示，V_{DRV} 为驱动电压，V_{GS} 为栅极电压，会受到 V_{L_S} 的影响。由于 SiC MOSFET 开关速度快、$\mathrm{d}I_{DS}/\mathrm{d}t$ 很高，故在相同的 L_S 下，V_{L_S} 的幅值也较大。在上述实验中，驱动电压为 $-5/+15\mathrm{V}$，而 V_{L_S} 峰值达到了 15V，这说明 V_{L_S} 对 V_{GS} 的影响非常明显。这将会对 V_{GS} 测量、开关过程造成负面影响，将在接下来的几节中讨论。

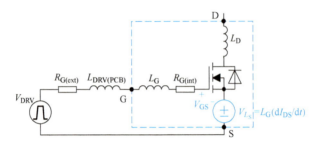

图 10-6　V_{L_S} 对 V_{GS} 影响的等效电路图

10.1.2　开尔文源极封装

随着技术的发展，Si 功率器件的开关速度越来越快，共源极电感 L_S 带来的问题日益凸显。各厂商在 TO-247-3 封装上进行改进，推出了 TO-247-4 封装，如图 10-7 所示。TO-247-4 封装主要应用在高速 SJ MOSFET、高速 IGBT 和 SiC MOSFET 中。与图 10-1 进行对比发现，相比于 TO-247-3 封装器件，TO-247-4 封装器件有两根 S 极引脚，即 KS（Kelvin Source）引脚和 PS（Power Source）引脚，同时引脚的顺序和间距也有变化。

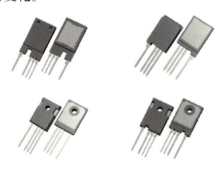

图 10-7　TO-247-4 封装器件

TO-247-4 封装的 SiC MOSFET 器件的内部结构如图 10-8 所示，发现其 KS 引脚与芯片 S 极是由一根细键合线相连的。

在使用 TO-247-4 封装器件时，驱动电路是与 G 引脚和 KS 引脚相连，主回路与 D 引脚和 PS 引脚相连。这样 TO-247-4 封装避免了驱动回路和主功率换流回路拥有公用线路，实现了两个回路解耦，如图 10-9 所示。需要注意的是，虽然不存在直接电气连接，但驱动回路与主功率换流回路之间存在互感，会有等效共源极电感存在。但等效共源极电感较小、影响有限，故在之后的分析中忽略不计。

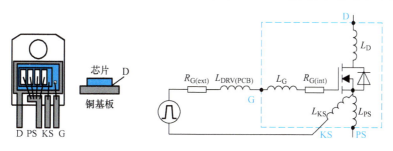

图 10-8　TO-247-4　　　　图 10-9　TO-247-4 封装器件的等效电路
封装器件的内部结构

上述的接线方式被称为开尔文连接（Kelvin Connection），被广泛应用于测量电路，是用来消除电路中导线上产生的电压降对测量产生影响的一种简便方法，用于电流采样的四端子电阻便是其典型的应用实例。

当 TO-247-4 封装应用于 MOSFET 时，开尔文键合线连接在源极上，被称为开尔文源极封装；当应用于 IGBT 时，开尔文键合线连接在发射极上，被称为开尔文发射极封装。除了 TO-247-4 以外，各厂商还根据电压、电流等级以及应用场合推出了多种开尔文连接的封装形式，如 TO-263-7、ThinPAK 8×8[3-4]、TOLL[5-6]、DDPAK[7] 等，分别如图 10-10a～d 所示，选择开尔文连接的封装形式已经成为高速功率器件在追求高性能时的必然选择。

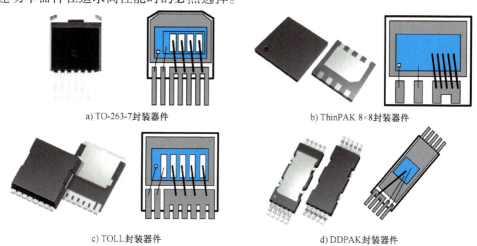

a) TO-263-7封装器件　　　　　　　　b) ThinPAK 8×8封装器件

c) TOLL封装器件　　　　　　　　　d) DDPAK封装器件

图 10-10　开尔文源（发射）极封装

在接下来的几节中，我们会以 TO-247-3 封装和 TO-247-4 封装为例，详细分析共源极电感 L_S 造成的影响，并验证开尔文源极封装对此的解决效果。

10.2　对比测试方案

10.2.1　传统对比测试方案

通过实验研究共源极电感 L_S 的负面影响以及开尔文源极封装对性能的改善，最容易想到的方法是取使用相同型号 SiC MOSFET 芯片分别为 TO-247-4 封装和 TO-247-3 封装的器件各一颗，然后对其分别进行测试，如图 10-11 所示。各厂商通常会对同一规格的 SiC MOSFET 芯片同时提供了 TO-247-4 和 TO-247-3 两种封装形式的产品，使得这一对比方法非常容易实现。

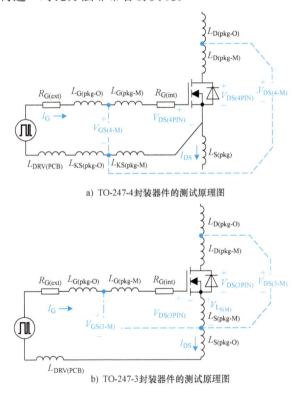

a) TO-247-4封装器件的测试原理图

b) TO-247-3封装器件的测试原理图

图 10-11　传统对比测试方案

根据 5.4 节的介绍，由于电压测量点间寄生参数的影响，对 TO-247-4 封装器件，测量得到的 $V_{GS(4\text{-}M)}$ 和 $V_{DS(4\text{-}M)}$ 与芯片上用于控制沟道的 $V_{GS(4PIN)}$ 和实际的 $V_{DS(4PIN)}$ 存在差异，由式（10-2）式（10-3）得到

$$V_{GS(4\text{-}M)} = V_{GS(4PIN)} + I_G R_{G(int)} + (L_{G(pkg\text{-}M)} + L_{KS(pkg\text{-}M)}) \cdot dI_G / dt \qquad (10\text{-}2)$$

$$V_{DS(4\text{-}M)} = V_{DS(4PIN)} + L_{D(pkg\text{-}M)} \cdot dI_{DS} / dt + L_{KS(pkg\text{-}M)} \cdot dI_G / dt \qquad (10\text{-}3)$$

对于 TO-247-3 封装器件，测量得到的 $V_{GS(3\text{-}M)}$ 和 $V_{DS(3\text{-}M)}$ 与芯片上用于控制沟道的 $V_{GS(3PIN)}$ 和实际的 $V_{DS(3PIN)}$ 之间的关系由式（10-4）和式（10-5）计算

$$V_{GS(3\text{-}M)} = V_{GS(3PIN)} + I_G R_{G(int)} + L_{G(pkg\text{-}M)} \cdot dI_G / dt + L_{S(pkg\text{-}M)} \cdot dI_{DS} / dt \qquad (10\text{-}4)$$

$$V_{DS(3\text{-}M)} = V_{DS(3PIN)} + (L_{D(pkg\text{-}M)} + L_{S(pkg\text{-}M)}) \cdot dI_{DS} / dt \qquad (10\text{-}5)$$

则对于 TO-247-3 封装器件，$V_{GS(3\text{-}M)}$ 不仅包含了 I_G 在 $R_{G(int)}$、$L_{G(pkg\text{-}M)}$ 的压降，还包含了 I_{DS} 在 $L_{S(pkg\text{-}M)}$ 的压降。由上节的测试结果可知，dI_{DS} / dt 较高，$V_{L_{S(M)}}$ 将显著影响 $V_{GS(3\text{-}M)}$，导致测量结果对分析造成误导。

需要注意的是，采用这种利用同型号芯片、不同封装的器件进行对比测试的方式，由于被测的 SiC MOSFET 芯片并不是同一颗，则 SiC MOSFET 芯片参数的差异会影响测试结果，导致对比不严谨。

10.2.2 4in4 和 4in3 对比测试方案

为了解决上述两个问题，我们提出一种在仅使用同一颗 TO-247-4 封装器件的情况下，完成 TO-247-4 封装和 TO-247-3 封装对 SiC MOSFET 电特性影响对比的测试方案，包含 4in4 测试和 4in3 测试两个部分。

1. 4in4 测试

在电路设置方面，跳线电阻 R_1 断开、R_2 短接，主功率回路与 D 引脚和 PS 引脚连接，驱动电路与 D 引脚和 KS 引脚连接，如图 10-12 所示。

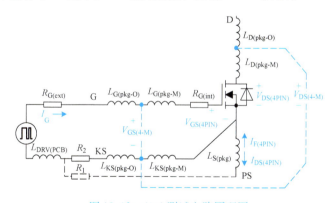

图 10-12 4in4 测试电路原理图

在测量方面，V_{GS} 的测量点为 G 引脚和 KS 引脚，V_{DS} 的测量点为 D 引脚和 KS 引脚。此时电路接线和测试点同使用 TO-247-4 封装器件时相同，将此方法称为 4in4 测试。

其中，$V_{GS(4PIN)}$ 和 $V_{DS(4PIN)}$ 为 4in4 测试中芯片上控制沟道的栅-源电压和实际的漏-源电压，与正常使用 TO-247-4 封装器件时相同，而 $V_{GS(4\text{-}M)}$ 和 $V_{DS(4\text{-}M)}$ 为对应的测量结果，同样遵循式（10-2）和式（10-3）。

2. 4in3 测试

在电路设置方面，跳线电阻 R_1 短接、R_2 断开，主功率回路与 D 引脚和 PS 引脚连接，驱动电路与 G 引脚和 PS 引脚连接，KS 引脚悬空，如图 10-13 所示。

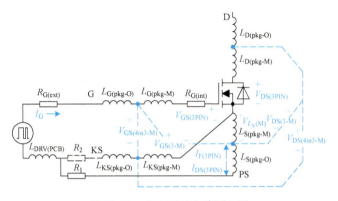

图 10-13 4in3 测试电路原理图

在测量方面，当 V_{GS} 的测量点为引脚 G 和引脚 PS 时，测得 $V_{GS(3-M)}$，与使用 TO-247-3 封装器件时测的结果相同；当 V_{GS} 的测量点为引脚 G 和引脚 KS 时，测得 $V_{GS(4in3-M)}$，可以将 $V_{L_{S(M)}}$ 的影响排除，获得更准确的 V_{GS}；当 V_{DS} 的测量点为 D 引脚和 PS 引脚，测得 $V_{DS(3-M)}$，与使用 TO-247-3 封装器件时测的结果相同；当 V_{DS} 的测量点为 D 引脚和 KS 引脚，测得 $V_{DS(4in3-M)}$，同样将 $V_{L_{S(M)}}$ 的影响排除，获得更准确的 V_{DS}。此电路接线方式是将 TO-247-4 封装器件连接成 TO-247-3 封装的形式工作，将此方法称为 4in3 测试。

$V_{GS(3PIN)}$ 和 $V_{DS(3PIN)}$ 为 4in3 测试中芯片上控制沟道的栅-源电压和实际的漏-源电压，与正常使用 TO-247-3 封装器件时相同，$V_{GS(3-M)}$ 和 $V_{DS(3-M)}$ 遵循式（10-4）和式（10-5），$V_{GS(4in3-M)}$ 和 $V_{DS(4in3-M)}$ 遵循式（10-6）和式（10-7）

$$V_{GS(4in3-M)} = V_{GS(3PIN)} + I_G R_{G(int)} + L_{G(pkg-M)} \cdot dI_G/dt \tag{10-6}$$

$$V_{DS(4in3-M)} = V_{DS(3PIN)} + L_{D(pkg-M)} \cdot dI_{DS(3PIN)}/dt \tag{10-7}$$

利用 4in4 测试和 4in3 测试可以分别获得 TO-247-4 封装器件和 TO-247-3 封装器件的特性，就达到了在主功率回路电感和驱动回路电感基本不变的情况下利用同一颗芯片实验研究 L_S 影响的目的，同时还能够使得对 V_{GS} 和 V_{DS} 不受 $V_{L_{S(M)}}$ 的影响。与此同时，再利用第 5 章中介绍的寄生参数补偿方法能够获得更接近芯片上控制沟道的栅-源电压和实际的漏-源电压。

10.3 对开关过程的影响

10.3.1 开通过程

通过仿真，可以看到在相同的 $R_{G(ext)}$ 下 L_S 对开通波形的影响，仿真波形如

图 10-14 所示。为了简化对开通过程的分析，将驱动回路上的电感忽略，但为了获得更有意义的波形，在进行仿真时将 L_{DRV} 考虑在内。

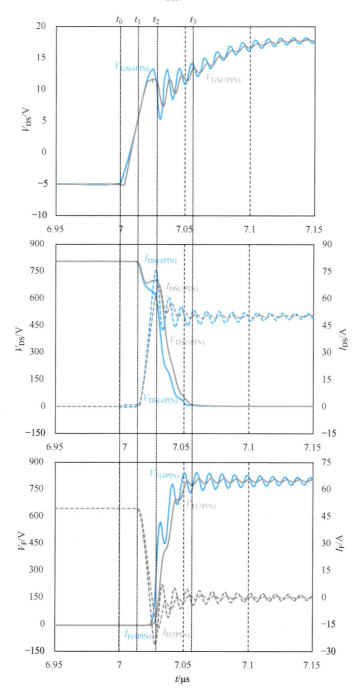

图 10-14　L_S 对开通过程的影响（仿真结果）

（1）$t_1 \sim t_2$

SiC MOSFET 开始导通，I_{DS} 快速上升，在 L_S 上产生上正下负的 V_{L_S}，则 $V_{GS(3PIN)}$ 按照式（10-8）计算

$$V_{GS(3PIN)} = V_{DRV(on)} - R_{G(ext)}I_{G(on)} - L_S \cdot \mathrm{d}I_{DS(3PIN)}/\mathrm{d}t \qquad (10\text{-}8)$$

由式（10-8）可知 V_{L_S} 削弱了 $V_{DRV(on)}$ 的驱动能力，起到了负反馈的作用，使得 $V_{GS(3PIN)} < V_{GS(4PIN)}$。由于在此阶段，SiC MOSFET 处于饱和，故 $I_{DS(3PIN)}$ 的上升速度慢于 $I_{DS(4PIN)}$，进而使得 $V_{DS(3PIN)}$ 的压降小于 $V_{DS(4PIN)}$，同时使得对管体二极管的反向恢复电流也更小。

（2）$t_2 \sim t_3$

由于上一阶段 $I_{DS(3PIN)}$ 的上升速度缓慢、体二极管的反向恢复电流更小，故在此阶段 $I_{DS(3PIN)}$ 的振荡幅度更小，其在 L_{Loop} 上产生的压降也更小，进而使得 $V_{DS(3PIN)}$ 和 $V_{GS(3PIN)}$ 的振荡幅度都被降低了。同时，V_{L_S} 也起到削弱 $V_{GS(3PIN)}$ 振荡的作用。

在此阶段，$V_{GS(3PIN)}$ 的上升速度受 V_{L_S} 的影响很小，故 $V_{DS(3PIN)}$ 与 $V_{DS(4PIN)}$ 的下降速度相当。

（3）$t_3 \sim$

SiC MOSFET 完全导通，$I_{DS(3PIN)}$ 衰减振荡，其振荡幅度小于 $I_{DS(4PIN)}$，则 $V_{DS(3PIN)}$ 的振荡幅度小于 $V_{DS(4PIN)}$，故 $V_{GS(3PIN)}$ 的振荡幅度小于 $V_{GS(4PIN)}$。

利用 4in4 和 4in3 测试得到的波形如图 10-15 所示，$V_{GS(3\text{-}C)}$ 和 $V_{DS(3\text{-}C)}$ 为进行补偿后的结果，L_S 对开通特性的影响如表 10-1 所示，与上述分析和仿真结果吻合。由此可见，L_S 使得 SiC MOSFET 的开通速度明显降低、I_{DS} 的上升速度和体二极管的反向恢复速度变慢。

同时，由于测量点间寄生参数的影响，测量得到的 $V_{GS(3\text{-}M)}$ 和 $V_{GS(4in3\text{-}M)}$ 与芯片上用于控制沟道的 $V_{GS(3PIN)}$ 和 $V_{GS(3\text{-}C)}$ 之间有明显差异，如图 10-16 所示。

可以看到，在使用 TO-247-3 封装器件时，受 $L_{S(pkg\text{-}M)}$ 的影响，测得的 $V_{GS(3\text{-}M)}$ 振荡明显高于 $V_{GS(3PIN)}$ 和 $V_{GS(3\text{-}C)}$，特别是在 $I_{DS(3PIN)}$ 迅速上升阶段 $V_{GS(3\text{-}M)}$ 上出现很高的尖峰，极易对波形分析造成误导。由式（10-9）可知，采用 4in3 测试后可以避免 $L_{S(pkg\text{-}M)}$ 对 $V_{GS(4in3\text{-}M)}$ 的影响，但无法消除 $R_{G(int)}$ 的影响。

$$V_{GS(3\text{-}M)} = V_{GS(4in3\text{-}M)} + L_{S(pkg\text{-}M)} \cdot \mathrm{d}I_{DS(3PIN)}/\mathrm{d}t \qquad (10\text{-}9)$$

综合式（10-4）、式（10-6）和式（10-9）可知，驱动电阻越小、开通电流越大，$V_{GS(3\text{-}M)}$ 与 $V_{GS(4in3\text{-}M)}$ 和 $V_{GS(3\text{-}C)}$ 之间的差别越大，如图 10-17 所示。

10.3.2 关断过程

通过仿真，可以看到在相同的 $R_{G(ext)}$ 下 L_S 对关断波形的影响，仿真波形如图 10-18 所示。为了简化对关断过程的分析，将 L_{DRV} 忽略，但为了获得更有意义的波形，在进行仿真时将 L_{DRV} 考虑在内。

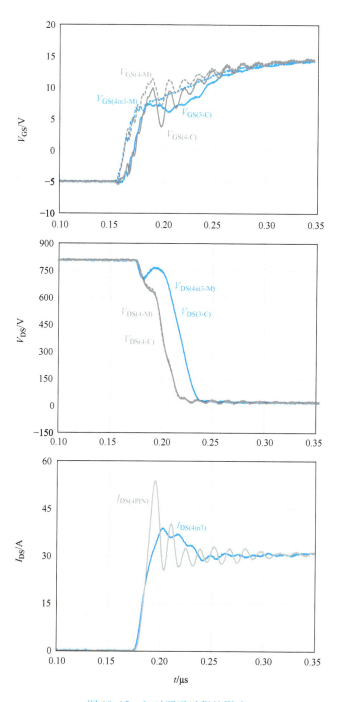

图 10-15　L_s 对开通过程的影响

表 10-1 L_S 对开通特性的影响

	4in4 测量	4in4 补偿	4in3 测量	4in3 补偿
$t_{d(on)}$/ns	15.2	4.1	14.9	4.4
t_r/ns	33.4	34.3	51.5	52.3
I_{spike}/A	53.9	53.9	38.9	38.9
E_{on}/μJ	524.1	523.7	937.8	922.4

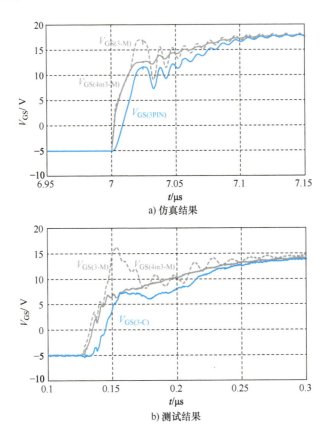

图 10-16 L_S 对开通过程 V_{GS} 测量的影响

（1）$t_1 \sim t_2$

I_{DS} 开始下降，在 L_S 上产生上负下正的 V_{L_S}，削弱了 $V_{DRV(off)}$ 的驱动能力，起到了负反馈的作用，由于此时 $dI_{DS(3PIN)}/dt$ 较小，使得 $V_{GS(3PIN)}$ 只是略微高于 $V_{GS(4PIN)}$，故 $I_{DS(3PIN)}$ 的下降速度略微低于 $I_{DS(4PIN)}$。

（2）$t_2 \sim t_3$

t_2 时刻，$V_{DS(3PIN)}$ 达到 V_{Bus}，对管的二极管开始导通，I_L 快速向对管二极管换

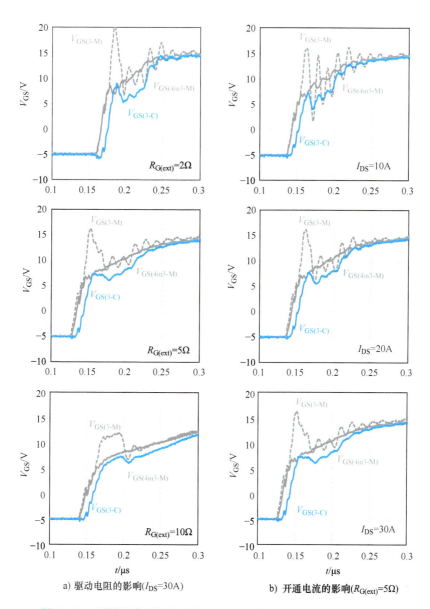

a) 驱动电阻的影响(I_{DS}=30A)   b) 开通电流的影响($R_{G(ext)}$=5Ω)

图 10-17 不同驱动电阻和开通电流下 L_S 对开通过程 V_{GS} 测量的影响

流。相较于上一阶段，$I_{DS(3PIN)}$ 快速下降速度更快，则 V_{L_S} 更大，$V_{GS(3PIN)}$ 明显高于 $V_{GS(4PIN)}$，导致在此阶段 $I_{DS(3PIN)}$ 的下降速度低于 $I_{DS(4PIN)}$，$V_{DS(3PIN)}$ 的上升速度和电压尖峰低于 $V_{DS(4PIN)}$。

（3）$t_3 \sim$

SiC MOSFET 完全处于关断状态，由于上一阶段的作用，$I_{DS(3PIN)}$ 的振荡幅度小

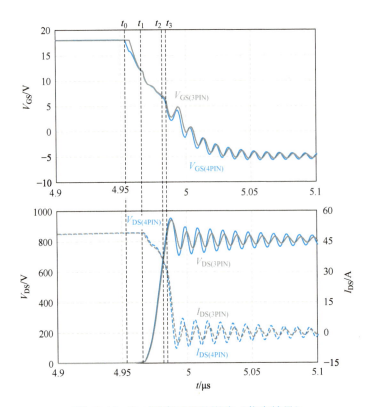

图 10-18　L_S 对关断过程的影响（仿真结果）

于 $I_{DS(4PIN)}$，则 $V_{DS(3PIN)}$ 的振荡幅度小于 $V_{DS(4PIN)}$，$V_{GS(3PIN)}$ 的振荡幅度小于 $V_{GS(4PIN)}$。

利用 4in4 和 4in3 测试得到测试波形如图 10-19 所示，$V_{GS(3-C)}$ 和 $V_{DS(3-C)}$ 为进行补偿后的结果，L_S 对开通特性的影响如表 10-2 所示，与上述分析和仿真结果吻合。由此可见，L_S 使得 SiC MOSFET 的关断速度明显降低、I_{DS} 的下降速度变慢。

同时，由于测量点间寄生参数的影响，测量得到的 $V_{GS(3-M)}$ 和 $V_{GS(3in4-M)}$ 与芯片上用于控制沟道的 $V_{GS(3PIN)}$ 和 $V_{GS(3-C)}$ 之间有明显差异，如图 10-20 所示。

可以看到，在使用 TO-247-3 封装器件时，受 $L_{S(pkg-M)}$ 的影响，测得的 $V_{GS(3-M)}$ 振荡明显高于 $V_{GS(3PIN)}$ 和 $V_{GS(3-C)}$，特别是在 $I_{DS(3PIN)}$ 迅速下降阶段 $V_{GS(3-M)}$ 上出现明显的下跌，极易对波形分析造成误导。由式（10-9）可知，采用 4in3 测试后可以避免 $L_{S(pkg-M)}$ 对 $V_{GS(4in3-M)}$ 的影响，但无法消除 $R_{G(int)}$ 的影响。

综合式（10-4）、式（10-6）和式（10-9）可知，驱动电阻越小、关断开通电流越大，$V_{GS(3-M)}$ 相比 $V_{GS(4in3-M)}$ 和 $V_{GS(3-C)}$ 之间的差别越大，如图 10-21 所示。

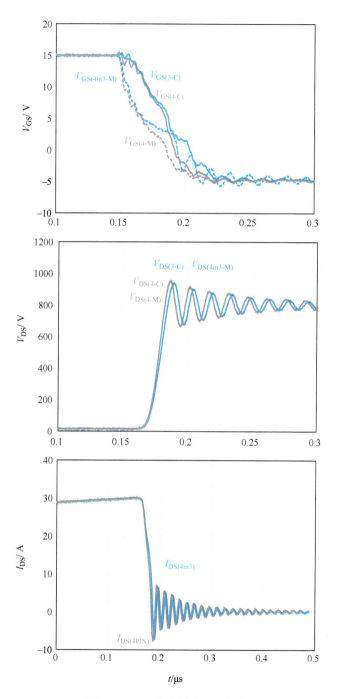

图 10-19　L_{s} 对关断过程的影响

表 10-2　L_S 对关断特性的影响

	4in4 测量	4in4 补偿	4in3 测量	4in3 补偿
$t_{d(off)}$/ns	180.8	180.5	169.4	169.4
t_f/ns	11.5	11.8	12.9	12.9
I_{spike}/A	944.7	956.4	931.6	942.8
E_{off}/μJ	202.3	203.5	220.1	221.3

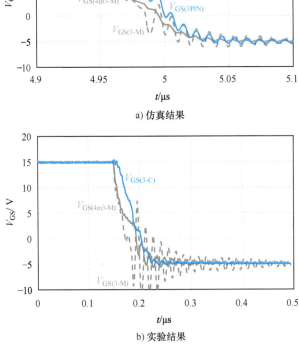

图 10-20　L_S 对关断过程 V_{GS} 测量的影响

10.3.3　开关能量与 dV_{DS}/dt

在相同的 $R_{G(ext)}$ 下进行负载电流扫描测试，开关损耗变化的情况如图 10-22 所示。负载电流越大，L_S 使开关损耗增加得更多。故在相同的 $R_{G(ext)}$ 下，TO-247-4 封装器件的开关速度比 TO-247-3 封装器件更快、开关损耗更低，这似乎能够被看作是 TO-247-4 封装的优势。

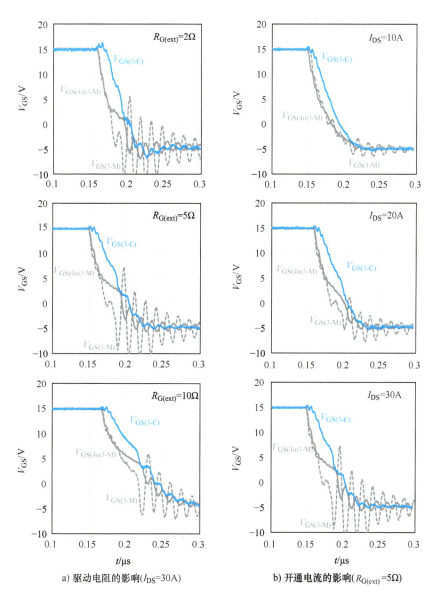

a) 驱动电阻的影响(I_{DS}=30A)　　　b) 开通电流的影响($R_{G(ext)}$=5Ω)

图 10-21　不同驱动电阻和关断电流下 L_s 对关断过程 V_{GS} 测量的影响

SiC MOSFEST 的开关速度受 $R_{G(ext)}$ 的影响非常大，很容易想到，只要将 TO-247-3 封装器件的 $R_{G(ext)}$ 降低到比 TO-247-4 封装器件的 $R_{G(ext)}$ 更小，TO-247-3 封装器件的开关速度会达到甚至超过 TO-247-4 封装器件。但 $R_{G(ext)}$ 最小也就只能降到 0Ω，故相比于 TO-247-3 封装器件，TO-247-4 封装器件能够使器件达到的开关速度极限更快。可惜的是，更高的开关速度极限在实际应用中毫无吸引力，设计电源时需要考虑 EMI 的影响，并不会使器件工作在过快的开关速度下，有时甚至会牺牲开

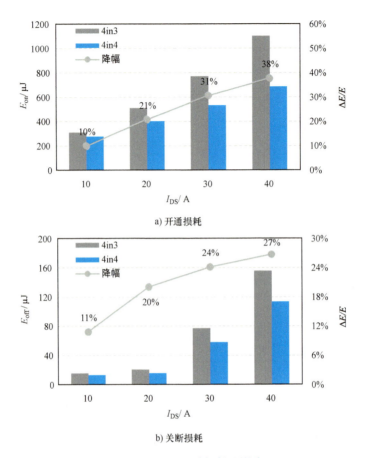

a) 开通损耗

b) 关断损耗

图 10-22　L_S 对开关损耗的影响

关损耗来保证通过 EMI 标准。通常利用器件开关时电压变化率 dV_{DS}/dt 评估 EMI，同时对 SiC MOSFET 特别重要的串扰也受 dV_{DS}/dt 的影响。

不断降低 4in3 测试中时的 $R_{G(ext)}$，开关能量也随之降低，如图 10-23 所示。

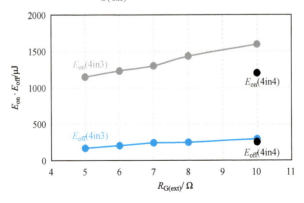

图 10-23　$R_{G(ext)}$ 对开关能量的影响

当 $R_{\mathrm{G(ext)}}$ 为 10Ω 时，4in4 测试中的 E_{on} 和 E_{off} 分别为 $1198\mu\mathrm{J}$ 和 $250\mu\mathrm{J}$，而 4in3 测试中的 E_{on} 和 E_{off} 分别为 $1594\mu\mathrm{J}$ 和 $297\mu\mathrm{J}$。当 $R_{\mathrm{G(ext)}}$ 降为 5Ω 时，4in3 测试中的 E_{on} 和 E_{off} 分别为 $1145\mu\mathrm{J}$ 和 $171\mathrm{J}$。

$R_{\mathrm{G(ext)}}$ 为 10Ω 时 4in4 测试和 $R_{\mathrm{G(ext)}}$ 为 5Ω 时 4in3 测试的开关波形如图 10-24

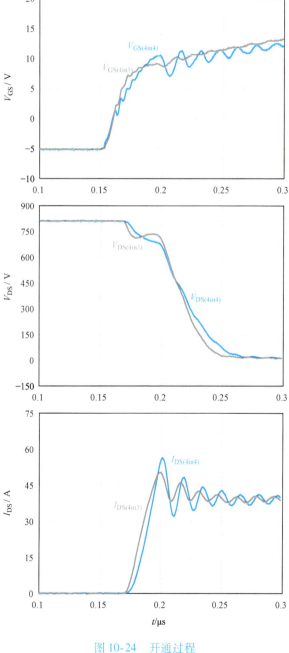

图 10-24　开通过程

和图 10-25 所示。可以看到，在开关过程中，$R_{G(ext)}$ 为 5Ω 时 4in3 测试的 dV_{DS}/dt 更高。这说明不能简单地通过减小 $R_{G(ext)}$ 来减低开关损耗而不带来任何负面影响。

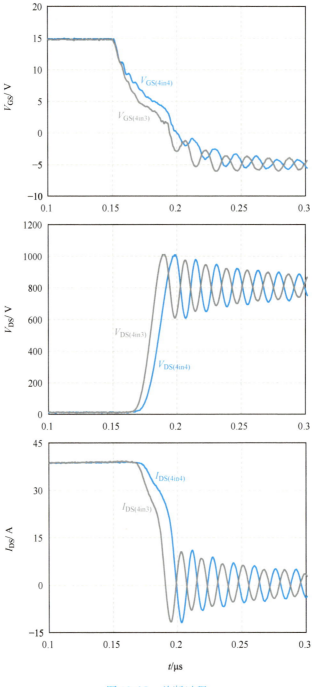

图 10-25　关断过程

而在相同的 $R_{\text{G(ext)}}$ 下，L_{S} 对 $\mathrm{d}V_{\text{DS}}/\mathrm{d}t$ 的影响如图 10-26 所示，数据来源于图 10-22 的测试。对于开通过程，4in3 测试中，计算 $\mathrm{d}V_{\text{DS(on)}}/\mathrm{d}t$ 的起始点分别为开通 V_{DS} 平台结束时刻和 $10\% V_{\text{Bus}}$；4in4 测试中，计算 $\mathrm{d}V_{\text{DS(on)}}/\mathrm{d}t$ 的起始点分别为 $90\% V_{\text{Bus}}$ 和 $10\% V_{\text{Bus}}$。对于关断过程，计算 $\mathrm{d}V_{\text{DS(on)}}/\mathrm{d}t$ 的起始点分别为 $10\% V_{\text{Bus}}$ 和 $90\% V_{\text{Bus}}$。可以看到，4in3 测试和 4in4 测试下的 $\mathrm{d}V_{\text{DS}}/\mathrm{d}t$ 十分接近。

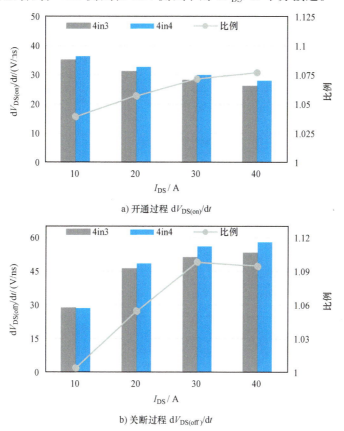

a) 开通过程 $\mathrm{d}V_{\text{DS(on)}}/\mathrm{d}t$

b) 关断过程 $\mathrm{d}V_{\text{DS(off)}}/\mathrm{d}t$

图 10-26　L_{S} 对 $\mathrm{d}V_{\text{DS}}/\mathrm{d}t$ 的影响

提供 TO-247-4 封装 SiC MOSFET 器件的厂商一般仅强调 TO-247-4 封装能够使器件获得更快的开关速度从而降低开关损耗。而综合图 10-22、图 10-23 和图 10-26 中的结果，更加完整的结论应该是：TO-247-4 封装使得器件开关速度更快、开关损耗更低的同时，并不会明显增大 $\mathrm{d}V_{\text{DS}}/\mathrm{d}t$，实现了鱼和熊掌兼得。

10.4　对串扰的影响

以上章节针对 $V_{L_{\text{S}}}$ 对主动开关管的影响进行了讨论，而在其开关过程中，对管上同样存在很高的 $\mathrm{d}I_{\text{DS}}/\mathrm{d}t$，产生的 $V_{L_{\text{S}}}$ 也会影响 V_{GS}，其测量结果如图 10-27 所示。

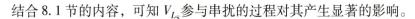

结合 8.1 节的内容，可知 V_{L_S} 参与串扰的过程对其产生显著的影响。

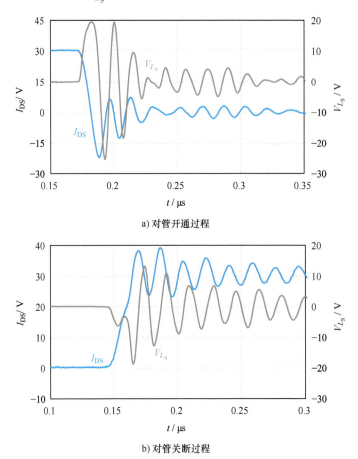

a) 对管开通过程

b) 对管关断过程

图 10-27　对管开关过程中的漏-源极电流 I_{DS} 和共源极电感端电压 V_{L_S}

10.4.1　开通串扰

在第 8 章中对串扰展开研究时是基于开尔文源极封装进行的，I_F 没有参与串扰过程。图 10-28 所示为 4in3 测试开通串扰的电路原理图，与 TO-247-4 封装器件不同，当使用 TO-247 封装器件时，$dI_{F(3PIN)}/dt$ 在 L_S 上产生的压降 V_{L_S} 也参与串扰过程，则 V_{L_S} 和 $V_{GS(3PIN)}$ 为

$$V_{L_S} = (dI_{C_{GS}}/dt + dI_{F(3PIN)}/dt)L_S \tag{10-10}$$

$$V_{GS(3PIN)} = V_{DRV(off)} + R_G I_G + L_{DRV} \cdot dI_G/dt - V_{L_S} \tag{10-11}$$

$$R_G = R_{G(ext)} + R_{G(int)} \tag{10-12}$$

$$L_{DRV} = L_{G(pkg-M)} + L_{G(pkg-O)} + L_{S(pkg-M)} + L_{S(pkg-O)} + L_{DRV(PCB)} \tag{10-13}$$

通过仿真，可以看到 L_S 对开通串扰的影响，仿真波形如图 10-29 所示。可以

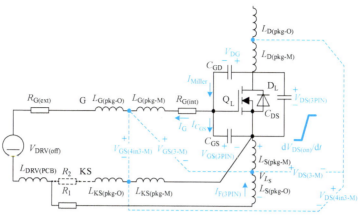

图 10-28　4in3 测试开通串扰电路原理图

看到 L_S 使得开通串扰波形在形态上与 TO-247-4 器件有差异，且向上的尖峰更小。

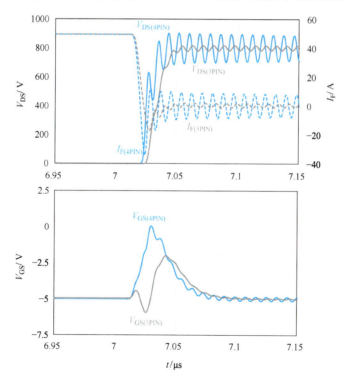

图 10-29　L_S 对开通串扰的影响（仿真结果）

（1）$t_0 \sim t_1$

t_0 时刻，Q_H 开始导通，$I_{F(3PIN)}$ 由负载电流开始迅速下降，同时 $V_{DS(3PIN)}$ 随着 $I_{F(3PIN)}$ 的下降而上升。由式（10-11）可知，$V_{DS(3PIN)}$ 上升对 $V_{GS(3PIN)}$ 起抬升作用，

$I_{F(3PIN)}$ 下降对 $V_{GS(3PIN)}$ 起下拉作用，两者作用方向相反。在此阶段前期，$V_{DS(3PIN)}$ 上升起主导作用，$V_{GS(3PIN)}$ 被抬升高于 $V_{DRV(off)}$；在此阶段后期，$I_{F(3PIN)}$ 下降起主导作用，$V_{GS(3PIN)}$ 下拉低于 $V_{DRV(off)}$。

（2）$t_1 \sim t_2$

t_1 时刻，D_L 开始承受反向电压，$V_{DS(3PIN)}$ 迅速上升，$I_{F(3PIN)}$ 由反向恢复电流回升，在此两者的共同作用下 $V_{GS(3PIN)}$ 被迅速抬升。

（3）$t_2 \sim$

$V_{GS(3PIN)}$ 逐渐回落至 $V_{DRV(off)}$，由于 $V_{DS(3PIN)}$ 达到 V_{Bus} 后为衰减振荡，故 $V_{GS(3PIN)}$ 在回落过程中伴随振荡。

利用 4in4 和 4in3 测试得到测试波形如图 10-30 所示，$V_{GS(3-C)}$ 为进行补偿后的结果。由于测量点间寄生参数的影响，测量得到的 $V_{GS(3-M)}$ 和 $V_{GS(4in3-M)}$ 与芯片上用于控制沟道的 $V_{GS(3-C)}$ 之间有明显差异。可见在使用 TO-247-3 封装器件时测量得到的 $V_{GS(3-M)}$ 会严重误判关断串扰的情况，并且即使利用 4in3 测试，也不能忠实反映关断串扰。

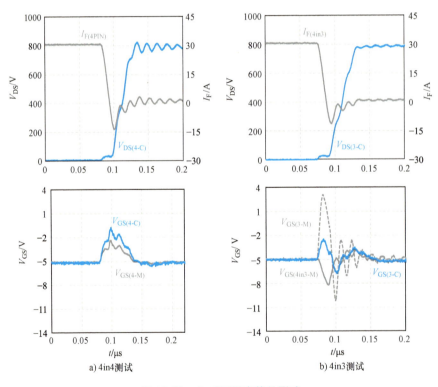

a) 4in4测试　　　　　　　　　b) 4in3测试

图 10-30　L_S 对开通串扰的影响

综合图 10-29 和图 10-30 的结果，可知 L_S 使得开通串扰有所缓解，但在驱动回路电感 L_{DRV}、器件栅电阻 R_G 和 L_S 的共同作用下，使用 TO-247-3 封装器件时无法获得正确形态的串扰波形，同时还会严重高估开通串扰的严重程度。

由 8.3.2 节可知，AMC 能够按照设计发挥作用的前提是正确检测到 SiC MOS-FET 的 V_{GS}。通过上述分析和波形可知，在使用 TO-247-3 封装器件时，AMC 检测到的 $V_{GS(3-M)}$ 与芯片上用于控制沟道的 $V_{GS(3PIN)}$ 之间存在巨大的偏差，将导致 AMC 无法按照预期的设计工作，也无法正确评估使用 AMC 后的效果。图 10-31 所示为

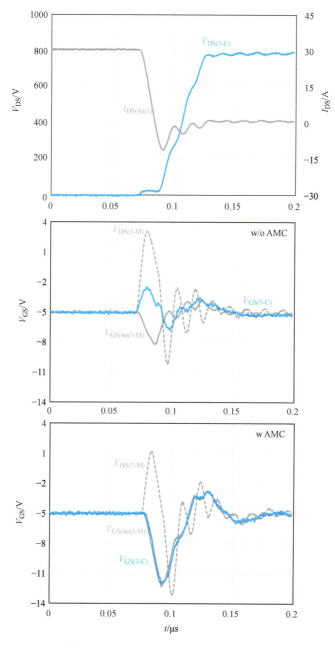

图 10-31　L_S 对开通串扰时 AMC 的影响

使用 AMC 前后的结果，由于没有测得流过 AMC 电路的电流，故无法给出对应的 $V_{\mathrm{GS(3\text{-}C)}}$ 波形。

10.4.2 关断串扰

图 10-32 所示为 4in3 测试关断串扰电路原理图，与 TO-247-4 封装器件不同，当使用 TO-247 封装器件时，$\mathrm{d}I_{\mathrm{F(3PIN)}}$ 在 L_{S} 上产生的压降 $V_{L_{\mathrm{S}}}$ 也参与串扰过程，则 $V_{L_{\mathrm{S}}}$ 和 $V_{\mathrm{GS(3PIN)}}$ 分别为

$$V_{L_{\mathrm{S}}} = (\mathrm{d}I_{\mathrm{DS(3PIN)}}/\mathrm{d}t - \mathrm{d}I_{C_{\mathrm{GS}}}/\mathrm{d}t)L_{\mathrm{S}} \tag{10-14}$$

$$V_{\mathrm{GS(3PIN)}} = V_{\mathrm{DRV(off)}} - R_{\mathrm{G}}I_{\mathrm{G}} - L_{\mathrm{DRV}} \cdot \mathrm{d}I_{\mathrm{G}}/\mathrm{d}t - V_{L_{\mathrm{S}}} \tag{10-15}$$

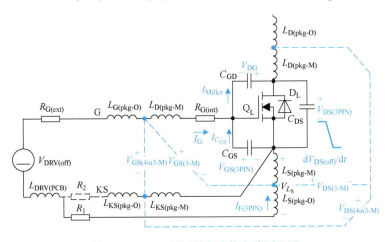

图 10-32　4in3 测试关断串扰电路原理图

通过仿真，可以看到 L_{S} 对关断串扰的影响，仿真波形如图 10-33 所示。可以看到 L_{S} 使得关断串扰波形比 TO-247-4 器件向下的尖峰更小，且在形态上差异较小。

（1）$t_0 \sim t_1$

t_0 时刻，$\mathrm{Q_H}$ 开始关断，$V_{\mathrm{DS(3PIN)}}$ 由 V_{Bus} 迅速降至 V_{F}，同时 $I_{\mathrm{F(3PIN)}}$ 上升。由式（10-14）可知，$V_{\mathrm{DS(3PIN)}}$ 下降对 V_{GS} 起下拉作用，$I_{\mathrm{F(3PIN)}}$ 上升对 $V_{\mathrm{GS(3PIN)}}$ 起抬升作用，两者作用方向相反。在此阶段，$V_{\mathrm{DS(3PIN)}}$ 下降起主导作用，$V_{\mathrm{GS(3PIN)}}$ 被下拉低于 $V_{\mathrm{DRV(off)}}$。

（2）$t_1 \sim$

$V_{\mathrm{GS(3PIN)}}$ 逐渐回落至 $V_{\mathrm{DRV(off)}}$，由于 $V_{\mathrm{DS(3PIN)}}$ 达到 V_{Bus} 后为衰减振荡，故 $V_{\mathrm{GS(3PIN)}}$ 在回落过程中伴随振荡。

利用 4in4 和 4in3 测试得到测试波形如图 10-34 所示，$V_{\mathrm{GS(3\text{-}C)}}$ 为进行补偿后的结果。由于测量点间寄生参数的影响，测量得到的 $V_{\mathrm{GS(3\text{-}M)}}$ 和 $V_{\mathrm{GS(4in3\text{-}M)}}$ 与芯片上用于控制沟道的 $V_{\mathrm{GS(3\text{-}C)}}$ 之间有明显差异。可见在使用 TO-247-3 封装器件时测量得到的 $V_{\mathrm{GS(3\text{-}M)}}$ 会严重误判关断串扰的情况，并且即使利用 4in3 测试，也不能忠实

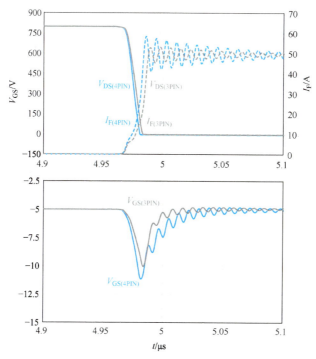

图 10-33　L_s 对关断串扰的影响（仿真波形）

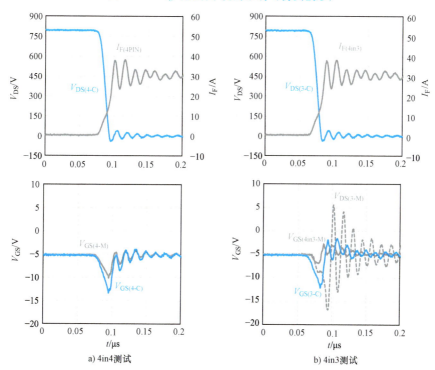

a) 4in4测试　　　　　　　　　　　b) 4in3测试

图 10-34　L_s 对关断串扰的影响

反映关断串扰。

综合图 10-33 和图 10-34 的结果，可知 L_S 使得关断串扰有所缓解，但在驱动回路电感 L_{DRV}、器件栅电阻 R_G 和 L_S 的共同作用下，使得使用 TO-247-3 封装器件时测量得到的 $V_{GS(3\text{-}M)}$ 会严重高估关断串扰的严重程度。

由于相同的原因，在关断串扰时，AMC 无法按照预期的设计工作，也无法正确评估使用 AMC 后的效果。如图 10-35 所示为使用 AMC 前后的结果，由于没有测得

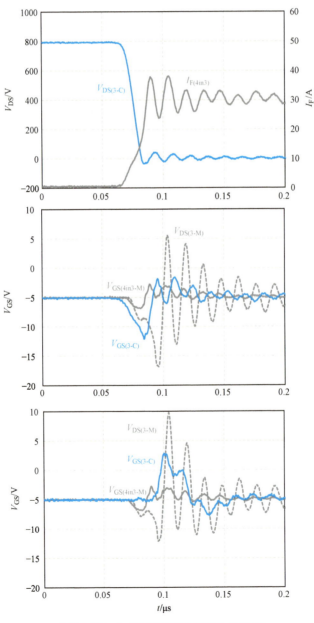

图 10-35　L_S 对关断串扰时 AMC 的影响

流过 AMC 电路的电流，故无法给出对应补偿的 $V_{GS(3-C)}$ 波形。

参 考 文 献

[1] Infineon Technologies AG. TO-247PLUS Description of the Packages and Assembly Guidelines [Z]. Application Note, AN2017-01, Rev. 2. 0, 2017.

[2] KEN SIU, STÜCKLER FRANZ. Practical Design and Evaluation of an 800 W PFC Boost Converter Using TO-247 4pin MOSFET [Z]. Application Note, AN_201409_PL52_012, Rev. 1. 0, Infineon Technologies AG, 2015.

[3] Infineon Technologies AG. CoolMOS™ in ThinPAK 8x8 the New Leadless SMD Package for Cool-MOS™ [Z]. Product Brief, 2019.

[4] Infineon Technologies AG. ThinPAK 8x8 New High Voltage SMD-Package [Z]. Additional Product Information, Rev. 1. 0, 2014.

[5] Infineon Technologies AG. 600 V CoolMOS™ C7 Gold (G7) A Perfect Partnership for Power Applications [Z]. Application Note, AN_201703_PL52_018, Rev. 1. 0, 2017.

[6] Infineon Technologies AG. C7 Gold CoolMOS™ C7 Gold + TOLL = A Perfect Combination [Z]. Application Note, AN_201605_PL52_019, Rev. 1. 1, 2016.

[7] Preimel Stefan. 600 V CoolMOS™ G7 and 650 V CoolSiC™ G6 Come in a New Top-Side Cooling Package-the DDPAK [Z]. Application Note, Rev. 1. 0, Infineon Technologies AG, 2018.

延 伸 阅 读

[1] LI Y, ZHANG Y, GAO Y, et al. Switching Characteristic Analysis and Application Assessment of SiC MOSFET with Common Source Inductance and Kelvin Source Connection [J]. IEEE Transactions on Power Electronics, 2022, 37 (7): 7941-7951.

[2] Infineon Technologies AG. TRENCHSTOP™ 5 IGBT in A Kelvin Emitter Configuration Performance Comparison and Design Guidelines [Z]. Application Note, Rev. 1. 0, 2014.

[3] SCARPA VLADIMIR, SOBE KLAUS. TRENCHSTOP™ 5 in TO-247 4pin Evaluation Board [Z]. Application Note, Rev. 1. 0, Infineon Technologies AG, 2014.

[4] ZOJER BERNHARD. A New Gate Drive Technique for Superjunction MOSFETs to Compensate the Effects of Common Source Inductance [C]. 2018 IEEE Applied Power Electronics Conference and Exposition (APEC), 2018: 2763-2768.

[5] STELLA C G, LAUDANI M, GAITO A, et al. Advantage of the use of an added driver source lead in discrete Power MOSFETs [C]. 2014 IEEE Applied Power Electronics Conference and Exposition (APEC), 2014: 2574-2581.

[6] CRISAFULLI V. A New Package with Kelvin Source Connection for Increasing Power Density in Power Electronics Design [C]. 2015 17th European Conference on Power Electronics and Applications (EPE15 ECCE-Europe), 2015: 1-8.

[7] ZHANG W, ZHANG Z, WANG F, et al. Common Source Inductance Introduced Self-Turn-On in MOSFET Turn-Off Transient [C]. 2017 IEEE Applied Power Electronics Conference and Exposition

（APEC），2017：837-842.

[8] ROHM Co. Ltd. Gate-Source Voltage Behaviour in a Bridge Configuration ［Z］. Application Note, No. 60AN135E，Rev. 001，2018.

[9] ROHM Co. Ltd. Improvement of Switching Loss by Driver Source ［Z］. Application Note, No. 62AN040E，Rev. 001，2019.

第11章

驱 动 电 路

进行驱动电路设计时，需要综合使用器件静态和动态特性、EMI、电路分析、热管理等多方面知识，故是否能够设计性能优异的驱动电路是评判电力电子硬件工程师能力的标准之一。

同时，很多工程师认为 SiC MOSFET 的驱动电路非常难以设计，主要是对其特性不够了解导致的。虽然 SiC MOSFET 相比于 Si IGBT 和 Si MOSFET 的动静态特性有很多不同，但并没有使得驱动电路发生翻天覆地的变化，只是在个别指标上提出了更高的要求。

正是考虑到这一点，我们选择在先前面章节介绍 SiC MOSFET 的特性以及应用中可能遇到的挑战之后，再在本章中专门讨论驱动电路。驱动电压由 SiC MOSFET 的输出特性和栅极耐压共同决定，需要使用到第 3 章的内容；半桥电路中驱动电路需要应对串扰问题，在第 8 章中已经进行了介绍；隔离驱动电路需要应对共模电流问题，在第 9 章中已经进行了介绍；针对共源极电感对驱动过程和串扰及其测量的影响，在第 10 章中已经进行了介绍。由此可见，之前章节的内容虽并不是专门讲驱动电路设计，但是设计好驱动电路的基石。

除过之前章节介绍过关于驱动电路的内容外，本章还将针对驱动电路功能模块、驱动级特性、型号隔离和短路保护进行详细介绍。

11.1　驱动电路基础

11.1.1　驱动电路架构与发展

同 Si MOSET 和 Si IGBT 一样，SiC MOSFET 也属于电压控制型器件，其开关状态由栅-源电压 V_{GS} 决定。通过前面章节的介绍，如果想要控制开关器件，就需要对其输入电容 C_{iss} 充电或放电。在功率变换器中，控制器通过控制算法输出导通或关断指令，即 PWM 信号。由于控制器的电流输出能力很弱，不能直接驱动开关器件，故在控制器和开关器件之间就需要加入特定功能的电路，接收PWM信号并对其进行功率放大完成对开关器件的驱动，这就是驱动电路。

接收PWM信号并进行功率放大是驱动电路的核心功能，即驱动功能，也是其最基本的功能。为了实现此项功能，仅使用分立器件搭建推挽电路即可，这也是驱动电路最初的形式。近几十年来，功率器件、应用场合以及变换器指标都发生了巨大的变化，不断对驱动电路提出了更高的要求。通过不断地研究、创新和实践，驱动电路也取得了长足的发展，拥有众多功能，特性指标也不断提升。

在设计变换器时，综合考虑拓扑、应用场合以及成本，会有针对性地采用不同的驱动方案。小功率消费类产品，如手机充电器，成本压力很大，通常采用非隔离方案，并且不使用各种保护功能；大功率工业产品，如高铁牵引驱动，性能和可靠性要求很高，必须采用隔离方案，同时使用各类保护和检测功能。这就如同选购汽车，汽车能够拥有的功能非常多，顾客会根据自己的需求和预算进行品牌、系列和配置的选择。

按照隔离特性，驱动电路分为非隔离、Level Shift和隔离三种类型。以隔离型驱动电路为例，其电路框架如图11-1所示。

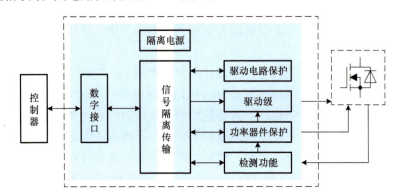

图11-1　隔离驱动电路的构架

（1）数字接口

接收PWM波和反馈驱动状态，具有逻辑处理功能及抗干扰能力。

（2）信号隔离传输

实现控制与功率之间电气隔离，确保人员及设备安全。

（3）驱动级

功率输出，实现对开关器件的驱动。

（4）隔离电源

为隔离驱动的功率侧电路供电。

（5）检测功能

对功率器件的运行情况进行检测，如电流检测、温度检测。

（6）驱动电路保护

对驱动电路的异常情况进行检测及保护，如 UVLO、栅极钳位。

（7）功率器件保护

对功率器件的异常情况进行检测及保护，如过电流保护、过温保护、米勒钳位、有源钳位、软关断和两级关断。

信号隔离传输搭配隔离电源是隔离驱动的主要特征，能够非常方便地驱动半桥拓扑中的上桥臂器件。此外，信号隔离传输搭配 Bootstrap 电路也是一种隔离驱动的方式。另一类常见的上桥臂器件驱动方式是 Level Shift 电路配合 Bootstrap 电路，这种方式通常以双通道驱动 IC 形式出现，故也被称为半桥驱动芯片。

从隔离驱动电路架构可以看出，驱动电路各个功能模块相对独立，根据需求将各功能模块集合起来就构成了完整的驱动电路。在 Si MOSFET 和 Si IGBT 推出的初期，驱动电路设计还在探索阶段，各项功能也是逐步提出的，一般使用分立器件实现。随着驱动电路日趋成熟，功能也基本定型，加上半导体技术的迅猛发展，如今驱动芯片已经成为主流。将数字接口、信号隔离传输、驱动级、检测、保护功能都集成到一颗芯片内，工程师只需添加简单的外围无源器件就可以完成驱动电路设计。

图 11-2 为基于隔离驱动芯片的驱动电路板，可以看到其形式非常简洁，这都得益于多种功能的集成。相比于分立器件方案，降低了设计难度，减小了驱动电路 PCB 的面积，并提高了驱动电路可靠性。

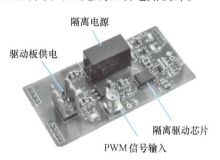

图 11-2　基于隔离驱动
芯片的驱动电路板

驱动芯片集成了大部分功能模块，同时芯片厂商还向工程师提供了外围电路设计方法、参考电路和评估板，驱动芯片选型成为了驱动电路设计的主要工作。工程师在熟悉驱动各功能的原理和指标后，就基本可以较好地完成驱动电路的设计和调试了，大大降低了驱动电路设计的技术门槛。这也正是大多数技术发展的规律：当某项技术趋于成熟时，低成本、低技术门槛的整体集成式解决方案会成为主流。

11.1.2　驱动电路各功能模块

在上节中提到，驱动芯片选型已经成为驱动电路设计的主要工作，故只有对各功能模块的原理和指标有深入认知的情况下，才能做好看似简单的选型工作。驱动电路各功能模块已经比较成熟，在各种资料和书籍中也做过详细的介绍，工程师可以很快完成入门和提升。

SiC MOSFET 对驱动电路没有带来翻天覆地的变化，只是对原有驱动方案的部分功能模块提出了更高的指标要求，将在后续章节进行详细讲解。接下来将对其余功能模块进行简述，搭建完整的驱动电路知识框架。

11.1.2.1　数字接口

传统的 PWM 信号输入端是由 IN 和 GND 两个引脚构成的单端接口，有正反逻辑输出两种形式。近几年，越来越多的驱动芯片采用了差分接口，有 IN+ 和 IN− 两个引脚，输出状态由两个引脚共同决定，其输入-输出关系由表 11-1 给出。差分接口的优点是抗干扰能力强，在使用 SiC MOSFET 这样的高压高速器件时具有非常明显的优势。而由于控制器一般不能直接输出差分信号，需要在控制器与驱动芯片之间使用单端转差分数字接口芯片，这会带来一定成本的增加。

表 11-1　单端、差分接口输入-输出关系

IN+	IN−	OUT
低	×	低
×	高	低
高	低	高

注：×表示不论接高、接低或悬空。

除了差分接法外，利用表 11-1 的输入-输出关系，可以灵活实现单端、差分、高使能、高关断、互锁的功能[1]，如图 11-3 所示。

输入端的高电平阈值电压一般为供电电压的 55% ~ 70%，低电平阈值电压为供电电压的 30% ~ 45%。传统的数字接口多为 + 3.3V、+ 5V 供电，而现在新推出的驱动芯片的数字供电可兼容 + 3 ~ + 18V，当使用高电压供电时，其抗干扰性能得到进一步提升。

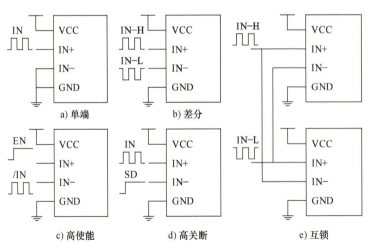

图 11-3　差分数字接口的使用

11.1.2.2　隔离电源

隔离电源为隔离驱动芯片的二次侧（功率侧）电路进行供电，提供所需的电

压及功率。一般其提供的电压就是驱动电压，电压值由使用的功率器件所决定。Si MOSFET 常用的驱动电压为 $+10V/0V$，Si IGBT 常用 $+15V/-9V$。隔离电源的输出功率需满足式（11-1）的功率要求

$$P_{DRV} = P_{DRV(bias)} + P_{DRV(sw)} = I_{CC2(max)}(V_{CC2} - V_{EE}) + \Delta V_{GS} Q_G f_s \qquad (11-1)$$

式中，$P_{DRV(bias)}$ 为驱动芯片的二次侧电路稳态工作所需的功率；$P_{DRV(sw)}$ 为驱动开关器件所需的功率；$I_{CC2(max)}$ 为驱动芯片功率侧最大稳态工作电流；V_{CC2} 和 V_{EE} 为驱动芯片二次侧供电电压，分别对应开通驱动电压 $V_{DRV(on)}$ 和关断驱动电压 $V_{DRV(off)}$；$\Delta V_{GS} = V_{CC2} - V_{EE}$；$Q_G$ 为开关器件栅极电荷；f_s 为开关频率。

隔离电源一般都选用最简单的隔离 DC-DC 拓扑，所需功率较小时采用反激电路或正激电路，所需功率较大时采用半桥电路或推挽电路，如图 11-4 所示。

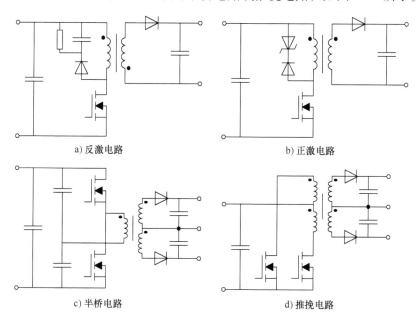

a) 反激电路　　　　　　　　　　　　b) 正激电路

c) 半桥电路　　　　　　　　　　　　d) 推挽电路

图 11-4　驱动隔离电源的常用拓扑

基于成本的考虑，隔离电源一般采用开环方式。对于驱动电压稳定性要求较高的场合会增加额外的稳压电路，常见的方式为使用稳压二极管或 LDO，如图 11-5 所示。

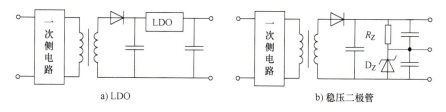

a) LDO　　　　　　　　　　　　　　b) 稳压二极管

图 11-5　驱动隔离电源的稳压方式

除了开环方式，闭环隔离电源为高端应用提供更加稳定、可靠的驱动电压。ROHM 的 BD7F100 为一次侧反馈的反激控制器，ROHM 和 SiliconLab 都推出带有反激控制器的驱动芯片，如图 11-6 所示。

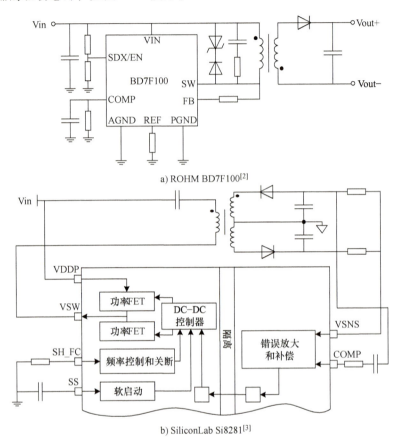

a) ROHM BD7F100[2]

b) SiliconLab Si8281[3]

图 11-6　驱动隔离电源闭环方式

11. 1. 2. 3　Level Shift

图 11-7 所示为一款 Level Shift 半桥驱动芯片内部电路[4]，灰色底纹部分为低压电路，蓝色底纹为高压电路，虚线框内为 Level Shift 电路。利用 Level Shift 电路将以 GND 为参考的脉冲信号转变为以 VEE1 为参考的脉冲信号，实现对高压侧电路的控制。Level Shift 驱动芯片有 P-N JI（P-N Junction Isolated）和 SOI（Silicon on Insulator）两种半导体工艺实现方式。

（1）P-N JI

P-N JI 是一种在集成电路上用反向偏置 p-n 结将电子元件（如晶体管）隔离的方法。使用与衬底掺杂类型相反的半导体材料将晶体管、电阻、电容或其他元器件包围在 IC 上，并将包围材料连接电压使 P-N 结反偏，这样就在元器件周围形成

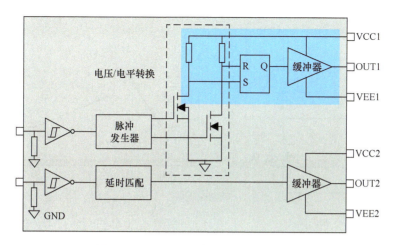

图 11-7　Level Shift 半桥驱动芯片内部电路

了电隔离井，如图 11-8 所示。

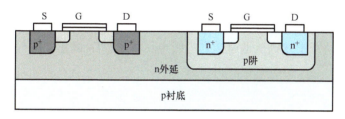

图 11-8　P-N JI

（2）SOI

SOI 是在衬底上覆盖了一层二氧化硅，再在其之上制造元器件。二氧化硅在有源层和衬底之间提供了一个绝缘屏障，防止相邻元件之间的漏电，如图 11-9 所示。

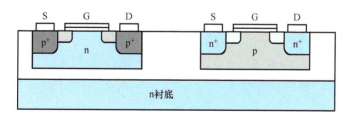

图 11-9　SOI

11. 1. 2. 4　自举电路

自举电路（Bootstrap）用于为半桥电路中上管的驱动电路进行供电[5-6]，包含电阻 R_B、电容 C_B 和二极管 D_B 三个无源器件，如图 11-10 所示。具有简单、低成本的优点，被广泛使用。其工作原理如图 11-11 所示。

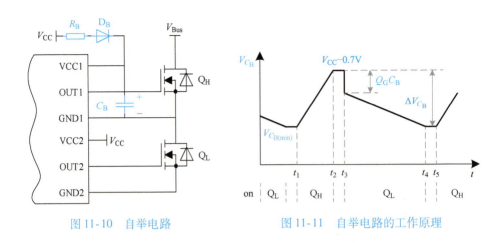

图 11-10　自举电路　　　　　　图 11-11　自举电路的工作原理

（1）$t_1 \sim t_2$

下管 Q_L 导通、上管 Q_H 关断。由于 Q_L 的导通压降很低，故 D_B 导通，V_{CC} 通过 R_B 对 C_B 进行充电，其两端电压 V_{C_B} 不断上升，达到 $V_{CC} - 0.7V$。

（2）t_2

Q_L 关断，桥臂中点电压迅速达到母线电压 V_{Bus}，D_B 截止，C_B 开始为上管驱动电路供电。

（3）$t_2 \sim t_3$

死区时间。

（4）t_3

Q_H 开通，C_B 提供所需的驱动电荷量 Q_G，其两端电压迅速下降 Q_G / C_B。

（5）$t_3 \sim t_4$

Q_H 正常导通，C_B 提供驱动电路正常工作和维持栅极电压的能量，其两端电压缓慢下降至 $V_{C_B(\min)}$。

（6）t_4

Q_H 关断。

（7）$t_4 \sim t_5$

死区时间。

（8）t_5

Q_L 开通，如此往复。

为了避免因驱动电压过低导致导通损耗过大，要求 C_B 电压的最小值不得低于 $V_{C_B(\min)}$，则 C_B 的电压波动 ΔV_{C_B} 为

$$\Delta V_{C_B} = V_{CC} - 0.7 - V_{C_B(\min)} < 0.05(V_{CC} - 0.7) \tag{11-2}$$

一般情况下，死区时间远小于器件的关断或导通时间，则 C_B 的总放电电荷量 Q_{C_B} 为

$$Q_{C_B} = Q_G + I_{G(bias)} t_{on} \qquad (11\text{-}3)$$

其中，Q_G 为被驱动功率器件的栅电荷，$I_{G(bias)}$ 为驱动电路维持开通栅极电压的静态工作电流，t_{on} 为 $t_3 \sim t_4$ 的时间长度。综合式（11-2）和式（11-3），C_B 的容量需满足

$$C_B > Q_{C_B} / \Delta V_{C_B} \qquad (11\text{-}4)$$

为了确保在所有工况下，V_{C_B} 均能在 t_2 之前达到 $V_{CC} - 0.7V$，R_B 的取值需满足

$$R_B < t_{off(min)} / (5C_B) \qquad (11\text{-}5)$$

式中，$t_{off(min)}$ 为 Q_H 的最短关断时间，即 $t_1 \sim t_2$。

需要注意的是，自举电路中二极管 D_B 的反向恢复过程会影响驱动电路的安全并产生大量的热量。为了解决这一问题，SiC 二极管被越来越多地被选择用在自举电路中。

11.1.2.5 有源钳位

当开关器件在过电流或短路状态下进行关断，会产生比在正常工作电流下关断时更高的电压尖峰，第 8 章介绍的方法已经无法有效抑制电压尖峰，此时就需要使用有源钳位电路（Active Clamping）。

有源钳位电路由 TVS 管和快恢复二极管反向串联构成[7]，如图 11-12 所示。其基本原理是，当开关管的关断电压尖峰电压超过 TVS 管的击穿电压时，TVS 被击穿，击穿电流 i_R 流入栅极回路。这样正在下降的栅极电压会被抬升，进而减慢器件的关断速度，从而达到抑制电压尖峰的目的。

为了提升有源钳位的性能，又演化出多种形式的有源钳位电路。将 TVS 管击穿电流反馈给驱动输出级的信号输入，构成改进的有源钳位，如图 11-13 所示。它能够明显提升动态响应速度，使用成本更低的小电流等级的 TVS 管。此电路在 PI 公司 SCALE1 系列驱动中有广泛应用[7]。

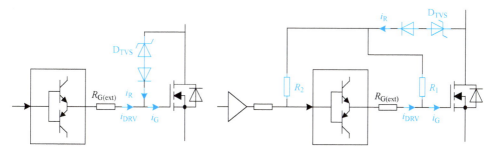

图 11-12　有源钳位电路　　　　图 11-13　改进型有源钳位

检测 i_{AAC} 电流大小，当电流值达到设定值时控制驱动电路对开关管进行缓慢关断，这就是高级有源钳位（Advanced Active Clamping），如图 11-14 所示。此电路的最大优点是 TVS 管的负载很小，工作在额定工作点，所以钳位电压非常稳定。

此电路在 PI 公司 SCALE2 系列驱动和 SIC1182K 驱动芯片中有广泛应用[7]。

增加 TVS 管和开关管组成的并联电路，构成动态有源钳位（Dynamic Advanced Active Clamping），如图 11-15 所示。当开关管开通时和关管后的一段时间内，TD 导通，此时有源钳位门槛电压较低；当开关管关断时，TD 开通，此时有源钳位的门槛电压被提高。这样可以有效解决单一钳位门槛电压下，母线电压向上浮动可能导致开关器件总进入线性区的问题。此电路在 PI 公司 SCALE2 系列驱动中有广泛使用[8]。

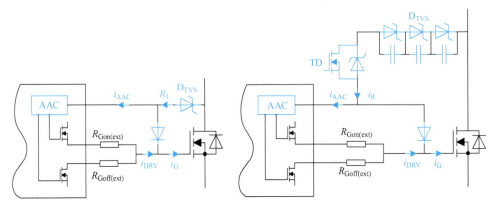

图 11-14　高级有源钳位　　　　　图 11-15　动态有源钳位

11.2　驱动电阻取值

在进行驱动电路设计时，常面临的一个问题是驱动电阻如何取值。在回答这个问题之前，先来看看驱动电阻阻值的改变会带来哪些影响。

如图 11-16 所示为一个典型驱动电路模型，$R_{Gon(ext)}$ 和 $R_{Goff(ext)}$ 分别为外部开通驱动电阻和外部关断驱动电阻，$R_{Gon(DRV)}$ 和 $R_{Goff(DRV)}$ 分别为驱动电路输出级开通驱动内阻和关断驱动内阻，$R_{G(int)}$ 为器件内部栅极电阻，$V_{DRV(on)}$ 和 $V_{DRV(off)}$ 分别为开通驱动电压和关断驱动电压，C_{GD} 为栅-漏电容，C_{GS} 为栅-源电容，L_{DRV} 为驱动回路电感。

11.2.1　对驱动电路的影响

驱动电路对功率器件进行驱动的本质就是对功率器件的 C_{GD} 和 C_{GS} 进行充电或放电，这就要求驱动电路具有相应的电流输出能力。典型的驱动波形如图 11-17 所示，在开通或关断过程中，驱动电流迅速达到峰值，随后缓慢下降；当器件完全导通或关闭后，驱动电压达到给定的开通和关断驱动电压，驱动电流稳定在一个非常小的值以维持驱动电压。

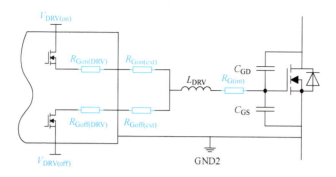

图 11-16 驱动回路模型

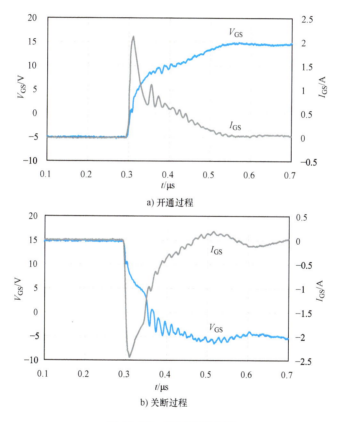

a) 开通过程

b) 关断过程

图 11-17 典型驱动波形

开通驱动峰值电流 $I_{\text{Gon(peak)}}$ 和关断峰值驱动电流 $I_{\text{Goff(peak)}}$ 可以用式（11-6）和式（11-7）估算，由驱动电压和驱动电阻共同决定。驱动电阻越小，所需的驱动电流峰值越大。在设计驱动电路时，所选用驱动芯片的峰值拉电流和峰值灌电流需要满足驱动峰值电流的要求，否则会使开关速度降低，同时还会影响驱动芯片驱动级的寿命。

$$I_{\text{Gon(peak)}} \approx \frac{V_{\text{DRV(on)}} - V_{\text{DRV(off)}}}{R_{\text{G(on)}}} \approx \frac{V_{\text{DRV(on)}} - V_{\text{DRV(off)}}}{R_{\text{Gon(DRV)}} + R_{\text{Gon(ext)}} + R_{\text{G(int)}}} \quad (11\text{-}6)$$

$$I_{\text{Goff(peak)}} \approx \frac{V_{\text{DRV(off)}} - V_{\text{DRV(on)}}}{R_{\text{G(off)}}} \approx \frac{V_{\text{DRV(off)}} - V_{\text{DRV(on)}}}{R_{\text{Goff(DRV)}} + R_{\text{Goff(ext)}} + R_{\text{G(int)}}} \quad (11\text{-}7)$$

在驱动电路驱动级内阻和外部驱动电阻上的功率耗散分别为

$$P_{\text{R}_{\text{Gon(DRV)}}} = \frac{1}{2} Q_{\text{G}} (V_{\text{DRV(on)}} - V_{\text{DRV(off)}}) f_{\text{s}} \frac{R_{\text{Gon(DRV)}}}{R_{\text{Gon(DRV)}} + R_{\text{Gon(ext)}} + R_{\text{G(int)}}}$$

$$(11\text{-}8)$$

$$P_{\text{R}_{\text{Goff(DRV)}}} = \frac{1}{2} Q_{\text{G}} (V_{\text{DRV(on)}} - V_{\text{DRV(off)}}) f_{\text{s}} \frac{R_{\text{Goff(DRV)}}}{R_{\text{Gon(DRV)}} + R_{\text{Gon(ext)}} + R_{\text{G(int)}}}$$

$$(11\text{-}9)$$

$$P_{\text{R}_{\text{Gon(ext)}}} = \frac{1}{2} Q_{\text{G}} (V_{\text{DRV(on)}} - V_{\text{DRV(off)}}) f_{\text{s}} \frac{R_{\text{Gon(ext)}}}{R_{\text{Gon(DRV)}} + R_{\text{Gon(ext)}} + R_{\text{G(int)}}}$$

$$(11\text{-}10)$$

$$P_{\text{R}_{\text{Goff(ext)}}} = \frac{1}{2} Q_{\text{G}} (V_{\text{DRV(on)}} - V_{\text{DRV(off)}}) f_{\text{s}} \frac{R_{\text{Goff(ext)}}}{R_{\text{Gon(DRV)}} + R_{\text{Gon(ext)}} + R_{\text{G(int)}}}$$

$$(11\text{-}11)$$

由此可以看出，驱动电阻的阻值会影响驱动损耗的分布。外部驱动电阻越小，驱动芯片驱动级所承担的损耗越大。在驱动设计时需要考虑驱动功率耗散对驱动芯片工作温度的影响，同时为外部驱动电阻选择满足耗散功率要求的封装。

11.2.2　对功率器件的影响

1）驱动回路是由驱动回路电感 L_{DRV}、器件栅-源电容 C_{GS} 和驱动电阻 R_{G} 构成的二阶电路。在驱动过程中，驱动电阻越小，开关器件的开通和关断速度也就越快，栅极电压振荡也就越严重，如表 11-2、图 11-18 和图 11-19 所示。

表 11-2　驱动电阻对开关特性的影响

$R_{\text{G(ext)}}/\Omega$	2.2	5.1	10	15
$t_{\text{d(on)}}/\text{ns}$	10.6	13.8	23.2	40.8
t_{r}/ns	19.9	35.0	55.7	62.3
$E_{\text{on}}/\mu\text{J}$	77.5	66.0	57.5	53.9
$V_{\text{spike}}/\text{V}$	378.1	632.2	1034.0	1412.0
$t_{\text{d(off)}}/\text{ns}$	15.9	18.2	23.1	31.2
t_{f}/ns	8.5	11.1	16.6	21.8
$E_{\text{off}}/\mu\text{J}$	1030.0	1020.0	968.0	940.0
$I_{\text{spike}}/\text{A}$	131.2	205.2	346.0	485.9

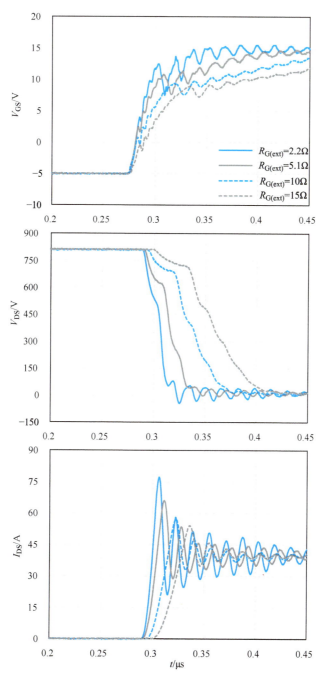

图 11-18 驱动电阻对开通过程的影响

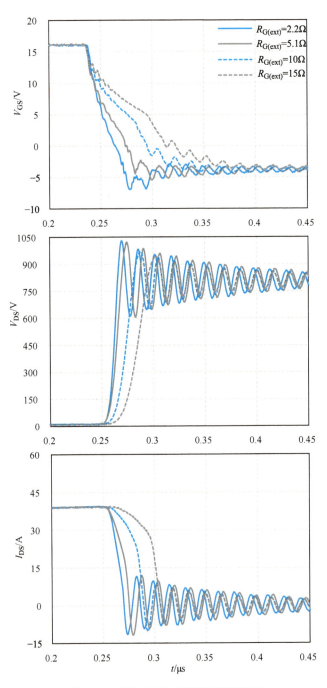

图 11-19　驱动电阻对关断过程的影响

2）根据 7.1 节的介绍，驱动电阻越小，器件关断时 dI_{DS}/dt 越大，则其电压尖峰也就越高。

3）根据 8.2 节的介绍，驱动电阻越小，器件关断时 dV_{DS}/dt 越大，则串扰也越严重。

11.2.3　对变换器的影响

1）根据 3.3.2 节介绍，驱动电阻越小，器件的开关速度越快，开关损耗就越小，变换器效率就越高。

2）驱动电阻越小，dV_{DS}/dt 越大，则变换器面临的 EMI 问题就越严重。

通过以上分析可以看出，驱动电阻取值是多方面因素的平衡。为了降低开关损耗、提高效率、提高功率密度，需要选择较小的驱动电阻。但过小的驱动电阻会导致关断尖峰过大、串扰严重、EMI 恶化、栅极电压振荡严重等后果。

我们在进行变换器设计时，电阻的最大取值需满足变换器的效率指标，驱动电路需要满足驱动峰值电流的要求。同时对由开关速度带来的问题做好优化设计，例如控制主功率换流回路电感、控制栅极驱动回路电感、使用米勒钳位等。当一些问题实在无法解决时，就只能做出妥协，增大驱动电阻了。

11.3　驱动电压

11.3.1　SiC MOSFET 对驱动电压的要求

功率器件驱动电压的选择受到器件栅极耐压、输出特性及其他开关特性的影响。Si 功率器件发展已趋于成熟，各厂商器件的驱动电压也基本一致，Si MOSFET 常用 +10V/0V、+12V/0V，Si IGBT 常用 +15V/ -9V。但 SiC MOSFET 还处于发展阶段，各厂商推荐的驱动电压也不相同。

首先，驱动电压不能超过栅极耐压极限，否则会有栅极击穿的风险。由于在驱动过程中，栅极电压会出现过冲，故需要留有一定余量。各厂商 SiC MOSFET 栅极耐压极限如表 11-3 所示。

表 11-3　各厂商 SiC MOSFET 栅极耐压极限

器件	最大值/V	最小值/V
ROHM 2 代	22.0	-6.0
ROHM 3 代	22.0	-4.0
Wolfspeed 2 代	25.0	-10.0
Wolfspeed 3 代	19.0	-8.0
Infineon	23.0	-7.0
ST	25.0	-10.0
OnSemi	25.0	-15.0
Littelfuse	22.0	-6.0
Microsemi	25.0	-10.0

其次，一款 SiC MOSFET 的输出特性如图 11-20 所示。开通驱动电压 $V_{\text{DRV(on)}}$ 高于 16V 时，器件才完全开通，$R_{\text{DS(on)}}$ 随 $V_{\text{DRV(on)}}$ 升高变化很小。若 $V_{\text{DRV(on)}}$ 取值偏小则会导致 $R_{\text{DS(on)}}$ 偏大，进而造成导通损耗过大。如果 $V_{\text{DRV(on)}}$ 继续偏小，当 $V_{\text{DRV(on)}}$ 小于 13V 时，SiC MOSEET 将工作在 $R_{\text{DS(on)}}$ 为负温度系数区域的区域，从而使得器件无法并联使用。正是由于这些原因，驱动电路中还需要有欠电压保护（UVLO）功能，及时发现驱动电压跌落，确保变换器安全工作。

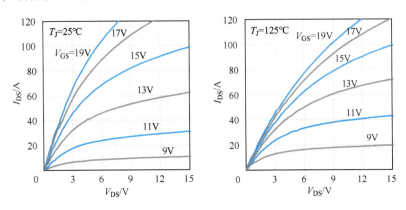

图 11-20   SiC MOSFET 输出特性

另外，根据第 9 章的介绍，SiC MOSFET 开关速度快且 $V_{\text{GS(th)}}$ 较低，故其串扰问题非常严重。此时，选择关断驱动电压 $V_{\text{DRV(off)}}$ 为负压可以降低由开通串扰导致的桥臂直通风险。但另一方面，现阶段 SiC MOSFET 的栅极负压耐压值远不及 Si 器件的 −30V，关断串扰很容易导致栅极电压超限，故 $V_{\text{DRV(off)}}$ 取值又不可过低。

最后，SiC MOSFET 还存在栅氧可靠性问题，对 $V_{\text{DRV(off)}}$ 的选择提出了新的要求。当使用负压进行关断时，随着开关次数的累积，SiC MOSFET 的 $V_{\text{th(GS)}}$ 会逐渐上升，导致 $R_{\text{DS(on)}}$ 上升，从而可能导致器件过热。关断负压越低，$V_{\text{th(GS)}}$ 漂移越严重，故在使用时负压不能过低。针对这一问题，部分 SiC 器件厂商给出了负压选择的推荐值，以确保在给定的使用寿命内由 $V_{\text{th(GS)}}$ 漂移导致的 $R_{\text{DS(on)}}$ 上升在可接受范围[9]。

故在进行驱动电路设计时，需要综合平衡上述四点才能合理确定驱动电压值。

11.3.2　关断负压的提供

1. 双极性驱动芯片

双极性驱动芯片的二次侧有正电源、电源地、负电源 3 个供电引脚，一般分别命名为 V_{CC2}、GND2、V_{EE2}，需对其进行双极性供电。可以用双极性电源直接为驱动芯片供电，也可以在单极性电源的基础上利用稳压二极管提供双极性供电，如图 11-21 所示。当输出为高时，V_{OUT}-GND2 输出 V_{CC2}，即为 $V_{\text{DRV(on)}}$；当输出为低时，V_{OUT}-GND2 输出 V_{EE2}，即为 $V_{DRV(off)}$。

2. 单极性驱动芯片

单极性驱动芯片有正电源、电源地这 2 个供电引脚，在单通道驱动芯片中一般分别命名为 V_{CC2}、GND2。若对其进行单电源供电，则 $V_{DRV(on)}$ 为 V_{CC2}，$V_{DRV(off)}$ 为 0V，不能实现负压关断。

有 3 种方案可以实现单极性驱动芯片的负压关断，如图 11-22 所示。

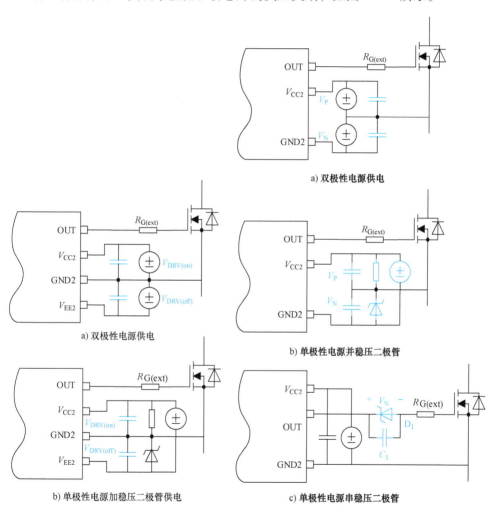

a) 双极性电源供电

a) 双极性电源供电

b) 单极性电源并稳压二极管

b) 单极性电源加稳压二极管供电

c) 单极性电源串稳压二极管

图 11-21 双极性驱动芯片的负压供电电路   图 11-22 单极性驱动芯片的负压供电电路

（1）双极性电源

双极性电源输出为串联的 V_P 和 V_N，使用两者之和为驱动芯片供电，同时将两者的公共点接 SiC MOSFET 的 S 极。当输出为高时，V_{OUT}-GND2 输出 $V_P + V_N$，$V_{DRV(on)}$ 为 V_P；当输出为低时，V_{OUT}-GND2 输出 0V，$V_{DRV(off)}$ 为 $-V_N$，进而实现了

461

负压关断。

（2）单极性电源并稳压二极管

使用稳压二极管将单极性电源输出分割为串联的 V_P 和 V_N，V_N 的大小由稳压二极管决定，使用两者之和为驱动芯片供电，同时将两者的公共点接 SiC MOSFET 的 S 极。与直接使用双极性电源类似，$V_{DRV(on)}$ 为 V_P，$V_{DRV(off)}$ 为 $-V_N$，进而实现了负压关断。

（3）单极性电源串稳压二极管

使用单极性电源 V_{CC2} 为驱动电路供电，在驱动回路中串入稳压二极管 D_1 与并联电容 C_1。当输出为高电平时，V_{OUT}-GND2 输出 V_{CC2}，D_1 两端电压为 V_N，$V_{DRV(on)}$ 为 V_{CC2}-V_N；当输出为低电平时，V_{OUT}-GND2 输出 0V，D_1 两端电压为 V_N，$V_{DRV(off)}$ 为 $-V_N$，实现了负压关断。

11.4　驱动级特性的影响

11.4.1　输出峰值电流

驱动电流峰值可以通过式（11-6）和式（11-7）进行估算，但并不是一个精确值。驱动回路是一个简单的 LCR 串联二阶电路，L_{DRV} 为驱动回路电感，C_{iss} 为器件的输入电容，R_G 为驱动电阻，是驱动级内阻、外部驱动电阻与器件栅极内阻之和。驱动信号是幅值为 V_{DRV} 的阶跃信号，驱动电流为 $i_G(t)$，可以列出以 $i_G(t)$ 为未知数的表达式

$$L_{DRV} \frac{di_G(t)}{dt} + R_G i_G(t) + \frac{1}{C_{iss}} \int i_G(t) \cdot dt = V_{DRV} \tag{11-12}$$

进而得到二阶常系数线性微分方程

$$L_{DRV} \frac{d^2 i_G(t)}{d^2 t} + R_G \frac{di_G(t)}{dt} + \frac{1}{C_{iss}} i_G(t) = 0 \tag{11-13}$$

其阻尼比为

$$\xi = \frac{R_G}{2} \sqrt{\frac{C_{iss}}{L_{DRV}}} \tag{11-14}$$

当 $\xi > 1$ 时，为过阻尼；当 $\xi = 1$ 时，为临界阻尼；当 $\xi < 1$ 时，为欠阻尼。

当 $C_{iss} = 1900pF$、$V_{DRV} = 20V$ 时，驱动峰值电流 $I_{G(peak)}$ 受 R_G 和 L_{DRV} 的影响如图 11-23 所示。当 L_{DRV} 相同时，R_G 越大，$I_{G(peak)}$ 越小；当 R_G 不变时，L_{DRV} 越大，$I_{G(peak)}$ 越小，且 R_G 越小，L_{DRV} 对 $I_{G(peak)}$ 的影响也越大。

11.4.2　BJT 和 MOSFET 电流 Boost

常见驱动电路的驱动级有 BJT 射极跟随电路、P-N MOS 推挽电路和 N-N MOS 推挽电路，如图 11-24 所示。

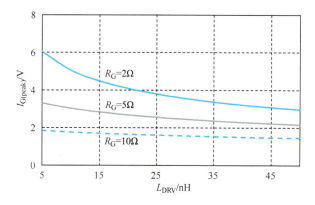

图 11-23　驱动峰值电流

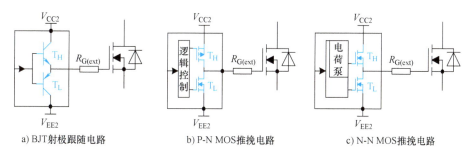

a) BJT 射极跟随电路　　　b) P-N MOS 推挽电路　　　c) N-N MOS 推挽电路

图 11-24　常见驱动级电路

（1）BJT 射极跟随电路

BJT 射极跟随电路由 NPN BJT 上管 T_H 和 PNP 下管 T_L 构成，即我们熟知的乙类功放。当驱动信号为高电平时，T_H 导通、T_L 关断对器件栅极充电，开通器件；当驱动信号为低电平时，T_H 关断、T_L 导通对器件栅极放电，关断器件。

（2）P-N MOS 推挽电路

P-N MOSFET 推挽电路由 P-MOS 上管 T_H 和 N-MOS 下管 T_L 构成，与 BJT 射极跟随电路工作原理类似，T_H 负责开通器件，T_L 负责关断器件。

（3）N-N MOS 推挽电路

N-N MOSFET 推挽电路由 N-MOS 上管 T_H 和 N-MOS 下管 T_L 构成，同样是 T_H 负责开通器件，T_L 负责关断器件。由于上下管均为 N-MOS，则对其控制逻辑是相反的。另外，当 T_H 导通后，其源极电压将接近 V_{CC2}。为了确保 T_H 能够持续导通，需要使用电荷泵，为 T_H 提供足够高的驱动电压。

相比于 MOSFET 驱动级，BJT 驱动级具有很多劣势。由于 BJT 在导通时的饱和压降无法避免，导致实际获得驱动电压都会比供电电压偏低，并非轨至轨驱动。如果在设计驱动电路时忽略这一点，$V_{DRV(on)}$ 偏低会导致导通损耗增加。而 MOSFET 的导通压降很小，为轨至轨驱动。同时，饱和压降也会导致 BJT 在驱动过程中产生的损耗远远大于 MOSFET。而 BJT 驱动级在开关速度上并不处于劣势，甚至开通速度更快，如图 11-25、图 11-26 和表 11-4 所示。

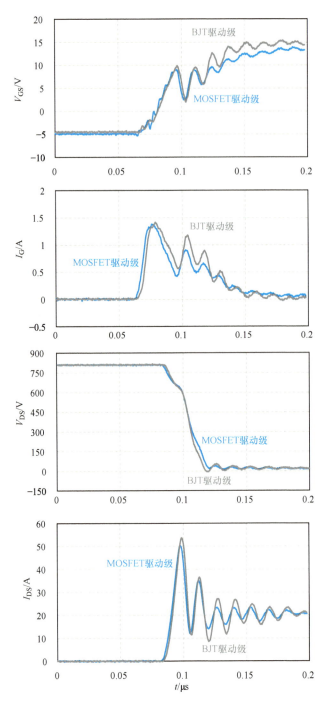

图 11-25　BJT 驱动级和 MOSFET 驱动级对开通过程的影响

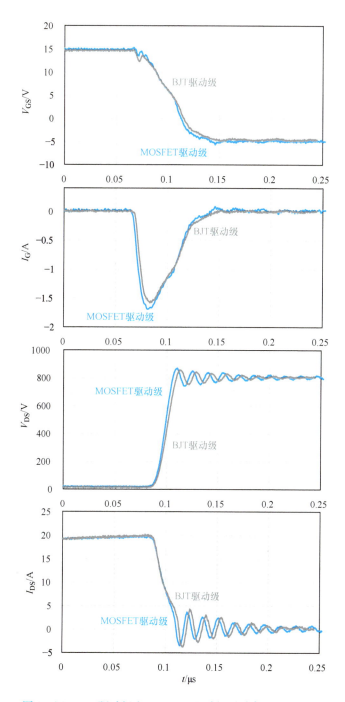

图 11-26 BJT 驱动级和 MOSFET 驱动级对关断过程的影响

表 11-4　BJT 驱动级和 MOSFET 驱动级对开关特性的影响

	MOSFET 驱动级	BJT 驱动级
$t_{d(on)}$/ns	21.2	88.4
t_r/ns	27.7	23.8
I_{spike}/A	50.3	53.6
E_{on}/μJ	375.7	338.7
$t_{d(off)}$/ns	14.1	21.4
t_f/ns	14.2	15.8
V_{spike}/V	871.4	856.5
E_{off}/μJ	66.5	63.0

　　驱动芯片的驱动能力要满足器件对驱动电流的要求，具体对应驱动芯片的峰值拉电流（Peak Source Current）和峰值灌电流（Peak Sink Current）。当驱动电流的要求超过驱动芯片驱动能力时，特别在大功率应用场合，就需要在驱动芯片外增加一级驱动能力更强的驱动级电路。我们将此类电路称为电流 Boost，有 BJT 电流 Boost 和 MOSFET 电流 Boost 两种[10]。BJT 电流 Boost 为 BJT 射极跟随电路，能够直接被驱动芯片驱动，获得了广泛的应用。而常规驱动芯片直接驱动 P-N MOS 推挽电路时会导致 P-N MOS 桥臂直通，直接驱动 N-N MOS 推挽时无法使上管持续导通，故 MOSFET 电流 Boost 并不如 BJT 电流 Boost 常见。

　　为了发挥 MOSFET 驱动级优异的驱动特性，已经有厂商推出了具有 MOSFET 电流 Boost 接口的驱动芯片。

　　AVAGO ACPL-339J[11] 具有特殊的输出级结构和时序控制，如图 11-27 所示。当控制信号由高电平变为低电平时，V_{OUTP} 由低电平变为高电平，当超过 V_{CC2}-$V_{th(TH)}$ 时，T_H 由开通变为关断；随后 V_{OUTN} 由低电平变为高电平，当超过 V_{EE2} + $V_{th(TL)}$ 时，T_L 由关断变为开通，将器件关断；T_L 开通与 T_H 关断之间有延时 t_{NLH}，避免 P-N MOS 推挽桥臂直通。当控制信号由低电平变为高电平时，T_L 首先关断，延时 t_{NHL} 之后 T_H 再关断，将器件开通。

　　PI SID1102K[12] 具有 N-N MOS 推挽输出结构，同时将其 N-N MOS 推挽的驱动信号通过引脚引出，用于对 N-N MOS 电流 Boost 的驱动，如图 11-28 所示。

11.4.3　米勒斜坡下的驱动能力

　　通过上节的分析，得到了 BJT 驱动级和 MOSFET 驱动级的区别。那么在同样是 MOSFET 驱动级的情况下，不同的驱动芯片的驱动效果是否一样呢？

　　研究这个问题的前提是驱动芯片驱动级满足峰值驱动电流的需求，只有在此条件下的讨论才是合理、有效的。SiC MOSFET 的 $R_{G(int)}$ 为 4Ω，选择 $R_{G(ext)}$ 为 5.1Ω，驱动电压为 +15/−5V，则峰值驱动电流需求不会超过 2A。我们选择 4 款适合 SiC MOSFET 的驱动芯片，其最大电流输出能力均大于 2A，如表 11-5 所示。

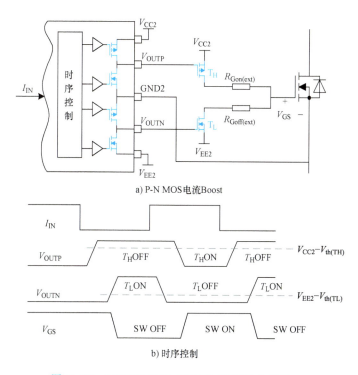

a) P-N MOS电流Boost

b) 时序控制

图 11-27 AVAGO ACPL-339J P-N MOS 电流 Boost

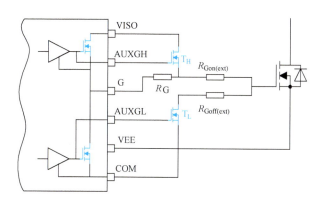

图 11-28 PI SID1102K N-N MOS 电流 Boost

表 11-5 驱动芯片驱动能力

型号	输出峰值电流/A		输入峰值电流/A	
	最小值	典型值	最小值	典型值
A	2.2	3	3.4	5
B	4	9	2.4	3
C		7.1		7.8
D	10	17	10	17

分别使用 4 款驱动芯片对同一颗 SiC MOSFET 进行测试，其对应的开关波形有一定的区别，如图 11-29 和图 11-30 所示。由于开关波形的差异，导致在均满足理

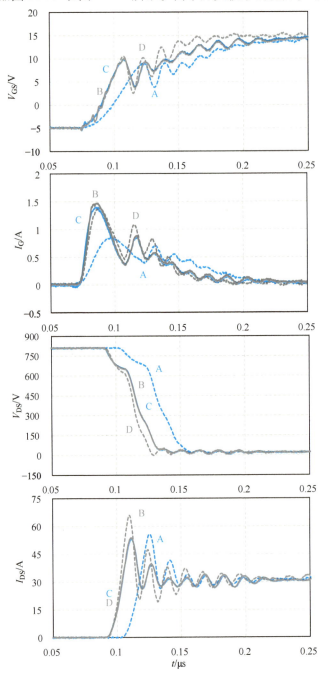

图 11-29　不同驱动芯片下开通过程

论驱动电流要求的驱动芯片下 SiC MOSFET 的开关特性存在差异，如表 11-6 所示。同时，结合表 11-5 可知，实际的开关损耗排序和大小比例与数据手册给出的驱动电流峰值大小排序并不一致。

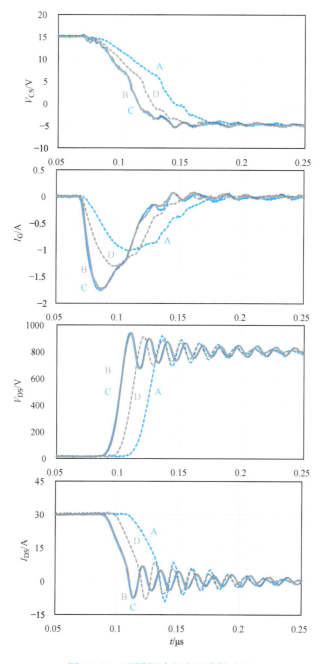

图 11-30　不同驱动芯片下关断过程

在图 11-29 和图 11-30 中给出 I_G 波形，可以看到使用不同驱动芯片时的 I_G 存在明显的差异，这是导致开关特性不同的根本原因。故仅仅参考数据手册中的驱动峰值电流并不能正确地评估驱动芯片的驱动能力及对开通特性的影响，在对 SiC MOSFET 进行驱动的过程中能够提供的驱动电流应该得到足够的重视，这受到驱动级 MOSFET 输出特性的影响。

表 11-6　不同驱动芯片对开关特性的影响

驱动芯片	A	B	C	D
$t_{d(on)}$/ns	34.2	20.9	20.8	21.4
t_r/ns	36.2	33.4	27.2	33.4
I_{spike}/A	56.0	53.4	65.9	53.9
E_{on}/μJ	650.3	510.0	474.9	504.7
$t_{d(off)}$/ns	20.8	8.3	15.4	12.0
t_f/ns	16.2	11.6	13.7	11.7
V_{spike}/V	922.3	944.9	917.4	943.8
E_{off}/μJ	142.8	111.3	105.2	108.8

11.5　信号隔离传输

11.5.1　隔离方式

通过隔离，我们可以避免不同电路系统间的电气连接，阻断它们之间的电流流通，同时又能实现了功率或信号的传递。这样可以起到保护操作人员和使低压电路免受高电压影响、防止系统间的地电位差、提高抗干扰能力的作用。

在功率变换器中，隔离技术被广泛使用，例如隔离采样、隔离拓扑一次侧和二次侧信号传输、隔离驱动等。隔离驱动将低压控制电路和高压功率电路进行隔离，既可以保障人员和设备的安全，又能方便地实现对半桥电路中上管进行驱动。应用在驱动电路上的隔离技术主要有：光纤、脉冲变压器、光耦、磁隔离、容隔离。

1. 光纤

光纤是一种由玻璃或塑料制成的纤维，光在其内部进行全反射传输，故其可作为光传导工具。在使用时，发射装置利用 LED 将电信号转化为光信号，将光脉冲传送至光纤，在光纤的另一端的接收装置使用光敏元件检测脉冲，将光信号转换为电信号，如图 11-31 所示。

光纤绝缘能力好、稳定性高、抗干扰能力强，但成本高、传输延时大，常用于 3.3kV 及以上功率器驱动中。主要供应商有 Broadcom、Honeywell、Optek 等。

a) 光纤线缆　　　　　　　　　b) 光纤接发器

图 11-31　光纤

2. 脉冲变压器

脉冲变压器是一个带磁心的变压器，早期驱动电路普遍采用这一隔离方式。其特点是成本低、绝缘性能好，但占 PCB 面积较大，当需要传递多路信号时这一问题更加突出，如图 11-32 所示。

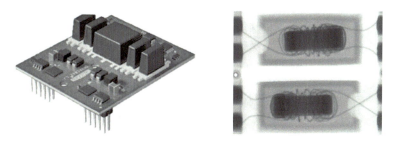

图 11-32　脉冲变压器

3. 光耦

与光纤相同，光耦也是通过光电转换完成隔离的，不同的是光耦将发送端、光传输通路、接收端都集成在了一个小封装内。光耦的结构如图 11-33 所示，其发送端和接收端芯片焊接在分体式引线架上，在它们之间被分开一段距离，并使用了透明的绝缘屏蔽层以减小隔离电容。

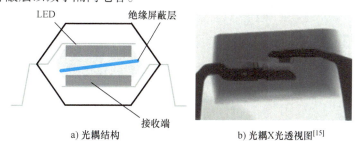

a) 光耦结构　　　　　　　　　b) 光耦X光透视图[15]

图 11-33　光耦

相比于光纤和脉冲变压器，光耦的体积明显更小，但是由于一、二次侧物理间隔较大，其绝缘能力也不错。因为其仍需进行光电转换，故其传输延时和功耗仍然较高。另外光耦还有光衰效应，光强随着使用时间变长而衰减，影响使用寿命。光耦的主要供应商有 Broadcom、TOSHIBA、Vishay 等。

4. 无铁心变压器

无铁心变压器是一个没有磁心的变压器，与脉冲变压器最大的不同是其线圈是做在半导体结构中的，一、二次线圈靠得很近，通过在它们之间填充二氧化硅或有机材料完成绝缘，如图 11-34 所示。

无核磁隔离可以轻松实现对多路信号隔离且占 PCB 面积小，并且传输延时小、功耗低。采用无核磁隔离技术的驱动芯片供应商有 Infineon、ADI、ONSemi、RO-HM、Broadcom、ST、Power Integration 等。

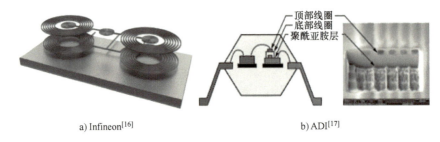

a) Infineon[16]　　　　　　　　b) ADI[17]

图 11-34　无铁心变压器结构

5. 电容隔离

与无铁心变压器相同，电容隔离也是在半导体结构中实现的，电容的两个极板垂直摆放，在它们之间填充二氧化硅作为电介质，如图 11-35 所示。容隔离与无铁心变压器隔离各方面特性接近，采用容隔离技术的驱动芯片供应商有 TI、SiliconLab 等。

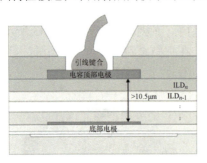

图 11-35　容隔离结构[18]

11.5.2　安规与绝缘

在功率变换器中，通常存在高压电路部分（如主功率电路）和低压电路部分［如驱动、控制和归类于安全超低电压（Safety Extra Low Voltage，SELV）的人机界面（Human-Machine Interaction，HMI）］。为了满足安全标准，防止人身受到电击伤害并保障不同电压等级的电路能正常工作，就必须采用绝缘措施对高低压电路之间（或称为一次侧和二次侧）实施符合安规标准的电气隔离。隔离驱动芯片作为高低压电路的接口，需要达到实际应用场景对应的安规标准所要求的绝缘能力。

11.5.2.1　隔离驱动芯片绝缘能力

驱动芯片的绝缘能力分为内部绝缘和外部绝缘两部分。内部绝缘能力主要由内部隔离材料和贯通隔离距离（Distance Through Insulation，DTI）决定，体现为驱动芯片的绝缘参数。常用的绝缘材料有聚酰亚胺和二氧化硅，有部分厂商在数据手册中也提供了贯通隔离距离。外部绝缘能力由封装尺寸和封装材料决定，体现为爬电距离和电气间隙这两个安规距离。

1. 绝缘参数

隔离驱动芯片的绝缘参数由相关标准定义如表 11-7 所示。

表 11-7　隔离器相关标准

IEC 60747-5-5	Semiconductor Devices-Discrete Devices-Part 5-5：Optoelectronicdevices-Photocouplers
IEC 60747-17	Semiconductor devices-Discrete devices-Part 17：Magnetic and capacitive coupler for basic and reinforced isolation
VDE 0884-5-5	Semiconductor devices-Discrete devices-Part 5-5：Optoelectronic devices-Photocouplers
VDE 0884-10	Semiconductor devices-Magnetic and capacitive couplers for safe isolation
VDE 0884-11	Semiconductor devices Part 11：Magnetic and capacitive coupler for basic and reinforced isolation
UL1577	Standard for Safety for Optical Isolators

表 11-8 所示为一款隔离驱动芯片数据手册中绝缘参数的相关信息。

表 11-8　隔离驱动芯片数据手册绝缘参数示例

PARAMETER	TEST CONDITIONS	VALU	UNIT
V_{IORM}	AC voltage（bipolar）	2121	V_{PK}
V_{IOWM}	AC voltage（sine wave）Time dependent dielectric breakdown（TDDB）test	1500	V_{RMS}
	DC voltage	2121	V_{DC}
V_{IOTM}	$V_{TEST} = V_{IOTM}$；$t=60s$（qualification）；$t=1s$（100% production）	8000	V_{PK}
V_{IOSM}	Test method per IEC 60065，1.2/50μs waveform，$V_{TEST}=1.6V_{IOSM}=12800V_{PK}$（qualification）	8000	V_{PK}
V_{ISO}	$V_{TEST}=V_{ISO}=5700V_{RMS}$，$t=60s$（qualification）；$V_{TEST}=1.2V_{ISO}=6840V_{RMS}$，$t=1s$（100% production）	5700	V_{RMS}

以下是表 11-8 中绝缘参数的定义，具体测试方法请参考相关标准[20-21]。

（1）V_{IORM}（Maximum Repetitive Peak Isolation Voltage）

V_{IORM}是最大重复峰值隔离电压，指隔离驱动芯片能承受的可重复性最大峰值电压。在应用中，一般要求器件实际承受的最大耐压尖峰不超过V_{IORM}。

（2）V_{IOWM}（Maximum Working Isolation Voltage）

V_{IOWM}是最大工作隔离电压，指在承诺的寿命内，隔离驱动芯片在长期工作时能承受的最高电压有效值。在应用中，一般对应被驱动电压承受的最高耐压有效值，如在半桥拓扑中对应最高母线电压。

（3）V_{IOTM}（Maximum Transient Isolation Voltage）

V_{IOTM}是最大瞬态过电压，指隔离芯片在1min内能承受的最大瞬态过电压。一些情况下可以使用V_{IOTM}来判断驱动芯片是否满足系统过电压的要求。

（4）V_{IOSM}（Maximum Surge Isolation Voltage）

V_{IOSM}是最大浪涌电压，表示隔离驱动芯片承受指定瞬态特性的极高压脉冲的能力。一些情况下可以使用V_{IOSM}来判断驱动芯片是否满足系统抗浪涌的要求。

（5）V_{ISO}（Maximum Withstanding Isolation Voltage）

V_{ISO}是最大耐受隔离电压，指隔离驱动芯片在1min内能承受的最高有效值电压。

2. 安规距离

当驱动芯片一、二次侧电压差过大时，将导致封装绝缘材料发生极化，呈现导电性从而导致绝缘失效。当一、二次侧耐压一定时，为了降低电场强度，隔离驱动芯片一、二次侧沿封装表面的距离必须足够大。爬电距离是指沿绝缘表面测量的两个导电部件之间的最短路径，隔离驱动芯片的爬电距离如图11-36a所示。驱动芯片的爬电距离需要大于等于系统的要求，受相对漏电起痕指数（CTI，Comparative Tracking Index）、污染等级和工作电压的影响，具体由相关标准规定[22-23]。

当驱动芯片一、二次侧的电压差过大时，将导致空气击穿，进而导致绝缘失效。当一、二次侧耐压一定时，为了降低电场强度，隔离驱动芯片一、二次侧的空间距离必须足够大。电气间隙是指两个导电部件之间的最短空间距离，隔离驱动芯片的电气间隙如图11-36b所示。驱动芯片的电气间隙需要大于等于系统的要求，受系统电压大小、过电压等级、海拔和污染等级的影响，具体由相关标准规定[22-23]。

a) 爬电距离　　　　b) 电气间隙

图11-36　隔离驱动芯片安规距离

表 11-9 给出隔离驱动芯片常用封装的爬电距离和电气间隙。

表 11-9 常用封装爬电距离和电气间隙

	爬电距离/mm	电气间隙/mm
SOIC8-D	4	4
SOIC8-DWV	8.5	8.5
SOIC16-DW	8	8
eSOP-R16B	9.5	9.5

11.5.2.2 绝缘设计

进行绝缘设计遵循由系统到元件的顺序，具体步骤如下：

1. 第一步：确定绝缘类型

根据系统电路类型和绝缘位置确定绝缘类型，包括基本绝缘和加强绝缘。基本绝缘是指提供基本电击防护的绝缘类型，加强绝缘是提供相当于双重基本绝缘的电击防护等级的单一绝缘类型。

2. 第二步：确定系统信息

需要确定的系统信息包括：系统电压、过电压等级、污染等级、海拔及需要遵循的安规标准等。系统电压与电力系统有关；过电压等级按照设备如何与交流电源连接以及抗浪涌能力来分类；污染等级按照导电的或吸湿的尘埃、游离气体或盐类和相对湿度的大小，以及由于吸湿或凝露导致表面介电强度或电阻率下降事件发生的频度进行分级；需要遵守的安规标准根据系统应用领域和使用地确定。

3. 第三步：确定安规要求

根据前两步确定的信息，依照安规标准确定爬电距离、电气间隙以及对隔离驱动芯片隔离参数的要求。

以电机驱动系统为例，采用三相全桥拓扑，要求驱动电路具有基本绝缘，遵循设计标准为 IEC 61800-5-1[24]，系统信息如表 11-10 所示。

表 11-10 电机驱动系统信息

功率模块电压	1200V
最大直流母线电压	800V
海拔	2000m
污染等级	2
过电压等级	II

模块电压为 1200V，由此计算的系统电压为 849V（0.707 × 1200V），由表 11-11 查得在过电压等级 II 下基本绝缘的浪涌电压为 6000V，进而由表 11-12 查得污染等级 2 下的空气间隙为 5.5mm。最大母线电压为 800V，可将其视为工作电压，则由表 11-13 查得在工作电压 800V、污染的等级 2、I 类绝缘材料下，爬电距离为 4.0mm。在海拔 2000m 时，无需对上述安规距离进行修正。

表 11-11　IEC 61800-5-1 Table 7 低压电路的绝缘电压

Column 1	2	3	4	5	6
System voltage (4.3.6.2.1) (V)	Impulse voltage（V） Overvoltage category				Temporary overvoltage （crest value／r. m. s.） （V）
	I	II	III	IV	
<50	330	500	800	1500	1770/1250
100	500	800	1500	2500	1840/1300
150	800	1500	2500	4000	1910/1350
300	1500	2500	4000	6000	2120/1500
600	2500	4000	6000	8000	2550/1800
1000	4000	6000	8000	12000	3110/2200

表 11-12　IEC 61800-5-1 Table 9 空气间隙

Column 1	2	3	4	5	6
Impulse voltage (Table 7, Table 8, 4.3.6.3)	Temporary overvoltage （crest value） for determining insulation between surroundings and circuits or Working voltage （recurring peak） for determining functional Insulation	Working voltage （reurring peak） for determining Insulation between surroundings and circuits	Minimum elearance （mm）		
			Pollution degree		
			1	2	3
（V）	（V）	（V）			
N/A	≤110	≤71	0.01	0.2	0.80
N/A	225	141	0.01	0.20	0.80
330	340	212	0.01	0.2	0.80
500	530	330	0.04	0.20	0.80
800	700	440	0.10	0.20	0.80
1500	960	600	0.5	0.50	0.80
2500	1600	1000	1.5		
4000	2600	1600	3		
6000	3700	2300	5.5		
8000	4800	3000	8		
12000	7400	4600	14		
20000	12000	7600	25		

表 11-13　IEC 61800-5-1 Table 10 爬电距离

Column 1	2	3	4	5	6	7	8	9	10	11	12
Working voltage (r. m. s.) (V)	PWBs″ Pollution degree		Other Insulators Pollution degree								
	1	2	1	2				3			
	b	c	b	Insulating material group				Insulating material group			
				I	II	IIIa	IIIb	I	II	IIIa	IIIb
<2	0.025	0.04	0.056	0.35	0.35	0.35		0.87	0.87	0.87	
5	0.025	0.04	0.065	0.37	0.37	0.37		0.92	0.92	0.92	
10	0.025	0.04	0.08	0.4	0.4	0.4		1	1	1	
25	0.025	0.04	0.125	0.5	0.5	0.5		1.25	1.25	1.25	
32	0.025	0.04	0.14	0.53	0.53	0.53		1.3	1.3	1.3	
40	0.025	0.04	0.16	0.56	0.8	1.1		1.4	1.6	1.8	
50	0.025	0.04	0.18	0.6	0.85	1.2		1.5	1.7	1.9	
63	0.04	0.063	0.2	0.63	0.9	1.25		1.6	1.8	2.0	
80	0.063	0.10	0.22	0.67	0.95	1.3		1.7	1.9	2.1	
100	0.1	0.16	0.25	0.71	1.0	1.4		1.8	2.0	2.2	
25	0.2	0.3	0.3	0.8	1.1	1.5		1.9	2.1	2.4	
160	0.3	0.4	0.3	0.8	1.1	1.6		2.0	2.2	2.5	
200	0.40	0.6	0.4	1.0	1.4	2.0		2.5	2.8	3.2	
250	0.6	1.0	0.6	1.3	1.8	2.5		3.2	3.6	4.0	
320	0.8	1.6	0.8	1.6	2.2	3.2		4.0	4.5	5.0	
400	1.0	2.0	1.0	2.0	2.8	4.0		5.0	5.6	6.3	
500	1.3	2.5	1.3	2.5	3.6	5.0		6.3	7.1	8.0	
630	1.8	3.2	1.8	3.2	4.5	6.3		8.0	9	10.0	
800	2.4	4.0	2.4	4.0	5.6	8.0		10.0	11	12.5	e
1000	3.2	5.0	3.2	5	7.1	10.0		12.5	14	16	e
1250	4.2	6.3	4.2	6.3	9.0	12.5		16	18	20	e
1600			5.6	8.0	11	16		20	22	25	e
2000	1	1	7.5	10.0	14	20		25	28	32	e
2500			10.0	12.5	18	25		32	36	40	e

表 11-14 所示为系统绝缘要求与备选驱动芯片参数，可见备选驱动芯片满足要求，适用于此电机驱动系统。

表 11-14　系统绝缘要求、驱动芯片参数

系统绝缘要求		驱动芯片参数	
关断尖峰最大值	1200V	V_{IORM}	$2121V_{\text{PK}}$
最大母线电压	800V	V_{IOWM}	$2121V_{\text{DC}}$
系统浪涌电压	6000V	V_{IOSM}	$8000V_{\text{peak}}$
电气间隙	5.5mm	电气间隙	8mm
爬电距离（Ⅰ类 CTI）	4.0mm	爬电距离（Ⅰ类 CTI）	8mm

11.6　短路保护

在使用 Si IGBT 时，往往需要对其进行短路保护，特别在大功率场合更是必不可少。而在使用 Si MOSFET 时，很少对其进行短路保护。那么，在使用 SiC MOSFET 时是否需要对其进行短路保护呢？

实际上，是否需要短路保护并不是由器件类型完全决定的，而是根据应用场合和成本决定的。Si IGBT 往往用在高压大功率场合，发生短路后造成的后果较为严重，加之变换器与 Si IGBT 模块成本较高，利用短路保护避免损失过大是非常有必要的。而 Si MOSFET 多用于小功率场合，短路后损失较小，加之变换器成本压力大，往往不再对其进行短路保护。

SiC MOSFET 主要应用在高压大功率场合，旨在替换 Si IGBT，可以直接参照现有 Si IGBT 方案是否进行短路保护。另外，虽然 SiC MOSFET 的价格逐年下降，但在短期内仍远远高于 Si 器件。当使用 SiC MOSFET 功率模块时，如果发生短路，将损失整个模块，故有必要对其进行短路保护；而单管 SiC MOSFET 应用情景很多，当应用场合对变换器可靠性要求较高时，也是有必要进行短路保护的。

11.6.1　短路保护的检测方式

进行短路保护需要首先对器件短路状况进行检测和辨识，之后再进行关断。现有进行短路检测的方式有以下几种。

1. 采样电阻

在回路中串联一个采样电阻 R_{shunt}，测量其端电压 V_{shunt} 就可以得到流过器件的电流 I_{DS} [25-26]，其对应关系见式（11-15）。当发生短路时，I_{DS} 远大于正常工作范围，V_{shunt} 将大于阈值电压 $V_{\text{th(SC)}}$，触发比较器并将器件关断，如图 11-37 所示。这种方式的优点是带宽高、成本低、测量精度高，但在大电流场合会在 R_{shunt} 上产生较大的损耗。

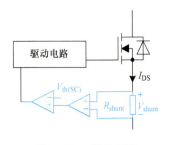

图 11-37　采样电阻

$$V_{shunt} = I_{DS} R_{shunt} \tag{11-15}$$

2. 带电流检测的功率器件

Mitsubishi 推出了带电流检测的 SiC MOSFET 芯片[27]，其基本原理是将芯片分成两个部分，面积较大的 T_{power} 为主 MOSFET 用于流过大部分电流，面积较小的 T_{sense} 为电流传感 MOSFET，如图 11-38a 所示。使用时串联一个采样电阻 R_{sense}，测量其端电压 V_{sense} 就可以推算出流过器件的电流，电流与 V_{sense} 的对应关系受芯片和采样电阻共同影响。当发生短路时，V_{sense} 大于阈值电压 $V_{th(SC)}$，触发比较器并将器件关断，如图 11-38b 所示。Mitsubishi 和 Fuji 均推出有带电流检测功能的 Si IG-BT 芯片。但由于这种芯片成本较高，故主要用于电动汽车驱动和机车牵引。

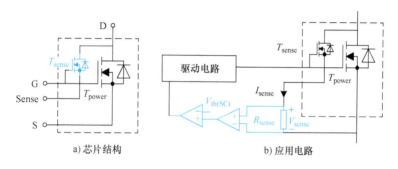

a) 芯片结构　　　　　　　　　　b) 应用电路

图 11-38　带电流检测的功率器件

3. 基于 PCB 的罗氏线圈

罗氏线圈的基本原理在第 5 章中进行了介绍，相比于前两种检测方式，罗氏线圈具有很多优点。隔离测量，无需额外进行隔离处理；不会增加额外的回路电感；基于电磁感应定律，不会产生过大的损耗；由于没有使用磁心，故不会出现线圈饱和。已经有研究使用基于 PCB 的罗氏线圈进行短路检测，如图 11-39 所示。由于罗氏线圈的设计要考虑空间摆放、安规距离、积分模拟电路，具有一定的技术门槛，存在很多挑战，故并没有在产品上广泛使用。

4. 引线电感压降

当发生短路后，电流会急剧增大，其变化速率 dI_{DS}/dt 将远远大于正常工作时的范围，则 dI_{DS}/dt 在回路电感上产生的压降也会大于正常范围。利用这一特性，测量 SiC MOSFET 源极电感两端的压降 V_{sense}，当发生短路时，V_{sense} 大于阈值电压 $V_{th(SC)}$，触发比较器并将器件关断[33]，如图 11-40 所示。

5. 退饱和（DESAT）检测

在正常工况下，Si IGBT 导通时工作在饱和区，关断时工作在截止区，开通和关断过程需要穿越放大区。当 Si IGBT 发生短路后，其工作点将由饱和区进入到放大区，即高电压大电流的区域，称其为退饱和。通过检测 Si IGBT 集电极-发射极电压 V_{CE}，就可以识别出 Si IGBT 短路。这种方法被称为退饱和检测，实现方式一

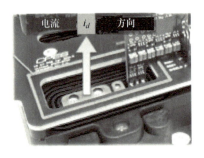
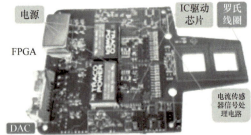

图 11-39　基于 PCB 的罗氏线圈的应用实例[29-32]

般有二极管型和电阻型两种，如图 11-41 所示。

在正常工况下，SiC MOSFET 导通时工作在线性区，关断时工作在截止区，开通和关断过程需要穿越饱和区。当 SiC MOSFET 发生短路时，其工作点将由线性区进入到饱和区，即高电压大电流的区域。故通过检测 SiC MOSFET 漏-源电压 V_{DS}，就可以识别出 SiC MOSFET 短路，DESAT 对 SiC MOSFET 仍然有效[34]。

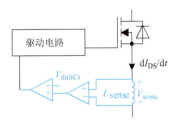

图 11-40　引线电感压降

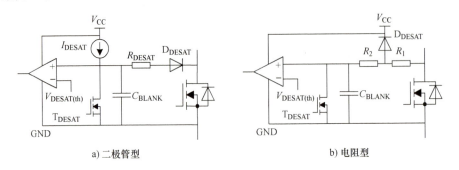

a) 二极管型　　　　　　　　　　　b) 电阻型

图 11-41　退饱和（DESAT）检测电路

需要注意的是，Si IGBT 和 SiC MOSFET 的饱和区定义是不同的，Si IGBT 饱和指的是注入到 Si IGBT 三极管基极的载流子浓度达到最大，MOSFET 饱和指的是漏极电流达到最大。Si IGBT 发生短路是工作点离开饱和区，SiC MOSFET 发生短路是进入饱和区，但本质都是进入高电压大电流区域。DESAT 是针对 Si IGBT 的命名，而对于 SiC MOSFET 应称为"进饱和检测"。但为了方便表述，我们仍沿用DESAT。

DESAT 检测已经被广泛应用于 Si IGBT 短路保护中，由于其稳定、可靠，很多驱动芯片中已经集成了 DESAT 检测功能。如果能够使用现有的 DESAT 电路完成对 SiC MOSFET 的短路检测，无疑将大大降低 SiC MOSFET 的使用难度。由于二极管型 DESAT 检测电路应用最为广泛，故接下来将基于此探讨 DESAT 检测对 SiC MOS-FET 的适用性。

11.6.2 DESAT 检测

11.6.2.1 DESAT 检测的原理

基于集成 DESAT 检测功能的驱动芯片搭建的二极管型 DESAT 检测电路如图 11-42 所示，蓝色底纹部分为集成进入驱动芯片内部的电路，灰色底纹部分为需要在使用时配置的外围电路。驱动芯片内部包含逻辑控制单元、充电电流源 $I_{DESAT\text{-}charge}$、比较器、放电开关 $T_{DESAT\text{-}discharge}$ 和放电二极管 $D_{DESAT\text{-}discharge}$，外围电路包括电容 C_{BLANK}、二极管 D_{DESAT} 和电阻 R_{DESAT}。

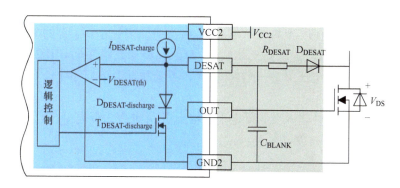

图 11-42　基于驱动芯片的二极管型 DESAT 检测电路

1. 未发生短路

当未发生短路时，DESAT 电路的工作原理如图 11-43 所示。

（1）$\sim t_1$

驱动芯片输入为低电平，输出 V_{OUT} 也为低电平。开关管为关断状态，D_{DESAT} 反向截止。控制信号为高，$T_{DESAT\text{-}discharge}$ 为导通状态，$I_{DESAT\text{-}charge}$ 通过 $T_{DESAT\text{-}discharge}$ 和 $D_{DESAT\text{-}discharge}$ 流到 GND2。则 C_{BLANK} 的端电压 V_{DESAT} 为 $I_{DESAT\text{-}charge}$ 在 $T_{DESAT\text{-}discharge}$ 和 $D_{DESAT\text{-}discharge}$ 上的导通压降之和 $V_{DESAT\text{-}discharge}$。

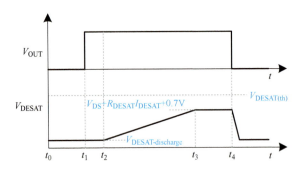

图 11-43　未发生短路时 DESAT 检测电路工作原理

（2）$t_1 \sim t_2$

驱动芯片输入变为高电平，输出 V_{OUT} 也变为高电平。开关管变为导通状态，控制信号保持高不变，$\mathrm{T_{DESAT\text{-}discharge}}$ 保持导通状态，则 V_{DESAT} 保持 $V_{\mathrm{DESAT\text{-}discharge}}$ 不变。此阶段为 DESAT 延时 $t_{\mathrm{d(DESAT)}}$。

（3）$t_2 \sim t_3$

t_2 时刻，$\mathrm{T_{DESAT\text{-}discharge}}$ 的控制信号变为低，$\mathrm{T_{DESAT\text{-}discharge}}$ 变为关断状态。$I_{\mathrm{DESAT\text{-}charge}}$ 向 C_{BLANK} 恒流充电，V_{DESAT} 由 $V_{\mathrm{DESAT\text{-}discharge}}$ 开始线性升高。由于器件完全导通，V_{DS} 很低，一般小于 2.5V。

（4）$t_3 \sim t_4$

t_3 时刻，V_{DESAT} 上升至 $V_{\mathrm{DS}} + R_{\mathrm{DESAT}} I_{\mathrm{DESAT}} + V_{\mathrm{F}}$，$V_{\mathrm{F}}$ 为 $\mathrm{D_{DESAT}}$ 的导通压降。则 $\mathrm{D_{DESAT}}$ 正向导通，$I_{\mathrm{DESAT\text{-}charge}}$ 流经 R_{DESAT}、$\mathrm{D_{DESAT}}$ 和开关器件至 GND2。V_{DESAT} 不再升高，比较器的参考电压 V_{ref} 一般在 $7 \sim 9\mathrm{V}$，不会触发 DESAT 保护。

（5）$t_4 \sim$

t_4 时刻，驱动芯片输入变为低电平，输出 V_{OUT} 也变为低电平，$\mathrm{T_{DESAT\text{-}discharge}}$ 变为导通状态，对 C_{BLANK} 放电至 $V_{\mathrm{DESAT\text{-}discharge}}$。

2. 发生短路

假设 SiC MOSFET 在开通之后立刻发生短路，DESAT 电路的工作原理如图 11-44 所示。

（1）$\sim t_1$

驱动芯片输入为低电平，输出 V_{OUT} 也为低电平。开关管为关断状态，$\mathrm{D_{DESAT}}$ 反向截止。控制信号为高，$\mathrm{T_{DESAT\text{-}discharge}}$ 为导通状态，$I_{\mathrm{DESAT\text{-}charge}}$ 通过 $\mathrm{T_{DESAT\text{-}discharge}}$ 和 $\mathrm{D_{DESAT\text{-}discharge}}$ 流到 GND2。则 C_{BLANK} 的端电压 V_{DESAT} 为 $I_{\mathrm{DESAT\text{-}charge}}$ 在 $\mathrm{T_{DESAT\text{-}discharge}}$ 和 $\mathrm{D_{DESAT\text{-}discharge}}$ 上的导通压降之和 $V_{\mathrm{DESAT\text{-}discharge}}$。

（2）$t_1 \sim t_2$

驱动芯片输入变为高电平，输出 V_{OUT} 也变为高电平，开关管发生短路。I_{DS} 迅速升高，V_{DS} 也维持在较高的电压，$\mathrm{D_{DESAT}}$ 保持反向截止。$\mathrm{T_{DESAT\text{-}charge}}$ 保持导通状

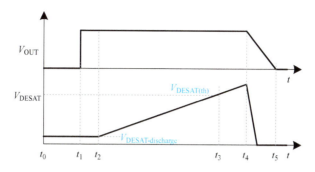

图 11-44 发生短路时 DESAT 检测电路工作原理

态，V_{DESAT} 保持在 $V_{DESAT\text{-}discharge}$。此阶段为 DESAT 延时 $t_{d(DESAT)}$。

（3）$t_2 \sim t_3$

t_2 时刻，$T_{DESAT\text{-}discharge}$ 的控制信号变为低，$T_{DESAT\text{-}discharge}$ 变为关断状态。$I_{DESAT\text{-}charge}$ 向 C_{BLANK} 恒流充电，V_{DESAT} 由 $V_{DESAT\text{-}discharge}$ 开始线性升高。t_3 时刻，V_{DESAT} 上升至 $V_{DESAT(th)}$，触发比较器。此阶段为消隐时间 t_{BLANK}。

（4）$t_3 \sim t_4$

无动作，此段时间为关断响应延时 $t_{d(off)}$。

（5）$t_4 \sim t_5$

t_4 时刻，$T_{DESAT\text{-}discharge}$ 的控制信号变为低，$T_{DESAT\text{-}discharge}$ 变为导通状态，对 C_{BLANK} 放电，输出 V_{OUT} 由高开始变低，对器件进行关断。

（6）$t_5 \sim$

t_5 时刻，器件完全关断，V_{DESAT} 维持在 $V_{DESAT\text{-}discharge}$。

需要注意的是，器件短路可能发生在图 11-43 中 $t_1 \sim t_3$ 及 t_3 之后的任意时刻，在各种情况中，器件刚开通就发生短路所需要的检测和反应时间是最长的。而 SiC MOSFET 芯片尺寸小，导致短路耐受时间较短，需要在短时间内完成保护。故在使用 DESAT 时，需要确保在 SiC MOSFET 刚开通就发生短路的情况下也可以安全关断。

11.6.2.2 DESAT 检测电路的设计要点

1. $dV_{DS(down)}/dt$

当 SiC MOSFET 进行开通时，DESAT 电路的波形如图 11-45 所示。

（1）$\sim t_1$

SiC MOSFET 处于关断状态，$T_{DESAT\text{-}discharge}$ 为导通状态。则 V_{DESAT} 为 $V_{DESAT\text{-}discharge}$，而 D_{DESAT} 反向截止，其端电压为 $V_{Bus} - V_{DESAT\text{-}discharge}$。

（2）$t_1 \sim t_2$

t_1 时刻，SiC MOSFET 开始开通，其 V_{DS} 由 V_{Bus} 向低快速跳变，其变化速率为 $dV_{DS(down)}/dt$。此时，D_{DESAT} 的两端电压也以相同的速率从 $V_{Bus} - V_{DESAT\text{-}discharge}$ 向低

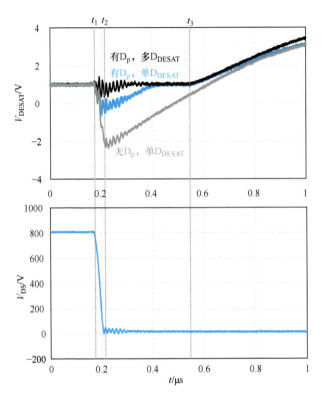

图 11-45　$dV_{DS(down)}/dt$ 对 DESAT 的影响

跳变，并通过 D_{DESAT} 的结电容 $C_{J\text{-}DESAT}$ 产生位移电流 $I_{J\text{-}DESAT}$。由于 $D_{DESAT\text{-}discharge}$ 的存在，$I_{J\text{-}DESAT}$ 对 C_{BLANK} 放电，并使 V_{DESAT} 出现负值。V_{DESAT} 的负压幅值取决于 C_{BLANK}、$I_{DESAT\text{-}charge}$ 和 $I_{J\text{-}DESAT}$ 的具体情况，其中 $I_{J\text{-}DESAT}$ 由 $dV_{DS(down)}/dt$ 与 $C_{J\text{-}DESAT}$ 的乘积决定。

t_2 时刻，SiC MOSFET 完全导通，V_{DS} 的跳变结束并稳定在 SiC MOSFET 的导通电压。一般 $t_1 \sim t_2$ 的时长约为几十 ns，而 DESAT 延时 $t_{d(DESAT)}$ 一般在几百 ns。

（3）$t_2 \sim t_3$

由于 V_{DESAT} 为负值，$D_{DESAT\text{-}discharge}$ 反向截止，$I_{DESAT\text{-}charge}$ 对 C_{BLANK} 充电，V_{DESAT} 逐渐上升。t_3 时刻，DESAT 延时结束，$I_{DESAT\text{-}charge}$ 的控制信号变为低。

$t_2 \sim t_3$ 足够长时，V_{DESAT} 将回到并逐渐稳定在 $V_{DESAT\text{-}discharge}$，否则 V_{DESAT} 将低于 $V_{DESAT\text{-}discharge}$，这也与 $I_{DESAT\text{-}charge}$ 和 C_{BLANK} 的具体情况相关。

（4）$t_3 \sim$

$I_{DESAT\text{-}charge}$ 向 C_{BLANK} 恒流充电，V_{DESAT} 逐渐上升。

通过以上分析可知，$dV_{DS(down)}/dt$ 具有两点影响。首先，在 $t_1 \sim t_2$ 期间，当 V_{DESAT} 的负压幅值过高时，将在回路中产生很大的冲击电流，可能导致 DESAT 引脚损坏，其负向耐压值一般为 -9V。其次，在 $t_{\text{d(DESAT)}}$ 结束时，若 V_{DESAT} 仍然小于 $V_{\text{DESAT-discharge}}$，这就意味着 V_{DESAT} 需要更长的爬升时间，即增加了消隐时间 t_{BLANK}，DESAT 短路保护的响应速度被减慢了。

为了解决以上问题，可以在 C_{BLANK} 上并联一个二极管 D_{p}，能够对负压进行钳位。为了实现更好的钳位效果，D_{p} 应该具有较低的导通压降。为了减少对消隐时间的影响，D_{p} 应该具有较低漏电流，且漏电流随温度增大的幅度也要尽量小。同时，还可以选择较大阻值的 R_{DESAT} 对冲击电流予以限制，一般在几百 Ω 到 $1\text{k}\Omega$ 之间，以避免由于 R_{DESAT} 过大导致 DESAT 阈值电压 $V_{\text{DESAT(th)}}$ 过低。此外，选择 $C_{\text{J-DESAT}}$ 较小的 D_{DESAT} 能够有效减小 $\mathrm{d}V_{\text{DS(down)}}/\mathrm{d}t$ 产生的 $I_{\text{J-DESAT}}$，从源头降低 $\mathrm{d}V_{\text{DS(down)}}/\mathrm{d}t$ 的影响。进一步，使用多个 D_{DESAT} 串联的方式可以更显著地减小 $C_{\text{J-DESAT}}$。

需要注意的是，除过开通过程，其他使得 V_{DS} 由高向低跳变的工况，例如发生硬开关故障短路的后导通管，其 V_{DESAT} 也都会受到类似的影响，具体将在 11.6.2.4 节中详细讨论。

2. $\mathrm{d}V_{\text{DS(up)}}/\mathrm{d}t$

当 $T_{\text{DESAT-discharge}}$ 为关断状态，SiC MOSFET 的 V_{DS} 以 $\mathrm{d}V_{\text{DS(up)}}/\mathrm{d}t$ 向上跳变时，D_{DESAT} 发生反向恢复，其两端电压也以相同的速率向上跳变。此时，流过 D_{DESAT} 的电流 $C_{\text{J-DESAT}}$ 为反向恢复电流和位移电流之和，此时 $I_{\text{J-DESAT}}$ 的方向与 SiC MOSFET 开通时相反。

如图 11-46 所示，$I_{\text{DESAT-charge}}$ 和 $I_{\text{J-DESAT}}$ 同时对 $C_{\text{J-DESAT}}$ 充电，V_{DESAT} 将被持续抬高。当 V_{DESAT} 幅值过高时，可能导致 DESAT 引脚损坏。为了对其进行保护，可以在 C_{BLANK} 上并联一个稳压二极管 D_{Z}，其稳压值需要高于 $V_{\text{DESAT(th)}}$ 且低于 DESAT 引脚耐压值。

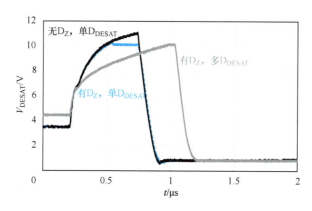

图 11-46 $\mathrm{d}V_{\text{DS(up)}}/\mathrm{d}t$ 对 DESAT 的影响

若此时 SiC MOSFET 未发生短路或过电流，被上抬的 V_{DESAT} 超过 V_{ref} 就会引起

DESAT 短路保护误触发。而 V_{DESAT} 被抬高的程度取决于 C_{BLANK}、$I_{DESAT\text{-}charge}$ 和 $I_{J\text{-}DESAT}$ 的具体情况，其中 $I_{J\text{-}DESAT}$ 由 $dV_{DS(up)}/dt$ 与 $C_{J\text{-}DESAT}$ 的乘积和 D_{DESAT} 的反向恢复特性决定。故选择具有较小 $C_{J\text{-}DESAT}$ 和较快反向恢复特性的 D_{DESAT} 也能够有效减小 $dV_{DS(up)}/dt$ 产生的 $I_{J\text{-}DESAT}$，从源头降低 $dV_{DS(up)}/dt$ 的影响。进一步，使用多个 D_{DESAT} 串联的方式可以更显著地减小 $C_{J\text{-}DESAT}$。

3. 响应时间调整

基于 11.6.1 节的分析，可将 DESAT 短路保护分为 4 个阶段，分别是 DESAT 延时 $t_{d(DESAT)}(t_1 \sim t_2)$、消隐时间 $t_{BLANK}(t_2 \sim t_3)$、关断响应延时 $t_{d(off)}(t_3 \sim t_4)$ 和关断 $t_{off}(t_4 \sim t_5)$。SiC MOSFET 的短路能力明显弱于 IGBT，这就要求更快的响应和保护速度，即尽可能缩短以上 4 个阶段的时长总和。

（1）DESAT 延时 $t_{d(DESAT)}$ 和关断响应延时 $t_{d(off)}$

DESAT 延时和关断响应延时有助于避免误触发，由驱动芯片决定，是无法避免的，故需要选择两者之和较小的驱动芯片。

（2）消隐时间 t_{BLANK}

消隐时间 t_{BLANK} 的长短代表了对 C_{BLANK} 充电的快慢，由式（11-16）给出

$$t_{BLANK} = C_{BLANK} \frac{V_{DESAT(th)}}{I_{DESAT\text{-}charge}} \qquad (11\text{-}16)$$

则减小 C_{BLANK} 可以使 V_{DESAT} 上升更快；但 C_{BLANK} 过小，会导致容易受到干扰发生误触发。C_{BLANK} 一般取值在 $100 \sim 330 pF$。增大 $I_{DESAT\text{-}charge}$ 也可以缩短消隐时间，故可以选择 $I_{DESAT\text{-}charge}$ 相对较大的驱动芯片。驱动芯片 $I_{DESAT\text{-}charge}$ 一般在 $500\mu A$ 左右，当 $V_{DESAT(th)}$ 为 9V、C_{BLANK} 为 100pF 时，计算得到 t_{BLANK} 为 1800ns。为了进一步缩短 t_{BLANK}，可以将 C_{BLANK} 使用上拉电阻 R_{boost} 接至 V_{CC2}，大大增加充电电流。

（3）关断 t_{off}

对器件进行关断有硬关断和软关断两种情况。硬关断是直接通过正常关断回路进行关断，关断时间较短。为了避免大电流下关断时关断电压尖峰 $V_{DS(spike)}$ 超过器件耐压，在触发 DESAT 短路保护后，驱动芯片通过高阻抗驱动回路对器件进行缓慢关断，称为软关断。

需要注意的是，驱动芯片数据手册上给出关于关断的时间参数是关断输出信号在特定输出负载下的结果，与实际完成关断器件的用时并不相同。故需要根据实验实测确定关断时间。

4. DESAT 阈值电压调整

驱动芯片内集成的 DESAT 电路的比较器的参考电压为 $V_{DESAT(th)}$，但由于 D_{DESAT} 存在导通压降 V_F，则实际的 DESAT 阈值电压 V_{th} 由式（11-17）给出，其中 n 为使用二极管 D_{DESAT} 的数量

$$V_{th} = V_{DESAT(th)} - n \cdot V_F - I_{DESAT\text{-}charge} R_{DESAT} \qquad (11\text{-}17)$$

此外，还可以在将稳压二极管 D_{zener} 与 D_{DESAT} 串联，进步一调整 V_{th} 由式（11-18）

给出，其中 V_z 为 D_{zener} 的压降

$$V_{th} = V_{DESAT(th)} - n \cdot V_F - V_z - I_{DESAT\text{-}charge}R_{DESAT} \tag{11-18}$$

5. Si FRD 正向恢复

当使用 IGBT 时，其反并联的 Si FRD 由关断状态转为导通时，其阳极电压会比阴极高很多，压差会达到几伏到几百伏，且会持续数百纳秒，这就是正向恢复效应。Si FRD 的正向恢复效应受多方面影响，温度越高、开通速度越快、电压等级越高、电流等级越大，则正向恢复效应越剧烈。

正向恢复效应会使得 V_{DESAT} 成为负值，可能导致 DESAT 引脚损坏。故与应对 $dV_{DS(down)}/dt$ 是采取的应对措施相同，可以在 C_{BLANK} 上并联一个二极管 D_p，能够对负压进行钳位，同时选择较大阻值的 R_{DESAT} 对冲击电流予以限制。

6. IGBT 正向恢复

IGBT 的驱动电压为高，初始状态没有电流流过，之后突然有电流流过时，IGBT 两端将出现明显的电压抬升，电压将远大于 IGBT 的正常导通压降，这就是 IGBT 的正向恢复效应。在伺服系统和谐振电路中，当电流过零时，就会出现正向恢复效应。

发生正向恢复效应时，过高的电压幅值会使 D_{DESAT} 反向截止并发生反向恢复，同时 IGBT 电压抬升瞬间速度很高。此时，与上述 $dV_{DS(up)}/dt$ 的影响相同，V_{DESAT} 被抬起，当 V_{DESAT} 超过 $V_{DESAT(th)}$ 时，将会误触发 DESAT 短路保护。当 V_{DESAT} 超过 DESAT 引脚耐压值时，可能导致 DESAT 引脚损坏。

故与应对 $dV_{DS(up)}/dt$ 采取的应对措施相同，选择具有较小 $C_{J\text{-}DESAT}$ 和较快反向恢复特性的 D_{DESAT} 也能够通过减小正向恢复效应的影响。进一步，使用多个 D_{DESAT} 串联的方式可以更显著地减小 $C_{J\text{-}DESAT}$。同时，可以在 C_{BLANK} 上并联一个稳压二极管 D_z，其稳压值需要高于 DESAT 阈值电压 $V_{DESAT(th)}$ 且低于 DESAT 引脚耐压值。

基于以上分析可知，在实际应用中 DESAT 检测电路会面临电压跳变或电流冲击，同时真实电路中还存在各种寄生参数，还需要根据应用要求调整 DESAT 电路的参数。这就使得图 11-42 中的电路不能直接在变换器中使用，需要采用图 11-47 所示的更为实用的 DESAT 短路保护电路，可以看到电路变得复杂了很多。在接下

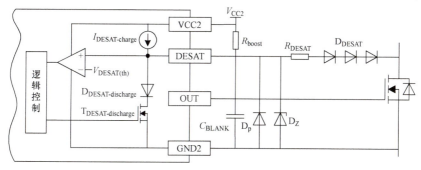

图 11-47　实用 DESAT 短路保护电路

来的4节中，将利用图11-48所示电路对DESAT短路保护电路的效果进行实测研究，并采用图11-47所示的实用DESAT电路。

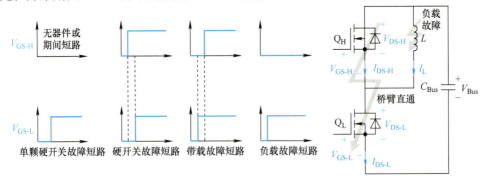

图 11-48　DESAT 测试保护电路

11.6.2.3　DESAT 对单颗硬开关故障短路的效果

DESAT 对单颗硬开关故障短路的效果如图11-49所示。

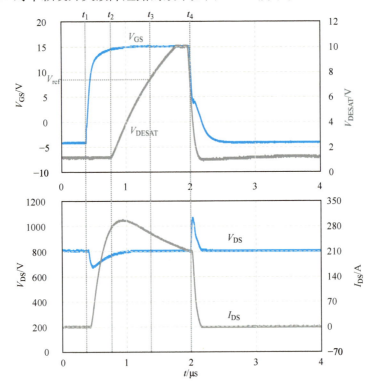

图 11-49　DESAT 对单颗硬开关故障短路的效果

（1）　~t_1

SiC MOSFET 处于关断状态，承受母线电压 V_{Bus}，V_{DESAT} 为 $I_{DESAT\text{-}charge}$ 在

$T_{\text{DESAT-discharge}}$ 和 $D_{\text{DESAT-discharge}}$ 上的导通压降之和 $V_{\text{DESAT-discharge}}$。

（2）$t_1 \sim t_2$

t_1 时刻，SiC MOSFET 开通并进入短路状态，I_{DS} 迅速升高，V_{DS} 略有下降，但仍维持在较高电压。此阶段为 DESAT 延时，$T_{\text{DESAT-discharge}}$ 控制信号保持为高，$V_{\text{DESAT-discharge}}$ 也保持不变。

（3）$t_2 \sim t_3$

t_2 时刻，DESAT 延时结束，$T_{\text{DESAT-discharge}}$ 控制信号变为底，$I_{\text{DESAT-charge}}$ 对 C_{BLANK} 充电，V_{DESAT} 逐步上升至 $V_{\text{DESAT(th)}}$。

（4）$t_3 \sim t_4$

V_{DESAT} 持续上升，并被 D_z 钳位。

（5）$t_4 \sim$

t_4 时刻，驱动电路开始对 Q_L 进行关断，$T_{\text{DESAT-discharge}}$ 控制信号变为高，则 I_{DS} 逐渐下降至零，V_{DESAT} 逐渐下降至 $V_{\text{DESAT-discharge}}$，$V_{\text{DS}}$ 出现尖峰和振荡并稳定在 V_{Bus}。

11.6.2.4　DESAT 对硬开关故障短路的效果

DESAT 对硬开关故障短路的效果如图 11-50 所示。

（1）$\sim t_1$

Q_H 处于开通状态，$V_{\text{DESAT-H}}$ 稳定在 $I_{\text{DESAT-charge}}R_{\text{DESAT}}$ 和 D_{DESAT} 压降之和。Q_L 处于关断状态，承受母线电压 V_{Bus}，$V_{\text{DESAT-L}}$ 为 $I_{\text{DESAT-charge}}$ 在 $T_{\text{DESAT-discharge}}$ 与 $D_{\text{DESAT-discharge}}$ 上的导通压降之和 $V_{\text{DESAT-discharge}}$。

（2）$t_1 \sim t_2$

t_1 时刻，Q_L 开通，同 Q_H 和母线电容形成短路回路，I_{DS} 迅速升高，$V_{\text{DS-L}}$ 下降，$V_{\text{DS-H}}$ 上升。在 $I_{\text{DESAT-charge}}$ 和 $\mathrm{d}V_{\text{DS-H(up)}}/\mathrm{d}t$ 的共同作用下，$V_{\text{DESAT-H}}$ 迅速上升并超过 $V_{\text{DESAT(th)}}$，最终被稳压二极管 D_z 钳位。在 $\mathrm{d}V_{\text{DS-H(up)}}/\mathrm{d}t$ 的作用下，$V_{\text{GS-H}}$ 出现向上的尖峰。由于 Q_L 的 DESAT 处于消隐时间，$V_{\text{DESAT-L}}$ 保持不变。

（3）$t_2 \sim t_3$

t_2 时刻，Q_L 的 DESAT 的消隐时间结束，$V_{\text{DESAT-L}}$ 在 $I_{\text{DESAT-charge}}$ 的作用下逐渐升高。需要注意的是，此时 $V_{\text{DS-L}}$ 下降的速度 $\mathrm{d}V_{\text{DS-L(down)}}/\mathrm{d}t$ 较慢，不足以使 $V_{\text{DESAT-L}}$ 向下降低。由于 D_z 的作用，$V_{\text{DESAT-H}}$ 保持不变。

（4）$t_3 \sim t_4$

t_3 时刻，驱动电路开始对 Q_H 进行关断，随着 $V_{\text{GS-H}}$ 降低，I_{DS}、$V_{\text{DESAT-H}}$ 和 $V_{\text{DS-L}}$ 下降，$V_{\text{DS-H}}$ 上升。由于此时 $V_{\text{DS-L}}$ 下降的速度 $\mathrm{d}V_{\text{DS-L(down)}}/\mathrm{d}t$ 较快，使得 $V_{\text{DESAT-L}}$ 向下降低并被二极管 D_p 钳位，同时 $V_{\text{GS-L}}$ 出现向下的跌落。

（5）$t_4 \sim t_5$

t_4 时刻，I_{DS} 下降至零，$V_{\text{DS-L}}$ 稳定在零。$V_{\text{DESAT-L}}$ 在 $I_{\text{DESAT-charge}}$ 的作用下逐渐升高，$V_{\text{DS-H}}$ 在振荡后稳定在 V_{Bus}，$V_{\text{DESAT-H}}$ 稳定在 $V_{\text{DESAT-discharge}}$。

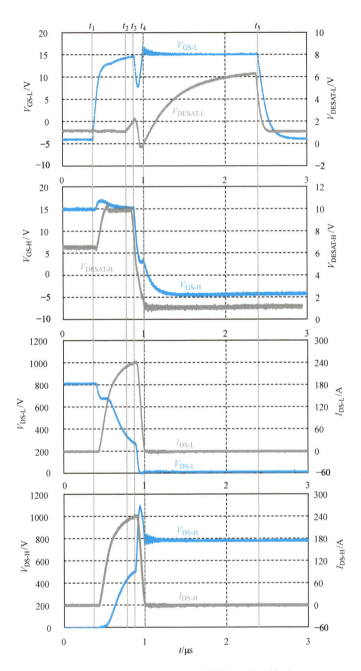

图 11-50　DESAT 对硬开关故障短路的效果

（6）t_5

t_5 时刻，驱动电路开始对 Q_L 进行关断，$V_{DESAT-L}$ 稳定在 $V_{DESAT\text{-}discharge}$，其他波形不变。

11.6.2.5　DESAT 对带载故障短路的效果

DESAT 对单颗开关故障短路的效果如图 11-51 所示。

（1）　$\sim t_1$

Q_H 和 Q_L 都处于关断状态，Q_L 承受母线电压 V_{Bus}，$V_{DESAT-H}$ 和 $V_{DESAT-L}$ 为 $I_{DESAT-charge}$ 在 $T_{DESAT-discharge}$ 与 $D_{DESAT-discharge}$ 上的导通压降之和 $V_{DESAT-discharge}$。

（2）　$t_1 \sim t_2$

t_1 时刻，Q_L 开通，I_{DS-L} 线性上升，V_{DS-L} 下降。在 $dV_{DS-L(down)}/dt$ 的作用下，$V_{DESAT-L}$ 出现向下的尖峰并被 D_p 钳位，当 V_{DS-L} 稳定后，$V_{DESAT-L}$ 又恢复至 $V_{DESAT-discharge}$。V_{DS-H} 上升，在 $dV_{DS-H(up)}/dt$ 的作用下，V_{GS-H} 出现向上的尖峰。

（3）　$t_2 \sim t_3$

t_2 时刻，Q_L 的 DESAT 的消隐时间结束，$V_{DESAT-L}$ 在 $I_{DESAT-charge}$ 的作用下逐渐升高。在此阶段，I_{DS-L} 持续线性上升。

（4）　$t_3 \sim t_4$

t_3 时刻，Q_H 开通，同 Q_L 和母线电容形成短路回路，I_{DS-L} 和 I_{DS-H} 迅速升高，V_{DS-L} 上升，V_{DS-H} 下降。需要注意的是，此时 I_{DS-L} 为 I_{DS-H} 和负载电感电流之和。在 $I_{DESAT-charge}$ 和 $dV_{DS-L(up)}/dt$ 的共同作用下，$V_{DESAT-L}$ 迅速上升并超过 $V_{DESAT(th)}$，最终被稳压二极管 D_z 钳位。在 $dV_{DS-L(up)}/dt$ 的作用下，V_{GS-L} 出现向上的尖峰。由于 Q_H 的 DESAT 处于消隐时间，$V_{DESAT-H}$ 保持不变。

（5）　$t_4 \sim t_5$

t_4 时刻，Q_H 的 DESAT 的消隐时间结束，$V_{DESAT-H}$ 在 $I_{DESAT-charge}$ 的作用下逐渐升高。需要注意的是，此时 V_{DS-H} 下降的速度 $dV_{DS-H(down)}/dt$ 较慢，不足以使 $V_{DESAT-H}$ 向下降低。由于 D_z 的作用，$V_{DESAT-L}$ 保持不变。

（6）　$t_5 \sim t_6$

t_5 时刻，驱动电路开始对 Q_L 进行关断，随着 V_{GS-L} 降低，I_{DS-L}、I_{DS-H}、$V_{DESAT-L}$ 和 V_{DS-H} 下降，V_{DS-L} 上升。由于此时 V_{DS-H} 下降的速度 $dV_{DS-H(down)}/dt$ 较快，使得 $V_{DESAT-H}$ 向下降低并被二极管 D_p 钳位。

（7）　$t_6 \sim t_7$

t_6 时刻，I_{DS-L} 下降至零，负载电感电流通过 Q_H 的第三象限续流，$V_{DESAT-H}$ 在 $I_{DESAT-charge}$ 的作用下逐渐升高，V_{DS-L} 在振荡后稳定在 V_{Bus}，$V_{DESAT-L}$ 稳定在 $V_{DESAT-discharge}$。

（8）　$t_7 \sim$

t_8 时刻，驱动电路开始对 Q_H 进行关断，$V_{DESAT-H}$ 下降并稳定在 $V_{DESAT-discharge}$，其他波形不变。

11.6.2.6　DESAT 对负载故障短路的效果

DESAT 对单颗开关故障短路的效果如图 11-52 所示。

（1）　$\sim t_1$

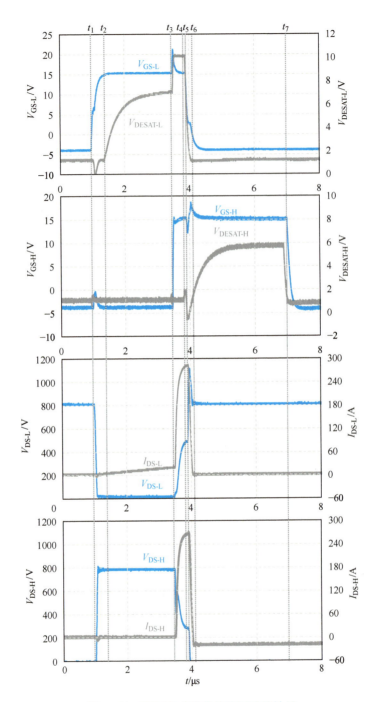

图 11-51　DESAT 对带载故障短路的效果

Q_H 和 Q_L 都处于关断状态，Q_L 承受母线电压 V_{Bus}，$V_{DESAT-H}$ 和 $V_{DESAT-L}$ 为 $I_{DESAT-charge}$ 在 $T_{DESAT-discharge}$ 与 $D_{DESAT-discharge}$ 上的导通压降之和 $V_{DESAT-discharge}$。

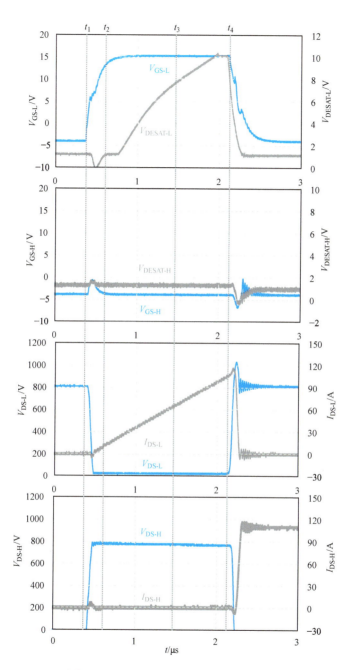

图 11-52 DESAT 对负载故障短路的效果

（2） $t_1 \sim t_2$

t_1 时刻，Q_L开通，$I_{DS\text{-}L}$线性上升，$V_{DS\text{-}L}$快速下降。在 $dV_{DS\text{-}L(down)}/dt$ 的作用下，$V_{DESAT\text{-}L}$出现向下的尖峰并被 D_p 钳位，当 $V_{DS\text{-}L}$稳定到零后，$V_{DESAT\text{-}L}$又恢复至

$V_{DESAT\text{-}discharge}$。$V_{DS\text{-}H}$快速上升并稳定到 V_{Bus}，在 $dV_{DS\text{-}H(up)}/dt$ 的作用下，$V_{GS\text{-}H}$ 出现向上的尖峰，$V_{DESAT\text{-}H}$ 出现很小的向上的凸起。

（3）$t_2 \sim t_3$

t_2 时刻，Q_L 的 DESAT 的消隐时间结束，$V_{DESAT\text{-}L}$ 在 $I_{DESAT\text{-}charge}$ 的作用下逐渐升高并超过 $V_{DESAT(th)}$，最终被稳压二极管 D_z 钳位。在此阶段，$I_{DS\text{-}L}$ 持续线性上升。

（4）$t_3 \sim$

t_3 时刻，驱动电路开始对 Q_L 进行关断，随着 $V_{GS\text{-}L}$ 降低，$I_{DS\text{-}L}$、$V_{DESAT\text{-}L}$ 和 $V_{DS\text{-}H}$ 下降，$V_{DS\text{-}L}$ 上升，负载电感电流通过 Q_H 的体二极管续流。由于此时 $V_{DS\text{-}H}$ 下降的速度 $dV_{DS\text{-}L(down)}/dt$ 较快，使得 $V_{DESAT\text{-}H}$ 向下降低并被二极管 D_p 钳位，同时 $V_{GS\text{-}H}$ 出现向下的跌落。最终 $I_{DS\text{-}L}$、$V_{DS\text{-}H}$ 下降至零，$V_{DS\text{-}L}$ 在振荡后稳定至 V_{Bus}，$V_{DESAT\text{-}L}$、$V_{DESAT\text{-}H}$ 稳定至 $V_{DESAT\text{-}discharge}$。

11.7 驱动电路设计参考

11.7.1 8 引脚单通道隔离驱动芯片

常见的 8 引脚单通道隔离驱动芯片有 3 种形式，如图 11-53 所示。3 种形式驱动芯片的一次侧引脚定义完全一样，区别在高压侧供电引脚、驱动引脚和有源米勒钳位引脚。图 11-53a 为开通和关断为独立驱动引脚、单极性供电、无有源米勒钳位功能；图 11-53b 为开通和关断共用驱动引脚、双极性供电、无有源米勒钳位功能；图 11-53c 为开通和关断共用驱动引脚、单极性供电、有源米勒钳位功能。

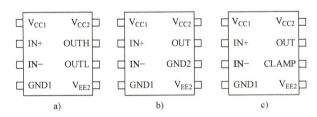

图 11-53 8 引脚单通道隔离驱动芯片

基于 8 引脚单通道隔离驱动芯片的驱动电路设计需注意以下几点：

1）隔离电源的输入和输出引脚、驱动芯片的供电引脚需配置去耦电容，起到滤波、解耦的作用，电容采用大容值与小容值搭配的方式以覆盖更宽的频率范围，其中小容值电容更靠近引脚，以提高驱动电路的稳定性和可靠性。

2）SiC MOSFET 在开通和关断过程中对输入电容进行充放电的能量主要来源于驱动芯片供电引脚上的电容，故电容量需要足够大以避免其电压波动过大，一般选择 $1\mu C$ 栅电荷对应 $3\mu F$ 电容量即可。

3）开通和关断为独立驱动引脚的驱动芯片，可以分别设定开通和关断驱动电阻。开通和关断为共用驱动引脚的驱动芯片，可以通过串入二极管的方式分别设置开通和关断驱动电阻。需要注意的是，由于二极管存在压降，实际的驱动电压会略低于驱动芯片供电电压。

4）具备有源米勒钳位功能的驱动芯片，其有源米勒钳位引脚应直接与 SiC MOSFET 的栅极引脚连接，无需串入电阻避免弱化钳位效果。

5）隔离驱动芯片的一次侧和高压侧需分别铺地，并且不能交叠。两侧线路布线应该均在铺地范围内，与被驱动器件 G 极和 S 极相连的驱动信号线路布线应尽量上下交叠。

以图 11-53c 的驱动芯片形式为例，基于 8 引脚单通道隔离驱动芯片的驱动电路如图 11-54 所示，有零压关断和负压关断两种。

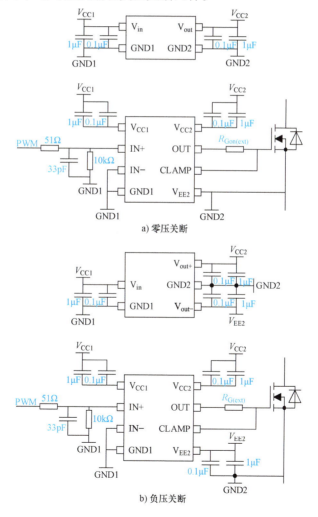

a) 零压关断

b) 负压关断

图 11-54 基于 8 引脚单通道隔离驱动芯片的驱动电路

11.7.2　16引脚单通道隔离驱动芯片

常见的16引脚单通道隔离驱动芯片如具有DESAT短路保护功能、有源米勒钳位功能，部分为开通和关断独立驱动引脚，同时在一次侧具有控制和状态反馈引脚，如图11-55所示。

基于16引脚单通道隔离驱动芯片的驱动电路设计需注意以下几点：

1）遵循基于8引脚单通道隔离驱动芯片的驱动电路的5条设计注意事项。

2）RDY、FLT上拉至VCC，靠近RDY、FLT、RST引脚安置RC滤波电路，避免信号被干扰。

3）DESAT检测电路按照11.6.2.2节介绍的要点进行设计。

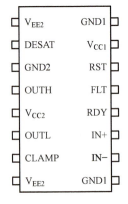

图11-55　16引脚单通道隔离驱动芯片

4）由于存在高压跳变，DESAT线路中从串联电阻开始不得位于高压侧铺地上方。

基于16引脚单通道隔离驱动芯片的驱动电路如图11-56所示。

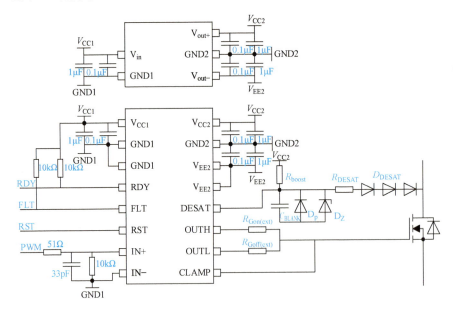

图11-56　基于16引脚单通道隔离驱动芯片的驱动电路

11.7.3　14/16引脚双通道隔离驱动芯片

常见的14引脚双通道隔离驱动芯片如图11-57a所示，16引脚双通道隔离驱动芯片如图11-57b所示，其高压侧为双通道输出，分别用于驱动半桥电路中上桥臂和下桥臂器件，区别为 16 引脚芯片在双通道之间多了两个 NC 引脚。

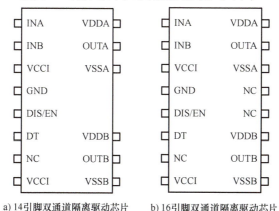

a) 14引脚双通道隔离驱动芯片   b) 16引脚双通道隔离驱动芯片

图 11-57 双通道隔离驱动芯片

基于 14/16 引脚双通道隔离驱动芯片的驱动电路设计需注意以下几点：

1）遵循基于 8 引脚单通道隔离驱动芯片的驱动电路的 5 条设计注意事项。

2）死区时间设置电阻及其旁路电容应尽量靠近 DT 引脚。

3）当 DIS/EN 引脚与远端处理器连接时，在 DIS/EN 引脚旁放置 1nF 的旁路电容。

4）一次侧与高压侧铺地之间、高压侧双通道输出铺地之间注意安规距离，且不得交叠。

基于 14/16 引脚双通道隔离驱动芯片的驱动电路如图 11-58 所示，上桥臂器件

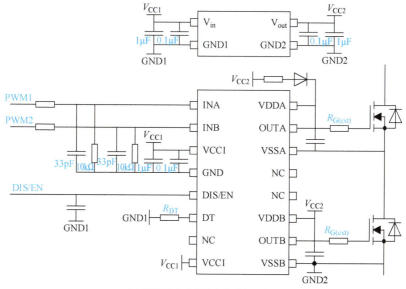

a) 上桥臂器件驱动自举电路供电-零压关断

图 11-58 基于 14/16 引脚双通道隔离驱动芯片的驱动电路

驱动供电一般采用自举电路，关断驱动电压分为零压和负压两种。

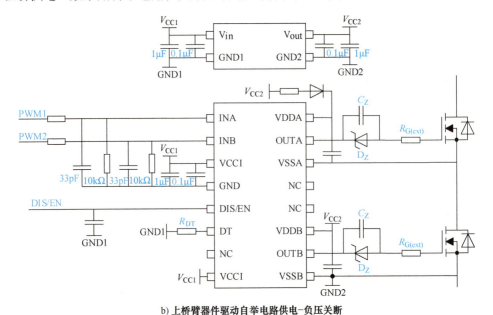

b) 上桥臂器件驱动自举电路供电-负压关断

图 11-58 基于 14/16 引脚双通道隔离驱动芯片的驱动电路（续）

参 考 文 献

［1］ Infineon Technologies AG. 1EDC/1EDI Compact Family Technical Description Technical Description ［Z］. Application Note，AN2014-06，Rev. 1. 03，2017.

［2］ ROHM Co. Ltd. BD7F100HFN-LB BD7F100EFJ-LB Datasheet ［Z］. Rev. 003，2017.

［3］ Silicon Laboratories Inc. Si8281/82/83/84 Datasheet ［Z］. Rev. 1. 0，2018.

［4］ Infineon Technologies AG. Advantages of Infineon's High-Voltage Gate Driver ICs （HVICs） Based on Its Silicon-On-Insulator （SOI） Technology ［Z］. Application Note，AN2019-12，Rev. 2. 0，2019.

［5］ Silicon Laboratories Inc. High-Side Bootstrap Design Using ISO Drivers in Power Delivery Systems ［Z］. AN486，Rev. 0. 2，2018.

［6］ Fairchild Semiconductor Corporation. Design and Application Guide of Bootstrap Circuit for High-Voltage Gate-Drive IC ［Z］. Rev. 1. 4，2014.

［7］ RÜEDI H，THALHEIM J，GARCIA O. Advantages of Advanced Active Clamping ［Z］. CT-Concept Technologie AG，Power Electronics Europe，NOV/DEC 2009 （Issue 8）：27-29.

［8］ FRAUENFELDER DOMINIK，GARCIA OLIVIER. SCALE™-2 IGBT Gate Drivers Ease the Design of Optimized Renewable Inverter Systems ［J］. CT-Concept Technologie GmbH，Bodo's Power Systems，2014 （February）：22-26.

［9］ Infineon Technologies AG. Guidelines for CoolSiC™ MOSFET Gate Drive Voltage Window ［Z］. Application Note，AN2018-09，Revision 1. 1，2019.

［10］ Infineon Technologies AG. External Booster for Driver IC ［Z］. Application Note，AN2013-10，Revision 1.6，2014.

［11］ Avago Technologies. ACPL-339J Datasheet ［Z］. AV02-3784EN，2015.

［12］ Power Integration. SID1102K Datasheet ［Z］. Rev. D.，2017.

［13］ Avago Technologies. Optocouplers Designer's Guide ［Z］. Design Guide，AV02-4387EN，2014.

［14］ KRAKAUER DAVID. Anatomy of a Digital Isolator ［J］. Technical Article，MS-2234，Analog Devices，Inc.，2011.

［15］ Silicon Laboratories Inc. CMOS Digital Isolators Supersede Optocouplers in Industrial Applications ［Z］. Rev 0.2.

［16］ Infineon Technologies AG. Infineon EiceDRIVER™ Gate Driver ICs Selection Guide 2019 ［Z］. 2019.

［17］ Analog Devices Inc. Coupler© Digital Isolators Protect RS-232，RS-485，and CAN Buses in Industrial，Instrumentation，and Computer Applications ［J］. Analog Dialogue 39-10，2005：1-4.

［18］ BONIFELD TOM. Enabling High Voltage Signal Isolation Quality and Reliability ［Z］. White paper，Texas Instruments，2017.

［19］ MARK MORGAN，GIOVANNI FRATTINI. Accelerating Automated Manufacturing with Advanced Circuit Isolation Technology ［Z］. White Paper，SSZY018，Texas Instruments Inc.，2014.

［20］ KAMATH A S，SOUNDARAPANDIAN KANNAN. High-Voltage Reinforced Isolation：Definitions and Test Methodologies ［Z］. White Paper，SLYY063，Texas Instruments Inc.，2014.

［21］ TROWBRIDGE LUKE. Considerations for Selecting Digital Isolators ［Z］. Application Note，SLLA426，Texas Instruments Inc.，2018.

［22］ Texas Instruments Inc. Isolation Glossary ［Z］. Application Note，SLLA353A，2014.

［23］ Silicon Laboratories Inc. Safety Considerations and Layout Recommendations for Digital Isolators ［Z］. Application Note，AN583，Rev.0.3.

［24］ IEC 61800-5-1 Ed 2.0：Adjustable Speed Electrical Power Drive Systems，Safety Requirements，Electrical，Thermal and Energy ［S］. 2007.

［25］ Infineon Technologies AG. Control Integrated Power System （CIPOS™） Inverter IPM Reference Board Type 3 f or 3-Shunt Resistor ［Z］. Application Note，AN2016-12，Revision 1.11，2016.

［26］ TRIPATHI A，MAINALI K，MADHUSOODHANAN S，et al. A MV Intelligent Gate Driver for 15kV SiC IGBT and 10kV SiC MOSFET ［J］. 2016 IEEE Applied Power Electronics Conference and Exposition （APEC），2016：2076-2082.

［27］ WIESNER E，THAL E，VOLKE A，et al. Advanced Protection for Large Current Full SiC-Modules ［C］. PCIM Europe，2016.

［28］ ON Semiconductor Corp. Current Sensing Power MOSFETs ［Z］. Application Note，AND8093/D，Rev.6，2017.

［29］ MOCEVIC S，WANG J，BURGOS R，et al. Phase Current Sensor and Short-Circuit Detection based on Rogowski Coils Integrated on Gate Driver for 1.2 kV SiC MOSFET Half-Bridge Module ［C］. 2018 IEEE Energy Conversion Congress and Exposition （ECCE）. IEEE，2018：393-400.

［30］ WANG J，MOCEVIC S，XU Y，et al. A High-Speed Gate Driver with PCB-Embedded Rogowski

Switch-Current Sensor for a 10 kV, 240 A, SiC MOSFET Module [C]. 2018 IEEE Energy Conversion Congress and Exposition (ECCE), 2018：5489-5494.

[31] DOMINIK BORTIS. 20MW Halbleiter-Leistungsmodulator-System [D]. Swiss Federal Institute of Technology, 2009.

[32] BAYARKHUU B, BAT-OCHIR B O, HASEGAWA K, et al. Analog Basis, Low-Cost Inverter Output Current Sensing with Tiny PCB Coil Implemented inside IPM [C]. 2019 31st International Symposium on Power Semiconductor Devices and ICs (ISPSD). 2019：251-254.

[33] SUN K, WANG J, BURGOS R, et al. Design, Analysis, and Discussion of Short Circuit and Overload Gate-Driver Dual-Protection Scheme for 1.2 kV, 400 A SiC MOSFET Modules [J]. IEEE Transactions on Power Electronics, 2019, 35 (3)：3054-3068.

[34] MOCEVIC S, WANG J, BURGOS R, et al. Comparison Between Desaturation Sensing and Rogowski Coil Current Sensing for Shortcircuit Protection of 1.2kV, 300A SiC MOSFET Module [C]. 2018 IEEE Applied Power Electronics Conference and Exposition (APEC). IEEE, 2018：2666-2672.

延 伸 阅 读

[1] Infineon Technologies AG. Advanced Gate Drive Options for Silicon-Carbide (SiC) MOSFETs using EiceDRIVER™ [Z]. Application Note, AN2017-04, Rev. 1.1, 2018.

[2] Infineon Technologies AG. How to Choose Gate Driver for SiC MOSFETs and SiC MOSFET Modules [Z/OL]. Webinar. https://www.infineon.com/cms/en/product/power/gate-driver-ics/#! trainings.

[3] ZHANG ZHEYU. Driving, Monitoring, and Protection Technology for SiC Devices Using Intelligent Gate Drive [R/OL]. Webinar, PELS, [2019-11-1]. https://resourcecenter.ieee-pels.org/webinars/PELSWEB071823v.html.

[4] LASZLO BALOGH. Fundamentals of MOSFET and IGBT Gate Driver Circuits [Z]. Application Report, SLUA618, Texas Instruments, 2017.

[5] ROHM Co., Ltd. Basics and Design Guidelines for Gate Drive Circuits [Z]. Application Note, No. 66AN032E, Rev. 001, 2023.

[6] Toshiba Electronic Devices & Storage Corporation. MOSFET Gate Drive Circuit [Z]. Application Note, 2018.

[7] HERMWILLE MARKUS. IGBT Driver Calculation [Z]. Application Note, AN-7004, Rev. 00., SEMIKRON, 2017.

[8] AVAGO TECHNOLOGIES. Gate Drive Optocoupler Basic Design for IGBT/MOSFET Applicable to All Gate Drive Optocouplers [Z]. Application Note 5336, AV02-0421EN, 2014.

[9] VARAJAO DIOGO, MATRISCIANO CARMEN MENDITTI. Isolated Gate Driving Solutions Increasing Power Density and Robustness with Isolated Gate Driver ICs [Z]. Application Note, AN_1909_PL52_1910_201256, Rev. 1.0, Infineon Technologies AG, 2020.

[10] Infineon Technologies AG. How to Choose Gate Driver for IGBT Discretes and Modules [Z/OL]. Webinar. https://www.infineon.com/cms/en/product/power/gate-driver-ics/#! trainings.

[11] Infineon Technologies AG. Every Switch needs a Driver-The Right Driver Makes a Difference [Z/OL]. Webinar. https://www.infineon.com/cms/en/product/power/gate-driver-ics/#! trainings.

［12］ DEARIEN AUDREY. HEV/EV Traction Inverter Design Guide Using Isolated IGBT and SiC Gate Drivers ［Z］. Application Report, SLUA963, Texas Instruments Inc. , 2019.

［13］ Texas Instruments. IGBT & SiC Gate Driver Fundamentals ［Z］. SLYY169, 2019.

［14］ Infineon Technologies AG. SOI Level-Shift Gate Driver IC in LLC Half-Bridge Topologies ［Z/OL］. Webinar. https：//www. infineon. com/cms/en/product/power/gate-driver-ics/silicon-on-insulator-soi/? redirId = 104509.

［15］ Fairchild Semiconductor Corporation. Design Guide for Selection of Bootstrap Components ［Z］. Rev. 1. 0. 0, 2008.

［16］ MERELLO ANDREA. Bootstrap Network Analysis：Focusing on the Integrated Bootstrap Functionality ［Z］. Application Note, AN-1123, Rev. 01, International Rectifier Corporation, Inc. , 2007.

［17］ MERELLO A, RUGGINENTI A, GRASSO M, Using Monolithic High Voltage Gate Drivers ［Z］. Application Note, Rev. 01, International Rectifier Corporation, 2016.

［18］ ROSSBERG M, VOGLER B, HERZER R. 600V SOI Gate Driver IC with Advanced Level Shifter Concepts for Medium and High Power Applications ［C］. IEEE European Conference on Power Electronics & Applications, 2008.

［19］ SONG J, FRANK W. Robustness of Level Shifter Gate Driver ICs Concerning Negative Voltages ［C］. PCIM Europe, International Exhibition & Conference for Power Electronics, 2015：140-146.

［20］ HERMWILLE MARKUS. Gate Resistor-Principles and Applications ［Z］. Application Note, AN-7003, Rev. 00, SEMIKRON International GmbH, 2017.

［21］ Infineon Technologies AG. EiceDRIVER™ Gate Resistor for Power Devices ［Z］. Application Note, AN2015-06, Revision 1. 0, 2015.

［22］ ON Semiconductor. Analysis of Power Dissipation and Thermal Considerations for High Voltage Gate Drivers ［Z］. Application Note, AND90004, Rev. 0, 2020.

［23］ SCHNELL RYAN. Rarely Asked Questions-Issue 158 Driving a Unipolar Gate Driver in a Bipolar Way ［J］. Analog Dialogue, 2018 (10)：52-10.

［24］ Silicon Laboratories Inc. Driving MOSFET and IGBT Switches Using the Si828x ［Z］. Application Note, AN1009, Rev. 0. 1,

［25］ LONGO G, FUSILLO F, SCRIMIZZI F. Power MOSFET：Rg Impact on Applications ［Z］. Application Note, AN4191, DocID 023815, Rev. 01, STMicroelectronics, 2012.

［26］ KENNEDY BRIAN. Using On-Off Keying, Digital Isolators in Harsh Environments ［Z］. Webcast, Analog Devices, Inc. , 2016.

［27］ Texas Instruments Inc. Digital Isolator Design Guide ［Z］. Developer's Guide, SLLA284B, Rev. B. , 2018.

［28］ ZIEGLER S, WOODWARD R C, IU H H, et al. Current Sensing Techniques：A Review ［J］. IEEE Sensors Journal, 2009, 9 (4)：354-376.

［29］ LOBSIGER YANICK. Closed-Loop IGBT Gate Drive and Current Balancing Concepts ［D］. ETH, 2014.

［30］ MIFTAKHUTDINOV R, LI X, MUKHOPADHYAY R, et al. How to Protect SiC FETs from Short

Circuit Faults- Overview［C］. 2018 European Conference on Power Electronics and Applications（EPE′18 ECCE Europe），2018.

［31］ ROTHMUND D，BORTIS D，KOLAR J W. Highly Compact Isolated Gate Driver with Ultrafast Overcurrent Protection for 10kV SiC MOSFETs［J］. CPSS Transactions on Power Electronics and Applications，2019，3（4）：278-291.

［32］ Infineon Technologies AG. EICEDRIVER^{TM} High Voltage Gate Drive IC 1ED Family Technical Description［Z］. Application Note，Rev. 1. 4，2014.

［33］ Infineon Technologies AG. Using the EiceDRIVER^{TM} 2EDi Product Family of Dual- Channel Functional and Reinforced Isolated MOSFET Gate Drivers［Z］. Application Note，AN_1805_PL52_1806_095202，Rev. 2. 0，May 2019.

［34］ Infineon Technologies AG. EiceDRIVER^{TM} Safe High Voltage Gate Driver IC With Reinforced Isolation 1EDS- SRC Technical Description［Z］. Application Note，AN2014- 03，Rev. 1. 2，2018.

［35］ Infineon Technologies AG. PCB Layout Guidelines for MOSFET Gate Driver［Z］. Application Note，AN_1801_PL52_1801_132230，Rev. 01，2018.

［36］ Fairchild Semiconductor Corporation. Driving and Layout Design for Fast Switching Super- Junction MOSFETs［Z］. Application Note，AN- 9005，Rev. 1. 0. 1，2014.

［37］ ON Semiconductor. NCD（V）57000/57001Gate Driver Design Note［Z］. Application Note，AND9949/D，Rev. 0，2019.

第12章

SiC 器件的主要应用

前面章节对 SiC 器件的各个方面进行了详细介绍和讨论，第 1 章全面介绍了 SiC 行业和器件发展现状和未来趋势，第 2 ~ 4 章详细介绍了 SiC 二极管和 SiC MOSFET 的主要特性以及与 Si 器件的特性区别，第 5、6 章讨论了 SiC 器件参数测试、生产测试、应用系统测试、可靠性测试和失效分析的相关技术，第 7 ~ 11 章针对在使用 SiC 器件遇到的挑战进行了分析并提供了可行的应对措施。这样就使得工程师对 SiC 器件的特性、测试和应用技术有充分了解，为实际使用 SiC 器件扫清了技术障碍。

相较于 Si FRD，SiC 二极管的反向恢复特性几乎可以忽略不计。相较于 Si SJ-MOSFET，SiC MOSFET 可以同时满足高压大电流，同时其体二极管反向恢复特性得到了大幅提升。相较于 Si IGBT，SiC MOSFET 的开关损耗得到了显著降低，且在小电流工况下具有更低的导通损耗。此外，相较于 Si 器件，SiC 器件可以运行在更高结温下。故使用 SiC 器件能够有效提高变换器的效率，使功率变换器工作在更高的开关频率下，有效减小电容和磁性元件的用量，显著提升功率变换器的功率密度、降低整体成本。这些优势正是 SiC 器件逐渐广泛应用于各领域的基础，同时随着价格的不断降低，其市场规模也不断增加。

综合 SiC 器件的特性和具体应用中对功率器件的要求，目前 SiC 器件的主要应用包括主驱逆变器、车载充电机、车载 DC-DC、充电桩、光伏和储能、不间断电源、电源、电机驱动等。

12.1 主驱逆变器

在过去的 20 年里，学术界和工业界的合作努力推动针对 SiC 器件的广泛研究和开发，包括 BJT、JFET、MOSFET。这些努力主要集中在高压电动汽车领域，如主驱逆变器、车载充电机和车载 DC-DC，用 SiC 器件替代传统的 Si IGBT、Si FRD 和 Si SJ-MOSFET 以提高效率、增加功率密度并改善整体性能的潜力。尽管 SiC 器件具有明显的优势，但业界仍然对其在汽车行业存在一定的争议和犹豫，包括哪种类型的 SiC 器件最适合汽车应用的讨论。然而，随着采用了基于 SiC MOSFET 的逆变器的 Tesla Model 3 推出，情况开始明显变化。这一重大发展引发了更广泛的行业趋势，越来越多的原始设备制造商（OEM）现在正在推出基于 SiC 的型号，覆盖了 400V 和 800V 平台，表明 SiC MOSFET 应用于主驱逆变器的可行性达成了越来越多的共识。

在主驱逆变器中，通常采用的电路拓扑结构是两电平三相电压源逆变器（2L-3Φ VSI），如图 12-1 所示。在某些情况下，在电池和逆变器的 DC 电容之间会并入一个非隔离变换器，用于调节和稳定供给逆变器的电压。两电平三相电压源逆变器在几十年来已经确立了可靠性和稳健性的记录，得益于精心设计的控制策略，确保其运行有效性。尽管多相逆变器、多电平逆变器和某些电流源逆变器等替代拓扑结构提供了明显的优势，但本讨论主要集中在功率器件上，暂时不对这些拓扑进行详细讨论。

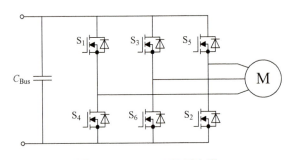

图 12-1　2L-3Φ VSI 逆变器

SiC MOSFET 相较于传统的 Si IGBT 反并联 Si FRD 具有显著的优势，并能够在主驱逆变器应用中充分发挥，为其替换传统的 Si 器件提供了有力的理由。

首先，SiC MOSFET 具有显著更低的开关损耗，这得益于其更短的开关延迟时间和更快的开关速度。与 Si 器件相比，这一优势在功率较高（>150kW）和总线电压较高（>600V）的逆变器系统中更加明显。高压（1200V 或更高）Si IGBT 需要通过离子注入或扩散来实现高掺杂浓度，以抵消漂移区厚度的增加，在大电流导通期间保持低前向电压降，这显著降低了其开关性能，而 SiC MOSFET 没有这样的问题。通常，基于 Si IGBT 的主驱逆变器的开关频率上限为 20kHz，常规范围为 8～12kHz，开关损耗大约占 Si IGBT 总体损耗的 50%。基于 SiC MOSFET 的主驱逆变器可以实现更高的开关频率，其开关损耗比约为 30%。虽然在主驱逆变器系统中，开关频率的增加并不能带来像 OBC 和 DC-DC 那样使得其中无源元件（电容器、电感器和变压器）的尺寸随着开关频率的增加而急剧缩小。但高开关频率可以减少电机噪声，并实现低转矩波动和足够的电机控制分辨率，特别是对于小型高速电机而言。

　　其次，应用于主驱逆变器的 SiC MOSFET 的导通电阻仅为几毫欧姆，其输出特性曲线为从零点开始的射线，导通损耗与导通电流成正比。而 Si IGBT 和 Si FRD 由于其导通结构中包含 pn 结，故其输出特性曲线要在其饱和压降之后才有电流流过，即无论导通的电流多小，都需要一定的正向电压门槛才能导通。基于 4.2.2 节中的介绍，SiC MOSFET 在轻载（低输出电流）时的导通损耗更小，而 Si IGBT 在重载（高输出电流）时导通损耗更小。在典型的驾驶周期中，主驱逆变器在大部分时间内都在轻载条件下运行，故 SiC MOSFET 比 Si IGBT 表现出更优的导通损耗。这也是即使在 400V 电池平台（如 Tesla Model 3）中，从里程提升或电池组节约的角度来看，SiC MOSFET 可能仍然是比 Si IGBT 更好的选择的最重要原因之一。

　　向 800V 平台发展是 xEV 技术的趋势之一，其优势在于更快的充电速度、更高的效率、增强的性能、减小尺寸和重量等。SiC MOSFET 在这里扮演了关键的推动者角色，特别是在主驱逆变器系统中。图 12-2 显示，与 IGBT 解决方案相比，采用 SiC MOSFET 在 800V 平台上能够延长驱动范围 5% ~7%，这取决于 SiC MOSFET 技术的不同。这种改进看起来很小，但在电池方面的节省是显著的，故 SiC MOSFET 的成本溢价是合理的。同时，SiC MOSFET 技术的持续改进将提供更高的效率和更低的成本。

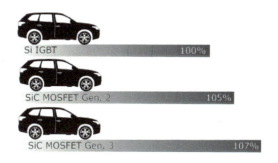

图 12-2　SiC MOSFET 提高驱动范围[1]

　　此外，SiC MOSFET 的最高工作温度也明显高于 Si IGBT，该特性提高了逆变器的峰值功率能力，而不需要增加芯片的面积。为了充分发挥这一优势，需要创新的技术和先进的封装材料，以满足可靠性要求。

　　最后，SiC MOSFET 的体二极管和同步整流能力是常常被忽略的优势。当仅处理一种类型的芯片，特别是在功率模块中，这有利于封装设计和组装过程，其中多个芯片被粘合和封装在一起。例如，当使用压力烧结技术将多个 SiC MOSFET 芯片连接到功率模块时，所有芯片都具有相同的高度，这使得具有不同高度的两种芯片（例如 Si IGBT 和 Si FRD）相比，减少了麻烦。

　　主驱逆变器的硬件通常可以分为功率级、控制级、传感和反馈电路、功能安全电路、辅助电路以及机械结构和组件，这里将重点放在功率级。功率级包括功率半导体、驱动器、直流和交流母线以及直流电压链接电容器。使用 SiC MOSFET 替换传统的 Si 方案，需要进行一些重大设计更改，目标是设计一个成本效益高且紧凑的主驱逆变器系统，以满足应用需求。

（1）功率半导体

常规的非隔离分立器件仅包含一颗 SiC MOSFET 芯片，如 TO-247 和 D2PAK，其性能上的缺陷和在系统级设计上的挑战导致很少被用于主驱逆变器。在 2L-3Φ VSI 拓扑结构中，SiC MOSFET 功率模块有 1in1、2in1 和 6in1 三种常见配置，表示有多少个开关集成到一个模块中。

1in1 模块在逆变器设计中提供了最好的可扩展性和灵活性，通常是三种解决方案中成本最低的。在几乎所有情况下，多个 1in1 模块是并联的，以满足主驱逆变器应用的功率需求。因此，其中一个设计挑战是平衡这些并联模块的电流。母线和冷却结构设计还需要额外的设计。然而，Tesla Model 3 中使用 TPAK 模块的成功案例使其成为了一种流行选择。一些功率模块供应商已经开始提供与 TPAK 针脚兼容的 1in1 SiC MOSFET 模块。

2in1 模块通常称为半桥拓扑，提供了机械和电气设计的灵活性以及一定程度的集成。有各种 2in1 模块可供选择以满足各种市场需求，不仅用于不同功率级别的要求，还用于各种安装和冷却方式的需求。将两个 2in1 模块并联用于高电流是可行的，但由于两个模块之间电流均流有一定挑战，此方案较少见。

6in1 模块集成了 3 个 2in1 模块，形成了一个完整的三相功率模块解决方案。单面直接冷却是最常见的配置，通常在机械设计上需要最少的工作量。

作为主驱逆变器中功率级和冷却系统的核心组件，功率模块将来自电池的直流电能转换为交流电能以驱动电动机，并将其功耗作为热量散发到冷却系统中。因此，选择正确的功率模块至关重要。一个经验法则是选择产生最小功率损失且具有最低热阻的模块，以确保运行期间芯片结温保持在其最大值以下。

在 Si IGBT 模块中，芯片的成本占比较少，因此增加总芯片面积通常是降低功率损失并提高模块性能的好方法。而在 SiC MOSFET 模块中，芯片成本占主导地位，并且由于 SiC MOSFET 单个芯片尺寸要小得多，必须并联多个芯片以满足功率需求。因此，提高 SiC MOSFET 模块性能的方法是增加最大允许结温和降低热阻，这两者都严重依赖于模块封装材料和技术的进步。这就解释了为什么尽管这项技术已经发展了几十年，但 SiC MOSFET 模块的烧结工艺在近年来成为一个热门话题。采用新的陶瓷材料，如 Si_3N_4 和 AlN，用于 SiC MOSFET 模块基板，遵循相同的理念。

对于主驱逆变器中的 SiC MOSFET 模块，模块内部布局也是关键，以实现通过快速开关来降低开关损耗，保持并联芯片之间的电流平衡和结温均匀性，并避免过多的 EMI 问题。此外，由于创新陶瓷基板成本高昂且需要设计紧凑性，总芯片面积与模块面积之比现在也是模块布局设计的另一个指标。

（2）驱动电路

高压主驱逆变器中的驱动电路具有放大控制信号以驱动功率器件、为功能和安全提供高低电压之间的隔离、提供用于故障检测和紧急关闭的保护功能的作用。

驱动 SiC MOSFET 即是对其结电容进行充放电，可以通过电压型驱动电路或电流型驱动电路实现，其中电压型驱动电路在市场上占据主导地位。同时，一些驱动 IC 供应商专门为主驱逆变器中的 SiC MOSFET 提供了电流型驱动电路解决方案。这主要是由于 SiC MOSFET 所需的总电荷量比 IGBT 少，电流型驱动电路可以更加精确地控制 SiC MOSFET 开关瞬态以获得最佳性能，同时管理 EMI 和其他由快速开关产生的问题。随着当今先进门驱动 IC 提供的一些高级功能，如栅极强度控制和过压感知，SiC MOSFET 的开关性能可以进一步改善。

将隔离功能集成到驱动 IC 中是很常见的。为了确保速度快和寿命长，可以采用基于电容或基于磁性的隔离技术。除了隔离电压之外，对于隔离型驱动 IC 而言，另一个关键参数是共模瞬态抗扰度（CMTI）。在基于 SiC MOSFET 的主驱逆变器中，隔离驱动 IC 的 CMTI 应至少为 100V/ns。CMTI 能力提高到 200V/ns 及更高，以适应不仅在开关瞬态期间高的 dv/dt，还有来自过度振荡的高频噪声。

众所周知，SiC MOSFET 的短路耐受时间比 Si IGBT 短。然而，短路耐受能力对于在这种灾难性情况下安全关闭电源开关至关重要。尽管有几种用于短路保护的替代方法，例如基于芯片的电流传感器和基于杂散电感的过电流保护，但主流仍然是基于退饱和保护，通常由驱动 IC 提供。通常情况下，可以设置较低的去饱和触发电压以实现更快的响应。

对于现今大多数主驱动逆变器应用中的 SiC MOSFET，制造商推荐的导通驱动电压在 15 ~ 20V 之间。至于关断驱动电压，建议使用负电压以避免因串扰导致 SiC MOSFET 误导通而发生桥臂短路。与 Si IGBT 相比，SiC MOSFET 驱动电路设计的挑战之一是所需的驱动电压的大幅波动与其绝对最大值的狭窄容限之间的矛盾。因此，在 SiC MOSFET 驱动电路设计中，为栅极电压留下安全裕量是至关重要的。此外，与 IGBT 的情况相比，由于 SiC MOSFET 的导通电阻对栅极电压更为敏感，因此欠电压锁定（UVLO）的值应设置得更高。

（3）母线电容器和直流/交流母排

母线电容的设计或选择需要满足电容量足够大以满足最大电压和电流纹波要求，以及电容器核心的温度低于其最大允许值。此外，电容器的低 ESL 可以减少 SiC MOSFET 快速 di/dt 引起的电压过冲和信号振荡。

母排还需要通过在正负母线之间创建耦合并缩短从直流连接电容器到功率模块直流电源端子的距离来实现低杂散电感设计。层压直流母排结构可以同时实现良好的机械强度和低杂散电感。交流母排应设计为承载所需数量的交流电流以驱动电机。此外，三相交流母排的设计几何形状应考虑电流传感器。

目前，在采用 SiC MOSFET 的设计中，激光焊接技术被广泛应用于母线电容、直流/交流母排和功率模块之间的端子连接，取代了螺钉连接。激光焊接提供了许多关键优势，如较低的电阻、增强的电气可靠性、高机械强度和耐久性、在振动下表现出色以及更好的耐蚀性和改善散热。此外，激光焊接可以实现更紧凑和简洁的设计，因为它消除了螺钉、垫圈以及工具存取所需额外空间。这也是一种成本效益高的解决方案，因为它消除了材料成本，并显著降低了自动化装配线上的人工成本。

总之，利用 SiC MOSFET 作为功率开关的主驱逆变器设计与使用 Si IGBT 反并联 Si FRD 的设计有很多共同之处。主要的技术挑战来自于需要更快的开关速度、更高的开关频率和更严苛的工作温度，因为这些是实现高效、紧凑、成本效益和可靠逆变器设计的关键特征。

在牵引逆变器中，SiC MOSFET 的前景非常有希望，这是由于其优越的性能特征以及在电动汽车市场中的不断采用所推动的。SiC MOSFET 相对于传统的基于硅的功率器件具有显著的优势，包括更高的效率、更大的功率密度和更好的热管理。这些优点可以转化为电动汽车的行驶里程延长、充电时间缩短以及整体性能的提高。随着制造商努力满足对效率和成本降低的不断增加的需求，SiC 技术正在成为一个关键的推动者。

12. 2　车载充电机

对于车内的高压动力电池，必须依赖电源装置将交流市电转换为直流电（即交流-直流变换，AC-DC），方可进行充电。具体而言，直流充电桩位于车辆外部，利用俗称的"快充枪座"将直流电连接至车内电池；而车内的车载充电机（On-board Charger，OBC）则是另一种装置，位于车内，通过俗称的"慢充枪座"从电网取得交流电，完成直流电的转换和输出，从而为车辆内的电池充电，车载充电机如图 12-3 所示。

图 12-3　车载充电机（OBC）

就电能传输方向而言，OBC 可分为单向和双向两种类型。单向 OBC 的主要任务是将来自家中或其他交流充电桩的市电转换为直流电，为车内高压动力电池充电。而双向 OBC 则是指部分车型配备的 OBC 具备 V2X（Vehicle-to-Everything）功能，即车辆通过高压动力电池进行逆变，向外部用电设备（离网）或电网（并网）反馈电能。

OBC 的输出电压范围受搭配电池平台的影响，以 400V 或 800V 平台为主，具体的电池电压会在 400V 或 800V 基础上有较大变化范围。一般而言，这两种电池平台的电压相差较大，因此采用不同的设计方案，导致存在不同机型的产品布局。在乘用车领域，过去主要采用 400V 平台，但近年来为了进一步提升充电功率，800V 平台也逐渐普及。

OBC 的功率等级主要集中在 3.3kW、6.6kW 和 11kW，而一些车型以及欧美市场可能还会有 3.6kW、7.2kW、19.2kW，甚至 22kW 的需求。以中国为例，目前较主流的规格是单相 6.6kW。较大功率规格并不流行的原因在于，不同国家和地区对于单相交流电输入的最大电流和最大功率均存在限制。更高的功率需求则需要三相交流电输入，但要搭建专用的三相交流电接入装置，这在使用场景上会与现有直流充电桩产生重叠，因此限制了更高功率 OBC 的普及。

OBC 的技术挑战主要有：

1）宽电压增益范围，输入交流电压和输出直流电压的范围变化均很宽，这要求变换器拥有很强的增益调节能力。

2）往往要求兼容单相和三相的交流输入，且要实现双向功率传输的目标，在传统的两级方案中，对于前级的 AC-DC 来说设计难度较高。

3）在传统的两级方案中，后级 DC/DC 在高压大功率甚至双向功率传输的工况下，还要承担宽电压范围调节的主要任务，对于后级 DC-DC 的拓扑方案和设计优化带来了较大挑战。

4）出于电气安全性和安全规范的考虑，OBC 要求电气隔离。

5）满足 AC 输入下的车用相关 EMC 标准强制要求。

OBC 有单相输入和三相输入两种区别，如图 12-4 所示。一些情况要求三相输入的 OBC 也能够兼容单相输入，可通过缺相检测和模式切换电路（通常用继电器或晶闸管作切换开关）实现。

根据拓扑结构，OBC 有单级和两级级联两种架构。目前成熟的 OBC 产品主要采用两级级联的方案，即前级非隔离的 AC-DC（PFC）和后级隔离 DC-DC 的组合。

以单相输入为例，传统方案通常将单相 PFC 的输出电压（即 DC 母线电压）固定在 380 ~ 400V，然后通过后级 DC-DC 进行转换，以适配 400V 电池平台充电。考虑到 400V 电池平台的电压范围较广，为了提高后级谐振 DC-DC（如 LLC 谐振变换器、CLLC 谐振变换器等）的效率，使其电压增益与 1∶1 的调节关系接近，可以增加母线电压的变化范围，最高可能接近 800V。而在 800V 电池平台中，同样出于对后级 DC-DC 转换效率的考虑，母线电压可以设计在接近甚至高于 800V 的水平。

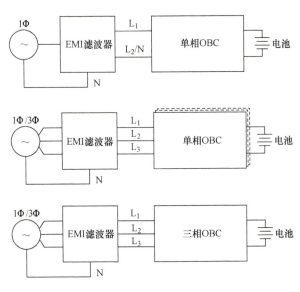

图 12-4　单相输入和三相输入的 OBC 方案

在同等电压等级比较，相较于 Si SJ-MOSEFT，SiC MOSFET 的电流等级更大、二极管方向恢复特性和温度变化特性更优；相较于 Si IGBT，SiC MOSFET 的开关损耗更小。

在 400V 左右母线电压下，采用 650V SiC 二极管替代相同电压等级的 Si 二极管已经十分普遍。但 650V SiC MOSFET 与 650V Si SJ-MOSFET 相比在开关损耗方面的优势并不显著，同时考虑到成本和成熟度等因素，SiC MOSFET 并没有得到广泛应用。而在 800V 左右母线电压的情况下，为了避免采用三电平等复杂的拓扑结构，并保持更高的转换效率，1200V 的 SiC MOSFET 成为优选。

前级 AC-DC，单相输入如图 12-5 所示，三相输入如图 12-6 和图 12-7 所示。在单相输入时，单向 OBC 若采用传统 Boost PFC 和 Dual-Boost PFC 电路及其交错并联，其中的二极管可选择 SiC 二极管。而双向 OBC 可以采用 Totem-pole PFC 电路及其交错并联，高频开关管可以选择 SiC MOSFET，利用其开关损耗小和体二极管反向恢复特性优异的优势，近年来已经成为最高效率 PFC 的"标杆"拓扑。在三相输入时，有三个单相模块并联的方案，选型考虑和单相输入的考虑点完全一致；也有专用于三相整流的方案，如三相六开关拓扑，同时也可以实现双向 OBC 的需求。

后级 DC-DC 需要处理大功率、追求高效率，还需要具备匹配电池电压变化范围的调节能力，因此几乎都选择全桥 LLC（单向）和 CLLC（双向）等谐振类型拓扑及其变种，和其交错并联。近年来，也有采用双有源全桥（Dual Active Bridge，简称 DAB）拓扑的方案，以及 DAB 和谐振类拓扑混合的方案。总体而言，对于这些能够实现零电压开关（ZVS）的拓扑来说，SiC MOSFET 具有更低的等效结电容，可以缩短 ZVS 时间，简化外部电感的设计，最大程度地减小死区，从而进一步提

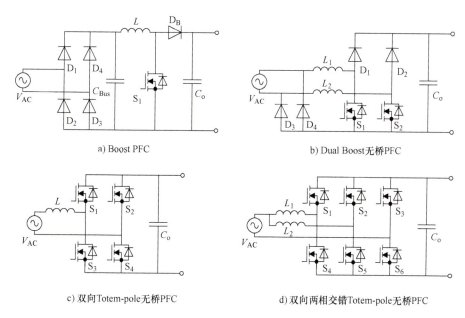

a) Boost PFC

b) Dual Boost无桥PFC

c) 双向Totem-pole无桥PFC

d) 双向两相交错Totem-pole无桥PFC

图 12-5　OBC 前级 AC-DC 拓扑（单相输入）

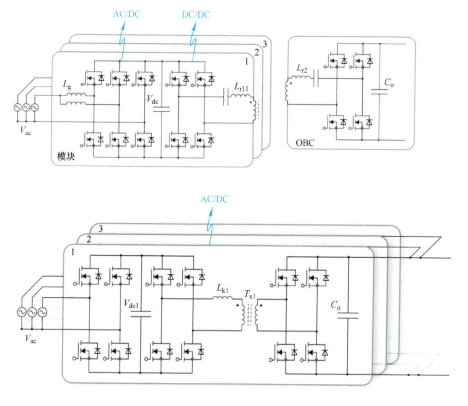

图 12-6　OBC 前级 AC-DC 拓扑（三相输入，单相模块并联）[2]

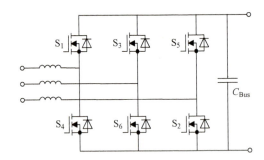

图 12-7　OBC 前级 AC-DC 拓扑（三相输入、三相整流器）

高软开关变换器的效率。后级 DC-DC 常用拓扑如图 12-8 所示。

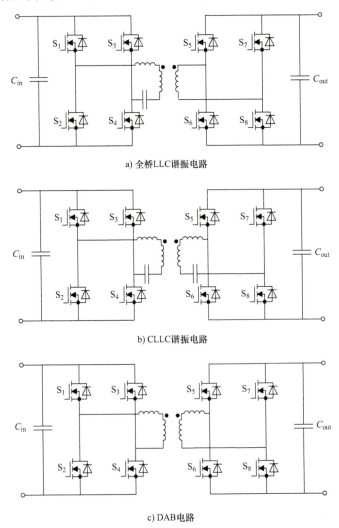

a) 全桥LLC谐振电路

b) CLLC谐振电路

c) DAB电路

图 12-8　OBC 后级 DC-DC 拓扑

12.3　车载 DC-DC

车载 DC-DC 是电动汽车内部的电源装置，将高压动力电池组的能量进行 DC-DC 转换，向车内部的低压电池组和低压电气部件（如车灯、车载娱乐、动力转向）供电。与 OBC 的发展类似，近年来也出现了双向传输能量的车载 DC-DC，可以反向对高压动力电池充电，对于整车的能量管理来说更为灵活和智能。

值得注意的是，由于汽车内部功率控制单元高度集成化和模块化的发展趋势，OBC 和车载 DC-DC 越来越多地被集成在一起设计：如将 OBC 和车载 DC-DC 二者深度集成，再加入 PDU（高压配电单元，Power Distribution Unit）模组，组成"二合一""三合一"等产品。也有人提出，将电控主驱动、电机、变速箱等继续集成，形成"多合一"形态的产品。总体而言，车载电源会继续向模块化、集成化、低成本、高效率、智能化以及全数字化控制等方向发展。

车载 DC-DC 的输入由高压电池而来，输出电压范围要适配低压电池的变化范围，对于乘用车一般在 9～16V。而车载 DC-DC 的输出功率，由于智能辅助驾驶和更多复杂的车内功能应运而生，相应地从早些年的 1～2kW，逐步向更大的 2～4kW 发展。

车载 DC-DC 的输入侧和输出侧都接电池，电压增益的变化范围同样很宽，最常用的谐振变换器如 LLC，无法在如此宽的电压范围内依然保持较高的全局效率。为了解决该问题，其他类型的单级隔离型 PWM 拓扑，和两级级联拓扑在车载 DC-DC 中都较为常见。

车载 DC-DC 的技术挑战主要有：

1）宽增益范围，即输出电压与输入电压的比值变化很大，表现为输入电压范围很宽，输出电压范围也很宽，这要求变换器拥有很强的增益调节能力。

2）在低压大电流输出下，为了实现更高的效率和功率密度，开关频率进一步提高，给效率和散热方面带来不小的挑战。然而，如果采用软开关技术，相关拓扑难以在整个工作区间内（全电压和全负载范围），均实现最高的效率。

3）出于电气安全性和安全规范的考虑，LV DC 要求电气隔离。

4）满足 DC 输入下的车用相关 EMC 标准强制要求。

在车载 DC-DC 中的隔离型 DC-DC，输出功率等级在 1～2kW 时，一次侧常采用半桥结构，2～4kW 时一次侧常采用全桥结构。为了处理低压大电流输出，隔离型 DC-DC 的二次侧会采用全波整流搭配同步整流技术。同时，为了均衡散热的压力，多个变压器串并联的绕组结构也较为常见。

单级方案必须拥有很宽的增益调节能力，同时还要有尽量高的转换效率。可采用的有：硬开关半桥/全桥（Half Bridge/Full Bridge）、有源箝位正反激（Active Clamp Forward-Flyback）、移相全桥（Phase-Shift Full Bridge，PSFB，也有文献称为

ZVS PWM Full Bridge）等，如图 12-9 所示。

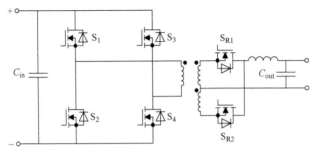

a) 全波整流的硬开关全桥电路

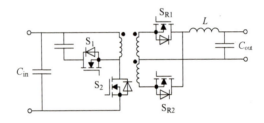

b) 全波整流的有源箝位正反激电路

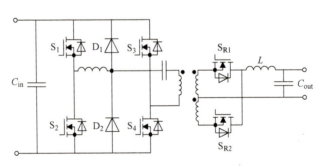

c) 全波整流的变压器滞后T-C型移相全桥电路

图 12-9　车载 DC-DC 采用的单级拓扑方案

　　在两级级联架构中，非隔离的拓扑用于增益调节，通常采用 Buck 或 Boost 电路，级联高效率的隔离拓扑作电气隔离，通常采用 LLC 电路，如图 12-10 所示。

　　在车载 DC-DC 中，SiC MOSFET 可以用于高压隔离 DC-DC 电路的一次侧，在硬开关应用中可以显著降低开关损耗，在 ZVS 的软开关应用中可以降低死区时间从而提升效率。当输入电压是 800V 电池平台时，类似 OBC 的 800V 母线电压对于后级 DC-DC 的设计考虑，采用 1200V SiC MOSFET 的设计将成为一种优选。

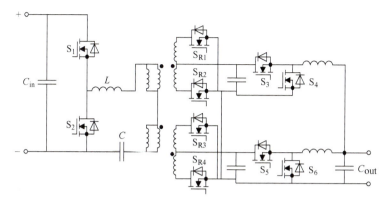

a) 变压器串并联LLC+交错并联Buck

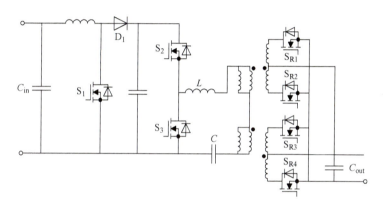

b) Boost+变压器串并联LLC

图 12-10　车载 DC- DC 采用的双级拓扑方案

12.4　充电桩

随着电气能源革命在交通领域的开展，汽车、船舶、飞机等交通工具纷纷走上了电动化的历程。尤其近些年，以电动汽车为主的新能源汽车由于其较高的能源传输效率和更加环保的特性，在全球的保有量也逐年提高。

相比传统燃油车，电动汽车的能源主要依靠充电桩进行补充。根据补充方式和应用场合的不同，充电桩有交流充电桩和直流充电桩两种形态。交流充电桩为电动汽车提供交流输入，通过车载 OBC 实现交流电到直流电的变换，从而为电动汽车电池提供充电能量，图 12-11 所示为深圳市盛弘电气股份有限公司位于中国香港车库中的交流充电桩。因功率受到车上 OBC 功率的限制，相对功率比较小，大多数在 6.6 ~ 11kW 之间，主要用在家用或商场的地下车库中。

直流充电桩的功率通常从 30 ~ 1000kW 不等，主要应用在公共充电站，类似于

图 12-11　盛弘电气位于中国香港地下车库中的交流充电桩

传统燃油车的加油站，对电动汽车实现快速补充能源的作用，图 12-12 所示为盛弘电气位于瑞典的直流充电桩。

图 12-12　盛弘电气位于瑞典斯德哥尔摩的直流充电桩

　　直流充电桩通常根据功率变换部分是否和充电终端在一起分为一体式充电桩和分体式充电桩，如图 12-13 所示。大多数一体式充电桩的功率以 30～400kW 为主，适合小型的充电运营场站。

　　而分体式充电桩的功率变换部分集中放置在主机中，和充电终端分开放置，如图 12-14 所示。在车主充电时，使用充电终端对车辆进行充电，大多数的分体式充

图 12-13　盛弘电气一体式充电桩　　　　图 12-14　盛弘电气分体式充电桩

电桩主机功率在 400 ~ 1000kW，这种分体机的模式能够增加充电模块的共享度，比较适合中大型充电运营场站。

无论是直流一体机充电桩，还是直流分体机充电桩，充电模块都是最核心的变换部件，为直流充电桩提供能量变换的功能。因为输入电网和电池隔离的需求，通常的方案是前级使用带有 PFC 的 AC-DC 整流电路，后级使用隔离 DC-DC 电路。

由于直流桩功率较大，大多数充电模块均为三相输入，直流母线电压为 650 ~ 850V。这使得使用传统耐压为 650V 的 Si MOSFET 时，不得不采用三电平电路或正负母线交错的拓扑，通过器件串联来降低单个器件的耐压要求。目前大多数方案选择在前级选用维也纳 PFC 电路作为输入级，后级使用三电平、正负母线交错的 LLC 或移相全桥隔离拓扑作为输出级，这使得充电模块所使用的器件更多和电路控制更加复杂。此时，如果采用耐压更高的 SiC 器件，将有效简化拓扑方案，提高系统可靠性。

如图 12-15 所示，前级 PFC 使用 SiC MOSFET 后，可以把传统的维也纳整流器器件的数量降低，从较为复杂的三电平控制变化成较为简单的两电平控制。当然，也有部分电源设备使用耐压较高的 IGBT 构成的六开关电路作为 PFC 输入电路，相比此类电路，由于 SiC MOSFET 较小的导通电阻参数和优秀的反向恢复特性，可以降低功率器件的损耗，从而提高电路的效率。

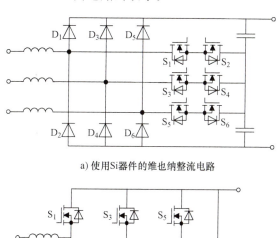

a) 使用Si器件的维也纳整流电路

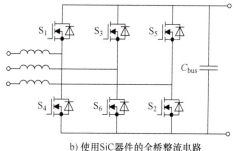

b) 使用SiC器件的全桥整流电路

图 12-15　充电模块的前级 AC-DC 电路

在充电模块的后级 DC-DC 部分电路中，传统的三电平电路或者正负母线交错的电路使用较多的 Si MOSFET 器件串联，高压 SiC MOSFET 可以使得较为复杂的电路和控制方式简化为两电平隔离型拓扑，如图 12-16 所示。同时，由于 SiC MOSFET 更加适合高频应用，电路工作频率可以得到进一步的提升，显著减小磁性元件体积和成本。

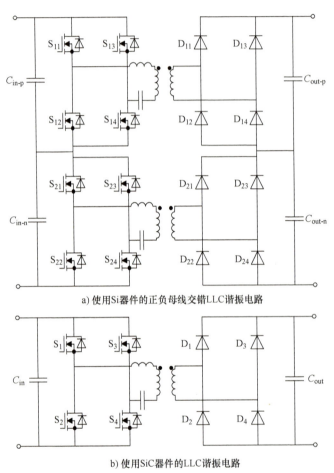

a) 使用 Si 器件的正负母线交错 LLC 谐振电路

b) 使用 SiC 器件的 LLC 谐振电路

图 12-16　充电模块后级 DC-DC 电路

此外，对于一些应用在 V2G 或者 V2H 场合的直流充电桩来说，充电模块采用双向电路，如图 12-17 所示。传统的方案使用 1200V 的 IGBT 作为电路中的功率半导体器件，在使用 1200V 的 SiC MOSFET 替换 IGBT 之后，虽然在电路结构上没有大的变化，但由于 SiC 优秀的导通特性和高频特性，系统效率得到较大的提升。同时，高频化也使得磁性元件的体积和成本大大降低，提升了双向充电模块的经济性。

可以看到，电动汽车充电桩作为全球电力电子行业快速增长的市场，直流充电桩设备在使用 SiC MOSFET 器件后，可以使充电模块电路的部分做到更加简洁，更

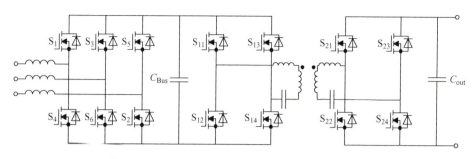

图 12-17　使用 SiC MOSFET 的双向直流充电模块方案

加经济，目前行业已经开始大面积的推广。

12.5　光伏

1. 组串式光伏

在组串式光伏系统中，多个光伏电池板（也称为光伏模块）按照一定的电路连接方式串联在一起，形成一个电路组，然后将多个电路组并联在一起，如图 12-18 所示。这种串联并联的方式既可以提高系统的电压，从而减小线路损耗，提高系统的效率，同时还可以降低系统的故障风险，提高系统的可靠性。

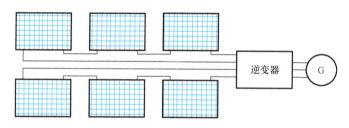

图 12-18　组串式光伏逆变器系统结构

组串式光伏逆变器结构如图 12-19 所示，由 DC-DC 和 DC-AC 两部分组成。DC-DC 用于实现 MPPT 功能，一般为 Boost 电路，DC-AC 用于实现逆变并网功能，电路的种类很多，单相逆变电路有 H4、H6、H6.5、Heric 等，三相逆变电路有全桥电路、T 型三电平、I 型三电平等。

在 DC-DC Boost 电路中，二极管的反向恢复会产生反向恢复损耗，同时开关管也会因此产生更大的损耗。此时，使用 SiC 二极管替换传统的 Si FRD 就可以有效缓解这一问题，在不给产品带来任何风险的同时，使产品性能得到一个很大的改善，在体积、重量、热等方面带来很大的提高。单相系统中，一般选择 Si MOSFET 配合 SiC 二极管的方案，可以兼顾简单更换器件提升部分性能和提高开关频率提升综合性能的需求。而在三相系统，选择 Si IGBT 配合 SiC 二极管的方案，但这就限

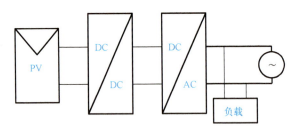

图 12-19　组串式光伏逆变器结构

制了开关频率的提高，此时可以进一步将 Si IGBT 更换为 SiC MOSFET。

在 DC-AC 逆变电路中，IGBT 的反并联 Si FRD 同样会产生反向恢复损耗并使 IGBT 产生更大的损耗，而 SiC MOSFET 的体二极管虽然也有反向恢复过程，但其反向恢复特性远优于 Si FRD，故采用 SiC MOSFET 能显著提高效率。同时，SiC MOSFET 的开关损耗也显著小于 IGBT，故使用 SiC MOSFET 后可以提升开关频率，达到体积、重量、热等综合性能的提高。虽然由于 SiC MOSFET 的脉冲电流性能的不足，在 DC-AC 逆变电路上的应用受到限制，但 SiC MOSFET 优异的特性仍旧吸引业界通过电力电子技术方面的提升来弥补这一不足。如今，陆续有企业在 DC-AC 逆变电路中使用 SiC MOSFET，其中 Heric 电路、1000V 系统三相全桥电路、1500V 系统 I 型三电平电路都有使用 SiC MOSFET，如图 12-20～图 12-22 所示。

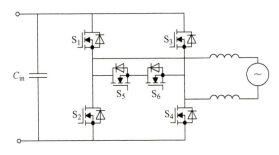

图 12-20　Heric 电路

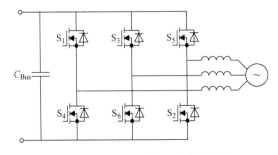

图 12-21　1000V 系统三相全桥电路

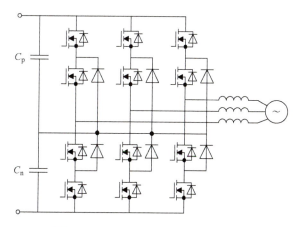

图 12-22　1500V 系统 I 型三电平电路

以古瑞瓦特公司的组串式光伏逆变器为例，其产品 MIN 2500-6000TL-XH、MOD 4000-10000TL3-XH、MAX 350KTL3-X HV 系列产品通过对前述新器件及新技术的应用，产品在综合性能方面都达到领先水平，如图 12-23 所示。其峰值效率、欧洲效率、MPPT 效率分别达到 98.1%、97.5%、99.5%，能够在极端温度 -30 ~ +60℃、4000m 高海拔、0~100% 湿度下稳定运行，外形美观、界面友好，获得客户的极高满意度。

a) MIN 2500-6000TL-XH　　b) MOD 4000-10000TL3-XH　　c) MAX 350KTL3-X HV

图 12-23　古瑞瓦特公司组串式光伏逆变器

2. 微型逆变器

微型逆变器一般是指功率小于 1000W、具有组件级 MPPT 的光伏逆变器，全称是微型光伏并网逆变器，"微型"是相对于传统的集中式逆变器而言的。和传统的集中式逆变器和组串式逆变器不同，微型逆变器是对每块组件进行逆变，如图 12-24 所示。其优点是可以对每块组件进行独立的 MPPT 控制，能够大幅提高整体效率，同时也可以避免集中式逆变器具有的直流高压、弱光效应差、木桶效应等。

微型逆变器的输入为一块光伏组件，其工作电压范围一般为 20~45V，而逆变侧的最高电压是电网电压的 $\sqrt{2}$ 倍，故组串式逆变器的方案已经不适用于微型逆变器了。为此，微型逆变器利用高频变压器隔离拓扑的方案能够满足把 20~45V 的光伏组件电压抬升到对应 AC 整流后的输出电压，同时还实现了光伏组件和电网的

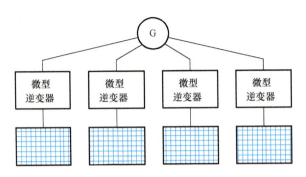

图 12-24　微型逆变器系统结构

电气隔离。

微型逆变器电路主要由直流变换部分、隔离变压器和逆变部分组成，如图 12-25 所示。直流变换部分常用的有反激、移相全桥、DAB 等，逆变部分有全桥、半桥、三电平、新型的多电平电路及基于谐振技术新型电路。目前微型逆变器产品中常用的方案有反激 + 全桥、移相全桥 + 全桥和 DAB + 全桥，分别如图 12-26 ~ 图 12-28 所示。

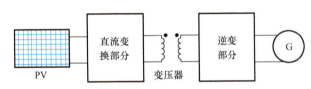

图 12-25　微型逆变器的结构

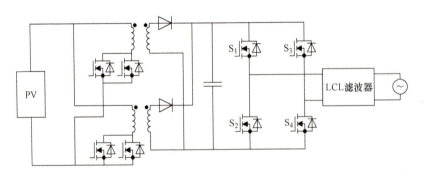

图 12-26　微型逆变器反激 + 全桥方案

以上电路方案在电路设计和控制上都比较成熟，若要达到产品的进一步提升，同样可以通过采用性能更优的新型器件实现。直流变换部分的输入是 20 ~ 45V，无论采用开关管的应力会大一些的反激电路，还是开关应力会小一些的桥式电路，150V 的开关管一定都能够满足要求。目前这个电压范围的 Si MOSFET 有大量器件可选，且性能优异，因此没有 SiC 器件应用的场合。逆变部分的逆变侧最高电压是

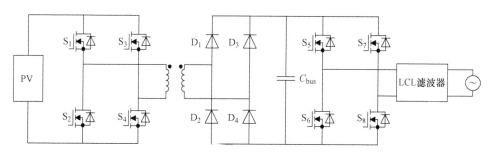

图 12-27　微型逆变器移相全桥 + 全桥方案

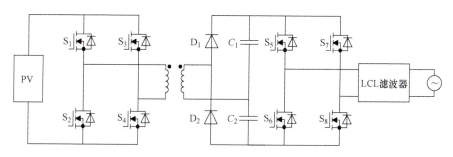

图 12-28　微型逆变器 DAB + 全桥方案

电网电压的 $\sqrt{2}$ 倍，故开关管的耐压要大于 650V，反激电路则至少需要 800V，此时 SiC 器件就有了应用可能。在微逆变器产品中，由于体积及产品形态的限值，一般都选择贴片封装的器件，如 TO-263、DFN5x6 等，既满足生产的便利和高良率，又减小了体积优化了热设计。

实验数据显示，采用 SiC 器件之后，微型逆变器的效率提升了 0.8%，温升降低后散热需求随之下降，同时开关频率提高后磁性元件的体积也减小了，最终产品整体成本并没有上升。

以古瑞瓦特公司的微型逆变器为例，已有 NEO 2000M-X 和 NEO 600-1000M-X 使用了 SiC 器件，如图 12-29 所示。产品在综合性能方面都达到领先水平，其峰值

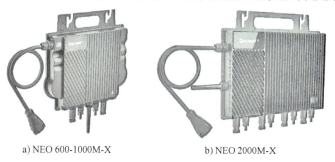

a) NEO 600-1000M-X　　　　b) NEO 2000M-X

图 12-29　古瑞瓦特公司微型逆变器

效率、MPPT 效率分别达到 97.3%、99.5%，能够在极端温度 – 40 ～ 65℃、4000m 高海拔、0 ～ 100% 湿度下稳定运行，外形美观、界面友好，获得客户的极高满意度。

12.6　储能

如今，电力系统吸纳了越来越多的可再生能源，如太阳能和风能，但其自身的波动性和间歇性对电力系统的调度和稳定性带来了巨大的挑战。未来的能源体系将以新能源为主导，各种形式的能源共同构建多元化的能源格局。为了充分利用太阳能和风能，将其不稳定劣性的势转化为灵活性的优势，储能技术应运而生。

基于运营数据发现，电网的负载消耗和光伏产出的大小趋势都不一致，二者之间存在严重的错位。此时，储能可以有效地解决这个问题，在光伏产出高但负载消耗低的时间段内将多余的光伏产出存储起来，在无光伏或者光伏产出低于负载消耗的时间段内向负载提供能量。因此，在光伏系统中或者广义上的可再生能源系统中加入存储环节即储能系统，既能解决可再生能源的不稳定性和间歇性问题，又能够更充分地利用可再生能源。于是，通过高效储能技术实现可再生能源大规模接入，从而推动能源低碳转型的技术路径被业界寄予厚望。

储能系统接入光伏系统后被称为光伏储能系统，是在光伏系统的基础上增加了电池系统，其接入点是前述光伏逆变器的 DC- DC 和 DC- AC 之间，组成一个 DC 耦合储能系统，其系统结构和能量流如图 12-30 所示。需要注意的是，上述电池系统是一个广义的概念，既有可能是纯化学电池，也有可能是化学电池加功率变换器的组合。可以看出光伏面板、电池、负载和电网构成一个三端口网络。光伏侧的 DC-DC 是 12.5 节中所述的单向 Boost 电路，实现能量由光伏面板到电池、负载和电网的能量流动，为蓝色和浅蓝色的能量流向。DC- AC 为双向电路，既能够实现由光伏面板、电池到负载和电网的能量流动，如图 12-30 中蓝色和和浅蓝色的能量流向，也能够实现电网到电池的能量流动，如浅灰色的能量流向。电池侧的 DC- DC 为双向电路，既能够实现由光伏面板、电网到电池的能量流动，如图中浅蓝色和灰色的能量流向，也能够实现电池到负载和电网的能量流动，如灰色的能量流向。通过电力电子控制技术，实现三端口能量的任意流动，解决可再生能源的不稳定性和间歇性问题，达成储能系统灵活性的目标。

光伏侧 DC- DC 和 DC- AC 在 12.5 节中已经进行了介绍，本节主要针对电池侧的 DC- DC 进行介绍，为方便介绍，将这个 DC- DC 定义为 DC-DC2。与常规单向应用场合不同，电池本身不产生能量，放出来的能量是提前储存进去的。则从能量的产生到应用，要先存储进电池后再释放出来，能量经过了两次转换才能得到使用。在此过程中，要使能量得到最大化利用，DC- DC2 的转换效率至关重要，其充放双

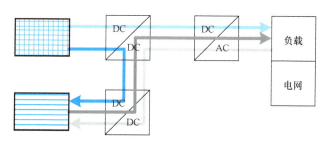

图 12-30　光伏储能系统的结构和能量流

向效率称之为循环效率，是绕不开的关键考量点。此时，SiC 器件就能够为变换器带来效率的提升，这里就不再赘述。

DC-DC2 拓扑的选择，不但要考虑电池能量转换的需求，同时要考虑电池在系统中的适应性问题。光伏系统既有单相系统又有三相系统，要同时适应这两种系统，就是既要适应 550V 的单相系统，也要适应 1100V 的三相系统。当使用传统的 Si 器件时，550V 系统采用电路和控制都相对简单的两电平电路，而 1100V 系统必须采用更加复杂的三电平电路。而在 SiC 器件后，可以简化三电平电路为两电平电路。此时，DC-DC2 在非隔离应用可以采用两电平的双向 Buck-Boost，一般为两路或者多路交错并联以降低纹波电流，如图 12-31 所示。以古瑞瓦特公司的 BMS 控制器 BDC 95045-A1 为例，采用了上述方案，与采用 Si 器件产品相比，效率提高 1.9%、成本下降 0.1%、重量减小 1.8kg、体积减小 21%，如图 12-32 所示。

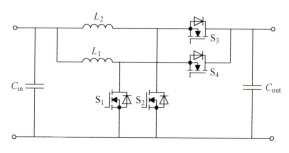

图 12-31　交错并联 Buck-Boost

利用 BDC 95045-A1 可以实现电池与光伏的自由组合，在时间、容量上具有极大的自由度和高的适应性。进一步将上述技术与光伏集成在一起，得到的集成式储能变换器能够降低空间占用、接线复杂度。以古瑞瓦特公司的户用储能逆变器 SPH 4000-10000TL3-BH 为例，就是采用技术集成方式的一个产品，同样具有高效率、低成本、体积小、重量轻的优势，储能 DC-DC2 循环效率达到 98.2%，如图 12-33 所示。

图 12-32　古瑞瓦特公司 BMS
控制器 BDC 95045-A1

图 12-33　古瑞瓦特公司的户用
储能逆变器 SPH 4000-10000TL3-BH

　　随着储能变换器的不断发展，安全性、能量利用深度、储能电芯多品牌混用、新旧电池混用等对储能技术方案提出更高的要求。之前低压电池的简单并联或高压电池的简单串联，均成为上述需求特性的瓶颈。电池优化器的概念应运而生，它既能提高电池能量的最大化使用，同时能够满足电芯多品牌混用、新旧电池现场混用，并提高了储能系统对电池的精细化管理。优化器一侧接电池，一般为 51.2V，另一侧输出高压，考虑安全性和高升压倍数，采用隔离型 DC-DC 电路。DC-DC 电路在进行电压变换和能量转换的过程中会产生损耗，并产生热问题，所以优化器的引入能够带来上述诸多优点，同时也存在降低系统效率、系统热设计复杂等一系列的缺点。为尽可能地降低优化器的不利因素所产生的影响，会采用软开关拓扑，如移相全桥、LLC 或者 DAB，其中串联谐 LLC 能够实现 ZVS 和 ZCS 且控制简单，因此串联谐振 LLC 得到广泛的应用，如图 12-34 所示。为方便设计，谐振腔放置在高压侧，低压侧的管子是 ZCS，高压侧的开关管是 ZVS，但高压侧的关断还是硬关断，仍旧存在关断损耗，故可以采用 SiC MOSFET 使整个优化器的效率得到提高，缓解降低系统效率、系统热设计复杂的劣势。以古瑞瓦特公司的高压电池系统APX 5.0-30.0P-S 为例，采用了上述电池优化器技术，循环效率达到 92.3%，如图 12-35 所示。

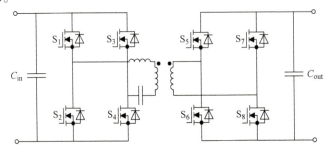

图 12-34　LLC 谐振电路

图 12-35　古瑞瓦特公司高压电池系统 APX 5.0-30.0P-S

12.7　不间断电源

不间断电源（Uninterruptible Power Supply，UPS）是一种能够在电网发生故障或不稳定时提供稳定输出能量以确保设备正常供电的设备。电力中断除了导致业务不能正常开展的损失之外，还会导致由于电力中断产生的生产效率的下降，故随着近些年各类用电设备的普及，UPS 也越发重要。

UPS 具备离网供电保障的功能，随着设备负荷不断加大和供电架构的变化，出现了越来越多大型 UPS 供电系统，成为了构网型供电系统的一个重要分支。UPS在电力供应和保障过程中，需要通过主动功率因素校正功能对电网进行电能质量校准和改善的功能，隔离负荷侧的负载谐波对电网影响，以满足 IEEE519 的电网谐波规范。

目前 UPS 的容量从 300VA 起步（能够支撑单台计算机和监控设备的电力供应）到 2MVA 以上（足够能量来支撑 175 个家庭的供电）。目前云计算和智能数据中心项目的供电容量达到 60~80MW，随着 AI 技术的深入发展和 GPU 超级算力的部署，项目供电容量达到 120~150MW 以上。对于大型数据中心来说，节能对于降低运营成本显得越来越重要。供电设备的能耗和数据中心整体的能耗（PUE）要求越来越高，目前大型 UPS（500kW~1.2MW）技术也得到快速的发展和技术迭代，以伊顿 93PR 为代表的产品，UPS 整机效率最高在 97% 以上，引用 SiC 器件可以进一步推动 UPS 行业的技术发展。

目前比较流行的在线式双转换 UPS 的系统结构如图 12-36 所示。

在 UPS 内部包含多个功能单元，包括整流器、逆变器、直流变换器、旁路模块和维护旁路模块等，每个模块提供了不同的能量转换与能量传递通道。其中整流器、直流变换器和逆变器是基于数字化控制的功率变换器。整流器和逆变器构成了

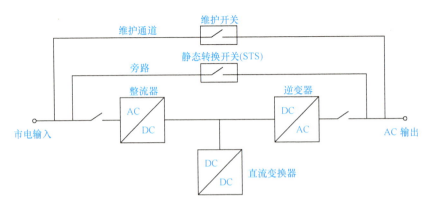

图 12-36　在线式双转换 UPS 系统结构

在线式市电模式下的供电回路，通过 AC-DC 和 DC-AC 两级变换器，隔离了输入和输出端的阻抗和谐波的相互影响，目前储能型 UPS 进一步通过双向整流器的设计技术，通过整流器的并网来参与电网侧储能业务，这部分代表产品如伊顿的 9395 和 93PR 系列产品。直流变换器是 UPS 内部的核心模块，实现电池电压和系统母线电压的转换，适应更宽电池电压的工作区间。直流变换器与逆变器构成了市电异常情况下电池备电模式的供电回路。市电模式与电池模式 0ms 中断切换实现 UPS 输出电压不间断的功能。

双转换 UPS 系统和多种模式 UPS 系统都具备整流器。整流器是 UPS 系统中直接连接输入电网的模块，将交流电压转换为内部直流母线的基准电压。目前大部分 UPS 系统采用 IGBT 作为整流器部件，可以对输入电流进行正弦化控制，从而使 UPS 系统输入端功率因素达到 0.99 以上。

常见两种整流器典型电路如图 12-37 所示。三电平整流器通过不同的 PWM（脉冲调制技术）控制技术，采用相对低压的功率半导体器件，来实现更高的工作效率，相对缺点是器件数量比两电平整流器要多一倍，PCB 布局和设计也相对复杂。在 T 型三电平整流器中，D_1 和 D_2 选择使用 SiC 二极管可以实现更高的变换器效率。在两电平整流器中，Q_1 和 Q_2 选择使用 SiC MOSFET 替换 Si IGBT，通过更高的开关频率来实现高效率和高功率密度的变换器设计，在简化器件数量基础上提高了变换器的整体可靠性。

UPS 系统内部采用直流电压变换器的目的是结合高电压或者低电压的内部直流母线（整流器输出电压）来为电池进行充电，另外一个作用是完成备用电源电压和直流母线电压的转换。当电网输入电源中断的时候，直流电压变换器通过将备用储能源电压转换为直流母线电压，通过直流母线电压向逆变器供电。

如图 12-38 所示为直流变换器典型电路，其具有双向能量转换的功能：在充电模式下，外管 Q_1 和 Q_4 高频切换，能量由直流母线流往电池；在放电模式下，内管 Q_2 和 Q_3 高频切换，能量由电池流往直流母线。Q_1 和 Q_4 可以采用二极管的设计

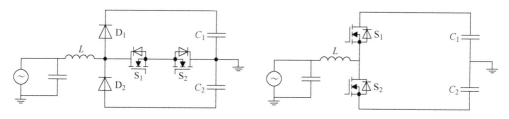

图 12-37　整流器典型电路

而成为单向的直流变换器，即放电模式工作。在放电模式下 Q_1 和 Q_4 占据主要的器件损耗，采用更高性能和低切换损耗的 SiC 二极管来提升直流变换器的效率，特别适合宽范围电池电压的工作场景。同时如果在 Q_2 和 Q_3 采用 SiC MOSFET，可以将系统的工作频率提高 2 ~ 5 倍，通过高频化提升设计功率密度和降低直流侧的电压纹波，有效提高电池的应用寿命。

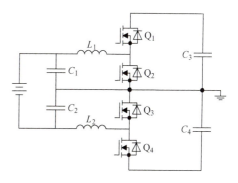

图 12-38　直流变换器电路

逆变器通过将直流电压或者直流备用能源转换为交流输出电压，进而连接到用电设备。逆变器通常根据系统供电的重要程度和成本要求进行相应的设计。对于小功率低成本的逆变器来说，通常采用晶体管或 MOSFET 作为开关元件，输出采用方波或者变形的正弦波。大功率的逆变器通常采用 IGBT 作为开关元件，通过连接输出端的滤波器来产生高精度的正弦波。大功率 UPS 系统通常采用三电平逆变器作为设计方案，优点是通过器件的串联来降低单一器件与磁性元件的电压应力，这个设计方式可以让 IGBT 元件运行在更高的转换效率模式，对比两电平逆变器来说平均有 3% 的效率提升，从而提高系统的运行效率。

常见两种逆变器典型电路如图 12-39 所示。在逆变器中，三电平架构广泛使用，是目前性能和经济平衡比较好的应用方案。但是三电平逆变器本身控制相对复杂，特别是在限流保护场景需要有特定的时序控制机制。采用 SiC MOSFET，可以将逆变器拓扑从三电平简化为两电平半桥逆变器，通过利用碳化硅器件快速和损耗低的优势，应用更高开关频率来达到提升效率和功率密度的效果，同时高频化也可以平衡系统成本。此外拓扑的简化也有助于提升逆变器整体的可靠性。

伊顿公司的 93PR UPS 产品是采用 SiC 技术的优秀电源产品代表，通过采用 IGBT 和 SiC 二极管的混合型模块设计，将传统 UPS 效率 95% ~ 96% 提升到 97%，同时结合 SiC 低导通损耗的技术特征，在低负荷 20% ~ 50% 负载区间提供了更高的工作效率，如图 12-40 所示。

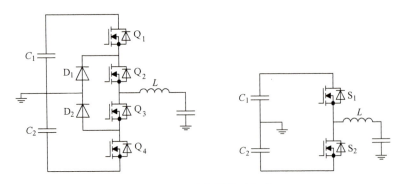

图 12-39　逆变器典型电路

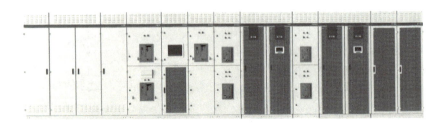

图 12-40　基于伊顿公司 93PR UPS 的数据中心电力模块产品

12.8　电源

　　电源作为人们日常生活中不可或缺的组成部分，广泛分布于各个领域。然而，随着技术的不断发展和应用范围的扩大，电源也面临着多方面的挑战。首先，高效率和节能已成为电源行业发展的主要方向。随着人们对能源消耗和环境影响的日益关注，电源制造商正致力于采用先进的技术和材料，优化设计和管理流程，以减少能源损耗和浪费，提高能源利用效率。其次，电子产品的不断小型化和轻量化趋势对电源的尺寸和重量提出了更高的要求。因此，电源行业正积极开发更为紧凑、轻便的电源设备，并提高其集成度，以满足不同应用场景的需求。此外，随着电子产品在各个领域的广泛应用，对电源性能和可靠性的要求也日益增加。电源行业必须不断推出性能更强、质量更可靠的产品，以满足各种复杂和苛刻的应用需求。最后，随着新兴技术的涌现，如人工智能、5G、物联网等，电源行业必须不断进行创新和升级，以适应新的应用场景和需求，为这些新兴技术提供稳定可靠的电源支持。因此，电源行业面临着多方面的挑战，但也为其提供了丰富的发展机遇。

1. 服务器电源

　　数据中心（见图 12-41）在当今社会中扮演着不可或缺的角色，对人类的生活和生产具有重要的作用，其主要需求涵盖以下多个方面：首先，数字化转型是数据中心需求的重要来源。企业和组织借助数据中心来存储、处理和分析大量的数据，以实现业务流程的自动化、决策优化和提供创新的数字服务。其次，大数据和人工智能的兴起也对数据中心提出了更高的要求。大数据分析和人工智能应用需要庞大的计算能力和存储资源，数据中心为这些高度复杂的计算任务提供支持，帮助企业从海量数据中提取有价值的信息，进行智能决策和预测分析。此外，电子商务和社交媒体的快速发展也推动了对数据中心的需求增长。电子商务和社交媒体平台需要强大的数据中心来处理用户的交易、搜索请求、内容上传和分享等，这些平台的稳定性和性能直接依赖于数据中心的高效运作。在科学研究领域，数据中心为模拟、模型计算和科学实验提供支持，为研究人员提供了计算和存储资源，促进科学领域的创新和发现。最后，数据中心在支持公共服务和紧急响应方面也发挥着关键作用。政府、医疗机构和非营利组织可以利用数据中心来存储和处理大量关键信息，以提供更高效的服务和紧急响应。

为了满足如此巨大的需求，全球各地正加紧建设超大规模数据中心。这些数据中心的占地面积通常超过数十万平方英尺，能够容纳数万台服务器，为全球范围内的大规模云计算、在线服务和数据存储提供支持。截至 2023 年 9 月，美国、德国、英国、中国和荷兰分别拥有超过 5300、480、450、440、290 个数据中心。据国际数据公司（IDC）预测，未来 5 年内，中国数据中心服务市场将以 18.9% 的复合增速持续增长，预计到 2027 年市场规模将达到 3075 亿元人民币。

图 12-41　数据中心

如此规模庞大的数据中心，其耗电量是十分惊人的。据相关研究指出，全球数据中心的电力需求约为 416 亿 kW·h，大约占据了地球上所有发电量的 3%。尽管这已经是一个巨大的电力需求，但随着每年运营的数据中心数量的增加，电力需求只会随着时间的推移而增加。如今，数据中心面临的电力短缺问题逐渐凸显，需要采取更加绿色、高效的措施来应对这一挑战。一般可以通过节能方面的措施，如优化 IT 设备、制冷设备和供电系统等，来降低数据中心的能耗。

其中服务器电源（见图12-42）作为供电系统的重要组成部分，其效率一直受到广泛关注。早在2004年，80 PLUS认证计划便被推出，旨在促进计算机电源单元的高效能使用。该认证要求在额定负载的20%、50%和100%下，产品的能效均应达到80%以上，并且在100%负载下，功率因数应达到0.9或更高。其中，金级、白金级和钛金级要求在50%负载下的能效分别达到92%、94%和96%以上。为了满足这些要求，使用SiC器件已成为必然的选择。

图12-42　服务器电源

服务器电源一般由前级PFC（见图12-43）和后级隔离DC-DC构成。传统前级PFC采用Boost电路，并使用Si快恢复二极管。将次二极管换为SiC二极管后，由于其几乎可以忽略的反向恢复损耗，能够大幅提升服务器电源的效率和功率密度。进一步，前级PFC改为Totem-pole PFC，并选择SiC MOSFET作为开关器件，将减少元器件数量、减轻EMI并获得更高的效率。

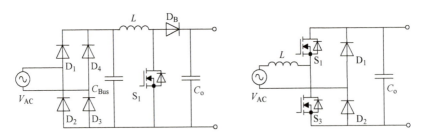

图12-43　PFC电路拓扑

2. 通信基站电源

通信基站（见图12-44）电源在现代社会中具有重要价值，它保障着移动通信网络的稳定运行，确保通信服务的连续性和质量，为人们提供了随时随地进行通信和上网的便利，促进了信息社会建设。

截至2022年底，我国移动通信基站总数达到1083万个，全年净增87万个。其中，5G基站为231.2万个，全年新建5G基站88.7万个，占移动基站总数的

图 12-44　通信基站

21.3%。一般来说，通信基站的耗电量可以从几千瓦到几十千瓦不等。随着通信技术的发展和网络容量的增加，以及 5G 技术的普及，通信基站的耗电量可能会有所增加。图 12-45 所示为通信基站电源。

图 12-45　通信基站电源

近几年随着 5G 的普及，对通信基站电源提出了更高的要求。首先，与 3G 和 4G 相比，5G 基站需要更大的输出功率和更高的效率。AAU（天线单元）单扇区的输出功率从 40 ~ 80W 增加到了 200W 甚至更高，而 BBU（基带处理单元）的功率也超过了 1000W。由于 5G 通信的数据流量不均衡，通信电源的负载范围从轻载到满载都会发生变化，因此要求效率在很宽的范围内都达到最高值，高效率成为降低运营成本的关键。其次，5G 基站的电源柜空间有限，要求电源模块在保持体积基本不变的情况下输出功率大幅增加，同时 5G 微基站的电源尺寸需要尽可能小，功率密度需要大幅提高。最后，由于 5G 微基站数量大幅增长，并且大多数被安装在密闭空间内，只能采用自然散热方式，因此对散热设计提出了更大挑战。

而 SiC 二极管具有更高的工作温度、几乎可以忽略不计的反向恢复损耗，使得其已经大规模应用于通信基站电源中的 PFC 电路之中，发挥着重要作用。

3. PD 电源

1994 年，英特尔和微软倡导发起的国际标准化组织，简称"USB-IF"。该组织制定了一系列通用串行总线的规范和规格，这些规范就是大名鼎鼎的 USB PD 协议。此外，他们还在此规范上制定了适配的标准接口，也就是 USB 接口。现如今，

USB PD 已经是全球通用性最高、影响力最大的公共快充协议之一。USB PD 在数次版本更迭后，于 2021 年 5 月 25 日更新了 PD 3.1 版本，功率提升至最大 240W。

作为便携式电子产品，消费者对其的要求是高性能、高效率和高功率密度。为了满足消费者对轻便的要求，PD 快充就必须高频化以减小磁心器件体积，从而减小整机的体积来提高功率密度。Si MOSFET 的开关损耗和 Si 二极管的反向恢复损耗都与工作频率成正比，频率越高损耗越大，温升也越高。要想进一步提升功率密度就需要用损耗更低的功率器件，GaN HEMT 和 SiC 二极管的高频、高效特性正好满足此要求。

与传统超结 Si MOSFET 相比，同等导通电阻的 GaN HEMT 具有更小的寄生电容，开关速度更快，开关损耗更小，如表 12-1 所示。SiC 二极管相较 Si FRD，反向恢复电流小一半，损耗更低，有助于高功率密度 PD 的热管理。

表 12-1　英诺赛科 INN650D240A（GaN HEMT）与超级结 Si MOSFET 参数对比

参数	INN650D240A	超级结 Si MOSFET
R_{dson}	165mΩ	159mΩ
C_{iss}	73pF	1080pF
C_{oss}	20pF	18pF
C_{rss}	0.2pF	4pF

大功率 PD 电源为了提高性能和功率密度，一般采用 PFC + LLC 架构，且功率开关管采用 GaN HEMT，PFC 续流二极管采用 SiC 二极管，如图 12-46 所示。

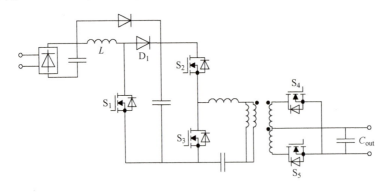

图 12-46　140W PD 电源典型电路

4. 其他电源

除过以上提到的服务器电源、通信电源、PD 电源外，SiC 器件还广泛应用于其他各类电源，包括使用 SiC 二极管的 PC 电源和 LED 电源、使用 SiC 二极管和 MOSFET 的医疗电源和测试电源等，如图 12-47 所示。

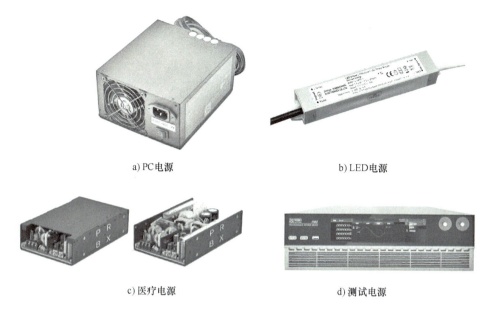

a) PC电源　　　　　　　　　　　　　　b) LED电源

c) 医疗电源　　　　　　　　　　　　　d) 测试电源

图 12-47　应用 SiC 器件的各类电源

12.9　电机驱动

据统计，全球有一半以上的电能被用于驱动电机，尽可能提高电动驱动的效率对于降低整体能源消耗和最大限度延长电池供电型系统的使用时间至关重要。全球各国不断提高电机驱动的效率标准，例如工业应用电机驱动的 IE4 和 IE5，针对空调的 SEER（美国）、GB21455（中国）、ESEER（欧洲）。

近年来，电机驱动技术的发展为 SiC 器件的应用带来了机遇。首先，低电感电机可应用于大气隙电机、无槽电机和低泄漏感应电机，这些电机在开关频率在50 ~ 100kHz 时才能保持可接受的纹波水平。故 IGBT 无法满足此类应用的要求，而需要使用 SiC MOSFET。其次，高速电机可应用于高功率密度电机、具有高扭矩密度的高极数高速电机和兆瓦级高速电机，由于高基频，这些电机也需要高开关频率，故也需要使用 SiC MOSFET。最后，电动汽车、海底、井下应用和空间应用中功率器件的运行环境十分恶劣，SiC 器件能够工作在更高的温度下，更加适合此类应用。

电机驱动逆变的分为前级 AC-DC 和后级 DC-AC 两部分。对于功率较小的电机驱动应用，前级 AC-DC 传统采用自然整流加 Boost PFC 拓扑，SiC 二极管可以应用于 Boost PFC，还可以使用 SiC MOSFET 将前级 AC-DC 改为 Totem-pole PFC；后级 DC-AC 传统采用 IGBT 构成的三相全桥拓扑，可以用 SiC MOSFET 进行替代。功率交大的电机驱动应用，前级 AC-DC 和后级 DC-AC 都是由 IGBT 构成的三相全桥拓扑，可以用 SiC MOSFET 进行替代。图 12-48 所示为电机驱动逆变器电路。

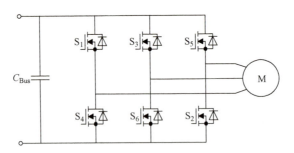

图 12-48　电机驱动逆变器电路

参 考 文 献

[1] HAIN S, MEILER M, DENK M. Evaluation of 800V Traction Inverter with SiC-MOSFET versus Si-IGBT Power Semiconductor Technology [C]. PCIM Europe 2019; International Exhibition and Conference for Power Electronics, Intelligent Motion, Renewable Energy and Energy Management, Nuremberg, Germany, 2019: 1-6.

[2] WOUTERS H, MARTINEZ W. Bidirectional Onboard Chargers for Electric Vehicles: State-of-the-Art and Future Trends [J]. IEEE Transactions on Power Electronics, 2024, 39 (1): 693-716.

延 伸 阅 读

[1] SEVERIN KAMPL, Topologies in on-board charging-Semiconductor recommendations for reliable charging solutions [Z]. Whitepaper, Infineon Technologies AG., Rev. 1. 0, 2020.

[2] WANG F F, ZHANG Z. Overview of silicon carbide technology: Device, converter, system, and application [J]. CPSS Transactions on Power Electronics and Applications, 2016, 1 (1): 13-32.

[3] SHE X, HUANG A Q, LUCÍA Ó, et al. Review of Silicon Carbide Power Devices and Their Applications [J]. IEEE Transactions on Industrial Electronics, 2017, 64 (10): 8193-8205.

[4] DO T V, LI K, TROVÃO J P, et al. Reviewing of Using Wide-bandgap Power Semiconductor Devices in Electric Vehicle Systems: from Component to System [J]. 2020 IEEE Vehicle Power and Propulsion Conference (VPPC), Gijon, Spain, 2020: 1-6.

[5] MORYA A K, et al. Wide Bandgap Devices in AC Electric Drives: Opportunities and Challenges [J]. IEEE Transactions on Transportation Electrification, 2019, 5 (1): 3-20.

[6] Wolfspeed, Inc. Build More Efficient Heat Pumps and Air Conditioners With Silicon Carbide [Z]. Webinars, 2024.

[7] ALEXIS BRYSON, MUZAFFER ALBAYRAK. Silicon Carbide for Sustainable Transportation [J]. Bodo's Power Systems, 2024 (January): 22-26.

[8] GUILHERME BUENO MARIANI. WBG Switches in Motor Drive Systems [Z]. Whitepaper, Infineon Technologies AG., Rev. 1. 0, 2023.